成年早期 (20～40岁)	成年中期 (40～65岁)	成年晚期 (65岁到死亡)
在20～30阶段达到顶峰，包括 觉、协调性和反应时 在大多数方面已经完成，尽管一些 活大脑）仍在生长 轻人来说，随着身体脂肪的增加， 开始出现 威胁健康的一个重要因素 右，疾病开始超越意外事故成为 的首要原因	✓ 生理变化非常明显，视力显著下降，听力也是如此，但不那么明显 ✓ 身高到达峰值，然后缓慢下降。骨质疏松加速了女性的这个过程。体重增加，体力下降 ✓ 反应时变长，但由于长期的练习，在复杂任务上的表现基本没有变化 ✓ 女性经历绝经期，可能有一些不可预料的影响；男性的更年期使得其生殖系统逐渐产生变化	✓ 皱纹、花白稀疏的头发是成年晚期的标志。随着脊椎盘软骨变薄，身高开始下降。女性特别容易罹患骨质疏松 ✓ 大脑萎缩，心脏泵血功能下降；反应变慢，感官也变得迟钝。白内障和青光眼可能影响视力，而听力的丧失则成为普遍现象 ✓ 慢性疾病，尤其是心脏疾病变得更普遍；可能患精神疾病，如抑郁和阿尔茨海默病
经验的增加，思考变得更灵活和主 为了更好地解决问题而调整思考 用在涉及事业、家庭和社会等长期 活事件可能影响认知的发展	✓ 某些认知功能的丧失可能开始于成年中期，但总的认知能力保持稳定，因为成年人会使用生活经验和有效的策略来进行弥补 ✓ 长时记忆的提取效率略微有所下降	✓ 直到80多岁，认知能力的下降还是微小的。认知能力可以通过训练和练习来保持，同时仍有可能活到老学到老 ✓ 短时记忆和特定生活情景的记忆能力可能会下降，但是其他类型的记忆则在很大程度上不受影响
关系变得非常重要。亲密关系中的承 取决于婴儿时期形成的依恋风格 子给自己带来发展上的变化，这种 充满压力。如果出现离婚，将导致 生 的巩固，年轻人主要通过工作界定	✓ 成年中期个体会回顾过去，根据"社会时钟"来评价自己过去的成就，并形成对死亡的觉知 ✓ 尽管有所谓的"中年危机"，但是成年中期往往是平静和满意的。个体的人格特质一般保持稳定 ✓ 虽然婚姻满意度一般较高，但家庭关系可能会构成挑战 ✓ 从把职业当作自己的外在抱负，转变成将其视为内在满足感的来源，某些情况下则为不满意感的来源。职业的变化越来越普遍	✓ 基本的人格特质保持稳定，但是变化也有可能发生。"生命回顾"是这个阶段的特点，可能导致对以往生活的满足或者不满意感 ✓ 退休是成年晚期的重要事件，导致个体对自我概念和自尊进行调整 ✓ 健康的生活方式和在感兴趣领域的持续活跃性可以给成年晚期的老人带来满足感 ✓ 成年晚期的典型情况（收入减少、配偶的衰老或死亡、居住安排的变化）会导致压力的增加
介段	再生力对停滞阶段	自我完善对失望阶段

Discovering
the Life Span
(5th Edition)

发展
心理学

探索
人生发展的
轨迹

（原书第5版）

[美] 罗伯特·S. 费尔德曼（Robert S. Feldman） 著
苏彦捷 等译

机械工业出版社
CHINA MACHINE PRESS

图书在版编目（CIP）数据

发展心理学：探索人生发展的轨迹：原书第5版／（美）罗伯特·S. 费尔德曼（Robert S. Feldman）著；苏彦捷等译．—北京：机械工业出版社，2022.9
书名原文：Discovering the Life Span (5th edition)
美国名校学生喜爱的心理学教材
ISBN 978-7-111-71770-6

I. ①发… II. ①罗… ②苏… III. ①发展心理学－教材 IV. ① B844

中国版本图书馆 CIP 数据核字（2022）第 184884 号

北京市版权局著作权合同登记　图字：01-2022-2415 号。

本书以人的发展阶段为主线，涵盖个体毕生发展的整个过程，并详细叙述了各时期人的生理发展、认知发展、社会性和人格发展。每章都以相应阶段人物的故事为开端，让读者身临其境，引发对人生的思考。可以说，这是一本大众心理学书，帮助读者从容地应对生命的挑战及更好地完成各阶段的任务，学会将书中的内容应用到自己的生活中，做一个积极乐观的生活达人。本书也不乏科学研究理论深度及专业思考，为教育学及心理学学生提供了可靠的学习资料，也为教育从业人士提供了专业的解决方案。

出版发行：机械工业出版社（北京市西城区百万庄大街 22 号　邮政编码：100037）
责任编辑：刘利英　　　　　　　　　　　　　　　责任校对：韩佳欣　　王　延
印　　刷：北京宝隆世纪印刷有限公司　　　　　　版　　次：2023 年 2 月第 1 版第 1 次印刷
开　　本：214mm×275mm　1/16　　　　　　　　印　　张：25.5　　　插　页：1
书　　号：ISBN 978-7-111-71770-6　　　　　　　定　　价：149.00 元

客服电话：（010）88361066　68326294

写给学生们

欢迎来到发展心理学的领域。这是一门关于你们自己、你们的家庭、走在你们前面或者可能跟随你们脚步的人的学科。它涉及你们的遗传渊源，也涉及养育你们长大的环境。

毕生发展是一个以个人方式与你对话的领域。它覆盖了个体生存的全程，从受孕开始到不可避免的生命终结。它是一门涉及思想、概念和理论的学科，但它的核心首先是人——我们的父亲和母亲、我们的朋友和熟人，以及我们自己。

在开始学习毕生发展之前，请跟随我先花一些时间来了解下这本书以及它呈现材料的方式。知道这本书是怎么写的将会让你们收获很大。

关于本书

你可能已经读过各种课程的教材，但是这本书不同。

为什么？因为本书的每一个单词、句子、段落和特征都是从学生的视角写的，旨在用一种让你兴奋、让你与书本内容互动、促进学习书本材料的方式来解释毕生发展领域。这样做不仅能让你尽可能地学习并取得好成绩，还能将所学加以应用来改善生活。

本书按照心理学家所了解的有效学习方法来组织结构。每章都分成三节，每节都有几个明确划分的小节。当你把学习重点放在简短的小节上，你就更有可能掌握相关内容。

为了进一步帮助同学们学习，每节都会以"回顾、检测和应用"专栏来结束。"回顾"部分包括围绕学习目标对所学材料的总结。每节还包括四个"自我检测"问题，你需要回忆并理解材料才能正确回答。最后，会有一些现实社会中的案例需要你运用所学知识来解决。通过回答"应用于毕生发展"问题，可以提高你对现实问题的理解能力和批判性思维。

每章都会出现如下一些内容：有一些开场白，它们有助于说明毕生发展如何与日常生活相关；有一些"从研究到实践"专栏，包括了与当前社会问题有关的最新研究；还有一些"文化维度"专栏，旨在突出与毕生发展有关的多元文化问题。

你们是否想过可以把自己在书本中读到的理论材料应用到自己的生活中？"生活中的发展"专栏会根据章节的主题提供各种各样的技巧和指导，从育儿技巧到选择职业以及退休生活的规划。通过把这些理论应用到你们的生活中，相信你们也会了解到毕生发展领域的多样性。

最后，书中还说明了这些材料如何从不同身份和职业的人的视角进行理解，这些人包括父母、教育工作者、健康护理工作者和社会工作者。"从……的视角看问题"旨在帮助你批判性地思考毕生发展如何应用到从事某个特定领域工作的人身上，每一章最后的"汇总"则能帮助你整合每一章的材料并学习如何在不同维度中应用。

写在后面

这本书是我为了同学们写的，而不是为了你们的指导老师、我的同事们，或者为了让它放在我的书架上。我把这本书当作扩展我在马萨诸塞大学阿默斯特分校课程的一个机会，希望能把它推广到更广泛、更多样化的学生中。对我而言，作为一名大学教授，没有什么比与尽可能多的学生分享知识更令我兴奋的事了。

我希望这本书可以让你对毕生发展领域产生浓厚的兴趣，让你学会如何把书中的内容应用到你的生活中并改善你的生活。如果它对你有帮助，或者你对本书有一些别的想法和意见，请告诉我。与此同时，希望你可以享受毕生发展的知识。

写给老师们

我遇到的每一位教授毕生发展这门课程的指导老师都深感自己非常幸运。毕生发展这个主题本身就很具有吸引力，有很多迷人又具有实践意义的知识可以传授给学生。学生们带着期待来学习这门课程，被激发着去学习和他们自己以及其他人相关的一个又一个主题。

同时，这门课程也提出了独特的挑战。一方面是因为毕生发展涉及的知识领域范围太广泛，所以很难在大学安排的传统课时内将所有的知识都覆盖到；另一方面是因为很多指导老师发现传统的毕生发展教材篇幅太长，导致学生们很难看完所有内容。因此，老师往往不愿意指定完整的课本，常常武断地缩减教学内容。

本书直接回应了这些挑战。本书比传统的毕生发展教材缩减了 1/4 的内容，同时保持了一直以来对学生友好的特点，以丰富的例证说明毕生发展学家的研究和理论所带来的应用。

本书采用的结构能保证学生们的学习效果最大化。每章分成三节，每节又分成若干个小节。而心理学研究者早已证明，这种将冗长的内容组织为模块的材料呈现方式有助于学生学习。

本书的结构还有另外一个好处：指导老师们可以根据实际需要挑选适合自己课程的内容，制订自己的课程计划。本书的第二章至第十章内容集中关注毕生发展过程中的一个特定阶段，其中第三章至第十章的三节内容都对应着该阶段发展的三大主题：生理发展、认知发展、社会性和人格发展。由于这种结构具有较大的弹性，老师可以轻松选择内容并把这些理论或者论题讲授给学生。

对本书的介绍

就像它的前几版一样，本书提供了人类发展领域的广泛概览。它涵盖从受孕到死亡的整个人的一生。本书广泛而全面地介绍了毕生发展领域，内容不仅有基本理论和研究发现，还包括这些知识的最新应用。本书按照时间顺序讲述了毕生发展的各个阶段，包括产前阶段、婴幼儿期、学前期、儿童中期、青少年期、成年早期、成年中期和成年晚期。本书着重关注人在各个时期的生理发展、认知发展、社会性和人格发展。

与以往的毕生发展教材相比，本书有一大特点，即除绪论一章的每一章对应一个特定的发展阶段，并且第三章至第十章的内容都整合了生理发展、认知发展、社会性和人格发展三大主题。每章都是以该阶段有代表性的人物故事开篇，章末再让读者重新关注这个个体，同时将该阶段个体发展的三个领域进行整合。

本书还整合了理论、研究和应用，重点关注人类发展的广度。此外，本书并没有阐述毕生发展领域详尽的研究历史，而是关注当前的情况。虽然本书的某些内容对过去的研究结果做了必要的引用，但我们主要还是描述该领域的现状和未来的发展方向。同样，虽然本书也阐述了一些经典研究，但我们更多的笔墨还是放在当前的研究发现和发展趋势上。

本书是为方便读者而设计的。书中采用直接对话的口吻，尽可能地复制作者和学生之间的对话，以帮助不同兴趣和动机的读者独立理解和掌握。为此，本书的教学设计丰富多样、独具特色，这种特色设计有利于学生对内容的掌握并鼓励其批判性思维，具体包括以下几个方面。

- **各章开场白**。每章都以一小段非常吸引人的故事作为开始，故事的主角就处在该章讲述的发展阶段。这些材料不仅出现在每一章的开始，还会出现在生理发展、认知发展、社会性和人格发展各小节整合后的章末。
- **各节开场白**。每节都是以简短的故事开头的，描述与该节中讲述的基本发展问题相关的个体或情境。
- **从研究到实践**。每章都有一个专栏来描述当前的发展研究或研究问题如何应用到日常问题的解决中。大部分专栏内容是第 5 版的更新内容。
- **文化维度**。每章会设有几个"文化维度"专栏。专栏主要关注与当今多元文化社会有关的问题。例如，讨论世界各处的幼儿园、同性恋关系、针对弱势群体的香烟销售问题以及不同种族、性别和族裔在预期寿命上的差异等。
- **生活中的发展**。每章都包括发展心理学研究者研究成果的实例应用。例如，本书提供了一些具体信息，包括关于如何鼓励儿童在体能上变得更加活跃，如何帮助可能寻求自杀的问题青少年，以及规划和过好退休生活等。在之前的版本中，这一部分的内容标题是"成为发展心理学知识的明智消费者"。
- **回顾、检测和应用**。本书每一章都被分成若干部分，每部分的结尾都是一系列与章节内容相关的问题、章节主要内容的概括，以及章节内容如何应用到现实生活中，与学习目标呼应。
- **从……的视角看问题**。学生们在阅读的过程中会非常频繁地接触到很多从职业的角度来思考的问题，包括教育、护理、社会工作以及医疗保健。
- **章末材料**。在每章的结尾，根据生理发展、认知发展、社会性和人格发展三个领域对各章开场白中涉及的内容进行再次归纳和说明。此外，还会从父母、专业护理者、照料者和教育工作者等各方视角出发对开场问题的观点进行概括。

第 5 版的新增内容

在广大读者的建议下，本书有了很多改进，主要的变化如下：

增加新的内容并更新了材料。本次修订加入了很多更新的信息和内容，比如涉及行为遗传学、脑发育、演化视角和跨文化发展观等最新的进展和延伸。总体上，新版增加了数百条新的引文，大部分引文来自近几年发表的文章或出版的图书。

第 5 版还包括以下改进：

- 理论视角：每一章都包括从不同的理论视角分析一个主题。例如，第 1 章讨论了不同理论家如何研究 Ruiz 家族，这在第 1 章开篇有介绍。
- 更加强调文化：第 5 版比前几版更加强调文化对发展的作用。
- 重新设计章节总结："汇总"经过重新设计，与章节内容的联系更加紧密。
- 开篇照片：每章开篇都有一张照片，代表本章要讲述的内容，并且与总结中的故事联系在一起。

每一章都增加了新的论题。本版中下列新论题和修订论题示例很好地说明了修订的通用性。

第1章：绪论

- 更新了关于 Louise Brown 和 Elizabeth Carr 的开场白故事，她们都是通过体外受精后出生的
- 更新了同辈成员的"视角"提示，强调了手机一代
- 更新了关于性别、文化、族裔和种族的材料，包括：
  - 不同文化中男女角色的差异
  - 更新了"文化维度"专栏"文化、族裔和种族如何影响发展"，讨论了发展研究中对文化、族裔、种族、社会经济和性别因素的考虑
- 更新了对关键期和敏感期的讨论
- 简化了对弗洛伊德精神分析视角的论述
- 评价行为视角的新实例
- 评价认知神经科学观点的新内容
- 孤独症谱系障碍患者大脑差异的新图 1-1
- 补充维果茨基和脚手架的材料
- 理论视角：讨论不同理论家如何研究开篇介绍的 Ruiz 家族
- 更新了纵向和横断研究的图 1-5
- 理论应用的新实例
- 科学方法的新图 1-2
- 进一步补充民族志研究和挑战
- 进一步补充重复心理学实验的重要性
- 新的重复危机讨论
- 修改将毕生发展研究应用于公共政策的"从研究到实践"内容
- 拓展元分析的讨论
- 更新补充了知情同意和弱势群体覆盖面

第2章：生命的开始

- 更新基因检测的开场白
- 显示三胞胎及以上出生人数增加的新图 2-2
- 新的"从研究到实践"内容：关于跨代表观遗传
- 更新了关于各种疾病遗传基础的表 2-1
- 更新了关于胎儿发育监测技术的表 2-2
- 更新了表 2-3 阿普加量表
- 更新了堕胎的统计数据
- 妊娠期间大麻使用情况
- 妊娠期间阿片类药物使用情况
- 关于怀孕的文化迷思

- 美国妇产科学会关于分娩期间药物的新指南

- 新生儿抚触的重要性

- 关于即时的母子联结的新研究

- 更新住院时间的统计数据

- 关于全球婴儿死亡率的新图 2-14

- 美国按照种族划分的婴儿死亡率新数据，包括新图 2-17

- 关于低出生体重早产儿风险因素的新表 2-4

- 对早产儿护理费用的新估计

- 关于早产儿风险因素的新材料

- 更新《家庭与医疗休假法案》（FMLA）

- 补充关于产后抑郁的材料

- 更新试管婴儿的统计数据

- 关于包皮环切术的新内容

第 3 章：婴幼儿期

- 关于摇晃婴儿综合征的统计数据，新图 3-5 显示了被摇晃的婴儿大脑的损伤

- 婴儿睡眠模式文化差异的原因

- 美国和全世界的贫困率和饥饿率

- 明确母乳喂养和引入固体食物的时间

- 关键术语从"scheme"到"schema"的转变

- "从研究到实践"的新案例：为什么正式教育在婴幼儿中消失了

- 理论视角：比较皮亚杰理论和信息加工观点的应用

- 更新关于单亲家庭和无父母家庭的统计数据

- 更新青少年妊娠的统计数据

- 美国儿科学会对婴儿睡眠地点的指南

- 母亲的睡眠困难

- 提高婴儿智力策略的有效性

- 建议在婴儿中教授因果关系知识

- 对乔姆斯基关于语言学习的先天论观点的新批评

- 婴儿的模仿发声

- 家庭平均规模的变化

第 4 章：学前期

- 新的开场白故事

- 从 BMI 的角度对肥胖的新定义

- 关于肥胖的新的统计数据
- 发展中国家的肥胖和超重儿童
- 儿童中"恰到好处现象"的饮食习惯
- 更新家长对儿童健康看法的统计数字
- 更新早期儿童教育的统计数据
- 学前教育的长期收益
- 解释其他理论视角的互补性
- 补充不同理论观点的比较
- 跨性别学前儿童面临的挑战
- 双性化个体的心理健康优势
- 更多关于孤独症谱系障碍的症状
- 家庭生活的人口统计学新数据
- 接受不同教养方式的移民子女的成功
- 关于虐待儿童的新数据
- 补充虐待儿童的其他迹象
- 修改屏幕时间的讨论
- 视频致呆假说
- 修改章节结尾总结以呼应新的章节开场白

第 5 章：儿童中期

- 修订肥胖的统计数据
- 关于儿童期肥胖率的新图 5-1
- 肥胖的人口统计学数据
- 哮喘的风险因素
- 哮喘的发病率
- 哮喘的人口统计学差异
- 更新网络空间中的安全的材料
- 学习障碍的发病率
- 理论视角：学习障碍的解释理论
- 注意缺陷多动障碍的发病率
- 美国双语率的新图 5-5
- 双语的认知优势
- 修订包含基于编码的阅读教学法新的支持证据的内容
- 新版韦氏儿童智力量表第 5 版（WISC-V）
- 欺凌类型
- 中国独生子女政策和独生子女的学业表现

- 更新关于家庭人口统计学的材料
- 多代家庭
- 自我照料
- 野放教养

第 6 章：青少年期

- 肥胖的 BMI 定义
- 更新关于男性患厌食症的信息
- 更新大麻使用和阿片类药物滥用的统计数据
- 青少年大麻使用情况的图 6-4
- 更新关于青少年酗酒和酒精使用对大脑影响的统计数据
- 酗酒的新图 6-5
- 更新关于电子烟的内容
- 关于成绩膨胀现象的新统计数据
- 关于青少年中性传播疾病的新图 6-6
- 关于青少年偏好如何和朋友交流的新图 6-8
- 关于社交媒体使用和视频游戏的新统计数据
- 成年初显期
- 青少年焦虑
- 关于青少年自杀的新统计数据
- 从青少年与父母相处时间分析行为问题的新图 6-9
- 关于社会比较、自尊和社交媒体的"从研究到实践"新案例
- 跨种族友谊
- 跨性别人士和性别流动人士
- 关于青少年妊娠的新图 6-12

第 7 章：成年早期

- 与成年初显期有关的新学习目标
- 成年早期的大脑发育
- 身体健康的新建议
- 关于锻炼与长寿之间关系的新图 7-1
- 美国肥胖率的新图 7-2
- 更新肥胖的统计数据
- 更多关于健康信念的跨文化差异
- 利用正念来减轻压力

- 比较成年期后形式思维理论的新内容
- 补充创造力峰值示例
- 创造力思维灵活性的下降
- 更新大学入学率的统计数据
- 关于大学入学率多样性增加的新图 7-5
- 关于报告焦虑、抑郁和人际关系问题的学生人数增加的新图 7-6
- 关于支持同性婚姻的新统计数据
- 母亲的依恋类型和对婴儿的养育
- 关于延迟结婚的新统计数据
- 关于同居率的新图 7-8
- 关于初婚年龄中位数的新图 7-9
- 关于离婚的新统计数据
- 关于生育率的新统计数据
- 千禧一代的工作观
- 关于成年初显期的新材料
- 关于工资性别鸿沟的新图 7-13

第 8 章：成年中期

- 社会经济地位和健康
- 死亡原因统计
- 激素替代疗法的新数据
- 乳腺癌发病率的新图 8-6
- 常规乳房 X 光检查
- 常规危机理论
- 生活事件理论
- 生活事件理论的应用
- 更新离婚的统计数据
- 更新离婚的原因
- 再婚失败的统计数据
- 比较成年中期孩子离家的压力和孩子回家的压力
- 多代家庭的数据增加
- 关于预期寿命的新统计数据
- 更新关于亲密伴侣暴力的情况
- 配偶虐待
- 修改关于闲暇时光的统计数据
- 工作倦怠

- 自杀和失业

第 9 章：成年晚期

- 成年晚期认知功能训练的"从研究到实践"新内容
- 关于成年晚期人口增长规模的新图 9-1
- 关于老年人主要死亡原因的新数据
- 关于阿尔茨海默病发病率的新数据
- 关于老年人和青少年交通事故的新图 9-3
- 延长端粒
- 延长寿命的新药物疗法
- 关于更长寿命的新图 9-6
- 关于成年晚期的科技使用的新图 9-10
- 社会情感选择性理论
- 护理院护理费用
- 关于成年晚期居住安排的新图 9-12
- 关于感知变老好处的新图 9-13

第 10 章：死亡和临终

- 关于一个安详死亡的新开场白
- 理论视角：与库伯勒·罗斯不同的死亡理论
- 悲痛的四成分理论
- 配偶死亡后悲痛的"从研究到实践"新内容
- 中国的专业哀悼者
- 埃及的悲痛表现
- 补充帮助儿童应对悲痛的其他方法
- 关于辅助自杀和司法管辖的新统计数据
- 跨文化的临终关怀
- 更新关于美国和其他国家新生儿死亡率的统计数据
- 讨论桑迪胡克小学枪击案中幸存儿童的危机干预教育
- 10.3 节中的新的"自我检测"
- 修订"总结"部分

最后的总结

我非常开心可以向大家推荐《发展心理学》的最新版本。我相信它的篇幅、结构以及媒体资源和文本的整合都会帮助同学们高效地学习书中的材料。希望它能够让你们爱上发展心理学，并将它作为一生的兴趣。

简明目录 | Brief Contents

Contents | 目录

第 1 章

绪 论

  Ruiz 的家庭生日聚会取得了巨大的成功。Ruiz 的祖父 Geraldo 是这次聚会的焦点,他明天就 90 岁了。

  Ruiz 的妻子 Ellie 在计划小女儿 Eva 明年夏天的婚礼时,就萌生了举办这个聚会的想法。Eva 的未婚夫 Peter 是这个大家族里第一个非裔美国人,Ellie 希望能够提早向家人介绍他,这样等到举行婚礼的那一天,他的种族问题就不再是一件新鲜事了。

  看到这么多人前来参加这个快乐的聚会,就知道 Ellie 的想法显然非常有效果。Ruiz 悄悄做了人口普查:这里包括他的父亲 Damiano,Ellie 的爸爸妈妈,还有自己和 Ellie 家族里的一群叔叔阿姨、兄弟姐妹和堂亲表亲们。下一辈的,还有他的孩子们和他们的家庭,众多的侄子、侄女和他们的家人。而最小的孩子——4 岁的 Alicia 是 Geraldo 的玄孙女,她是 Ruiz 的侄女 Terri 的女儿和她的丈夫 Tony 从中国收养来的。

  当 Ruiz 凝视着房间里的人时,他的祖父 Geraldo 正抱着 Alicia 并和她高兴地聊着天。在这个小小的画面里,浓缩了祖父这个大家庭从 4 到 90 岁的五代人的故事。

  Ruiz 想,祖父是如何创造出这一切的呢?他是否也会好奇自己是如何培养出这些拥有完全不同人格的人呢?是否会畅想这些孩子的事业和他们的将来呢?是否从他们身上找到了自己那脾气暴躁而又倔强、胸怀开阔且慷慨的影子呢?他是否在这个聚会中找到了他孩童时的雄心壮志?这些孩子里会有人成为运动员吗?还是会像他和他的孩子一样成为作家和思想家?

  Ruiz 微笑着接受了 Ellie 将 Peter"整合"到大家庭的意见。Peter 的肤色并不是一个问题。更有故事的是 Ruiz 的侄子 Ted 和他的未婚夫 Tom，还有他的侄女 Clarissa 和她挽着的未婚妻 Rosa。Ruiz 笑得更开心了。就让祖父去疑惑这种新型的家庭趋势是从何而来的吧。

毕生发展（lifespan development）是一个多样且不断成长的领域，它有着广泛的关注点和应用性。它包含了个体从生命孕育到生命结束的整个过程，考察人们在生理、智力以及社会性方面的发展。在关于整个生命过程中人们如何发生变化又如何保持不变这一点上，它提出问题并试图给出答案。

发展心理学家提出的很多问题，实质上是以科学家的视角提出父母们所问的那些关于孩子和自己的问题：父母的遗传因素怎样影响孩子；儿童怎样学习；他们为什么做出这样的选择；人格特质是不是遗传的，它会随时间变化还是保持稳定；富于刺激的环境如何影响发展；等等。当然，为了寻找答案，发展心理学家会使用高度结构化、正规的科学方法，而父母大多使用非正规的做法来观察、参与并爱着他们的孩子。

在本章中，我们将介绍毕生发展这一领域。我们首先讨论这个领域的范围，既包括跨越的年龄阶段，也包括涉及的主题，并且运用重要的理论视角来考察这些主题。我们也会描述科学方法的关键特征以及科学家回答他们感兴趣的问题的主要方法。

1.1 开端

新的孕育

从很多方面来说，Louise Brown 和 Elizabeth Carr 的第一次见面是很平常的：只是两名女性，一名三十多岁，另一名四十多岁，在一起聊她们的生活和孩子。

但是从另一层意义来说，她们的见面是非比寻常的。Louise Brown 是世界上的第一个试管婴儿，是由母亲的卵子和父亲的精子经过体外受精（in vitro fertilization，IVF）而诞生的。而 Elizabeth Carr 是美国第一个试管婴儿。

Louise Brown（左）和 Elizabeth Carr（右）都是通过体外受精的受孕而出生的。

在 Louise 还是学前儿童的时候，她从父母那儿得知了自己是如何被孕育的。在整个童年，她被各种问题轰炸。她经常要向同学们解释自己并不是在实验室出生的。有时她会感觉到非常孤单。对于 Elizabeth 来说，成长也并不容易，因为她经历了一次又一次的不安全感。

然而如今 Louise 和 Elizabeth 不再是独一无二的。她们是 500 多万通过这种方法孕育的婴儿中的一员，这种孕育方式已经成为一种常规手段。她们各自也已经成为母亲，通过传统方式生下了自己的孩子（Gagneux，2016；Simpson，2017；Moura-Ramos & Canavarro，2018）。

Louise 和 Elizabeth 被孕育的过程也许十分新奇，但从那之后她们的发展就一直遵循着常规模式。虽然我们发展的具体情况有所不同，但在三十多年前开启的大方向对我们所有人来说都非常相似。勒布朗·詹姆斯（LeBron James）、教皇和你，所有人都经历了这样一个毕生发展的过程。

Louise 的孕育只是美丽新世界中的一页，影响人类发展的因素有很多，从克隆、贫穷，到预防艾滋病。它们背后存在更基本的问题：我们的生理发展过程是怎样的？整个生命进程中，我们对世界的理解如何变化？毕生发展过程中，我们的人格和社会关系如何发展？

很多这类问题是毕生发展的核心。这个领域涉及大跨度的时间范围和广泛的研究领域。我们来思考一下不同专家关注 Louise 和 Elizabeth 的兴趣焦点。

- 在生物层面研究行为的毕生发展研究者可能会关注 Louise 和 Elizabeth 出生前的机能是否受到其在体外受精的影响。
- 研究遗传的毕生发展专家可能会考察她们父母的遗传基因如何影响其日后的行为。

- 研究思维过程的毕生发展专家会考察随着她们年龄的增长，她们各自对于受孕本质的理解会如何变化。
- 关注生理发育的毕生发展研究者可能会思考她们生长发育的速度是否与其他传统方式受孕的儿童不同。
- 专门研究社会生活和社会关系的毕生发展专家可能会着眼于 Louise 和 Elizabeth 与他人互动的方式及其发展的友谊类型。

尽管兴趣不同，但这些专家都共同关注一个问题：理解生命过程中的发展和变化。发展心理学家采用多种不同的方法，研究父母的生物遗传连同我们的生活环境对我们人类将来的行为、人格和潜能的影响。

无论着眼于遗传还是环境，所有的发展心理学家都承认，二者都无法单独说明人类发展的整个过程。相反，我们必须考察遗传和环境的交互作用，尝试理解这二者如何共同影响人类行为。

在本节中，我们将围绕毕生发展的领域展开讨论。首先是讨论这一学科的范围，阐明这一学科所涵盖的广泛主题以及所考察的整个年龄范围；其次我们以一个更广阔的视角看待发展，考察这个领域的关键问题及存在争论的地方；最后我们讨论发展心理学家是如何用研究来提出和回答问题的。

毕生发展的取向

你是否曾经惊叹婴儿如何用他完美的小手紧紧抓住你的手指？或者惊叹青少年如何做出有关邀请谁参加聚会的复杂决定？或者惊叹又是什么使得 80 岁的爷爷和在 40 岁当父亲时的他如此相像？

如果你曾经产生过类似的疑问，你就是在问毕生发展领域科学家提出的问题。**毕生发展**是考察个体在生命历程中行为模式的发展、变化和稳定性的研究领域。

毕生发展采用科学的方法研究成长、变化和稳定性。与其他科学学科的分支领域一样，毕生发展领域的研究者通过应用科学方法来检验他们的假设，建立发展理论，并使用科学技术系统地验证其假设的准确性。

毕生发展关注人类发展。虽然一些发展心理学家研究非人类物种，但绝大多数研究者在研究人类。一些研究者试图理解发展的普遍原则，一些研究者关注文化、种族和族裔差异对发展的影响，还有一些研究者试图理解特质和性格的个体差异。尽管研究方法不同，但是所有发展心理学家都将毕生发展看作贯穿一生的连续过程。

发展心理学家关注毕生发展过程中的变化，也会考虑稳定性。他们探讨在什么方面，什么阶段，人们会表现出变化和发展；以及在什么时候，人们的行为会怎样与先前行为保持一致性和连续性。

此外，发展心理学家们假设：发展的过程从生命孕育开始一直持续到生命的结束。人在一些方面不断变化，直到生命最后一刻；在另一些方面则又保持稳定状态。他们认为不存在一个单一的生命阶段掌控着所有发展过程，而是人的一生的每一个阶段都保持着不断地发展和变化的能力。

毕生发展的特点：学科的界定

很显然，毕生发展的定义广泛、领域范围广阔。通常毕生发展专家会涉及多个不同的领域，并专门研究一个特定的领域和相对应的年龄范围。

毕生发展的主题领域。一些发展心理学家关注**生理发展**（physical development），考察身体各部分的构造（大脑、神经系统、肌肉和感官）以及发展中所需的饮食和睡眠等如何决定行为。例如，关注生理发展的专家可能会考虑营养不良对儿童成长速度的影响，另一些专家可能会考察运动员的身体素质在成年期是如何下降的（Fell & Williams，2008；Muiños & Ballesteros，2014）。

另一些发展心理学家考察**认知发展**（cognitive development），试图理解智能的发展和变化怎样影响个体行为。认知发展心理学家会考察学习、记忆、问题解决和智力等方面。例如，认知发展心理学家可能会想知道问题解决能力在整个生命进程中如何变化，或者人们解释自己学业成功和失败的方式是否存在文化差异（Penido et al.，2012；Coates，2016；St. Mary et al.，2018）。

还有一些发展心理学家关注人格和社会性发展。

人格发展（personality development）研究的是毕生过程中涉及区分个体和其他人的独有特性的变化和稳定性。**社会性发展**（social development）考察毕生过程中个体与他人互动以及他们的社会关系发展、变化和保持稳定的方式。对人格发展感兴趣的发展心理学家可能会问是否存在毕生稳定、持续的人格特质，而对社会性发展感兴趣的专家可能会考察种族偏见、贫穷或离婚对发展的影响（Lansford，2009；Tine，2014；Manning et al.，2017）。上面这四个主题领域，即生理发展、认知发展、人格发展和社会性发展（见表1-1）。

表1-1　毕生发展的研究取向

取向	定义特征	问题举例
生理发展	关注大脑、神经系统、肌肉、感觉能力，以及饮食和睡眠的需求怎样影响行为	• 什么决定了儿童的性别？（2.1） • 早产的长期影响结果是什么？（2.3） • 母乳喂养的好处有哪些？（3.1） • 性成熟过早或过晚的后果是什么？（6.1） • 什么导致了成年期的肥胖？（7.1） • 成人怎样应对压力？（8.1） • 衰老的外部和内部迹象是什么？（9.1） • 我们怎样定义死亡？（10.1）
认知发展	关注智能，包括学习、记忆、问题解决和智力	• 婴儿期能够被回忆起来的最早记忆是什么？（3.2） • 看电视对智力有什么影响？（4.2） • 双语是否有益于发展？（5.2） • 青少年的自我中心怎样影响其对世界的看法？（6.2） • 智力是否存在族裔和种族差异？（5.2） • 智力和创造力之间存在怎样的关系？（7.2） • 智力是否会在成年晚期衰退？（9.2）
人格发展和社会性发展	关注个体特有的持久特征，个体怎样与他人互动，以及社会关系的毕生发展与变化	• 新生儿对母亲的回应会与对其他人的不同吗？（2.3） • 教养孩子的最佳程序是什么？（4.3） • 性别认同何时发展出来？（4.3） • 怎样促进跨种族的友谊？（5.3） • 青少年自杀的原因是什么？（6.3） • 我们如何选择伴侣？（7.3） • 父母离异的影响会持续到老年阶段吗？（9.3） • 人们在成年晚期会更少地与他人接触吗？（9.3） • 面临死亡的个体会出现哪些情绪？（10.1）

注：括号中的数字表明了该问题所在的章节。

年龄范围与个体差异。除了选择一个特定主题领域以外，发展心理学家还会关注某一特定年龄范围。毕生发展通常分为大致的几个年龄阶段：产前阶段（受孕到出生）；婴幼儿期（出生到3岁）；学前期（3～6岁）；儿童中期（6～12岁）；青少年期（12～20岁）；成年早期（20～40岁）；成年中期（40～65岁）；成年晚期（65岁到死亡）。我们需要谨记：这些阶段是社会建构的。社会建构是一个关于现实的共享观念，它被广泛接受，却反映了特定时期的社会和文化功能。因此，一个阶段的年龄范围，甚至这个阶段本身，在很多方面都是主观且根植于文化的。例如，在18世纪之前，西方文化中不存在作为独立阶段的儿童期这个概念，儿童仅被看作小大人。此外，一些阶段有清晰的界限（婴儿期开始于出生，学前期结束于进入小学时，青少年期开始于性成熟），另一些阶段则没有明确边界。

以成年早期为例，20岁标志着"十几岁"阶段的结束，但是对于很多人来讲，19～20岁的年龄变化并没有太重要的意义，它只是大学生涯的中间一年。对于他们而言，更多变化可能出现在他们22岁左右离开大学的时候。此外，在一些文化下成年期开始得更早一些，当孩子开始全职工作时就意味着成年了。

事实上，一些发展心理学家提出了全新的发展阶段。比如，心理学家杰弗瑞·阿内特（Jeffery Arnett）认为青少年期持续到成年初显期（emerging adulthood），一个开始于青少年期晚期，并持续到二十五六岁的阶段。在成年初显期，人们虽然不再是青少年，但还未能完全承担成年人的责任。事实上，他们依然在尝试不同的身份认同并专注于自我探索（de Dios，2012；Syed & Seiffge-Krenke，2013；Sumner，Burrow，& Hill，2015；Arnett，2016）。

总之，生命的时间进程存在明显的个体差异。在某种程度上，这是由生物因素引起的：人们身体成熟的速度不同，在不同时间点达到发展的里程碑。此外，环境因素也起到重要作用，例如，结婚时间在不同文化下差异很大，而这在部分程度上取决于婚姻在不同文化中所发挥的不同功能。

主题与年龄之间的联系。毕生发展的每一个主题领域，生理、认知、社会性和人格发展，在整个发展过程中都发挥着作用。因此，一些发展心理学家可能关注产前阶段的生理发展，另一些则关注青少年期。一些可能特别关注学前期的社会性发展，而另一些关注成年晚期的社会关系。还有人可能用更广泛的方式，考察生命各个阶段的认知发展。

这两个印度儿童的婚礼就是一个例子，说明环境因素对于人们在某个年龄的特定行为发挥着非常显著的作用。

本书中，我们将采用综合的方法，按照从产前阶段到成年晚期再到死亡的时间顺序，考察每个阶段的生理、认知、社会性和人格发展。

同辈及其他因素对发展的影响：在社会世界中与他人共同成长

Bob，生于1947年，是"婴儿潮"一代。他出生于第二次世界大战结束后不久，当时士兵回国导致了极高的出生率。Bob的青少年期处于民权运动的鼎盛时期，也是开始反对越南战争的时候。他的妈妈Leah生于1922年，在96岁时去世。她那一代人的童年和青少年期是在经济大萧条的阴影中度过的。Bob的儿子Jon出生在1975年，现在人到中年开始稳固事业并养育家庭，他是所谓的"X一代"⊖的一员。Jon的妹妹Sarah生于1982年，则属于下一代了，社会学家称之为"千禧一代"。她研究生毕业后开始了自己的职业生涯，现在正在抚养她还没有上学的孩子。在她看来，后千禧一代，也就是她之后的那代人，沉迷于社交媒体和他们的苹果手机（iPhone）。

这些人在某种程度上，是他们所处社会时代的产物。每个人都属于一个特定的**同辈群体**（cohort），也就是生于同一时代相同地域的人类群体。一些主要的社会事件，例如战争、经济复苏和萧条、饥荒、流行病等，会对特定同辈群体的成员产生相似的影响（Mitchell，2002；Dittman，2005；Twenge，Gentile，& Campbell，2015）。

同辈效应是受到历史方面影响的一个例子，即生物和环境的影响与一个特定的历史时期相联系。例如，在"9·11"恐怖袭击事件发生时，住在纽约的人们共同经历了生物和环境上的挑战。他们的发展会受到这个常规的历史方面事件的影响（Laugharne，Janca，& Widiger，2007；Park，Riley，& Snyder，2012；Kim，Bushway，& Tsao，2016）。

从一个教育工作者的视角看问题

同辈效应怎样影响学生对学校生活的准备？例如，与之前手机使用不太常见的那一代相比，成长在手机使用成为习惯的这一代有些什么优势和不足？

年龄方面的影响则是指无论个体出生于何时何地，当个体处于特定年龄阶段时受到相似的生物和环境的影响。例如，青春期和绝经期等生物事件在所有的社会中基本都在同一年龄阶段发生。同样，像开始接受正规教育等社会文化事件也被认为是年龄方面的影响，因为在大多数文化下它都是在个体6岁左右时发生的。

发展也会受到社会文化的影响，对于特定个体，社会和文化因素出现于特定时间，这取决于族裔、社会阶层和所属亚文化等变量。例如，对于白人儿童和非白人儿童，特别是如果一个在贫困家庭中成长而另一个生活在富裕家庭，他们受到的社会文化影响是不同的。同样，在非洲内陆偏远地区长大的儿童，其成长经历与在纽约长大的儿童有着明显的不同（Rose et

---

⊖　出生于20世纪60年代中期至70年代末的一代人。——译者注

al.，2003；Hosokawa & Katsura，2018；见"文化维度"专栏）。

此外，个体还会受到**非常规的生活事件**（non-normative life event）的影响。它是在某个特定个体的生活中发生的、不常在大多数人生活中发生的特殊的非典型事件。例如，在车祸中失去父母的 6 岁孩子，就经历了一个明显的非常规的生活事件。

文化维度

文化、族裔和种族如何影响发展

美国父母称赞问很多问题的孩子"聪明、好问"；荷兰父母认为这样的孩子"太依赖别人"；意大利父母认为好奇心是社交和情感能力的标志，而不是智力的标志；西班牙父母对品格的赞扬远远超过对智力的赞扬；瑞典父母最看重安全和幸福。

我们该如何理解上面提到的不同的父母对孩子的期望呢？是否有一种看待孩子好奇心的方法是对的，而其他的方法是错的？如果我们考虑到父母所处的文化环境就知道当然没有对错。事实上，不同的文化和亚文化对育儿的方法和解释有不同的看法，就像它们对儿童有着不同的发展目标一样（Feldman & Masalha，2007；Huijbregts et al.，2009；Chen，Chen，& Zheng，2012）。

儿童发展学家必须考虑到广泛的文化因素。例如，正如我们将在第 4 章中进一步讨论的那样，在亚洲社会中长大的儿童往往有一种集体主义倾向，关注社会成员之间的相互依赖。相反，在西方社会中长大的儿童更有可能存在个体主义倾向，他们关注个人的独特性。

同样，如果儿童发展学家想了解人们在一生中是如何变化和成长的，他们也必须考虑种族、族裔、社会经济和性别差异。如果这些专家成功地做到了这一点，他们不仅可以更好地理解人类的发展，还能更精确地将其应用于改善人类的社会环境。

使得针对不同人群的研究复杂化的一个原因是，种族和族裔这两个术语经常会被不恰当使用。种族是一个生物学概念，基于人种的生理和结构特征来进行分类。不过这样的定义对于人类并不适用，研究表明这种区分人们的方式意义不大。

比如，根据不同定义，可以有 3 ～ 300 个种族，但其中没有一个是可以在遗传上清楚区分的。而在所有人类群体中 99.9% 的基因组成都是相同的这一事实，也使种族的问题显得没什么意义了。因此，今天的种族会被认为是一个社会建构，是由人们和他们的信仰所定义的东西（Smedley & Smedley，2005；Alfred & Chlup，2010；Kung et al.，2018）。

相比之下，族裔群体和民族是更广泛的术语，在这方面大家的意见也更一致。它们与文化背景、国籍、宗教信仰和语言有关。族裔群体的成员有共同的文化背景和群体历史。

此外，如何命名能够更好地反映种族和族裔群体之间的差异呢？这些争议还未有定论。应该使用非裔美国人这种具有地理和文化意味的命名，来取代黑人这种主要关注种族和肤色的称呼吗？美国原住民是比印第安人更好的称呼吗？西班牙裔这种称呼比拉丁裔更合适吗？研究者应该如何准确地在多种族背景下对人们进行分类呢？

为了全面理解发展过程，我们需要考虑与人类多样性相联系的复杂主题。事实上，只有通过发现不同民族文化和种族群体的相似性和差异性，发展心理学家才可以将发展的普遍原则和文化决定的发展区分开来。接下来的几年中，毕生发展将从主要针对北美和欧洲国家个体发展转向关注全球个体的发展（Matsumoto & Yoo，2006；Kloep et al.，2009；Arnett，2017）。

关键议题和问题：决定毕生发展的先天与后天因素

毕生发展是一个长达几十年的旅程，每个人在这个旅途中都会经历一些相同的里程碑。对于探索这个领域的发展心理学家来说，毕生发展的差异引出了很多问题。考察个体由生至死所经历巨大变化的最佳途径是什么？实际年龄有多重要？是否存在清晰明确的发展时间表？如何找到发展的普遍路线和模式？

在本部分中，我们将考察毕生发展领域中最重要的，也是存在持续争议的四个问题，并探讨研究者针对这些问题提出的解决方法。

连续性变化与阶段性变化

挑战发展心理学家的首要问题之一是：发展过程究竟是连续性的，还是阶段性的。在**连续性变化**（continuous change）中，发展是一个渐进的过程，每个水平的成就都建立在之前水平的基础上。连续性变化是量的变化，推动发展过程的机制在毕生发展过程中都保持不变。在这一观点中，连续性变化所产生的是程度上的变化，而不是性质上的变化。例如，人们身高的变化是连续性的。一些理论家认为人们思维能力的变化也是连续性的，其思维能力是逐渐提高的，而不是发展出全新的认知加工能力。

相反，另一些发展心理学家将发展视为**阶段性变化**（discontinuous change），变化发生在截然不同的阶段中。每个阶段带来的行为都与先前阶段的行为存在本质差异。让我们重新考虑一下认知发展的过程，一些发展心理学家认为个体的思维在发展过程中发生了本质上的变化，不是量的变化，而是质的改变。

大多数发展心理学家都认为，对于连续性和阶段性的问题只考虑单一立场是不合适的。很多类型的发展变化是连续性的，但也有很多明显是阶段性的（Heimann，2003；Gumz et al.，2010；Burgers，2016）。

关键期与敏感期：考察环境事件的影响

如果一个怀孕11周的妇女患上风疹（rubella），她所生的孩子很可能有严重问题，如失明、耳聋和心脏病。但是，如果她在怀孕30周时患上相同的疾病，对胎儿造成伤害的可能性就会大大降低。

这种不同的后果说明了关键期的概念。**关键期**（critical period）是发展过程中的一个特殊时期，此时，特定的事件会造成重大影响。某些环境刺激使发展得以正常进行，或暴露于某些刺激中导致异常发展的时期就是关键期。例如，母亲在怀孕期间的特定时间服用药物可能会对其发育中的孩子造成永久性的伤害（Mølgaard-Nielsen, Pasternak, & Hviid, 2013；Nygaard et al.，2017）。

虽然毕生发展的早期研究者大力强调关键期的重要性，但近期的理论认为，个体发展在很多领域都具有更大的可塑性，尤其是在人格和社会性发展领域。例如，缺乏早期特定的社会经验并不会对个体造成永久性的损害，越来越多的证据表明，人们可以利用之后的经验来帮助弥补早期的不足。

因此，发展心理学家现在更倾向于使用"敏感期"这个概念而不是"关键期"。**敏感期**（sensitive period）是指，有机体对环境中特定类型的刺激具有更强的易感性。与关键期不同的是，特定环境刺激在敏感期阶段的缺失并不总是会带来不可逆转的结果。

尽管在敏感期缺少特定的环境影响可能会阻碍个体的发展，但之后的经验是可以补足早期缺失的。换句话说，敏感期这一概念肯定了人类在发展过程中的可塑性（Hooks & Chen，2008；Hartley & Lee，2015；Piekarski et al.，2017）。

关注毕生发展与关注特定的阶段

早期发展心理学家倾向于关注婴儿期和青少年期，并且在很大程度上排斥毕生发展的其他阶段。而今天的发展心理学家认为，整个毕生发展过程都很重要，因为正如本书所述，发展和变化会持续存在于毕生发展的每个阶段。

为了充分理解社会对特定年龄阶段个体产生的影响，我们需要理解这个人的社会环境，尤其是那些在很大程度上提供这些影响的人。例如，为了理解婴儿的发展，我们需要弄清父母的年龄对婴儿的社会环境所产生的影响。比如，一个初为人母的15岁妈妈和一个经验丰富的37岁母亲将会提供完全不同的家庭影响。因此，婴儿的发展在某种程度上是父母发展所派生的结果。

此外，毕生发展心理学家保罗·巴尔特斯（Paul Baltes）指出，毕生发展同时涉及了获得和丧失。随着年龄增长，人们的一些技能变得更加娴熟老练，而另一些技能则开始衰退。例如，个体的词汇量从儿童阶段到成年之后都在保持增长，但一些生理功能，如反应时，则在成年早期和中期达到顶峰，然后开始衰退（Baltes，2003；Ghisletta et al.，2010；Cid-Fernández, Lindín, & Díaz, 2016）。

先天和后天对发展的相对影响

发展中的一个永久话题是，个体的行为有多少取决于他们的遗传（先天），又有多少取决于所处的物理和社会环境（后天）（Wexler，2006；Kong et al.，2018）。

先天（nature）是指从父母遗传中得来的特质、才智和能力。它包含预先确定的遗传信息的演变过程，即**成熟**（maturation）的过程。人类从一个受精卵发展为由几十亿个细胞组成的完整个体，这些基因和遗传因素一直发挥着作用。先天因素决定了我们的眼睛是蓝色还是褐色，决定了我们毕生都有浓密的头发还是会逐渐变秃，也决定了我们是否擅长运动。先天因素决定了我们大脑的发育方式，从而使得我们可以阅读这一页纸上的文字。

相反，后天（nurture）是指影响和塑造行为的环境。一些影响可能是生物层面的，如怀孕母亲摄入可卡因对胎儿的影响以及儿童可获得的食物种类和数量的影响。其他影响可能会更社会化，如父母教养孩子的方式，或者同伴压力对青少年的影响。还有一些影响是社会层面作用的结果，如个体所处的社会经济环境。

尽管发展心理学家拒绝"行为只是单独由先天或后天因素决定"的想法，但先天-后天的问题仍会引发激烈的争论。以智力为例，如果智力基本上由遗传所决定，并且在出生时已经基本确定，那么生命后期努力提高智力的行为将注定失败。相反，如果智力基本是环境因素的结果，如学校教育和家庭养育的质和量，那么我们可以期望通过提高社会条件来促进智力的提高。

显然，先天和后天因素都不能独立解释大部分的发展现象。遗传和环境因素的交互作用是复杂的，因为一些遗传决定的特征并不直接影响儿童的行为，而是首先以间接的影响方式来塑造儿童的环境。例如，儿童很爱哭泣的特质可能是遗传因素决定的，也可能是通过让父母在听到哭泣时匆匆赶来安慰而影响环境的结果。父母对儿童因遗传所决定的行为的敏感反应，变成了对儿童日后发展的环境影响。

同样，虽然遗传背景让我们倾向于表现出特定行为，但这些行为在缺乏适当环境的情况下也难以发生。拥有相似遗传背景的个体（例如同卵双胞胎）可能具有相去甚远的行为方式，而具有完全不同遗传背景的人在特定情况下也可能会有相似的行为（Segal et al.，2015；Sudharsanan, Behrman, & Kohler，2016；Pfeifer & Hamann，2018）。

总之，先天和后天的问题非常具有挑战性。归根结底，我们应该将其看作一个连续体的对立两端，特定行为会存在于这两者之间的某个位置。这与我们所提到的其他矛盾问题相类似。例如，连续性发展与阶段性发展也不是对立的"非此即彼"的过程，一些发展形式偏向于统一体"连续"的一端，另一些则偏向于"不连续"的一端。简言之，几乎没有人认为发展过程是绝对的"非此即彼"过程（Deater-Deckard & Cahill，2006；Rutter，2006；Selig & Lopez，2016）。

回顾、检测和应用

回顾

1. 描述毕生发展领域的研究范围。

　　毕生发展是以一种科学的方法来理解人在一生中的成长与变化。该学科涵盖了广泛的年龄跨度和研究主题。它的主要目标是考察个体所在的年龄群体与其生理、认知、社会性和人格发展之间的联系。

2. 描述同辈群体并解释其如何影响发展。

　　基于相近的年龄和出生地域，作为同辈群体的成员，人们会受到历史事件（历史方面）的影响。人们也会受到年龄、社会文化和非常规的生活事件的影响。

3. 解释连续性变化和阶段性变化的区别。

　　在连续性变化中，发展是渐进的，在有先后顺序的水平上达成一个又一个成就。连续性变化是量变，其背后的发展历程在毕生中都是一样的。相反，在阶段性变化中，发展发生于不同阶段。每一阶段的行为都与前一阶段的行为有质的区别。

4. 区分关键期与敏感期。

　　关键期是发展过程中的一个特殊时期，这个时期的某一特定事件会造成重大影响。在敏感期中，有机体对环境中某些类型的刺激是非常易感的。然而，和关键期相反，在敏感期缺乏某些刺激并不总是会带来不可逆转的结果。

5. 描述毕生发展的研究是如何拓展的。

早期的发展心理学家倾向聚焦于婴儿期和青少年期，并在很大程度上排斥毕生发展的其他阶段。但是，今天的发展心理学家相信整个毕生发展都是重要的，因为发展和变化会持续存在于毕生发展的每个阶段。

6. 总结先天和后天对发展的影响。

先天指的是从父母遗传中得来的特质、才智和能力。相反，后天指的是影响和塑造行为的环境。

自我检测

1. 毕生发展心理学家提出的三个假设包括：①关注人类发展；②在发展和变化的基础上理解稳定；③_____。

a. 发展会持续整个生命历程

b. 儿童的发展变化是唯一值得研究的变化

c. 毕生发展的一些阶段比另一些阶段更重要

d. 发展是一个稳定不变的过程

2. 儿童说出第一个完整句子的时间，是以下哪一种影响的例子_____。

a. 历史方面的影响　　　　b. 年龄方面的影响

c. 社会文化方面的影响　　d. 非常规的生活事件的影响

3. Grady 认为人类是通过微小的量的累积而发展的，他的妹妹 Andrea 不同意，认为人类发展是更加独立和阶段性的。他们的争论反映的主题是_____。

a. 关键期与敏感期　　　　b. 先天与后天

c. 连续性与阶段性　　　　d. 毕生发展与特定阶段

4. 在发展过程中特殊的时间点上发生的特定事件会产生最大化的影响，这描述的是_____。

a. 关键期　　b. 敏感期　　c. 遗传期　　d. 胚胎期

应用于毕生发展

举出一些例子，说明文化（广义上的文化或者文化的一些方面）会影响人类发展的方式。

1.2　毕生发展的理论视角

直到 17 世纪，欧洲才出现了"儿童期"这个概念。在此之前，儿童只是简单地被认为是小大人。人们认为儿童有着与成人同样的需求和愿望，相同的缺点与美德，不享有任何特权。他们有着和成人相同的着装，也有着和成人一样的工作时间。儿童会因为违法行为而遭受与成人同样的惩罚。如果他们偷东西，就会被吊起来；如果他们做得好，就可以获得成功，至少在他们的身份或社会地位允许的范围之内是这样的。

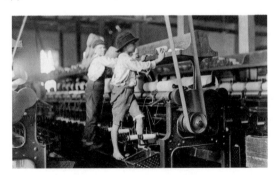

社会对儿童期的看法以及对儿童的适当要求随着时代而改变。在 20 世纪早期，这些儿童在煤矿中全职工作。

这种针对儿童期的观点现在看来是错误的，但在当时却是社会对毕生发展的理解。从这种观点出发，年龄并不会带来"尺寸大小"以外的差异。人们认为个体在毕生发展的绝大部分时间里不会发生实质性的改变，至少在心理水平上如此（Aries，1962；Acocella，2003；Hutton，2004；Wines，2006）。

虽然中世纪的观点很容易被否定，但怎样形成现代的替代观点却并不简单。关于发展的观点，我们应该关注在毕生发展中生物学方面的变化、成长和稳定性，还是关注认知或社会性方面，或是其他因素？

事实上，不同研究毕生发展心理学的学者们会以多种不同的视角来考察这一学科。每种视角包含一种或多种**理论**（theory），即对关注现象的大量系统的解释和预测。理论提供了一个框架来理解很多看上去无组织的事实或原理之间的关系。

基于自己的经验、民间传说，以及媒体报道的故事，我们都可以建立起关于发展的理论。但是关于毕生发展的理论是不同的。我们自己的理论随意地建立在未经证实的观察之上，而发展心理学家们的理论则更为正式，建立在对以往发现和理论的系统整合之上。理论观点使发展心理学家们能够总结和组织以往的观察结果，并使他们能够在现有观察结果的范围之外进行演绎推理，得出那些并没有直接出现的部分。此外，理论是需要通过研究进行严格检验的；而个人的发展理论则并没有进行论证，甚至可能从不会被质疑（Thomas，2001）。

我们将考察毕生发展的六种主要理论视角：心理动力学、行为、认知、人本主义、情境及演化。每种视角强调发展的不同方面，指引心理学家选择特定的研究方向。此外，每种视角都在不断发展，以适应这样一个不断发展、活跃的学科。

心理动力学、行为和认知视角

让我们首先来检视心理动力学、行为和认知视角的主要观点，以及它们是如何解释毕生发展的。

心理动力学视角：关注个体内部

Marisol 在 6 个月大的时候，经历了一场血腥的车祸——这或许是她父母告诉她的，因为她对这场车祸并不存在有意识的记忆。然而，现在 24 岁的她却很难维持与他人的关系，她的治疗师正在探寻她现在的问题是否源于早期的那场车祸。

寻找这种联系似乎看起来有些牵强——但在**心理动力学视角**（psychodynamic perspective）的拥护者看来，这并非不可能。他们认为很多行为是由人们无意识或无法控制的内驱力、记忆和冲突所激发的。这种内驱力可能源于儿童期，并且会影响人的一生。

弗洛伊德的精神分析理论。与心理动力学视角最紧密相关的人物是维也纳精神病学家西格蒙德·弗洛伊德（Sigmund Freud，1856—1939），他革命性的观点不仅在心理学和精神病学领域中影响非凡，也对西方思想产生了普遍而深远的影响（Greenberg，2012；Roth，2016；Mahalel，2018）。

西格蒙德·弗洛伊德

弗洛伊德的**精神分析理论**（psychoanalytic theory）认为无意识驱力决定了个体的人格与行为。对于弗洛伊德来讲，无意识是人格中未被觉察的一部分，包含婴儿时期所隐藏的原始希望（wish）、愿望（desire）、需求（demand）和需要（need），由于它们具有令人烦扰的本质，因此被隐藏于有意识的觉知背后。弗洛伊德认为无意识是我们很多日常行为发生的原因。

弗洛伊德认为每个人的人格都包含三个部分：本我、自我和超我。本我（id）是出生时就存在的人格中不成熟的、无组织的部分。它代表与饥饿、性、攻击和非理性冲动相关的原始内驱力。自我（ego）是人格中理性与理智的部分，作为外部世界和原始本我的缓冲器。而超我（superego）代表个人的良知，用来判断什么是对、什么是错。超我在个体五六岁时开始发展，是从父母、老师和其他重要他人那里习得的。

弗洛伊德强调儿童期的人格发展，他认为**性心理的发展**（psychosexual development）是儿童经历一系列不同阶段的过程，每个阶段都通过一种特定的生物功能和身体部位获得愉悦或满足。正如表 1-2 所示，他认为快感的产生从最初的口腔（口唇期，oral stage）转移到肛门（肛门期，anal stage），最后转移到生殖器（性器期和生殖器期，phallic stage & genital stage）。

弗洛伊德认为，如果儿童在特定时期不能充分满足自己，或者得到过量的满足，将会发生固着。固着（fixation）是指由于冲突未被解决，从而表现出某个早期发展阶段的行为方式。例如，固着在口唇期可能导致成人经常做出嘴部的吮吸行为——吃、讲话或嚼口香糖。

埃里克森的心理社会理论。精神分析学家埃里克·埃里克森（Erik Erikson，1902—1994），提出了另一种心理动力学观点，强调与他人的社会互动。埃里克森认为，社会和文化都在挑战并塑造着我们。**心理社会性发展**（psychosocial development）包括人与人之间的相互理解和交互作用的变化，以及我们作为社会成员对自己的认识和理解（Erikson，1963；Malone et al.，2016；Knight，2017）。

表 1-2 弗洛伊德和埃里克森的理论

大概年龄	弗洛伊德性心理的发展阶段	弗洛伊德阶段的主要特征	埃里克森心理社会性发展的阶段	埃里克森各阶段的正性和负性结果
出生到12～18个月	口唇期	感兴趣于从吮吸、吃、说话、啃咬中获得口部满足	信任对不信任	正性：从环境支持中感到信任 负性：对他人感到害怕和担忧
12～18个月到3岁	肛门期	通过排泄和控制排便获得满足，最终接受与如厕相关的社会控制	自主对羞愧怀疑	正性：如果探索受到鼓励会感到自我满足 负性：怀疑自己，缺乏独立性
3岁到五六岁	性器期	对生殖器感兴趣，对恋母情结的冲突做出妥协，导致对同性别父母的认同	主动对内疚	正性：探索采取行动的方式 负性：对行动和想法感到内疚
五六岁到青少年期	潜伏期	对性的关注大大减弱	勤奋对自卑	正性：发展出胜任意识 负性：感到自卑，没有控制感
青少年期到成年期（弗洛伊德） 青少年期（埃里克森）	生殖器期	重新出现对性的兴趣，建立成熟的性关系	同一性对角色混乱	正性：意识到自我的独特性，对自己需要遵循的角色有明确认识 负性：没有能力认同生命中的适当角色
成年早期（埃里克森）			亲密对疏离	正性：发展爱、性关系和亲密友谊 负性：害怕与他人建立关系
成年中期（埃里克森）			再生力对停滞	正性：感知生命延续的贡献 负性：轻视自己的活动
成年晚期（埃里克森）			自我完善对失望	正性：感到生命中的成就和谐统一 负性：对生命中失去的机会感到悔恨

埃里克·埃里克森

埃里克森的理论认为个体发展包括八个阶段（如表1-2所示），这些阶段以固定的模式出现，并且对所有人都是相似的。个体在每个阶段都要应对和解决一种危机或冲突。虽然没有一种危机可以完全解决，但个体至少做到充分化解每个阶段的危机，从而应对下个阶段发展的需求。与弗洛伊德不同，埃里克森不认为青少年期是发展的完成阶段，而认为发展和变化是持续毕生的（de St. Aubin & McAdams，2004）。

评价心理动力学视角。弗洛伊德所认为的无意识影响情感行为的观点是一项不朽的成就，这种无意识观点渗透到西方文化思维的方方面面。事实上，当代研究记忆和学习的研究者认为，无意识记忆对我们的行为有着重要的影响。

然而，弗洛伊德的精神分析理论中一些最基本的原理也遭到了人们的质疑，因为它们未能得到后续研究的验证。特别是很少有研究可以证明，儿童期的经历会决定个体成年后的人格。此外，因为弗洛伊德的理论是基于有限的样本——那些生活于严格禁欲、极端拘束时代的奥地利的中上阶层群体，这些理论是否能够应用于多文化群体还值得质疑。最后，因为弗洛伊德的理论主要关注男性发展，也可能因此被认为有歧视女性的嫌疑而受到批评（Gillham，Law，& Hickey，2010；O'Neil & Denke，2016；Balsam，2018）。

埃里克森提出的毕生持续发展的观点非常重要，已经得到了广泛支持。但是，他的理论也存在缺陷。与弗洛伊德的理论一样，它更多关注男性而非女性的发展。此外，埃里克森理论的模糊性使其无法被明确验证。同其他心理动力学理论一样，使用这一理论很难对个体行为做出明确的预测（de St. Aubin & McAdams，2004；Balsam，2013）。

行为视角：关注可观测的行为

Elissa 在 3 岁的时候，一只很大的棕色狗咬伤了她，结果缝了几十针，并做了好几次手术。自从那次被咬之后，每次她看到狗时都会浑身冒汗，再也不喜欢身边有宠物了。

毕生发展心理学家运用行为视角来解释 Elissa 的行为非常简单直白：她对狗产生了习得性恐惧。与考察有机体的内在无意识过程的机制不同，**行为视角**（behavioral perspective）认为理解发展的关键是可观察的行为和环境刺激。如果知道刺激是什么，我们就可以预测行为。从这个角度来看，行为视角反映的观点是，对于发展来说，后天比先天更为重要。

行为理论不认为人们普遍会经历一系列的发展阶段。相反，人们会受到那些偶然经历的环境刺激的影响。发展模式是个人化的，反映出一系列特定的环境刺激，而行为是持续暴露在环境中的某些特定因素下的结果。此外，发展变化被看成是量的变化而非质的改变。例如，行为理论认为，儿童期问题解决能力的提高，在很大程度上是由于心理能力增加，而不是由于儿童面临问题时思维类型的改变。

经典条件作用：刺激替代

给我一打健全的婴儿，在我所设计的世界里抚养他们，不论他们的天赋、喜好、倾向和能力等如何，我保证可以任选其一，将其培养成为任何我选择的行业专家——医生、律师、艺术家、商人，甚至是乞丐和小偷（Watson, 1925）。

这句话出自约翰·B.华生（John B. Watson, 1878—1958），他是最先提倡行为观点的美国心理学家之一。这句话可看作华生对行为观点的全面总结。华生认为，我们可以通过研究构成环境的刺激来全面理解发展过程。事实上，华生认为，通过有效控制个体的环境（或称之为条件作用），就有可能塑造任何行为。

经典条件作用（classical conditioning）。它发生于有机体学会用一种特定的方式对中性刺激进行反应的时候。例如，当铃声与肉（食物）同时呈现时，狗就能学会对单独的铃声表现出类似于对食物的反应——分泌唾液并兴奋地摇动尾巴。这种行为是条件作用的结果，条件作用是学习的一种形式，指的是与某种刺激（食物）相关联的反应又与另外一种刺激建立了联系。在这个例子中，另一种刺激是铃声。

约翰·华生

同样的经典条件作用过程可以解释我们如何习得情绪反应。例如，在被狗咬伤的受害者 Elissa 的案例中，华生认为一种刺激被替换成了另一种刺激：Elissa 原本不愉快的情绪指向特定的一只狗（原初刺激），最终被转移到其他狗身上，并泛化至所有的宠物。

操作性条件作用（operant conditioning）。除了经典条件作用以外，行为观点还包括其他类型的学习过程，特别是行为主义者关注的操作性条件作用。**操作性条件作用**是学习的一种形式，在这种学习形式中，自发的反应由于与积极或消极的结果相联系而得到增强或减弱。与经典条件作用不同的是，操作性条件作用的反应是自发的、有目的的，而不是自动化的（如分泌唾液）。在心理学家 B. F. 斯金纳（B. F. Skinner, 1904—1990）系统阐述并捍卫的操作性条件作用中，个体为了得到他们所期望的结果，学会有意地作用于他们所处的环境（Skinner, 1975）。

儿童或成人是否会重复一个行为，取决于这个行为是否伴随着强化。强化是一个提供刺激的过程，该过程增加了先前行为重复出现的可能性。因此，如果一个学生取得好成绩，他就会更倾向于好好学习；如果工人的努力与高收入相关联，他们就可能会更努力工作；如果买彩票的人偶尔中奖，他们就会更倾向于在日后继续购买彩票。此外，惩罚作为呈现不愉快或令人痛苦的行为的刺激，或者作为减少令人愉快的行为的刺激，将会减少先前行为在未来出现的可能性。

那么，被强化的行为更有可能在将来重复出现，而没有受到强化或者受到惩罚的行为则可能消退。操作性条件作用的原理被用于**行为矫正**（behavior modification），这是一种提高期望行为出现的频率、减少不受欢迎行为发生率的矫正技术。行为矫正应用于广泛的情境中，包括教有严重智力缺陷的个体学习基本语言以及帮助有自我控制问题的人坚持节食（Wupperman et al.，2012；Wirth，Wabitsch，& Hauner，2014；Miltenberger，2016）。

社会认知学习理论：模仿学习。一个 5 岁男孩由于模仿电视里的摔跤暴力镜头而严重伤害了他 22 个月大的表弟，导致这个婴儿的脊髓遭受损伤，在医院治疗了 5 个星期才出院（Reuters Health eLine，2002；Ray & Heyes，2011）。

这里存在因果关系吗？虽然我们无法得到确切的答案，但看起来它是很有可能的，尤其在社会认知学习理论家看来。发展心理学家阿尔伯特·班杜拉（Albert Bandura）及其同事认为，大量的学习都可以由**社会认知学习理论**（social-cognitive learning theory）来解释，该理论强调学习是可以通过对榜样行为的观察而完成的（Bandura，2002，2018）。

从一个社会工作者的视角看问题

社会学习和榜样的概念与大众传媒有怎样的关系？暴露于大众传媒中会对儿童的家庭生活产生怎样的影响？

与操作性条件作用认为学习过程是一系列的试错有所不同，社会认知学习理论认为学习是观察的产物。我们不需要亲自体验行为的后果就能达到学习的目的。社会认知学习理论认为，当我们看到榜样的行为受到奖赏时，我们将更可能去模仿这种行为。例如，在一个经典的实验中，害怕狗的儿童看到一个昵称是"无畏的同伴"的榜样与小狗玩得很开心（Bandura，Grusec，& Menlove，1967）。在此之后，与没有看过榜样的儿童相比，之前害怕的儿童看过榜样后可能更愿意去接近一只陌生的小狗。

评价行为视角。采用行为视角进行的研究已经做出了巨大贡献，其影响范围从员工培训技术，到开发限制严重发育障碍儿童的攻击性的程序。但与此同时，行为视角也存在一些争议。例如，虽然都是行为视角，但经典条件作用、操作性条件作用和社会认知学习理论在一些基本方面存在分歧。经典条件作用和操作性条件作用将学习视为对外部刺激的反应，这里唯一重要的因素是可观测的环境特征。人或者其他有机体就像是无生命的"黑箱"，箱子内部发生的一切都无法被理解或被关注。

社会学习理论家认为这种分析过于简单。他们认为人类与老鼠、鸽子的不同点在于心理活动，包括思维和预期。我们如果不剥离外界刺激和反应，就不能全面了解人类发展。

近几十年来，社会学习理论在很多方面逐渐压倒了经典和操作性条件作用理论。事实上，另一种明确关注内部心理活动的视角越来越有影响，即认知视角。

认知视角：检验理解的根源

当 3 岁的 Jake 被问及为什么有时天会下雨时，他回答："这样花朵就可以生长了。"当问他 11 岁的姐姐 Lila 同样的问题时，她回答："是因为地球表面的蒸发作用。"当让他们正在研究生院学习气象学的表姐 Ajima 回答同样的问题时，她的回答包括对积雨云、科里奥利效应（the Coriolis Effect）和气象图的讨论。

在一个持有认知视角的发展理论家看来，这些答案中复杂性的差异说明了个体知识、理解或认知水平的不同。**认知视角**（cognitive perspective）关注的是人们认识、理解和思考世界的过程。

认知视角强调人们如何对世界进行内部表征与思考。通过应用这种视角，发展心理学研究者们希望了解儿童和成人是如何加工信息的，他们的思维和理解方式又是如何影响他们的行为的。研究者也试图了解认知能力如何随着人的发展而改变，认知发展在多大程度上能够代表智能的定量和定性发展过程，以及不同的认知能力彼此之间如何联系。

皮亚杰的认知发展理论。没有哪个人对认知发展研究产生的影响可以和皮亚杰相提并论。让·皮亚杰（Jean Piaget，1896—1980）是一位瑞士心理学家，他认为所有人都会以固定顺序经历一系列的一般认知发展阶段：每个阶段不仅有信息数量的增长，信息和理解的质量也会发生改变。皮亚杰关注儿童从一个阶段发展到下一个阶段的认知变化过程（Piaget，1952，1962，1983）。广义来讲，皮亚杰认为人类思维是以图式（scheme）[一]进行组织的，图式是表征行为和动作的有组织的心理模式。婴儿的图式用来表征具体行为——吮吸、伸手以及每种单独行为的图式。年龄较大儿童的图式变得更加复杂与抽象，如骑自行车或玩互动视频游戏所涉及的技巧。图式就像智能电脑的软件，指导并决定着如何看待和处理来自外部世界的数据（Oura，2014）。

皮亚杰认为，儿童理解外部世界能力的发展可以由两条基本原则来解释：同化和顺应[二]。同化是人们根据当前认知发展的程度和思维方式来理解一个新经验的过程；相反，顺应是指改变当前思维方式，来对出现的新刺激或事件进行回应。同化和顺应同时作用，带来了认知发展。

评价皮亚杰的理论。 皮亚杰是毕生发展领域的泰斗人物之一，深刻影响了我们对认知发展的理解。他对儿童期的智力发展进行了权威描述，并且这些描述经受住了成千上万的研究的考验。从广义来讲，皮亚杰认知发展理论的主要观点是正确的。

但是，这个理论的一些细节部分也受到质疑。例如，一些认知技能出现的时间很明显比皮亚杰认为的要早，此外，皮亚杰提出的发展阶段的普遍性也存在争议。越来越多的证据表明，特定认知能力在非西方文化下的出现依照着不同的时间表。在每个文化下，一些人可能不会达到皮亚杰提出的认知复杂性的最高

水平：形式逻辑思维（Müller，Burman，& Hutchison，2013；Siegler，2016）。

在真人秀节目《幸存者》(Survivor) 中，选手必须学习新的生存技能才能成功。什么形式的学习是普遍的？

最后，对认知发展观点最大的批评在于，认知发展并非像皮亚杰的阶段论所认为的那样，一定是不连续的。很多发展心理学研究者认为发展是更加连续的过程。这些批评引出了另一种不同的视角，即信息加工观点，它关注毕生中学习、记忆和思考所基于的过程。

信息加工观点（information processing approach）。信息加工观点已经成为继皮亚杰观点之后的另一种重

[一] 此处英文原书为 scheme，与后文图式的英文单词有所不同。考虑到作者或有意区分（在本书第 3 章，我们可以看到关键术语从 scheme 到 schema 的转变），以及习惯用词，我们暂时保留目前的译法，并注明原书中的英文词。另外，在承担李其维老师领导的皮亚杰著作的翻译工作期间，李其维老师对 scheme（复数为 schemes）与 schema（复数为 schemata）这组术语的译法给出了如下意见，供大家学习参考。特此说明。

这两个词在皮亚杰理论中是有不同含义的，但常被混淆。混淆的责任在于某些英文译者从皮亚杰法文原著中翻译过来时不加区分，多数情况下都把它译成"图式"了，即使用了 schema 或 schemata。其实这是错误的。scheme（schemes）应该译成"格式"，而 schema（schemata）应该译成"图式"。它们有不同含义，"图式"一词更不能随意滥用。那么"格式"与"图式"区别何在呢？我们最好还是来看皮亚杰自己是怎么说的（以下引文取自皮亚杰自己所写的《皮亚杰理论》一文），皮亚杰指出："格式（scheme，复数为 schemes）是指操作活动，代表动作中能重复和概括的东西，如用棍棒去推动一个客体。而图式（schema，复数为 schemata）是指思想的图像方面——企图去表现现实，而不去转变它。图式是一种简化了的意象，例如，一个城镇的地图。"

因此，请大家留意，凡是在讲到动作的时候，讲到它所形成的某种类似于格式塔的东西都指的是"格式"。格式总是与动作相联系的，格式的进一步抽象就是结构或认知结构。——译者注

[二] 在承担李其维老师领导的皮亚杰著作的翻译工作期间，李其维老师对 assimilation 与 accommodation 这组术语的译法给出了如下意见，供大家学习参考。由于习惯，我们暂时保留目前的译法。特此说明。

我们可以把这两个词统一译为"同化"与"顺化"。大多数情况下，assimilation 被译为"同化"，而 accommodation 可能就不一致了。由于受到以前一些中文出版物的影响，可能会把它译成"顺应"而不是"顺化"。这两个词其实是同一层级的，它的上级概念是适应（adaptation）。因此，如把 accommodation 译成"顺应"的话，似乎给人一种"儿子的名字与父亲的名字同一辈分"的感觉。所以，可以把它统一译成"顺化"——"同化"与"顺化"是两兄弟，他们的父亲是"适应"。——译者注

要观点。认知发展的**信息加工观点**试图确定个体接收、使用和存储信息的方式。

信息加工观点源于计算机的发展，它假设即使是复杂的行为，诸如学习、记忆、分类和思考，都可以被分解为一系列单独的特定步骤。

信息加工观点认为儿童与计算机一样，进行信息加工的容量是有限的。随着年龄增长，儿童可以更多采用复杂策略，从而使得信息加工更加有效。

与皮亚杰的观点完全相反，信息加工观点认为发展是量的增加而不是质的改变。我们加工信息的能力随着年龄增长而不断提高，加工速度和有效性也是如此。此外，信息加工观点认为，随着年龄增长，我们可以更好地控制加工的性质，还可以改变所选择的策略来加工信息。

基于皮亚杰研究的一种信息加工观点是新皮亚杰理论（neo-Piagetian theory）。皮亚杰的原初工作将认知看作由逐渐复杂化的一般认知能力组成的单一系统，与之不同，新皮亚杰理论认为，认知是由不同种类的独立技能组成的。新皮亚杰理论使用信息加工观点的术语，认为认知发展在一些领域会发展得较快，而在另一些领域则发展较慢。例如，阅读能力和复述故事所需技能的加工速度要快于代数和三角函数中的抽象计算能力。此外，与传统皮亚杰理论相比，新皮亚杰理论家们认为，经验在促进认知发展的过程中发挥着更重要的作用（Loewen，2006；LeFevre，2016；Bisagno & Morra，2018）。

评价信息加工观点。我们将会在后续的章节中看到，信息加工观点已经成为理解发展过程的核心部分，但它并不能提供对行为的完整解释。例如，信息加工观点很少注意到诸如创造性的行为，而创造性行为中，大多数想法产生于看上去无逻辑、非线性的方法。此外，该观点没有考虑所处的社会环境背景对发展产生的影响。这也是为什么强调关于发展的社会文化方面的理论会逐渐受到人们欢迎。

认知神经科学观点（cognitive neuroscience approach）。一种最新出现的观点是**认知神经科学观点**，即在脑加工水平上考察认知发展的理论。与其他认知视角一样，认知神经科学观点也聚焦于内部心理过程，但它会重点关注思维、问题解决以及其他认知行为背后的神经活动。

认知神经科学家们试图确定与不同类型认知活动相关的具体的大脑部位和功能。例如，通过复杂的大脑扫描技术，认知神经科学家发现，与思考词语发音相比，思考词义时会激活大脑的不同区域。

认知神经科学家也提供了解释孤独症谱系障碍的病因的线索。孤独症是一种严重的发育障碍，会导致幼儿的言语障碍和自我伤害行为。例如，神经科学家发现，孤独症的儿童在生命的第一年中大脑会扩张性地飞速发展，导致其头部显著大于没有障碍的那些儿童（见图 1-1）。通过在生命早期识别有障碍的儿童，健康照护人员可以提供关键性的早期干预（Bal et al.，2010；Howard et al.，2014；Grant，2017）。

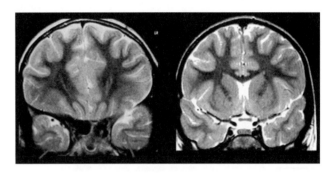

图 1-1 孤独症谱系障碍患者大脑差异

研究者在一些被诊断为孤独症谱系障碍的儿童的大脑颞叶中发现了异常。左边是孤独症谱系障碍患儿的脑部扫描图，右边是未患病儿童的脑部扫描图。

资料来源：Boddaert et al.，2009.

认知神经科学观点也通过前沿研究识别了一系列基因相关的障碍，包括诸如乳腺癌的生理问题以及诸如精神分裂症的心理障碍。识别导致个体对某种障碍存在易感性的基因，是基因工程的第一步，基因治疗可以减少甚至防止身心障碍的发生（Strobel et al.，2007；Ranganath，Minzenberg，& Ragland，2008；Rodnitzky，2012）。

评价认知神经科学观点。认知神经科学观点代表了儿童和青少年发展的新前沿。认知神经科学家使用了许多在过去几年才发展起来的复杂的测量技术，使得他们能够看到大脑的内部功能。我们对遗传学理解的进步也为正常和异常发育打开了一扇新的窗户，并提出了各种治疗异常情况的方法。

对认知神经科学观点持批评态度的人认为，有些时候它能更好地描述发展现象，而不是解释发展现象。例如，孤独症儿童的大脑比正常儿童更大的研究结果并没有解释为什么他们的大脑会变大，这是一个有待回答的问题。尽管如此，但这样的工作仍为合适的治疗提供了重要的线索，而且最终也会带来对一系列发育现象的全面理解。

人本主义、情境和演化视角

我们现在转向人本主义、情境和演化的视角来研究它们的主要特征，以及它们如何解释生命的发展。

人本主义视角：关注独特的人性

人类的独特品质是人本主义视角关注的核心。人本主义视角是毕生发展心理学家应用的第四种主要理论，这种观点不赞成行为主要是由无意识过程、环境或理性的认知加工来决定的。**人本主义视角**（humanistic perspective）认为，人们具有先天的能力来决定自己的人生和控制自己的行为。根据这种观点，每个个体都有能力和动机达到更高的成熟水平，并且人们会自然地实现自己的全部潜能。

人本主义视角强调自由意志（free will），即人们具有对自己的生活做出选择和决策的能力。因此，人们不依赖社会标准，而是被认为有动力自己决定自己的人生。

人本主义观点的主要倡议者卡尔·罗杰斯（Carl Rogers）认为，所有人都需要积极关注，因为每个人都有潜在的被爱和被尊重的需求。而积极关注来自他人，所以我们往往会变得依赖他人。因此，我们对自己和自我价值的看法，其实是我们认为他人如何看待自己的一种反映（Rogers，1971；Malchiodi，2012；Kanat-Maymon et al.，2018）。

罗杰斯与另一位人本主义的关键人物亚伯拉罕·马斯洛（Abraham Maslow）一起提出，自我实现是人生的首要目标。自我实现是一种人们用独特的方式实现了自己最高潜能的自我满足状态（Maslow，1970；Sheldon，Joiner，& Pettit，2003；Malchiodi，2012）。

评价人本主义视角。 除了强调人类本身的重要性和独特品质，人本主义视角对毕生发展领域没有其他重要影响。这主要是由于该理论无法解释任何随着年龄或经历增加而发生的一般发展变化。然而，人本主义视角中提到的一些概念，例如自我实现，有助于解释人类行为的某些重要方面，从健康保健到商业的领域中都引发了广泛讨论（Elkins，2009；Beitel et al.，2014；Hale et al.，2018）。

情境视角：采取广泛的发展观点

虽然毕生发展心理学家通常分别考虑生理、认知、社会性和人格发展，但这种分类方式有一个非常严重的缺点：实际生活中，没有任何一种影响是独立存在的；实际上，不同类型的影响经常相互作用。

情境视角（contextual perspective）考虑了个体与其生理、认知、人格和社会世界之间的关系。它认为如果不考虑个体所处的丰富社会和文化情境，就不能恰当地看待个体的独特性发展。我们将考察两种主要的情境视角的理论：尤里·布朗芬布伦纳（Urie Bronfenbrenner）的生物生态学观点和列夫·维果茨基（Lev Vygotsky）的社会文化理论。

发展的生物生态学观点。 心理学家布朗芬布伦纳（2000，2002）在认识到毕生发展传统观点存在问题的基础上提出了一种不同的视角，即生物生态学观点。**生物生态学观点**（bioecological approach）提出，有五个层级的环境同时影响着个体发展。布朗芬布伦纳认为，我们必须考虑每个层级的环境对个体的影响，否则不能完全理解发展过程。

- 微观系统（microsystem）是儿童每天直接接触的生活环境。家庭、照顾者、朋友和老师都是影响者，但儿童不只是一个被动的接受者。相反，儿童可以主动帮助建构微观系统，塑造他们的日常生活环境。微观系统是儿童发展的传统研究中，被讨论得最多的内容。

- 中间系统（mesosystem）连接了微观系统的众多方面。中间系统将儿童与父母、学生与教师、员工与雇主、朋友与朋友相互联系起来。它体现了将人们联系在一起的直接和间接影响。例如，一位母亲在办公室度过了不顺利的一天，回到家后她可能会对自己的孩子发脾气。

- 外部系统（exosystem）代表了更广泛的影响，包括诸如地方政府、社区、学校、宗教场所、地方媒体等社会机构。这些社会机构对个人发展可能会起到直接且重要的作用，并且会影响微观系统和中间系统的运转。例如，学校的教学质量会影响一个儿童的认知发展，并可能影响其长期的发展结果。

- 宏观系统（macrosystem）代表了作用于个体的更大的文化影响，包括一般意义上的社会、各种政府、宗教和政治价值系统以及其他广泛的价值因素。例如，基于不同文化进行教育所产生的价值会影响该文化背景下人们的价值观。儿童可以处于一个较大的文化背景下（如西方文化），同时也成为一个或多个亚文化的成员（如美国墨西哥裔亚文化）。

- 时序系统（chronosystem）是上述所有系统的基础。时序系统涉及时间对儿童发展产生影响的方式——包括历史事件（如 2001 年 9 月 11 日的恐怖袭击）和渐进的历史变化（如职业女性数量的变化）。

生物生态学观点强调发展的影响因素之间的相互联系。由于各个层级之间彼此关联，系统中一部分的变化会影响其他部分。举例来讲，父母的失业（涉及中间系统）就会影响儿童的微观系统。

相反，在其他环境水平不发生变化的情况下，单一环境水平上的变化并不会造成太大的影响。例如，如果儿童在家里获得的学术成就支持较少，那么学校环境的改进对其学术表现的作用也可能微乎其微。与之类似，家庭成员之间的影响也是多方向的，不仅是父母会影响儿童的行为，儿童同时也会影响父母的行为。

最后，生物生态学观点强调了广泛的文化因素对个体发展的重要性。想想你是否同意以下这些说法：比如，我们应该教导孩子，取得好成绩与同学的帮助密不可分？孩子毫无疑问应该继承父业？或者孩子选择将来职业道路时应该听从父母的建议？如果你成长于北美文化中，你很可能会反对以上说法，因为它们违背了个体主义（individualism）的前提。个体主义强调个体的自我认同、独特性、自由和个人价值。

然而，如果你成长于传统的亚洲文化中，更可能赞同以上说法。因为它们反映了集体主义的价值取向。集体主义观念中，团体利益重于个人。成长于集体主义文化中的个体强调团体的福利时，有时甚至会牺牲个人利益。

个体主义-集体主义维度是文化差异的几个重要维度之一，它描述了人们所处文化背景的差异。同样，男性和女性在不同文化中所扮演的角色也有很大

的不同。这种广泛的文化价值，对塑造人们认识世界和做出行为的方式具有重要的作用（Yu & Stiffman, 2007；Cheung et al., 2016；Sparrow, 2016）。

评价生物生态学观点。 虽然布朗芬布伦纳认为生物学影响是生物生态学观点中的一个重要成分，但生态因素才是这种观点的核心。事实上，一些批评者认为生物生态学观点对生物学因素没有给予充分关注。尽管如此，生物生态学观点仍是非常重要的，因为它指出了影响儿童发展的多层级环境。

维果茨基的社会文化理论。 苏联发展心理学家列夫·维果茨基认为，如果不考虑儿童成长的文化背景，就无法对其发展进行全面了解。维果茨基的**社会文化理论**（sociocultural theory）强调认知发展过程是同一文化成员之间社会互动的结果（Vygotsky，1926，1997；Fleer，Gonzalez，& Veresov，2017；Newman，2018）。

根据维果茨基的观点，儿童可以通过与他人玩耍和合作来发展自己对世界的理解，并学习所处社会中什么是重要的。

维果茨基的一生很短暂，生于 1896 年，卒于 1934 年。他认为儿童对于世界的理解是在他们与成人及其他儿童一起解决问题的互动中获得的。当儿童和他人一起游戏与合作时，他们学到了什么是自己所处社会中重要的东西，同时也提高了认知能力。因此，为了理解发展的过程，我们必须思考，对于一个特定文化中的成员来讲什么是有意义的。

与其他理论相比，社会文化理论更加强调：发展是儿童与其所处环境中的其他个体之间的互惠交

易。维果茨基认为，人与环境都会影响儿童，儿童也反过来影响人与环境。这种模式将无休止地循环下去，儿童既是社会化影响的接受者，也是社会化影响的来源。例如，一个在大家庭成长的孩子和一个亲属住得较远的孩子，他们会形成对家庭生活的不同观念。而他们的亲属也会受到这一情形和这个孩子的影响，当然这取决于他们与这个孩子的亲密程度和接触频率。

以维果茨基的工作为基础的理论家们用"脚手架"（scaffold）——建筑工人在建造建筑物时使用的临时平台为例，来描述儿童是如何学习的。脚手架是教师、家长和其他人在孩子学会完成任务时提供的临时支持。当儿童变得越来越有能力并且可以掌握一项任务时，脚手架可以撤去，让孩子们自己完成任务（Lowe et al.，2013；Peralta et al.，2013；Dahl et al.，2017）。

评价维果茨基的理论。 虽然维果茨基已经去世80多年了，但社会文化理论却越来越具有影响力。这是因为越来越多的学者认识到文化因素在发展过程中的重要作用。儿童不是在文化真空中发展的，相反，社会环境会将儿童的注意力指引到特定领域中，从而使儿童发展出特定类型的技能。维果茨基是最先认识并阐述文化重要性的发展心理学家之一，社会文化理论有助于让我们更好地理解发展过程中丰富多变的影响因素（Rogan，2007；Frie，2014；van der Veer & Yasnitsky，2016）。

社会文化理论也不是没有遭到批评。一些人认为，维果茨基对文化和社会经验的过分强调导致他忽略了生物学因素对发展的重要作用。此外，他的观点似乎弱化了个体对其所处环境的塑造能力。

演化视角：我们祖先对行为的贡献

一个越来越具有影响力的视角是演化视角，这是我们马上要讨论的第六个也是最后一个视角。**演化视角**（evolutionary perspective）旨在确定我们根据祖先遗传下来的基因所形成的行为（Goetz & Shackelford，2006；Tomasello，2011；Arístegui，Castro Solano，& Buunk，2018）。

演化视角源于查尔斯·达尔文（Charles Darwin）的开创性工作。1859年，达尔文在其著作《物种起源》中提到，自然选择的过程创造了物种用来适应环境的特质。参照达尔文的观点，演化视角认为，我们的遗传基因不仅决定了诸如皮肤和眼睛颜色之类的生理特质，也决定了某些特定的人格特质和社会行为。例如，一些演化发展学家认为，诸如羞怯和嫉妒等行为在一定程度上是由基因决定的，可能是因为这些行为有助于人类的祖先增加生存的概率（Buss，2012；Easton，Schipper，& Shackelford，2007；Geary & Berch，2016）。

演化视角与习性学领域十分相似，习性学考察的是我们的生物构成影响行为的方式。康拉德·洛伦茨（Konrad Lorenz，1903—1989）是习性学的主要倡导者，他发现新出生的幼鹅一般会如预编基因程序般跟随着它们出生后看到的第一个移动的物体。他的工作证明了生物的决定性因素对行为模式的重要影响，使得发展心理学家开始关注人类行为可能反映其先天遗传模式的方式。

洛伦茨被一群刚出生的幼鹅跟随，他关注行为反映出的先天遗传模式的方式。

演化视角包含了毕生发展研究中一个成长最迅速的领域：行为遗传学。行为遗传学考察遗传对行为的作用，并试图理解我们如何继承特定的行为特质，以及环境如何影响我们实际表现出这些特质的可能性。它还关注遗传因素如何导致诸如精神分裂症等精神障碍的产生（Rembis，2009；Plomin et al.，2016；Mitra，Kavoor，& Mahintamani，2018）。

评价演化视角。 几乎没有毕生发展学家质疑达尔文的进化论，他对基本的遗传过程提供了准确的描述，并且演化视角在毕生发展领域中逐渐受到大家的关注。然而，对演化视角的应用却遭受了相当多的批评。

一些发展心理学家认为，由于演化视角关注行为的遗传和生物学方面，它对于塑造儿童和成人行为的环境和社会因素关注不够。另外一些批评认为，没有合适的实验方法可以用来验证源于演化观点的理论，因为它们都是很久很久之前发生的事情。例如，认为嫉妒有助于个体更有效地生存是一回事，但证明它又是另一回事。即便如此，演化观点还是引发了众多的研究者来考察生物遗传如何至少部分地影响了我们的特质和行为（Bjorklund，2006；Baptista et al.，2008；Del Giudice，2015）。

为什么"哪种观点正确"是一个错误问题

我们考察、总结了发展的六种主要视角，即心理动力学、行为、认知、人本主义、情境和演化视角（见表1-3），并且应用于一个具体案例上。我们很自然地会提出这样的问题：在这六种视角中，哪一种是对人类发展最准确的说明？

这并不是一个非常恰当的问题，原因在于每种视角所强调的是发展的不同方面。例如，心理动力学视角强调行为的无意识因素；行为视角强调外显行为；认知视角与人本主义视角更多关注人们在想什么，而不是人们

在做什么；情境视角考察社会和文化对发展的影响；演化视角关注发展所基于的遗传生物学因素。

例如，思考一下一个理论家如何从各个视角来研究本章开头所描述的Ruiz一家。心理动力学理论家可能会关注童年早期经验如何影响家庭成员成年后的表现，甚至关注相同的心理障碍在不同代人中出现的方式。行为主义理论家可能关注家庭成员学习和表现行为的模式。

换个角度看，认知理论家可能着眼于家庭成员所表现出的共同思维模式，人本主义理论家可能会关注家庭成员所共有的生活目标，情境理论家可能对家庭成员所生活的社会和文化环境如何影响他们特别感兴趣，而演化理论家可能会考虑遗传疾病是如何通过家庭成员的基因传递的。

简而言之，每种视角都基于其自身的前提，并且关注发展的不同方面。因此，一个特定的发展心理学现象可以从多个视角来考察。事实上，一些毕生发展学家会采用一种折中的方法，同时采用多种视角。

同样，各种不同的理论视角为考察发展过程提供了不同方式。将它们组合起来思考，可以更全面地描绘出人在一生中变化和成长的多种方式。

当然，在某些情况下，从不同视角衍生出的理论和解释为相同行为提供了另一种解释。在这些相互矛盾的解释中应该如何选择？答案可以通过研究找到，这是我们将要在本章最后讨论的内容。

表1-3 毕生发展的主要视角

视角	人类行为和发展的主要思想	主要支持者	举例
心理动力学视角	贯穿毕生的行为是由内在的无意识力量所激发的，它源自儿童期，我们无法对其进行控制	弗洛伊德、埃里克森	这种观点认为，一个超重的年轻人具有口唇期发展阶段的固着
行为视角	通过研究可以被观察的行为和环境刺激，我们才可以理解发展	华生、斯金纳、班杜拉	这种观点认为，一个超重的年轻人会被认为没有受到良好的饮食习惯和锻炼习惯的强化
认知视角	强调人们认识、理解和思考世界方式的变化和发展如何对行为产生影响	皮亚杰	这种观点认为，一个超重的年轻人没有学会保持适当体重的有效方式，且不重视营养平衡
人本主义视角	行为由自由意志选择，并被我们先天努力发挥全部潜能的能力所激发	罗杰斯、马斯洛	这种观点认为，一个超重的年轻人也许最终会选择追求最佳体重，作为其个体成长整体模式中的一部分
情境视角	发展应该被看作个人的生理、认知、人格和社会世界相互作用的过程	布朗芬布伦纳、维果茨基	这种观点认为，超重是由一系列个体的生理、认知、人格和社会世界的交互作用造成的
演化视角	行为是来自祖先的基因遗传导致的结果，促进物种生存的适应性特质和行为通过自然选择遗传下来	达尔文（受其早期工作的影响）、洛伦茨	这种观点认为，一个超重的年轻人也许具有肥胖的遗传倾向，因为过多的脂肪有助于其祖先在饥荒年代存活下来

回顾、检测和应用

回顾

7. 描述心理动力学视角的基本内容。

心理动力学视角认为行为受到内驱力、记忆、冲突的驱动，并且通常超出个体觉察和控制的范围。它聚焦于行为的无意识决定因素。根据弗洛伊德的精神分析理论，人格有三个方面：本我、自我和超我。而埃里克森的心理社会理论则强调和他人的社会互动。他认为社会和文化既带给我们挑战，也塑造了我们。

8. 描述行为视角的基本内容。

行为视角认为理解发展的关键是可观察的行为及环境刺激。如果我们了解了刺激物，我们就能预测行为。行为理论拒绝了人们普遍经历一系列阶段的观点，认为人们受到偶然遭遇的环境刺激的影响。

9. 描述认知视角的基本内容。

皮亚杰提出，所有人都会以固定顺序经历同样的认知发展阶段，每一阶段不但有信息数量的增加，也有知识和理解的质变。他聚焦于儿童从一个阶段跨越到下一个阶段时发生的认知改变。概括地说，皮亚杰认为人类思维是以图式，即表征行为和动作的心理模式组织起来的。

10. 描述人本主义视角的基本内容。

尽管人本主义强调人类品质的重要性和独特性，但是它在毕生发展这个领域还没有产生重大影响。或许是因为它无法识别任何种类的由于年龄或经验增长而产生的广泛性发展变化。不过，从人本主义观点发展而来的一些概念，像自我实现，能帮助我们描述人类行为的重要方面，并且在从健康保健到商务的领域中得到了广泛探讨。

11. 描述情境视角的基本内容。

情境视角考虑个体和他们的生理、认知、人格和社会世界的关系。它认为如果不考虑个体所处的丰富的社会和文化情境，就不能恰当地看待个体的独特性发展。属于这个类别的两个主要理论是布朗芬布伦纳的生物生态学观点和维果茨基的社会文化理论。

12. 描述演化视角的基本内容。

1859 年达尔文在《物种起源》中提出，自然选择的过程创造了一个物种能够适应环境的特点。根据达尔文的论据，演化视角主张我们的基因遗传不光决定了像皮肤和眼睛颜色这样的生理特征，还会决定某些人格特质和社会行为。比如，一些演化发展学家认为，诸如羞怯和嫉妒等行为在一定程度上也是由基因决定的，这可能是因为这些行为有助于人类的祖先增加生存的概率。

13. 解释用多视角描述人类发展的价值。

每种视角强调发展的不同方面。例如，心理动力学视角强调无意识决定行为，而行为视角强调外显行为。认知和人本主义视角更多关注人们的想法而不是做法。情境视角考察社会和文化对发展的影响，演化视角聚焦在遗传生物因素如何决定了发展。很明显，每种视角都有自己的假设，并且聚焦在发展的不同方面。此外，同样的发展现象可以同时从多种不同的角度去理解。

自我检测

1. 对感兴趣的现象进行系统的解释和预期，并提供框架来理解不同变量间的关系，这指的是_____。
   a. 评价　　b. 组织　　c. 直觉　　d. 理论

2. 理解个体行为的关键是对这些行为以及环境中的外部刺激进行观察，这样的观点来自_____。
   a. 心理动力学视角　　　　b. 认知视角
   c. 行为视角　　　　　　　d. 操作性条件作用

3. 布朗芬布伦纳的生物生态学观点和维果茨基的社会文化理论都属于_____。
   a. 人本主义视角　　　　b. 民族学视角
   c. 情境视角　　　　　　d. 演化视角

4. 与演化视角联系最密切的研究者是_____。
   a. 洛伦茨　　b. 皮亚杰　　c. 罗杰斯　　d. 斯金纳

应用于毕生发展

你能够想出一些可能有助于我们祖先的生存和适应，从而遗传下来的行为吗？你认为它们为什么可以遗传下来？

1.3 研究方法

古希腊历史学家希罗多德（Herodotus）记录了普萨美提克一世（Psamtik Ⅰ）曾经做过的实验。普萨美提克一世是公元前 7 世纪时的古埃及国王，由好奇心驱使，他想要验证埃及人是世界上最古老的种族这个美好的信念。为了验证这一信念，他以这个假设为出发点：如果没有机会从身边年长的人们那里学习一种语言，儿童会自发地说出人类最初的、天生的语言——也就是人类最古老的自然语言。普萨美提克一世确信这种语言就是埃及语。

为了验证他的假设，普萨美提克一世将两个埃及婴儿托付给一个牧人，在一个偏远的地方把他们养大。他们受到良好的照顾，却不被允许离开这个村庄，也不会听任何人说一个单词。

一天，两个孩子2岁大的时候，他们在牧人打开大门时，跑过去齐声说："Becos！"由于这个单词对牧人而言毫无意义，他没有加以注意。然而这个词语却反复出现，于是牧人告诉了普萨美提克一世。普

萨美提克一世立即命令牧人将孩子带到他面前。在听到孩子所说的同样的单词后，他进行了调查，并得知"Becos"在弗里吉亚语里代表了面包的意思。因为这是孩子们说出的第一个词，普萨美提克一世不得不做出结论：弗里吉亚语是比埃及语更古老的语言。

对于几千年前的这种思考方法，我们可以轻而易举地看出普萨美提克一世观点中的缺点——无论是科学上的还是伦理上的（Hunt，1993）。然而，相对于简单的推测，他的方法体现了很大的进步，有时候也被看作历史记载中第一个有关发展的实验。

理论、假设和相关研究

在下面的章节中，我们要检验理论和假设是如何影响发展的研究。我们还会考察研究的类型和研究中使用的方法。

理论与假设：提出发展问题

诸如普萨美提克一世提出的这类问题推动了发展的研究。事实上，发展心理学家现在仍在研究儿童如何学习语言。还有一些研究者则试图找到诸如下列问题的答案。营养失调对智力表现有什么影响？婴儿如何形成与父母之间的关系，以及进入日托中心是否会破坏这种关系？为什么青少年特别容易受到同伴压力的影响？挑战智力的活动是否能够减少与衰老有关的智力衰退？心理能力是随年龄的增长而提高的吗？

为了回答这些问题，发展心理学家像所有心理学家和其他科学家一样，依赖科学的方法。**科学方法**（scientific method）是采用谨慎、可控的技术，包括系统的、有序的观察和数据收集，提出并回答问题的过程。科学方法包括三个主要步骤（见图1-2）：①识别感兴趣的问题；②形成解释；③开展研究来支持或者拒绝解释。

科学方法包括理论的构想，即对感兴趣现象的概括性解释和预测。例如，很多人认为孩子出生后存在一个形成亲子联结的关键期，这对于形成一个持久的亲子关系是必要条件。他们假设，如果没有这样一个联结期，亲子关系就永远会受到威胁（Furnham & Weir，1996）。

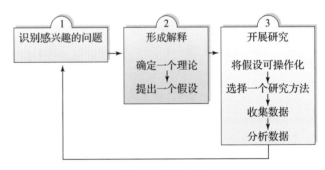

图1-2 科学方法

作为研究的基石，科学方法被心理学家以及所有其他科学学科的研究人员使用。

发展心理学研究者使用理论来形成假设。**假设**（hypothesis）是以一种可以被检验的方式所陈述出来的预测。例如，某人赞成联结是亲子关系的关键因素这一普遍理论，他也许会提出这样的假设：有效联结只有在持续一定时间后才会出现。

选择研究策略：回答问题

一旦研究者形成了一个假设，他们必须发展出一种研究策略来检验假设的有效性。研究的类别主要有两种：相关研究和实验研究。**相关研究**（correlational research）是为了确认两个因素之间是否存在关联或关系。正如我们看到的，相关研究并不能确定一个因素是否会导致另一个因素的改变。例如，相关研究可以告诉我们，母亲和新生儿刚出生后在一起相处的时间长短与儿童2岁时母婴关系的质量好坏有关。这种相关性能表明这两个因素是否有关联或关系，但不能表明是否因为最初的接触导致了母婴关系将以特定方式

发展（Schutt，2001）。

实验研究（experimental research）被用来发现多个因素之间的因果关系。在实验研究中，研究者有意在仔细构造的情境中引入一个变化，目的在于考察这个改变带来的结果。例如，一个实验研究者可能会改变母亲和新生儿之间的互动时间，试图考察建立亲子联结的时间是否会影响母婴关系。

因为实验研究可以回答因果问题，所以它是探索各种各样发展假设的答案的基础。然而，由于一些技术或伦理原因（例如，设计一个让儿童没有机会与照料者产生联结的实验，这显然是不合伦理的），一些研究问题无法通过实验得到答案。事实上，很多开创性的发展研究——如皮亚杰和维果茨基进行的研究——都采用的是相关技术。因此，相关研究仍然是发展心理学研究者的重要工具。

相关研究

我们已经说过，相关研究考察两个变量之间的关系，以确定二者是否存在关联或相关。例如，对观看具有攻击性的电视节目及其行为后果之间的关系感兴趣的研究者们发现，观看具有大量攻击性的电视节目（谋杀、犯罪、枪杀和类似画面）的儿童，与那些只少量观看的儿童相比，前者更倾向于具有攻击性。也就是说，观看攻击行为和实际表现出攻击行为之间存在很强的关联（Feshbach & Tangney，2008；Qian，Zhang，& Wang，2013；Coyne，2016）。

但是，这是否意味着我们可以得出如下结论：观看攻击性电视节目会导致观看者表现出更多的攻击行为？当然不是。考虑一下其他可能性：也许本身具有攻击性的儿童更愿意选择观看具有攻击性的电视节目。如果是这样，那么就是攻击倾向导致了观看行为，而不是反过来。

或者再考虑一下，可能还存在第三个变量同时作用于观看行为和攻击行为。例如，假设成长于贫困家庭的儿童更可能具有攻击行为，而且愿意观看更具攻击性的电视节目，那么就出现了第三个变量：低社会经济地位，它同时导致了攻击行为和观看具有攻击性的电视节目的行为（见图1-3）。

简言之，发现两个变量彼此相关并不能证明任何因果关系。虽然有可能变量之间是以因果关系联结在一起的，但事实并非一定如此。

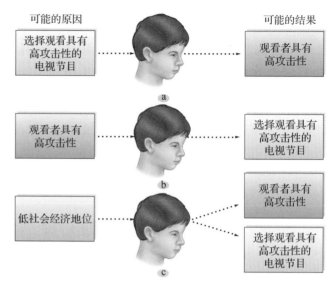

图1-3 发现相关关系

发现两个因素之间的相关关系并不意味着一个因素导致了另一个因素的变化。例如，假设一个研究发现：儿童观看具有高攻击性的电视节目和他们实际的攻击行为存在相关关系。这种相关关系可能至少反映了三种可能性：①观看具有高攻击性的电视节目导致观看者具有攻击行为；②具有攻击行为的儿童更愿意选择观看具有高攻击性的电视节目；③第三个因素，例如儿童的社会经济地位，同时导致了儿童的攻击行为和观看具有高攻击性的电视节目的行为。除了社会经济地位以外，还会有哪些因素可能成为这个不确定的第三个因素呢？

不过，相关研究确实提供了重要信息。例如，正如我们将在后续章节中所看到的那样，我们知道了两个人之间的遗传联系越近，他们的智力相关程度就越高。我们也了解到家长与儿童谈话越多，儿童的词汇量就会越大。我们还知道婴儿吸收的营养越好，他们在日后出现认知和社会问题的可能性也越小（Colom，Lluis-Font，& André-Pueyo，2005；Robb，Richert，& Wartella，2009；Deoni et al.，2018）。

相关系数（correlation coefficient）。两个因素之间关系的强度和方向可以由一个数值表示，即相关系数，其取值范围在 +1.0 到 −1.0 之间。一个正的相关系数表明，随着其中一个因素的数值提高，可以预期另一个因素的数值也会同样升高。例如，如果我们进行一项职业满意度调查，发现人们在自己的第一份工作中挣的工资越高，在随后的工作中的职业满意度越高；而挣的工资越少，职业满意度越低。我们发现的就是一个正相关。相关系数由一个正值表示，工资和职业满意度的相关程度越高，这个数字就越接

近 +1.0。

相反，一个负的相关系数告诉我们，随着一个因素的数值增加，另一个因素的数值会降低。例如，假设我们发现青少年在电脑上使用即时通信工具的时间越长，他们的学业表现越差。这就是一个负相关，相关系数在 −1.0 到 0 之间。使用较多的即时通信工具与较低的学业表现有关，而使用较少的即时通信工具则与较高的学业表现有关。二者之间的关系越强，相关系数就越接近 −1.0。

另外，也可能出现两个因素互不相关的情况。例如，我们不太可能在学校表现和鞋子码数之间发现相关性。在这种情况下，两者之间的弱关系就会通过一个接近于 0 的相关系数表现出来。

需要强调的是，即便相关系数表明两因素具有很强的相关性，也不能够由此推断是不是一个因素导致了另一个因素的变化。这仅仅表示可以预期两个因素以一种可预测的方式相关。

相关研究的类型。相关研究存在几种不同的类型。**自然观察**（naturalistic observation）是在没有干涉的情况下，观察自然发生的行为。例如，一个研究者想要考察学前儿童与他人分享玩具的频率，他会在一个班级中观察 3 个星期，记录学前儿童自发地与他人互相分享玩具的频率。自然观察的关键是：研究者不加干涉地进行观察（Mortensen & Cialdini, 2010；Fanger, Frankel, & Hazen, 2012；Graham et al., 2014）。

自然观察虽然具有确认儿童在其"自然处所"中行为的优势，这种方法也存在一个重要的缺陷：研究者无法对他们感兴趣的因素施加控制。例如，某些情况下研究者感兴趣的行为很少会自然发生，以至于研究者无法得出任何结论。

民族志学和定性研究。自然观察逐渐采用了民族志学的方法：一种从人类学领域借鉴过来并应用于调查文化问题的方法。在民族志学中，研究者通过仔细、长期的考察，旨在理解一种文化的价值观和态度。一般而言，运用民族志学的研究者扮演了参与观察者的角色，他们在另一种文化中生活几个星期、几个月，甚至几年的时间。通过仔细观察某种文化中人们的日常生活，并进行深入的访谈，研究者们可以对另一种文化下的生活达到深层次的理解。民族志学研究也可以被用来考察不同亚文化、人口群体或者

跨世代的行为。例如，研究者可能会思考不同世代的饮食行为，以了解肥胖模式（Dyson, 2003；Visser, Hutter, & Haisma, 2016）。

民族志研究是定性研究这个更大范畴中的一个例子。在定性研究中，研究者选择特定的情境，以叙事的方式详细描述发生了什么以及为什么。定性研究可以用于建立假说，以待之后研究者使用更为客观、量化的方法进行验证。

尽管民族志研究和定性研究提供了一种关于特定情境中行为的详细描述，但它们仍存在一定的缺点。正如之前所说，观察者的存在可能影响被研究个体的行为。此外，由于研究的只是小部分个体，研究的结果很难概化到其他情境中。

最后，进行跨文化研究的民族志学者可能会曲解和误解他们观察到的现象，尤其是当面对与他们自身很不相同的文化背景的时候。例如，民族志学者可能很难完全理解特定文化中成年仪式的潜在含义。例如，quinceañera 是在许多西班牙文化中，女孩年满 15 岁时举行的庆祝活动（Polkinghorne, 2005；Montemurro, 2014）。

个案研究（case study）涉及对一个特定个体或少数个体进行详尽、深入的访谈。这种研究通常不仅用于了解访谈对象，而且还用于推导出更加普遍的原理，或得出可能应用于他人的试验性结论。例如，研究者曾经对表现出超常天赋的儿童，以及生命早期生活于野外、没有与人类接触过的儿童进行个案研究。这些个案研究为研究者提供了重要的信息，并为未来的调查研究提出了假设（Wilson, 2003；Ng & Nicholas, 2010；Halkier, 2013）。

要求参与者使用日记来对他们的行为进行常规记录。例如，要求一组青少年每次记录与朋友超过 5 分钟互动的情况，从而提供一种方法来追踪他们的社会行为。

问卷调查代表了另一种类型的相关研究。在**问卷调查研究**（survey research）中，被选择的群体将代表更广泛的总体，他们需要回答有关自己对于某个特定主题的态度、行为或想法的问题。例如，问卷调查研究可以用来了解家长对子女的惩罚情况以及他们对母乳喂养的态度。通过他们的回答，可以对被调查群体所代表的更广泛人群进行推论。

心理生理学方法。一些发展心理学的研究者，尤

其是采用认知神经科学观点的研究者，会使用心理生理学方法。**心理生理学方法**（psychophysiological method）关注生理过程和行为之间的关系。例如，研究者可能考察大脑血流量和问题解决能力之间的关系。与之类似，一些研究使用婴儿的心率作为衡量婴儿对所接触的刺激感兴趣程度的指标（Field，Diego，& Hernandez-Reif，2009；Mazoyer et al.，2009；Jones & Mize，2016）。

最常用的心理生理学测量方法如下。

- **脑电图**（electroencephalogram，EEG）。EEG采用放置于头皮上的电极来记录大脑活动。大脑活动被转换成脑电波模式的图示，可以用来诊断癫痫和学习障碍等疾病。
- **计算机断层扫描**（computed tomography，CT）。在CT中，计算机通过整合来自不同角度的成千上万条X射线建构大脑图像。虽然它不能展示大脑活动，但可以阐明大脑的结构。
- **功能磁共振成像**（functional magnetic resonance imaging，fMRI）。fMRI通过将大脑置于强磁场中，形成计算机生成的三维的大脑细节图像。fMRI提供了一种在个体神经层面上了解大脑机能的最好方法。

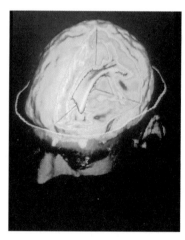

fMRI技术展示了大脑不同区域的活动性。

实验研究：确定原因和结果

相关研究让科学家们可以确定两个因素是如何关联的，但是无法揭示因果关系。为了确定一个因素的变化是否导致了另一个因素的变化，我们需要进行实验。

实验的基本概念

在一个**实验**（experiment）中，研究者或实验者通常会设计两种不同的条件（或处理方法），研究和比较处于这两种不同条件下被试的行为结果，从而考察行为是怎样被影响的。其中一组是实验组或处理组，将接受研究变量的处理；另一组是控制组，则不接受这种处理。

例如，假设你想要了解观看暴力电影是否会使观众更具有攻击性，你可能会选择一组青少年，给他们放映一系列具有很多暴力画面的电影，之后测量他们的攻击性。这是实验组。对于控制组，你可能会选择另一组青少年，给他们放映没有攻击画面的电影，之后也测量他们的攻击性。通过比较实验组和控制组成员表现出的攻击行为，你就能够确定观看暴力电影是否会使观众产生攻击行为。事实上，这描述了比利时鲁汶大学研究者的一项实验。通过进行这样的实验，心理学家雅克-菲利普·莱恩斯（Jacques-Philippe Leyens）及其同事发现，青少年在观看具有暴力镜头的电影后，他们的攻击性水平显著提高了（Leyens et al.，1975）。

这个实验以及所有实验的核心特征是，对不同条件下的结果进行比较。考察实验组和控制组，可以让研究者排除实验结果是由实验操控以外的因素所造成的可能性。例如，如果没有控制组，实验者就无法确定一些其他因素，如电影放映的时间段、放映中被试需要始终坐着的需求，甚至只是时间流逝，这些是否会造成研究者所观测到的变化。通过使用控制组，实验者就可以得出有关原因和结果的正确结论。

自变量和因变量。自变量（independent variable）是研究者在实验中操纵的变量（在我们的例子中，自变量是被试看到的电影类型——暴力或非暴力）。**因变量**（dependent variable）是研究者在实验中进行测量，并期望由实验操纵带来变化的变量。在我们的实验中，被试观看暴力或非暴力电影后的攻击行为程度就是因变量。（记忆两者区别有一个方法：假设所预测的是因变量如何随自变量的变化而变化。）每个实验都有自变量和因变量。

实验者需要确保实验没有受到操纵因素以外其他因素的影响。因此，他们将会尽力确保实验组和控制组中的被试不知道实验目的（知道实验目的会影响被试的反应和行为）。而实验者也不会对哪些被试进入控制组以及哪些被试进入实验组施加任何影响。这种分配被试的程序被称为随机分配，被试被随机分配到不同的组或不同"条件"中。通过使用这种原则，研究者可以在统计学意义上确保可能影响实验结果的个人特征按比例被划分在不同的组中，从而使得每一组相互等价。采用随机分配得到的等价组能够让实验者确信得出的结论是正确的。

图 1-4 展示了在比利时开展的一项关于青少年观看含有或不含暴力内容的电影的研究，以及这种电影对个体随后产生攻击行为的作用。你会发现，在一个实验中需要以下每个要素：

- 一个自变量（含有或不含暴力内容的电影的条件）
- 一个因变量（青少年攻击行为的测量）
- 实验条件随机分配（观看含有或不含暴力内容的电影）
- 一个预期自变量对因变量可能作用的假设（观看含有暴力内容的电影会导致青少年随后的攻击行为）

既然实验研究的优点在于它提供了一种可以判定因果关系的方式，为什么我们并不总是使用实验研究呢？答案是，无论实验者的设计如何巧妙，总有一些情境是无法控制的。此外，即使有可能控制，对某些情境的控制也可能是不合伦理的。例如，研究者无法将不同的婴儿分派给具有高社会经济地位或低社会经济地位的家长，以研究这种差异对儿童日后发展的影响。因此，对那些逻辑上或伦理上不能进行实验研究的情境，发展心理学家将采用相关研究。

此外，要记住单个研究是不能充分明确地回答一个研究问题的。在完全确定所得出的结论之前，研究者必须使用其他程序和技术对其他被试进行重复研究。例如，研究者可能希望重复一项由针对美国农村地区参与

者进行的研究，于是改为使用从亚洲城市环境中抽取的参与者，然后再从结果中得出普遍原则。近年来，因为研究者在某些情况下难以重复经典研究的结果，重复研究的重要性与日俱增（Chopik et al.，2018；Shrout & Rodgers，2018）。

为了总结多个发现并在不同研究中得到清晰的结果，发展心理学家越来越多地使用元分析的方法。元分析是一种统计程序，允许研究者将许多研究的结果综合成一个整体的结论（Le et al.，2010；Krause，2018；Kruschke & Liddell，2018）。

选择研究场景。决定研究场景与决定研究内容一样重要。在比利时进行的暴力媒体内容影响实验中，研究者采用了一个现实生活场景——被判少年犯罪的男孩组成的青少年之家。研究者之所以选择这个**样本**（sample），即被选择参加实验的参与者，是因为研究攻击性水平普遍比较高的青少年是有用的，也因为他们可以在干扰最少的情况下将电影融入日常生活中。

对现实生活场景的利用（正如上述攻击性实验那样），是田野研究的特点。**田野研究**（field study）是在自然发生的场景中进行的调查研究。田野研究捕捉现实生活场景中的行为。与实验研究相比，参与田野研究的被试会表现得更加自然。

田野研究既可用于相关研究也可用于实验研究。

①确定被试　②将被试随机分配到各个条件中　③操纵自变量　④测量因变量（被试表现出的攻击行为）　⑤比较两组的结果

第一组：实验组　观看具有攻击性内容的电影

第二组：控制组　观看不具有攻击性内容的电影

图 1-4 实验的要素

在这个实验中，研究者将一组青少年随机分配到两个条件中：观看具有攻击性内容的电影或不具有攻击性内容的电影（操纵自变量）。随后观察被试表现出多少攻击行为（测量因变量）。对结果的分析发现，观看具有攻击性内容的电影的青少年，之后会表现出更多的攻击行为。思考一下：在这一实验及相似的实验中，为什么随机分配很重要？

资料来源：Based on an experiment by Leyens et al.，1975.

研究者一般采用自然观察的方法，即在不加干涉、不对情景加以改变的条件下，对自然发生的行为进行观察。研究者可能在幼儿园观察儿童的行为，也可能在中学走廊上观察青少年的表现，还可能在老年活动中心观察老年人的行为。因为我们很难在现实生活场景中严格控制情景和环境来进行实验，所以田野研究更多应用于相关设计，而不是实验设计。大多数发展研究的实验是在实验室中进行的。**实验室研究**（laboratory study）是在为保持事件恒定而专门设计的控制场景中进行的调查研究。实验室可以是为研究而设计的房间或建筑，就像大学心理学系中的房间或建筑一样。实验室研究中控制情境的能力使得研究者能够更清晰地了解他们的处理会如何影响被试。

理论和应用研究：互补的方法

发展心理学研究者一般会关注两种研究途径，理论研究或应用研究。**理论研究**（theoretical research）旨在检验一些对发展的解释以及扩展科学知识，**应用研究**（applied research）旨在为当前问题提供实际的解决方法。例如，如果我们对儿童期的认知变化过程感兴趣，我们可能会给不同年龄儿童短暂呈现多位数后他们能记住的数字个数进行研究，这是理论研究。或者，我们可以把重点放在更实际的问题上，即教师如何帮助儿童更容易地记住信息，这是应用研究，因为研究的发现可以应用到特定的环境或问题中。

但理论和应用研究之间并不总是存在明显差异。例如，一个关于耳部感染对婴儿听觉损伤的研究，是理论研究还是应用研究呢？这样的研究可以帮助我们描绘听觉加工的基本过程，所以它可以是一个理论研究。但如果研究能够帮助预防听觉损伤，我们就可以认为这是一个应用研究（Lerner, Fisher, & Weinberg, 2000）。

实际上，正如我们在"从研究到实践"专栏中所讨论的那样，无论是理论还是应用研究，都在形成和解决许多公共政策问题中发挥了重要作用。

从研究到实践

利用毕生发展研究改进公共政策

"开端计划"这样的学前教育项目是否能促进儿童的认知和社会性发展？

使用社交媒体如何影响青少年的自尊？

有哪些有效的方法可以增强女学生对自己数学和科学能力的信心？

有发展障碍的儿童应该在普通班学习，还是在有类似障碍儿童的特殊班学习更好？

社会应该如何最好地解决影响美国青少年和成年人的阿片类药物流行问题？

以上每个问题都代表了一个重要的政策议题，只有考虑相关的研究结果，这些问题才可以得到答案。通过进行控制性研究，发展心理学研究者对全美范围的教育、家庭生活和健康方面做出了极其重要的贡献，产生了巨大的影响。不妨考虑一下各种研究结果对美国政策提出建议的一些例子（Cramer, Song, & Drent, 2016；Crupi & Brondolo, 2017；Kennedy-Hendricks et al., 2017）。

- **研究结果可以向政策制定者提供一种方法，帮助他们决定首先应该提出什么问题**。例如，对儿童抚养者的研究（在第 10 章中也会进行探讨）可以帮助政策制定者思考这个问题：让婴儿接受日托照顾的好处是否可以弥补亲子联结的削弱而带来的不良后果。研究也反驳了一个广为流传的观点，即儿童接种疫苗与孤独症谱系障碍有关，这为强制儿童接种疫苗的风险和收益之间的争论提供了非常有价值的证据（Price et al., 2010；Lester et al., 2013；Young, Elliston, & Ruble, 2016）。

- **研究结果和研究者的陈述通常是法律起草过程中的一部分**。许多立法都是基于发展心理学研究者的发现而得以通过的。例如，研究表明，存在发展障碍的儿童与正常儿童相处时会受益，这个结果最终导致美国在立法中规定应尽可能将残障儿童安置于普通学校。再如，研究发现由同性伴侣养育的儿童与由异性父母养育的儿童一样健康正常，打破了同性家庭对儿童有害这一常见但无根据的说法（Gartrell & Bos, 2010；Bos et al., 2016）。

- **政策制定者和其他专家可以利用研究结果决定如何更好地执行计划**。已有研究制订了以下计划：减少青少年不安全的性行为，提高对怀孕母亲的产前照看水平，鼓励和支持女性在数学和科学研究方面进行的探索，促进老年人注射流感疫苗等。这些计划的共同点是：这些计划的很多细节都建立在基础研究的发现上。

● **研究技术被用来评价现存计划和政策的有效性**。制定公共政策后，有必要确定它能否有效且成功地实现目标。因此，研究者将采用在基础研究程序中建立的正式评估技术。例如，当研究者对 DARE（一个很流行的、致力于减少儿童使用药物的项目）进行仔细的研究时，他们渐渐发现它是无效的。基于发展心理学家的研究结果，DARE 引进了新技术，目前初步的结果表明修改后的项目更有效（Phillips，Gormley，& Anderson，2016；Barlett，Chamberlin，& Witkower，2017；Cline & Edwards，2017）。

共享写作提示：

尽管已有研究数据可以影响关于发展的政策，但是政治家很少会在他们的演说中谈及这些数据。你认为这是什么原因造成的？

测量发展变化

人们如何成长和变化是所有发展心理学研究者的工作核心。因此，研究者面临的最棘手问题之一，是对随年龄和时间产生的变化和差异进行测量。为了测量变化，研究者提出了三种主要的研究策略：纵向研究、横断研究和序列研究。

纵向研究：测量个体的变化。如果你对儿童 3～5 岁时的道德发展感兴趣，最直接的方法是选取一组 3 岁儿童，定期对他们进行追踪测量，直到他们年满 5 岁。

这种策略就是纵向研究的一个例子。在**纵向研究**（longitudinal research）中，随着一个或多个研究对象年龄的增长，他们的行为被多次测量。纵向研究考察的是随时间而产生的变化，通过追踪众多个体随时间发展的变化情况，研究者们可以理解在某个生命阶段中的一般变化轨迹。

纵向研究的始祖是在大约 80 年前，刘易斯·特曼（Lewis Terman）进行的一项关于天才儿童的经典研究。在该研究中，对 1 500 名高智商的儿童每隔五年进行一次考察。一直到这群自称"白蚁"的被试 80 多岁时，他们提供了从智力成就到人格和寿命等方方面面的信息（McCullough，Tsang，& Brion，2003；Subotnik，2006；Warne & Liu，2017）。

纵向研究同样为语言发展提供了新的视角。例如，通过追踪儿童每日的词汇量增长情况，研究者能够了解人们运用语言能力提高的过程（Fagan，2009；Kelloway & Francis，2013；Dwyer et al.，2018）。

纵向研究可以提供随时间产生变化的大量信息，但也存在缺陷。首先，它需要大量的时间投入，因为研究者必须等待被试长大。其次，被试经常会在研究过程中流失，因为他们可能丧失兴趣、搬走、生病甚至死亡。

最后，被反复观察或测量的被试可能会成为"测验能手"，随着对实验程序逐渐熟悉，他们的测验成绩也越来越好。即使在一个研究中对被试的观察并没有打扰他们的生活（比如在一段较长的时间里，简单记录婴儿和学前儿童的词汇增长情况），被试也可能由于实验者或观察者的重复出现而受到影响。

因此，尽管纵向研究有很多好处，尤其是它可以考察个体内的变化，但发展心理学研究者还是会经常采用其他方法。他们最常选择的另一种方法是横断研究。

横断研究。再次假设你想要考察 3～5 岁的儿童的道德发展以及他们判断正误能力的变化。这次我们不采用纵向研究的方法对同一组儿童进行为期几年的追踪，而是同时给 3 岁、4 岁和 5 岁三组儿童呈现相同的问题，观察他们对问题的反应以及对自己选择的解释。

这种研究方法是横断研究的典型例子。**横断研究**（cross-sectional research）是在同一时间点对不同年龄的个体进行相互比较。横断研究提供的是不同年龄组之间发展差异的信息。

横断研究比纵向研究花费的时间少得多；只在一个时间点上对被试进行测试。如果特曼直接考察 15 岁、20 岁、25 岁，直到 80 岁的天才人群，那么他的研究在 75 年前就可以完成了。由于被试不会进行周期性的测试，因此他们就不会成为"测验能手"，也不存在被试的流失问题。但为什么人们还会使用横断研究之外的方法呢？

答案在于横断研究也有其自身的困难。回想一下，每一个人都属于一个特定的同辈群体，即大约出生于同一时间段和地域的一群人。如果我们发现不同年龄的人在某个维度上表现不同，也许是因为同辈群体的差异，而不是年龄问题。

考虑一个具体例子：如果我们在一个相关研究中发现，25 岁的个体在智力测验中的表现好于 75 岁的个体，其中存在多种可能的解释，除了认为老年人智力会下降外，还可以归因为同辈群体间的差异。75 岁群体接受的正式教育可能少于 25 岁群体，这是因为与年轻同辈群体相比，老年同辈群体完成高中学业并进入大学的可能性较低。或者也可能是因为老年同辈群体在婴儿期没有充足的营养。简而言之，我们不能完全排除这样的可能性，即横断研究中不同年龄组之间的差异是由于同辈群体之间差异造成的。

横断研究可能同样存在选择性被试流失问题，即与其他年龄段的个体相比，一些年龄段的被试更可能退出研究。例如，假设一个研究探讨学前儿童的认知发展，其中包括了一系列认知能力的测试。与年龄较大的学前儿童相比，年龄较小的学前儿童更难完成全部测试。如果有越来越多的年龄较小的学前儿童中途退出研究，尤其是那些能力较弱的被试流失，就可能导致保留下来的年龄较小的学前儿童是能力较高的。相比之下，年龄较大的儿童的取样则更广泛且更具代表性。这就使得研究结果可能存在问题（Miller，1998）。

最后，横断研究还可能有另外一个更基本的弱点：它无法告诉我们个体或群体内部的变化。如果纵向研究像是一个人在不同年龄阶段拍的录像，横断研究就像是完全不同年龄组的快照。尽管我们可以明确和年龄有关的差异，但无法确定这种差异是否和时间的变化有关。

序列研究。由于纵向研究和横断研究都具有缺陷，研究者采用了一些折中的技术。最常见的是序列研究，它实际上是纵向研究和横断研究的组合。

在序列研究（sequential study）中，研究者在不同的时间点考察不同年龄组的被试。例如，一个对儿童道德行为感兴趣的研究者可能会通过考察三组年龄分别为 3 岁、4 岁、5 岁儿童的行为来开展一项序列研究。

研究会在接下来的几年继续进行，每个被试每年都要接受一次测试。也就是说，3 岁组的儿童在 3 岁、4 岁、5 岁时接受测试，4 岁组的儿童在 4 岁、5 岁、6 岁时接受测试，5 岁组的儿童在 5 岁、6 岁、7 岁时接受测试。这个方法结合了纵向研究和横断研究各自的优势，并且使得发展心理学研究者可以弄清年龄变化和年龄差异所带来的不同结果（关于研究发展的主要研究技术的总结，见图 1-5）。

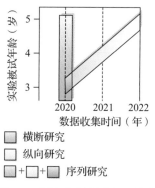

图 1-5 研究发展所采用的技术

在横断研究中，3 岁、4 岁、5 岁的儿童会在同一时间点（2020 年）进行比较。在纵向研究中，2020 年时 3 岁的儿童会在他们 4 岁（2021 年）、5 岁（2022 年）的时候再次接受测试。最后，序列研究把横断研究和纵向研究相结合，3 岁的儿童先在 2020 年与 4 岁、5 岁的儿童相比较，同时也会在 1 年和 2 年后当他们 4 岁、5 岁的时候再次接受测试。虽然在图中没有显示，研究者还将在随后的两年中对 2020 年时 4 岁和 5 岁的儿童进行重测。这三种类型的研究各有什么优势？

伦理与研究

在古埃及国王普萨美提克一世的"研究"中，为了考察语言的起源，两名儿童从他们的母亲身边被带走并生活在封闭的村庄中。如果你正在思考这个实验是多么残忍，那么你会有很多共鸣者。很明显，这样一个实验引发了我们对于伦理的关注，因而在当今，这样的实验是不可能实施的。

但是，有时候伦理问题并不会如此明显。例如，美国政府研究人员提出议案来考察攻击行为可能存在的遗传基础。一些研究者开始探讨可能的遗传标记，来帮助发现那些具有攻击倾向的儿童。如果是这样，就能够追踪这些儿童并提供干预以降低他们做出暴力行为的可能性。

但批判者却提出了严厉的质疑，认为这种识别可能导致儿童的自证预言。被贴上暴力倾向标签的儿童，会被特别地对待，而这种方式可能是他们变得更具攻击性的原因。最终，在巨大的政治压力下，该议案被取消了（Wright，1995）。

为了帮助研究者解决伦理问题，包括儿童发展研究协会和美国心理学会在内的发展心理学家的主要组织，提出了一些发展研究中的伦理规范。这些必须遵守的原则包括被试不受伤害、知情同意、对欺骗的使用以及对被试隐私的保护等（American Psychological Association，2002，2017；Toporek，Kwan，& Williams，2012；Joireman & Van Lange，2015；见"生活中的发展"专栏）。

- **研究者必须保护被试不受身体和心理的伤害。**被试的福利、兴趣和权利高于研究者。研究中，被试的权利是最重要的（Sieber，2000；Fisher，2004）。
- **研究者必须在被试参与实验前得到他们的知情同意。**如果被试的年龄大于 7 岁，他们必须是自愿同意参加实验的。对于 18 岁以下的被试，还需征得其家长或监护人的同意。

获得知情同意是重大伦理问题的要求。例如，假设研究者想要考察青少年流产的心理效应。要得到流产的未成年少女的知情同意，就需要先得到其父母的同意。但是，如果青少年没有将流产的事情告诉父母，那么需要父母同意这一要求就会侵犯她的隐私，

违背了研究伦理。

知情同意的重要性延伸到各种人群。例如，幼儿、有智力缺陷或心理障碍的参与者，以及那些成年后期认知能力下降的参与者可能缺乏提供真正知情同意的认知能力。此外，社会经济和文化因素可能会影响获得知情同意的能力（Neyro et al.，2018；Read & Spar，2018）。

- **研究中对欺骗的使用必须合理，而且不会造成伤害。**虽然为了掩饰实验的真实目的，欺骗是允许的，但任何使用欺骗的实验必须在实施之前经过一个独立小组的详细审查。例如，假设我们想要知道被试对成功和失败的反应，我们需要告诉被试，他将会玩一个游戏，研究的真实目的是观察被试对游戏玩得好或不好的反应。但这种情况只在不对被试造成伤害，且需要通过审查小组批准，并在研究结束后向被试进行完整解释的情况下才是符合伦理的（Underwood，2005）。
- **被试的隐私必须受到保护。**例如在实验过程中如果要对被试进行录像，必须得到被试的许可才可以观看该录像。此外，对录像的获取必须进行谨慎的限制。

从一个健康护理工作者的视角看问题

你认为对于青少年来说，是否应该有一些特殊情况？比如，他们不是法律上的成年人，是否可以让他们在没有获得父母允许的情况下参与研究？这种情况应该包含什么？

生活中的发展

批判性地思考"专家"的建议

1）打屁股是训练孩子最好的方法之一。
2）永远都不要打你的孩子。
***
1）如果婚姻不美满，父母离婚后儿童的状况会比他们勉强相处时好一些。
2）无论一段婚姻多么艰难，父母为了孩子也不应该离婚。

对于什么是抚养孩子最好的方式，或更一般地从如何更好地生活的角度来讲，从来不缺乏建议。从自助书籍，到杂志和报纸的建议专栏，再到社交媒体和博客，我们每个人都接触到了大量的信息。

然而，并不是所有建议都同样有效。事实上，出现在印刷品、电视或网络上的内容并不一定是合理和正确的。幸运的是，有一些指南可以帮助我们区分推荐和建议在什么时候是合理的，什么时候是不合理的。

- **考虑建议的来源**。来自常设的权威组织，例如美国医药学会、美国心理学会以及美国儿科医生学会的信息，很可能是经过数年研究得到的结论，准确性很高。如果你不了解这类组织，可以去了解一下其目标和理念。
- **评估建议提供者的资质**。相对于资质含糊不清的个人，在相关领域受到认可的研究者或专家的信息准确性更高。可以考察作者的供职单位以及他是否属于特定的政治或个人团体。
- **了解逸事证据和科学证据的不同**。逸事证据是基于某种现象的一两个事例，是偶然被发现或出现的；科学证据是基于谨慎、系统化的程序。如果一个阿姨告诉你她所有的孩子在 2 个月的时候就可以整夜安睡，所以你的孩子也可以。这完全不同于你在一份报告中发现 75% 的儿童在 9 个月大的时候才可以整夜安睡。当然，即便是研究报告的结果，也需要考虑研究中样本的大小以及如何得出这些数据的。
- **如果建议是基于研究发现提出的，需要对建议所**

基于的研究做出清晰透彻的描述**。被试是谁？使用什么方法？结果表明什么？在接受这些建议之前，应该对这些获得研究发现的方法进行批判性的思考。
- **不要忽视信息的文化背景**。尽管某项主张在某些环境中是有效的，但它可能并不适用于所有环境。例如，人们普遍认为，给儿童活动和伸展四肢的自由促进了他们肌肉的发展和灵活性。然而在一些文化下，婴儿大部分时间都被紧紧束缚在母亲身边，却并没有发现对婴儿存在明显的长期损害（Kaplan & Dove，1987；Tronick，1995）。
- **不要认为大部分人相信的事情就是真的**。科学评估表明，我们对于各种技术有效性的一些基本假设是错误的。

总之，评价与人类发展相关信息的关键，是保持一定的常态性怀疑。没有一种信息来源是绝对永远正确的。通过保持质疑的态度，我们就能够更好地确认发展心理学家为帮助我们理解人类毕生发展所做出的真正的贡献。

回顾、检测和应用

回顾

14. 解释理论和假设在发展研究中的作用。

理论是从事实和现象中系统推演出的解释。理论带来假设，假设是可以被检验的预测。

15. 比较相关研究和实验研究。

相关研究寻求两个现存因素之间的关联。实验研究是为了找到不同因素之间的因果关系。在实验研究中，研究者通常在结构化的情境中引入变化，去看这个变化的结果如何。

16. 解释相关研究的方法和类型。

相关研究检验两个因素之间的关联，不揭示因果关系。相关研究的方法包括自然观察、民族志学、个案研究、问卷调查研究和心理生理学方法。

17. 分析实验如何被用来确定因果联系。

在一个实验中，研究者或实验者通常会创造（或处理）两种不同的条件，然后比较暴露在每种条件下被试的行为受到的影响。实验组暴露在实验要研究的变量的条件下，控制组则没有。

18. 解释理论和应用研究是如何互补的。

理论研究是用来检验某些发展的解释并扩展科学知识的，而应用研究则为当前问题提供了实际的解决方案。

19. 比较纵向研究、横断研究和序列研究。

为测量人类年龄引起的变化，研究者们使用针对同一批被试在不同时间点的纵向研究，对不同年龄的被试在同一时间点的横断研究，以及不同年龄被试在不同时间点的序列研究。

20. 描述一些影响心理学研究的伦理议题。

伦理议题对心理学研究的影响包括要保护被试免受伤害、被试知情同意的权利，对欺骗使用的限制，以及保护隐私。

自我检测

1. 为了使预测可以被检验，必须提出_____。

a. 理论　　　b. 假设　　　c. 分析　　　d. 判断

2. 研究者站在十字路口，记录下红绿灯变绿后司机需要多长时间启动。研究者同时记录了司机的性别和大致的年龄。这个研究者最可能在进行的是_____。

a. 个案研究　　　　　　b. 自然观察

c. 民族志　　　　　　　d. 问卷调查研究

3. 调查者分成两种条件（实验组和控制组），比较处于两种不同条件下被试的结果，从而观察行为是如何被影响的，这描述的是_____。

a. 实验　　　b. 相关研究　　　c. 访谈　　　d. 自然观察

4. 研究者想要考察一组个体随时间的变化，这描述的是
_____研究。

   a. 相关   b. 横断   c. 纵向   d. 序列

应用于毕生发展

建立一个关于人类发展的某一个方面的理论以及与之相关的假设。

第1章 总结

汇总：绪论

   我们在这一章的开始介绍了一个聚会，Ruiz 看着这个几代人构成的大聚会，发现他自己思考了很多发展心理学家正式研究过的问题。当站在祖父的角度上看时，他在想祖父提及的那些特质如何可能在这几代人身上出现或不出现。他同时考虑了遗传的性状和人格特质，以及从社会和环境交互中获得的习性。考虑到这个"样本"的大小和多样性，Ruiz 关于祖父这个大家族中五代人的"思维实验"给了他很多思考。

1.1 开端
- Ruiz 对家中这五代人的思索，与发展心理学家的很多研究兴趣不谋而合，包括关注基因和环境的影响、毕生的认知变化以及社会性和人格发展。
- Ruiz 这个大家族中的年龄分布与发展心理学家关注的年龄阶段一致，包括从刚出生的婴儿到老年人的全部年龄范围。
- 每个家庭成员经历了不同的同辈群体影响，并与他们共同的基因遗传交互作用。
- 发展中的关键问题也反映在 Ruiz 的思考中，包括先天–后天问题、连续性变化与阶段性变化。

1.2 毕生发展的理论视角
- 持有不同理论视角的发展心理学家可以为 Ruiz 的思考提供一些指导。埃里克森能够通过毕生中不同的发展阶段，帮助 Ruiz 理解家中几代人之间的差异；皮亚杰则描绘了 Alicia 的思维发展过程；而维果茨基则强调了认知、社会和生理发展中社会互动的重要性。
- Ruiz 应该了解到，最好不要认为某一特定的理论观点是全部正确或全部错误的。

1.3 研究方法
- Ruiz 展示了一种直觉性的建立发展理论的本领，考虑非正式的假设并去验证它们。
- Ruiz 提出的关于家庭成员和他个人发展方面的问题，是通过结合生活经验和自然观察而形成的。
- 在某种程度上，Ruiz 对发展的好奇包括以下这些要素：个案研究（如观察自己家人的生活）、纵向研究（如反思并解释家庭中的代际特征）和横断研究（如这个家庭聚会就是毕生发展中的一个横断样本）。

父母会怎么做？

Ruiz 是一个家长，也是祖父，同时也是一个儿子和孙子。你会建议他如何平衡自己向上对父亲和祖父的责任，以及向下对孩子们的责任呢？Ruiz 和 Ellie 的孩子们处于一系列发展阶段和年龄段中。你会怎样帮助他们以不同的方式处理各个孩子提出的多样的需求和潜在的支持来源呢？

教育工作者会怎么做？

你会让 Terri 和 Tony（Alicia 的父母）做什么准备，来适应自从他们上学时就已经在教育实践上发生的变化？你会告诉他们看哪些内容，来确认年幼的 Alicia 在认知、生理和社会方面都准备好进入学校了？对于帮助 Alicia 做好入学准备，你会给他们哪些建议？由于 Alicia 父母的家人都有成功接受学校教育的经验，你认为他们需要谨慎对待"Alicia 的学习是理所当然的"这样的想法吗？

健康护理工作者会怎么做？

你会如何帮助 Ruiz 和 Ellie 理解发展的不同阶段，包括大家族中出现的生理、认知和情绪健康的不同状态？你会如何帮助他们接受自己在感知和回应家庭的各种生理和情感需求方面的力量和局限？你会如何帮助 Ruiz 和 Ellie 为可能出现的亲人过世做好准备（如祖父、父母、配偶、子女、孙辈）？

你会怎么做？

你会如何帮助 Ruiz 理解他自己多样的角色，包括父亲、儿子、孙子和祖父？你会建议 Ruiz 的父亲和祖父为他提供什么帮助或提出什么意见？还是说，父亲和祖父的角色在代际间的变化太大了，以至于这种跨代智慧的分享已经没有帮助了呢？

第 2 章

生命的开始

　　从各方面来看，Stephen 似乎是一个健康正常的 3 岁孩子。然而有一天，他感染了一种肠胃病毒，导致了严重的脑损伤，并被诊断为一种可怕的罕见疾病——异戊酸血症（isovaleric acidemia，IVA）。IVA 使身体无法代谢蛋白质中常见的氨基酸。Stephen 的父母不知道他们自己是这种疾病的携带者，这种疾病毫无征兆地袭击了 Stephen。Stephen 落下了永久的残疾。

　　当 Jana 再次怀孕时，情况就不同了。她的女儿 Caroline 在出生前接受了产前检查。得知她携带导致 Stephen 患病的突变基因后，医生能够在她出生的那天给她用药，并立即对她进行特殊饮食。尽管 Stephen 永远不会说话、走路或自己吃饭，但 Caroline 是一个活跃、健全的孩子。Jana 说基因检测"给了 Caroline 一个 Stephen 没有的未来"（Kalb，2006，p.52；Spinelli，2015）。

　　一种**隐藏的遗传**疾病夺走了 Jana Monaco 和 Tom Monaco 的第一个孩子正常健康的生活。他们的第二个孩子由于基因检测技术的进步而避免了同样的命运，这给了 Monaco 夫妇在损害发生之前进行干预的机会。他们能够通过控制环境的各个方面来阻止

Caroline 的遗传疾病对她造成同样的伤害。

　　在本章，我们首先探讨个体生命的开端——怀孕。我们将讨论遗传学以及遗传信息是如何从父母传递到孩子的。随后我们将介绍发展心理学家们广泛关注的一个主题：比较遗传和环境（或者说先天和后天）

在个体形成过程中的作用。

接下来，我们开始关注产前阶段，从受精开始至胎儿期，我们探查出生前可能影响胎儿健康和发展的各种因素。

本章末尾，我们将讨论出生的过程，包括女性经历分娩的各种方式，以及父母在孩子出生前和出生过程中可以做的选择。我们还会介绍分娩过程中可能遇到的一些并发症，包括早产或过期妊娠。最后介绍新生儿一来到这个世界就已具备的一系列惊人的能力。

2.1 产前发育

艰难抉择

当 Leah 的医生获知她的弟弟在 12 岁时死于进行性假肥大性肌营养不良（Duchenne muscular dystrophy，DMD）时，医生解释说，这种疾病被称为 X 连锁遗传病，Leah 有可能是携带者。如果真是这样，那么假如她怀的是个男孩的话，这个男孩将有 50% 的可能性患病。医生建议 Leah 去做超声检查来确定孩子的性别。超声结果显示这是个男孩。Leah 和丈夫 John Howard 从得知怀孕时的喜悦转为担忧。

Howard 夫妇面临新的选择。医生可以在此时进行绒毛膜取样，也可以在 1 个月后进行羊膜腔穿刺检查。这两种检查导致流产的风险都很低。Leah 选择进行羊膜腔穿刺检查，但是检查未能确诊。医生随后建议进行胎儿肌肉活体组织检查以确定是否存在抗肌肉萎缩蛋白。如果缺乏抗肌肉萎缩蛋白，则表明患有 DMD。但是，这种检查流产的风险比较大。

Leah 现在已经怀孕 4 个月了，而且厌倦了担忧和泪水，Howard 夫妇决定冒险，等待他们孩子的出生。

Howard 夫妇拒绝胎儿肌肉活检的决定并不能改变结果。他们不愿意在孕晚期引产，而且 DMD 无法治愈。

但是他们的案例说明，由于遗传疾病识别技术及我们对遗传学的理解力的提升，父母们有时面临着艰难的抉择。

本节中，我们将考察发展心理学研究者和其他科学家已经了解的遗传和环境如何先后创造和塑造人类生命，以及如何应用这些知识改善人们的生活。我们首先探讨遗传的基础——遗传特征从亲生父母遗传给他们的孩子。

最初的发育

我们人类的生命历程开始得非常简单。

像其他物种成千上万个个体一样，人类个体开始于重量不超过两千万分之一盎司⊖的单个细胞。但从这个微不足道的开端，只要经过几个月，一个活生生的能自主呼吸的婴儿就诞生了。这个细胞最初是由一个男性的生殖细胞（精子）突破女性的生殖细胞（卵子）膜之后融合而成的。这些配子，即男性、女性生殖细胞，每个都含有大量遗传信息。在精子进入卵子约一小时后，两个配子瞬间融合，变成了一个细胞，形成**受精卵**（zygote）。两者的遗传结构最终结合在一起，其中包含超过 20 亿条的化学编码信息，这足以开始创造一个完整的人。

⊖ 1 盎司 = 28.349 5 克。

基因和染色体：生命的密码

创造人类个体的蓝图储存于我们的基因中并由基因代代相传。基因是遗传信息的基本单位。大约 25 000 个人类基因是生物学意义上的"软件"，规划了身体所有"硬件"部分的未来发展。

所有基因都是由脱氧核糖核酸分子（DNA 分子）的特定序列组成。基因按照特定的顺序排列在 46 条染色体的特定位置上。染色体呈杆状，两两一对组成 23 对。生殖细胞（精子和卵子）只含有 23 条染色体，是总数的一半。因此父亲和母亲分别为 23 对染色体中的每一对提供一条染色体。受精卵的 46 条染色体（23 对）包含规划个体未来一生中细胞活动的遗传蓝图（见图 2-1）。通过有丝分裂这种大多数细胞的复制方式，身体中的几乎所有细胞都含有与受精卵相同的46条染色体。

基因决定了身体每个细胞的性质和功能。例如，它们决定哪些细胞将成为心脏的一部分，哪些将成为腿部肌肉的一部分。基因还决定身体各部分的功能：心跳速度和肌肉力量等。

图 2-1 单个人类细胞的内容物

在受精的那一刻，人类得到大约25 000个基因，包含在23对（46条）染色体中。

如果父母只是各自提供了23条染色体，那么人类巨大的多样性潜能来自哪里呢？答案就在配子的分裂过程中。当配子（生殖细胞，精子和卵子）通过减数分裂过程在成年个体中形成时，每个配子获得23对染色体的每一对中的一条染色体。由于究竟能获得哪一条染色体是随机的，因此存在800多万种不同组合。此外，特定基因的随机交换等过程也增加了遗传的变异性，最终导致10万亿种可能的遗传组合。

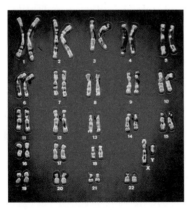

在受精的那一刻，人类个体得到23对染色体，一半来自母亲，一半来自父亲。这些染色体包含数以千计的基因。

既然遗传基因有这么多可能的组合，我们几乎不可能碰到和自己基因一模一样的人，但存在一个例外：同卵双生子。

多胞胎：以一倍的代价获得两倍或更多的结果。虽然猫狗一次生育多个子代很常见，但这种生育情况在人类中却比较少见。双胞胎在所有怀孕中的比例不超过3%，三胞胎及以上的情况就更为稀少了。

为什么会出现多胞胎呢？有些是因为在受精后最初的两周内，受精卵分裂出另一簇细胞，从而形成了两个或多个基因完全相同的受精卵。因为它们来自同一个原始受精卵，所以被称为同卵。**同卵双生子**（monozygotic twins）是遗传基因完全相同的双生子，将来发展的任何差异都只能归因于环境因素。

然而，多胞胎更常见的结果是两个不同的卵子分别与两个不同的精子结合，产生所谓的异卵双生子。当两个独立的卵子与两个独立的精子在大致相同的时间相结合、发生受精时，就产生了**异卵双生子**（dizygotic twins）。因为他们是两个独立的卵子－精子结合体，所以在基因上的相似性与不同时间出生的兄弟姐妹等同。

当然，多胞胎可以不止两个。以上两种机制均可产生三胞胎、四胞胎，甚至更多胞胎。因此，三胞胎有可能是同卵、双卵或三卵。

虽然怀上多胞胎的概率非常小，但当受孕前使用促孕药物时，其概率就会大大增加。年龄较大的女性也更容易孕育多胞胎，而且多胞胎还存在家族聚集倾向。20世纪80年代和90年代，促孕药物使用的增加及孕妇平均年龄的增长导致了多胞胎数量急剧增加。然而，这一趋势正在下降，尤其是在多胞胎方面（Parazzini et al., 2016；Adashi & Gutman, 2018；Martin et al., 2018；见图2-2）。

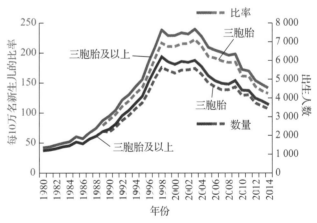

图 2-2 多胞胎的变化

从20世纪80年代开始，多胞胎的数量大幅增加、比率大幅上升，但在21世纪初开始趋于平稳并开始下降。

资料来源：Martin, J. A., Hamilton, B. E., Osterman, M. J. K., Driscoll, A. K, & Drake, P.（2018）. National Center for Health Statistics National Vital Statistics System Births：Final Data for 2016. 1. National Vital Statistics Reports, 67（1）.

多胞胎的发生率也有种族、族裔和国家差异，这可能是由于同时排出多个卵子的可能性存在先天差异。每70对非裔美国人夫妇中会有一对异卵双生子,而每86对美国白人夫妇中才会有一对。此外,在非洲中部的一些地区,双胞胎出生率是世界上最高的(Choi,2017)。

男孩还是女孩?孩子性别的确定。回想一下上面提到的23对染色体,其中22对中每对的两条染色体都是相似的。唯一例外的第23对染色体决定了孩子的性别。女性的第23对染色体是由两条匹配的、较大的X形染色体组成,标记为XX。相比之下,在男性中,这对染色体中的一个是X形染色体,但另一个是更短、更小的Y形染色体,标记为XY。

女性的第23对染色体都是X,所以卵子总是带有一条X染色体。男性的第23对染色体是XY,所以每个精子都可能带有X或者Y染色体。如果精子在遇到卵子时提供的是X染色体,那么孩子的第23对染色体是XX,是一个女孩;如果精子提供的是Y染色体,那么第23对染色体是XY,是一个男孩(见图2-3)。

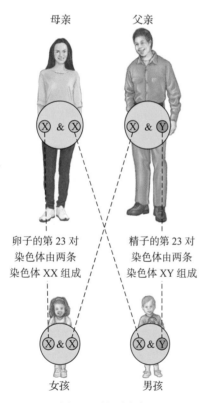

图 2-3 性别决定

当卵子和精子在受精的一刻相遇,卵子肯定会提供一条X染色体,而精子则会提供一条X染色体或Y染色体。如果精子提供的是X染色体,那么孩子的第23对染色体是XX,是一个女孩;如果精子提供的是Y染色体,那么第23对染色体是XY,是一个男孩。这是否意味着怀女孩更加容易?

由于父亲的精子决定孩子的性别,从而导致了性别选择技术的发展。其中一种新技术是用激光检测精子中的DNA,通过消除携带不想要的性染色体的精子,从而使得拥有想要的某种性别孩子的机会大大增加(Hayden,1998;Belkin,1999;Van Balen,2005;Rai et al.,2018)。

然而,性别选择会带来伦理和实践上的问题。例如,在性别地位不平等的文化中,性别选择是否意味着出生前就存在性别歧视?而且,性别选择最终将导致不受欢迎性别的孩子短缺的情况。在性别选择成为惯例之前,还有很多问题需要解决(Sleeboom-Faulkner,2010;Bhagat,Laskar,& Sharma,2012)。

遗传的基础:特征的混合与匹配

什么决定了头发的颜色?为什么人会有高矮?为什么有些人会对花粉过敏?为什么有人会长很多雀斑?想要回答这些问题,我们需要弄清楚基因传递遗传信息的基本机制。

我们可以从19世纪中期的奥地利牧师格雷戈尔·孟德尔(Gregor Mendel)的发现开始谈起。在一系列简单而有说服力的实验中,孟德尔对黄色豌豆和绿色豌豆进行杂交,结果并不像人们预期那样长出混有黄色和绿色豌豆的植物。相反,全部植物都长出黄色豌豆,以至于最初人们以为绿色豌豆不发挥任何作用。

但是,孟德尔进一步的研究发现事实并不是这样的。他继续对新一代的黄色豌豆再次进行杂交,结果是产生稳定比例的豌豆:3/4黄色和1/4绿色。

孟德尔对这种稳定现象给出了天才般的解释。基于豌豆的实验,他认为当两个互相竞争的特征同时存在时,例如黄色和绿色,只有一个能够表达,得到表达的特征为**显性特征**(dominant trait);另一个特征虽然不被表达,但仍然保留在有机体内部,被称为**隐性特征**(recessive trait)。在豌豆实验中,子代豌豆从绿色和黄色的亲代那里得到了遗传信息。然而黄色由于是显性特征而得到表达,隐性的绿色特征则没有被表达出来。

需要注意的是,来自亲代双方的遗传物质都存在于子代的内部,尽管有些特征在表面上无法被看到。遗传信息被称为有机体的**基因型**(genotype),而基因型是在有机体内部存在但不外显的遗传物质的总和。相反,**表现型**(phenotype)则是可观察的特征。

虽然黄色和绿色豌豆杂交后得到的后代都是黄色

豌豆（它们都具有黄色的表现型），但基因型是由亲代双方的遗传信息组成的。

基因型所包含信息的本质是什么呢？为了回答这个问题，让我们把豌豆换成人类。事实上，遗传规则不仅在植物和人类中是相同的，而且同样适用于绝大多数物种。

回想一下，父母是通过配子携带的染色体来向后代传递遗传信息的。有些基因配成对，被称为等位基因，用来控制具有两种可选形式的特征，如头发或眼睛的颜色。例如，棕色眼睛是显性特征（B）；蓝色眼睛是隐性特征（b）。孩子的等位基因可以是从父母双方那里得到的相同或不同基因。如果孩子得到相同的基因，在这个特征上基因型个体被称为**纯合子**（homozygous）；相比之下，如果孩子从父母那里得到不同形式的基因，在这个特征上基因型个体被称为**杂合子**（heterozygous）。在杂合等位基因（Bb）的情况下，显性特征（棕色眼睛）会得到表达。如果孩子得到的都是隐性等位基因（bb），缺乏显性特征，那么就会表现出隐性特征（蓝色眼睛）。

遗传信息的传递。以苯丙酮尿症（phenylketonuria，PKU）为例，我们可以清楚地了解遗传信息是如何传递的。苯丙酮尿症是一种遗传疾病，会导致婴儿不能利用一种人体必需的氨基酸——苯丙氨酸。牛奶等多种食物的蛋白质中都含有这种氨基酸。如果不治疗，苯丙酮尿症患者体内的苯丙氨酸逐渐聚集，最终达到毒性水平，这会导致大脑损伤和精神发育迟滞（McCabe & Shaw，2010；Waisbren & Antshel，2013）。

苯丙酮尿症是由单个等位基因，或成对基因缺陷引起的。如图2-4所示，我们可以把携带显性特征的基因标记为P，它会产生正常的苯丙氨酸产物；隐性基因标记为p，它会导致苯丙酮尿症。如果父母双方都不是苯丙酮尿症的携带者，那么他们的一对基因都是显性的PP。这样，不论父母提供其哪条基因给后代，孩子得到的基因一定是PP，在这种情况下孩子绝对不可能患上苯丙酮尿症。

考虑一下父母一方携带一条隐性基因p的情况。这种情况下，携带者的基因型为Pp，父母本身不会患上苯丙酮尿症，因为P基因是显性的，但隐性基因则会传递给孩子。这种情况还不算糟：如果孩子只得到一条隐性基因，他并不会患上苯丙酮尿症。但如果父母双方都携带一条隐性基因p呢？在这种情况下，虽

然父母本身都没有这种疾病，但孩子却有可能分别从父母处各获得一条隐性基因。这样，孩子的基因型将会是pp，从而患上苯丙酮尿症。

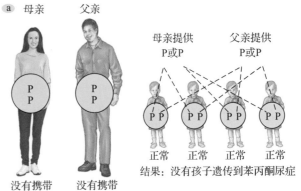

图 2-4 苯丙酮尿症发生的概率

苯丙酮尿症是一种会导致大脑损伤和精神发育迟滞的疾病，由遗传自父母的一对基因所造成。如果父母双方都不携带该病的基因（a），孩子不会患上苯丙酮尿症。即使父母中一个携带隐性基因，另一个没有（b），孩子也不会被遗传。但是，如果父母双方都携带隐性基因（c），那么孩子就有1/4的概率患上苯丙酮尿症。

请记住，即使父母双方都携带隐性基因，孩子患上苯丙酮尿症的概率也只有25%。根据概率定律，拥有Pp型父母的孩子中有25%的可能性从父母处各获得一条显性基因（这些孩子的基因型是PP），有50%的可能性从父母一方得到显性基因，从另一方得到隐性基因（他们的基因型是Pp或pP）。只有剩下不幸的25%的孩子，从父母双方各得到一条隐性基因，基因型为pp，从而患上苯丙酮尿症。

多基因特征。苯丙酮尿症的传递阐明了遗传信息从父母传递给孩子的基本原则，尽管大多数情况下遗传比苯丙酮尿症要复杂得多。很少有特征是由单对基因控制的，相反，多数特征是多基因遗传的结果。**多基因遗传**（polygenic inheritance）中，多对基因联合作用来决定某一特征的产生。

此外，一些基因以多种形式出现，而另一些基因的作用是修饰特定遗传特征（由其他等位基因所生成）的表达方式。基因还因为其**反应范围**（reaction range）有所不同。反应范围是指由环境条件引起的某种特征实际表达的潜在变异程度。还有一些特征，比如血型。决定血型基因对中的任一基因都不能单纯归类为显性基因或隐性基因。相反，该特征的表达是两个基因的联合作用，如AB血型。

一些隐性基因只位于X染色体上，被称为**X连锁基因**（X-linked genes）。回忆一下：女性的第23对染色体是XX，男性是XY。所以其中一个结果是男性有更高的患X连锁疾病的风险——如本节一开始提到的Howard还未出生的儿子，原因是男性缺乏第二个X染色体来抵消产生疾病的遗传信息。例如，男性更容易患红绿色盲，这是一种位于X染色体上的一系列基因引发的疾病。另一种X连锁基因疾病是血友病，这种病是欧洲皇室反复出现的问题。

人类基因组与行为遗传学：破解遗传密码。孟德尔的卓越贡献只是标志了人们了解遗传机制的开始。最近的里程碑是2001年初，分子遗传学家对整个人类基因测序工作的基本完成。这是遗传学历史上最重要的成就之一（International Human Genome Sequencing Consortium，2001；Oksenberg & Hauser，2010；Maxson，2013）。

人类基因序列的绘制使得我们对遗传的理解有了重大进步。例如，人类基因的数目一直以来被认为有100 000个之多，但最后证实约有25 000个，与特别简单的生物相比没有多出很多（见图2-5）。此外，科学家发现99.9%的基因序列为人类所共有。这意味着人与人之间的相似性远远大于差异性——很多基于表面将人类进行区分的差异，如种族，实际上是很肤浅的。人类基因组图谱的绘制也有助于识别特定个体容易罹患的疾病（Serretti & Fabbri，2013；Goldman & Domschke，2014；Diez-Fairen et al.，2018）。

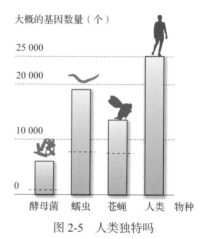

图2-5 人类独特吗

人类拥有大约25 000个基因，在遗传上并不比某些原始物种复杂很多。

资料来源：Based on Macmillan Publishers Ltd.："International Human Genome Sequencing Consortium，Initial Sequencing and Analysis of the Human Genome，"Nature.

注：虚线表示在人类中发现的每种生物的全部基因的估计百分比。

人类基因序列图谱给予行为遗传学领域有力的支持。**行为遗传学**（behavioral genetics）研究的是遗传对行为和心理特征的影响。行为遗传学不是简单地检测稳定不变的特征，例如头发或眼睛的颜色，而是从更广泛的角度，探讨我们的人格和行为特征是怎样受遗传因素影响的（McGue，2010；Judge，Ilies，& Zhang，2012；Krüger，Korsten，& Hoffman，2017）。

人格特质（如害羞或善于交际、情绪化和果断性等）都是行为遗传学研究的内容。其他行为遗传学家也研究心理障碍（如抑郁、注意缺陷多动障碍和精神分裂症等），寻找可能的遗传关联（Wang et al.，2012；Plomin et al.，2016；Holl et al.，2018；见表2-1）。

遗传性和遗传疾病：当发展偏离常模就像苯丙酮尿症一样，单个可能导致某种疾病的隐性基因可以在不知不觉中从一代传递给下一代，直到遇到另一条隐性基因。当两条隐性基因碰到一起时才会表达，而使个体患上遗传疾病。

表 2-1　目前对下列行为疾病和特征的遗传基础的理解

行为特征	有关其遗传基础的当前观点
亨廷顿病	HTT 基因突变
强迫症	已经确认了几个潜在的相关基因，但是环境起着重要作用
脆性 X 智力障碍	FMR 基因突变
早发性（家族性）阿尔茨海默病	已识别出三个特异性基因，PSEN2 基因中至少有 11 个相关的基因突变
注意缺陷多动障碍	一些研究证据表明注意缺陷多动障碍与多巴胺 D4 和 D5 基因位点有关，但是这种疾病的复杂性导致识别特定的基因十分困难
酗酒	研究表明影响神经递质五羟色胺和 γ 氨基丁酸活动的基因可能与酗酒有关
精神分裂症谱系障碍	目前尚无一致意见，但基因的缺失或重复与紊乱有关；还报道了 1、5、6、10、13、15 和 22 号染色体与之有关

资料来源：Based on McGuffin, Riley, & Plomin, 2001；Genetics Home Reference, 2017.

另一种需要考虑的原因是，基因会遭受物理损伤。例如，在减数分裂和有丝分裂的过程中，由于磨损或者偶然事件，基因可能遭受破坏。有时候，基因会因为未知原因自发改变结构，这个过程被称为自发突变（spontaneous mutation）。此外，某些环境因素，例如暴露在 X 射线下或者是严重的空气污染中，也会导致遗传物质的畸形改变。当这些受损基因遗传给孩子时，就会导致孩子日后生理发展和认知发展的灾难性后果（Barnes & Jacobs, 2013；Tucker-Drob & Briley, 2014）。

除了每 1 万～ 2 万出生人口中有一个患上的苯丙酮尿症外，其他遗传疾病还包括：

- 唐氏综合征（Down syndrome）。与绝大多数人 46 条染色体组成 23 对不同，唐氏综合征患者的第 21 对染色体多了一条。曾被称为先天愚型的唐氏综合征是智力障碍最常见的病因，大约每 500 个新生儿中就有一个患者，但年龄很小或很大的母亲所生孩子的患病风险更高（Channell et al., 2014；Glasson et al., 2016）。
- 脆性 X 综合征（fragile X syndrome）。脆性 X 综合征是由 X 染色体上某个特定基因损伤而导致的障碍，表现为轻度到中度的精神发育迟滞（Cornish, Turk, & Hagerman, 2008；Hocking, Kogan, & Cornish, 2012；Shelton et al., 2017；Melancia & Trezza, 2018）。

- 镰刀形细胞贫血（sickle-cell anemia）。大约 1/10 的非裔美国人携带会引发镰刀形细胞贫血的基因。而每 400 个非裔美国人中就有 1 人患有此病。镰刀形细胞贫血是一种血液病，因患者红细胞的形状呈镰刀形而得名。患者表现出没有食欲、生长迟缓、腹胀和巩膜黄染等症状。重度患者很少能够活过儿童期。然而，对于那些症状较轻的患者而言，医学进步已经能够显著地延长其寿命（Ballas, 2010）。
- 泰 – 萨克斯病（Tay-Sachs disease）。主要出现在东欧犹太人和法裔加拿大人中，泰 – 萨克斯病患者通常在学龄前期死亡，患者在死亡前会出现失明和肌肉萎缩症状，目前尚无治疗方法。
- 克兰费尔特综合征（Klinefelter's syndrome）。每 400 个男性中有 1 人先天患有克兰费尔特综合征，患病男性多了一条 X 染色体。XXY 基因型会导致生殖器官发育不良、身材异常高大和乳房增大。性染色体数目异常导致的遗传疾病有很多，克兰费尔特综合征只是其中的一种。还有疾病是多了一条额外的 Y 染色体（XYY）、缺失一条性染色体（特纳综合征，XO），或者存在三条 X 染色体（XXX）。这些疾病的典型特征是性特征异常，并且伴随智力障碍（Hong et al., 2014；Turriff et al., 2016）。

有遗传根源的疾病并不意味着环境不起作用，记住这一点很重要。以镰刀形细胞贫血为例，因为这种疾病常在儿童期致命，患者的寿命通常不足以向下一代传递疾病，至少在美国情况如此：比起某些西非地区，美国发病率低得多。

但为什么西非地区和美国存在这样的差异呢？最终，科学家发现携带镰刀形细胞基因会增加对疟疾的免疫力，而疟疾是西非一种常见疾病。增强免疫力意

镰刀形细胞贫血是根据畸形的红细胞命名的，约 10% 的非裔美国人携带这种基因。

味着患有镰刀形细胞贫血的人具有一种遗传优势（对于抗疟疾而言），在某种程度上抵消了作为镰刀形细胞基因携带者的坏处。

遗传咨询：从现有的基因预测未来

如果你知道自己的母亲和外祖母都死于亨廷顿病（Huntington's disease），一种以颤抖和智力衰退为特征的灾难性的遗传病，你如何知道自己可能患这种疾病的概率？最好的方法是进行**遗传咨询**（genetic counseling）。遗传咨询是一个仅有数十年历史的新领域，致力于帮助人们解决与遗传疾病有关的问题。

遗传咨询师在工作中会使用各种数据。例如，打算要小孩的夫妇想了解怀孕的风险，那么咨询师将会全面了解他们的家族史，寻找可能表明隐性或 X 连锁基因模式的任何家族出生缺陷发病率。此外，咨询师也会考虑父母年龄以及之前生育的其他小孩的异常情况等因素（O'Doherty，2014；Austin，2016；Madlensky et al.，2017）。

遗传咨询一般要进行全面的体检，来发现准父母未意识到的潜在的生理异常情况。此外，需要血液、皮肤和尿液样本来分离和检验特定的染色体。某些遗传缺陷，如出现一条额外的性染色体，可以通过检测染色体组型来加以识别。染色体组型实际上是一张放大的染色体图片。

产前检查。 如果女性已经怀孕，目前有很多种不同的技术来评估她未出生孩子的健康程度（见表 2-2）。最早的检查是孕早期筛查，一般在怀孕第 11 ～ 13 周进行，结合血液检查和超声成像，以识别染色体异常和其他疾病，例如心脏病。在**超声成像**（ultrasound sonography）过程中，高频声波扫描母亲子宫，呈现出未出生胎儿的图像，此时我们可以评估胎儿的大小和形状。重复使用超声成像技术可以展现胎儿的发育模式。

当血液检查和超声波检查提示有潜在问题时，或者家族有遗传病史的情况下，可以使用一种侵入性检查：**绒毛膜取样**（chorionic villus sampling，CVS）。这种检查可以在孕早期的第 10 ～ 13 周⊜进行。它需要将一根细针插入胎盘，取出包围在胚胎周围毛发般

的一小块样本。检查可以在受孕后的第 8 ～ 11 周⊖进行。但是，它有 1/100 到 1/200 的可能性会导致流产，由于这个风险，使用相对较少。

羊膜腔穿刺（amniocentesis）是通过细针将少量胚胎细胞样本从围绕胎儿周围的羊水中取出。一般在怀孕后 15 ～ 20 周进行，可以分析胚胎细胞，识别不同的遗传缺陷，准确率接近 100%。此外，它还可以用来检测胎儿的性别。虽然羊膜腔穿刺这样的侵入性手术会有损伤胎儿的危险，但总体来说还是安全的，流产的风险是 1/200 到 1/400。

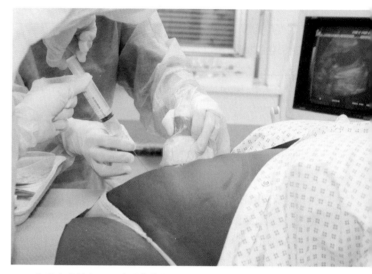

羊膜腔穿刺中，从羊膜囊中抽取胎儿细胞样本，用以检查一系列遗传缺陷。

表 2-2　胎儿发育监测技术

技术	描述
羊膜腔穿刺	怀孕 15 ～ 20 周进行，检查含有胎儿细胞的羊水样本。如果父母任何一方患有泰 - 萨克斯病、脊柱裂、镰刀形细胞贫血病、唐氏综合征、肌营养不良或 Rh 病，就推荐进行这项检查
绒毛膜取样	怀孕 8 ～ 11 周进行，经腹部或宫颈取样，取决于胎盘的位置。通过插入一支针（经腹部）或一支导管（经宫颈）进入胎盘基质，保持在羊膜囊外，取出 10 ～ 15 毫克组织。在人工洗去母体子宫组织后对其进行培养，并像羊膜腔穿刺一样做染色体组型
胎儿镜检查	怀孕前 12 周经宫颈插入光学纤维内窥镜检查胚胎或胎儿。最早可在怀孕 5 周时进行。借助设备可以观测到胎儿的血液循环，并且胚胎的可视化使得这项技术可以诊断畸形

⊖ 从末次月经第一天算起。——译者注
⊜ 此处即指孕早期第 10 ～ 13 周。——译者注

技术	描述
	（续）
胎儿血液取样	怀孕18周以后实施，抽取少量脐带血检查。用来检测更容易受到父母影响的胎儿的唐氏综合征以及大多数染色体异常。这种技术可用于诊断很多其他疾病
超声胚胎学	用于检测怀孕早期的异常。使用高频经阴道探头和数字成像处理。与超声结合使用，可以在孕中期检测出超过80%的发育畸形
超声波检查	用超高频声波检测胎儿的结构异常或多胎妊娠，监测胎儿生长，判断胎龄，评估子宫异常。也可与其他检查（如羊膜腔穿刺）结合使用

在完成一系列检测之后，这对夫妇会再次和遗传咨询师会面。一般来说，咨询师会避免给出某种具体的建议。他们只会列出事实和目前可考虑的选择方案，内容包括不做任何干预到采取更为极端的措施，如通过流产终止妊娠等。

未来问题的筛查。 遗传咨询师的最新角色还包括检查父母是否由于遗传异常而在未来易感于某些疾病，而不仅仅是孩子。例如，亨廷顿病直到个体40岁后才会发病，而基因检测可以很早检查出致病基因。提早知道自己是否携带这种基因可帮助个体为将来早做安排（Tibben，2007；Sánchez-Castañeda et al.，2015；Holman et al.，2018）。

除了亨廷顿病之外，基因检测还可以预测一千余种疾病，包括从囊性纤维化到卵巢癌。基因检测的阴性结果可以去除人们对未来的担忧，但是阳性结果却会带来相反效果。实际上，基因检测引起了复杂的现实和伦理问题（Wilfond & Ross，2009；Klitzman，2012；Zhao et al.，2018）。

例如，假设一位妇女怀疑自己可能会患有亨廷顿病，她在20多岁时接受基因检测。如果结果显示她不携带致病基因，那么显然她会有如释重负的感觉。但如果她发现自己携带这种缺陷基因，且必然会在今后发病呢？她可能会感到抑郁和沮丧。事实上，一些研究显示，10%的人在检查出携带亨廷顿病的致病基因后，情绪水平再没有恢复正常（Myers，2004；Wahlin，2007；Richmond-Rakerd，2013）。

基因检测显然是一个复杂的问题，它很少给出简单的"是"或"否"的回答，而是一个概率范围。在一些情况下，真正患病的可能性依赖于个体环境中的应激源。另外，个体差异也会影响某种疾病的易感性（Lucassen，2012；Crozier，Robertson，& Dale，2015；Djurdjinovic & Peters，2017）。

今天许多研究者和职业医生的工作已不仅仅是检查和咨询，而是真正地改变某些缺陷基因。例如，在生殖细胞疗法中，携带缺陷基因的细胞可以从胚胎中提取、修复后再重新植入。

从一个健康护理工作者的视角看问题

遗传咨询结果的伦理与哲学问题有哪些？提前知道你的孩子或你自己可能患有某种疾病是否明智？

遗传与环境的交互作用

与很多父母一样，Jared的母亲Leesha和他的父亲Jamal试图找出他们的孩子更像两人中的哪一个。Jared似乎遗传了Leesha大而圆的眼睛，还有Jamal的灿烂笑容。Jared渐渐长大后，父母发现他的发际线和Leesha一样，而他的牙齿让他笑起来更像Jamal。Jared的行为举止也很像他的父母。比如，他是个招人喜爱的小婴儿，总是对家中的客人微笑，就像他友善快活的父亲一样。他的睡眠习惯像妈妈，这很幸运，因为Jamal每晚只睡4个小时，而Leesha睡眠规律通常每晚睡7～8个小时。

Jared喜欢微笑和规律的睡眠习惯是他从父母那里幸运地遗传到的吗？还是因为Jamal和Leesha为Jared提供了快乐温馨的家，促进了他这些讨人喜欢的特质的发展？是什么决定了我们的行为，先天的还是后天的？行为是由先天的遗传因素所生成，还是由环境因素所激发？

简单的答案是：根本没有简单的答案。

环境在决定基因表达中的作用：从基因型到表现型

随着发展研究的积累，我们越来越清楚，行为只归因于遗传或环境单一因素的看法都是不恰当的，行为是两者共同作用的结果。

例如，**气质**（temperament）代表了个体稳定、持久特征的唤醒和情绪性模式。假设我们发现，少数儿童先天就具有产生不寻常生理反应的气质——已有很多研究证实了这一点。这类婴儿趋于回避任何异常事物，他们对新异刺激的反应是心跳迅速增加，大脑边缘系统异常兴奋。到了4～5岁，父母和老师认为这些具有高刺激反应性的儿童很害羞。但这并不是必然的，其中一些个体的行为与同龄人没有明显区别（De Pauw & Mervielde，2011；Pickles et al.，2013；Smiley et al.，2016）。

是什么导致了差异呢？答案似乎是儿童成长的环境。父母鼓励并为儿童创造对外交流的机会，可能有助于儿童克服他们的害羞。相反，成长在家庭不和或长期疾病困扰等紧张环境下的儿童更可能一直保持着害羞的气质（Kagan，2010；Casalin et al.，2012；Merwin et al.，2017）。上文提到的Jared，似乎先天就有乐观的气质，这种气质很容易被他的父母强化。

因素的交互作用。这些发现表明，很多特征反映的是**多因素传递**（multifactorial transmission），它们是被遗传与环境因素共同决定的。在多因素传递中，基因型为表现型提供可能实现表达的特征范围。例如，具有肥胖基因型的个体无论怎样控制饮食，可能永远都不能苗条。考虑到基因遗传的作用，他们可能相对苗条，但无法超越某个限度。在很多情况下，环境决定了特定基因型将被具体表达为表现型的方式（Plomin et al.，2016）。

某些基因型受环境因素的影响相对不大。比如，对第二次世界大战中营养不良的怀孕妇女的研究发现，她们孩子的身体和智力不受营养不良的影响，处于平均水平（Stein et al.，1975）。与之类似，无论人们吃多少健康的食物，他们的身高也不可能超越遗传的上限值。比如，小Jared的发际线位置就极少受环境的影响。

尽管不能明确指出特定行为是先天还是后天的，但是，我们可以探讨行为在多大程度上是由遗传因素引起的，多大程度上是受环境因素影响的。因此，我们转向下面的问题。

发展研究：多少受先天影响？多少受后天影响？ 发展心理学研究者运用多种策略研究遗传与环境因素对特质和行为的影响。为了寻求答案，他们同时研究非人类物种和人类本身。

非人类动物研究：同时控制遗传与环境。培育具有遗传上特征相似的动物品种相对来说是简单的。Butterball公司就一直以培育感恩节火鸡为生。其培育的火鸡生长速度很快，以求在感恩节时可以以低廉的价格推向市场。与之类似，科学家也可以培育具有相似遗传背景的实验室动物品系。

通过观察遗传背景相似的动物在不同环境下的行为，科学家可以精细地确定特定环境变量的影响大小。例如，通过让基因相似的动物分别在刺激丰富（有很多玩具或设施供动物攀爬或穿越）或刺激相对缺乏的环境中长大，来检测不同环境的影响。相反，把基因不同的个体置于相同环境下养育，研究者可以测定遗传因素所起的作用。

动物研究提供了大量的实验成果，但这一研究方法具有不可克服的缺陷——我们无法确定这些发现是否能够很好地推论到人类身上（也见"从研究到实践"专栏）。

从研究到实践

当后天因素变为先天因素

关于基因遗传的一个基本假设是，环境对生物体健康的改变不会遗传给后代，即如果我们剪掉老鼠的尾巴，我们并不期望它的后代没有尾巴。只有基因突变（既不是生活方式的选择，如不良饮食，也不是环境的影响，如接触毒素）被认为是可遗传的。但是最近的研究发现，一个人的生活经历可以遗传给子孙后代。

这是一种被称为跨代表观遗传的现象，它的工作原理与通常的遗传有点不同。生命经历没有改变遗传密码本身，而是改变开启或关闭单个基因的DNA部分。不是每个基因在身体各处都是活跃的。例如，负责制造胰岛素的DNA只在胰腺的某些细胞中被"打开"。当营养不良或药物使用等事件影响精子或卵子中的脱氧核糖核酸"开关"时，这种改变可以传递给后代（Daxinger & Whitelaw，2012；Babenko，Kovaklchuk，& Metz，

2015；Nestler，2016；Goldberg & Gould，2018）。

在一项研究中，健康的雄性大鼠被喂食高脂肪食物，导致它们体重增加，并出现与2型糖尿病一致的症状，如胰岛素抵抗。尽管这些老鼠没有糖尿病的遗传倾向，但它们所生育的雌鼠成年后也出现了2型糖尿病的症状——即使它们饮食正常。一些研究人员认为，跨代表观遗传可以部分解释儿童肥胖的流行：我们的高脂肪饮食不仅会让我们处于危险之中，而且可能也会让我们的孩子处于危险之中（Skinner，2010；Crews et al.，2012）。

幸运的是，这种方式传递的不仅仅是有害的影响。

对比亲缘关系和行为：收养、双生子及家族研究。

显然，研究者无法像对实验动物那样对人类被试的遗传背景或生长环境进行有效控制，但是大自然为开展各种"自然实验"提供了理想被试——双生子。

回忆一下同卵双生子，他们具有相同的遗传物质，遗传背景完全一样，他们之间任何行为差异都可以完全归因于环境的影响。

理论上来讲，同卵双生子是研究先天和后天影响的理想被试。例如，如果一对同卵双生子自出生起分别被环境不同的家庭收养，当他们长大后研究者就可以准确测量出环境的影响。当然，伦理上的考虑使这种做法不能实现。

研究者所能做的只是对出生时即被收养，并在不同的环境中抚养的同卵双生子的情况进行研究，在这种情况下，我们可以比较自信地得出遗传和环境相对作用的结论（Nikolas，Klump，& Burt，2012；Strachan et al.，2017）。

这种对在不同环境中抚养长大的同卵双生子的研究结果也可能存在偏差。领养机构通常会在安排收养家庭时尽可能地考虑生母的特质（或生母的意愿）。例如，同卵双生子更可能被安置在与生母是相同种族和相同宗教信仰的家庭中。所以，即使同卵双生子被收养在不同的家庭中，这两个家庭环境往往也有很多相似的地方。因此，研究者并不总是能确定某项行为差异是否由环境所导致。

对异卵双生子的研究也可以探究先天与后天的影响。异卵双生子之间的遗传基因相似性与普通兄弟姐妹之间的相似性相同。通过比较异卵双生子与同卵双生子（基因相同）的行为，研究者可以确定同卵双生子是否在某一特质上体现了更多的相似性。如果确实

一项研究表明，小鼠在暴露于丰富和刺激的环境后，记忆力会变得更好，正如之前的研究所表明的那样，小鼠的后代也表现出有益的记忆效果，即使它们没有经历相同的丰富环境。这项研究的意义令人震惊——很可能我们年轻时做出的糟糕的生活选择对我们的后代和我们自己都有影响（Arai，Li，Hartley，& Feig，2009；Nestler，2011；Heard & Martienssen，2014）。

共享写作提示：为什么我们年轻时做出的糟糕的生活选择而非我们以后可能做出的选择，会对我们的孩子产生可能的后果呢？

如此，那么可以认为遗传在这个特质表达中发挥着重要作用。

与之类似，研究遗传背景完全无关但在相同环境中长大的被试也可以探讨先天与后天的问题。例如，一个家庭同时收养两个血缘无关的儿童，为他们提供相似的成长环境，在这种情况下，儿童相似的特质和行为可以在某种程度上归因于环境的影响（Segal，2000）。

同卵双生子和异卵双生子提供了了解遗传和环境因素相对作用的机会。心理学家从研究双生子中能学到什么？

最后，发展心理学研究者还会考察遗传相似程度不同的人群。例如，如果在某一特质上，研究者发现亲生父母与孩子间存在强相关，但这种相关在养父母与他们的孩子之间很弱，就可以得到遗传在决定该特质表达中具有重要性的证据。反之，若养父母与孩子之间在某一特质上存在强相关，则可以证明环境在决定特质时有重要影响。如果某一特质在基因相似的个体中表达方式相似，但在基因相差较远的个体中表达

出的差异性明显,那么表明遗传可能在该特质发展中发挥着主要作用。

发展心理学研究者通过运用上述方法对先天和后天问题进行了几十年的研究,研究得到的一致性结果是:几乎所有特质、特征和行为都是先天与后天共同交互作用的结果(Waterland & Jirtle,2004;Jaworski & Accardo,2010;Mathiesen,Sanson,& Karevold,2018)。

遗传和环境:共同作用

让我们来看看遗传和环境影响生理特质、智力以及人格的方式。

生理特质:家族相似性。当患者进入 Cyril Marcus 医生的诊室时,他们并不知道有时是由医生的双胞胎兄弟 Stewart Marcus 医生接待的。这对双胞胎在外表和行为表现上是如此相似,以至于连长期的病人都被这种伦理上欠妥的行为所愚弄。这正是因电影《孽扣》(*Dead Ringers*)而广为人知的离奇案例。

两个人的遗传基因越相似,他们的生理特征也越相似。同卵双生子就是这一事实的最佳例证。除此之外,父母个子高,孩子通常也很高;父母个子矮,孩

子通常也不高。肥胖也会受遗传的影响,例如,在一项研究中,成对的同卵双生子接受相同的饮食,他们每天都会额外摄入 1 000 卡路里[⊖]并且不运动。3 个月后,每对双生子都几乎增加了相同的体重,而不同对双生子增加的体重不同,有些双生子增加的体重几乎是另一些的 3 倍(Bouchard et al.,1990)。

一些不太明显的生理特征也显示出很强的遗传影响。例如,血压、呼吸速率甚至死亡年龄这些特征,相比遗传基因上不太相似的两个个体,亲缘关系上更近的个体之间具有更多的相似性(Melzer,Hurst,& Frayling,2007;Wu,Treiber,& Snieder,2013)。

智力:研究越多,争议越大。涉及遗传和环境相对作用的问题,没有哪一种能像智力那样让人们做出如此多的研究。智力,通常用智商分数(简称"IQ 分数")来测量,是人类得以与其他物种区分的核心特质。另外,智力与学业成就以及其他类型的成就息息相关。

遗传在智力中扮演重要角色。对一般智力和智力的特殊成分(如空间技能、语言技能和记忆)的研究都显示(见图 2-6),个体之间亲缘关系越近,他们 IQ 分数相关性越高。

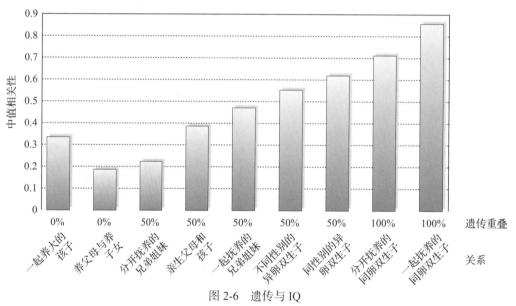

图 2-6 遗传与 IQ

个体在遗传上的关系越紧密,两者 IQ 分数的相关性越高。对这一数据的思考:为什么在一起长大的孩子和在一起长大的兄弟姐妹的 IQ 中值相关性有差异?或者,为什么在一起长大的孩子和分开长大的兄弟姐妹的 IQ 中值相关性有差异?你如何描述遗传和环境对 IQ 的影响?

资源来源:Bouchard & McGue,1981.

遗传不仅对智力有重要影响,而且这种影响还会随着年龄增长而变大。例如,研究显示,异卵双生

子的智力差异随着从婴儿期到青少年期的发展会越来越大,但同卵双生子的智力随着时间推移却变得越

⊖ 1 卡路里 = 4.186 8 焦耳。

来越相似（Silventoinen et al., 2012；Madison et al., 2016）。

此时我们已经清楚地知道遗传对智力有重要影响，但是智力在多大程度上会受遗传影响呢？最极端的观点可能是心理学家阿瑟·詹森（Arthur Jensen）提出的。他认为智力至少有80%是遗传的结果（Arthur Jensen, 2003）。其他研究者则较为保守，他们认为遗传的影响大约在50%～70%。值得注意的是，这一数据仅仅是大量人群的平均值，而某一特定个体受遗传影响的程度不能从这个平均值预测出来（Brouwer et al., 2014；Schmiedek, 2017）。

我们也必须时刻牢记，虽然遗传对智力具有重要的作用，但环境因素，如接触书本的机会、良好教育的经历以及聪明的同伴都会在很大程度上促进智力发展。因此，在公共政策方面，我们需要关注环境影响，以最大限度地提高每个人的智力发展水平。

从一个教育工作者的视角看问题

一些人将智力受遗传影响的实验结论作为反对向低IQ个体提供教育的论据。根据你学到的遗传与环境的知识，你认为这种观点站得住脚吗？为什么？

遗传和环境对人格的影响：我们的人格是遗传的吗？ 至少部分是。一些证据支持我们的基本人格特质具有遗传基础。例如，"大五"人格中的两个人格因素，神经质和外向性，与遗传因素相关。神经质是个体表现出情绪稳定性的特征。外向性是个体寻求与他人相处、举止开朗及喜欢社交的程度。以前面提到的小Jared为例，他可能就遗传了他父亲Jamal外向的人格特质（Horwitz, Luong, & Charles, 2008；Zyphur et al., 2013；Briley & Tucker-Drob, 2017）。

我们怎样知道哪些人格特质反映了遗传影响呢？一部分证据来自对基因本身的直接检测。例如，似乎一种特定基因对风险寻求行为具有极大的影响力。这一"新异寻求"基因影响了大脑中多巴胺的产生，使得一些人比其他人更倾向于寻找新异环境并乐于冒险（Ray et al., 2009；Veselka et al., 2012；Muda et al., 2018）。

其他证据来自双生子研究。一项重要研究中，研究者调查了上百对双生子的人格特质。由于这些双生子中不少对是在不同环境下长大的同卵双生子，这就有可能为判断遗传因素的影响提供有力的证据（Tellegen et al., 1988）。研究者发现，一些特质比其他特质反映出更大的遗传影响：社会技能（成为有影响力的领导并乐于享受万众瞩目的乐趣的倾向）和传统性（对规则和权威的严格服从）与遗传因素高度相关（Harris, Vernon, & Jang, 2007；South et al., 2015；见图2-7）。

甚至非核心人格特质也与遗传有关。例如，态度、兴趣和价值观，甚至对性行为的态度等似乎也与遗传有关（Koenig et al., 2005；Bradshaw & Ellison, 2008；Kandler, Bleidorn, & Riemann, 2012）。

很明显，遗传因素在决定人格方面起着重要的作用，但与此同时，孩子所处的环境也影响着人格的发展。例如，一些父母鼓励高活动水平，把其看成是独立和智力的表现。另一些父母则可能希望孩子处于低活动水平，认为被动一些的孩子更容易适应社会。这些父母的态度部分是由文化决定的，美国的父母可能会鼓励高活动水平，但在亚洲文化中，父母则更希望孩子被动一些。两种情况下，孩子的人格特质可能会由于父母态度不同而被塑造得有所差异（Cauce, 2008；Luo et al., 2017）。

是否一些孩子生来就外向呢？答案看起来是肯定的。

社会技能	61%
这一特质高的个体是一个威严有力的领导，喜欢成为注意焦点	
传统性	60%
遵从规则和权威，赞成高道德标准和严格纪律	
应激反应	55%
感到脆弱和敏感，总是很担忧，容易不安	
专注性	55%
从丰富的经验获得生动的想象力；脱离现实感	
疏离感	55%
感觉被虐待或被利用，也就是"全世界都不理解我"	
幸福感	54%
具有开朗的性格，自信、乐观	
伤害回避	50%
回避风险和危险性，即使乏味也更喜欢安全的路线	
攻击性	48%
有身体攻击性并怀有恶意，喜欢使用暴力并"要报复全世界"	
成就感	46%
勤奋工作，努力让自己变得精通熟练，工作和成绩优先于其他事情	
控制感	43%
谨慎、沉稳、理智、明智，喜欢精心策划事件	
社会亲密感	33%
喜欢亲密的情感和关系，向别人寻求安慰和帮助	

图 2-7 遗传特质

这些特质是和遗传因素关联最密切的人格因素的一部分。百分率越高，特质反映遗传影响的程度就越大。这张图是否意味着"领袖是天生的，而不是后天培养的"，为什么？

资料来源：Based on Tellegen, A., Lykken, D. T., Bouchard, T. J., Jr., Wilcox, K. J., Segal, N. L., & Rich, S.（1988）. Personality similarity in twins reared apart and together. Journal of Personality and Social Psychology，54，1031–1039.

由于遗传与环境因素都对孩子的人格有影响，因此人格发展成为先天和后天交互作用的很好例证。此外，正如我们将在下面的"文化维度"专栏中看到的那样，先天与后天的交互作用不仅仅会影响个体，它们甚至影响了整个文化。

文化维度

生理唤醒上的文化差异：一种文化下的哲学观可能由遗传决定吗

很多亚裔文化的佛教哲学都强调和谐与和平。与之相反，不少西方哲人则重视焦虑、恐惧与内疚对人的制约，他们认为这些是人性的基本部分。

这些哲学倾向是否在某种程度上体现了遗传的影响？发展心理学家杰罗姆·凯根（Jerome Kagan）和他的同事们提出一个争议性的假设。他们推测，某个社会背后由遗传基因决定的气质可能会使该社会中的人更趋向某种哲学（Kagan，2003，2010）。

凯根的假设建立在被广泛接受的研究发现上：高加索人种与亚裔人种儿童的气质存在显著差别。一项对中

佛教哲学强调和谐与和平。这种非西方哲学是否在某种程度上是遗传的反映？

国、爱尔兰和美国的4个月大的婴儿的比较研究显示，3个国家的婴儿确实存在差异。与同为高加索人种的美国及爱尔兰婴儿相比，中国婴儿运动活动少、兴奋性（irritability）低、发声（vocalization）少。

凯根认为，中国人生来气质就较为平和，他们会发现佛教哲学的平静观念与他们的自然倾向更协调。相反，西方人有着更情绪化、紧张和容易内疚的倾向，更容易被那些强调控制不愉快情绪的哲学吸引（Kagan, 2003, 2010）。

显而易见，哲学没有好坏之分，气质也一样。相同文化中不同个体的气质或多或少都存在差异，而且差异范围非常大。此外，环境条件对个体气质中不受遗传决定的部分产生显著影响。凯根的想法反映了文化与气质之间复杂的交互作用。

这种想法的正确性还需要进行更多的研究，以探讨特定文化中遗传与环境独特的交互作用会如何影响个体看待和理解世界的哲学框架。

心理障碍：遗传和环境的作用

在13岁的时候，Elani的猫开始命令她。起初，这些命令都是无害的，例如"穿两只不同的袜子上学"或者"把碗放在地板上吃东西"。她的父母并不能想象出那样生动的画面，但当她拿着铁锤接近她年幼的弟弟的时候，她妈妈强行制止了她。Elani后来回忆道："我非常清楚地听到一个命令，杀了他，杀了他，就好像我着魔了一样。"

在某种意义上，她的确着魔了，着了精神分裂症谱系障碍的魔。这是很多精神疾病中最严重的一种（简称精神分裂症）。Elani度过了快乐平凡的童年，但随着她渐渐无法区分现实与幻想，她的世界在青少年期发生了巨变。在接下来的20年中，她将要来回进出医疗机构并接受治疗。

Elani是怎么患上精神疾病的呢？研究证据支持，精神分裂症可能由遗传因素导致，有些家庭表现出异常高的发病率。不仅如此，如果家庭中的一人发病，其他家族成员的亲缘关系越近，发病的概率也越高。例如，同卵双生子中一人患有精神分裂症，另一人也发病的概率接近50%（见图2-8）。相比之下，精神分裂症患者的表兄妹发病率却不到5%（van Haren et al., 2012；Kläning et al., 2016；So et al., 2018）。

这些数据也表明，仅是遗传不能决定精神分裂症的发生。如果精神分裂症仅仅由遗传导致，那么同卵双生子中一人发病，另一人的发病风险应当是100%。因此，还有其他因素影响

精神分裂症患者的发病，如大脑结构异常或者生化失衡等（Hietala, Cannon, & van Erp, 2003；Howes & Kapur, 2009；Wada et al., 2012）。

这些数据似乎还意味着，即使某些个体有精神分裂症的遗传易感性，他们也并不一定会患病。相反，他们遗传到的是对环境压力的异常敏感性。如果压力不大，他们会与正常人一样，如果压力很大则会发病。然而，对于具有很强的精神分裂症遗传易感性的人来说，即使是相对弱的环境刺激也会导致精神分裂症（Francis et al., 2013；Walder et al., 2014；Smulevich et al., 2018）。

精神分裂症不是唯一与遗传相关的精神疾病。重

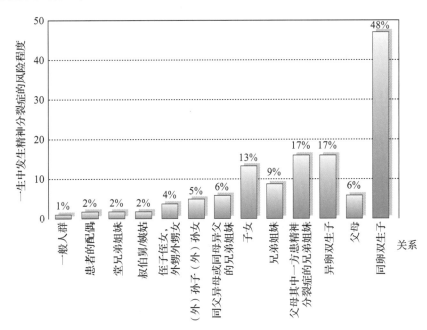

图2-8　精神分裂症的遗传

精神分裂症是一种具有明确遗传成分的精神疾病。如果家族成员中一人发病，与患者亲缘关系越近的人发病的可能性越大。

资料来源：Based on Gottesman, 1991.

度抑郁、酗酒、孤独症谱系障碍以及注意缺陷多动障碍都有显著的遗传成分（Monastra，2008；Burbach & van der Zwaag，2009；Cho et al.，2017）。

精神分裂症谱系障碍以及其他与遗传有关的精神疾病的例子也阐明了遗传与环境之间关系的基本原则，这一原则是我们先前讨论的基础。遗传通常为未来的发展轨迹提供倾向，而何时以及是否表达特定特征则取决于环境。因此，尽管精神分裂症的易感性在出生时就决定了，但通常直到青少年期才会发病。

类似地，另外一些特征可能随着父母和其他社会因素的影响削弱而显现出来。例如，年幼的被收养儿童可能更多表现出与养父母更相似的特质。但随着他们长大，养父母的影响渐渐下降，遗传影响的特质可能开始呈现出来，使得他们与亲生父母更为相似（Arsenault et al.，2003；Poulton & Capsi，2005；Tucker-Drob & Briley，2014）。

基因会影响环境吗

父母提供给孩子的遗传天赋不仅决定他们的遗传特征，还会主动地影响他们的环境。一个孩子的遗传倾向至少可以通过3种方式影响他的环境（Scarr，1998；Barker et al.，2018）。

首先，儿童倾向于主动关注环境中与他们的遗传能力最合拍的那些方面。例如，一个活跃好斗的儿童会被运动吸引，而一个内向的儿童更有可能从事学术研究或独立完成某件事，如玩电脑游戏或画画。或者，一个阅读学校布告栏的女孩可能会注意到少年棒球联赛的广告，而她协调性稍差却更有音乐天赋的朋友，则更可能注意到课余合唱队的招募启事。每种情况下，儿童都会注意到环境中那些能让他们充分发挥由遗传所决定的能力的方面。

其次，基因对环境的影响可能更加被动和间接。例如，偏好运动、具有促进身体协调性基因的父母，可能会为孩子提供更多运动的机会。

最后，儿童由遗传得来的气质会激发一定的环境影响。例如，与不太哭闹的婴儿相比，婴儿高要求的行为会使父母更加关注他的需求。又如，遗传上协调性比较好的儿童可能会把房间里的任何东西拿来和球一起玩。父母会注意到这一点，从而决定给他提供一些运动设备。

总之，要判断行为到底归因于先天还是后天，就像是瞄准移动的靶子射击一样。行为和特征不但是遗传和环境因素共同作用的结果，而且对于某些特征而言，遗传和环境的相互影响随着人的生命历程而不断变化。尽管我们在出生时获得的遗传基因库为我们未来的发展搭建了平台，但不断变化的情境和其他特征决定了我们最终怎样发展。环境既影响了我们的经验，同时也会被我们先天气质的倾向所塑造。

回顾、检测和应用

回顾

1. 描述基因和染色体如何为我们提供基本的遗传天赋。

一个孩子从父母那里分别接受23条染色体。这46条染色体提供了规划个体未来一生中细胞活动的遗传蓝图。

2. 解释基因传递遗传信息的作用机制。

基因型是存在于有机体中不可观察到的遗传物质的潜在组合；表现型是一种可观察到的特征，是基因型的表达。例如苯丙酮尿症，一种会导致大脑损伤以及精神发育迟滞的疾病，由遗传自父母的一对基因所导致。如果父母双方都不携带该病的基因，那么孩子不会得苯丙酮尿症。即使父母中一方携带隐性基因，另一方没有，孩子也不会遗传。但是，如果父母双方都携带隐性基因，那么孩子就有1/4的概率会患上苯丙酮尿症。

3. 描述遗传咨询的作用，并区分不同形式的产前检查。

遗传咨询会使用各种数据和技术，为可能存在基因风险的未出生孩子的父母提供建议。如果一位女性已经怀孕，各种技术同样能用来评估未出生孩子的健康状况，包括超声波检查、绒毛膜取样以及羊膜腔穿刺。

4. 解释遗传和环境如何共同发挥作用来决定人的特征。

行为特征通常是由遗传和环境共同决定的。基因的基本性状代表一种潜力，称之为基因型，它可能会受到环境的影响，并最终表达出来。

5. 解释遗传和环境如何一起影响生理特质、智力及人格。

事实上，人类所有的特质、特点以及行为都是先天和后天交互作用的结果。例如，智力包含强大的遗传成分但也会受到环境因素的影响。一些人格特质（神经质和外向性）与遗传因素有关，甚至态度、价值观以及兴趣也明显与遗传有关。

6. 描述基因影响环境的方式。

孩子可能通过遗传来影响环境或者父母，建立一个与他们先天气质的倾向、偏好相匹配的环境。

自我检测

1. 性细胞（卵子和精子）与其他细胞不同是因为_____。

   a. 它们各有双倍的 46 条染色体，因此卵子与精子结合时有多余的遗传物质。

   b. 它们各有 46 条染色体的一半，因此卵子与精子结合后受精卵含有所有必需的遗传物质。

   c. 与人体中的其他细胞相比，它们处于发育初期。

   d. 它们是唯一携带染色体信息的细胞。

2. 根据孟德尔的理论，当个体同时携带一对具有竞争特质的基因时，只有_____基因会得到表达。

   a. 纯合子　　b. 隐性　　c. 多基因　　d. 显性

3. 大部分的行为特征是遗传影响和环境因素的产物，这也就是_____。

   a. 系统脱敏　　　　　b. 创造性取向

   c. 遗传预成　　　　　d. 多因素传递

4. 根据心理学家杰罗姆·凯根的观点，中国和美国儿童在气质上的差异表明，一种文化下的哲学观可能与_____因素有关。

   a. 环境　　b. 遗传　　c. 文化　　d. 社会

应用于毕生发展

一个不同于你所经历过的环境将如何影响你从父母那里遗传而来的人格特质的发展？

2.2　产前的生长和变化

　　Jill 和 Casey 在纽约拥有一家小广告公司。当 Jill 发现自己怀孕时，他们两人认为有必要彻底改变生活方式了。早餐吃甜甜圈、午餐仅吃快餐的生活方式成为历史，取而代之的是富含蛋白质和蔬菜的健康饮食。与客户的深夜应酬也都取消了。助产士强调"别喝酒"，并且建议他们戒烟。随着预产期的临近，Jill 说虽然这些改变很困难，但很有用，"我们采用全新的生活方式，并且与注重健康的公司洽谈业务。现在不再与客户应酬到深夜，而是早晨一起慢跑"。

　　从怀孕的那一刻开始，发展就在不断地发生着。

产前发展的许多方面都会受到来自父母的一套复杂的遗传指南引导，当然，很多方面从一开始同样会受到环境因素的影响（Leavitt & Goldson，1996）。此外，就像 Jill 和 Casey 一样，父母双方都应该为提供良好的产前环境努力。

　　在这一节，我们追踪生命开始的瞬间，即当父亲的精子和母亲的卵子相遇的时候。我们探查产前发展阶段，即从受精卵快速生长和分化为构成人体的大量细胞的过程。同时考察妊娠异常情况是如何发生的。最后讨论了影响正常发展的危险因素。

产前阶段

　　当谈及创造生命的因素时，我们通常会注意到使男性的精子接近女性卵子的事件。而事实上，为怀孕提供可能性的性行为，既是受孕前一系列事件的结果，也是其后事件的开端。

受孕的那一刻与发育的开始

　　受孕（fertilization），或怀孕，是精子和卵子结合形成一个受精卵的过程，每一个生命就此开始。男性的精子和女性的卵子都有着自己的历史。女性出生时，两个卵巢内就有大约 40 万个卵细胞（见图 2-9，女性生殖器官的解剖结构）。

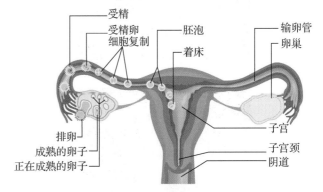

图 2-9　女性生殖器官的解剖结构

女性生殖器官的基本解剖结构以剖面图进行说明。

资料来源：Moore & Persaud，2003.

　　然而，只有到了青春期，卵细胞才会成熟。从这时起直到绝经期，女性大约每28天就会排卵一次。在排卵过程中，卵子从其中一个卵巢中释放出来，在微小的毛细胞的推动下经输卵管移到子宫。如果卵子在输卵管中与精子相遇，受精就会发生。

看起来像微型蝌蚪一样的精子的生命周期更短一些。它们在睾丸中快速产生：成年男性一般每天生成数亿个精子。因此，性交中射出的精子比卵子要年轻得多。

精子进入阴道后，开始了蜿蜒的旅途。它们首先通过宫颈，这里是通向子宫的开口。然后从子宫进入输卵管，这是受精发生的地方。然而，在性交中射出的3亿个精子里，只有一小部分能够在经历这样艰辛的旅程后最终存活下来。不过这样已经足够，因为只需要一个精子就可以使一个卵子受精，而且每个精子和卵子各自都包含了孕育一个新的生命所必需的所有遗传数据。

这一刻，发育就开始了。产前期包括三个阶段：胚芽期、胚胎期和胎儿期。

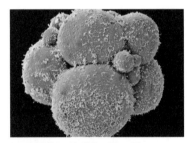

(a) 胚芽期：从受孕至第2周

(b) 胚胎期：第2周至第8周

(c) 胎儿期：第8周至出生

⊖ 1英寸 = 2.54厘米。

胚芽期：从受孕至第2周。胚芽期（germinal stage）是产前期的第一个阶段，也是最短的一个阶段。在怀孕的头两周里，受精卵开始分裂，结构越来越复杂。同时，受精卵（现在被称为胚泡）向子宫移动，然后附着在能够提供丰富营养的子宫壁。该阶段的标志是系统化的细胞分裂。细胞以极快的速度进行分裂：受精后的第3天，胚泡含有32个细胞；到第4天，这个数字会增加一倍；在一周内，达到100～150个细胞，并继续加速增长。

除了数量上的增多外，细胞越来越专门化。比如，有些细胞在细胞团外形成保护层，而其他细胞开始形成胎盘和脐带的雏形。当发育成熟后，**胎盘**（placenta）成为母体和胎儿之间的桥梁，通过脐带提供营养和氧气。脐带还能清除发育中的胎儿所产生的废物。此外，胎盘在胎儿大脑发育中也会起作用（Kalb，2012）。

胚胎期：第2周至第8周。胚芽期结束时，即怀孕两周后，受精卵已经牢固地着床于母体子宫壁，此时被称为胚胎。**胚胎期**（embryonic stage）是怀孕第2周至第8周的阶段。在这一阶段，主要器官和基本解剖结构开始发育。

在胚胎期的最初阶段，发育中的胚胎分为三层，每一层最终会发育成不同的身体结构。外层被称为外胚层，将形成皮肤、毛发、牙齿、感觉器官、脑和脊髓。内层被称为内胚层，将形成消化系统、肝脏、胰腺和呼吸系统。两者之间的部分被称为中胚层，将形成肌肉、骨骼、血液和循环系统。

如果看到一个胚胎末期的胚胎，你可能很难将它认作人类。一个8周大的胚胎只有1英寸⊖长，有类似鱼鳃和尾巴的结构。然而，细看之后，可以发现一些熟悉的特征，能够辨认出眼睛、鼻子、嘴唇甚至牙齿的雏形，胚胎还有最终将会形成四肢的短而粗的凸出部分。

头和脑在胚胎期经历着快速的发育。头部占了胚胎相当大的比例，大约为总长度的一半。被称为神经元（neurons）的神经细胞，发育也是惊人的。怀孕期间，平均每分钟产生25万个神经元！神经系统大约在第5周开始发挥功能，发出微弱的脑电波（Nelson & Bosquet，2000；Stiles & Jernigan，2010）。

胎儿期：第8周至出生。直到出生前发展的最后一个阶段——胎儿期，发育中的胎儿才比较容易被辨认出来。**胎儿期**（fetal stage）从怀孕第8周开始到出生前。胎儿期正式开始的标志是主要器官的分化。

在胎儿期，**胎儿**（fetus）以惊人的速度成长变化。例如，身长增加了约20倍，而且身体的比例也发生了巨大的变化。在2个月时，头部占身长的一半。而到了5个月，头部就只占身长的1/4了（见图2-10）。胎儿的体重也逐渐增加，4个月时平均体重约为4盎司，到了7个月约重3磅⊖，出生时，新生儿的平均体重则刚超过7磅。

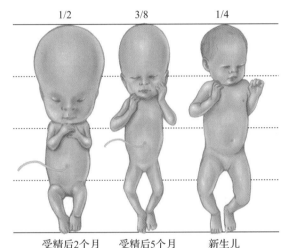

图 2-10　身体比例

在胎儿期，身体比例变化非常大。在2个月时，头部占胎儿身体的一半，而到了出生时，头部只占全身的1/4了。

与此同时，胎儿的结构日趋复杂。器官分化更加明确并开始发挥功能。例如，3个月时，胎儿开始吞咽和排尿。此外，身体各部分之间的连接也变得更复杂、整合性更强。例如，手臂的末端长出手，手长出手指，手指长出指甲。

随着这一切的发生，胎儿也让外界知道了它的存在。4个月时，母亲可以感觉到胎动；再过几个月，其他人也能通过母亲的皮肤感觉到胎儿在踢腿。此外，胎儿还会转身、翻筋斗、哭泣、打嗝、握拳、张合眼睛和吮吸拇指。

胎儿期大脑也变得更加精密复杂。左右大脑半球迅速生长，神经元之间的联系更加复杂。神经元被髓鞘包裹，加快了信息从大脑到身体其他部分的传递

⊖　1磅＝16盎司＝0.453 6千克。

速度。

在胎儿期末，脑电波显示胎儿有睡眠期和觉醒期之分。这时的胎儿还能听到声音（并感觉到声音带来的振动）。1986年，研究者安东尼·德卡斯帕（Anthony DeCasper）和梅拉妮·斯彭斯（Melanie Spence）曾经要求一群孕妇在怀孕的最后几个月每天大声朗读两次苏斯博士（Dr.Seuss）的故事《戴帽子的猫》（*The Cat in The Hat*）。孩子在出生3天后似乎能够辨别出这个故事——相比另一个韵律不同的故事，他们对这个故事有更多的反应。

在怀孕第8～24周期间，激素的释放使得男女胎儿的分化增加。例如，男性胎儿体内的高水平雄激素影响其神经细胞的大小以及神经连接的生长。有科学家认为，这最终会导致男性与女性大脑结构的差异，甚至造成以后与性别相关的行为差异（Burton et al., 2009；Jordan-Young, 2012；Adhya et al., 2018）。

正如没有两个成年人是完全相同的一样，也没有两个胎儿是完全相同的。有些胎儿特别活跃（这种特征很可能在他们出生后仍存在），而有些则更为安静。有些胎儿心率相对较快，有些则较慢。这些差异一部分由受精时遗传基因的特点造成，另一部分由胎儿头9个月所处环境造成。无论好坏，产前环境可以通过多种途径影响胎儿的发育（Tongsong et al., 2005；Monk, Georgieff, & Osterholm, 2013；Haabrekke et al., 2018）。

妊娠期间的问题

对一些夫妇而言，怀孕是一个巨大的挑战，与妊娠相关的问题既有生理上的又有伦理上的。

不孕。大约15%的夫妇遭受**不孕**（infertility）的困扰。不孕是指在尝试怀孕12～18个月后仍无法怀孕。不孕的发生率与年龄相关，年龄越大的夫妇越容易发生不孕（见图2-11）。不管何时发生不孕，对于夫妻双方而言，都是个难题，不孕夫妻可能会出现悲伤、沮丧甚至内疚等多种心理，尤其是造成不孕的一方（Sexton, Byrd, & von Kluge, 2010；Gremigni et al., 2018；Casu et al., 2018）。

男性不育的主要原因是精子产生量过少，物质滥用、吸烟及性传播疾病既往感染史也会增加不育的

可能性。在女性方面，最常见的原因是不能正常排卵，这可能是由激素紊乱、输卵管或子宫受损、压力、酗酒或滥用药物所致（Kelly-Weeder & Cox, 2007；Wilkes et al., 2009；Galst, 2018）。

目前有一些治疗不孕的方法。有些情况可以通过手术或药物治疗。另一种选择是**人工授精**（artificial insemination），即由医生将男性的精子直接置入女性生殖道。某些情况下精子由该位女性的丈夫提供，另一些则来自精子库的匿名捐赠者。

而在其他一些情况下，受精发生在母亲体外。**体外受精**（in vitro fertilization，IVF）是指从女性卵巢中取出卵子，并在实验室里使其与男性精子受精的过程。然后再将受精卵植入女性的子宫。与此相似，配子输卵管内移植（gamete intrafallopian transfer，GIFT）和受精卵输卵管内移植（zygote intrafallopian transfer，ZIFT）分别指将配子或受精卵植入女性的输卵管。在体外受精、配子输卵管内移植和受精卵输卵管内移植中，配子或受精卵植入的对象通常是卵子的提供者，而在极少情况下可能是代孕母亲（surrogate mother）。代孕母亲通过和生父或其他男性人工授精怀孕，直至孩子足月，并同意放弃对其的所有权利（Aydiner, Yetkin, & Seli, 2010；Hertz & Nelson, 2015）。

对于年龄小于 35 岁的女性，体外受精的成功率高达 48%，但对于高龄女性会低一些。（实际的活产率会低得多，因为不是所有的妊娠都能最终成功维持至分娩。）全世界大概有超过 800 万婴儿是通过体外受精诞生的（Neiderberger et al., 2018）。

此外，生殖技术的进步使得孩子的性别选择成为可能。一项技术可以将携带 X 和 Y 染色体的精子分离，然后将想要的那一类精子植入女性的子宫。另一项技术可在体外受精成功后第 3 天检测受精卵的性别，然后将想要的那一性别的受精卵植入母亲体内

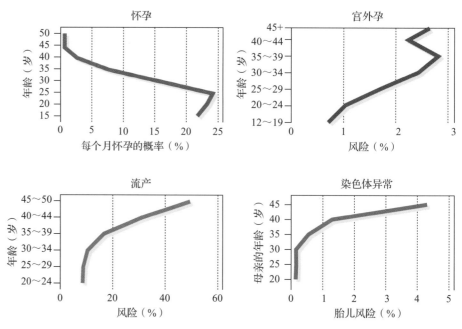

图 2-11 高龄妇女和妊娠风险

不孕率和染色体异常的风险，都会随着孕妇年龄增加而升高。

资料来源：Based on Reproductive Medicine Associates of New Jersey(2002), Age and rate of infertility in women.

（Duenwald, 2004；Kalb, 2004；Whittaker, 2015）。

代孕母亲、体外受精以及性别选择技术带来了一系列伦理和法律问题，同时也带来了许多情感问题。在某些个案中，代孕母亲在孩子出生后拒绝放弃孩子，而另一些代孕母亲则试图介入孩子的生活。在这些情况下，亲生父母、代孕母亲以及孩子的权利将会发生冲突。性别选择技术则引起更多争议。

虽然诸如此类的伦理和法律问题很难解决，但是我们可以回答这个问题：通过新兴的生殖技术（比如体外受精）孕育的孩子的发展如何？

研究表明他们发展得很好。事实上，一些研究发现应用这些技术孕育的孩子的家庭教养质量要优于自然孕育的孩子。此外，通过体外受精和人工授精的方法孕育的孩子日后的心理适应与自然孕育的孩子没有差异（Hjelmstedt, Widström, & Collins, 2006；Siegel, Dittrich, & Vollmann, 2008；Anderson et al., 2015）。

然而，越来越多的高龄人群使用体外受精技术（当孩子进入青少年期时，他们已经进入成年晚期了），这可能会改变上述积极结果。因为体外受精技术直到最近十几年才被广泛应用，我们目前并不清楚高龄父母使用该技术会发生什么样的情况（Colpin & Soenen, 2004）。

流产和人工流产。流产（miscarriage），这里指自然流产，是指可以在母亲体外存活之前，妊娠终止，胚胎从子宫壁脱落并排出体外的情况。

大约15%～20%的妊娠以流产告终，通常发生在妊娠的头几个月。有些时候流产很早就发生，母亲甚至不知道自己怀孕，更不知道已经流产。通常来说，流产可以归因于某种遗传异常。不管原因是什么，自然流产的女性通常都会感到焦虑、抑郁，甚至悲痛。即使后来孕育了一个健康的孩子，有自然流产史的女性抑郁的风险也较高，并且在照料孩子时也更为困难（Murphy，Lipp，& Powles，2012；Sawicka，2016；Mutiso，Murage，& Mukaindo，2018）。

人工流产（abortion）是指孕妇自愿终止妊娠。全世界每年有超过5600万妊娠以人工流产终止。发展中国家的女性比发达国家的女性更有可能选择人工流产，发达国家的人工流产数量在过去几十年中大幅下降（Guttmacher Institute，2017）。

对于任何一位女性来说，人工流产都是一个艰难的选择，它涉及生理学、心理学、法律和伦理上的一系列复杂的问题。美国心理学会的一项研究显示，人工流产后，大部分女性体验到解脱、后悔和内疚的混合情感。除了小部分在人工流产前就已经存在严重情绪问题的女性外，大多数情况下负性心理并不会持续很长时间（APA Reproductive Choice Working Group，2000；Sedgh et al.，2012）。

另有研究发现，人工流产可能会增加未来发生心理问题的风险，但是这些研究的结果并不是很一致，女性对人工流产的反应存在明显的个体差异。非常确定的是：在任何情况下，人工流产都是一个艰难的选择（Cockrill & Gould，2012；van Ditzhuijzen et al.，2013；Guttmacher Institute，2017）。

产前环境：对发展的威胁

据南美洲的西里奥诺人（Siriono）所说，如果孕妇在怀孕期间吃了某种动物的肉，她生下的孩子在行为和长相上就可能会与那种动物相似。在其他文化中，母亲应该避免跨过绳索，因为这样做可能会导致脐带缠绕在孩子的脖子上。还有文化建议孕妇避免在怀孕期间剪头发，以防止婴儿出现视力问题（Cole，1992；Rogers，2018）。

尽管上述观点多半是民间说法，但父母在怀孕前后的某些感受和情绪的确会对孩子造成终生的影响。例如，母亲怀孕期间的焦虑情绪会影响孩子出生前的睡眠模式。父母在怀孕前后的某些行为，也的确会对孩子造成终生的影响。有些行为的后果马上就能看见，其他更隐匿的问题可能要在出生后数年才会有所体现（Couzin，2002；Tiesler & Heinrich，2014）。

其中带来最严重后果的是致畸物质。**致畸剂**（teratogen）是会导致先天缺陷的环境因素，如药物、化学物质、病毒等。虽然胎盘有阻止致畸剂到达胎儿的功能，但并不能百分百地做到这一点，因此，可能每个胎儿都会接触到一些致畸剂。

接触致畸剂的时间和剂量是关键。某种致畸剂在产前发展的某些阶段可能只有微弱的影响，但在另一些阶段却可能造成严重的后果。一般来说，致畸剂在产前的快速发育期影响最大。对某种致畸剂的敏感性也与种族和文化背景有关。例如，相对于欧裔美国人，美国印第安人的胎儿更易受酒精的影响（Kinney et al.，2003；Winger & Woods，2004；Rentner，Dixon，& Lengel，2012；Winiarski et al.，2018）。

此外，不同器官在不同时期易受致畸剂影响的可能性也是不同的。比如，在母亲怀孕15～25天时，她所怀胎儿的大脑最易受到损伤，而心脏在怀孕20～40天时最脆弱（Pajkrt et al.，2004；见图2-12）。

母亲的饮食。母亲的饮食对胎儿发育的重要性十分明显。相对于饮食营养有限的母亲，饮食种类丰富、营养充足的母亲更少出现孕期并发症，生产更加顺利，所生婴儿也更健康（Guerrini，Thomson，& Gurling，2007；Marques et al.，2014）。

饮食问题是全球关注的问题，全世界有8亿人处于饥饿中，更糟糕的是，近10亿人濒临饥饿的边缘。显然，饥饿带来的饮食上的约束对成百上千的在这种条件下出生的孩子造成了很大的影响（World Food Programme，2016）。

幸运的是，有一些方法可以消除母亲营养不良对胎儿造成的影响。补充母亲膳食可以部分逆转不良饮食造成的影响。更有研究显示，出生前营养不良的婴儿如果在出生后得到充足营养，可以部分缓解早期营养不良所带来的问题。但事实上，很少有出生前营养不良的婴儿能够在出生后得到充足的食物（Kramer et al.，2008；Olness，2003）。

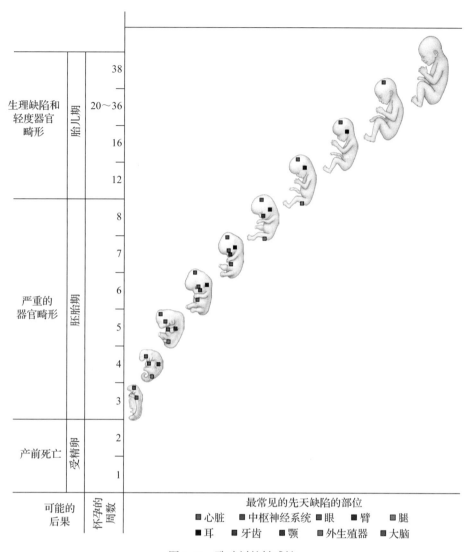

图 2-12 致畸剂的敏感性

依据发育的不同阶段，身体的各部分对致畸剂的敏感性有所不同。

资料来源：Moore，1974.

母亲的年龄。现代女性的生育年龄要晚于 20 世纪八九十年代。这一变化在很大程度上是社会转型的结果。更多的女性选择在生第一个孩子前获取更高的学位，并开始她们的事业。

相比年轻的女性，30 岁以后生小孩的女性会面临更高的孕期并发症风险，如早产儿或低出生体重儿。其中的一个原因是卵子质量的下降。当女性到了 42 岁时，90% 的卵子已经不再正常（Gibbs，2002；Moore & de Costa，2006）。

年龄越大的母亲所生的孩子得唐氏综合征（一种精神发育迟滞）的概率越大。40 岁以上母亲所生的孩子中每 100 人就有 1 名唐氏综合征患者，而对于 50

岁以上的母亲，这一比例上升为每 4 人中就有 1 名。但也有研究显示，高龄孕妇并不是一定会面临更多孕期问题的风险。例如，一项研究表明：一个没有健康问题的 40 多岁女性发生孕期并发症的可能性并不比 20 多岁的女性高（Gaulden，1992；Kirchengast & Hartmann，2003；Carson et al.，2016）。

不仅仅是高龄孕妇面临危险，青少年期怀孕的女性同样也面临着许多风险。青少年母亲更容易早产，而且她们所生婴儿的死亡率是 20 多岁母亲所生婴儿的两倍（Kirchengast & Hartmann，2003；Sedgh et al.，2015）。

应该提醒的是，青少年母亲所生婴儿的高死亡率反映的不单是与母亲年龄有关的生理问题。年轻母亲常常要面对不利的社会和经济因素，这些会影响婴儿的健康。许多青少年母亲没有足够的经济和社会支持，使得她们不能得到良好的产前保健，也无法在婴儿出生后获得教养支持。贫穷或缺乏父母监管等社会环境可能就是导致青少年怀孕的首要原因（Langille，2007；Meade，Kershaw，& Ickovics，2008）。

母亲的健康。饮食健康、体重正常、适当锻炼的母亲孕育健康孩子的可能性最大。此外，母亲保持健康的生活方式可降低她们孩子一生中患肥胖症、高血压和心脏病的风险（Walker & Humphries，2005，2007）。

孕妇罹患疾病有可能对胎儿造成灾难性的影响，这取决于疾病发生的时间。例如妊娠的前11周患有风疹有可能导致婴儿失明、失聪、心脏缺陷或脑损伤等严重后果。然而到了妊娠后期，风疹的危害越来越小。

其他几种可能影响胎儿发育的疾病，其后果也取决于孕妇患病的时间。例如，水痘会造成先天缺陷，腮腺炎会增加流产的风险。

某些性传播疾病如梅毒可直接传给胎儿，待其出生时就已患病。而另一些性传播疾病如淋病，则会让婴儿在通过产道准备出生时受到传染。

艾滋病（获得性免疫缺陷综合征）是最新发现的影响新生儿的疾病。母亲如果是艾滋病患者或仅为艾滋病病毒携带者，那么在这两种情况下，艾滋病都会通过胎盘血液传染给胎儿。然而，如果患有艾滋病的母亲在孕期服用齐多夫定（AZT）等抗病毒药物，则只有不到5%的婴儿在出生时感染艾滋病。出生时患有艾滋病的婴儿必须终生接受抗病毒治疗（Nesheim et al.，2004）。

母亲的心理健康状态也可能影响孩子。比如，如果母亲在妊娠期间临床诊断为抑郁症，那对她孩子的发展就可能会产生负性影响。

母亲的药物使用。母亲对许多药物的使用会使未出生的孩子面临严重的危险，包括合法和非法药物。即使是普通疾患的非处方药物都可能造成出乎意料的伤害性后果。例如，服用治疗头痛的阿司匹林可导致胎儿出血和发育异常。

母亲服用的某些药物会给孩子在出生数十年后带来一些问题。最近的例子发生在20世纪70年代，人工激素己烯雌酚经常被用来预防流产。后来发现，服用过己烯雌酚的母亲所生的女儿有较高的罹患某种少见的阴道癌或宫颈癌的概率，且其怀孕期间和之后会遇到更多困难。而这些母亲所生的儿子也有问题，包括高于平均水平的生殖障碍（Schecter，Finkelstein，& Koren，2005；Verdoux et al.，2017）。

在得知自己怀孕前，如果母亲服用了避孕药或受孕药，这些药物也会导致胎儿遭到损害。这些药物含有性激素（在自然分泌的情况下和胎儿的性别分化及出生后的性别差异有关），将会严重影响胎儿大脑结构的发育（Brown，Hines，& Fane，2002）。

非法药物对孩子的产前环境造成同等甚至更加严重的危害。一方面，非法购买的药物纯度差别很大，服药者根本不能确定他们服用的到底是什么。而且，某些常用的非法药物又特别具有破坏性。

以大麻为例，作为美国最普遍使用的非法药物之一，数百万美国人承认服用过它，并且现在，它的使用在许多司法管辖区是合法的。然而，在怀孕期间使用大麻会减少胎儿的氧气供应，会使孕育的婴儿易激惹、神经紧张及易受干扰。产前接触过大麻的孕妇所生的孩子在10岁时表现出学习与记忆障碍（Goldschmidt et al.，2008；Willford，Richardson，& Day，2012；Richardson，Hester，& McLemore，2016；Massey et al.，2018）。

最近涉及孕妇的药物问题是美国阿片类药物的流行。阿片类药物很容易上瘾，有些药物的价格相对较低。许多对海洛因或羟考酮等阿片类药物成瘾的孕妇在寻求治疗时碰到障碍，因为通常用于帮助康复的药物治疗对未出生的孩子可能是危险的。事实上，一些药物治疗机构拒绝孕妇。这是一场日益严重的健康危机（Ockerman，2017）。

母亲的烟酒使用。一个孕妇认为偶尔喝一次酒或者偶尔吸一次烟不会对其未出生的孩子造成影响，这是自欺欺人的行为；越来越多的证据显示，孕妇即使使用少量的酒精或尼古丁也会阻碍胎儿的发育。

母亲饮酒会对未出生的孩子造成很严重的影响。如果酗酒者在怀孕期间大量喝酒，她们的孩子会很危险。大约每750名新生儿中就有1名**胎儿酒精谱系障碍**（fetal alcohol spectrum disorder，FASD）患者，这是一种表现为智力低下、精神发育迟滞、生长缓慢及面部畸形的障碍。胎儿酒精谱系障碍是在目前精神发育迟滞病因中最可预防的（Calhoun & Warren，2007；Bakoyiannis et al.，2014；Wilhoit, Scott, & Simecka，2017）。

孕妇饮酒会使未出生的孩子处于极高的风险中。

即使是在怀孕期间饮用少量酒精，母亲也会让她的孩子面临风险。**胎儿酒精效应**（fetal alcohol effect, FAE）是由于母亲在怀孕期间喝酒，从而导致孩子表现出胎儿酒精谱系障碍中部分症状的情况（Baer, Sampson, & Barr，2003；Molina et al.，2007）。

即使孩子没有明显的胎儿酒精效应，母亲喝酒也会对其产生影响。研究发现母亲在怀孕期间平均每天喝两杯酒精饮料的行为，与她们的孩子在 7 岁时表现出的低智力相关。其他研究发现，怀孕期间相对少量的酒精摄入也会对孩子将来的行为和心理功能有不良影响。此外，怀孕期间酒精摄入的不良后果长期存在。比如，一项研究发现 14 岁孩子的空间和视觉推理能力与母亲怀孕期间摄入的酒精量相关：母亲摄入酒精越多，其孩子的反应准确率越低（Streissguth，2007；Chiodo et al.，2012；Domeij，2018）。

由于酒精会带来这些风险，医生建议怀孕女性以及那些准备怀孕的女性完全避免饮用酒精饮料，同时告诫她们避免另一种已证明对未出生孩子不利的事情：吸烟。

与饮酒一样，吸烟有很多后果，但无一益处。对初次吸烟的母亲，吸烟会减少她们血液中的氧含量，同时增加一氧化碳的含量，从而减少胎儿的氧气供应。另外，烟草中所含的尼古丁和其他毒素会减慢胎儿的呼吸频率，同时加快心率。

孕妇吸烟的最终结果是增加流产和婴儿期死亡的可能性。事实上，评估显示，仅在美国，孕妇吸烟每年就会造成超过 100 000 例流产和 5 600 例婴儿死亡（Triche & Hossain，2007；Geller, Nelson, & Bonacquisti，2013）。

吸烟者生下低体重新生儿的可能性是非吸烟者的两倍，而且吸烟者所生的婴儿平均身材比非吸烟者所生的婴儿更加短小。并且，怀孕期间吸烟的妇女有 50% 的概率更可能生下有智力缺陷的孩子。最后，怀孕期间吸烟妇女的孩子在童年期更可能表现出破坏行为（McCowan et al.，2009；Alshaarawy & Anthony，2014）。

父亲会影响产前环境吗？ 人们很容易会认为，父亲一旦完成了使母亲受孕的任务，他对胎儿的产前环境就没有影响了。然而，越来越清楚的是，父亲的行为也是会影响产前环境的。事实上，保健人员研究了父亲可以为胎儿健康的产前发育提供支持的方式（Martin et al.，2007；Vreeswijk et al.，2013）。

例如，准父亲应该避免吸烟。二手烟会影响母亲和未出生孩子的健康。父亲吸烟越多，他的孩子出生时体重就越低（Khader et al.，2011）。

与此类似，父亲使用酒精和非法药物也对胎儿有很大的影响。酒精和药物的使用会损伤精子，进而可能损伤染色体，这会影响胎儿形成。母亲怀孕期间，父亲使用酒精和药物也会给母亲带来压力，从而造成不健康的产前环境。此外，父亲在工作场所接触的环境毒素（如铅和汞）会损害精子，从而导致胎儿的先天缺陷（Choy et al.，2002；Dare et al.，2002；Guttmannova et al.，2016）。

最后，在身体上或情感上虐待怀孕妻子也会伤害未出生的孩子。父亲作为虐待者会增加母亲的紧张水平，或者直接导致身体损伤，从而增加损害未出生孩子的风险。事实上，大约 5% 的孕妇遭受着孕期的身体虐待（Bacchus, Mezey, & Bewley，2006；Martin et al.，2006；Kingston et al.，2016）。

生活中的发展

优化产前环境

如果你打算要一个孩子，本章内容可能会让你胆战心惊，害怕连连。你可能会觉得有太多的情况导致怀孕出现异常。大可不必这样。尽管遗传和环境都会对怀孕造成威胁，但绝大多数情况下，怀孕和分娩都不会出现什么灾难性的后果。而且，女性可以在怀孕前和怀孕期间采取一些措施来提高怀孕顺利进行的概率（Centers for Disease Control and Prevention，2017）。

- **准备怀孕的女性应该按顺序采取一些预防措施。** 首先，女性只能在月经结束后的头两周进行必要的非紧急 X 光检查。其次，女性应该在怀孕前至少 3 个月，最好 6 个月接种风疹疫苗。最后，准备怀孕的女性应在尝试怀孕之前至少 3 个月开始不再使用避孕药，因为这些药物会阻碍激素的产生。
- **在怀孕前和怀孕期间吃好。** 就像俗话所说，怀孕的母亲吃的是两人份。这意味着该时期比任何时候都需要规律和营养均衡的饮食。此外，补充孕期需要的维生素，包括叶酸（维生素 B 的一种），能减少先天缺陷的风险（Amitai et al.，2004；Stephenson et al.，2018）。
- **不要饮酒和使用其他药物。** 有确切的证据表明许

多药物能直接进入胎儿身体并引起先天缺陷。同样清楚的是，饮酒越多，给胎儿带来的风险就越大。建议不要使用任何药物，除非是医生开的处方。如果你准备怀孕，还要鼓励你的伴侣停止饮酒及使用其他药物（O'Connor & Whaley，2006；Coleman-Cowger et al.，2018）。

- **监控咖啡因的摄入。** 尽管目前还不清楚咖啡因是否会导致先天缺陷，但已清楚的是咖啡、茶和巧克力中的咖啡因能进入胎儿身体，并具有刺激作用。因此，每天喝咖啡请不要超过两杯（Diego et al.，2007；Galéra et al.，2016；Hvolgaard Mikkelsen et al.，2017）。
- **不论怀孕与否，都不要吸烟。** 这对于母亲、父亲以及任何接近准妈妈的人来说都适用，因为研究表明胎儿环境中的烟会影响胎儿出生的体重。在婴儿及其母亲生病和死亡的原因中，吸烟是最可预防的。
- **有规律地锻炼身体。** 在大多数情况下，孕妇可以继续那些低强度的运动，但应避免剧烈运动，特别是在非常热和非常冷的天气（Evenson，2011；DiNallo, Downs, & Le-Masurier，2012；Centers for Disease Control and Prevention，2017）。

从一个健康护理工作者的视角看问题

除了避免吸烟，准父亲还能通过做哪些事情来帮助他们未出生的孩子正常发展？

回顾、检测和应用

回顾

7. 解释受精过程以及发育的三个阶段。

当精子进入阴道，它们开始了一段旅途，穿过宫颈进入子宫口，然后经过输卵管，在这里受精。精子和卵子结合，受精之后开始产前发育。胚芽期（受精至第2周）细胞快速分裂并更加专门化，附着在子宫壁上。到了胚胎期（第2周至第8周），外胚层、中胚层和内胚层开始发展并专门化。胎儿期（第8周至出生）以器官的复杂性和分化迅速增加为特点。胎儿变得活跃，大部分系统开始运作。

8. 描述与妊娠相关的生理和伦理挑战。

一些夫妻需要医疗措施来帮助他们怀孕，包括人工授精和体外受精，有些女性也会经历自然流产或选择人工流产。

9. 描述对胎儿环境的主要威胁，以及针对这些威胁我们所能做的事情。

致畸剂是一种环境因素，如药物、化学物质、病毒以及其他会导致先天缺陷的因素。母亲可能影响未出生孩子的因素包括饮食、年龄、疾病，以及药物、酒精和烟草的使用。父亲的行为和环境中的其他因素同样

影响未出生孩子的健康和发育。

自我检测

1. 受精发生在母体内的助孕方法是指_____。

a. 人工授精　　　　　　b. 宫颈内授精

c. 宫腔内授精　　　　　d. 体外受精

2. 在母体外进行的受精称为_____。

a. 人工授精　　　　　　b. 不孕

c. 体外受精　　　　　　d. 宫颈内授精

3. 将下面对不同产前发育的描述和相应的概念联系起来：胚芽期、胚胎期、胎儿期。

a. 怀孕第 8 周至出生的阶段，包括主要器官分化的阶段是_____。

b. 受精后的第 2 周至第 8 周，主要器官和基本解剖结

构开始发展的阶段是_____。

c. 第一个也是最短的一个阶段。在怀孕的头两周里，受精卵开始分裂，结构越来越复杂的阶段是_____。

4. _____是一种会导致先天缺陷的环境因素，如药物、化学物质、病毒等。

a. 终扣（terminal button）　b. 致畸剂（teratogen）

c. 水龟（terrapin）　　　　d. 染色体（chromosome）

应用于毕生发展

研究显示已经入学的"快克婴儿"（怀孕期间使用可卡因的母亲所生的婴儿）在处理多种刺激及形成依恋关系方面有很大的困难。遗传和环境的影响是如何共同导致这种结果的呢？

2.3　出生和新生儿

Tania 和 Lou 在没有任何准备的情况下迎来了他们的第二个孩子，在他们第一个孩子 Caleb 出生后仅 3 个月，Tania 就再次怀孕了。她的助产士把她转给了一位产科医生以便应对第二次分娩。为什么要这样做呢？因为在分娩后几个月内再次怀孕的妇女早产的可能性较大。如果 Tania 早产，这名助产士需要一名医生共同应对。

尽管有母亲和丈夫的帮助，Tania 在整个孕期仍感到精疲力竭，并且时刻担心这个孩子可能会太早出生。她的医生鼓励她："把每一天都作为一次胜利，孩子在子宫内多待一天，他存活的机会都会提高一些。"

在怀孕 35 周时羊水破了，Tania 几乎到了最后冲刺阶段。因为是早产，孩子很快就出生了。Tania 在去医院的路上就在救护车上生了，但医护人员知道该为她体重低于 5 磅的女儿做什么。在保温箱生活 1 个月后，他们的女儿 Gemma 回到了家庭的怀抱。"我们是幸运的，"Tania 说，"并不是所有的早产儿都能存活。"

大多数婴儿并不像 Gemma 出生得那么早。然而，出于多种原因，现今有超过 10% 的婴儿是提早出生的，但与此同时，他们能够正常成长的前景也越来越乐观。

所有新生儿，包括那些足月的婴儿，出生后的第一声啼哭都包含着兴奋以及一点点紧张。大多数母亲的分娩都是很顺利的，当一个新的生命降临到这个世界上时，那真是一个令人激动和快乐的时刻。很快，人们对新生儿非凡天分的惊讶取代了因其出生而带来的兴奋。婴儿一来到这个世界就拥有一系列令人惊异的能力，使他们能够应付子宫外的这个新世界和其中的人们。

在本节，我们将考察导致分娩和婴儿出生的事件，并简单探讨一下新生儿。首先，我们将关注分娩，探讨分娩的一般过程以及分娩中可能用到的不同方法。

接下来，我们将考察婴儿出生时可能遇到的一些并发症，从可能造成早产的问题到婴儿死亡的问题。最后，我们再来探讨新生儿的各种非凡能力。我们不仅关注他们身体和知觉上的能力，还关注他们一降临到这个世界上就拥有的学习能力，以及为他们日后建立关系打下基础的一些技能。

出生

我并不是完全无知。我的意思是说，我很清楚地知道只有在电影里刚出生的婴儿才是红扑扑的、干燥的、漂亮的。即使如此，见到我刚出生的儿子的那一

刻，我仍大吃一惊。因为分娩时由于产道挤压，他的头是圆锥形的，有点像一个漏了部分气的、湿湿的足球。护士一定注意到了我的反应，她急忙向我保证，孩子的头部形状会在几天内恢复。然后她快速地擦干孩子全身上下的白白的、黏黏的东西，同时告诉我孩子耳朵上的绒毛是暂时的。我靠在那里，把我的手指头伸入孩子的手里。他握住我的手指，回应着我。我打断护士的话，结结巴巴地说："不用担心，他无疑是我见过的最完美的。"眼泪瞬间涌入我的双眼。

我们对于新生儿的印象大多来自婴儿的食品广告，而上面对一个典型新生儿的描述可能让人觉得非常吃惊。但是大多数新生儿，这里说的是刚刚分娩的婴儿，大都是描述中提到的样子。毫无疑问的是，从婴儿出生的那一刻开始，迎接他们的就只有父母的满心欢喜。

新生儿的这种身体外貌是由于他们从母亲的子宫，到产道，然后来到外面的世界这整个旅程中的一系列因素造成的。我们可以追踪这条通路，以分娩过程的化学物质的释放作为起点。

从分娩到娩出

受精后大约266天，一种叫促肾上腺皮质激素释放激素（CRH）的蛋白质会触发多种激素的释放，从而导致分娩过程的开始。其中催产素是一种很关键的激素，它由母亲的垂体（pituitary gland）释放。当催产素累积到一定浓度时，母亲的子宫就开始阶段性地收缩（Terzidou，2007；Tattersall et al.，2012；Gordon et al.，2017）。

分娩：出生过程的开始。在出生前的这段时间，由肌肉组织构成的子宫随着胎儿的生长而缓慢地扩张。尽管在怀孕期间子宫大多数时间是不活动的，但是怀孕4个月之后，子宫会有偶尔的收缩，这实际上是在为最后的分娩做准备。这些收缩被称为希克斯收缩，即我们通常所说的宫缩，有时候也被称为"假临产"（false labor），因为它可能愚弄了热切并紧张期待中的父母。

当婴儿临近出生的时候，子宫开始间歇性地收缩。宫缩越来越剧烈，促使婴儿的头部顶向将子宫和阴道分开的子宫颈。收缩的力量足够强的时候就能够把婴儿推入产道，然后婴儿慢慢滑过产道，最终来到外面的世界（Mittendorf et al.，1990）。正是这条费力而狭窄的出生通路使得新生儿形成了压扁的圆锥形的头部。

分娩过程可以分为三个阶段（见图2-13）。在分娩的第一个阶段，宫缩约每8～10分钟一次，每次持续约30秒。随着分娩过程的推进，宫缩逐渐频繁，每次宫缩持续的时间也会延长。分娩的最后阶段，宫缩约2分钟一次，每次持续约2分钟。分娩第一阶段的最后时刻，收缩增加到最大强度，这段时间就是转变期。母亲的子宫颈完全打开，最后扩张到足够大（一般约10厘米），以让婴儿的头部通过。

分娩的第二阶段持续约90分钟。在该阶段中，随着每一次收缩，婴儿的头就离母体更远一步，阴道

第一阶段	第二阶段	第三阶段
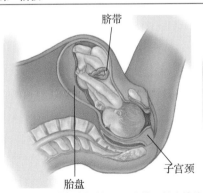	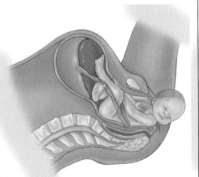	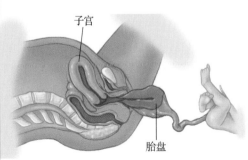
刚开始分娩时宫缩间隔8～10分钟，每次持续30秒。到分娩的最后阶段，宫缩间隔2分钟，每次持续2分钟。随着宫缩加强，分开子宫和阴道的子宫颈变宽，最终扩张至胎儿的头部可以通过。	婴儿的头开始通过子宫颈和产道。第二阶段通常需要约90分钟，当胎儿完全脱离母体时，第二阶段结束。	婴儿的脐带（仍与新生儿相连）和胎盘从母体娩出。这一阶段最快也最容易，仅需几分钟。

图2-13 分娩的三个阶段

开口也更大一些。由于阴道和直肠之间的部分在分娩时会被横向拉伸，所以有时会在该部分通过**会阴切开术**（episiotomy）扩大阴道开口。但是，如今由于这种手术被认为有潜在的危害，进行会阴切开术的数量在过去10年内急速下降（Manzanares et al.，2013；Ballesteros-Meseguer et al.，2016；Gebuza et al.，2018）。

当婴儿完全离开母体的时候，分娩的第二阶段也就结束了。最后，婴儿的脐带（仍然和新生儿的身体相连）和胎盘从母体娩出，这就是分娩的第三阶段。该阶段是最迅速也是最容易的一个阶段，只需要几分钟的时间。

女性对分娩的反应在一定程度上反映了文化因素。虽然不同文化背景的女性分娩时在生理方面基本上是相似的，但是不同文化对于分娩的预期和对分娩中疼痛的理解有显著差异（Callister et al.，2003；Fisher，Hauck，& Fenwick，2006；Steel et al.，2014）。比如，在某些社会中，一些流传着的故事可以反映出其理念：女性怀孕仍在田里劳动，劳动过程中放下工具，走到田边并产下一名婴儿，包裹好新生儿捆到自己背上，然后立即返回劳动。非洲的库族（Kung）人描述女性的分娩是不用大费周折或者需要很多援助的，且很快就能恢复。相比之下，也有很多社会认为生孩子很危险，甚至认为分娩本质上是一种疾病。

出生：从胎儿到新生儿。出生的确切时间应该是胎儿完全出现在母体之外。在大多数情况下，婴儿会自动完成从胎盘供氧到用肺呼吸的转变。因此，大多数婴儿一离开母体就会自发地啼哭起来。这会帮助他们清理肺部并开始自主呼吸。

接下来的情况会因为情境不同和文化不同存在很大差异。在西方文化背景下，医护人员几乎总是随时准备着在婴儿生产过程中给予帮助。在美国，99%的婴儿出生是有专业的医护人员助产的，但是在很多欠发达地区，只有50%的婴儿出生是有专业的医护人员助产的（United Nations Statistics Division，2012）。

阿普加量表（Apgar scale）。大多数情况下，新生儿要接受一个快速的肉眼检查。父母对新生儿的检查可能只是数一数手指和脚趾是否有残缺，而医护人员则会根据阿普加量表这样一个标准测量系统来收集一系列信息，以确定婴儿是否健康（见表2-3）。这个量表是由维吉尼亚·阿普加（Virginia Apgar）医师开发的，它关注新生儿的五种基本指标：外貌（appearance，肤色），脉搏（pulse，心率），由打喷嚏、咳嗽等造成的面部扭曲（grimace，面部对刺激的反应敏感性），活动性（activity，肌肉张力）和呼吸（respiration，呼吸状况）。这五种表现的英文单词首字母的组合恰好组成了Apgar这个名字，很容易记住。

表2-3　阿普加量表

	迹象	0分	1分	2分
A	外貌（肤色）	全身蓝灰色或全身苍白	除手足外，其他部分正常	全身皮肤颜色正常
P	脉搏	无脉搏	低于每分钟100次	高于每分钟100次
G	对刺激的反应敏感性	无反应	有面部表情	打喷嚏、咳嗽、躲闪
A	活动性（肌肉张力）	缺失	胳膊和腿会弯曲	动作活跃
R	呼吸	缺失	缓慢，不规律	呼吸顺利，会啼哭

新生儿出生后1分钟、5分钟在每种指标上会得到一个分数（得分范围为0～10分）。如果新生儿有问题应在10分钟后再评分1次；评分为7分或更高分数的为正常，得4～7分的则需一些医学措施帮助其生存，低于4分者需立即进行抢救。

资料来源：Apgar，1953；Rozance & Rosenberg，2012.

新生儿得分的分数范围为每种指标0～2分，总体0～10分。大多数新生儿得分在7～10分；约有10%的新生儿得分低于7分，他们通常需要在外界的帮助下开始呼吸；如果新生儿得分低于4分，他们一出生就要立即接受抢救。

较低的阿普加分数可能是由胎儿阶段就存在的问题或者是先天缺陷造成的，但也有可能是在分娩过程中造成的。最有可能的原因就是暂时的缺氧。有时，在分娩过程中脐带可能会缠绕在胎儿的颈部。脐带也有可能在持续的收缩过程中被拉断，使得胎儿无法顺利地通过脐带从母体获得氧气。几秒钟的暂时缺氧不会对胎儿造成伤害，但是再长一些时间的缺氧就会给胎儿造成严重的危害。氧气的缺乏，或者叫作**缺氧症**（anoxia），如果持续几分钟，就会造成先天的认知缺陷，比如语言迟滞，甚至由于部分脑细胞坏死而导致精神发育迟滞（Hynes，Fish，& Manly，2014；Tazopoulou et al.，2016）。

新生儿医学筛查。通常新生儿一出生就要接受一系列传染病和遗传病的检查。美国遗传医学会（American College of Medical Genetics）建议对所有的新生儿进行 29 种疾病的检查，这只需要从足后跟采一滴血就可以。可能的疾病从听觉困难到镰刀形细胞贫血甚至极为罕见的代谢障碍：异戊酸血症，这是一种干扰亮氨酸正常代谢的疾患（American College of Medical Genetics，2006）。

新生儿筛查的好处是能够对一些可能几年都发现不了的问题进行早期治疗。在某些情形中，对疾病的早期治疗可以预防毁灭性状况的发生，例如采用特定的饮食（Kayton，2007；Timmermans & Buchbinder，2012；Rentmeester, Pringle, & Hogue, 2017）。

新生儿接受检查的确切数目在美国各地有极大的不同。在某些州，只有 3 项测试被批准进行，而在其他一些州则要求 30 项以上。如果只做几项测试，许多疾病就不能被诊断出来。事实上，美国每年有大约 1 000 名婴儿受到某类病痛的折磨，如果进行了恰当的出生筛查，这些疾病应该在出生时就能被诊断出来（American Academy of Pediatrics，2008；Sudia-Robinson，2011；McClain & Cokley，2017）。

随着医学的进步，出现了更新、更好的筛查方法，但是需要对新生儿进行多少种疾病及何种疾病的筛查——这个问题仍存在很大的争议。显然，应该对早期筛查的必要性进行更广泛的研究（Hertzberg et al.，2011）。

身体外貌和初次相见。 评估完新生儿的健康状况后，医护人员会着手处理新生儿通过产道时身上的残留物。他们主要会清除胎脂（vernix），一种厚厚的、像奶酪般含有大量油脂的物质，它包裹着胎儿全身，在胎儿通过产道时起到润滑的作用。新生儿的全身被细细的暗色绒毛包裹，这些是胎毛（lanugo），很快就会自行消失。分娩过程中液体的积聚会导致新生儿的眼睑肿胀，同时在新生儿身体的某些部分也可能残留血液或者某些液体。

清理完毕后，新生儿通常会被交给母亲和父亲（如果父亲在场的话），以完成他们和孩子奇迹般的初次相见。对于父母和新生儿最初相见的重要性，有着很大争议。部分心理学家和医师一直存在着这样一个论断：**联结**（bonding），即从孩子呱呱落地那一刻起的很短一段时间内，父母和孩子在身体和情感上的紧密联系，是父母和孩子之间形成长期联系的一个非常关键的因素。然而，最近的研究得出了不同的结论：尽管看上去和婴儿有早期身体接触的母亲似乎确实比缺少这种接触的母亲对婴儿有更多的回应，但是这种差异只会持续几天。（Miles et al.，2006；Bigelow & Power，2012；Stikes & Barbier，2013；Ropars et al.，2018）。

虽然即时的母子联结似乎对母子关系并不那么关键，但新生儿出生后不久被轻轻抚触和按摩是很重要的。他们接受的物理刺激会导致大脑中产生刺激生长的化学物质。最终，对婴儿的抚触会与体重增加、更好的睡眠-觉醒模式、更好的神经运动发育和婴儿死亡率的降低有关（Kulkarni et al.，2011；van Reenen & van Rensburg，2013；Álvarez et al.，2017）。

分娩的方法：医学与态度的碰撞

Carrie 在医生的指导下生下了她的第一个孩子，她觉得这种经历没有人情味，而且是人为的。因此，为了她的第二个孩子，她和她的丈夫 Sami McClough 决定采用她读过的一种非洲分娩方法。

"非洲的方式更自然。你坐在中间有个洞的分娩凳上。婴儿从洞里出来，没有大惊小怪，没有混乱。没有医生，除非需要。"

Carrie 和 Sami 在曼哈顿的妇产中心找到了一个护士助产士项目，允许她使用凳子。时机成熟时，Carrie 和 Sami 一起经历整个过程。随着第一次宫缩，Sami 帮助她站起来，他们开始摇晃身体。"像一个缓慢、舒适的舞蹈，"她说，"摇摆帮助我度过了最严重的宫缩。"然后我坐在凳子上。助产士说"推！"，然后 Dara 的脑袋出来了。助产士把 Dara 放在 Carrie 的胸前，不时地检查她。

这些西方世界的父母想出了各种各样的策略（有些是流传非常广的），以帮助他们尽量自然分娩，而动物们则不需要过多思考就能很好地处理。现今父母面临的问题是：应该在医院生产还是在家生产？应该由医师、护士还是助产士来辅助生产？父亲在场好还是不在场好？兄弟姐妹或家庭的其他成员是否应该在场并参与到生产过程中？

大部分此类问题都不会有唯一的答案，主要是因为分娩方式的选择常常涉及价值观和观念。没有一种方法适合所有的父母，并且现在也没有研究能够证明一种方法比另一种更为有效。不仅仅是个人喜好，文化对分娩方式的选择也有着一定的影响。

虽然对非人类动物的观察强调产后亲子间的身体接触具有重要意义，但是人类研究发现产后即刻的身体接触并不是那么关键。

在分娩方式上有如此多的选择在很大程度上是对传统医疗手段的一种反叛。直到 20 世纪 70 年代初期，传统的医疗手段在美国广泛流行。典型的婴儿生产过程是这样的：一个房间中有多名处在不同分娩阶段的母亲，其中还有些人由于疼痛而大声尖叫。而家庭的任何成员都不允许在场。在马上就要娩出婴儿之前，这名母亲被移入产房，在那里娩出婴儿。通常她会被麻醉，对于婴儿的出生一点意识都没有。

其他的分娩方法。并不是所有母亲都会在医院分娩，也不是所有婴儿都是按照传统的程序出生的。传统接生手段有如下几种主要替代方式。

- **心理助产法**（Lamaze Method）。根据费尔南德·拉玛泽（Fernand Lamaze）医师的著述，心理助产法主要应用了呼吸技术和放松训练（Lamaze，1970）。一般情况下，准妈妈要参与一系列的培训，每阶段为期一周，她们要练习使自己能够按照意志放松身体的不同部位。而父亲则扮演一个"沙发"的角色，陪伴着准妈妈。通过训练，准妈妈学会了如何积极地处理疼痛以及如何在宫缩的过程中放松下来。部分方法是建立准父母的自信，揭开分娩过程的神秘面纱，并为妈妈提供一些应对技巧来增强她们的自信心。

这个方法有用吗？大多数父母报告说使用心理助产法帮助分娩的过程是一段非常积极的经

历。他们很享受在分娩过程中所获得的那种控制感。但是，比起那种没有选择该技术的父母，我们不能排除选择了心理助产法的父母，对于分娩的体验有着更高的动机。此外，我们仍缺乏对心理助产法优势的确切研究。尽管如此，心理助产法目前仍然是美国最为流行的分娩方法之一（Larsen et al.，2001；Zwelling，2006）。

- **布拉德利法**（Bradley Method）。布拉德利法，有时也被称为丈夫指导的分娩，主要理念是让孕妇在没有药物和医疗干预的自然状态下进行分娩。准妈妈被教授肌肉放松、呼吸的技巧，"相信自己身体"的技巧以及良好的营养和运动，为分娩做准备。父母被鼓励对分娩怀有责任感，并将医师的协助视为不必要甚至可能会造成危险的。正如你所想到的，由于对传统医学干预的排斥，这种方法充满争议（Reed，2005）。

- **催眠生产**（Hypnobirthing）。催眠生产，这是一种新兴的技术，包括分娩期间通过自我催眠产生平静安宁的感觉，从而减轻疼痛。其理念是让产妇处于某种专注的状态，此时产妇身体放松而注意力指向身体内部。越来越多的研究表明这种技术可以减轻疼痛（White，2007；Alexander，Turnball，& Cyna，2009；Wright & Geraghty，2017）。

- **水中分娩**（Water Birthing）。水中分娩是让孕妇在温水池中分娩的一种方法，目前在美国仍不太常用。该方法的原理是利用水的温度和浮力来舒

水中分娩，即指女性进入温水池中进行分娩。

缓和减轻分娩疼痛、缩短分娩过程，对婴儿同样具有舒缓的作用，母亲子宫内羊水环境与分娩池的温水环境类似。但是，因为分娩池中的水不是无菌的，这一方法存在感染的风险（Thöni, Mussner, & Ploner, 2010；Jones et al., 2012；Lathrop, Bonsack, & Haas, 2018）。

分娩护理：谁来接生？ 按照传统，女性一直求助于产科医师，产科医师就是专门负责接生的医师。现在也有很多母亲选择助产士在分娩过程中全程陪伴。助产士大多是专门服务于分娩方面的护士，选择助产士的一个前提是母亲的怀孕状况不会导致婴儿出生时出现并发症。在美国约有 7 000 名助产士，如今选择助产士的情况呈现稳步增长的趋势，占分娩总数的10%。在一些地区，选择助产士辅助的分娩能够占到80%，而且大多是在家分娩。无论经济发展水平如何，在家分娩在很多国家都是很常见的。比如，荷兰有1/3的分娩是在家里进行的（Ayoub, 2005；Klein, 2012；Sandall, 2014）。

分娩辅助的最新趋势同时也是最古老的方式：导乐（doula）。这类"导乐"人员需要接受各种培训，包括在分娩过程中为母亲提供情感、心理和教育上的支持。她们不能取代产科医师或者助产士，也不能提供医学上的检查，不过，她们能够给母亲提供支持，并提出关于分娩的其他选择的建议。这是一种对古老传统的回归，即有经验的年长女性在年轻母亲分娩的时候作为分娩的助手和指导者。越来越多的研究表明，导乐式分娩对于加速娩出和减少对药物的依赖都是有益的。但是，关于"导乐"仍存在一些忧虑。助产士需要经过一年或两年的培训以获得资格证书，而陪产的"导乐"并没有得到认证或是接受任何程度的专业教育（Humphries & Korfmacher, 2012；Simkin, 2014；Darwin et al., 2017）。

从一个健康护理工作者的视角看问题

在美国，99%的分娩都是由专业的医疗工作者或是分娩护理者助产的，而在世界范围内，此类助产大约只占到总数的一半。你认为这可能是什么原因造成的？这些数据又说明了什么？

麻醉和镇痛药物的使用。现代医疗最大的贡献之一就是减少疼痛的药物的发现，并且这类药物的种类还在不断增多。但是，分娩过程中药物的使用有好处也有坏处。约有1/3的女性选择以硬膜外麻醉法（epidural anesthesia）的方式进行镇痛，这使得她们腰部以下都是麻木的。传统的硬膜外麻醉过程使得她们下肢无力而不能行走，在分娩过程中也不能够将婴儿娩出体外。一种新的硬膜外麻醉法，称为可行走的硬膜外麻醉（walking epidural）或叫作腰麻－硬膜外麻醉（dual spinal-epidural），即用更细的针头和一个控制系统来管理麻醉药的注射。这使得女性在分娩过程中能够更加自由地运动，而且它比传统的硬膜外麻醉法副作用更小（Simmons et al., 2007；Osterman & Martin, 2011）。

需要记住很重要的一点，即减轻疼痛是有代价的：分娩过程中使用的药物不只进入了母体，同时也进入了婴儿体内。药性越强，它对胎儿和新生儿的影响也就越大。比如，麻醉可能会暂时抑制通向胎儿的氧流量，并且造成分娩进程的减缓。另外，母亲使用麻醉药以后，产下的新生儿身体反应更少，并且在出生后的一段时间内显示出较差的运动控制能力和更多的哭闹行为，并且母乳喂养会较为困难。此外，由于和母体相比较，胎儿的体积很小，所以同样的药物剂量对于母体的影响可能不大，但是对于胎儿而言却有着巨大的影响（Ransjö-Arvidson et al., 2001；Torvaldsen et al., 2006；Irland, 2010）。

不过，大多数研究显示，目前分娩过程中使用的药物，对于胎儿和新生儿的风险是很小的。美国妇产科学会（American College of Obstetricians and Gynecologists）在指导方针中提出，女性在分娩过程的任何阶段提出减轻疼痛的要求都应该受到尊重，而且，少量、适量地使用缓解疼痛药物是合理的，也不会对孩子将来的身体健康有显著的影响（Alberts, Elkind, & Ginsberg, 2007；Costa-Martins et al., 2014；American College of Obstetricians and Gynecologists, 2017；见"生活中的发展"专栏）。

产后住院：分娩，然后离开？ Mensch 在医院产下了她的第 3 个孩子，仅仅一天后，她就被要求出院回家，而她仍然处于精疲力竭的状态。但是她的保险公司坚持说 24 小时已经足够进行产后身体恢复，并且拒绝为额外的住院时间支付费用。3 天后，她的婴儿因为黄疸病又重新回到了医院。Mensch 被告知，如果当初她和孩子在医院再住几天的话，这个问题能够被尽早发现并得到治疗（Begley，2018）。

生活中的发展

应对分娩

每个即将分娩的女性对分娩都会有一些恐惧。很多人都听过生动的长达 48 小时的分娩故事。尽管如此，几乎所有的母亲都坚信为了孩子的出世，这种疼痛是值得的。

对于分娩的处理方式而言，没有简单的对错之分。但是，有一些策略可能会对这个过程有所帮助。

- **灵活多变**。尽管你可能很小心地计划着分娩过程中都要做些什么，但是不要被严格遵从计划的思路限制住。如果一种策略不起作用的话，立刻换一种。
- **和医疗护理人员进行交流**。告诉他们你正在体验什么，并向他们寻求帮助和建议。他们应该能够较为明确地告诉你，你的分娩还会持续多长时间，这会有助于你觉得自己能够坚持下来。

- **记住分娩是很辛苦的**。想象你可能会精疲力竭，但当意识到这是分娩的最后阶段时，或许你会感到精神为之一振。
- **接受家人的支持**。如果你的配偶或者其他伴侣在你身边，允许他或她为你提供支持，让你感到更加舒服。研究表明，有配偶或是伴侣支持的女性，其分娩的经历会稍稍轻松一些（Kennell，2002）。
- **实事求是面对疼痛**。即使你计划在分娩过程中不使用任何药物，也要意识到你可能会觉得那种疼痛根本无法忍受。这时候，请考虑一下药物的使用。最重要的是，不要把使用止痛药物看作失败的标志。
- **关注大局**。要记住：有这样一个过程，它将会带来快乐，而分娩只是其中一个阶段。

Mensch 的经历并不少见。在 20 世纪 70 年代，正常分娩的平均住院时间为 3.9 天，到了 20 世纪 90 年代，减少至 2 天。这种变化在很大程度上是由只关注如何减少费用支出的医疗保险公司造成的。

医疗服务提供者承认，太早离开医院对母亲和新生儿都有一定的风险。比如母亲在分娩过程中破损的血管可能会再次破裂出血，而新生儿可能需要只有医院才能提供的强化医疗护理。此外，母亲在医院停留的时间长一些，不仅能休息得更好，也能得到更为满意的护理（Campbell et al.，2016）。

根据这些观点，美国国会已经通过立法，规定分娩的最短保险时间为 48 小时。此外，美国儿科学会发布了全面的指南，详细说明了根据与婴儿和母亲相关的各种健康标准，女性（及其婴儿）应该在医院停留多长时间（Bentz，2015）。

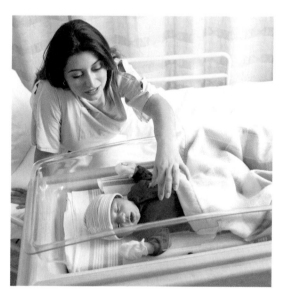

母亲生完孩子后在医院里多停留一段时间，要好于孩子出生后很短时间就离开医院。

出生并发症

Brown 的儿子在分娩过程中死亡了，护士告诉她不仅仅是她一个人承受着这样的悲痛：她所在的这个城市华盛顿特区，分娩过程中婴儿发生死亡的比例高得惊人。这一事实促使 Brown 成为一名悲伤顾问，专门从事婴儿死亡问题。她成立了一个由医生和市政府官员组成的委员会，对华盛顿的高婴儿死亡率进行研究，并找到了降低婴儿死亡率的措施。"如果我能够使一位母亲幸免于失去孩子的可怕悲痛，那我的孩子就没有白死"，Brown 如是说。

2016 年，美国的首都华盛顿特区的婴儿总死亡率为每 1 000 人中死亡 7.1 人——这一数字实际上已经从 2007 年的 13.1 人的高点下降。对于非西班牙裔的黑人母亲来说，这一数字要糟糕得多，登记为每 1 000 人中死亡有 11.5 人（Lloyd，2018）。

总体而言，50 多个国家和地区的婴儿死亡率的指标好于美国，美国的婴儿死亡率为每 1 000 人中死亡 5.8 人。这一比率比匈牙利、古巴和斯洛文尼亚等国家还要糟糕（*World Factbook*，2018；见图 2-14）。

为什么美国婴儿的存活率比其他不那么发达的国家还要低呢？为了回答这个问题，我们需要考虑在分娩过程中可能会发生的问题。

早产儿和过熟儿

就像 2.3 开头描述的 Gemma 的出生情况一样，约有 10% 的婴儿早于正常生产日期来到世上。**早产儿**（preterm infants）或者叫作尚未完全成熟的婴儿，是指受孕后不足 38 周就出生的婴儿。因为早产儿在胎儿阶段并没有发育完全，因此他们患病和死亡的风险都比较高。

早产儿所面临的危险程度取决于出生体重。出生体重是婴儿发展程度的一个显著指标。新生儿平均体重在 7.5 磅左右，**低出生体重儿**（low-birth weight infants）的体重不到 5.5 磅。尽管在美国所有新生儿中只有 7% 被归为低出生体重儿，但是他们占到新生儿死亡的绝大部分（De Vader et al.，2007）。

虽然大多数低出生体重儿都是早产儿，但也有一些是足月但体重不足的婴儿。**足月低出生体重儿**（small-for-gestational-age infants）是由于胎儿生长延缓导致出生时体重不到同样妊娠期婴儿平均体重的 90%。

由于生长延缓造成的低出生体重儿有时候也是早产的，但也有可能不是。其症状可能是孕期营养不良导致的（Bergmann，Bergmann，& Dudenhausen，2008；Karagianni et al.，2010）。

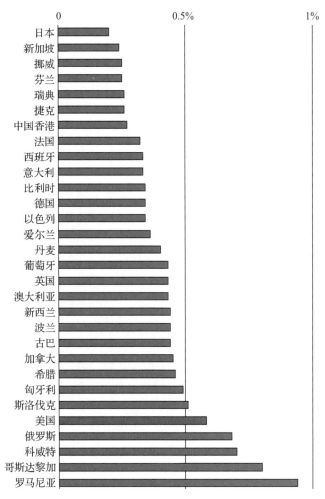

图 2-14 全球婴儿死亡率

图为部分国家和地区的婴儿死亡率。虽然在过去的 25 年间，美国的婴儿死亡率已大大降低，但仍然排在其他工业化国家的后面。哪些原因导致了这个结果呢？

资料来源：*World Factbook*，2018.

如果早产不是很严重，或者出生时体重不是很低，那么对于孩子将来身体健康的威胁则相对较小。在这种情况下，主要的措施就是让孩子在医院里多待一段时间，使之体重增加。增加体重是很关键的，因为新生儿还不能很有效地调节身体的温度，而脂肪层可以帮助他们抵御寒冷。

研究还显示，相比那些没有得到很好照料的早产儿，早产儿如果接受了更多的回应、刺激和安排有序的护理，往往展现出更积极的结果。其中一些干预非常简单。例如，在"袋鼠哺育法"（Kangaroo care）中，婴儿在父母胸前肌肤相亲，似乎对婴儿的有效发育有帮助。每天给早产儿多次按摩会促进某些激素的释放，有助于促进他们体重的增加、肌肉的发展和处理应激的能力（Kaffashi et al.，2013；Athanasopoulou & Fox，2014；Nobre et al.，2017）。

早产程度比较严重的新生儿和那些出生体重显著低于平均水平的新生儿，则面临着非常艰苦的生存之路。他们非常容易受到感染，因为他们的肺尚未完全成熟，在氧气的获得上还存在着一定的困难。所以，他们可能会患呼吸窘迫综合征（RDS），存在潜在的死亡危险。

为了应对呼吸窘迫综合征，通常会将低出生体重儿放到保育箱中。保育箱是完全封闭的，其内部的温度和含氧量是受到严格监控的。尤其是氧气的含量被精确地监控着。含氧量低，无法减轻婴儿的痛苦，含氧量高，则会伤害到婴儿脆弱的视网膜，造成永久性失明。

早产儿对于看到的、听到的或体验到的感觉异常敏感，他们可能出现呼吸中断，或心率减慢。他们通常因四肢运动的不协调而不能平稳地运动，这常使得他们的父母感到手足无措（Miles et al.，2006；Valeri et al.，2015）。

尽管他们在出生时经历了很多困难，但从长远来看，大多数早产儿最终都能够正常发育。但是比起那些足月的孩子，早产儿发育的速度通常较慢，而且之后有时会出现更多的小问题。比如，1岁时，仅有约10%的早产儿出现了明显的问题，其中5%表现为严重的身体缺陷；但到6岁时，约有38%的早产儿具有轻微的问题，需要进行特殊教育干预。例如，一些早产儿表现出学习障碍、行为紊乱，或是智商分数低于平均水平。他们患精神疾病的风险也更高。还有一些早产儿则存在身体协调上的困难。不过，大约60%的早产儿基本上没有问题（Hall et al.，2008；Nosarti et al.，2012；El Ayoubi et al.，2016）。

极低出生体重儿：小中之小。 早产儿中最极端的病例，极低出生体重儿的情况就不那么乐观了。**极低出生体重儿**（very-low-birth weight infants）指的是体重低于2.25磅，或者在母亲子宫中的时间少于30周的新生儿。

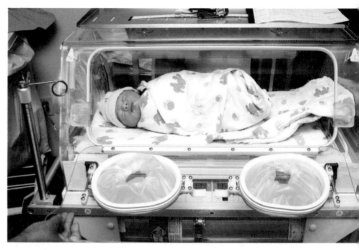

现在早产儿的存活率比10年前有了很大的提升。

极低出生体重儿不仅身体很小，很容易就能用手掌托起，而且他们从外表上看起来也和足月的新生儿有很大的不同。他们闭着的眼睛好像融合在一起，他们的耳垂就像是挂在头部两侧的一层薄膜。无论他们属于哪一种族，其皮肤都呈暗红色。

极低出生体重儿从生下来那一刻起就面临着严重的生命危险，因为他们的器官系统尚未发育成熟。在20世纪80年代中期前，这些婴儿在脱离了母亲的子宫后根本无法存活。但是，医学的进步增加了他们生存的概率，使得早产儿的存活孕龄提前到了22周，即比正常分娩提前了4个月。当然，受精后胎儿发育的时间越长，新生儿存活的概率就越大。早于25周出生的婴儿，其生存的概率低于50%（Seaton et al.，2012；见图2-15）。

即使一个极低出生体重儿最终存活下来，他的医疗花费也将会很惊人，这样一个婴儿，在他生命的前三年内，平均每月的花费比那些足月婴儿高出3～50倍。如此庞大的花费引起了伦理上的争论，即花费大量的人力物力财力，却不太可能有什么积极结果（Prince，2000；Doyle，2004a；Petrou，2006；Cavallo et al.，2015）。

不过，有证据表明，高质量的护理可以保护早产儿远离早产所带来的一些风险，并且事实上可以达到使早产儿在成年后和其他的成年人没有什么差异的地步。然而，照顾早产儿的医疗开销是巨大的：据估计，照顾早产儿的费用为每年60亿美元（Grosse et al.，2017）。

是什么导致早产和低出生体重儿的分娩？ 约有一半的早产和低出生体重儿的分娩是无法解释的，但是另外一半可以用以下几个原因来解释。一些早产是

	美国	奥地利	丹麦	英格兰和威尔士[②]	芬兰	北爱尔兰	挪威	波兰	苏格兰	瑞典
22～23周[①]	707.7	888.9	947.4	880.5	900.0	1 000.0	555.6	921.1	1 000.0	515.2
24～27周	236.9	319.6	301.2	298.2	315.8	268.3	220.2	530.6	377.0	197.7
28～31周	45.0	43.8	42.2	52.2	58.5	54.5	56.4	147.7	60.8	41.3
32～36周	8.6	5.8	10.3	10.6	9.7	13.1	7.2	23.1	8.8	12.8
37周以上	2.4	1.5	2.3	1.8	1.4	1.6	1.5	2.3	1.7	1.5

图 2-15 生存和妊娠时间

超过 28～32 周胎儿的生存率大大提高。该表显示的是经过一定妊娠时间后在美国出生的每 1 000 个新生儿中，活不过第一年的人数。

资料来源：Based on MacDorman, M. F., & Matthews, T. J. (2009). Behind international rankings of infant mortality：How the United States compares with Europe. NCHS Data Brief,＃2.

注：① 因为报道本身的差异，怀孕 22～23 周的婴儿死亡率可信度不高。

② 英格兰和威尔士提供了 2005 年的数据。

由于母体生殖系统出现困难导致的，例如，双胞胎会给母亲带来非常大的压力，从而导致早产。事实上，大多数多胞胎在某种程度上都是早产儿（Tan et al., 2004；Luke & Brown，2008）。

在其他的情况下，早产儿和低出生体重儿是母亲生殖系统不成熟造成的。年龄小于 15 岁的年轻母亲比年龄大一些的母亲更可能早产。此外，前次分娩后 6 个月内再次怀孕的母亲更有可能生下早产儿或低出生体重儿，因为她们没有给生殖系统从上次分娩中恢复过来的机会。父亲的年龄同样也有影响，年长父亲的妻子更有可能早产（Branum，2006；Blumenshine et al.，2011；Teoli, Zullig, & Hendryx，2015）。

最后，影响母亲整体健康状况的因素，如营养、医疗护理水平、环境压力水平和经济支持，所有这些都可能与婴儿早产和低出生体重有关。不同种族群体早产儿的比率也有所不同，但这并不是由于种族本身，而是由于少数族裔成员不成比例的低收入和高压力的结果。比如，非裔美国母亲生下低出生体重儿的百分比是白人美国母亲的两倍（Field et al.，2008；Butler, Wilson, & Johnson，2012；Teoli, Zullig, & Hendryx，2015；和低出生体重分娩风险增加相关的一些因素的总结见表 2-4）。

表 2-4 与低出生体重儿相关的风险因素

- 曾早产或经历过早产的女性
- 怀上双胞胎、三胞胎或更多胞胎
- 辅助生殖技术的使用

（续）

- 某些医疗状况，包括：
  - 尿路感染
  - 性传播感染
  - 某些阴道感染
  - 高血压
  - 阴道出血
  - 胎儿的某些发育异常
  - 怀孕前体重不足或肥胖
  - 怀孕间隔时间短（从婴儿出生到下一次怀孕之间不到 6 个月）
  - 前置胎盘，一种胎盘生长在子宫最低处并覆盖整个或部分子宫颈开口的情况
  - 有子宫破裂的危险
  - 糖尿病
  - 凝血问题

可能增加早产和早产风险的其他因素包括：

- 族裔——早产在某些种族和族裔群体中更为常见
- 母亲的年龄——18 岁以下，35 岁以上
- 某些生活方式和环境因素，包括：
  - 怀孕期间较晚接受或没有健康保健
  - 抽烟
  - 饮酒
  - 使用非法药物
  - 家庭暴力，包括身体虐待、性虐待或精神虐待
  - 缺乏社会支持
  - 压力
  - 长时间的站立工作
  - 接触某些环境污染物

资料来源：U.S. Department of Health and Human Services, National Institutes of Health, Eunice Kennedy Shriver Institute of Child Health and Human Development，2017。

过熟儿：太晚，太大。我们也许会认为一个婴儿在母亲的子宫中多待一些时间可能会对他有些好处，使他有机会不受外界干扰继续生长。但是**过熟儿**（postmature infants）——预产期两周后还未出生的婴儿——也面临着一些风险。

举例来说，来自胎盘的血液供给可能不足，不能为正在生长中的胎儿提供营养。对胎儿脑部血液供应的不足，可能引发潜在脑损伤。类似地，已经和一个月大的婴儿同样大小的胎儿通过产道娩出母体的时候，分娩的风险（无论是对于母亲而言还是对婴儿而言）就会增加（Fok & Tsang, 2006）。

过熟儿所面临的风险比早产儿要容易避免，因为医生可以通过使用药物或进行剖宫产来人工引产。

剖宫产：分娩过程中的干预

Elena 已经进入分娩的第 18 个小时了，负责监控的产科医师开始有些担心。医师对 Elena 和她的丈夫 Pablo 说，胎儿监控器显示胎儿的心率随着每次宫缩已经开始下降了。他们试过一些简单的补救办法（比如让 Elena 换个位置侧躺），但都没有效果。产科医师认为胎儿已经有危险，她告诉他们胎儿必须马上娩出，所以她要马上给 Elena 进行剖宫产。

Elena 成为美国每年 100 多万接受剖宫产的母亲之一。在**剖宫产**（cesarean delivery）中，婴儿通过外科手术从母亲的子宫被取出来，而不是通过产道分娩出来。

当胎儿出现一些危急情况的时候，通常就会进行剖宫产。例如，胎儿心率突然升高，或是母亲在分娩过程中出现了阴道流血。另外，与年轻一些的产妇相比，40 岁以上的高龄产妇需要通过剖宫产完成分娩的可能性更大。总的来说，现在美国的剖宫产占所有分娩方式的 32%（Tang et al., 2006；Romero, Coulson, & Galvin, 2012；Centers for Disease Control and Prevention, 2017）。

如果胎儿处在**臀位**（breech position），即胎儿在产道中脚部先出，通常需要进行剖宫产。在臀位的分娩中，每 25 例会有 1 例面临风险，因为这一过程中脐带可能被挤压，使婴儿缺氧。如果胎儿处在**横位**（transverse position），即胎儿和子宫颈的方向相垂直，或者胎儿头部太大以至于不能通过产道，就更需要进行剖宫产了。

整个过程中都会使用**胎儿监护仪**（fetal monitor），这是一种测量胎儿在分娩过程中心跳的装置，该装置的使用使得剖宫产的比例大大增加。美国大约有 25% 的孩子是通过剖宫产这种方式出生的，这个数据是 20 世纪 70 年代早期的 5 倍（Hamilton, Martin, & Ventura, 2011；Paterno et al., 2016）。

剖宫产是有效的医疗干预吗？其他一些国家的剖宫产率远远低于美国（见图 2-16），而且剖宫产率与成功的分娩间并无关联。此外，剖宫产毕竟是重大的外科手术，会带来危险。与正常分娩的母亲相比，进行剖宫产的母亲身体恢复需要更长时间。另外，进行剖宫产的母亲感染的风险也更高（Miesnik & Reale, 2007；Ryding et al., 2015；Salahuddin et al., 2018）。

剖宫产还可能给新生儿带来一定的风险。因为剖宫产的婴儿缺少产道挤压的过程，他们相对容易的出生过程可能会阻止某些压力相关激素（例如儿茶酚胺）的正常释放。这些激素有助于新生儿应对子宫外世界的压力，它们的缺乏则可能对新生儿不利。事实上，有研究指出剖宫产生下的婴儿中，那些完全没有经历分娩过程的婴儿，比至少在剖宫产之前经历过部分分娩过程的婴儿更有可能出现呼吸问题。最后，进行剖宫产的母亲对分娩经历更不满意，但是这种满意度的减少并不会影响母子间相互交流的质量（Janevic et al., 2014；Xie et al., 2015；Kjerulff & Brubaker, 2017）。

正如上文提到的，剖宫产率的升高与胎儿监护仪的使用有关。医疗权威并不建议使用胎儿监护仪成为惯例。有证据显示，分娩时使用胎儿监护仪的新生儿并不比那些没有使用的新生儿的状况更好。此外，胎儿监护仪可能会出现错误的警报：在胎儿处于正常情况下显示胎儿存在致命的危险。但是，胎儿监护仪确实在一些高危妊娠、早产儿、过熟儿的情况下发挥了非常关键的作用（Freeman, 2007）。

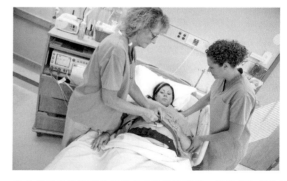

胎儿监护仪的使用使得剖宫产率快速攀升，尽管有证据表明这一措施并没有什么益处。

每100例活产（例）

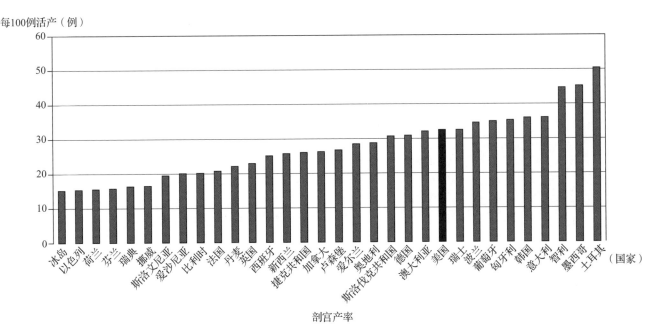

剖官产率

图 2-16 剖官产率

不同国家的剖官产率差异很大。你认为是什么导致美国剖官产率居高不下呢？

资料来源：Based on Organization for Economic Cooperation and Development（OECD）.（2015）. OECD Health Statistics 2015. Downloaded from http://dx.doi.org/10.1787/health-data-en.

死产、婴儿死亡率和产后抑郁

有许多与妊娠结束有关的问题。大部分的问题是婴儿死亡和产后抑郁。这是我们接下来将要讨论的内容。

死产和婴儿死亡率：过早死亡的悲剧。 有时候，孩子甚至在还没有通过产道的时候就已经死亡了。**死产**（stillbirth）是指娩出的婴儿本来就已经死亡的分娩情况，发生率低于1%。如果分娩尚未开始就检测出胎儿已经死亡，在这种情况下，分娩是一个典型的人工引产过程，或者医师会为母亲进行剖官产以尽快从母体中取出胎儿的尸体。在其他死产的情况中，孩子也可能是在通过产道的过程中死亡的。

婴儿死亡率（infant mortality）是指婴儿在他们生命头一年内的死亡率。美国总体比例是每1 000名新生儿中有5.8名，但这一婴儿死亡率自20世纪60

年代起就一直在下降，从2005年到2011年下降了12%（Loggins & Andrade，2014；Prince et al.，2016；*World Factbook*，2018）。

不管是死产还是出生后婴儿死亡，失去孩子是非常悲痛的，对于父母的打击也是巨大的。父母所经历的这种丧失与悲痛和他们在经历至亲老人死亡（将在第10章具体讨论）时的感受是类似的。事实上，将生命画卷的第一抹色彩和非自然的早期死亡并置在一起是让人特别难以接受和应对的。因此这种情况通常伴有抑郁的发生，若缺乏支持，情况将会更糟。一些父母可能会发生创伤后应激障碍（Badenhorst et al.，2006；Cacciatore & Bushfield，2007；Turton，Evans，& Hughes，2009）。

婴儿死亡率在种族、社会经济地位和文化方面也存在差异，正如我们在"文化维度"专栏中讨论的一样。

婴儿死亡率的种族和文化差异

即使美国的婴儿死亡率在过去的几十年间总体上　　有所下降，但是非裔美国婴儿在一岁之前死亡的可能性是白人婴儿的两倍多。这个差异主要是由于社会经济因素造成的：非裔美国女性比美国白人女性生活贫困的可能性更大，并且在分娩前受到的照顾也更少。因此，她们的孩子是低出生体重的可能性就比其他种族群体更大——低出生体重是和婴儿死亡联系最紧密的因素（Duncan & Brooks-Gunn, 2000；Byrd et al., 2007；Rice et al., 2017；见图 2-17）。

但是，不仅仅是美国的特定种族群体成员才有着较高的婴儿死亡率。如前所述，美国整体的婴儿死亡率实际上比其他很多国家都要高，比如，美国的婴儿死亡率几乎是日本的两倍。

这是为什么呢？一个答案是美国的低出生体重儿和早产儿比例比很多国家都高。事实上，当把美国和其他国家同样体重的婴儿进行比较时，婴儿死亡率的差异就消失了（MacDorman et al., 2005；Davis & Hofferth, 2012）。

美国婴儿死亡率高的另一个原因与经济状况的不平衡有关。美国贫困人口的比例比其他很多国家都高。当人们的经济状况处于较低水平上时，他们就很难享受到充分的医疗护理，从而导致了较差的健康状况。所以在美国，相对高的贫困个体比例影响了整体的婴儿死亡率（Bremner & Fogel, 2004；MacDorman et al., 2005；Close et al., 2013）。

此外，很多国家在向准妈妈提供产前护理方面都比美国做得好。比如，一些国家会提供低廉的或是免费的护理，分娩前和分娩后都有。通常还会提供给怀孕的女性带薪产假，有些国家甚至长达 51 周。有机会获得较长的产假会使女性的心理健康状况更好，和婴儿互动的质量也更高（Waldfogel, 2001；Ayoola et al., 2010；Mandal, 2018）。

更好的健康护理只是部分原因。在欧洲的一些国家，孕妇还会获得很多特权，比如去医疗机构的交通补贴。在挪威，孕妇会得到多至 10 天的生活费用，使得她们在预产期临近时能够住在离医院很近的地方。并且当婴儿出生后，新妈妈们只花很少的钱就能够聘请受过训练的家政人员（DeVries, 2005）。

在美国，《家庭与医疗休假法案》（FMLA）要求大多数雇主在孩子出生（或收养或寄养）后给予新父母长达 12 周的不带薪假期。然而，由于这是无薪假期，缺乏工资对低收入工人来说是一个巨大的障碍，他们很少能够利用这个机会留在家里带孩子。

在美国，孕期护理的情况也很不一样。国家健康护理保险和国家健康政策的缺乏意味着孕期护理通常只是偶然提供给穷人。大约每 6 名怀孕女性中就有 1 名没有得到足够的孕期护理。约 20% 的美国白人女性和近 40% 的非裔美国女性在她们怀孕的早期根本就没有得到护理。5% 的美国白人女性和 11% 的非裔美国女性直到分娩前 3 个月才开始接触医护人员；有些甚至自始至终都没有接触任何医护人员（Hueston, Geesey, & Diaz, 2008；Friedman, Heneghan, & Rosenthal, 2009；Cogan et al., 2012）。

最终，孕期护理的缺乏导致了更高的婴儿死亡率。如果能够提供更好的支持，这种情况将有所改善。改善的第一步就是要保证经济困难的怀孕女性在怀孕一开始就能够享受到免费或者费用低廉的高质量医疗护理。其次，应消除阻止贫困女性获得此类护理的障碍。例如，可以开发一些项目，帮助她们支付前往医疗机构的交通费用，或者是当母亲去接受健康护理时，支付家里孩子的照看费用。这种早期护理项目的花费其实可以和它们省下来的资金相抵消——和有慢性问题（如由营养不良、产前护理不完善所导致的）的婴儿相比，健康的婴儿花费更少（Edgerley et al., 2007；Barber & Gertler, 2009；Hanson, 2012）。

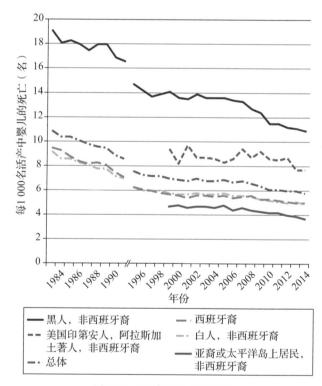

图 2-17 种族和婴儿死亡率

尽管非裔美国婴儿和白人婴儿的婴儿死亡率都在下降，但是非裔美国婴儿的婴儿死亡率仍然达到白人婴儿的两倍多。这张图显示了每 1 000 名出生的婴儿在生命第一年中死亡的数量。

资料来源：Child Health USA, 2009.

从一个教育工作者的视角看问题

你认为美国在降低婴儿总体死亡率和贫困人群婴儿死亡率方面缺乏哪些有效的教育和卫生保健政策？该如何改变这种情况呢？

产后抑郁：从喜悦的高峰到绝望的低谷

当 Renata 发现自己怀孕时非常高兴，在之后几个月的怀孕期内，她也很开心地忙着做各种准备，以迎接自己的孩子。分娩的过程很顺利，孩子是个健康的有着粉红脸蛋的男孩。但是，在她的儿子出生若干天后，她却陷入了深深的抑郁之中。她一直在哭，感到迷茫，觉得自己没有能力照顾孩子，处在一种难以抑制的绝望之中。

对 Renata 这种状况的诊断是：产后抑郁。产后抑郁（postpartum depression）是母亲在孩子出生后一段时间的深度抑郁，它困扰着 10% 的新妈妈。产后抑郁的主要症状是持续几个月甚至几年的深切的悲伤。经历产后抑郁的母亲可能会远离家人和朋友，经历极度疲劳或能量耗竭，或者感到强烈的愤怒，很容易发脾气。此外，母亲可能会感到被污名化（Mickelson et al., 2017）。

每 500 例中会有 1 例的症状更为严重，演变成与现实的完全割裂。在极端罕见的案例中，产后抑郁甚至会引发致命的恶果。例如，Andrea Yates 是一名住在美国得克萨斯州的母亲，她因为将自己的 5 个孩子全部溺死在浴缸中而被起诉，据说是产后抑郁导致她做出这种行为（Yardley, 2001；Oretti, Harris, & Lazarus, 2003；Misri, 2007）。

抑郁的发作通常突如其来，让人大吃一惊。某些母亲更有可能罹患产后抑郁，比如过去曾经有过抑郁的经历，或者家庭成员中有抑郁症患者。此外，对于伴随着孩子出生而来的各种情绪（各种正性的或负性的）缺少准备的女性更有可能患上抑郁症（LaCoursiere, Hirst, & Barrett-Connor, 2012；Pawluski, Lonstein, & Fleming, 2017）。

产后抑郁还可能是由分娩后激素分泌的波动所引发的。在怀孕期间，雌激素和黄体酮的分泌增加显著。然而，分娩 24 小时后，它们骤降至正常水平。这种剧烈变化可能会导致抑郁（Yim et al., 2009；Engineer et al., 2013；Glynn & Sandman, 2014）。

有能力的新生儿

亲戚们围坐在两天前才出生的 Kaita Castro 和她的婴儿车周围。今天是她随母亲从医院回到家里的第一天。与 Kaita 年龄最接近的表哥 Tabor 已经 4 岁了，他看起来好像对这个新生儿的到来一点也不感兴趣。他说："小宝宝不会做有趣的事情，小宝宝根本什么也不会。"

Kaita 的表哥 Tabor 的部分论断是正确的，有很多事情婴儿做不了。比如，新生儿来到这个世界时都无法自己照顾自己。为什么人类婴儿生下来具有这么强的依赖性，但很多其他物种的个体从生下来就好像已经具备了一些更好的生存技能？

原因之一是，在某种程度上来说，人类婴儿降生得太早了。新生儿的大脑平均只有成年人的 1/4。相比之下，猕猴的幼仔经过 24 周的妊娠阶段出生，其大脑重量已经达到成年猴的 65%。由于人类婴儿的大脑相对较小，一些观察者认为我们应该比现在人类的分娩晚 6～12 个月出生。

实际上，如果我们在母亲的子宫中再多待上半年到一年，我们的头就会因为太大而无法通过产道。

人类婴儿相对有待发展的大脑能够部分地解释婴儿明显的能力缺乏。但是，发展心理学研究者逐渐认识到，婴儿来到这个世界的时候就有着惊人的能力。事实上，在许多方面，婴儿在生理、认知和社会发展的各个领域都有很强的能力。

生理能力：适应新环境的要求

新生儿面对的世界和他们在子宫中所体验的世界是完全不同的。例如，考虑一下 Kaita 在新环境中开始她的生命之旅时所经历的显著变化。

Kaita 的首要任务就是往身体里吸入足够多的空气。在母亲体内的时候，空气是通过和母亲相连的脐带传送的，脐带同时也是运出二氧化碳的通道。可外面世界的情况就不同了：一旦脐带被剪断，Kaita 的呼吸系统就必须开始它一生的工作。

对 Kaita 来说，这项任务是自动化的。大多数新生儿从他们暴露在空气中的那一刻开始就能够自主呼吸。尽管在子宫中没有演练过真正的呼吸，新生儿通常能够立即开始呼吸，这个能力预示着呼吸系统已经发育完全，运行正常。

新生儿从子宫娩出的时候对于其他类型的身体活动有更多的练习。比如，像 Kaita 一样的新生儿会显示出多种**反射**（reflexes）——没有经过学习就在某些刺激出现的时候自动产生的有组织的自然反应。有些反射在出生前几个月就被反复练习了。吮吸反射和吞咽反射使得 Kaita 立刻就能够摄入食物。与吃东西有关的定向反射，是指婴儿的嘴能够主动转向嘴边的刺激来源（比如轻轻的碰触）。这使得婴儿能够找到嘴边潜在的食物来源，比如母亲的乳头。

其他一些如咳嗽、打喷嚏、眨眼等出生时就具备的反应，会帮助婴儿回避潜在的烦扰或危险的刺激。Kaita 的吮吸和吞咽反射，能够帮助她吸入母亲的乳汁，与之伴随的还有婴儿消化营养品的新能力。新生儿的消化系统最初以胎粪的形式排泄废物，胎粪是一种黑绿色的物质，是新生儿体内在胎儿阶段的残留物。

由于新生儿消化系统的一个重要组成部分——肝脏，最初并不总能有效地工作，约有一半新生儿的身体和眼睛会带有明显的淡黄色。新生儿黄疸病在早产儿和低出生体重儿身上发生的概率更大，但它并不会使新生儿陷入危险。其治疗方法通常是把婴儿放到荧光灯下或者给予一些药物。

感觉能力：体验周围的世界

就在 Kaita 出生后，她的父亲很确定地说她会盯着他看。那么事实上，她看见父亲了吗？

由于以下几个原因，这个问题很难回答。首先，当感觉方面的专家提及"看见"的时候，他们的意思是说既有针对视觉感官刺激的感觉反应，同时也有对该刺激的理解（感觉和知觉之间的区别）。新生儿缺乏解释其体验的能力，那么突出强调他们特定的感觉能力至少显得有些棘手。

不过很显然，像 Kaita 这样的新生儿，在一定程度上能够看见。尽管新生儿的视敏度还没有完全成熟，但他们仍然积极关注着环境中的各种信息。

从出生开始，婴儿就能分辨颜色，甚至还显示出对于某些颜色的偏好。

例如，新生儿密切关注着其视野中信息量最大的画面部分，比如和其余环境对比强烈的物体。此外，婴儿可以分辨不同的亮度。甚至有证据表明，婴儿具有大小恒常性（size constancy）的感觉——物体的大小是恒定不变的，尽管物体在视网膜上图像的大小随着距离的远近而有所不同（Chien et al., 2006；Frankenhuis, Barrett, & Johnson, 2013；Wilkinson et al., 2014）。

此外，新生儿不仅能够区分不同的颜色，他们好像还会偏好某些颜色。比如，他们能够区分红色、绿色、黄色和蓝色，并且盯着蓝色和绿色物体的时间长于其他颜色物体（Dobson, 2000；Alexander & Hines, 2002；Zemach, Chang, & Teller, 2007）。

新生儿也具有听觉能力。他们能够对一些声音做出反应，比如他们会对喧闹的、突然的噪声表现出惊吓反应。他们还表现出对某些声音很熟悉。比如，正在哭泣的新生儿如果听到周围新生儿的哭声，他们就会继续哭泣。但是，如果听到的是自己哭声的录音，他就会很快停止哭泣，好像认出了这个熟悉的声音（Dondi, Simion, & Caltran, 1999；Fernald, 2001）。

和视觉类似，婴儿的听觉灵敏度也没有长大以后那么好。听觉系统还没有发育完全，而且，此时会有部分的羊水残留在中耳，只有羊水排净后他们才能完全听到声音。

除了视觉和听觉，新生儿的其他感觉能够充分地发挥功能。新生儿对于触摸是非常敏感的。例如，他们会对例如毛刷这样的刺激物有反应，他们还能感觉到成人感觉不到的微小气流。

味觉和嗅觉也得到了很好的发展。当薄荷糖放在新生儿鼻子边，他们闻到气味就会吮吸，其他身体活动也随之增加。当酸味的东西触及嘴唇的时候，他们双唇会紧闭起来，其他的味道也会引发相应的面部表情。这些结果表明，婴儿的触觉、嗅觉和味觉出生时不仅存在，而且已经具有一定的复杂性（Cohen & Cashon，2003；Armstrong et al.，2007）。

从某种意义上说，新生儿具有复杂的感觉系统并不让人感到惊异。毕竟，一名典型的新生儿已经花了9个月的时间准备应对外面的世界。人类感官系统在出生之前就已经开始很好地发展了。此外，分娩时产道的挤压可能会让婴儿处于较高的感觉觉知状态，使他们准备好和外面的世界进行第一次接触。

新生男婴的包皮环切术。包皮环切术（circumcision）是从阴茎上切除部分或全部包皮的外科手术。它最常完成于出生后不久。据估计，美国有58%的新生男婴接受了包皮环切术，全世界包皮环切术的比率大概是33%。就所有年龄组的总体比率而言，美国81%的男性都接受了包皮环切术（Owings，Uddin，& Williams，2013；Morris，Bailis，& Wiswell，2014）。

父母选择包皮环切术通常是基于健康、宗教、文化和传统等一系列原因的综合考虑。虽然这是美国最为常见的外科手术之一，但是许多医学协会在过去都认为这在医学上是不必要的（American Academy of Pediatrics，1999；American Academy of Family Physicians，2002）。

然而，新的研究又有了转变：包皮环切术可提供保护以避免性传播疾病。此外，对于接受包皮环切术的男性，尿路感染的风险降低，尤其是那些在出生第一年内接受手术的男性；同样地，未接受包皮环切术的男性罹患阴茎癌的风险大约比那些一出生就接受手术的男性高三倍。因此，美国疾病控制与预防中心（Centers of Disease Control and Prevention）发布了政策建议，确认男性包皮环切术是一项重要的公共卫生措施。这一建议与美国儿科学会的最新政策声明相一致，该声明认为男性包皮环切术的健康益处大于

风险，尽管这种益处并没有大到建议所有新生儿男性都进行包皮环切术（American Academy of Pediatrics，2012；Morris，Krieger，& Klausner，2017；Centers for Disease Control and Prevention，2018）。

无论如何，包皮环切术是一种外科手术，并不是没有并发症的。最常见的是失血和感染，这两个都很容易治疗。不过，对于婴儿来说，手术过程既疼痛难忍又压力很大，这是由于手术通常是在没有全身麻醉的情况下进行的。此外，一些专家认为，在之后的人生中，包皮环切术会降低感觉和性快感。其他人则认为在没有医学需要的情况下，未经本人同意就切除身体上健康的一部分是不道德的。有一件事是明确的：包皮环切术是充满高度争议并能引起强烈情绪的。最终的决定还是依父母的个人偏好和价值观而定（Goldman，2004）。

早期学习能力

一个月大的Michael坐车和家人一起外出，正好遇上暴风雨。闪电之后紧接着就是雷鸣。Michael显然是被吓坏了，他开始啜泣。每次打雷，他的哭声越来越强烈，当他的母亲紧紧地抱着他进行抚慰，轻声地为他唱歌时，他才能平静下来。尽管如此，在接下来的几个月里，Michael在雷鸣中表现出极大的焦虑。没过多久，不只雷鸣会加剧Michael的焦虑，光是闪电就足以让他害怕得哭出声。事实上，即使成年后，仅仅是闪电的景象就会让Michael感到胸腔受到压迫和胃部绞痛。

经典条件作用（classical conditioning）。Michael恐惧的来源就是经典条件作用，一种由俄国科学家伊万·巴甫洛夫（Ivan Pavlov）最先定义的基本学习形式。在经典条件作用中，有机体需要以特定的方式学习对一个中性刺激做出反应，而通常情况下该中性刺激并不会引起这种反应方式。经典条件反射是解释学习的几种理论之一。

巴甫洛夫发现，通过重复匹配两个刺激，如铃声和食物，他可以让饥饿的狗学会不仅在食物出现的时候分泌唾液，还会在铃声响起而食物没有出现的时候分泌唾液（Pavlov，1927）。

经典条件作用的关键特征就是刺激的替代作用：将不能自发引起目标反应的一个刺激和另一个能够引

发目标反应的刺激匹配起来。重复呈现这两个刺激，以产生使第二个刺激在一定程度上具有第一个刺激的某种性质的结果。实际上，就是第二个刺激代替了第一个刺激。因此，在婴儿 Michael 的例子中，闪电和雷声引发了类似的反应——恐惧，最终只要有闪电就可以引发恐惧反应。

研究表明，经典条件作用在塑造人类情绪方面影响巨大，最早的例子之一就是被研究者所熟悉的 11 个月大的婴儿"小阿尔伯特"（Watson & Rayner，1920；Fridlund et al.，2012）。尽管阿尔伯特最初很喜欢有毛皮的动物，也不害怕老鼠，但是后来他在实验室里变得害怕它们。在实验中，每次当阿尔伯特试图和可爱的并且不会伤害他的小白鼠一起玩的时候，他的周围就会响起巨大的噪声，这使阿尔伯特开始害怕老鼠。事实上，这种恐惧还扩展到了其他的带有毛皮的物体，包括兔子，甚至还有圣诞老人的面具（当然，这样的实验过程在今天会被认为是不符合伦理的，并且不会被允许实施）。

很显然，经典条件作用从婴儿一出生就开始发挥作用。在每次给出生 1 ~ 2 天的新生儿吮吸带有甜味的水之前抚摸一下他们的头，很快他们就学会了在只被抚摸一下头的时候也转过头并开始吮吸动作（Herbert et al.，2004；Welch，2016）。

操作性条件作用（operant conditioning）。婴儿同样对操作性条件作用有反应，这是另一种学习理论。操作性条件作用也是学习的一种形式，在其过程中，自发的（voluntary）反应根据与其相联系的正性或者负性结果而被增强或者减弱。在操作性条件作用中，婴儿们学会故意在环境中做出某些行为去得到他们想要的结果。比如，婴儿学会通过哭泣这种途径达到立即吸引父母的注意力的目的，这实际上就是操作性条件作用的应用。

和经典条件作用一样，操作性条件作用从生命的最初阶段就开始发挥作用。例如，研究发现，甚至新生儿都已经通过操作性条件作用轻易地学会了要想一直听母亲讲故事或是听音乐时就吮吸一个橡胶奶头。类似地，在早先关于婴儿 Michael 的描述中，他在雷声中变得害怕，操作性条件作用解释了 Michael 可能是如何学习到母亲的安抚可以减轻他的焦虑（DeCasper & Fifer，1980；Lipsitt，1986；Welch & Ludwig，2017）。

习惯化（habituation）可能最原始的学习方式正是由习惯化的现象所展示出来。习惯化是在某个刺激重复多次呈现之后对其反应的降低。

婴儿的习惯化依赖于这样的事实：给新生儿呈现一个新刺激的时候，他们会有一个定向反应（orienting response）。他们可能会安静下来，全神贯注，然后经历一段他们遇到新异刺激时都会有的心率降低的过程。当他们被重复多次暴露在这个刺激面前的时候，婴儿就不再出现最初的定向反应。但如果呈现另一个新的不一样的刺激，婴儿又会重新出现定向反应。当这一现象发生时，我们就可以说婴儿已经学会识别最初的那个刺激，并且能够把它和其他的刺激区分开。

每种感觉系统都有可能习惯化，研究者使用几种方式来考察习惯化。一种方式是考察吮吸的变化，当新异刺激出现的时候，婴儿的吮吸会暂时停止。该反应和成人在进餐过程中对别人的有趣言论表现出放下刀叉的反应大同小异。其他对习惯化的测量方式还包括心率、呼吸频率以及婴儿对特定刺激的注视时间的变化（Macchi et al.，2012；Rosburg，Weigl，& Sörös，2014；Dumont et al.，2017）。

习惯化的发育与婴儿身体和认知上的成熟有关。习惯化从婴儿出生就有所表现，并在婴儿出生后的 12 周内发育成熟。难以出现习惯化标志着发育发展上存在问题，比如婴儿可能有精神发育迟滞（Moon，2002）。

表 2-5 总结了我们刚才讨论的学习的三个基本过程——经典条件作用、操作性条件作用、习惯化。

表 2-5 学习的三个基本过程

类型	描述	举例
经典条件作用	有机体学会以特定的方式对一个中性刺激做出反应，而该刺激通常不会引起此种反应的情境	饥饿的婴儿可能会在母亲抱起他时停止哭泣，因为他已经学会了将抱起来和之后的哺乳联系起来
操作性条件作用	自发的反应根据与其相联系的正性或是负性结果而被增强或者减弱的一种学习方式	婴儿发现向父母展现笑容会吸引他们积极的注意，之后他可能会更多表现出笑的行为
习惯化	对某个刺激的反应由于该刺激的重复出现而逐渐减低	婴儿看到一个新奇的玩具时会表现出很感兴趣、很惊讶，但是当之后多次看到该玩具时就不再感到有趣和惊讶了

社会性能力：回应他人

Kaita 出生后不久，她的哥哥低下头看着婴儿床中的她，然后张着大大的嘴，假装出一副惊讶的神情。Kaita 的妈妈在旁边看着，非常惊讶地发现，Kaita 好像正在模仿哥哥的表情，张着嘴巴就好像她也很惊讶。

当研究者们发现新生儿确实具有模仿他人行为能力的时候，他们也惊诧不已。尽管人们知道新生儿面部肌肉已经长成，具备表达基本面部表情的可能性，但是这些表情的出现在很大程度上仍然被认为是随机的。

然而，20 世纪 70 年代晚期开始的研究得出了不一样的结论。例如，发展心理学研究者们发现，当看到成人示范某种行为时，婴儿也已经自发地行动起来，比如张嘴、伸出舌头等。新生儿好像在模仿他人的行为（Meltzoff & Moore，1977，2002；Nagy，2006）。

发展心理学家蒂法尼·菲尔德（Tiffany Field）及其同事的一系列研究结果更加令人兴奋。他们最早证明了婴儿可以区分基本的面部表情如高兴、悲伤、吃惊等。他们让成人向新生儿展示高兴、悲伤或是吃惊的面部表情，结果发现新生儿能够在一定程度上精确地模仿成人的表情（Field et al.，2010）。

这名婴儿在模仿成人快乐的面部表情。为什么这个很重要？

然而，当随后的研究只在伸出舌头这一个模仿动作上发现有比较一致的证据之后，这个研究就遭到了质疑。而且，甚至这个反应在婴儿约 2 个月大的时候就消失了。由于模仿似乎不大可能只限于一个单独的动作，而且也只是持续了几个月，一些研究者开始质疑原先的研究结果。事实上，一些研究甚至认为伸出舌头并不是模仿，而仅仅是某种探索性的行为（Jones，2006，2007；Tissaw，2007；Huang，2012）。

尽管某些形式的模仿在生命历程中开始得非常早，但是，真正的模仿到底是何时开始的？这个问题到现在还没有确定的结论。模仿技能是非常重要的，因为个体和他人之间有效的社会互动部分依赖于能够以恰当的方式回应他人，以及能够了解他人情绪状态的含义。因此，新生儿的模仿能力为将来和他人的社会互动打下了基础（Zeedyk & Heimann，2006；Legerstee & Markova，2008；Beisert et al.，2012）。

新生儿很多其他方面的行为也同样是将来更加正式的社会互动行为的早期形式。新生儿的某些特性和父母的行为相互协调，这有助于孩子和父母之间以及孩子和他人之间形成社会关系（Eckerman & Oehler，1992；见表 2-6）。

表 2-6 促进足月新生儿和父母之间社会互动的因素

足月新生儿	父母
偏好某些刺激	更多地提供这些刺激
开始表现出可预测的唤醒状态循环	利用这些可观察的循环并达到更为规律的状态
表现出了一些时间模式的一致性	符合并塑造新生儿的时间模式
能意识到父母的行为	帮助新生儿领会这些行为的意图
能回应并适应父母的行为	表现出重复的、可预测的行为
表现出交流的愿望	努力理解新生儿的交流意图

资料来源：Based on Eckerman & Oehler，1992；LeMoine，Mayoral，& Dean，2015.

例如，新生儿在多种唤醒状态（states of arousal）中循环。唤醒状态指不同程度的睡眠和清醒状态，从深度睡眠一直到高度兴奋。照看者可以试着帮助婴儿更容易地完成从一种状态到另一种状态的转换。例如，父亲有节奏地轻轻摇着哭泣的女儿，试图让她安静下来。这种联合行为（joint behavior）拉开了婴儿和他人之间不同类型社会互动的序幕。类似地，新生儿倾向于特别关注母亲的声音，部分原因是他们在母亲的子宫中待了几个月，从而对母亲的声音特别熟悉。反过来，父母及其他人在对婴儿说话的时候也会改变他们的讲话方式，使用的音调和速度都不同于和年长儿童及成人讲话，这样做可以吸引婴儿的注意力，并促进互动（Smith & Trainor，2008；Waters et al.，2017）。

新生儿最终的社会互动能力以及他们从父母那里习得的反应方式，为他们将来和他人的社会互动铺平了道路。总的来说，新生儿表现出了非凡的生理、感觉和社会性能力。

从一个儿童护理工作者的视角看问题

发展心理学研究者不再将新生儿看作一个依赖他人的、没有能力的生命体，而是看作一个具有惊人能力的、正在发展中的人类个体。你认为这种观点上的变化会对儿童的养育和护理产生什么样的影响？

回顾、检测和应用

回顾

10. 描述分娩的一般过程以及新生儿在最初的几个小时所发生的事件。

在分娩的第一阶段，宫缩约每 8 ~ 10 分钟一次，频率、持续时间和强度不断增加直到宫颈口扩张。分娩的第二阶段持续约 90 分钟，婴儿经过宫颈和产道最终离开母亲的身体。分娩的第三阶段只持续几分钟，脐带和胎盘会从母体娩出。在这之后，通常会检查新生儿是否存在不符合常规的地方，清洗之后送回到父母身边，还要继续接受新生儿筛查测试。

11. 描述目前主要的分娩方式。

准父母对分娩会有不同的选择，包括选择分娩的方式，是否需要医护人员，是否需要使用止痛药。有时，医疗干预是必须的，比如剖宫产。

12. 描述早产的原因、后果和治疗方法以及过熟儿所面临的风险。

早产儿，孕周少于 38 周，出生时体重通常偏低，会造成他们易受感染，产生呼吸窘迫综合征，对环境过于敏感。他们在后来的人生发展过程中可能会表现出不利的一面，包括发展迟缓、学习障碍、行为障碍、智商低于平均水平以及身体协调方面的问题。极低出生体重儿处于特殊的危险中，因为他们的免疫系统还未成熟。然而，医学的进步使得他们的存活能力恢复到大约 24 周后。过熟儿在母亲的子宫里待了更多的时间，这同样是有很大风险的。

13. 描述剖宫产的过程并解释其使用增加的原因。

剖宫产是当胎儿处于困境、胎位不正或者无法通过产道时实施的，胎儿监护仪的常规使用导致了剖宫产率的攀升。

14. 解释导致死产、婴儿死亡和产后抑郁的因素。

美国的婴儿死亡率高于许多其他国家，低收入家庭高于高收入家庭。产后抑郁是一种持久的、深切的悲痛，新妈妈中有 10% 受到影响。在严重的情况下，它的影响对母亲和孩子来说是有害的，一定要采取积极的措施去应对。

15. 描述新生儿的生理能力。

新生儿很快就能通过肺进行呼吸，而且他们与生俱来的反应能够帮助他们吃东西、吞咽食物、寻找食物，以及避免不愉快的刺激。

16. 描述新生儿的感觉能力。

新生儿的感觉能力包括在视野中辨别物体和区分不同颜色，辨别熟悉的声音，以及对触觉、嗅觉、味觉的敏感性。

17. 描述新生儿的学习能力。

新生儿通过习惯化、经典条件作用、操作性条件作用来学习。

18. 描述新生儿的社会性能力。

新生儿生命早期就发展出了社会性能力，他们能够模仿他人。这种能力能够帮助他们建立社会关系，促进社会性能力的发展。

自我检测

1. 分娩过程有三个阶段，持续时间最长的是_____。
   a. 第一阶段　b. 第二阶段　c. 第三阶段　d. 难以判断

2. _____量表根据对新生儿的外貌（肤色），脉搏（心率），由打喷嚏、咳嗽等造成的面部扭曲（对刺激的反应敏感性），活动性（肌肉张力）和呼吸（呼吸状况）的评估来测量新生儿的健康程度。
   a. 布朗芬布伦纳　　　　　b. 布雷泽尔顿
   c. 缺氧　　　　　　　　　d. 阿普加

3. 以下列出的哪些因素会影响女性的分娩？
   a. 她对于分娩的准备
   b. 她在产前和分娩过程中得到的支持
   c. 她所在文化对于怀孕和分娩的态度
   d. 以上所有选项

4. 为了能够在最初的几分钟甚至几天内生存下来，婴儿一出生就具有了_____，或者说是没有经过学习，在特定刺激出现的时候自动产生的有组织的自然反应。
   a. 感觉能力　　　　　　　b. 敏锐的听觉能力
   c. 较窄的视觉能力　　　　d. 反射

应用于毕生发展

你能举出一些成人将经典条件作用应用到日常生活中的例子吗？比如在娱乐、广告或政策领域？

第 2 章 总结

汇总：生命的开始

　　Jana 和 Tom，我们在开篇时遇到的父母，因为基因检测的存在，避免了悲剧的发生。在他们的第一个孩子被诊断出患有一种罕见的疾病后，他们使用产前基因检测来确定他们的下一个孩子是否携带产生这种疾病的基因突变。当检测显示他们的女儿携带这种基因突变时，他们能够提供治疗来防止疾病的发作，以便可以继续过正常的生活。

2.1 产前发育

- 与所有的父母一样，受孕时，Jana 和 Tom 为孩子各提供了 23 条染色体。孩子的性别取决于其中一对特殊染色体的组合。
- 甚至在孩子出生前，Jana 和 Tom 就可选择一系列方法来检测孩子的性别、可能的基因缺陷及胎儿的成长，包括超声波检查、羊膜腔穿刺及胎儿血液取样。
- 他们女儿的很多特点都受到遗传因素的重要影响，但是几乎所有的特点都是遗传和环境因素共同作用的结果。

2.2 产前的生长和变化

- 在产前阶段，Jana 的孩子经历了一个多阶段的发展过程，依次为胚芽期、胚胎期和胎儿期，然后在胎儿期完成整个产前阶段。
- Jana 相对较为年轻，饮食均衡、规律锻炼并且有丈夫 Tom 的积极支持，因此，除了她携带的基因突变，对她孩子健康和发展几乎没有其他的潜在威胁。
- 因为 Jana 在妊娠期间饮食富有营养、经常锻炼并且远离了含酒精的饮品，所以她几乎不用担心对胎儿有害的致畸剂。

2.3 出生和新生儿

- Jana 的分娩过程相对是容易的，但是因为个体和文化差异，妇女经历的分娩方式有所不同。
- Jana 选择助产士陪伴分娩，这是几种分娩方式中的一种。
- 与绝大多数分娩过程一样，Jana 的分娩过程是完全正常和顺利的。
- 虽然出生时看起来很无助、需要依赖，但是婴儿在出生时就已经具备了一系列有用的能力和技能。

父母会怎么做？

你会使用哪些策略为你怀疑可能携带基因突变的孩子的出生做好准备？你如何评价孕期护理和分娩方式的不同选择？你如何帮助你大一点的孩子做好准备以迎接一个新生儿的到来？

教育工作者会怎么做？

你会使用哪些策略教授 Jana 和 Tom 有关孕期和分娩过程不同阶段的相关知识？为了让他们做好照料孩子的准备，你会和他们讲哪些关于新生儿的知识？

健康护理工作者会怎么做?

你会如何帮助 Jana 和 Tom 为他们女儿的出生做准备?
你会如何应对他们的焦虑和担忧?你会如何告诉他们
关于分娩的不同选择?

你会怎么做?

Jana 和 Tom 的女儿即将出生,你会对他们说什么?关
于孕期护理和使用基因检测的决定,你会给予 Jana 和
Tom 什么建议?

第 3 章

婴幼儿期

尽管 Turin 夫妇满怀欣喜地迎来了新的家庭成员——4 个月大的养女 Jenna，但对于新近成为父母的 Tom Turin 和 Malia Turin 来说，这个婴儿还完全是个谜。在此之前，他们几乎阅读了市面上出版的每一本育儿书籍，耐心听取了有经验的朋友所传授的大量建议，还参加了一系列培训课程，但事实上他们却更困惑了。

从机场载 Jenna 回家时，夫妻俩感觉自己完完全全就像门外汉一样。孩子每动一下或发出一个声音，他们都要看看她是否需要更换尿布或喂奶。尽管从机场一路开车回来十分辛苦，但是当晚夫妻俩却几乎一夜没合眼，他们小心地听着摇篮中发出的动静，生怕孩子哪里不舒服。

不久之后，他们就明白了，Jenna 是个健康活泼的孩子。他们渐渐知道了 Jenna 何时需要喂奶或更换尿布，当她深夜哭起来的时候，他们就摇晃安抚她，直到她重新安静下来。他们学着与她对话和游戏，也逐渐能与她相处自如。很快地，他们就学会了如何当父母。

虽然花了一点时间来适应，但 Turin 夫妇最终做到了。而与此同时，他们也知道不可就此掉以轻心，孩子的成长过程中还有许多未知的阶段，这段漫长的旅程才刚刚开始。

所有的婴儿，无论他们是拥有和 Jenna 一样的好脾气，还是让人心烦、费事，他们都令人着迷、充满活力与挑战。随着生理、认知与社会性的发展，他们会不断变化，并发展出自己独特的人格。

在本章，我们将考察婴幼儿期，也就是从出生到2岁的时期。首先，我们会讨论婴幼儿的生理发展，考察令人瞩目的快速发展过程：从很大程度上由本能决定的个体快速成长为具有一系列复杂生理能力的个体。然后我们会转向婴幼儿的认知发展，讨论发展阶段的概念以及其他观点。我们将考察婴幼儿在学习、记忆和语言等方面所经历的惊人发展，这在成人看来也令人惊叹。

最后，我们将考察社会性和人格的发展。我们将关注人格和气质，并讨论遗传和环境如何共同导致性别差异。我们将会看到婴幼儿开始成为社会性个体，从与他们父母的互动到与其他成人、儿童建立关系。

总而言之，我们为婴幼儿发展的速度感到吃惊，我们会预览婴幼儿期就存在的个体特征是如何影响个体直到成年期。在我们阅读的过程中，请记住我们的未来最初植根于怎样的开端。

3.1 婴幼儿期的生理发展

向往睡眠

Liz Kaufman 和 Seth Kaufman 实在是太累了以至于他们很难在晚餐时保持清醒。他们遇到了什么问题？他们3个月大的儿子 Evan 还完全没有形成规律的吃饭、睡觉模式，而且短时间内不太可能形成。"我以为婴儿都是睡觉的狂热爱好者，但是 Evan 整夜只睡1个小时，然后保持清醒一整天，"Liz 说，"我已经没办法逗他开心了，因为我只想睡觉。"

对于 Liz 而言，Evan 的喂食时间也很难应付。"他会连续5个小时每小时都需要喂奶，这让我很难维持充足的奶水；接着他又会连续5个小时都不想喝奶，而我则会胀奶。"Seth 尝试着帮忙，当 Evan 晚上不睡觉时，他会带着 Evan 散步，在凌晨3点喂他喝储存好的母乳。"但是 Evan 有时会拒绝奶瓶，"Seth 说，"只有妈妈可以照顾他。"

儿科医生向 Kaufman 夫妇保证他们的孩子健康、发展良好。"我们都相信 Evan 会成功走出这样的情况，"Liz 说，"现在我们担心的是我们自己。"

Evan 的父母可以放轻松了。他们的儿子会安定下来的。现在的许多家长都十分关注孩子的行为，他们会担心自己看到的现象是否意味着孩子不正常（从记录的数据来看，发展健康的孩子第一次整夜睡觉的年龄范围是非常大的），也会为孩子生命中重要的发展里程碑庆祝。在这一节中，我们将考察婴幼儿期，即从出生到2岁生日这一阶段里惊人的生理发展的本质。我们将从婴儿期的成长速度开始讨论，关注身高和体重的明显变化，同时也会涉及神经系统中不那么显而易见的变化。另外，我们还将考察婴儿是如何快速地发

展出逐渐稳定的基本活动模式，如睡眠、吃饭和注意周围环境等。

接着，我们的话题将会转向婴儿怎么获得令人兴奋的运动技能。这些技能的出现使婴儿能够翻身、迈出第一步以及捡起地板上的饼干屑，它们是形成日后更为复杂的行为的基础。我们将会从基本的、由遗传决定的反射开始，考察经验是如何塑造它们的。我们还会讨论特定生理技能发展的本质和出现的时间点，看看它们的出现是否可以被提前，以及早期营养对这些技能发展的重要性。

最后，我们将会探索婴儿感觉的发展。我们将考察婴儿的感觉系统，如听觉和视觉如何发挥功能以及婴儿如何通过他们的感觉器官对原始数据进行分类，并把它们转换成有意义的信息。

成长与稳定

新生儿的平均体重刚刚超过 7 磅，远远轻于感恩节火鸡的平均重量；新生儿大约有 20 英寸长，比一根法式长条面包还要短。新生儿没有能力自己存活，如果无人养育，将无法生存。

但仅仅几年之后，境况将大不相同。婴儿将会长大很多，他们将具有活动的能力，并逐渐变得独立。这种成长是如何发生的？为了回答这个问题，我们将首先描述生命中头两年的身高和体重变化，接着考察引导成长的一些基本原则。

生理发展：婴幼儿期的快速成长

个体在生命中的头 2 年成长非常迅速（见图 3-1）。到 5 个月大时，婴儿的体重已经是出生时的 2 倍，达到 15 磅左右。到 1 周岁时，婴儿的体重已经是出生时的 3 倍了，达到了 22 磅左右。尽管在第 2 年内，他们体重的增长速度变慢了，但是仍在持续增加。到 2 周岁末时，儿童的平均体重大约是出生时的 4 倍。当然，婴幼儿之间的发展速度也存在很大的差异。在出生后的 1 年内，婴儿常规的体能检查中的身高和体重数据，为揭示发展中存在的问题提供了线索。

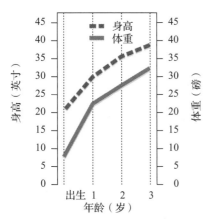

图 3-1　身高和体重的增长

虽然出生后的第 1 年是身高和体重增长最快的阶段，但是儿童在婴幼儿期仍持续长高。

资料来源：Based on Cratty, B.（1979）. Perceptual and motor development in infants and children（2nd ed.）. Englewood Cliffs, NJ : Prentice-Hall.

婴儿体重随着身高的增加而增加。到满 1 周岁时，典型发展的婴儿大约有一步长，约有 30 英寸高。

到 2 周岁时，儿童的平均身高是三步长。

身体各个部分的生长速率并不相同。比如，刚出生时，新生儿的头部占整个身体比例的 1/4；在生命的头 2 年中，身体其余部分的发展开始加速，到 2 岁时，宝宝的头只占身高的 1/5；而到了成人期，就只占 1/8 了（见图 3-2）。

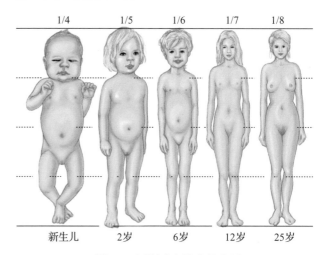

图 3-2　逐渐减小的头部比例

刚出生时，新生儿的头部占整个身体的 1/4。而到了成年期，头部只占身体的 1/8，为什么新生儿的头部如此之大？

身高和体重也存在性别和族裔差异。女孩通常要比男孩矮、比男孩轻，并且在整个儿童期都保持了这些差异（正如我们在本书之后的章节中看到的那样，这种性别差异在青少年期将会变得更加明显）；另外，与北美白人婴儿比起来，亚裔婴儿通常会小一些，而非裔美国人通常会更大一些。

刚出生时，婴儿的头偏大，显得有些不协调，这就是支配生理发展的四大主要原则（见表 3-1）之一的一个例子。

- **头尾原则**（cephalocaudal principle）是指发展遵循先从头部和身体的上半部分开始，然后身体其余部分发展的原则。头尾发展原则意味着我们在视觉能力（位于头部）发展好之后，才掌握行走的能力（和身体的尾端比较接近）。
- **近远原则**（proximodistal principle）是指发展从身体的中央部位扩展到外周部位。近远原则意味着躯干的发展先于肢端的发展；同样，运用身体各部位能力的发展也遵循近远原则。例如，灵活运用胳膊的能力要先于运用手的能力。
- **等级整合原则**（principle of hierarchical integration）

是指简单的技能通常独立发展，但是，随后这些简单的技能被整合成更加复杂的技能。也就是说，像用手抓握东西这类相对复杂的技能，只有当发展中的婴儿知道如何去控制并整合每个手指的运动之后才能够掌握。

- **系统独立原则**（principle of the independence of systems）是指身体不同系统的发展速率不同。比如体型、神经系统和性成熟的发展模式是各不相同的。

表 3-1　支配生理发展的四大主要原则

头尾原则	近远原则	等级整合原则	系统独立原则
发展遵循先从头部和身体的上半部分开始，然后身体其余部分发展的原则，源自希腊语和拉丁语的词根，意思是"从头至尾"（head-to-tail）	发展从身体的中央部位扩展到外周部位，源自拉丁语单词"近"（near）和"远"（far）	简单的技能通常独立发展，随后这些简单的技能被整合成更加复杂的技能	身体不同系统的发展速率不同

神经系统和大脑：发展的基础

Rina 出生时，她是父母朋友圈中的第一个孩子。成人们对这个婴儿感到十分好奇。她的每一个喷嚏、每一个微笑、每一个啜泣都让他们欣喜万分，并尝试着去猜测其中的含义。

Rina 体验到的所有感觉、运动、思维，都由同一个复杂的网络（婴儿的神经系统）负责。神经系统（nervous system）由脑和延伸至全身的神经组成。

神经元（neuron）是构成神经系统的基本细胞。图 3-3 展现了成年人的神经元结构。与身体中所有的细胞一样，神经元也有细胞体和细胞核。但与其他细胞不同的是，神经元有种与众不同的能力：可以与其他细胞进行交流。通过叫作树突（dendrite）的一端，接收来自其他细胞的信息。在与树突相反的另一端，神经元有延展很长的轴突（axon），负责给其他神经元传递信息。实际上，神经元并不是彼此相连的。它们通过化学信使，即神经递质（neurotransmitter），穿过神经元之间的间隙，也就是**突触**（synapse），来彼此传递信息。

尽管估计值存在差异，但婴儿出生时有 1 000 亿～2 000 亿个神经元。为了达到这个数目，在出生前，神经元一直以惊人的速度成倍增长。事实上，在出生前的某些发展阶段，细胞分裂使得神经元以每分钟 250 000 个的速度增加。

刚出生时，婴儿大脑中的绝大多数神经元和其他神经元之间的连接相对较少。但在出生后的头两年，个体大脑中的神经元将会建立起数十亿个新连接。神经元的网络也会变得越来越复杂（见图 3-4）。错综复杂的神经元连接在整个人生中都会持续不断地增长。事实上，在成年期，每个单独的神经元都可能和至少 5 000 个神经元或身体的其他部分相连。

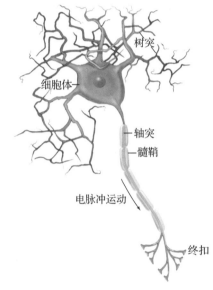

图 3-3　神经元

神经系统的基本要素，神经元由很多成分组成。

资料来源：Based on Van der Graaff, J., Branje, S., De Wied, M., Hawk, S., Van Lier, P., & Meeus, W.（2014）. Perspective taking and empathic concern in adolescence：Gender differences in developmental changes. Developmental Psychology, 50, 881–888.

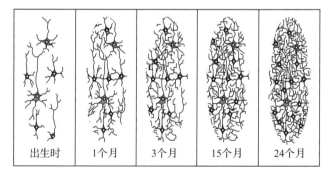

图 3-4　神经元的网络

在生命的头两年中，神经元的网络越来越复杂，并相互连接。这些连接为什么很重要？

资料来源：Based on Conel, J. L.（1939, 1975）. The postnatal development of the human cerebral cortex（Vols. I－Ⅷ）.Cambridge, MA: Harvard University Press.

突触修剪（synaptic pruning）。实际上婴儿出生时所具有的神经元数量远远超过了所需要的数量。尽管随着我们经历的变化，一生中突触都在不断地形成，但婴儿在头2年中形成的数十亿个新突触也远远超过了所需。那么多余的神经元和突触连接去哪里了呢？

就像果农需要修剪多余的树枝来增强果树的生命力一样，大脑的发展也会通过去掉多余的神经元来增强某些能力。随着婴儿对这个世界经验的增加，那些与其他神经元没有连接的神经元就变得多余了。它们最终会凋亡，从而提高神经系统的效率。

随着多余神经元的减少，剩余神经元之间的连接会因为婴儿在生活中使用与否而得到扩展或消除。生活中没有受到刺激的某些神经连接，就像没有使用的神经元一样会被消除，它们消失的过程叫作**突触修剪**。突触修剪可以让已有的神经元和其他神经元之间建立更加完善的交流网络。神经系统的发展不同于其他大多数方面的发展，它会通过损失部分细胞来实现高效率的发展（Schafer & Stevens，2013；Zong et al.，2015；Athanasiu et al.，2017）。

出生后，神经元大小会不断地增加。除了树突会继续增加外，神经元的轴突上也会覆盖**髓鞘**（myelin），这是一种脂质，就像电线外的绝缘物质一样，可以保护神经元并提高神经冲动的传递速度。因此，即使失去了很多神经元，其余神经元体积的增大以及复杂性的增强也促进了大脑惊人的发展。在出生后的两年间，大脑的重量增至3倍，到2岁时，大脑的重量和体积已经超过了成年人大脑的3/4。

随着生长，神经元会改变位置，并按照功能进行重组。一些神经元到了大脑的表层，构成**大脑皮质**（cerebral cortex），另外一些神经元到了皮质下。在出生时，大脑皮质下部分是发育最完善的，它负责调节呼吸、心率等基本活动。但随着时间的推移，大脑皮质中负责思维与推理等高级过程的细胞会变得更加发达，并产生更多相互联系。

虽然颅骨可以保护大脑，但是大脑仍然对某些伤害高度敏感。其中一种来自某类婴儿虐待且具有高度破坏性的伤害叫作摇晃婴儿综合征（shaken baby syndrome），通常是由于照顾者无法停止婴儿的哭声，出于挫败和愤怒而使劲地摇晃婴儿。这样会导致大脑在颅骨内旋转，造成血管断裂，破坏神经元之间已建立的复杂连接，还会带来严重的医学问题、长期的身体和学习障碍，甚至会导致死亡。

据估计，美国每年发生的摇晃婴儿综合征有1 000～3 000起之多，25%的婴儿最终因此死亡，幸存者中的80%会有永久性的脑损伤（Narang & Clarke，2014；Grinkevičiūtė et al.，2016；Centers for Disease Control and Prevention，2017a；见图3-5）。

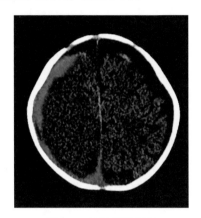

图3-5 被摇晃的婴儿

这幅脑CT图显示，这名婴儿的大脑严重受损，可能是受到了照料者的摇晃虐待。

资料来源：Matlung et al.，2011.

环境对大脑发展的影响 由于遗传预先决定的模式，在很大程度上大脑是自动发展的，然而大脑发展也极易受到环境的影响。实际上，大脑的**可塑性**（plasticity）相对很强，可塑性是发展中的结构或行为可受经验改变的程度。

大脑的可塑性在出生后的头几年内最强。因为此时大脑中的许多区域都还未致力于某一特定任务，如果一个区域出现损伤，其他未受损伤的区域可以取而代之。例如，遭遇脑出血的早产儿在2岁前基本上可以完全恢复。此外，甚至当由于意外使婴儿的大脑的特定部位受到损伤时，大脑的其他部位也能进行补偿，帮助恢复（Guzzetta et al.，2013；Rocha-Ferreira & Hristova，2016）。

与此相似，受到轻微至中等程度脑损伤的婴儿通常会比类似情况的成人所受的影响小，也更容易痊愈。因此，婴儿的大脑表现出了高度可塑性（Stiles，2012；Inguaggiato，Sgandurra，& Cionci，2017；Damashek et al.，2018）。

婴儿的感觉经验也会影响单个神经元的大小和神经元相互连接的结构。因而，相较于在丰富环境中长大的婴儿，在高度受限环境中长大的个体更容易表现出大脑结构和重量上的差异（Cirulli，Berry，& Alleva，2003；Couperus & Nelson，2006；Glaser，2012）。

另外，研究者发现在发展的过程中存在某些敏感的时期。**敏感期**（sensitive period）是一段特殊并且有限的时期，通常在儿童生命的早期，这一段时间内儿童对环境的影响或刺激特别敏感。敏感期可能与行为有关，如视觉的发展，也可能与身体结构的发展有关，如大脑的构造（Uylings，2006；Hartley & Lee，2015）。

敏感期的存在引发了几个重要的争论。其中一个观点认为，除非在敏感期让婴儿接受一定水平的环境刺激，否则婴儿的能力就会受损或无法发展出来，并且这些缺损是永远也无法完全弥补的。如果真是这样的话，那么事后对这些儿童提供有效的干预将会极具挑战（Zeanah，2009；Steele et al.，2013）。

同时也引发了相反的问题：在敏感期提供高出正常水平的刺激所获得的发展收益会超过普通刺激水平所带来的发展收益吗？

这些问题没有简单的答案。当发展心理学家试图找到方法为发展中的儿童提供尽可能多的机会时，极度贫乏或丰富的环境如何影响后续发展成为研究者们所面对的主要问题之一。

同时，发展心理学家认为父母和其他照顾者可以使用很多简单的方法来提供富有刺激性的环境，从而促进儿童大脑的健康发展。比如说，抱抱婴儿，对着他们说话、唱歌，和他们一起玩耍，这些都可以丰富婴儿的环境（Garlick，2003）。

从一个社会工作者的视角看问题

影响父母养育行为的文化和亚文化因素包括哪些？

整合身体系统：婴幼儿期的生活节律周期

如果你碰巧听到初为父母的人谈论他们的新生儿，某个或某几个身体功能很可能会成为谈论的话题。在生命最初的日子里，婴儿的身体节律（如觉醒、进食、睡觉以及排泄等）控制着婴儿的行为，但通常没有固定的时间。

这些最基本的活动由多个身体系统所控制，虽然每个单独的行为模式能够非常有效地发挥其功能，但婴儿花费了很多的时间和精力才将这些独立的行为整合在一起。实际上，新生儿主要的任务之一就是让这些独立的行为协调作用，比如说帮助自己整晚睡个好觉（Waterhouse & DeCoursey，2004）。

节律和状态。 发展各种各样的节律是将这些行为整合在一起的重要方式之一。**节律**（rhythm）是指重复的、周期性的行为模式。有些节律立即可见，比如说从清醒到睡眠的变化；有些节律比较细微，但仍然很容易观察到，比如说呼吸和吮吸的模式；还有一些节律需要仔细地观察才能发现，比如说在某个时期内婴儿每隔几分钟就会有规律地抽搐一下腿。虽然有些节律在婴儿出生后就显而易见，但另一些节律是在第一年随着神经系统中神经元的逐渐整合而慢慢出现的（Thelen & Bates，2003）。

婴儿的**状态**（state）是其主要的身体节律之一，也就是婴儿对内部和外部刺激所表现出来的觉知程度。表 3-2 所展示的这些状态包括了各种水平的觉醒行为，如警觉、慌乱、哭闹以及不同水平的睡眠。随着每种状态的改变，引起婴儿注意所需的刺激量也会发生变化（Diambra & Menna-Barreto，2004；Anzman-Frasca et al.，2013）。

睡眠：会做梦吗？ 在婴幼儿期的早期，主要的状态就是睡眠——这在很大程度上缓解了筋疲力尽的父母，他们通常把婴儿睡眠看作照顾责任中难得的短暂放松。平均而言，新生儿每天睡 16～17 个小时。但个体之间存在很大的差异。有些婴儿睡眠的时间超过 20 个小时，而另一些婴儿只睡 10 个小时（Tikotzky & Sadeh，2009；de Graag et al.，2012；Korotchikov et al.，2016；Hanafin，2018）。

婴儿通常会睡很长时间，但你也许不愿意自己"睡得像个婴儿"。婴儿的睡眠是一阵一阵的。他们不是一次睡很长的时间，通常是睡上 2 个小时，然后醒一段时间。因此婴儿以及睡眠被剥夺的父母和外面世界的步调就不一致了，因为大多数人都是晚上睡觉、白天清醒（Burnham et al.，2002；Blomqvist et al.，2017）。

表 3-2　主要的行为状态

状态	特征	单独处于该状态时间的百分比
清醒状态		
警觉	注意力集中或巡视，婴儿的双眼睁开，眼睛明亮且炯炯有神	6.7
不够警觉地醒着	眼睛通常是睁开的，但迟钝且没有集中。多变，但通常具有高活动性	2.8
烦躁	低水平、持续或间隙性的大惊小怪	1.8
哭泣	间歇或一连串的强烈发声	1.7
睡眠和清醒之间的转换		
瞌睡	婴儿的眼皮沉重，缓慢睁开和闭上眼睛，活动水平较低	4.4
恍惚	睁着眼睛，眼神茫然且呆滞。这种状态出现在警觉和瞌睡之间。活动水平较低	1.0
睡眠和清醒之间的转换	清醒和睡眠行为的表现很明显。活动水平一般；眼睛可能闭着，或者快速地睁开与合上。这种状态出现在婴儿清醒时	1.3
睡眠状态		
活跃睡眠	眼睛闭合；呼吸不均匀；间隙性快速眼动。其他行为包括：微笑、皱眉、面部扭曲、做鬼脸、吮吸、叹息和呜咽	50.3
安静睡眠	眼睛闭合，呼吸缓慢且有规律。活动局限于偶然的惊吓、叹气、呜咽和有节律的喃喃自语	28.1
睡眠状态的转变		
活跃睡眠和安静睡眠之间的过渡	这种状态出现在活跃睡眠和安静睡眠之间，眼睛闭着，几乎没有活动。婴儿表现出活跃睡眠和安静睡眠的混合行为特征	1.9

资料来源：Based on Thoman & Whitney，1990.

大部分婴儿连续几个月都不能整晚睡觉，他们父母的睡眠也会每晚好几次被婴儿需要进食和身体接触的哭声所打断。

婴儿的睡眠是一阵一阵的，从而使得他们与外部世界的步调不一致。

对父母来说幸运的是，婴儿会逐渐习得和成人相似的模式。一个星期后，婴儿在夜间睡得会长一点，白天清醒的时间也稍长。一般来说，16 周大的婴儿就能够在晚上连续睡 6 个小时了，而白天的睡觉就变成了有规律的打盹。大部分婴儿在 1 周岁时就能够整晚睡觉了，他们每天所需的睡眠总量也降到了 15 个小时左右（Mao et al.，2004；Magee, Gordon, & Caputi，2014）。

隐藏在婴儿看似安静睡眠背后的是另一套循环模式。在睡觉的过程中，婴儿心率加快，开始变得不规律，血压上升，并开始快速地呼吸。有时候，虽然并不总是如此，但婴儿闭着的眼睛开始前后移动，就像正在看内容丰富的场景。虽然并不完全相同，但婴儿睡眠中的这个活跃阶段与更大年龄的儿童以及成年人表现出的**快速眼动睡眠**（rapid eye movement sleep, REM sleep）非常相似，这与做梦有关（Blumberg et al.，2013；Spiess et al.，2018）。

起初，这种类似快速眼动的活跃睡眠人约占了婴儿睡觉时间的 1/2，而在成年人的睡眠中只占 20%（见图 3-6）。但活跃睡眠的量下降很快，到 6 个月时就只占睡眠总量的 1/3 了（Burnham et al.，2002；Staunton，2005；Ferri, Novelli, & Bruni，2017）。

从表面上看，活跃睡眠和成年人的快速眼动睡眠非常相似，这引发了一个有趣的问题：婴儿在这个时候是否也会做梦？没人知道答案，不过看起来不太可能。首先，年幼婴儿的生活经验有限，没有什么内容可以用来做梦；更进一步，睡眠中婴儿的脑电波看起来也与成年人做梦时的脑电波有着本质的区别。直到婴儿三四个月大时脑电波的模式才与成年人做梦时的脑电波相似，也就是说婴幼儿在活跃睡眠时没在做梦，或者至少与成年人做梦的方式不同（Zampi et al.，2002）。

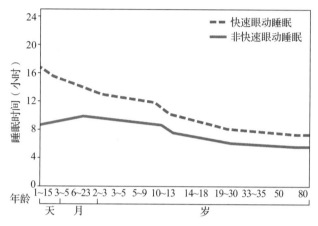

图 3-6　毕生的快速眼动睡眠

随着我们年龄的增长，快速眼动睡眠的比例上升，而非快速眼动睡眠的比例下降。此外，睡眠总量也随着年龄的增加而下降。

资料来源：Based on Roffwarg，Muzio，& Dement，1966.

那么快速眼动睡眠在婴儿期有什么功能呢？尽管我们不能给出确定的答案，但是一些研究者认为它是大脑刺激自身的方式——这一过程被称为自动刺激（autostimulation）（Roffwarg，Muzio，& Dement，1966）。神经系统的刺激对婴儿来说尤其重要，因为他们用如此多的时间睡觉，而处于清醒状态的时间相对来说很少。

遗传因素在很大程度上预先设定了婴儿的睡眠周期，但环境因素同样也起了作用。例如，文化习俗可以影响婴儿的睡眠模式。在非洲的基皮西吉斯地区，婴儿晚上和母亲一起睡觉，这一行为被称为共同睡眠（co-sleeping），多见于非西方文化中（Super & Harkness，1982）。婴儿无论何时醒来，都会得到母亲的照顾。白天，他们被绑在母亲的背上小睡，陪同母亲做家务。因为他们经常外出并动来动去，基皮西吉斯的婴儿可以整晚熟睡的年龄要比西方的婴儿晚很长时间，他们在头 8 个月里很少一次睡超过 3 个小时。

相比之下，美国婴儿在 8 个月大时就可以一次睡长达 8 个小时。这些文化差异的一个原因与人造光源的使用相关，不同文化背景下的人会使用人造光源对自然光进行不同的管理（Gerard，Harris，& Thach，2002；Sundnes & Andenaes，2016；Sauvet et al.，2018）。

无论他们的婴儿在哪儿睡觉，一个事实是明确的：在不同文化背景下，母亲们都说过自己会因婴儿的哭声在凌晨醒来。很明显，照顾一个婴儿和睡一晚好觉是矛盾的（Mindell et al.，2013；Mindell，Leichman，& Walters，2017）。

婴儿在哪里睡觉是争议的一大来源。早期观点认为婴儿最好睡在和父母分离的屋子，至少在西方文化下是这样的，美国儿科学会于 2016 年发布新指南，强调儿童应该和父母睡在同一间屋子——但不在同一张床——至少在他们生命的前 6 个月，最好是一整年。正如我们接下来要谈论的话题，设计这些指南是为了减少婴儿猝死综合征（Moon，2016）。

SIDS：难以预期的杀手。 有一小部分婴儿的睡眠节律被致命的不幸所中断——**婴儿猝死综合征**（sudden infant death syndrome，SIDS）。这是指看起来很健康的婴儿在睡眠时突然死亡的一种现象。被放在床上打盹或晚上睡觉的婴儿再也不能醒来。

在美国，每年大约有 2 500 名婴儿会遭遇婴儿猝死综合征。虽然看起来是正常睡眠时呼吸模式被打断，但是科学家还是未能发现它发生的真正原因。可以肯定的是，婴儿并不是窒息而死；他们死得很平静，只是停止了呼吸。

目前尚没有可靠的方法防止婴儿猝死综合征的发生，但美国儿科学会建议婴儿应该仰着睡觉，而不是侧卧或俯卧，即仰睡（back-to-sleep）原则。另外，他们还建议父母在婴儿打盹和睡觉时给婴儿一个安抚奶嘴。正如我们之前探讨的，他们建议婴儿睡在父母的房间至少到他们出生后 6 个月（Task Force on Sudden Infant Death Syndrome，2011；Ball & Volpe，2013；Jonas，2016；Moon，2016）。

自从指南实施以来，婴儿猝死综合征的死亡数量明显下降（见图 3-7）。但是婴儿猝死综合征仍然是 1 岁以下婴儿死亡的主要原因（Daley，2004；Blair et al.，2006）。

很多假说试图去解释婴儿为什么会因为婴儿猝死综合征死亡。其中包括了未诊断出的睡眠障碍、窒息、营养缺乏、反射问题、脑干非正常发育及未诊断出的疾病等。然而关于婴儿猝死综合征的真正原因仍然不明（Mitchell，2009；Duncan et al.，2010；

Lavezzi, Corna, & Matturri, 2013；Freyne et al., 2014；Macchione et al., 2018）。

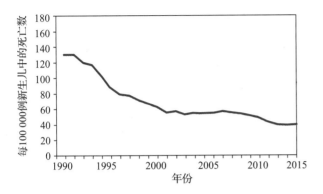

图 3-7 逐渐下降的婴儿猝死综合征死亡数量

在美国，随着父母获得了更多的信息，让婴儿仰着睡觉而不是俯卧，婴儿猝死综合征死亡数量快速地减少。

资料来源：American SIDS Institute, based on data from the Centers for Disease Control and Prevention and the National Center for Health Statistics, 2019, National Vital Statistics System, Compressed Mortality File.

运动发展

假如你受聘于一家基因工程公司，负责设计新生儿并把他们改造成比目前更加灵活的婴儿。为了实现这一工作（所幸是虚构的），你首先可能会考虑改变婴儿身体构成和组成成分。

新生儿的身形和比例完全不利于灵活运动。婴儿的头部太大、太重，以至于他们没有力气抬起头来。因为他们的四肢和身体的其他部分与头部相比显得太短，他们的进一步运动受到阻碍。另外，他们的身体太胖，肌肉太少，以至于缺乏力气。

幸运的是，不久后婴儿就发展出显著的灵活性。实际上，甚至在他们刚刚出生时，先天的反射就让他们具备了广泛的行为可能性，在最初的两年里，运动技能的范围也快速地扩大。

反射：我们天生的身体技能

当父亲轻轻地按压 3 天大的 Christina 的手掌时，她的反应是用她的小拳头紧紧地握住父亲的手指。当父亲把手指向上提时，她握得那么紧，似乎父亲完全可以把她从婴儿床上拎起来。

基本反射。实际上，她的父亲是对的：Christina 是有可能这样被提起来的。婴儿出生时就拥有很多反射，她紧紧地握住父亲的手指就是因为激活了其中的一种。反射（reflex）是当出现某类刺激时无须学习、有组织且不自主的自动化反应。新生儿出生时就具备了一系列的反射行为模式，从而帮助他们适应新环境，并保护自己。

很多反射都明确地体现出了生存价值，有助于确保婴儿的健康（见表 3-3）。比如，游泳反射（swimming reflex）可以让水中脸朝下的婴儿像游泳一样划水和蹬腿。显然，该行为可以帮助婴儿远离危险，直到照顾者过来营救。同样，眨眼反射（eye-blink reflex）似乎是为保护眼睛免遭太多光线直射而设计的，否则视网膜会受到伤害。

既然很多反射都具有保护的价值，似乎终生保留这些反射可能对我们也有益处。实际上，有些反射的确如此：如眨眼反射在我们一生中都起作用。相反，

表 3-3 婴儿的一些基本反射

反射	消失的大概年龄	描述	可能的功能
定向反射	3 周	新生儿会把头转向触碰他们脸颊的物体	摄取食物
踏步反射	2 个月	当扶着婴儿站立时，他们的脚轻触地面时腿部会移动	让婴儿对独立活动做好准备
游泳反射	4～6 个月	当脸朝下把整个人放在水里时，婴儿会做出划水和蹬水的游泳动作	避免危险
莫罗反射	6 个月	当颈部和头部的支撑物突然挪开时，婴儿的手臂会突然伸开，好像要抓住什么物体	类似灵长类动物防止跌落时的保护动作
巴宾斯基反射	8～12 个月	当轻划婴儿的脚掌时，其反应是脚趾呈扇形向外伸展	尚不清楚
惊跳反射	以不同的形式保留	当面对突然的噪声时，婴儿会伸出手臂，背部形成弓形，并张开手指	自我保护
眨眼反射	保留	当面对直射光线时，婴儿会快速地眨眼	保护眼睛避免受到直射光线的伤害
吮吸反射	保留	婴儿倾向于吮吸碰到嘴唇的物体	摄取食物
咽（呕吐）反射	保留	婴儿清喉咙的反射	防止噎住

很多反射在几个月之后就会消失，如游泳反射。为什么会这样呢？

强调从演化的角度来解释发展的研究者认为，随着婴儿控制自己肌肉的能力不断增强，婴儿对行为的自主控制也越来越多，因此这些反射就会逐渐消失。另外，反射可能是日后更加复杂行为的基础，而这些被婴儿很好地掌握了的复杂行为也包括早期的反射。最后，也可能是因为反射刺激了大脑中负责复杂行为的区域，从而帮助复杂行为的发展（Lipsitt，2003）。

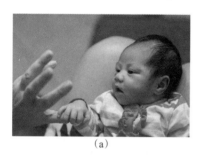

(a)

(b)

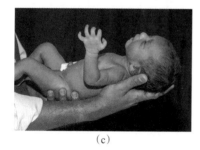

(c)

婴儿表现出：a）抓握反射；b）惊跳反射；c）莫罗反射。

反射的族裔和文化异同。虽然从定义上来说反射由遗传决定，并在所有婴儿中普遍存在，但在表现上反射实际上也存在一定程度的文化差异。就像莫罗反射（moro reflex），突然移开颈部和头部的支撑物时就会发生莫罗反射：婴儿会向外伸展手臂，然后试图去抓住一些东西。很多科学家认为莫罗反射是我们人类从非人类祖先那里所遗传的残余反应。莫罗反射对小猴子来说非常重要，它们会抓住母亲的背四处游

荡。如果它们抓空了就会掉下来，除非它们能够迅速地抓住母亲的皮毛，这正是使用了莫罗反射的结果（Zafeiriou，2004；Rousseau et al.，2017）。

莫罗反射在所有人身上都存在，但不同婴儿的反应非常不同。有些不同反映了文化和族裔间的差异（Freedman，1979）。比如，白人婴儿在引发莫罗反射的情境中会表现出非常强烈的反应：他们不仅会张开自己的手臂，还会哭泣，通常会表现得烦躁不安。相反，纳瓦霍人（Navajo）的婴儿在相同的情境中则会表现得相对平静。他们的手臂不如白人婴儿挥动得那么多，并且只有极少数情况下才会哭泣。

婴幼儿的运动发展：生理发展的里程碑

可能没有任何其他的生理发展能比得上婴儿不断取得的一系列运动技能那样明显，这很令人期待。很多父母可能都会自豪地回忆起他们的孩子迈出的第一步，并为孩子能够如此快速地从一个无助的甚至不能够翻身的婴儿变成一个能够在这个世界中非常有效地自由行动的人而惊叹不已。

粗大运动技能。尽管新生儿的运动技能还不是十分熟练——至少和他们即将取得的成就相比是如此，但年幼的婴儿还是能够完成一些运动。比如，当把婴儿面朝下放着时，他们会挥舞自己的双手和双腿，可能还会试图抬起他们重重的头。随着力气的增加，婴儿就有足够的力气推动他们的身体向不同的方向运动。他们通常向后而不是向前运动，直到6个月时，婴儿就可以向特定方向运动了。这些最初的努力是爬行的前驱，婴儿通过这些运动协调了手臂和腿部的运动，并推动自己向前运动。爬行一般出现在婴儿8～10个月的时候（关于正常运动发展的里程碑的总结，见图3-8）。

婴儿学会走路相对比较晚。大多数婴儿在9个月大时就能够扶着桌椅自己走路了，有1/2的婴儿在1周岁时可以走得很好了。

婴儿在学习四处移动的同时，他们也在完善坐在固定的位置上保持不动的能力。起初，没有支撑物婴儿就无法坐直。但很快他们就掌握了这种能力，大多数婴儿在6个月大时可以不依赖支撑物而坐着。

精细运动技能。婴儿在完善粗大运动技能（如竖直坐着、走路）的同时，他们在精细运动技能方面也

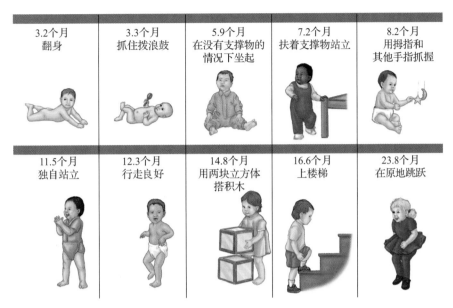

| 3.2个月
翻身 | 3.3个月
抓住拨浪鼓 | 5.9个月
在没有支撑物的
情况下坐起 | 7.2个月
扶着支撑物站立 | 8.2个月
用拇指和
其他手指抓握 |
| 11.5个月
独自站立 | 12.3个月
行走良好 | 14.8个月
用两块立方体
搭积木 | 16.6个月
上楼梯 | 23.8个月
在原地跳跃 |

图3-8 运动发展的里程碑

50%的儿童能够在图中所标出的月份里完成每一种技能，但是每种技能出现的具体时间有很大的差别。例如，1/4的儿童在11.1个月大时就能很好地走路了；90%的儿童在14.9个月大时便能走得很好了，知道这些平均标准对父母是有益还是有害？

资料来源：Based on Frankenburg, W. K., Dodds, J., Archer, P., Shapiro, H., & Bresnick, B.（1992）. The Denver Ⅱ: A major revision and restandardization of the Denver Developmental Screening Test. Pediatrics，89，91-97.

在不断地进步（见表3-4）。比如说在3个月大时，婴儿就表现出一定的协调肢体运动的能力。

表3-4 精细运动发展的里程碑

年龄（月）	技能
3	手明显地张开
3	抓住拨浪鼓
8	用大拇指和其他手指抓握
11	恰当地握住蜡笔
14	用两块立方体搭积木
16	把挂衣钩放在盒子里
24	在纸上模仿画画
33	画圈

此外，尽管婴儿出生时就具备了伸手够东西的能力，但是这种能力既不熟练也不精确，并在4周大时消失。而后，在4个月大时，婴儿会出现新的、更加精确的够取物体的能力。在伸手之后，婴儿花费了一些时间来协调成功的抓握，但是他们很快就能够伸手并抓住自己感兴趣的物体（Foroud & Whishaw，2012；Libertus，Joh，& Needham，2016；Karl et al.，2018）。

精细运动技能的复杂性继续发展。11个月时婴儿就可以从地上捡起弹珠那样小的物体——这是照顾者需要注意的，因为紧接着儿童就会把它们放进嘴里。

2岁时儿童就可以小心地端起杯子，送到嘴边，并可以一滴不洒地喝下去。

和其他运动发展一样，抓握动作也遵循着有序的发展模式，即简单的技能会被整合为复杂的技能。比如，婴儿一开始使用整只手去拣东西，但当他们更大些后，就会使用钳形抓握（pincer grasp），把大拇指和食指围成一个圈，而这种钳形抓握能让儿童进行更加精确的动作控制（Thoermer et al.，2013；Dionísio et al.，2015；Senna et al.，2017）。

发展常模：个体与所在群体的比较。值得注意的是，我们当前关于运动发展里程碑时刻表的讨论建立在常模的基础之上。**常模**（norm）代表了特定年龄段大样本儿童的一般表现，可以将某个儿童在特定行为上的表现与常模样本中儿童的一般表现进行比较。

例如，**布雷泽尔顿新生儿行为评估量表**（Brazelton neonatal behavior assessment scale，NBAS）就是广泛用来评定婴儿的标准化工具之一，旨在测评婴儿对周围环境的神经和行为反应。

作为传统的出生后立即施测的阿普加测验（Apgar test）的补充，NBAS施测时间大约为30分钟，包括27个独立的范畴，涵盖了婴儿行为的四大方面：与他人的互动（如警觉和拥抱）、运动行为、生理控制（如烦躁时能否被安抚）以及对压力的反应（Canal et al., 2003；Ohta & Ohgi, 2013）。

尽管像 NBAS 等量表提供的常模在整体上归纳各种行为和技能出现的时间点上很有用，但在解释时需要非常小心，因为常模代表的是一般水平，它掩盖了儿童在获得不同发展成就的时间点上存在的巨大个体差异。

只有当常模的数据来自不同质且富含文化多样性的大样本儿童时才有效。不幸的是，很多发展心理学研究者通常信赖的常模往往是基于以白人为主的

被试，而且被试通常具有中等以上的社会经济地位（Gesell, 1946）。原因是很多研究都在大学校园中进行，参与的儿童也是研究生和教职员工的孩子。

如果来自不同文化、种族和社会群体的儿童在发展时间上不存在差异，那么这个局限也就不会成为众矢之的。但他们的确存在差异，比如从群体的水平而言，非裔美国婴儿在婴儿期的运动发展中要快于白人婴儿。此外，正如我们在"文化维度"专栏探讨的一样，还有和文化因素有关的显著差异（de Onis et al., 2007；Wu et al., 2008；Mendonça, Sargent, & Fetters, 2016）。

文化维度

运动发展的跨文化比较

亚契人（Aché people）生活在南美洲的热带雨林中，婴儿早期的身体活动受到限制。因为亚契人过着游牧生活，住在雨林的小帐篷里，很少有空旷的地方。因此，婴儿在早年的生活中几乎和母亲寸步不离。即使没有与母亲保持身体接触，他们也只能在离母亲几英尺远的范围内活动。

而基皮西吉斯人（Kipsigis people）人生活在非洲肯尼亚一个相对比较开阔的乡村环境里，他们的婴儿以完全不同的方式生活着。他们的生活中充满了活动和锻炼。在婴儿期早期，他们的父母就总找机会教他们坐、站立和走路。比如，在孩子非常小的时候，父母就把他们放在地面的浅凹处，保持直立的姿势；出生 8 周后，父母就开始教他们走路。父母扶着婴儿让他们脚触地，然后推着他们向前走。

显然，婴儿在这些社会里过着完全不同的生活（Super, 1976；Kaplan & Dove, 1987）。那么亚契婴儿早期运动刺激的相对缺乏与基皮西吉斯人鼓励婴儿的运动发展，是否真的会带来不同？

答案可以是"是"也可以是"否"。说"是"，是因为相对于基皮西吉斯和西方国家的儿童，亚契儿童在运动发展上比较迟缓。尽管在社会能力上并没有什么不同，但亚契儿童一般在 23 个月时才会走路，比美国正常发展的儿童晚了将近 1 年。与之相对，受到鼓励其发展运动技能的基皮西吉斯儿童学会坐立和走路的时间比美国儿童平均走路的时间要早几周。

说"否"，是因为从长远来看，亚契儿童、基皮西吉斯儿童和美国儿童之间的差异就消失了。在儿童期后期，大约 6 岁时，已不存在支持亚契儿童、基皮西吉斯儿童和美国儿童在整体运动技能上存在差异的证据。

文化因素会影响运动技能的发展速度。

正如我们在亚契婴儿和基皮西吉斯婴儿中所看到的那样，在运动技能获得时间上的差异部分取决于父母的期望，也就是对特定技能出现的"恰当"时刻的期望。比如一项关于英格兰某个城市儿童运动技能的研究，而所有儿童的母亲来自不同民族。研究首先考察了英国、牙买加和印度母亲对婴儿运动技能里程碑的期望。牙买加母亲对婴儿坐和走的时间期望明显早于英国和印度母亲，而这些活动出现的时间顺序与他们的期望正好一致。

牙买加婴儿能够较早地掌握这些技能源于父母对待他们的方式。比如牙买加母亲在婴儿还很小的时候就让他们练习走路（Hopkins & Westra，1990；Bornstein，2012）。

婴幼儿期的营养：促进运动发展

Rosa 在坐下来给孩子喂奶时又叹了口气。她今天几乎每隔一个小时就得给 4 周大的 Juan 喂一次奶，但是 Juan 看起来还是很饿。有些天，她似乎所做的全部事情就是给孩子喂奶。当坐在喜欢的摇椅上给孩子喂奶时，她断言道："他肯定正在经历快速长大的时期。"

在婴幼儿期获得的营养使得他们可以快速成长。如果没有合适的营养，个体将不能充分地发挥他们的身体潜能，而且认知和性发展也会受损。

虽然在合适营养的组成成分上存在很大的个体差异——因为婴儿在生长速度、身体构成、新陈代谢和活动水平上彼此不同，但是一些基本原则还是有用的。整体而言，婴儿平均每天每磅体重要消耗 50 卡路里的热量，是成年人建议摄取量的 2 倍（Skinner et al.，2004）。

不过，通常并不需要去计算婴儿所需的热量。因为大部分婴儿都可以自己有效地调节摄取的热量。如果让婴儿摄取他们想要的热量而不是强迫他们吃更多的话，他们也将做得相当不错。

营养不良（malnutrition）。营养不良是指营养不足或营养不均衡，会带来很多的不良结果。例如，生活在许多发展中国家的儿童比生活在高度工业化、富裕国家的儿童更容易出现营养不良。在这些国家中，营养不良的儿童在 6 个月大时发育速度开始变慢。到 2 岁大的时候，他们的身高和体重只有生活在更发达国家儿童的 95%。

在婴幼儿期长期处于营养不良状态的儿童，长大以后在 IQ 测验中的得分较低，而且在校表现也

较差。即使改善了儿童的饮食，这些影响依然存在（Ratanachu-Ek，2003；Waber et al.，2014）。

营养不良的问题在一些欠发达国家最为严重，在这些国家中差不多有 10% 的婴儿存在严重的营养不良。营养不良是一个全球性问题，特别是在亚洲和非洲，这个问题更普遍。一些国家的情况尤为严重。比如，25% 的朝鲜儿童因慢性营养不良而发育缓慢，4% 的儿童严重营养不良（United Nations Children's Fund，World Health Organization，& World Bank Group，2018）。

然而，营养不良不仅仅存在于发展中国家。在美国，大约有 20% 的儿童生活在贫困中，这使他们也面临营养不良的危险。事实上，从 2000 年开始，生活在低收入家庭的儿童比例持续上升。总的来说，有 3 岁及以下儿童的家庭 26% 生活在贫困中，6% 的美国人处在极度贫困的条件下，这意味着他们的年收入为 10 000 美元甚至更低。贫困率在黑人、西班牙裔和印第安人家庭中更高（National Center for Children in Poverty，2013；Koball & Jiang，2018）。

婴儿期严重的营养不良会导致一些机能失调疾病。1 岁前的营养不良可能会导致消瘦病（marasmus），一种会使婴儿停止生长的疾病。消瘦病是由于蛋白质和热量的严重缺乏造成的，会导致身体日益消瘦，并最终导致死亡。年龄稍大的儿童则比较容易患夸希奥科病（Kwashiokor），这种恶性营养不良的症状是儿童的胃、手臂和脸部水肿。细心的观察者会留意到患夸希奥科病的儿童通常胖乎乎的。其实这只是假象：为了利用仅有的一点儿营养，儿童的身体正在苦苦挣扎（Douglass & McGadney-Douglass，2008；Galler et al.，2010）。

从一个教育工作者的视角看问题

营养不良会减缓身体增长、影响 IQ 分数和在校表现，那么哪些原因可能会导致营养不良，营养不良又会如何影响发展中国家的教育呢？

在某些情况下，婴儿得到了充足的喂养，但他们看上去却像由于缺少食物而得了消瘦病一样，表现为

发育迟缓、情绪低落、兴趣缺乏。其实，真正的原因来自情绪方面：缺乏足够的关爱和情感支持，即**非器**

质性发育不良（nonorganic failure to thrive）。在这种情况下，儿童并不是因为生理方面的原因而停止生长，而是由于缺乏来自父母的刺激和关注，这种现象通常出现在婴儿 18 个月大时。通过父母加强训练，或者把儿童放在能够提供情感支持的寄养家庭中，可以改善非器质性发育不良。

肥胖（obesity）。显然，婴儿期的营养不良会给婴儿造成潜在的灾难性后果，但肥胖所带来的影响还不是十分清楚。肥胖被定义为个体的体重超过该身高个体平均体重的 20%。虽然婴儿期的肥胖和 16 岁时的平均体重没有明显相关，但一些研究表明婴儿期的过度喂养会产生过多的脂肪细胞，并且这些细胞会终身停留在体内，使得个体更容易超重。事实上，婴儿期的体重增加和 6 岁时的体重相关。而其他研究又表明 6 岁以后出现的肥胖和成年期的肥胖相关，这说明婴儿期的肥胖很可能最终和成年期的体重问题有关。但目前还没有发现婴儿期和成年期超重之间的明确关系（Murasko，2015；Mallan et al.，2016；Munthali et al.，2017）。

虽然婴儿期肥胖和成年期肥胖之间的联系还没有最终定论，但值得肯定的是，"胖婴儿是健康的婴儿"这一社会观点未必正确。文化中的某些迷信思想会导致对婴儿的过度喂养。但一些其他因素也可能与婴儿的肥胖相关。比如，通过剖宫产分娩的婴儿发生肥胖的概率是自然分娩的婴儿的 2 倍（Huh et al.，2011）。

父母应该更多地关注如何提供合适的营养。但什么是合适的营养？在很大程度上，这一重大的问题围绕着应该母乳喂养，还是应该使用经过商业加工并添加维生素的奶粉展开，这也正是我们马上就要考虑的问题。

乳房还是奶瓶？ 50 多年前，如果一位母亲向儿科医生咨询母乳喂养好还是奶粉喂养好，她会得到简单明了的答案：奶粉喂养是首选方法。从 20 世纪 40 年代开始，儿童保育专家普遍认为母乳喂养已过时，这会将儿童置于不必要的危险之中。

过去的观点认为，奶粉喂养时，父母可以时刻注意婴儿的进食量，从而可以确保儿童摄取了足够的营养。相反，母乳喂养的母亲永远也不可能知道她们的孩子刚刚吃了多少。奶粉喂养还能够帮助母亲严格执行那个时代所推崇的每 4 个小时 1 瓶奶的计划。

然而，现在的母亲在同样的问题上将会得到截然不同的答案。儿童保育专家认为：对于头 12 个月内的婴儿，没有什么食物比母乳更好。母乳不仅包含成长所需的全部营养，似乎还在一定程度上提供了抵抗多种儿童期疾病（如呼吸道疾病、耳部感染、腹泻和过敏）的免疫力。母乳比牛奶以及其他配方奶更易吸收，它既无菌又温热，母亲喂起来也比较方便。甚至有证据表明母乳喂养可以促进认知发展，使得成年时智力更高（Duijts et al.，2010；Julvez et al.，2014；Rogers & Blissett，2017）。

母乳喂养也不是解决婴儿营养和健康的万灵药，许多用奶粉喂养的母亲——可能是因为没有奶水，也可能是因为社会因素，如工作安排——也不必担心自己的孩子遭受了不可弥补的影响。（实际上最近有研究发现，用高浓度配方奶喂养的婴儿在认知发展上好于使用传统配方奶喂养的婴儿。）但越来越清楚的是，那些倡导使用母乳喂养的口号就其目标来看是正确的："母乳喂养是最好的。"（Sloan，Stewart，& Dunne，2010；Ludlow et al.，2012；Luby et al.，2016）。

引入固体食物：什么时候吃，吃什么？ 虽然儿科医生赞同母乳是初期的理想食物，但是到了一定的年龄后，婴儿所需要的营养会超过母乳所能提供的。美国儿科学会和美国家庭医生学会建议，虽然婴儿直到 9 ～ 12 个月大时才需要进食固体食物，但实际上婴儿从第 6 个月开始就可以吃点固体食物了（American Academy of Pediatrics，2013）。

固体食物应该每餐加一点，逐渐引入到婴儿的膳食中，以便了解婴儿的口味和过敏情况。虽然每个婴儿食用不同食物的顺序截然不同，但通常是先食用谷类，紧接着是水果，然后是蔬菜和其他食物。

断奶（weaning）的时间，即逐渐停止母乳或奶粉喂养的时间，存在很大差异。在发达国家，如美国，一般早在 3 ～ 4 个月就断奶了。然而，有些母亲会继续母乳喂养直到两三岁，甚至更久。美国儿科学会建议婴儿在头 12 个月里应该接受母乳喂养，如果母亲和婴儿都希望继续母乳喂养，时间可以延长（American Academy of Pediatrics，2013；Lee，2017）。

感知觉的发展

心理学的奠基人之一，威廉·詹姆斯（William James）认为婴儿的世界是"极其混乱的"（James，

1890/1950）。果真如此吗？

在这个问题上，睿智的詹姆斯却错了。新生儿的感觉世界确实缺乏我们成年人所具备的区分事物的清晰度和准确性，但日复一日，随着对周围环境感知觉能力的不断发展，婴儿越来越能理解外部世界。实际上，婴儿在充满着愉悦感的环境中茁壮成长。

婴儿理解他们周围环境的过程就是感觉和知觉。**感觉**（sensation）是感觉器官接收到的物理刺激，**知觉**（perception）则是对来自感觉器官和大脑的刺激进行分类、解释、分析和整合的心理过程。

研究婴儿在感觉和知觉方面的能力对研究者的智力提出了挑战。我们即将看到，为了理解不同领域的感觉和知觉，研究者发展出了大量的范式。

体验世界：婴幼儿的感觉能力

从 Lee 出生开始，每个见过他的人都感到他在有意地注视着他们。他的双眼似乎与客人的目光相遇了。他似乎在深深地、有意地盯着那些正在看他的人的面孔。

那么，Lee 的视觉究竟有多好呢？他又能从周围环境中看清楚什么呢？至少在很近的距离内，他可以看清很多东西。此外，视觉仅仅是 Lee 在出生几天后体验世界的其中一种感觉而已。就如我们将看到的，婴儿也拥有听觉、嗅觉、味觉，并对疼痛和触摸敏感。

视知觉。据估计，新生儿的视敏度大约是 20/200 ～ 20/600，这意味着婴儿在 20 英尺处所看到的物体清晰度，就像视力正常的成年人在 200 ～ 600 英尺处所看到的一样（Leat，Yadav，& Irving，2009）。

这些数据表明，婴儿的视力范围大约是成年人平均视力的 1/10 ～ 1/3。实际上，这相当不错，新生儿的视力和很多视力不太好的成年人不戴眼镜或隐形眼镜时的视敏度差不多。而且婴儿的视力会越来越好，到 6 个月时，婴儿的平均视力就已经达到了 20/20——也就说，达到了成人的视力水平了（Cavallini et al.，2002；Corrow et al.，2012；Braun & Kavšek，2018）。

深度知觉是非常有用的能力，可以帮助婴儿获得与高度有关的知识，从而避免掉下来。在发展心理学家埃莉诺·吉布森（Eleanor Gibson）和理查德·沃克（Richard Walk）在 1960 年进行的经典研究中，他们将婴儿放在厚厚的玻璃上，玻璃下方的其中一半铺上了

方格图案，让人觉得婴儿趴在非常稳当的地板上，但在玻璃板的中间，方格图案突然下降了几英尺，形成非常明显的"视崖"（visual cliff）。吉布森和沃克提出的问题是：当母亲呼唤婴儿时，婴儿是否愿意爬过悬崖（见图 3-9）。

婴儿的视力比成年人平均视力差 10 ～ 30 倍，新生儿的视力和很多视力不太好的成年人不戴眼镜或隐形眼镜时的视敏度差不多。

图 3-9 视崖

"视崖"实验考察的是婴儿的深度知觉。大部分 6 ～ 14 个月的婴儿在母亲的呼唤下不会爬过视崖，这显然是对存在几英尺落差的方格图案的反应。

结果非常明显：研究中大部分 6 ～ 14 个月的婴儿不会爬过视崖。显然，这个阶段的大部分婴儿都发展出了深度知觉的能力（Campos，Langer，& Krowitz，1970；Kretch & Adolph，2013；Adolph，Kretch，& LoBue，2014）。

出生伊始，婴儿就会表现出明显的视觉偏好。如果婴儿可以选择的话，他们肯定喜欢看能呈现出一定

模式的刺激，而不是更简单的刺激（见图 3-10）。我们又是如何得知的呢？发展心理学家罗伯特·范茨（Robert Fantz，1963）进行了一个经典的测验。他建了一个小隔间，婴儿可以躺在里面看上方成对出现的视觉刺激。范茨通过观察婴儿眼睛里面反射出的物体来判断他们正在看什么。

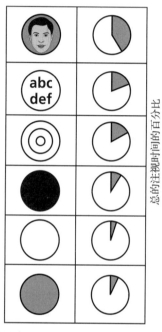

图 3-10　对复杂刺激的视觉偏好

在经典实验中，研究者罗伯特·范茨发现两三个月大的婴儿更喜欢看复杂的刺激，而不是简单的刺激。

资料来源：Based on Fantz, 1961.

范茨的工作推动了大量关于婴儿偏好的研究，并且其中大部分研究共同说明了一个关键的结论：婴儿天生偏好某些特定类型的刺激。比如，刚出生没有几分钟的婴儿就表现出对特定颜色、形状和结构的偏好，他们喜欢曲线胜过直线，喜欢三维的物体胜过二维的，喜欢人类的面孔胜过非人类的。这种能力可能反映了大脑中存在高度特异化的细胞，对特定的模式、朝向、形状和运动方向等方面进行反应（Hubel & Wiesel，2004；Gliga et al.，2009；Soska, Adolph, & Johnson，2010）。

然而，遗传并不是决定婴儿视觉偏好的唯一因素。仅仅在出生几个小时后，婴儿就已经学会了偏好自己母亲的面孔，而不是其他人的。同样，在 6～9 个月时，婴儿在区分人类的面孔上表现得更加成熟，而区分其他物种面孔的能力有所下降。同时，婴儿也能够

区分男性和女性的面孔。这些发现再一次为遗传和环境共同决定婴儿的能力提供了确凿的证据（Quinn et al.，2008；Otsuka et al.，2012；Bahrick et al.，2016）。

听知觉：声音的世界。母亲的催眠曲如何安慰哭闹的婴儿，如我们在开篇所讨论的 Jenna。关于婴儿听知觉能力的考察可以为我们提供一些线索。

婴儿从出生就可以听见声音——甚至更早，他们在胎儿期就可以听见声音了。早在子宫里，胎儿对母亲体外的声音就有反应。而且，婴儿天生就偏好某些特定的声音组合（Trehub，2003；Pundir et al.，2012；Missana, Altvater-Mackensen, & Grossmann，2017）。

因为婴儿在出生前就有听力方面的练习，在出生后他们具备良好的听知觉也就不足为奇了。实际上，婴儿对某些较高和较低频率的声音比成年人更敏感——这种能力似乎在 2 岁之前还会逐渐增强。相反，婴儿一开始对中等频率的声音不如成年人敏感，但最终他们在这方面的能力会有所提升（Frenald，2001；Lee & Kisilevsky，2014；Zhang et al.，2017）。

除了觉察声音的能力之外，婴儿还需要其他一些能力来有效地听到声音。比如，声音定位（sound location）让我们能够确定传出声音的方向。和成年人相比，婴儿在这方面稍微有些不足，因为有效的声音定位需要利用声音到达我们双耳时出现的细微时间差。先到达右耳的声音告诉我们声音来自我们的右边。婴儿的头部要比成年人的小，声音达到双耳的时间差也就比成年人的小一些，因此婴儿在判断声源的方向上存在困难（Winkler et al.，2016；Thomas et al.，2018）。

尽管由于头部较小而存在潜在的局限性，但婴儿在出生时就具备相当好的声音定位能力，并在 1 岁时就达到了成年人的水平。年幼的婴儿能够精细地区分声音，这正是他们将来理解语言所需的能力（van Heugten & Johnson，2010；Purdy et al.，2013；Slugocki & Trainor，2014）。

嗅觉和味觉。婴儿闻到臭鸡蛋味时会怎么做？很可能会和成年人一样——皱起鼻子，看起来很难受。相反，香蕉和奶油的香味会让婴儿产生愉快的反应（Pomares, Schirrer, & Abadie，2002；Godard et al.，2016）。

即使很小的婴儿，味觉也发展得相当不错，至少 12～18 天的婴儿仅凭气味就可以分辨出他们的母亲。比如，在一项研究中让婴儿去闻前一天晚上放到成年人腋窝里的薄纱布，母乳喂养的婴儿可以将母亲的气

味与其他成年人的区分开来。但是，并不是所有的婴儿都可以做到这一点：那些奶粉喂养的婴儿就无法做出这种区分。而且，无论是母乳喂养还是奶粉喂养的婴儿都不能根据气味区分出他们的父亲（Allam, Marlier, & Schaal, 2006；Lipsitt & Rovee-Collier, 2012）。

婴儿似乎天生就喜欢甜食（甚至在他们长牙之前），当他们尝到苦味时会表现出一副厌恶的表情。在非常年幼的婴儿舌头上放点甜味的液体，他们就会微笑。如果奶瓶里的味道是甜的话，他们会更加使劲地吮吸。因为母乳是甜的，这种偏好可能是我们演化遗留物的一部分，之所以保留下来是因为它有利于我们的生存（Blass & Camp, 2015）。

到 4 个月时，婴儿就可以将自己的名字与其他相似的声音与单词区分开来了。婴儿使用了什么方式来区分自己的名字和其他单词？

婴儿的嗅觉器官发展得很好，可以仅仅根据气味来分辨他们的母亲。

对疼痛的敏感性。婴儿出生时就具备体验疼痛的能力。显然，没人可以肯定儿童所体验的疼痛和成年人一样，正如我们也不能说某个成年朋友正在经历的头痛和自己的头痛相比孰轻孰重一样。

我们所知道的是疼痛会给婴儿带来压力。当他们受伤时，会心率加快，出汗，露出不舒服的表情，哭声的强度和声调也会发生改变（Kohut & Riddell, 2009；Rodkey & Riddell, 2013；Pölkki et al., 2015）。

对疼痛的反应存在一个发展过程。比如，在进行足跟血筛查时，新生儿要在数秒之后才会有反应。相反，仅仅在几个月之后，同样的程序会立刻引起反应。新生儿反应的延迟可能是因为他们神经系统的发展还不够完善，所以信息传递得比较慢（Puchalsi & Hummel, 2002）。

对触摸的反应。触觉是新生儿高度发展的感觉系统之一，也是最早发展的系统之一。有证据表明在怀孕 32 周后，胎儿的整个身体对触摸就已经非常敏感了。此外，婴儿在出生时就具有的一些基本反射也需要他们对触摸很敏感，比如说定向反射：婴儿必须能够感知嘴部周围的触觉，才会自动地寻找乳头吃奶（Field, 2014）。

婴儿在触觉方面所具备的能力对他们探索世界特别有帮助。有些理论学家认为，婴儿获得关于这个世界信息的方式之一就是触摸。如前所述，婴儿在 6 个月时会把任何东西都放到嘴里，通过嘴对物体的触觉反应来获得有关其结构的信息（Ruff, 1989）。

触觉对有机体未来的发展也起着重要作用，因为它能引发复杂的化学反应以帮助婴儿生存。比如，轻轻地按摩能刺激婴儿的大脑产生某种特定的化学物质，对生长发育有积极作用（Gordon et al., 2013；Ludwig & Field, 2014；Guzzetta & Cion, 2016）。

触觉是新生儿发展最好的感觉系统之一。

多通道知觉：整合单通道的感觉输入

在 Eric 7 个月大时，他的祖父母给他看一个吱吱响的橡皮玩具。他一看到就伸手去够它，抓在手里，玩具吱吱响时会仔细地听着。他似乎对这个礼物相当满意。

分析 Eric 对这个玩具感觉反应的方式之一，是单独聚焦每种感觉：在 Eric 看来玩具像什么，拿在手里是什么感觉，它的声音听起来是什么样。实际上，这种方法主导着人们对婴儿感知觉的研究。

但让我们再看看其他的方法：我们也许可以考察不同的感觉反应是如何与其他反应整合的。我们也许可以考虑一下这些反应是如何协同作用并导致 Eric 的最终反应，而不是独立地考察各种感觉反应。**多通道知觉理论**（multimodal approach to perception）考察各个单独的感觉系统所接收的信息是如何整合并协调起来的（Farzin, Charles, & Rivera, 2009）。

从一个健康护理工作者的视角看问题

出生时不能利用某种感官的个体往往在其他一种或几种感官上具有超乎寻常的能力。那么对于在特定感官上存在缺陷的婴儿，专业的健康护理工作者可以做些什么呢？

虽然在关于婴儿如何理解他们的感觉世界的研究中，多通道知觉理论是相对较新的方法，但它却引起了关于感觉和知觉发展的一些基本争论。比如，有些研究者认为婴儿的感觉从一开始就是彼此整合在一起的，而另外一些研究者则坚持婴儿的感觉系统最初是分离的，而后随着大脑的发展逐渐整合（Lickliter & Bahrick, 2000；Lewkowicz, 2002；Flom & Bahrick, 2007）。

目前我们还不知道哪种观点正确。但婴儿在很早就能够将通过某个感觉通道获得的关于物体的信息与另外一个通道获得的关于它的信息联系起来。比如，1个月大的婴儿就能够通过视觉认出他们之前含在嘴里却从没见过的物体（Meltzoff, 1981；Steri & Spelke, 1988）。毫无疑问，在出生1个月后，不同感觉通道之间的交流就已成为可能。

婴儿在多通道知觉方面具备的能力显示出其复杂的知觉能力，在婴幼儿期该能力一直在发展。这类知觉能力的发展得益于婴儿对功能性**情境支持**（affordances）的发现，即特定情境或刺激可以提供的选项。比如，婴儿学习到走下陡坡时可能会摔倒，即斜坡提供（afford）了人摔倒的可能性。这些知识在婴儿从爬到走的转变中至关重要；同样，婴儿学到某些形状的物体如果没有被正确地握住，就会从手中滑落下去。比如，Eric 正在学习他的玩具所具有的多种情境支持的功能：可以抓住它，压它，听它吱吱响，如果他正在长牙的话还可以舒服地咬它（Huang, 2012；Walker-Andrews et al., 2013；Oudeyer & Smith, 2016；也见"生活中的发展"专栏）。

生活中的发展

锻炼婴幼儿的身体和感知觉

回忆一下，文化预期和环境会对许多婴儿生理发展的里程碑（如婴儿迈出的第一步）产生影响。尽管大多数专家认为加速生理和感知觉发展确实对婴儿的益处很小，但父母需要保证婴儿受到了充足的生理和感觉刺激。以下是几种达到这一目的的方法：

- 让婴儿待在不同的位置——后置婴儿背带、前置婴儿背带或横抱着婴儿，用橄榄球式抱法让手掌托住婴儿的头，并让他的脚靠在你的手臂，这可以让婴儿从不同的视角观察这个世界。
- 让婴儿探索其所处的环境。不要让婴儿在一个贫乏的环境中待过长的时间。让婴儿四处爬行或走动——在此之前先除去环境中可能的"危险"物品，创造对婴儿安全的环境。

- 和孩子"追逐打闹"。争夺、跳舞、在地上打滚（只要不暴力）都是有趣的活动，并且可以刺激稍大婴儿的运动和感觉系统。
- 让婴儿触摸食物，甚至玩食物。在婴儿期教他们学习餐桌礼仪为时过早。

- 提供可以刺激感官的玩具，尤其是那些一次性可以刺激多种感官的玩具。比如，鲜艳的、有质地的、可拆卸的玩具会十分有趣，并且可以使婴儿的感觉变得敏锐。

回顾、检测和应用

回顾

1. 描述人体在生命的头两年是如何发展的，包括控制其生长的四个原则。

   人类婴儿在身高和体重上都会快速发展，特别是生命的头两年。控制生长的主要原则有头尾原则、近远原则、等级整合原则和系统独立原则。

2. 描述神经系统和大脑在生命的头两年中如何发展，并解释环境如何影响这些发展。

   神经系统包含了大量的神经元，远远超过了成人所需要的数量。那些未被使用的、"多余"的连接和神经元就会随着婴儿的发展而消失。大脑发展在很大程度上由遗传预先决定，但是同时也拥有很强的可塑性：对环境因素的易感性。很多发展都发生在敏感期，此时有机体对环境的影响特别敏感。

3. 解释控制婴儿行为的身体节律和状态。

   婴儿的主要任务之一就是节律的发展——节律是指整合个体行为的周期性的模式。一个重要的节律是婴儿的状态，即婴儿对刺激所表现出来的觉知程度。

4. 解释婴儿天生具有的反射是如何保护他们并帮助他们适应环境的。

   反射是当出现某类刺激时无须学习、自动化的反应，它们帮助婴儿生存和保护自己。部分反射还是未来有意识行为的基础。

5. 识别婴儿粗大运动技能和精细运动技能的发展里程碑。

   粗大运动技能和精细运动技能的发展在正常儿童中遵循一个大致一致的时间表，同时也存在一定的个体差异和文化差异。在生命的第一年，粗大运动技能的进步让儿童能够翻身、在没有支撑物的情况下坐起、扶着支撑物站立，最后独自站立。儿童在8个月大时可以用大拇指和其他手指抓握，在11个月时能够恰当地握住蜡笔，接着在2岁时可以在纸上模仿画画。

6. 概述营养在婴儿生理发展中的作用，包括母乳喂养的益处。

   充足的营养对生理发展是必要的。营养不良会影响生理发展，并且可能会影响智力和学业表现。母乳喂养显著优于奶粉喂养，这体现在母乳营养的全面性，它可以为抵抗特定的儿童期疾病提供一定免疫力。另外，母乳喂养为儿童和母亲提供了巨大的生理和情绪益处。

7. 描述婴儿的感觉能力。

   在非常早的时候，婴儿就具有深度和运动知觉，能够区分颜色和图案，表现出明显的视觉偏好，并进行定位和分辨声音，还能够识别他们母亲的声音和味道。婴儿对疼痛和触摸非常敏感，而触觉在婴儿未来的发展中至关重要。

8. 概述多通道知觉的观点。

   多通道知觉的观点考察各个单独的感觉系统所接收的信息是如何整合并协调起来的。

自我检测

1. 在生命头两年中，让已经确立的神经元之间建立更强的网络并减少多余神经元的过程是_____。
   - a. 等级整合
   - b. 独立可塑性
   - c. 头尾修改
   - d. 突触修剪

2. 作为重复的、周期性的行为模式，通过_____的发展，能够将行为有效整合。
   - a. 状态
   - b. 节律
   - c. REM 睡眠
   - d. 反射

3. 下列哪项不是由婴儿期的营养不良带来的严重后果？
   - a. 营养不良的儿童在青少年期更容易肥胖并患有糖尿病
   - b. 到 6 个月时，营养不良的儿童生长得比较慢
   - c. 营养不良的儿童在之后的智力测验中得分更低
   - d. 到 2 岁时，营养不良的儿童更矮、体重更轻

4. _____是对感觉器官的物理刺激。
   - a. 知觉
   - b. 哭
   - c. 爬行
   - d. 感觉

应用于毕生发展

   如果你要为一个小婴儿选玩具做礼物，你会考察这个玩具的哪些特点，让它对孩子尽可能有吸引力？

3.2 婴幼儿期的认知发展

让事情发生

九个月大的 Raisa 刚会爬。"我需要让每一件东西都对婴儿安全。"她的妈妈 Bela 说道。Raisa 在探索客厅时最先发现的东西之一就是 CD 播放器。一开始，她会随机乱按各种按钮，但是仅仅一周后，她就知道了红色按钮可以让播放器运作。"她总是很爱音乐。"Bela 说，"当她可以按照自己的想法让音乐随时播放起来时，她表现得很兴奋。Raisa 现在满屋子爬，寻找按钮。当她爬到洗碗机或者 DVD 播放器时，她会因为还够不到按钮而哭泣。当她学会走路时，我应该会忙得不可开交。"

然后，我们将涉及更多有关认知发展的当代观点，考察致力于解释认知发展是如何发生的信息加工观点。我们还会探讨婴儿的记忆以及智力中存在的个体差异。

婴儿对这个世界了解多少？他们是如何开始理解这一切的？智力刺激会加速婴儿的认知发展吗？在本节中，我们将会在考察婴儿出生后头几年的认知发展的同时回答以上问题，并重点关注婴儿如何发展知识以及对世界的理解能力。首先，我们将讨论瑞士心理学家皮亚杰的工作，他关于发展阶段的理论对大量有关认知发展的研究起到了巨大的推动作用。

最后，我们将考察能让婴儿和他人进行沟通的认知技能——语言。我们将探讨前语言中语言的根源，追溯语言技能发展的里程碑，即从说第一个字到短语再到句子的过程。

皮亚杰的认知发展观

Olivia 的爸爸正在清理她高脚椅下面一堆乱七八糟的东西——这已经是今天的第 3 次了！在他看来，14 个月大的 Olivia 似乎非常享受从高脚椅上往下扔食物。她还会扔玩具、勺子，乃至任何东西——她只是想看看这些东西掉到地面会怎么样。她很像在做实验，看看所丢的不同东西会制造什么样的噪声，或飞溅成什么样子。

瑞士心理学家让·皮亚杰（Jean Piaget，1896—1980）可能会说，Olivia 的父亲推论 14 个月大的 Olivia 正在进行一系列自己的实验来学习更多关于世界运作的知识，这样的推论是正确的。皮亚杰关于婴儿学习方式的观点可以概括为一个简单的公式：动作 = 知识。

皮亚杰认为婴儿并不是从别人传达的事实中获得知识，也不是通过感知觉。他们是通过直接的运动行为而获得知识的。尽管皮亚杰很多基本的解释和假设都已经受到了后续研究的挑战——这点我们随后将会讨论，但婴儿学习的重要途径是通过"做"来实现的观点从未曾受到过质疑（Piaget，1962，1983；

Zuccarini et al.，2016）。

皮亚杰理论的核心要素

正如我们在第 1 章中所提到的，皮亚杰的理论基于发展阶段论的观点。他假设所有的儿童从出生到青少年期都按照固定的顺序通过了普遍的四个阶段：感觉运动、前运算、具体运算和形式运算阶段。他还认为只有当生理发展到相应的水平，并接触了相关经验，儿童才能从一个阶段进入到下个阶段。缺乏相应的经验，儿童就无法发挥认知上的潜能。有些认知观点强调儿童关于世界知识的内容（content）转变，但是皮亚杰认为，从一个阶段进入到另外一个阶段时，考虑儿童知识和理解上质（quality）的转变也相当重要。

举个例子，随着认知的发展，婴儿对世界上什么能发生、什么不能发生的理解出现了变化。让婴儿参与一个实验，在实验中巧妙地摆放一些镜子，让他们能够同时看见 3 个一样的母亲，3 个月大的婴儿会和镜子里的每个母亲都非常高兴地进行互动。然而，5 个月大的婴儿看见几个母亲时则会感到极其不安。显然，到了这个年龄，儿童已经明白他们只有 1 个母亲，同时看见 3 个母亲是件多么可怕的事情（Bower，1977）。皮亚杰认为，这样的反应表明婴儿开始掌握和世界运作方式有关的原则，这反映他们已经构建了关于这个世界的心理意识——在 2 个月之前他们还不具备这种理解。

瑞士心理学家皮亚杰

皮亚杰把我们理解世界的基本构建单元称为**图式**（schema），这一心理结构由功能化的模式组成，并随着心理的发展而进行修正与改变。最开始图式与身体、感觉运动、活动有关，如捡起玩具或伸手拿玩具。随着儿童的发展，图式发展到反省思维这一心理水平。图式好比计算机的软件：引导并决定如何思考与处理来自外部世界的信息，如新的事件和物体（Rakison & Oakes，2003；Rakison & Krogh，2012；Di Paolo，Buhrmann，& Barandiaran，2017）。

比如，如果你给婴儿买了一本精装书，他可能会摸它，咬它，还可能会试图撕破它，或者把它重重地摔在地板上。皮亚杰认为，每个活动都代表了一种图式，也是婴儿获得知识并认识新物体的方式。

皮亚杰认为，儿童图式发展遵循着两个原则：同化和顺应。**同化**（assimilation）是指人们以其当前的认知发展阶段和思维方式理解经验的过程。当个体根据现有的思维方式来对待、感知和理解刺激与事件时，同化就发生了。比如，试图以相同的方式来吮吸任何玩具的婴儿正是将物体同化到他现存的吮吸图式中去。同样，儿童在动物园里看见一只跳跃的松鼠，把它叫作"小鸟"，也是将松鼠同化到他现存的鸟的图式中去。

相反，当我们遇到新的刺激或事件时，我们改变现有的思维、理解和行为方式来进行反应，**顺应**（accommodation）就发生了。比如，当儿童看见一只跳跃的松鼠，称它为"长了尾巴的小鸟"，这意味着他正在开始顺应新知识，修正他关于小鸟的图式。

皮亚杰认为，最早的图式主要局限于我们出生时就具有的反射，如吮吸和定向反射。在对环境探索的过程中，婴儿几乎是立即通过同化和顺应过程来修正这些早期的简单图式。随着运动能力的提高，图式很快就变得越来越复杂——而对皮亚杰来说，这是更加高级的认知功能发展的潜在信号。皮亚杰的感觉运动阶段是出生后就开始，并一直持续到 2 岁左右，我们将在这里详细阐述。

皮亚杰认为**感觉运动阶段**（sensorimotor stage）作为认知发展最初的主要阶段，可以划分为六个亚阶段（见表 3-5）。尽管感觉运动阶段中特定亚阶段的发展好像是有规律地展开的，似乎儿童到了某个年龄阶段就自然而然地进入下个亚阶段，但认知发展的实际情况却并非如此。首先，不同儿童真正进入特定阶段的年龄存在很大的差异。而且，进入某个阶段的确切年龄反映了婴儿身体成熟水平和所处社会环境特征之间的相互作用。因此，尽管皮亚杰认为进入特定阶段的顺序在所有儿童中都相同，但他也承认进入某阶段的年龄确实存在着一定的变异性。

和不同阶段的定义反映出的含义不同，皮亚杰更倾向于把发展看作渐进的过程。婴儿不会前天晚上睡觉时还在这个亚阶段，第二天早晨醒来就到了下个亚阶段。相反，婴儿向下一个认知发展阶段过渡时存在相当稳定的行为变化。婴儿会经历过渡期，在这个阶段行为的某些方面反映了下一个较高阶段的特点，而其他方面仍然显示出当前阶段的特征（见图 3-11）。

亚阶段 1：简单反射。感觉运动阶段的第一个亚阶段是简单反射，包括了出生后的第 1 个月。在这一时期，3.1 描述的出生后的各种反射是儿童生理和认知活动的核心，这决定了他与世界交互作用的本质。与此同时，一些反射开始根据婴儿对外部世界的经验进行调节。比如，以母乳喂养为主奶粉喂养为辅的婴儿可能会根据是乳房还是奶瓶来改变吮吸的方式。

亚阶段 2：最初的习惯和初级循环反应。最初的习惯和初级循环反应，是感觉运动阶段的第二个亚阶段，发生在 1～4 个月。在这个阶段，婴儿开始将个体的行为协调为单一、整合的活动。比如，婴儿可能

表 3-5　皮亚杰感觉运动阶段的六个亚阶段

亚阶段	年龄	描述	例子
亚阶段 1：简单反射	出生后的第 1 个月	在这个阶段，决定婴儿与世界交互作用的各种反射是他们认知生活的中心	吮吸反射让婴儿吮吸放在嘴唇上的任何东西
亚阶段 2：最初的习惯和初级循环反应	1～4 个月	在这个阶段，婴儿开始将个体的行为协调为单一、整合的活动	婴儿可能会将抓一个物体和吮吸结合起来，或者边看边摸某件东西
亚阶段 3：次级循环反应	4～8 个月	在这个阶段，婴儿主要的进步在于，将他们的认知区域扩展到自己以外的世界，并且开始对外面的世界产生作用	一名婴儿在婴儿床上反复地拨弄着拨浪鼓，并且以不同的方式摇晃它，从而来观察声音如何变化。这名婴儿就表现出修正有关拨浪鼓的认知图式的能力
亚阶段 4：次级循环反应的协调	8～12 个月	在这个阶段，婴儿开始使用更具计划性的方式来引发事件，将几个图式协调起来形成单一的行为，他们在该阶段理解了客体永存	婴儿会推开挡在路中间的玩具，伸手够它下面只露出一部分的另一个玩具
亚阶段 5：三级循环反应	12～18 个月	在这个阶段，婴儿发展出皮亚杰所说的"有目的的行为改变"，这样的行为将带来想要的结果。婴儿像是在进行小实验一样来观察结果，而不再是仅仅重复喜欢的活动	儿童不断地改变扔玩具的地点，每次都仔细地观察它掉在什么地方
亚阶段 6：思维的开始	18 个月到 2 岁	第 6 个亚阶段的主要成就在于心理表征能力或象征性思维能力的获得。皮亚杰认为只有在这个阶段，婴儿才能想象出看不见的物体的可能位置	儿童甚至能够在头脑中勾画出看不见的物体的运动轨迹，因此如果一个球滚到了家具的下面，他们能判断出球会在另一面出现的可能位置

会将抓一个物体和吮吸结合起来，或者边看边摸某件东西。

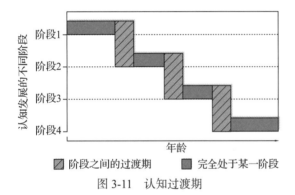

图 3-11　认知过渡期

婴儿不是突然从一个认知发展阶段转到下一个阶段。相反，皮亚杰认为这中间存在一个过渡期。在过渡期间，某些行为反映了某个阶段而其他行为则反映了更高的阶段。这种渐进主义是否与皮亚杰对阶段的解释相对立？

如果某项活动可以引起婴儿的兴趣，他可能会不断地重复，只是为了继续体验一下。对随机运动事件的重复，可以帮助婴儿通过循环反应的过程来构建认知图式。初级循环反应（primary circular reaction）是反映婴儿不断重复感兴趣或者喜欢做的活动的图式，他们不停地重复只是因为喜欢做这些活动，并主要集中在他们自己身上。

亚阶段 3：次级循环反应。次级循环反应更具有

目的性。根据皮亚杰的观点，婴儿认知发展的第三个阶段主要发生在 4～8 个月之间。在这一阶段，儿童开始关注外部世界。比如，如果婴儿在所处的环境中进行随机活动时碰巧发生了有趣的事情，现在他们就会试图去重复这些事情。一名婴儿在婴儿床上反复地拨弄拨浪鼓，以不同的方式摇晃来听听声音的改变，这表明他具备了修正有关拨浪鼓的认知图式的能力。他正处于皮亚杰所说的次级循环反应阶段，它是对于带来期待结果的行为进行重复的图式。

亚阶段 4：次级循环反应的协调。一些主要的飞跃发生在次级循环反应的协调阶段，大约从第 8 个月持续到第 12 个月。在亚阶段 4 中，婴儿开始使用目标导向的行为（goal-directed behavior），将几个图式组合并协调起来，从而产生解决问题的单一行为。比如，婴儿会推开挡在路中间的玩具，伸手够它下面只露出一部分的另一个玩具。

婴儿新获得的目的性、为了达成特定目的而使用某些方法的能力以及对未来环境预期的能力，可以部分归功于他们在亚阶段 4 出现的客体永存这一发展成就。**客体永存**（object permanence）是指即使看不到人和物体了，也能够意识到他们的存在。这是一个简单的原则，但掌握这一原则却有着深远的影响。

想象一下，假如 7 个月大的 Chu 还没有形成客

体永存的概念。母亲在他面前摇了摇拨浪鼓，然后把拨浪鼓放到毯子下面。由于 Chu 还没有掌握客体永存的原则，对他来说拨浪鼓就不存在了，也就不会费力去找。

几个月以后，当 Chu 到达亚阶段 4 时，情况就完全不同了（见图 3-12）。这一次，一旦母亲把拨浪鼓放在毯子下，Chu 就立刻试图去把毯子掀开，急着去找拨浪鼓。显然，Chu 已经知道即使看不到客体，但它依然存在。对于获得了客体永存概念的婴儿而言，不在视线里并不意味着不在思维里。

理解客体永存之前

理解客体永存之后

图 3-12 客体永存

在婴儿理解客体永存之前，不会去搜索刚刚在他们眼前被藏起来的物体。但几个月之后，他们就会去寻找了，这表明他们已经理解了客体永存的概念。为什么客体永存的概念如此重要？

客体永存的获得不仅涉及无生命的物体，还会延伸到人。即使父母离开了房间，但是他们依然存在，这让 Chu 有了安全感。

亚阶段 5：三级循环反应。三级循环反应大约会在第 12 个月时出现，并一直持续到第 18 个月。顾名思义，在这一阶段婴儿发展出这样一些反应，这些反应是关于有意的行为变化导致期望结果的图式。和次级循环反应有所不同，婴儿不仅仅重复所喜欢的活动，他们看起来更像是在通过小型实验来观察后果。

比如，皮亚杰观察到他的儿子 Laurent 反复地将玩具小天鹅扔到地上，并不断地改变扔的地点，每次都仔细地观察它掉在什么地方。Laurent 并不是每次都简单地重复某一动作，他会通过改变情境来学习随后出现的结果。正如你可能会回想到的，我们在第 1 章中所讨论的研究方法，这种行为代表了科学方法的实质：实验者在实验室中改变某一情境，从而了解该变化所带来的影响。对于处于亚阶段 5 的婴儿来说，这个世界就是他们的实验室，日复一日，他们悠闲地实施着一个又一个小实验。

亚阶段 6：思维的开始。感觉运动阶段的最后一个亚阶段是思维的开始，从第 18 个月持续到 2 岁。亚阶段 6 的主要成就是心理表征（mental representation）能力或象征性思维能力的获得。心理表征是指对过去事件或客体的内部意象。皮亚杰认为到了这个阶段，婴儿就可以想象看不见的物体的可能位置。他们甚至能够在头脑中勾画出看不见的物体的运动轨迹，因此如果一个小球滚到了家具的下面，他们能判断出球会在另一面出现的可能位置。

从一个照料者的视角看问题

皮亚杰对儿童理解世界的观察能为抚养儿童提供哪些建议？对成长在非西方文化中的儿童，你也能使用同样的方法吗？

评价皮亚杰：支持与挑战

很多发展心理学研究者可能会赞同皮亚杰，他以很多具有重要意义的方式将婴儿的认知发展过程描绘得如此清楚。然而，对于理论的有效性和其中很多特定的假设，也存在着大量分歧（Müller, Ten Eycke, & Baker, 2015；Barrouillet, 2015；Bjorklund, 2018）。

让我们从皮亚杰理论中明显正确的地方展开。皮亚杰是儿童行为的娴熟报告者，他对婴儿期成长的描述仍然是他细致观察力的纪念碑。另外，已发表的数千项研究也支持了他的观点，即儿童通过作用于所在环境中的客体来学习和世界有关的知识。最后，皮亚杰对认知发展顺序以及婴儿期逐渐获得的认知成就的整体概述，总的来说是正确的（Müller et al., 2013；Müller, Ten Eycke, & Baker, 2015；Fowler, 2017）。

皮亚杰的理论认为，当一名儿童按下电脑键盘并看到屏幕上的画面发生了改变，这代表了他们对因果关系的理解图式正在发展。

然而，自从皮亚杰开展其具有创造性的工作数十年以来，其理论的某些方面也受到了越来越多的检验和批评。比如，有些研究者质疑构成皮亚杰理论基础的有关发展阶段的概念。如前所述，尽管皮亚杰认为儿童在不同阶段间的过渡是渐进的，但批评者认为发展以更加连续的方式向前推进。进步不是在某个阶段的末尾和下个阶段的开始表现出能力的飞跃，而是以更加连续的方式不断地积累，一种能力接着另一种能力一步步地发展而来。

比如，发展心理学研究者罗伯特·西格勒（Robert Siegler）表明，认知发展并不是以阶段方式推进的，而是以"波浪"的形式进行的。根据西格勒的观点，儿童不可能一天就抛弃一种思维方式，转而用一种新的思考形式取而代之。相反，儿童用来理解世界的认知方法是此消彼长的起伏过程（Siegler，2012；Siegler & Lortie-Forgues，2014；Siegler，2016；Lemaire，2018）。

还有一些批评者反驳了皮亚杰有关认知发展是基于动作活动的观点。他们批评皮亚杰忽视了感觉和知觉系统的重要性，这些是婴儿在非常小的时候就已经具备了的。皮亚杰对这些系统知之甚少。

为了支持自己的看法，皮亚杰的批评者们还指出，最近的研究质疑了皮亚杰有关婴儿1岁时才能够掌握客体永存概念的观点。比如，有些研究认为年龄太小的婴儿没有表现出客体永存的能力，是因为用来测验该能力的技术不够敏感，探测不出他们的真实能力（Bremner,

Slater, & Johnson，2015；Baillargeon & Dejong，2017）。

4个月大的婴儿不去寻找藏在毯子下的拨浪鼓，可能是因为她还没有学会搜寻所需的运动技能，而不是因为她不能理解拨浪鼓还存在。同样，年幼婴儿不能表现出客体永存的能力，还可能反映的是他们记忆能力的不足，而不是缺乏对概念的理解：年幼婴儿的记忆力太差，他们甚至记不起才玩过的玩具隐藏的位置了。事实上，当研究者使用更适合该年龄段的任务时，3.5个月大的婴儿就表现出了客体永存的能力（Scott & Baillargeon，2013；Baillargeon et al.，2015；Sim & Zu，2017）。

对于非西方文化中婴儿的研究发现，皮亚杰的阶段可能并不是普遍的，在某种程度上是存在文化差异的。

而且，皮亚杰的研究似乎更符合西方发达国家儿童的情况，而不是非西方文化下的儿童。比如，一些证据表明，非西方文化下生长的儿童，其认知能力出现的时间与生活在欧洲和美国的儿童不同。举个例子，生活在非洲科特迪瓦的婴儿比法国婴儿更早地进入感觉运动阶段的各个亚阶段（Dasen et al.，1978；Mistry & Saraswathi，2003；Tamis-LeMonda et al.，2012）。

然而，即使是皮亚杰最尖锐的批评者也承认，皮亚杰为我们提供了婴儿期认知发展主要框架的权威描述。皮亚杰的不足之处在于低估了年幼婴儿的能力以及主张感觉运动技能以一致的、固定的模式发展。不过，他的影响巨大。尽管很多当代发展心理学研究者已经把焦点转移到了接下来我们即将讨论的较新的信息加工观点，但是皮亚杰在发展心理学领域仍然是杰出和富有开创性的人物（Kail，2004；Maynard，2008；Fowler，2017）。

认知发展的信息加工观点

Amber 才 3 个月大。当她的哥哥 Marcus 站在婴儿床边，拿起布娃娃，吹起口哨时，她突然笑了。实际上，对于 Marcus 努力地逗她笑，她从来也不会感到厌倦，只要 Marcus 一露面，只是拿起布娃娃，她就开始咧嘴笑。

显然，Amber 记得 Marcus 和他制造幽默的方式。但 Amber 是如何记得他的，她还记得多少其他的事情？

为了回答这个问题，我们需要从皮亚杰为我们铺设的道路上脱离出来。我们必须考虑每个婴儿获得和使用周围信息的特定加工过程，而不是像皮亚杰那样，致力于去确认所有婴儿在认知发展上都要经历的那些普遍的里程碑。现在我们需要做的是，将关注的焦点从婴儿心理生活的质变上转移出来，更多地集中在婴儿能力的量变上。

认知发展的 **信息加工观点**（information processing approach）旨在确认个体获取、使用和储存信息的方式。根据该理论，婴儿组织和操作信息的能力上的量变是认知发展的标志。

从这个观点出发，认知发展的特征表现为信息加工上与日俱增的复杂度、速度和能力。在前面，我们把皮亚杰图式的概念比作电脑的软件，引导计算机处理来自外部世界的信息；我们也可以将有关认知发展的信息加工观点与使用更加有效的程序所带来的进步进行比较，这些程序提供了信息加工过程中的速度和复杂性。信息加工观点强调当人们试图解决问题时所使用的不同类型的"心理程序"（Hugdahl & Westerhausen，2010；Fagan & Ployhart，2015）。

信息加工的基础：编码、存储和提取

信息加工包括三大基本方面：编码、存储和提取（见图 3-13）。编码（encoding）是指最初将信息以可以用于记忆的形式记录下来的过程。婴儿和儿童（实际上是所有人）都暴露在大量的信息中。如果我们试图加工所有的信息，那么我们将不堪重负。因而我们会有选择地进行编码，选择我们将会关注的信息。

即使一个人最初接触了这些信息，并以恰当的方式进行了编码，但仍然不能保证他将来可以使用这些信息。信息必须以恰当的方式储存在我们的记忆中。存储（storage）是指将材料放置于记忆中。最后，将来成功地使用材料还依赖于提取过程。提取（retrieval）是指对存储在记忆中的材料进行定位，将其带入意识中并使用的过程。

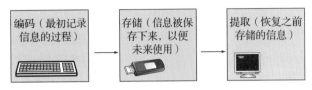

图 3-13　信息加工

信息编码、存储和提取的过程。

在此，我们能够再一次与计算机进行对比。信息加工观点认为编码、存储和提取的过程就好比计算机的不同部分。编码好比计算机的键盘，通过它可以输入信息；存储好比计算机的硬盘，信息储存在这里；提取好比计算机的软件，访问信息并呈现在屏幕上。当且仅当编码、存储和提取这三个过程都在运行时，才能够加工信息。

自动化（automatization）。在某些情况下，编码、存储和提取是相对自动化的，而在其他一些情况下，则是有意进行的。自动化是指某项活动需要注意的程度。相对来说，只需要较少注意的过程就是自动化的；而需要较多注意的过程是控制性的。比如有些过程，像走路、用叉子吃东西甚至阅读，对你来说都可能是自动化的，但最初你需要全神贯注才能完成它们。

在儿童最初面对世界的时候，自动化的心理过程有助于他们更容易、更自动地以特定的方式对信息进行加工。例如，在儿童 5 岁时，他们就可以根据频率来自动地编码信息。他们不必投入大量的注意力进行计算，就可以意识到遇到不同个体的频率，从而让儿童可以区分熟人和陌生人（Homae et al.，2012；Seyfarth & Cheney，2013）。

我们自动学会的有些事情出人意料的复杂。例如，婴儿具有学习精细的统计模式和关系的能力。婴儿具有基本数学能力的观点得到了一些动物研究的支持，这些动物天生就有某些基本的对数字的敏感性。即使是刚孵化的小鸡都有一定的数数能力。人类的婴儿也用不了多久就可以理解一些基本的物理定律，如运动轨迹和重力（Gopnik，2010；van Marle & Wynn，2011；Hespos & van Marle，2012；Christodoulou，Lac，& Moore，2017）。

越来越多的研究表明，婴儿天生就掌握了一些基本

的数学功能和统计模式。这种先天的优势可能是形成日后学习复杂的数学和统计关系的基础（McCrink & Wynn，2009；Posid & Cordes，2015；Edwards et al.，2015）。

婴幼儿期的记忆能力

Arif 出生在波黑战争期间。他生命的头 2 年都与母亲躲在地下室中。他唯一见过的光亮来自煤油灯，他唯一听过的声音是母亲小声唱摇篮曲和炮弹爆炸的声音。一些他从来没见过的人给他和母亲食物。地下室有个水龙头，但有时水太脏了喝不了。母亲曾一度挣扎在崩溃的边缘，只有想起来的时候才给他喂奶，但那时母亲既不说话，也不唱歌。

Arif 非常幸运。在他 2 岁时，他们全家移民到了美国。父亲找到了一份工作，全家租了一栋小房子。Arif 能够去上托儿所和幼儿园了。现在，他有了朋友、玩具、宠物狗和最爱的足球。"他不记得波黑了，"他母亲说，"就像从来没发生过一样。"

有多大可能性 Arif 真的不记得婴儿期的事情了？如果他曾经记起 2 岁以前的事情，记忆的准确性如何？为了回答这些问题，我们需要考虑婴幼儿期记忆的质量。当然，婴儿具有**记忆**（memory）的能力，这被定义为信息最初被记录、存储和提取的加工过程。正如我们所见，婴儿能够区分新旧刺激，这表明一定存在和旧刺激有关的记忆。除非婴儿对最初的刺激有一定的记忆，否则他们不可能意识到新刺激与之前的刺激有所不同。

然而，婴儿从旧刺激中识别新刺激的能力，对于我们了解年龄如何引起记忆力的改变以及记忆的本质帮助不大。婴儿的记忆能力是否随着年龄的增长而不断提高？答案十分肯定。在一项研究中，研究者教婴儿通过踢腿来移动婴儿床上面吊着的可移动物体。2 个月大的婴儿几天之后就忘记了他们接受的训练，而 6 个月大的婴儿在 3 周之后仍然记得（Rovee-Collier，1999；Haley et al.，2010）。

此外，之后受到提示的婴儿可以回忆出踢腿和可移动物体之间的联系，这表明记忆甚至可以保持更长的时间。仅仅接受了两场训练的婴儿（每场持续 9 分钟），在 1 周之后仍然记得，只要在婴儿床上有吊着可移动物体，他们就开始踢腿。但是 2 周之后，他们就不再努力去踢了，就好像他们已经完全忘记了这回事。

但他们并没忘记：因为当看到提示物，也就是一个正在运动的可移动物体时，他们的记忆似乎又被重新激活了。实际上，在提示之后，婴儿对联结的记忆能够再持续 1 个月。其他证据也证实了以上结果，即线索可以重新激活看起来似乎已经忘记了的记忆。对于年龄较大的婴儿来说，这种提示会更加有效（DeFrancisco & Rovee-Collier，2008；Brito & Barr，2014；Fisher-Thompson，2017）。

记忆的时长。尽管在毕生发展中，支持记忆保持和回忆的过程看起来是相似的，但是信息储存和回忆的质量随着婴儿的发展发生了令人瞩目的变化。年龄较大的婴儿能够更快速地提取信息，并且能够记更长时间。但究竟是多久？比如，在孩子长大之后，来自婴儿期的记忆还可以被回忆出来吗？

在记忆能够被提取出来的年龄上，不同研究者之间存在分歧。尽管早期的研究支持**婴儿遗忘症**（infantile amnesia）的观点，即个体缺少 3 岁以前所发生经历的记忆；但近期的研究表明，婴儿的确能够保持记忆。比如，让 6 个月大的婴儿经历了一系列不寻常的事情，如交替出现的明暗变化以及奇怪的声音。当这些孩子在 1 岁半或 2 岁半再被测验时，他们表现出还能回忆起这些经历。另一些研究表明，婴儿对只见过一次的行为或情境存在记忆（Callaghan, Li, & Richardson，2014；Madsen & Kim，2016；Bucci & Stanton，2017）。

至少从理论上来说，如果没有后续经验干扰儿童的回忆，完好无缺地保留很小时候的记忆是可能的。但在多数情况下，婴儿期有关个体经历的记忆不会持续到成年期。18 ~ 24 个月之前有关个体经历的记忆似乎很少准确（Howe，2003；Howe, Courage, & Edison，2004；Bauer，2007）。

记忆的认知神经科学。在记忆发展的研究中，其中一些最振奋人心的来自对记忆神经基础的研究。大脑扫描技术的发展以及对脑损伤成人的研究表明，在长时记忆中涉及两个独立的系统。这两个系统分别是**外显记忆**（explicit memory）和**内隐记忆**（implicit memory），它们分别存储着不同类型的信息。

外显记忆是有意识的记忆，能够被有意地回忆。当我们试图回忆姓名和电话号码时，就在使用外显记忆。与之相对的是内隐记忆，包括了我们不能进行有意回忆的信息，但会影响我们的表现和行为。内隐记忆包括运动技能、习惯以及无须认知意识就可以回忆的活动，如骑自行车或爬楼梯。

外显记忆和内隐记忆形成的速度不同，所涉及的脑区也不一样。最早的记忆可能是内隐的，与小脑和脑干有关。外显记忆的最初形式涉及海马，但是真正的外显记忆直到个体6个月以后才出现。当外显记忆确实显现时，它涉及越来越多的大脑皮质区域（Bauer，2007；Low & Perner，2012）。

智力的个体差异：这个婴儿比另一个聪明吗

Maddy不仅充满了好奇，而且精力充沛。6个月大时，如果伸手够不着玩具，她就会放声大哭。当她看到镜子中的自己时，就会咯咯大笑——总而言之，就好像她发现了非常有趣的情况。

Jared在6个月大时，比Maddy要拘谨得多。当球滚出了他可以够得着的范围时，他似乎也不太在意，很快就失去了对球的兴趣。与Maddy不同，当他看到镜子中的自己时，他几乎忽视了其中的影像。

正如任何一个曾经观察过不止一个婴儿的人所发现的，并不是所有的婴儿都一样。有些婴儿精力充沛、充满活力，似乎展示出了一种天生的好奇心，与之相对的，还有一些婴儿似乎对周围的世界缺乏兴趣。这是否意味着这些婴儿在智力上存在差异？

婴儿智力是很难定义和测量的。这个小朋友正在进行智力活动吗？

要想回答婴儿的潜在智力如何不同以及在何种程度上有所不同，并不是件容易的事情。尽管我们可以很明显地观察到，不同的婴儿在行为表现上存在显著的差异，但哪些行为和认知能力有关，这是个非常复杂的问题。有趣的是，对婴儿个体差异的考察采用的仍是发展心理学家最初用来理解个体认知发展的方法，并且这类问题仍然是该领域的研究焦点。

婴儿的智力是什么？发展心理学家设计出多种不同的方法（见表3-6），用来解释婴幼儿期智力上个体差异的本质。

表3-6 用于探查婴幼儿期智力差异的方法

发展商数	由阿诺德·格塞尔提出，它是一个总的发展得分，与四个领域的表现有关：运动技能（如平衡和坐的能力）、语言的使用、适应性行为（如警觉与探索）以及个人–社会行为方面
贝利婴儿发展量表	由南希·贝利开发，用来评估2～42个月婴儿的发展。贝利量表关注两方面：心理（感觉、知觉、记忆、学习、问题解决和语言）和运动能力（精细和粗大运动技能）
视觉再认记忆测量	对视觉再认记忆的测量，即对之前看见过的刺激进行回忆和再认，也与智商有关。如果婴儿能够更快地从记忆中提取和刺激有关的表征，那么他的信息加工效率可能就更高

发展量表。发展心理学家阿诺德·格塞尔（Arnold Gesell）制订了最早的婴幼儿发展量表，用于区分典型发展和非典型发展的婴儿（Gesell，1946）。格塞尔婴幼儿发展量表的开发基于对上百名婴儿的测试。他将不同年龄的婴儿进行比较，从而了解哪些行为在某个年龄阶段是最普遍的。如果一名婴儿和特定年龄阶段的常模存在显著差异，那么就认为他的发展是迟滞或超前的。

有些研究者致力于通过特定分数（称之为智商分数）来量化智力，在他们的影响下格塞尔发展出了**发展商数**（developmental quotient），即DQ。发展商数是一个总的发展得分，与四个领域的表现有关：运动技能（如平衡和坐的能力）、语言的使用、适应性行为（如警觉与探索）以及个人–社会方面（如自己吃饭和穿衣服）。

此后，研究者又发展出其他的发展量表。比如南希·贝利（Nancy Bayley）发展出了婴儿测量中应用最广泛的工具之一，即**贝利婴儿发展量表**（Bayley scales of infant development），用来评估2～42个月婴儿的发展。贝利量表关注两方面：心理和动作能力。心理量表强调感觉、知觉、记忆、学习、问题解决和语言；动作量表则评估精细和粗大运动技能（见表3-7）。和格塞尔的方法一样，贝利量表也发展出了发展商数，得分处于平均水平的儿童得分为100，

表 3-7 贝利婴儿发展量表的样题

年龄	2 个月	6 个月	12 个月	17～19 个月	23～25 个月	38～42 个月
心理量表	将头转向声源；对于面孔消失有可观察到的反应	通过手柄抓住杯子；注意到书里的插图	用两块积木搭成城堡；可以翻动书页	模仿用蜡笔击打；对照片中的物体进行命名	匹配图画；重复双字句	辨认出 4 种颜色；语言中使用过去时；区分性别
运动能力量表	可以稳定地竖直脑袋 15 秒；能够在协助下完成坐的动作	不用协助地坐 30 秒；手可以抓住脚	在抓住别人的手或扶着家具的情况下走路；用拳头握住铅笔	无须协助下用右脚站立；在协助下上楼梯	将三颗珠子串成一串；跳远达到 4 英寸	可以学着画一个圆；单脚跳两次；双脚交替着下楼梯

资料来源：Based on Bayley，1993.

也就是同年龄的其他儿童的平均表现（Bos，2013；Greene et al.，2013）。

格塞尔和贝利所使用方法的优势在于，它们对婴儿当前的发展水平提供了快速而简单的描述。通过使用这些量表，我们能够以客观的方式分辨出，某个婴儿和同年龄的其他个体相比，其发展是提前还是落后了。这在识别那些显著地落后于同年龄婴儿并需要立即给予特殊关注的婴儿时，特别有用（Aylward &

Verhulst，2000；Sonne，2012）。

这类量表对预测儿童未来的发展进程并不适用。某个儿童在 1 岁时使用这些量表被测出发展相对比较迟缓，但并不一定意味着在 5 岁、12 岁或 25 岁时也表现出发展迟缓。因此，大部分关于婴儿行为的测量与成人智力之间联系不大（Murray et al.，2007；Burakevych et al.，2017）。

从一个护理工作者的视角看问题

像格塞尔婴幼儿发展量表和贝利婴儿发展量表这类的婴儿发展量表，如何使用才会有帮助，如何使用会带来坏处？如果你正在给一名家长提供建议，那么怎样能将危害降到最小？

智力个体差异的信息加工观点。 当前关于婴儿智力的观点认为婴儿加工信息的速度与其之后的智力（如成年期的智商分数）存在较强的相关。

我们如何来分辨婴儿加工信息的快和慢呢？大多研究者使用了习惯化测验。能更有效地加工信息的婴儿应该能够更快地学习相关的刺激。因此，我们可以预期，与那些信息加工效率较低的个体相比，他们会更快地将注意力从给定刺激上移开，形成习惯化的现象。同样，对视觉再认记忆（visual-recognition memory）的测量，即对之前看见的刺激进行回忆和再认，也与智商有关。能够更快地从记忆中提取和刺激有关的表征的婴儿，他的信息加工效率可能就更高（Robinson & Pascalis，2005；Karmiloff-Smith et al.，2010；Trainor，2012）。

使用信息加工框架的研究清晰地表明了信息加工效率和认知能力之间的关系：婴儿对先前看过的刺激失去兴趣的速度以及对新刺激的反应，都与他们后来测得的智力呈中等程度相关。如果婴儿在出生后 6 个

月时是效率更高的信息加工者，那么他们在 2～12 岁时更可能获得较高的智商分数，而且在其他认知能力测验中得分也更高（Rose et al.，2009；Otsuka et al.，2014）。

尽管婴儿期的信息加工效率与后期的智商分数呈中等程度相关，但我们还是应该牢记两点。即使早期的信息加工能力和后来测得的智力相关，也仅仅是中等程度的相关。因此，我们不能想当然地认为智力从婴儿期起就已固定不变了（也见"从研究到实践"，获取促进婴儿认知发展的方式）。

评价信息加工观点。 关于婴儿期认知发展的信息加工视角不同于皮亚杰的观点。与皮亚杰强调婴儿能力质变的一般性解释不同，信息加工比较看重量变。皮亚杰认为认知发展是突然间的爆发，而信息加工则认为是以更加渐进、逐步的方式发展。（想想跨栏的田径运动员和稳定而缓慢的马拉松选手之间的差别。）

从研究到实践

为什么正式教育在婴幼儿中消失了

你可以让小宝宝变得更聪明吗？

显然，很多家长都想这样做，因为他们花了大量金钱来让婴儿暴露在他们认为会对其认知发展有用的教育玩具和媒体中。那些想要给他们的孩子一把助力来让他们学得更快的家长们发现，那些宣称可以帮助孩子学得更快的产品和服务似乎没有任何缺点。教育视频，比如《小小爱因斯坦》和《聪明的宝宝》都承诺可以刺激这些婴幼儿的思维。很多婴儿玩具也都被打上了能够促进他们认知发展的标记。此外，父母们有时也会尝试用自己设计的结构化学习活动，比如抽认卡，来让孩子变得更聪明。

但这些策略真的奏效吗？大量证据表明，这些策略效果并不好，并且在某些情况下使用这些策略甚至会阻碍或者减损学习效果。这个问题主要源于一个错误的假设，即婴儿用和更大年龄的儿童相同的方式学习。那样他们就能够从有特定学习目标的结构化活动中获益。研究表明，这种方法和婴儿实际上尝试理解世界的方法是不一样的。年龄更大的儿童以及成人会以目标导向的方式去获取信息，寻找针对被定义的问题的解决方法，而婴儿只会不带目的地探索周围的环境。结构化的学习经历在面对这样独特的婴儿视角时，显然是失败的（Zimmerman, Christakis, &

Meltzoff, 2007；Berger et al., 2015；Anderson, 2016）。

另外，一些研究表明，教育媒体不仅对认知发展是无效的，实际上还会损害认知发展。举个例子，一项研究表明，那些观看教育视频的7～12岁的儿童，与没有观看教育视频的同年龄段儿童相比，表现出了更糟糕的语言发展结果，他们的词汇量和短语量更小。然而，这些结果还没有得到更多一致结果的支持（Zimmerman, Christakis, & Meltzoff, 2007；Ferguson & Donnellon, 2014）。

简言之，研究没有一致表明寻求促进婴儿认知发展的策略的有效性。目前，父母和其他照顾者应该遵循美国儿科学会的建议：对于2岁以下的婴儿，应该限制婴儿观看媒体，特别是在吃饭的时候和睡前一小时。相反，他们建议使用一些被证实对婴儿认知发展有益的策略：和婴儿交谈、玩耍、阅读以及唱歌，还可以鼓励他们进行用手探索的活动和社会互动（AAP Council on Communications and the Media, 2016）。

共享写作提示：

你认为为婴儿购买教育玩具和教育视频是值得的吗，即使缺乏科学研究的证据来支持他们的有效性？为什么？在什么情况下，这些策略的使用会带来不良后果？

比如，思考一下研究者如何使用皮亚杰理论和信息加工观点来解释Raisa（3.2开头提到的婴儿）所表现的认知进步，那个通过按键来开关设备从而习得初步的因果知识的宝宝。皮亚杰流派的理论学家会关注符合一系列模式的自然的认知进步，考察在她思维中发生的质变。相反，信息加工流派的理论学家会关注她的经历所带来的量变。

由于持有信息加工观点的研究者根据个体技能的集合来研究认知发展，与皮亚杰理论的支持者相比，他们常常能够使用更加准确的方式来对认知能力进行测量，如加工的速度和回忆。然而，恰恰是这些

准确的个体测量，使得他们很难形成有关认知发展本质的整体觉知，而这正是皮亚杰的擅长之处。认知发展好比一道难题，信息加工观点更多地关注这道难题中单独的每个部分，而皮亚杰理论则更关注整道难题（Kagan, 2008；Quinn, 2008）。

最后，皮亚杰理论和信息加工观点都为婴儿期的认知发展提供了各自的解释。这两种观点，再加上大脑生物化学研究的进步以及强调社会因素对学习和认知影响的理论，共同帮助我们绘制出认知发展的全景图（获取促进婴儿认知发展的有效策略，也见"生活中的发展"专栏）。

生活中的发展

可以做些什么来促进婴幼儿的认知发展

尽管没有促进婴儿认知发展的正式项目从科学上被 证明是有效的，但确实有一些方法可以帮助促进他们的

认知发展。下列建议是基于发展心理学已有的研究成果，为我们提供了一个起点。

- **为婴儿提供探索世界的机会**。正如皮亚杰所说的，婴儿通过做来学习，因此他们需要探索周围环境的机会。
- **在言语和非言语两个水平上都要对婴儿做出积极回应**。试着去和婴儿说话，而不是对着他们说话。提问题，倾听他们的反应，并提供进一步交流的机会（Merlo，Bowman，& Barnett，2007）。
- **给婴儿读书**。虽然他们可能无法理解这些词语的意思，但是他们会对你的语调以及活动带来的亲密感产生回应。一起阅读也和后来的读写技能相关，并开始形成终生的阅读习惯。
- **玩因果游戏**。通过游戏来提供学习因果知识的机会，比如重复地用物体或者水填满容器，然后再倒出。
- **不要强迫婴儿，也不要对他们的期望过快、过高**。你的目标不是创造一个天才，而应该是提供一个温暖的养育环境，允许婴儿发挥自己的潜能。
- **谨记你不需要 24 小时都陪着婴儿**。就如同婴儿需要时间探索自己的世界，父母和其他照顾者也需要除照顾孩子外的空闲时间。

语言的根源

妈妈 Vicki 和爸爸 Dominic 正在进行一场友好的比赛，看他们的孩子 Maura 将会先叫谁。在把 Maura 递给 Dominic 换尿布之前，Vicki 轻柔地说："叫'妈妈'（mama）。"Dominic 咧开嘴笑着接过女儿，哄着她说："不，叫'爸爸'（daddy）。"最终父母双方不输不赢，Maura 说的第一个词听起来更像"baba"，不过看起来她指的是她的奶瓶（bottle）。

"mama""no""cookie""dad""jo"，毫无疑问大部分父母都能够记住孩子说的第一个词。这种人类特有技能的出现是一个振奋人心的时刻。

但这些最初说出的词只是语言最开始并且最明显的表现形式，其实在几个月以前，婴儿就开始理解他人所使用的语言，从而赋予他们周围世界以意义。语言能力是如何发展的？语言的发展模式和顺序是什么？语言的使用如何改变婴儿与其父母的认知世界？在了解出生后第一年的语言发展时，我们将会探讨这些以及其他问题。

语言的基础：从声音到符号

语言（language），作为系统化的、有组合意义的符号，提供了交流的基础。但语言的作用不仅仅是这样：它与我们思考和理解世界的方式密切相关。它使我们能够对人和客体进行思考，并把我们的想法传递给其他人。

随着语言能力的发展，个体必须掌握语言中的一些形式特征，其中包括如下几点。

- **语音**（phonology）。语言的基本发音被称为音素（phoneme），可以组合成单词和句子。比如，"mat"中的"a"与"mate"中的"a"在英语中代表了两个不同的音素。尽管英语中只用了 40 个音素来构成所有的单词，但在其他语言中有多达 85 个音素的，当然也有仅 15 个音素的（Swingley，2017）。
- **词素**（morpheme）。词素是语言中最小的有意义单位。有些词素就是完整的单词，有些则是为了阐释单词而添加的必要信息，比如说复数的后缀"-s"和过去式的后缀"-ed"。
- **语义**（semantics）。语义是支配单词和句子意义的规则。随着语义知识的发展，儿童能够理解"Ellie 被球击中"（回答了 Ellie 为什么不想玩球）与"球击中了 Ellie"（用于说明现状）之间的细微区别。

在考虑语言发展时，我们需要区别言语理解（comprehension）和言语产生（production）。前者是对言语的理解，后者是用语言进行交流。在二者的关系背后有个基本原则：理解先于产生。18 个月大的婴儿可以理解一系列复杂的指令（"把衣服从地上捡起来，放在火炉旁的椅子上"），但他自己说话时还不能把两个以上的词串起来。在整个婴儿期，理解都要快于产生。比如，在婴儿期，一旦开始说话之后，对单词的理解以每个月 22 个新单词的速度增加，但单词的产生只以每个月 9 个新单词的速度增加（Phung，Milojevich，& Lukowski，2014；Kim，2016；Swingley，2017；Stahl & Feigenson，2018；见图 3-14）。

早期的声音和交流。即使和一个非常小的婴儿待上24个小时，你也会听到各种不同的声音：咕咕声、哭声、咯咯的笑声、嘟哝的声音以及其他很多声音。尽管这些声音本身没有意义，但它们在语言发展中起着非常重要的作用，为真正的语言铺平了道路（O'Grady & Aitchison，2005；Martin, Onishi, & Vouloumanos，2012；Kalashnikova & Burnham，2018）。

　　前语言交流（prelinguistic communication）是指通过声音、面部表情、姿势、模仿以及其他的非言语方式进行交流。当一名父亲以"啊"来回应女儿的"啊"时，女儿会再次重复这个声音，然后父亲会继续回应——他们就正在进行前语言交流。显然，"啊"的声音没有特定的意义。但是对它的重复模仿了你一句我一句的对话，教会婴儿有关交流需要双方参与并轮流进行的知识（Reddy，1999；Orr，2018）。

　　前语言交流中最明显的表现是咿呀学语。**咿呀学语**（babbling）是指发出和说话很像但又没有意义的声音，它开始于两三个月，并持续到1岁左右。咿呀学语时，婴儿会从高到低变化地重复相同的元音（如以不同的音高重复"ee-ee-ee"）。当他们长到5个月后时，咿呀学语的声音开始扩展，增加了一些辅音（如"bee-bee-bee-bee"）。

　　咿呀学语是普遍存在的现象，在所有的文化中都以相同的方式进行着。咿呀学语时，婴儿会自发地产生每种语言的（而不局限于他们周围人所说的语言）所有声音。

　　咿呀学语跟随在咕咕发声的前语言阶段之后，通常遵循一个从简单到复杂的渐进发展模式。虽然处在特定的语言发音环境中最初并不会影响咿呀学语，但是经验最终还是会导致差异。到6个月大时，咿呀学语就反映出婴儿所处环境的语言发音情况。这种差异是如此显著，以至于没有经过训练的听众也能区分出咿呀学语的婴儿是来自说法语、阿拉伯语，还是中国广东话的文化。此外，婴儿回归自己母语的速度和他们之后语言发展的快慢相关（Depaolis, Vihman, & Nakai，2013；Masapollo, Polka, & Ménard，2015；Antovich & Graf Estes，2018；Lee et al.，2018）。

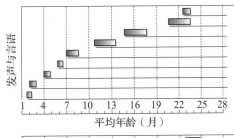

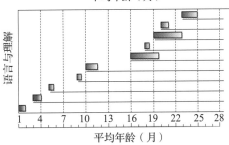

图3-14　理解先于产生

在婴幼儿期，言语的理解先于言语的产生。

资料来源：Based on Bornstein & Lamb, 1992.

　　第一个单词。当父母第一次听见孩子说"mama"或"dada"，甚至是"baba"，就像我们在这部分开篇讲述的Maura一样，父母都会喜出望外。当他们发现婴儿用同样的声音来要饼干、布娃娃和破烂的旧毛毯时，可能会打击他们起初的热情。

　　婴儿一般在10～14个月时就会说出第一个单词，也可能早在第9个月就可以了。一旦婴儿开始说出第一个单词，词汇量将会快速增加。大约在第15个月时，儿童的平均词汇量为10个单词，直到第18个月单字词阶段结束之前，儿童的词汇量一直在稳步增加。一旦该阶段结束，词汇量会突然出现爆发式的增长。在16～24个月之间的某几周里，短短一段时间内语言会迸发，儿童的词汇量一般会从50个增加到400个单词（Nazzi & Bertoncini，2003；McMurray, Aslin, & Toscano，2009）。

　　在儿童早期词汇中的第一批单词通常和客体、事物有关，包括有生命的和没有生命的。它们通常是指经常出现和消失的人（"妈妈"）或物体、动物（"猫"）、暂时的状态（"湿"）。最初出现的单词通常是**单词句**（holophrase），一个单词代表整个句子，它的意义依赖于使用的情境。比如说，小婴儿说"妈妈"这个单词的意义由情境决定，可能意味着"我想让妈妈抱"，或者"妈妈，我想吃东西"，或者"妈妈在哪里"（O'Grady & Aitchison，2005）。

　　文化会对所说第一批词汇的类型产生影响。举个例子，在中国说普通话的儿童，不像北美说英语的儿童那样最开始使用名词，他们更多的是使用动词。然而，在 20 个月大时，婴儿使用词语的类型出现引人注目的跨文化一致性。比如，对来自阿根廷、比利时、法国、以色列、意大利和韩国的 20 个月大婴儿的比较发现，在他们的词汇中，名词相对于其他类型的词而言所占的比例较大（Tardif，1996；Bornstein，Cote，& Maital，2004；Andruski，Casielles，& Nathan，2014）。

第一个句子

当 Aaron19 个月大时，与每天吃饭前一样，他听见妈妈从背后的楼梯走上来。Aaron 转向爸爸，清楚地说："妈妈来了（Ma come）。"

将两个单词连起来，这意味着 Aaron 在语言发展上迈出了巨大的一步。

儿童大约在 18 个月大时，词汇量的增加与另外一项成就同时出现：将单个的词连成句子来表达某个想法。尽管儿童产生第一个双字短语的时间差异比较大，但通常发生在他们说第一个单词后的 8～12 个月。

双字组合所代表的语言进程非常重要，因为这种组合不仅为外部世界的事物提供了标签，而且也表明了它们之间的关系。比如，这些组合有时候可能表明了事物的所属关系（"妈妈钥匙"），或者反复发生的事情（"狗狗叫"）。有趣的是，大部分早期的句子并不代表要求，甚至不一定需要别人做出回应。它们通常仅仅是对发生在儿童世界里的事件的评价与观察（O'Grady & Aitchison，2005；Rossi et al.，2012）。

两岁儿童使用双字组合时倾向于采用特定的顺序，这种顺序与成年人建构句子的方式相似。例如，英语中的句子一般遵循以下模式：句子的主语放在最前面，后面是动词，然后是宾语（"乔什扔球"）。儿童的言语常常采用相似的顺序，尽管最初并没有包括所有单词。因此，儿童可能会说"乔什扔"或"乔什球"来表达相同的意思。重要的是他们言语顺序一般不会是"扔乔什"或"球乔什"，而是正常的言语顺序，这就使得此类表达对于听的人而言更容易理解（Hirsh-Pasek & Michnick-Golinkoff，1995；Masataka，2003）。

尽管双字句的产生代表了一种进步，但儿童使用的语言仍然与成人不同。正如我们刚才所见的，两岁儿童倾向于省去信息中不重要的词，这与我们发电报时很相似，因为发电报是按字付费的。正是由于这个原因，他们的话语常常被称为**电报语**（telegraphic speech）。使用电报语的儿童不会说"I showed you the book"，而可能会说"I show book"，可能还会把"I am drawing a dog"说成"drawing dog"（见表 3-8）。

早期的语言还在其他特征上区别于成年人使用的语言。例如，Sarah 把自己睡觉时盖的毯子叫作"毯毯"。但当她的姑姑 Ethel 给她一条新毯子时，她拒绝把这张毯子叫作"毯毯"，而只把这个词用在她之前的毯子上。

Sarah 无法将"毯毯"这个标签泛化到其他毯子上，就是**泛化不足**（underextension）的一个例子，即用词过于局限，这个在刚刚掌握口语的婴儿中很常见。当学习语言的新手认为一个词只代表某个概念的特例，而非这个概念下的所有例子时，就会出现泛化不足的现象（Masataka，2003）。

和 Sarah 一样的婴儿随着发展能够更加熟练地使用语言时，有时会发生与之相反的情况。在**过度泛化**（overextension）的情况下，词语的使用过于宽泛，它们的意义被过度延伸了。例如，Sarah 将公共汽车、卡车和拖拉机都叫作"小汽车"，她就犯了过度泛化

表 3-8　儿童在句子模仿时表现出电报语的消失

句子样例	说话者	26 个月	29 个月	32 个月	35 个月
I put on my shoes	Kim	Shoes	My shoes	I put on shoes	A
	Darden	Shoes on	My shoes on	Put on shoes	Put on my shoes
I will not go to bed	Kim	No bed	Not go bed	I not go bed	I not go to bed
	Darden	Not go bed	I not go bed	I not go to bed	I will not go bed
I want to ride the pony	Kim	Pony，pony	Want ride pony	I want ride pony	I want to ride pony
	Darden	Want pony	I want pony	I want the pony	A

资料来源：Based on Brown & Fraser，1963.

注：A= 正确模仿。

的错误，误以为任何有轮子的物体都是小汽车。尽管过度泛化反映了言语中的错误，但也表明儿童的思维过程在不断进步：儿童开始发展出一般性的心理分类和概念（McDonough，2002；Wałaszewska，2011）。

婴儿在使用语言的风格上也表现出个体差异。例如，有些婴儿使用**指示性风格**（referential style）的语言，在这种风格中，语言主要是用于对客体贴标签。有些婴儿倾向于使用**表达性风格**（expressive style），在这种风格中，语言主要是用于表达自我和对他人的情感与需求（Owens，2016）。

语言风格在一定程度上反映了文化的影响。例如，与日本母亲相比，美国母亲更倾向于对客体贴标签，鼓励指示性的语言风格；与之相对，日本母亲更善于谈论社会互动，鼓励表达性的语言风格（Fernald & Morikawa，1993；Farran et al.，2016）。

语言发展的起源

学前期语言发展所取得的巨大进步引发了一个重要的问题：个体是如何做到熟练运用语言的？根据语言学家对这个问题的回答，我们可以从根本上对他们进行分类。

学习理论观点：语言是习得的技能。语言发展的一种观点强调学习是语言发展的基本原则。根据**学习理论观点**（learning theory approach），语言的获得遵循在第1章中所讨论的强化和条件作用的基本法则（Skinner，1957）。例如，儿童清楚地说出"da"时，她的父亲会立即得出结论，孩子正在叫他，因此就会拥抱她、奖励她。这种行为得到了强化，因此她就更可能重复这个词。总而言之，学习理论视角关于语言获得的观点表明，儿童因为制造和言语相似的声音而获得奖赏，从而学会了说话。经过塑造（shaping），儿童的语言与成人的语言越来越相似。

但学习理论观点中存在一个问题，它似乎并没有对儿童如何快速地获得语言规则做出充分的解释。比如，儿童犯错误时也得到了强化。如果孩子说"Why the dog won't eat？"与儿童正确地表达该问题时（"Why won't the dog eat？"），父母的反应是一样的，也就是说在这两种情况下，儿童表达的问题都得到了正确的理解，也引发了父母相同的反应（正确和不正确的语言使用都得到了强化），那么在这种情况下，学习理论就很难解释儿童是如何学会正确地说话的。

儿童还能超越他们所听到的特定表达，产生新的短语、句子和结构，这也是学习理论无法解释的能力。此外，儿童还能将语言规则应用到无意义的单词上。在一项研究中，4岁的儿童在句子"The bear is pilking the horse"中，听到了无意义的动词"pilk"。之后，当询问他们马（horse）身上发生了什么事情时，他们会把这个无意义的动词以正确的时态和语态放入句子中："He's getting pilked by the bear."

先天论观点：语言是天生的技能。学习理论中存在的这些概念缺陷导致了另一派观点的发展，即**先天论观点**（nativist approach），它得到了语言学家诺姆·乔姆斯基（Noam Chomsky）（1999，2005）的捍卫。先天论观点认为语言的发展由遗传决定的先天机制所引导。根据乔姆斯基的观点，人类生来就具有学习语言的能力，由于发育成熟而或多或少地自动出现。

乔姆斯基分析了不同语言，他发现全世界所有的语言都有着相似的内在结构，他称之为**普遍语法**（universal grammar）。以这种观点来看，人类大脑构成了称为**语言获得装置**（language-acquisition device，LAD）的神经系统，它既能够让人理解语言结构，也提供了一套策略和技术来让人学习儿童所处环境中语言的特征。这样看来，语言是人类所特有的，遗传倾向使理解和表达单词和句子成为可能（Bolhuis et al.，2014；Newmeyer，2016；Yang et al.，2017）。

一方面，近期的研究确定了和言语产生有关的特定基因，支持了乔姆斯基的先天论观点。有研究表明，婴儿在进行语言加工时所涉及的大脑结构和成年人进行语言加工时的非常相似，提示了语言的演化基础，这进一步支持了乔姆斯基的观点（Dehaene-Lambertz，Hertz-Pannier，& Dubois，2006；Clark & Lappin，2013；Onnis，Truzzi，& Ma，2018）。

另一方面，语言是人类所特有的能力的观点也受到了批评。例如，有些研究者认为某些灵长类动物至少也能学习基本的语言，从而质疑语言是人类所特有的能力。另外，一些批评的观点认为语言学习的基础是婴儿的一般性认知能力。还有一些研究者指出虽然人类使用语言的先决条件由遗传决定，但仍然需要相应的社会经验，才能有效地使用语言（Goldberg，2004；Ibbotson & Tomasello，2016；Smith，2018）。

交互作用观点（interactionist perspective）。无论是学习理论还是先天论观点都不能完全地解释语言的获得。因此，一些理论家开始转向可以将两派观点结合起来的新理论。交互作用观点认为，语言发展是由基因和有助于语言学习的环境共同作用的结果。

交互作用观点接受先天因素对语言发展总体框架的塑造作用。但其同时也认为，语言发展的特定进程是由儿童所处的语言环境以及他们以特定的方式使用语言时获得的强化共同决定的。成为某种社会和文化成员的动机让个体与他人进行互动，从而导致了语言的使用和语言技能的发展，因此社会因素也是语言发展的重要因素（Dixon，2004；Yang，2006；Graf，2014）。

正如有些研究支持学习理论和先天论的某些方面，也有些研究支持交互作用观点。但目前我们还不知道究竟哪种观点最终会提供最好的解释。更可能是，不同的因素在儿童期的不同阶段发挥着不同的作用。

婴儿指向型言语。大声地说出下面的句子：你喜欢苹果酱吗？

现在假设，你要问婴儿同样的问题，你要像对着幼儿那样说出这句话。

当你把这句话说给婴儿听时，常常会发生下面这些事情。首先，措辞可能会改变，你可能会说"宝宝，你喜欢苹果酱吗"；同时，你的音调可能会升高，整体的语调会像唱歌一样，而且你可能还会把每个词都分开说得非常清楚。

表达方式的改变是因为你正在使用**婴儿指向型言语**（infant-directed speech），这种言语风格包含了指向婴儿的言语交流特征。这种言语模式过去称为妈妈语（motherese），因为曾被假定只有妈妈才会使用。然而，这个假设是错误的，现在更加频繁地使用中性的术语"婴儿指向型言语"。

婴儿指向型言语通常是短小、简单的句子。音调变高，音频范围增加，语调更加多样化。此外还有语词的重复，主题也仅限于假定婴儿可以理解的项目，如婴儿环境中的具体物体（Soderstrom，2007；Matsuda et al.，2011；Hartman，Ratner，& Newman，2017）。

有时，婴儿指向型言语还包括一些甚至不能构成词语的有趣声音，以及模仿婴儿的前语言。在有些情况下，很少有正式的结构，反而和婴儿最初发展自己的语言技能时所使用的电报语很相似。

随着长大，婴儿指向型言语也在不断地变化。大约1岁末时，婴儿指向型言语表现出更多类似于成人语言的特征。尽管单个的词语仍然说得很慢、很仔细，但句子变长了，也更复杂了。此外，人们还使用音调来强调关键词（Soderstrom et al.，2008；Kitamura & Lam，2009；Yamamoto & Haryu，2018）。

婴儿指向型言语在婴儿的语言获得中起着重要作用。正如下面的"文化维度"专栏即将讨论的，尽管存在文化差异，但世界各地都有婴儿指向型言语。与常规语言相比，新生儿更喜欢婴儿指向型言语，这表明婴儿可能更容易接受这种言语模式。另外，有些研究表明在早期接触了大量婴儿指向型言语的婴儿，他们能更早地使用词语，并更早地展现出其他形式的语言能力（Bergelson & Swingley，2012；Frank，Tenenbaum，& Fernald，2013；Eaves et al.，2016）。

在不同文化下都存在的婴儿指向型言语，通常包含短小、简单的句子，并且和面向更大年龄儿童与成人的言语相比，其音调往往更高。

文化维度

婴儿指向型言语在所有文化中都是相似的吗

美国母亲、瑞士母亲和俄罗斯母亲是不是以相同的方式对她们的婴儿说话?

在某些方面,她们的确是这样的。虽然不同的语言在词语本身上不同,但是把这个词语说给婴儿的方式非常相似。越来越多的研究表明,婴儿指向型言语在本质上具有跨文化的基本相似性(Werker et al., 2007;Fais et al., 2010;Broesch & Bryant, 2015)。

例如,指向婴儿的言语最常出现的 10 大特征,其中有 6 个是母语为英语和母语为西班牙语的说话者所共有的:夸张的语调、拔高的音调、拉长的元音、重复、

压低的音量和对关键词的强调(比如在句子"不,那是个球"中强调词"球")(Blount, 1982)。类似地,美国母亲、瑞士母亲和俄罗斯母亲都会以相似的方式对婴儿说话,她们会夸大并拉长三个元音"ee""ah"和"oh"的发音,尽管这些发音在三种语言中本身存在差异(Kuhl et al., 1997)。

即使失聪的母亲也会使用某种形式的婴儿指向型言语:与婴儿交流时,失聪的母亲使用手语的速度明显地慢于与成人交流,她们会频繁地重复手势(Swanson, Leonard, & Gandour, 1992;Masataka, 2000)。

从一个教育工作者的视角看问题

你认为婴儿指向型言语会帮助婴儿学习语言吗?

回顾、检测和应用

回顾

9. 总结皮亚杰认知发展理论的核心观点,并描述感觉运动阶段。

皮亚杰的发展理论包括儿童从出生到青少年期需要经历的一系列阶段。当婴儿从一个阶段发展到下一个阶段时,他们理解世界的方式也发生了变化。感觉运动阶段包括 6 个亚阶段。感觉运动阶段的时间是从出生到 2 岁,包含了简单反射、单一协调的活动、对外部世界的兴趣、对活动有目的地整合、操控动作达成理想的结果、象征性思维。

10. 总结支持和挑战皮亚杰认知发展理论的观点。

从广义上皮亚杰认知发展理论准确地描述了认知的发展,但是该理论的很多细节,特别是各项技能发展的年龄,依旧受到了挑战。

11. 描述信息加工观点如何解释婴儿的认知发展,总结婴儿前两年的记忆能力。

认知发展的信息加工观点力求了解个体如何接收、组织、存储和提取信息。和皮亚杰的理论不同,信息加工观点从量变上考察儿童加工信息的能力。婴儿从生命早期就有了记忆能力,但是他们记忆的准确性还存在争议。

12. 解释信息加工观点是如何测量智力的。

传统的婴儿智力测量关注大多数儿童在特定年龄可观察到的一般行为,例如格塞尔发展商数和贝利婴儿发展量表。信息加工观点对于智力的测量依靠婴儿加工信息时在速度和质量上的差异。

13. 概述儿童学习使用语言的过程。

前语言交流是指通过声音、面部表情、姿势、模仿以及其他的非言语方式来表达想法和状态。前语言交流为婴儿说话做好准备。通常在 10 ~ 14 个月时婴儿说出第一个词,到 18 个月左右,儿童通常能够将词语连接为可以表达单一意思的简单句。开始说话时通常伴随单词句、电报语的使用,以及泛化不足和过度泛化。

14. 区分语言发展的主要理论,并描述儿童如何影响成人的语言。

学习理论认为基本学习过程是语言发展的原因,而像乔姆斯基以及他的追随者这样的先天论持有者则认为人类拥有天生的语言能力。交互作用观点则认为语言是环境和先天因素的共同作用。在使用婴儿指向型言语时,成人会提高他们的音调,用简单、短小的句子说话。

自我检测

1. 根据皮亚杰的观点，只有当儿童_____，并接触了相关经验，他们才能从一个阶段进入到下个阶段。

   a. 获得相应的营养

   b. 出生时具有用于学习的相应遗传倾向性

   c. 建构了对世界的心理意识

   d. 生理成熟到适宜的水平

2. 皮亚杰的认知发展理论强调儿童能力发展的_____变化，而信息加工观点则强调_____变化。

   a. 粗大运动；精细运动   b. 质的；量的

   c. 感觉方面；知觉方面   d. 外显；内隐

3. 和其他 2 岁大的孩子一样，Mason 能够说 "Doggie bye, bye" 和 "Milk gone"。这些两字短语是_____的例子。

   a. 单词句   b. 电报语

   c. 解释性言语   d. 主动语

4. 有一种理论，即_____观点，指出语言的发展是由遗传所决定的先天机制引导的。

   a. 先天论   b. 普遍论   c. 学习理论   d. 演化论

应用于毕生发展

儿童的语言发展通过哪些方式来反映他们获得解释和应对外部世界的新方法？

3.3 婴幼儿期的社会性和人格发展

情绪过山车

Chantelle 一直是个开心的孩子。因此当她的妈妈 Michelle 和朋友吃完午餐从邻居家接到 Chantelle 时，她很惊讶地看到 10 个月大的 Chantelle 含着泪水。"Chantelle 认识 Janine。" Michelle 说，"她经常在花园里面看到 Janine，我不明白她为何如此不开心，我只是离开了 2 个小时而已。" Janine 告诉 Michelle 她试过各种各样的方法：轻摇她、唱歌给她听，但是全都不管用。直到红着脸、泪流满面的 Chantelle 看到了自己的妈妈，才终于笑了起来。

总会有一天 Michelle 可以放心地和朋友聚餐而不用担心自己的女儿陷入极度的不开心；但是 Chantelle 现在的反应对于一个 10 个月大的孩子而言是再正常不过的了。在本节中，我们将会考虑婴儿期的社会性和人格发展。首先，我们将考察婴儿的情绪生活，考察婴儿所感受到的情绪，以及在多大程度上婴儿可以解读他人的情绪以及婴儿如何看待自己和他人的心理生活。

然后，我们将转向婴儿的社会关系；我们将考察婴儿如何形成依恋关系以及与家庭成员、同伴之间如何进行互动。最后，我们将概括区别不同婴儿的特征，并讨论因其性别而受到的不同对待。我们还将考察家庭生活的本质，并讨论家庭外婴儿看护的利与弊，这是如今越来越多的家庭选择的看护方式。

婴儿在 1 岁时表现出典型的陌生人焦虑。

社会性发展的根源

当 Germaine 瞥见他妈妈时，他笑了；当 Tawanda 的妈妈拿走她正在玩的小勺时，她看起来很生气；当一架发出巨大声响的飞机飞过 Sydney 头顶时，他皱起了眉头。

微笑，看起来很生气，皱眉……婴儿的情绪全写在脸上。但是婴儿体验情绪的方式和成年人一样吗？从何时开始，婴儿可以理解他人正在体验着的情绪？他们又如何使用他人的情绪状态来理解周围的环境？当我们试图理解婴儿如何发展情绪和社会性的时候，就考察了这其中的一些问题。

婴幼儿期的情绪：婴儿是否体验到了情绪的高低起伏

任何与婴儿相处过的人都会知道，婴儿的面部表情是他们情绪状态的指示器。在我们预期他们会快乐的情境中，他们似乎会微笑；在我们假定他们可能会受挫的情境中，他们会表现出愤怒；在我们预期他们不会快乐的情境中，他们看起来很伤心。

事实上，这些基本的面部表情即使在截然不同的文化间也惊人的相似。无论我们是看印度、美国、还是新几内亚丛林的婴儿，其基本情绪的面部表情都是相同的。此外，非言语编码（nonverbal encoding），即所谓的非言语表情，在各个年龄阶段都非常一致。这些一致性让研究者得出了如下结论：我们表达基本情绪的能力是与生俱来的（Ackerman & Izard, 2004；Bornstein, Suwalsky, & Breakstone, 2012；Rajhans et al., 2016）。

婴儿表现出相当广泛的情绪表达。几乎所有的母亲都报告说，她们的孩子在满月前就能以非言语的形式表达出兴趣和喜悦。对刚出生婴儿的面部表情进行详细的编码，发现他们可以表达出感兴趣、痛苦和厌恶，在随后的几个月里将会出现其他的情绪。这个发现与著名的博物学家达尔文的发现一致。他在1872年出版的《人和动物的情感表达》（*The Expression of the Emotions in Man and Animals*）中提出，人和灵长类动物与生俱来就有一系列普遍存在的情绪表达，这与当代演化发展的观点一致（Benson, 2003；MacLean et al., 2014；Smith & Weiss, 2017；Webb, Ayers, & Andress, 2018）。

虽然婴儿表现出种类（kind）相似的情绪，但不同婴儿在情绪表达的程度（degree）上存在很大不同。甚至在婴儿期，来自不同文化的婴儿在情绪表达上就表现出稳定的差异。例如，在11个月大时，相对于欧洲、美国以及日本的婴儿来说，中国婴儿通常更少表达情绪（Camras et al., 2007；Izard, Woodburn, & Finlon, 2010；Easterbrooks et al., 2013）。

陌生人焦虑和分离焦虑

"她以前是个非常友好的宝宝，"Erika的母亲回忆道，"无论遇见了谁，她都会露出灿烂的微笑。但就在她刚刚满7个月时，她对陌生人的反应就像见了鬼似的。她会皱起眉头，要么扭过头去，要么用怀疑

的目光盯着别人，前后强烈的行为反差，就像她接受了人格的移植"。

在各个文化之间，婴儿表现出相似的与基本情绪相关的面部表情。你认为在非人类动物中，这些表情是否也会类似？

实际上，在Erika身上发生的事情相当典型。在1岁末左右，婴儿通常会发展出陌生人焦虑和分离焦虑。**陌生人焦虑**（stranger anxiety）是指婴儿在遇见不熟悉的人时所表现出的小心与谨慎。这种焦虑通常发生在出生后第一年的后半年。

是什么原因引起了陌生人焦虑？婴儿大脑的发展与认知能力的增强在这里起了作用。随着婴儿记忆能力的发展，使他们能够把认识的人和不认识的人区分开来。正是这一认知进步允许他们积极地回应熟悉的人，也使他们具备了辨认不熟悉人的能力。此外，在6～9个月大时，婴儿开始试图去理解周围的世界，试图去预期事件的发生。当那件他们没有预期的事情发生时，比如出现一个不认识的人，他们便会体验到害怕。这就像是一个婴儿有了一个问题而不能回答一样（Volker, 2007；Mash, Bornstein, & Arterberry, 2013）。

分离焦虑（separation anxiety）是当婴儿熟悉的照顾者离开时，婴儿所表现出的紧张情绪。分离焦虑也是各种文化背景中普遍存在的现象，通常开始于七八个月时（见图3-15）。大约在第14个月时达到顶峰，然后逐渐下降。分离焦虑在很大程度上与陌生人焦虑

有相同的原因。婴儿认知技能的发展允许他们提出一些合理的问题，"为什么妈妈要离开""她要去哪里"以及"她会回来吗"，但是婴儿太小以至于无法回答这些问题。

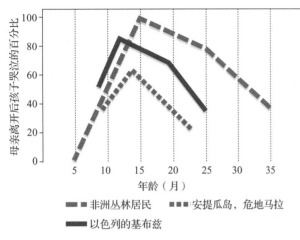

图3-15　分离焦虑

分离焦虑是熟悉的照顾者不在眼前时，婴儿所表现出的紧张情绪。分离焦虑是一种普遍现象，开始于七八个月时。大约在第14个月时达到顶峰，然后逐渐下降。对人类而言，分离焦虑具有生存的价值吗？

资料来源：Based on Kagan, J., Kearsley, R., & Zelazo, P. R.(1978). Infancy : Its place in human development. Cambridge, MA : Harvard University Press.

陌生人焦虑和分离焦虑代表了社会性发展上的重要进步。它们反映了婴儿的认知进步以及他们与照顾者之间与日俱增的情绪和社会联结，在本节随后关于婴儿社会关系的讨论中我们将会考察这些联结。

微笑

当Luz躺在婴儿床里睡觉时，爸爸妈妈看见她的脸上露出了灿烂的微笑。他们确信Luz正在做美梦。他们说得对吗？

恐怕不对。尽管没有人能百分之百地肯定，但最早在睡眠中流露出的笑容可能并没有什么意义。到6～9周大时，婴儿看到让他们开心的刺激时就开始露出笑容，包括玩具、汽车、以及人——这往往让父母很高兴。最初的微笑并没有区分对象，看见任何让他们觉得有趣的东西，婴儿都会开始笑。然而，当他们再大一些时，他们开始有选择性地微笑。

如果婴儿的微笑是对他人的回应，而不是对非人的刺激进行回应，就被认为是社会性微笑（social smile）。当他们长大一些后，他们的社会性微笑就变成指向特定的个体，而不再是任何人。到18个月大时，与指向非人客体的微笑相比，他们指向母亲和其他照顾者的社会性微笑变得更加频繁。此外，如果成人没有回应孩子，孩子微笑的次数会减少。简而言之，在2岁末时，个体能够带有目的地使用微笑来表达他们的积极情绪，并且对他人的情绪表达非常敏感（Reissland & Cohen, 2012；Wörmann et al., 2014；Bai, Repetti, & Sperling, 2016）。

解读他人的面部表情。 在第2章中，我们讨论了新生儿在出生几分钟后就能够模仿成人的面部表情。尽管这种模仿能力并不意味着他们可以理解他人面部表情的意义，但这种模仿为随后即将出现的非言语解码（nonverval decoding）能力的发展奠定了基础。利用这些能力，婴儿可以解释他人用来传递情绪的面部表情及声音表达。例如，婴儿能够判断照顾者什么时候见到他们很高兴，也能够看出他人脸上的担心和害怕（Hernandez-Reif et al., 2006；Striano & Vaish, 2006；Hoehl et al., 2012）。

在出生后的6～8周，婴儿的视力相当有限，因此他们还不能用更多的注意力来关注他人的面部表情。但很快，他们就开始区分表达不同情绪的面部表情，甚至能够根据面部表情的强度进行不同的反应。当他们4个月大时，婴儿就已经开始可以理解隐藏在他人面部表情和声音表达中的情绪了（Farroni et al., 2007；Kim & Johnson, 2013；Cong et al., 2018）。

社会参照：感受他人的感受

当哥哥Eric与朋友Chen彼此大声争辩并开始打斗起来时，23个月大的Stephania仔细地看着。由于不知道发生了什么，Stephania瞄了一眼妈妈。因为妈妈知道Eric和Chen只是在玩耍，所以她露出了笑容。看到妈妈的反应，Stephania模仿着妈妈的面部表情，也开始笑起来。

和Stephania一样，我们也曾面对过不确定的情境。在这种情况下，我们有时会转过头看看别人是怎么反应的。这种对他人的依赖，也就是社会参照，会帮助我们做出恰当的反应。

社会参照（social referencing）是指有意地搜索他人的情感信息，来帮助我们解释不确定环境和事件的含义。和 Stephania 一样，我们会使用社会参照来明确某种情境的含义，从而减少我们对正在发生的事情的不确定性。

社会参照最早出现在婴儿八九个月大的时候。这是一种相当复杂的社会能力：婴儿不仅需要社会参照来帮助自己通过诸如他人面部表情这样的线索理解他人行为的意义，而且还需要使用它来理解这些行为在特定情境下的意义（Hepach & Westermann，2013；Mireault et al.，2014；Walle，Reschke，& Knothe，2017）。

从一个社会工作者的视角看问题

在哪些情况下，成人也会依赖社会参照来做出恰当的反应？可以如何使用社会参照来影响父母对儿童的行为？

自我的发展

婴儿知道他们是谁吗？他们关于思考的想法是什么？我们接下来将考虑这些问题。

自我意识

8 个月大的 Elysa 爬过挂在父母卧室门上的一面全身镜。当她爬过去的时候，很少注意到自己在镜子中的像。而她快 2 岁的表姐 Brianna 经过镜子时，会凝视着镜子中的自己，当她发现前额上有少许的果冻之后，开心地笑起来，然后伸手把它擦掉。

也许你曾经也有过这样的经验，偶尔瞥见镜子中的自己，注意到有一缕头发乱了，你可能会试着整理下乱了的头发。你的反应不仅表明你在乎自己的形象，更重要的是它意味着你存在自我感，即意识和了解到自己是一个独立的社会实体，并且他人会对你进行回应，你会努力以一种有利于自己的方式向世界展示自己。

然而，我们并不是天生就知道我们是独立于他人以及整个世界而存在的。年幼的婴儿就没有意识到他们是独立的个体，也不会从镜子或照片中认出自己。**自我意识**（self-awareness），即关于自我的知识，大约在婴儿 12 个月大之后才开始发展。

我们通过一个简单但巧妙的实验技术了解到了这点：在实验中，婴儿的鼻子上被悄悄地点上了一个红点。然后把婴儿放在一面镜子前。如果婴儿摸自己的鼻子，并试图抹去红点，我们就有证据说明他们至少已经具备了一些与自己身体特征有关的知识。尽管有些婴儿早在 12 个月大时，看见红点就表现出吃惊，然而大部分婴儿在 17 ～ 24 个月大时才会做出反应。这种意识是婴儿将自己理解为独立个体的第一步（Rochat，2004；Brownell et al.，2010；Rochat，Broesch，& Jayne，2012）。

研究表明这个 18 个月大的婴儿清晰地显示出一种正在发展的自我意识。

心理理论：婴儿对他人及自身心理活动的看法。 婴儿在很小的时候就开始理解某些与自我和他人的心理过程相关的事情，发展出了**心理理论**（theory of mind），即关于心理如何运作及其如何影响行为的知识与信念。儿童使用心理理论来解释他人的想法。

例如，我们在本章前面所讨论的婴幼儿期在认知上的进步，使得较大的婴儿能够以与看待物体截然不同的方式来看待人们。他们学会将他人视为符合规则的能动者（compliant agent），与他们相似，在自己的意志下行动，并且有能力回应他们的要求（Rochat，2004；Slaughter & Peterson，2012）。

此外，儿童在婴儿期理解意图和因果关系的能力也有所发展。例如，10 个月大和 13 个月大的孩子都已经可以在心理上表征社会支配，并且认为较大的客体有支配较小的客体的能力。而且，婴儿有一种天生的道德感，对助人行为有偏好（Sloane，Baillargeon，&

Premack，2012；Ruffman，2014；Yott & Poulin-Dubois，2016）。

在 18 个月大时，婴儿开始理解他人的行为是有意义的，并且指向特定的目标，这与无生命客体的"行为"不同。例如，儿童开始理解他的爸爸在厨房里制作三明治时是有一个目标的，而他的爸爸把汽车停在路边则没有自己的心理活动或目标（Ahn，Gelman，& Amsterlaw，2000；Wellman et al.，2008；Senju et al.，2011）。

另外一则关于婴儿逐渐发展的心理活动的证据来源于 2 岁时婴儿开始表现出初步的**共情**（empathy）。共情指的是对于他人情绪的情感回应。在 24 个月大时，婴儿有时会安慰他人并表现出对他人的关心。如果要做到这点，婴儿必须首先能够理解他人的情绪状态。例如，1 岁大的孩子能够通过观察电视上女演员的行为来获得她的情绪线索（Legerstee，2014；Xu，Saether，& Sommerville，2016；Peltola，Yrttiaho，& Leppänen，2018）。

在 2 岁时，婴儿还开始学会了欺骗，并在"假装游戏"和捉弄他人时使用。儿童在玩"假装游戏"和使用错误的信念欺骗他人时，必须了解他人拥有关于世界的信念，而且这个信念是可以被操控的。

简而言之，在婴幼儿期末期，儿童逐渐发展出了初步的心理理论。这能够帮助他们理解他人的行为，这同样也影响了他们自己的行为。心理理论在婴幼儿期并没有得到充分的发展，随着儿童年龄的增加，心理理论会变得更加复杂精巧（Caron，2009）。

形成关系

38 岁的 Luis 如今还清晰地记得他在去医院路上时的心情。他去接他新出生的妹妹 Katy。尽管那时他只有 4 岁大，但他对那一天的混乱场景至今仍历历在目。Luis 再也不是家中的独子了，他要和一个小妹妹分享他的生活。她会玩他的玩具，读他的书，和他一起坐在小汽车的后座上。

然而，真正困扰他的是，他需要和一个新的个体分享他的父母的爱和关注。并且，这个个体不是别人，而是个小女孩，她在这一点上获得了巨大的先天优势。Katy 会比他更可爱、更黏人、更挑剔、更有趣，在一切方面超过他。他最好的下场是被她踩在脚下，而他最坏的下场就是被家人完全忽视。

Luis 知道他应该表现出开心和欢迎。因此，他在医院摆出了一副勇敢的表情，走向了他的母亲和 Katy 所在的房间。

新生儿的降临给家庭的动态关系带来了巨大的变化。无论新生儿多受欢迎，都会导致家庭成员角色的根本转变，父母必须开始和他们的婴儿建立关系，而较大的孩子必须适应家庭新成员的出现，并与他们的新弟弟或妹妹建立起联盟关系。

尽管婴儿的社会性发展过程既不简单，也不会自动发生，但十分关键：婴儿和父母、兄弟姐妹、家庭以及他人之间的联结，为他们一生的社会关系提供了基础。

依恋：形成社会联结

在婴儿期，社会性发展最重要的方面就是依恋的形成。**依恋**（attachment）是儿童与特定个体之间形成的正性情绪联结。当儿童依恋于特定个体时，与他们在一起会让儿童感到愉快；难过时，他们的出现会让儿童感到安慰。我们在婴儿期的依恋类型会影响我们之后与他人建立关系的方式（Bergman et al.，2015；Kim et al.，2017；Zajac et al.，2018）。

为了理解依恋，研究者们最早转而研究非人类动物王国中亲代与幼崽之间形成的联结。例如，习性学家康拉德·洛伦茨在 1965 年对刚出生的小鹅进行观察，发现它们有跟随妈妈的先天倾向性，并且通常会把出生后第一眼所看见的移动物体当作它们的妈妈。洛伦茨发现，在孵化器中孵化的小鹅，出生后第一眼看见的是他，就会跟随他的每个动作，好像他是它们的妈妈一样。这一点我们在第 1 章中已有所讨论，而他把这个过程称为印刻（imprinting）：发生在关键期，是对所观察到的第一个移动物体产生依恋的行为。

洛伦茨的发现表明依恋是由生物因素基础决定的，其他的理论家也赞同他的观点。例如，弗洛伊德认为依恋的发展来自母亲可以满足婴儿口唇期需要的能力。同样，英国精神分析学家约翰·鲍尔比（John Bowlby）在 1951 年提出，依恋主要是基于婴儿对安全感的需要。随着发展，婴儿逐渐明白特定的个体能够给他们提供最好的安全感，这个个体通常是母亲，而且婴儿与主要照顾者之间形成的联结和与其他人之间形成的关系相比，存在质的不同。根据鲍尔比的观点，依恋提供了一种家庭基地。当儿童更加独立时，他们就能走到离安全基地更远的地方。

安斯沃斯陌生情境与依恋类型。 发展心理学家玛丽·安斯沃斯（Mary Ainsworth）在鲍尔比的理论基础上，发展出广泛用于测量依恋的实验技术（Ainsworth et al., 1978）。**安斯沃斯陌生情境**（Ainsworth strange situation）包括一系列阶段性的情境，用以阐述儿童与（通常是）母亲之间的依恋强度。

陌生情境测验通常包括以下8个步骤：①母亲和儿童进入陌生房间；②母亲坐下来，让儿童自由探索；③一个陌生成人进入房间，先和母亲说话，然后和儿童说话；④母亲离开房间，让儿童与陌生人独处；⑤母亲回来，和儿童打招呼并安慰儿童，陌生人离开；⑥母亲再次离开，留下儿童一个人；⑦陌生人回来；⑧母亲回来，陌生人离开。

婴儿对陌生情境不同方面的反应存在相当大的差异，这取决于他们与母亲之间的依恋类型。1岁大的儿童通常表现为以下四种类型中的一种：安全型、回避型、矛盾型和混乱型（见表3-9）。正如鲍尔比所说的，**安全型依恋**（secure attachment pattern）的儿童会把母亲当作大本营。在陌生情境中，只要母亲在场，他们就会表现得很自在。他们会独立地去探索周围的环境，偶尔回到母亲身边。虽然当母亲离开时，他们可能会感到不安，也可能不会；但当母亲回来时，安全型依恋的儿童会马上回到母亲的身边寻求安慰。大多数北美的儿童，大约有2/3，都属于安全型依恋。

表3-9　婴儿依恋的分类

类型	分类标准			
	寻求接近照顾者	保持与照顾者接触	避免接近照顾者	抗拒与照顾者接触
回避型	低	低	高	低
安全型	高	高（如果焦虑难过）	低	低
矛盾型	高	高（往往在分离前）	低	高
混乱型	不一致	不一致	不一致	不一致

相反，**回避型依恋**（avoidant attachment pattern）的儿童不会主动寻求接近母亲，在母亲离开之后，他们似乎并不难过。此外，当母亲回来时，他们似乎在回避，对母亲的行为很冷淡。大约有20%的1岁儿童属于回避型。

矛盾型依恋（ambivalent attachment pattern）的儿童对母亲同时表现出积极和消极的反应。最初，矛盾型的儿童紧紧地挨着母亲，很少探索周围的环境。即使在母亲离开之前，他们都显得很焦虑；当母亲离开时，他们会非常难过；当母亲回来时，他们会表现出矛盾的行为，一方面会寻求接近母亲，另一方面会又踢又打，显然十分生气。大约有10%～15%的1岁儿童属于矛盾型（Cassidy & Berlin, 1994; Meins, 2016）。

虽然安斯沃斯只划分了三类，但近来对其工作的扩展发现了第四种类型：混乱型。**混乱型依恋**（disorganized-disoriented attachment pattern）的儿童表现出前后不一致、相互矛盾和令人不解的行为。当母亲回来时，他们可能会回到母亲身边，但又不看她，或者起初看起来很平静，却突然爆发愤怒的哭声。混乱的行为可能意味着他们是最缺乏安全依恋的孩子。所有儿童中大约有5%～10%属于这一类型（Cole, 2005; Bernier & Meins, 2008; Reijman, Foster, & Duschinsky, 2018）。

婴儿与母亲之间的依恋质量对儿童以后人际关系的建立有着重要影响。例如，在1岁时属于安全型依恋的男孩年龄大一些之后，与回避型和矛盾型的男孩相比，表现出更少的心理问题。类似地，安全型依恋的儿童之后会有更好的社会能力和情绪智力，在他人看来他们也更积极（Simpson, et al., 2007; MacDonald et al., 2008; Bergman, Blom, & Polyak, 2012）。

在依恋发展中受到严重阻碍的儿童往往会患上反应性依恋障碍（reactive attachment disorder），一种以在与他人形成依恋关系中常出现严重问题为特征的心理障碍。在年幼的儿童中，常表现为喂养困难，对于与他人的社会性互动的冷漠和发展的整体迟滞。反应性依恋障碍较为少见，常常是虐待或忽视导致的结果（Hornor, 2008; Schechter & Willheim, 2009; Puckering et al., 2011）。

形成依恋：母亲和父亲的作用

当5个月大的Annie放声大哭时，妈妈来到她的房间里，并温柔地把她从摇篮里抱起来。妈妈轻轻地摇着Annie，并轻声地和她说话，Annie很快就停止了哭声。但当妈妈把她放回摇篮里时，她又开始号啕大哭，妈妈只好再次将她抱起来。

对大多数父母来说，这种情况非常熟悉。婴儿哭泣，父母做出反应，婴儿再次做出回应。这些看起来不太重要的行为顺序在婴儿和父母的生活中不断地重复，为婴儿与父母以及周围的社会世界之间建立联系奠定了基础。我们将考察每个主要的照顾者和婴儿如何在依恋发展的过程中发挥作用。

从一个社会工作者的视角看问题

在评估潜在的养父母时，什么样的家庭才是社会工作者为孩子寻找的良好收养家庭？

母亲与依恋。对婴儿需求和愿望的敏感性是安全型依恋婴儿母亲的共同特征。这样的母亲能够意识到儿童的情绪状态，与儿童互动时也能够考虑到儿童的感受。在面对面的互动中，她们会回应孩子，孩子"一有需要"她们就会喂食，对婴儿充满了温暖和爱（McElwain & Booth-LaForce，2006；Priddis & Howieson，2009；Evans，Whittingham，& Boyd，2012）。

并不仅仅是根据父母回应婴儿信号的方式，就可以把安全型依恋和非安全型依恋儿童的母亲区分开来。安全型依恋儿童的母亲倾向于提供恰当水平的回应。实际上，研究表明回应过度和回应不足一样，都可能培养非安全型依恋的儿童。相反，以同步互动（interactional synchrony）的方式进行沟通的母亲，更可能培养安全型依恋的儿童。同步互动式沟通是指照顾者以恰当的方式回应儿童，并且儿童和照顾者的情绪状态相匹配（Hane，Feldstein，& Dernetz，2003；Ambrose & Menna，2013）。

父亲与依恋。到目前为止，我们才刚刚开始触及养育儿童的关键人物：父亲。事实上，如果查看早期关于依恋的理论和研究，你会发现很少提起父亲以及他对婴儿生活的潜在影响（Freeman，Newland，& Coyl，2010；Palm，2014）。

尽管在社会规范中有时候把父亲降为次要的抚养者，但婴儿能够和父亲形成重要的早期关系，这点越来越清晰。实际上，很多关于母亲依恋的观点同样也适用于父亲。例如，父亲的养育、温暖、情感、支持和关心，对儿童的情绪和社会健康都起着极其重要的作用。此外，一些心理障碍，如物质滥用和抑郁，与父亲而不是母亲的行为更相关（Roelofs et al.，2006；Condon et al.，2013；Braungart-Rieker et al.，2015）。

婴儿的社会关系不仅仅局限于父母，这一点随着他们的成长愈发明显。例如，一项研究，发现虽然几乎所有的婴儿一开始仅与一人形成主要的依恋关系，

但有 1/3 的婴儿形成了多重关系，且在区分哪一个是主要的依恋关系上十分困难。到婴儿 18 个月大的时候，他们大多形成了多重关系。总而言之，婴儿不仅会对母亲产生依恋，也与许多别的人形成了依恋关系（Booth，Kelly，& Speiker，2003；Seibert & Kerns，2009；Dagan & Sagi，2018；见"文化维度"专栏）。

越来越多的研究强调父母对孩子表达关爱的重要性。事实上，和母亲的行为相比，某些障碍如物质滥用和抑郁，与父亲的行为更相关。

日本的父母会避免在婴儿期的分离和应激，而且他们并不培养婴儿的独立性。因此根据陌生情境测验，日本儿童通常表现出较少安全依恋的表面现象。但是如果使用其他的测量技术，他们在依恋上可能会得到更高的分数。

文化维度

依恋有文化差异吗

约翰·鲍尔比对其他物种寻求安全的生物学动机的观察，是其依恋理论发展的基础，也是他提出寻求依恋具有生物普遍性的缘由。根据他以上观点的推测，我们不仅应该能在其他物种中发现依恋，而且也应该能在所有的人类文化中发现它。

然而，研究显示人类的依恋并不像鲍尔比所预期的那样具有文化普遍性。某些依恋类型更可能出现在特定文化背景下的婴儿身上。例如，一项关于德国婴儿的研究表明，大多数婴儿属于回避型。其他研究也发现，以色列和日本的安全型依恋婴儿所占的比例要比美国的少一些。中国和加拿大儿童的比较研究还发现，在陌生情境中中国儿童更拘谨（Rothbaum et al.，2000；Tomlinson, Murray, & Cooper，2010；Kieffer，2012）。

这些研究结果是否意味着，我们应该放弃依恋是普遍的生物倾向这一观点？未必如此。大部分关于依恋的数据都是使用安斯沃斯陌生情境测验技术而获得的，在非西方文化中陌生情境可能不是最恰当的测量方式。例如，日本的父母会避免在婴儿期的分离和压力，他们不像很多西方社会的父母那样努力地去培养孩子的独立性。由于相对缺乏分离的先前经验，因此婴儿在陌生情境中会体验到不寻常的压力，也就产生了日本儿童较少属于安全型依恋的表象。如果使用其他的依恋测量方式，如可以在婴儿期后期进行测量的方法，那么更多的日本婴儿就有可能被划分为安全依恋型。总之，依恋会受到文化规范和期望的影响（Vereijken, Riksen-Walraven, & Kondo-Ikemura 1997；Dennis, Cole, & Zahn-Waxler，2002；Archer et al.，2015）。

婴幼儿与同伴的社会交往：婴幼儿间的互动

尽管从传统意义上来说，婴儿间显然还没有形成"友谊"，但婴儿很早就对同伴的出现表现出积极的反应，这是他们参与社会互动的最初形式。

婴儿的社会化以不同的形式表现出来。从出生后最开始的几个月开始，当他们看见同伴时，会微笑、大笑，并发出声音。与非生命物体比起来，他们对同伴更加感兴趣；他们还会将更多的注意力放在同伴身上，而不是镜子中的自己。与不认识的同伴比起来，他们更加喜欢熟悉的同伴。例如，关于同卵双生子的研究发现，与不熟悉的婴儿比起来，双生子对彼此表现出更高水平的社会行为（Eid et al.，2003；Legerstee，2014；Kawakami，2014）。

婴儿的社会化水平随着年龄的增长而提高。9～12个月大的婴儿能够相互展示与接受玩具，特别是当他们彼此认识时。他们还进行社会游戏，如躲猫猫、比赛追逐，这些行为非常重要，是未来社会交换的基础。在社会交换中，儿童引发他人的回应，然后对这些回应做出反应。学习这种交换非常重要，因为其会一直持续到成年期。例如，有人说："嗨，最近怎么样？"可能就是为了引起回应，然后他可以进一步回答（Endo，1992；Eckerman & Peterman，2001）。

最后，随着婴儿年龄的增长，他们开始模仿彼此。例如，3个月大的婴儿如果彼此熟悉，他们有时会重复彼此的行为。这些模仿具有一定的社会功能，也能成为有效的教学手段（Ray & Heyes，2011；Brownell，2016；Pelaez, Borroto, & Carrow，2018）。

有些发展心理学家认为，年幼的婴儿就具备模仿的能力，这说明模仿是与生俱来的。目前已有研究确认了一系列与先天模仿能力有关的大脑神经元，从而支持了以上观点。这类镜像神经元（mirror neurons）不仅在个体进行特定的行为时会放电，而且当个体在观察到其他有机体进行相同的行为时也会放电（Falck-Ytter et al.，2006；Paulus，2014）。

例如，关于大脑功能的研究发现，当个体进行特定任务和看见其他个体进行相同任务时，都会激活额下回的区域。镜像神经元能够帮助婴儿理解他们的行为，发展出心理理论，从出生时就表现出目标导向的行为。镜像神经元的功能失调可能与涉及儿童心理理论的发展障碍以及孤独症有关，还可能涉及严重情绪和语言问题的心理障碍（Welsh et al.，2009；von Hofsten & Rosander，2015；Hanawa et al.，2016）。

婴幼儿的个体差异

Lincoln 的父母都认为他是一个很难抚养的孩子。举个例子，他们似乎永远不能让 Lincoln 在夜间入睡。

只要有一个轻微的噪声，他便会大哭，这个问题自从他的婴儿床搬到了靠近大街的窗户后就出现了。更糟糕的是，一旦他开始哭泣，不知要到何时才能使他再次安静下来。有一天，他的母亲 Aisha 告诉她的婆婆 Mary，当 Lincoln 的妈妈是件多么有挑战的事情。Mary 回忆起她自己的儿子，也就是 Lincoln 的爸爸 Malcom，也有同样的情况。"他是我的第一个孩子，我当时还以为所有的孩子都是这样的，所以我们不断尝试不同的方式，试图发现到底是什么原因造成的。我记得，我们把他的婴儿床在公寓的所有地方放了个遍，直到我们终于找到了他能睡着的地方，结果他在走廊里睡了好长一段时间。后来，他的妹妹 Maleah 诞生了，她非常安静，很容易抚养，我都不知道多出的时间该做什么了！"

正如 Lincoln 家的故事一样，并不是所有的孩子都是一样的，他们的家庭也截然不同。事实上，正如我们即将看到的，人与人之间存在差异，有些差异似乎是我们出生那一刻就具有的。婴儿之间的差异包括他们整体上的人格、气质以及其他方面（如基于性别、家庭特征和照顾方式）的差异，从而会导致婴儿生活状态的差异。

人格发展：让婴幼儿变得独特的条件

人格（personality），即区分不同个体的持久性特征的总和，源自婴儿期。婴儿从一出生，就表现出独特而稳定的特质与行为，最终使他们发展成为与众不同的特定个体（Caspi, 2000；Kagan, 2000；Shiner, Masten, & Roberts, 2003）。

我们早在 1.2 就讨论了心理学家埃里克·埃里克森关于人格发展的观点。根据他的观点，婴儿早期的经验在塑造其人格的关键方面有着重要影响：即他们根本上是信任的还是怀疑的。

埃里克森的心理社会性发展理论（Erikson's theory of psychosocial development）考察个体如何理解自己以及理解他人与自己行为的意义（Erikson, 1963）。该理论认为发展变化贯穿于人的一生，并分为 8 个不同的阶段，而第一个阶段发生在婴儿期。

根据埃里克森的观点，出生后的前 18 个月，我们经历了**信任对不信任阶段**（trust-versus-mistrust stage）。在这个时期，婴儿发展出信任感或不信任感，主要取决于照顾者能够在多大程度上满足婴儿的种种需要。在前面的例子中，Mary 对 Malcom 需求的关注，可能就帮助他发展了对世界的基本信任。埃里克森认为如果婴儿能够发展出信任感，他们会体验到希望，让他们感到总是能够成功地满足自己的需求。另外，不信任感会使婴儿觉得这个世界很残酷、不友好，之后在与他人形成亲密关系时，可能会存在困难。

在婴儿期的最后阶段，儿童进入了**自主对羞愧怀疑阶段**（autonomy-versus-shame-and-doubt stage），从第 18 个月持续到 3 岁左右。在这个阶段，如果父母在安全的范围内鼓励儿童进行探索并给予一定的自由，他们便会发展出独立和自主；如果受到限制以及过度保护，他们会感到羞愧、自我怀疑和苦恼。

埃里克森认为人格主要由婴儿的经验塑造而成。然而，正如我们接下来所要讨论的那样，其他发展心理学家将目光集中在婴儿出生时的行为一致性上，甚至出生之前。这些一致性在很大程度上由遗传决定，并为人格的形成提供了原材料。

气质：婴幼儿行为的稳定性

Sarah 的父母认为，肯定是哪里出了问题。Sarah 的哥哥 Josh 还是个婴儿的时候就很活泼，好像永远也安静不下来。而与哥哥不同，Sarah 要文静得多，她会打个长盹，即使偶尔烦躁也很容易就被安抚下来。是什么让她如此平静？

最可能的答案是：Sarah 和 Josh 的不同反映了气质上的差异。正如我们在第 2 章中所讨论的，**气质**（temperament）包含了个体持续而稳定的唤醒和情绪性模式（Kochanska & Aksan, 2004；Rothbart, 2007；Gartstein et al., 2017）。

气质是指儿童如何进行行为表现，而不是他们做什么或为什么这么做。一方面，从出生开始，婴儿就表现出整体上的气质差异，最初很大程度上是由遗传因素决定的，到了青春期，气质就相当稳定了；另一方面，气质并不是固定不变的，儿童养育能够在很大程度上改变气质。实际上，有些儿童在成长的过程中，很少表现出气质上的一致性（Werner et al., 2007；de Lauzon-Guillain et al., 2012；Kusangi, Nakano, & Kondo-Ikemura, 2014）。

气质反映在行为的几个不同维度上。其中一个核心的维度是活动水平（activity level），它反映了运动的总体程度。有些婴儿（如前文中的 Sarah 和 Maleah）相对比较文静，她们的运动比较慢，也比较悠闲。相反，有的婴儿（如前文中的 Josh）的活动水平相当高，他的手脚总是强有力且无休止地运动着。

气质的另外一个重要维度是婴儿心境的类型与特征，尤其是儿童的易激惹性。有些婴儿很容易被打搅，而且很容易哭；另外一些婴儿则相对比较容易相处。易激惹的婴儿容易大惊小怪，很容易就感到不安，而且当他们开始哭时很难安抚下来（还有其他方面的气质，见表 3-10）。

表 3-10　婴儿的部分气质维度以及行为表现

维度	行为表现
活动水平	高：换尿布时扭动 低：穿衣时保持平静
接近 / 退缩	接近：容易接受新的食物和玩具 趋避：陌生人靠近时哭泣
心境	消极：车厢晃动时哭泣 积极：尝新的食物时微笑或咂嘴
分心性	低：换尿布时持续哭泣 高：被抱住摇晃时停止哭闹
节律性	规律：有规律的喂食安排 不规律：睡 - 醒节律的变动性很大
反应阈限	高：不会被突然的噪声和明亮的灯光吓到 低：父母接近或者有轻微响动时停止吮吸奶瓶

气质的分类：易养型、难养型和慢热型。因为可以从许多不同的维度来考察气质，所以一些研究者提出是否存在更加广泛的类别来描述儿童的全部行为。根据亚历山大·托马斯（Alexander Thomas）和斯泰拉·切斯（Stella Chess）所进行的一项大规模的婴儿群体性量表调查，即纽约纵向研究（New York Longitudinal Study）（Thomas & Chess，1980），可以将婴儿描述为以下类型之一。

● 易养型婴儿。**易养型婴儿**（easy babies）具有积极的气质，他们的身体功能有规律地运作，并有很强的适应性。他们通常很积极，对新的情景表现出好奇心，而且他们的情绪总是处于中低强度。大约有 40%(所占比率最大）的婴儿属于这个类别。
● 难养型婴儿。**难养型婴儿**（difficult babies）存在更多消极的心境，而且对新情景适应比较慢。当面临新的情景时，他们会倾向于退缩。大约有 10% 的婴儿属于这个类别。
● 慢热型婴儿。**慢热型婴儿**（slow-to-warm babies）

不怎么活跃，对环境的反应比较平静。他们的心境通常比较消极，在新的情景中会退缩，适应比较慢。大约有 15% 的婴儿属于这个类别。

剩下 35% 的婴儿，他们并不能肯定地被划分到以上某个类别中，他们表现为多种特征的混合。比如，某个婴儿可能有相对快乐的心境，但遇到新的情景时反应又比较消极，或者另外某个婴儿可能很少表现出某种稳定的气质。

气质的影响：气质重要吗？从气质是相对稳定的研究结果中引发了一个明显的问题，那就是各种气质类型有好坏之分吗？答案是没有某个气质类型总是好的或者坏的。相反，婴儿长期的调整依赖于其特定气质与所处环境特征及需要的**拟合度**（goodness-of-fit）。比如，低活动水平和低激惹性的儿童可能在允许他们自己探索和自己可以决定行为的环境中做得更好。相反，高活动水平和高激惹性的儿童可能在指导性较强的环境中做得比较好，那样的指导可以将他们的精力引向特定的方向（Thomas & Chess，1980；Schoppe-Sullivan et al.，2007；Yu et al.，2012）。

比如 Mary，前文中的祖母，终于找了为她儿子 Malcom 调整环境的方式。Malcom 和 Aisha 可能也需要为他们的儿子 Lincoln 做同样的事情。

有些研究指出，一般而言，某些气质比其他的更具有适应性。比如，难养型的婴儿通常比其他婴儿，如易养型婴儿，在学校中更容易出现问题。但并不是所有难养型婴儿都会出现问题。关键的决定因素似乎是父母对婴儿困难行为的反应方式。一方面，如果儿童困难的、高要求的行为引发出父母愤怒和不一致的反应，那么儿童最终就更可能出现行为问题。另一方面，如果父母在反应中展示更多的温暖和一致性，他们的孩子日后就更有可能避免出现这些问题（Thomas，Chess，& Birch，1968；Salley，Miller，& Bell，2013；Sayal et al.，2014）。

性别：男孩穿蓝色，女孩穿粉色。"是个男孩""是个女孩"。婴儿出生后，人们所说的第一句话可能就是上述两句中的某一句，也许会有些不同。从出生的那一刻起，男孩和女孩就受到了不同对待。父母会以不同的方式通知亲朋好友们。他们穿着不同的衣服，包裹在不同颜色的毯子里，还会得到不同的玩具（Coltrane & Adams，1997；Serbin，Poulin-Duboi，&

Colburne，2001；Halim et al.，2018）。

父母会以不同的方式与儿子、女儿玩耍。从出生开始，父亲倾向于和儿子之间有更多的互动，而母亲却与女儿有更多的互动。正如在本章前面所提到的，父亲和母亲以不同的方式玩游戏（父亲更多地参与身体的、扭打的活动；母亲则参与传统的游戏，比如躲猫猫），男婴和女婴明显接触到来自父母的不同活动类型和互动方式（Clearfield & Nelson，2006；Bouchard et al.，2007；Zosuls，Ruble，& Tamis-LeMonda，2014）。

成人用不同的方式来诠释男孩和女孩的行为。例如，当研究者给成人展示名为"John"或"Mary"的婴儿的一段录像时，尽管是同一个婴儿的同一套行为，成人把"John"看作冒险且好奇的，把"Mary"看作恐惧和焦虑的（Condry & Condry，1976）。显然，成人透过性别的有色眼镜来看儿童的行为。**性别**（gender）是指作为男性或女性的认识，"性别"这个术语通常用来表达和"性"（sex）相同的意义，但实际上二者存在差异。性通常是指解剖学上的性和性行为，而性别则指对男性或女性的社会认知。

尽管大多数人都同意男孩和女孩由于性别的不同，至少在部分程度上经历了不同的世界，然而关于性别差异的程度和原因却存在大量的争议。有些性别差异从一出生就很明显。比如男婴相对于女婴来说，更好动，也更容易烦躁，男孩的睡眠也更容易被打断。虽然在哭泣的总量上不存在性别差异，但是男孩更喜欢扮鬼脸。虽然研究结果并不一致，但还有一些证据表明，刚出生的男婴比女婴更易激惹。然而，女婴和男婴的性别差异一般而言比较小（Crawford & Unger，2004；Losonczy-Marshall，2008）。

性别差异随着儿童年龄的增长逐渐明显，而且逐渐受到社会为他们所设定的性别角色的影响。例如，到1岁时，婴儿就能够区分男性和女性了。女孩更喜欢玩布娃娃和毛茸茸的动物玩具，而男孩更喜欢玩积木和汽车玩具。当然，由于父母和其他成年人在提供玩具时已经做了决定，通常儿童也别无选择（Cherney，Kelly-Vance，& Glover，2003；Alexander，Wilcox，& Woods，2009；Gansen，2018）。

到2岁时，男孩相对于女孩会更多地表现出独立和不顺从。大部分这样的行为可以追溯到父母对他们早期行为的反应。例如，当孩子迈出第一步时，父母倾向于根据孩子的性别做出不同的反应：更多地鼓励男孩子继续走，去探索世界；而将女孩子抱住，放在身边。因此，到2岁时，女孩表现出较少的独立性、更多的顺从，也就不足为怪了（Poulin-Dubios，Serbin，& Eichstedt，2002）。

然而，社会的鼓励和强化并不能完全解释男孩和女孩之间存在的行为差异。例如，一项研究考察了在出生前就处于超过正常雄激素水平下的女孩们，因为在怀孕期间她们的母亲错误地服用了含雄激素的药物。之后，这些女孩更有可能去玩刻板印象中男孩所偏好的玩具（如汽车），而更少地去玩刻板印象中和女孩有关的玩具（如布娃娃）。尽管这些结果存在其他解释，也许你自己就能想出好几个，但可能性之一就是暴露在雄激素下会影响这些女孩的大脑发育，导致她们喜欢涉及某些技能的玩具（Mealey，2000；Servin et al.，2003；Kahlenberg & Hein，2010）。

总而言之，男孩和女孩的行为差异始于婴儿期，正如我们在之后的章节将看到的，行为差异会持续贯穿（甚至超越）整个儿童期。尽管性别差异有很多复杂原因，但代表了先天的生物相关因素和环境因素的综合作用，它们在婴儿的社会性和情绪发展中起着重要作用。

21 世纪的家庭生活

现在的家庭生活已经与几十年前大不相同了。我们可以通过下面的快速回顾来了解这一情况。

- 在过去30年间，单亲家庭数量显著上升，同时双亲家庭数量不断下降。截至2017年，0～17岁的儿童生活在双亲家庭的比例从1980年的77%下降到64%；接近25%的儿童只与母亲生活，4%的儿童跟随父亲生活，另有4%的儿童不和双亲中的任何一方共同生活。截至2016年，75%的非西班牙裔白人儿童与双亲生活在一起，西班牙裔白人儿童中该比例为60%，黑人儿童只有34%（Childstats.gov，2017）。
- 家庭的平均规模正在缩小。截至2017年，平均每个家庭只有2.5个人，相比之下，1970年时平均为3.1个人。没有家庭的人（没有任何亲人）超过4 100万（U.S. Bureau of the Census，2017）。
- 虽然在最近5年，青少年生小孩的数量明显下降了，但每1 000个新生儿的母亲中就有10个

是 15 ～ 17 岁的青少年，其中大部分都没有结婚
（Childstats.gov，2017）。

- 57% 的婴儿的母亲在外工作（U.S. Bureau of Labor
  Statistics，2013）。
- 2006 年，有 43% 的 18 岁以下的儿童生活在低
  收入家庭，超过了 2006 年的 40%；69% 的黑人
  儿童和西班牙裔儿童生活在低收入家庭（Jiang,
  Granja, & Koball，2017）。

这些统计数据至少表明很多婴儿正在有巨大压力
的环境中成长，这些压力让抚养孩子的任务变得更加
困难。然而即使所处的环境再好，抚养孩子也不是件
容易的事情。

单亲家庭的数量在过去 20 年内急剧增加。如果目前的趋势继续
下去，有 60% 的儿童将在某个时期生活在单亲家庭之中。

从一个社会工作者的视角看问题

假设你是一个社会工作者，正在访问一个寄养家庭。已经是上午 11 点了，你看到早餐的碗筷堆着没洗，书和玩
具散落一地。寄养的孩子正随着养母的拍子，开心地敲打锅碗瓢盆，放置婴儿高脚椅的厨房地板油腻不堪。你会如何
评估这个家庭？

另外，社会正在适应 21 世纪家庭生活的新现实。
如今已有一些帮助婴儿父母的社会支持，而且社会也
正在建立很多新的机构在看护上帮助他们。其中的一
个例子是，越来越多可供选择的儿童看护可以帮助在
职父母照顾儿童。

儿童看护会影响之后的发展吗？想想下面的情况。

我两个小孩的大部分时间都是在儿童看护中心度
过的，对此我十分担心。女儿蹒跚学步时曾在一所古
怪的日托中心短暂地待过，那会造成不可挽回的伤害
吗？儿子讨厌的那所儿童看护中心会对他造成不可挽
回的伤害吗？（Shellenbarger，2003，p.D1）。

每天，父母都会问自己这样的问题。对于许多父
母而言，儿童看护如何影响孩子后期的发展是一个十
分迫切的问题，他们由于经济、家庭和事业的需要，
一天当中的部分时间将孩子留给其他人照看。事实上，
4 个月到 3 岁的所有儿童中，有 2/3 不是由父母看护。
总体而言，超过 4/5 的婴儿在出生后第一年的某段时
间是由除母亲以外的其他人照看，其中大部分在 4 个
月以前就开始接受几乎每周 30 个小时的家庭外看护
（NICHD Early Child Care Research Network，2006；见
图 3-16）。这样的安排对之后的发展会带来什么影响？

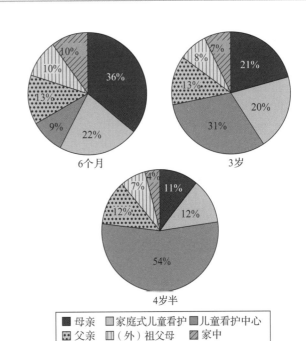

图 3-16 儿童在哪里得到看护

根据美国儿童健康和人类发展研究所的一项重要研究，随着年
龄增长，儿童会花更多时间待在家庭外的某种儿童看护中心。

资料来源：NICHD Early Child Care Research Network, 2006.

虽然答案在很大程度上令人安心，但是最近来自
早期儿童看护和青少年发展的大型长期研究，也是已

有关于儿童看护研究中为期最长的一项研究，发现长期的日托可能会带来难以预期的后果。

先说好消息。大部分证据表明，高质量的家庭外看护与家庭看护在很多方面只有很小的差异，甚至能促进某些方面的发展。例如有研究发现，在与父母建立依恋联结的强度和本质上，高质量儿童看护中心的孩子和由父母独立带大的孩子之间不存在差异或者仅有很小的差异（Vandell et al.，2005；Sosinsky & Kim，2013；Ruzek et al.，2014）。

家庭外看护除了获得直接收益外，还存在间接收益。例如，生活在低收入家庭中的儿童以及单身母亲的儿童，可以从儿童看护中心获得和高收入家庭儿童一样的教育和社会经验。此外，在营养和饮食习惯方面儿童也会获益（NICHD Early Child Care Research Network，2003a；Dearing，McCartney，& Taylor，2009；Dev et al.，2017）。

另外，参加开端计划（Early Head Start）（这是一项为高风险儿童提供高质量看护服务的计划）的儿童，他们能够更好地解决问题，对他人给予更多的关注，而且与没有参加该计划的同类儿童相比，他们能更有效地使用语言。此外，他们的父母（也参与了该计划）也会从中受益。参与计划的父母花更多的时间与孩子说话和阅读，而更少打孩子屁股。同样，那些接受了良好的、有回应看护的儿童能够更好地与其他儿童玩耍（Maccoby & Lewis，2003；Loeb et al.，2004；Raikes et al.，2014）。

然而，有些关于参与家庭外儿童看护的研究结果就不那么乐观了。当婴儿被放在质量较低的看护中心或被放在几个不同的儿童看护中心，他们可能会缺乏安全感。此外，长时间处于家庭外儿童看护的儿童独立工作的能力较差，而且缺乏有效的时间管理技能（Vandell et al.，2005）。

在很多方面，高质量的婴幼儿看护和家庭看护之间只有很小的差异，甚至在发展的某些方面上还能够有所提升。参加家庭外婴幼儿看护能够促进哪些方面发展的？

最新关于学龄前儿童的研究发现，每周花10个小时或者更多时间待在儿童看护中心，并持续一年或更长时间的儿童，更可能在课堂上捣乱，并且这种影响会持续到六年级。虽然出现捣乱行为可能性的增加不是很大（根据教师的评定，每在儿童看护中心多待一年，儿童在问题行为标准化测量上的得分就会增加1%），但是结果却非常稳定（Belsky et al.，2007）。

总而言之，越来越多的研究发现儿童群体看护既不是全然乐观，也不是全然悲观。但可以明确的是，儿童看护中心的质量是关键。最后，关于谁应该使用儿童看护以及社会各个阶层的成员如何使用儿童看护，我们还需要进行更多的研究，以便全面理解儿童看护的影响（NICHD Early Child Care Research Network，2005；Belsky，2006，2009；Schipper et al.，2006；有关如何选择正确的婴幼儿看护机构，也见"生活中的发展"专栏）。

生活中的发展

选择正确的婴幼儿看护机构

近来有一篇关于婴幼儿看护机构绩效的评估研究，其结果清楚地表明：只有在高质量的儿童看护中心，婴幼儿在同伴学习、良好社交技巧和自主性上才会有所收益。然而，如何区分高质量和低质量的儿童看护中心？父母在做这些选择时应该考虑以下问题（American Academy of Pediatrics HealthyChildren.org，2015）。

- 是否有足够的照顾者？最佳比率为 1：3，即每个成人照看 3 个婴儿。1：4 的比率也是可以接受的。
- 每组人数的多少是否便于管理？尽管有很多照看人员，但是每组婴儿人数也不应该超过 8 个。
- 儿童看护中心是否符合政府规定？是否具有营业执照？
- 看护时间是多久？
- 从事照看婴儿的人员是否喜欢他们的工作？他们的教育资质是什么？他们是否经验丰富？他们是否喜欢这份工作，还是仅仅为了养家糊口？
- 照看人员每天都做些什么事情？他们是否会花时间和婴儿一起游戏，倾听婴儿，与婴儿谈话，并且悉心留意婴儿的举动？他们是不是打心眼里对儿童很感兴趣？电视机是否一直开着？
- 看护中心的儿童是否干净，是否安全？中心设施是否能够保证儿童活动时的安全？各项设备及家具是否维修良好？照看人员是否遵循了清洁卫

生的最高标准？在换尿布之后，照看者是否会洗手？
- 在实际投入工作前，照看人员接受过什么样的培训？他们是否具备和婴儿发展相关的知识？是否了解正常儿童的发展过程？他们是否能够敏锐地觉察到孩子的异常表现？
- 中心的环境是否充满着欢乐的气氛？儿童看护中心不只是一个提供照看儿童服务的场所：当婴儿置身其中时，那就是婴儿的整个世界。因此，父母们必须非常确信该中心会给予孩子们绝对的尊重和个性化的照顾。

除了上述种种以外，父母们也可以与美国幼儿教育委员会（National Association for the Education of Young Children，NAEYC）联系，取得父母居住地的育儿机构名称表以及相关代理机构。登录 www.naeyc.org 访问 NAEYC 的网页。

回顾、检测和应用

回顾

15. 描述婴幼儿如何在生命头两年表达和体验情绪，总结社会参照的发展。

婴儿表现出一系列的面部表情，这些表情具有跨文化相似性，反映了基本情绪状态。婴儿很早就发展出了非言语解码能力：根据面部和声音表现判断他人的情绪状态。通过社会参照，八九个月大的婴儿利用他人的表现来解释不确定的环境并学习特定情况下恰当的反应。

16. 描述婴幼儿头两年拥有的自我意识，包括心理理论的发展。

婴儿大约从 12 个月开始发展自我意识。同时他们也发展了心理理论：关于自己和他人如何思考的知识和信念。

17. 解释婴儿期的依恋，其如何影响个体将来的社会能力，以及照顾者在婴儿社会性发展中所起的作用。

依恋，即婴儿和重要他人之间形成的正性情绪联结，是影响个体日后发展社会关系的重要因素。婴儿表现出四种主要依恋类型中的一种：安全型依恋、回避型依恋、矛盾型依恋和混乱型依恋。研究表明，婴儿依恋类型与成人后的社会能力和情绪智力相关。母亲和

孩子的互动对于社会性发展而言尤其重要，母亲对儿童的社会要求的有效回应对儿童形成安全依恋有利。通过交互社会化的过程，婴儿和照顾者的行为相互影响，强化了他们的相互关系。

18. 讨论婴幼儿期同伴关系的发展。

婴儿从生命早期就与其他儿童进行初级形式的社会互动，随着年龄的增长，社会性也不断增加。

19. 描述区分婴幼儿人格的个体差异，以及气质和性别在其中的作用。

人格，即区分不同个体的持久性特征的总和，源自婴儿期。气质是指持续的唤醒和情绪性水平，是个体的特征。根据气质的不同，婴儿大致可以分为易养型、难养型和慢热型。随着婴儿的长大，性别差异越发明显，这主要是环境因素的作用。性别差异因父母的期望和行为而增加。

20. 描述 21 世纪的家庭以及他们带给儿童的影响，包括婴幼儿期的非父母的儿童看护。

从传统的双亲家庭到重组家庭再到同性家庭，家庭种类的多样性反映了现代社会的复杂性。儿童看护是社会对家庭本质上的变化做出的回应，高质量的儿童看护可以促进儿童的社会性发展，加强社会交往和合作。

自我检测

1. 当 Darius 的膝盖撞在桌子上时，他盯着母亲看她的反应，当他看见母亲特别担心时，他便开始大声哭泣。这是_____的一个例子。

   a. 害怕　　　b. 焦虑　　　c. 社会参照　　d. 自我意识

2. 一种提高孩子成为安全型依恋的可能的方式，就是母亲对孩子的需求进行恰当的回应。母亲和儿童情绪状态相匹配的交流又被称为_____沟通。

   a. 情绪匹配式　　　　　　b. 拟合度

   c. 同步互动式　　　　　　d. 环境评估

3. 个体持续而稳定的唤醒和情绪性模式，被看作个体的

_____。

   a. 拟合度　　　b. 气质　　　c. 人格　　　d. 心境

4. 研究发现，高质量的家庭外儿童看护可能会_____。

   a. 改变儿童气质

   b. 改变父母依恋的强度和本质

   c. 消除性别差异

   d. 促进某些方面的发展

应用于毕生发展

如果你有机会向美国国会提交有关儿童看护中心最低营业许可标准的法案，你会强调哪个方面？

第 3 章　总结

汇总：婴幼儿期

　　四个月大的 Jenna（我们在本章开篇所提到的）几乎在各个方面都是个典型的婴儿。然而，他行为的一个方面出现了难题：当她深夜醒来并开始沮丧地大声哭泣时，父母应该如何回应她。通常并不是由于她饿了，因为她刚刚被喂过；也不是由于她的尿布脏了，因为刚刚换过。相反，Jenna 似乎仅仅是想被抱起来，并被人逗乐。如果得不到满足，那么她会一直哭。除非有人走到她身边，她的哭声才会停止。

3.1　婴幼儿期的生理发展

- Jenna 的身体发展了多种节律（重复的、周期性的行为模式），导致了从睡眠到清醒状态的改变。
- Jenna 在大约 16 周前，每次最多只睡约 2 小时，接着就处于一段时间的清醒状态。在 16 周后，她能持续睡 6 个小时。
- 因为 Jenna 的触觉是发展得最好（也是最早）的感觉之一，她会对轻抚做出回应，在哭泣吵闹时因为轻抚而平静下来。

3.2　婴幼儿期的认知发展

- Jenna 习得了她的行为（哭泣）可以产生想要的结果（有人抱住并逗乐她）。
- 随着 Jenna 的大脑的发展，她能够分辨认识和不认识的人；这就是她对认识的人在晚上出现并安抚她做出积极回应的原因。

3.3　婴幼儿期的社会性和人格发展

- Jenna 与她的照顾者之间发展出了依恋关系（她和特定个体的正性情绪联结）。
- 为了让 Jenna 感到安全，她的照顾者需要让她知道他们会对她发出的信号做出恰当的回应。
- Jenna 的气质里包含了一定的易激惹成分。易激惹的婴儿更爱哭闹，并且一旦开始哭泣就很难被安抚。
- 因为易激惹性是相对稳定的，Jenna 会在 1 岁甚至 2 岁时继续表现出这种气质。

父母会怎么做？

你会使用什么策略来应付 Jenna？每次她哭的时候，你都会去她身边吗？或者你会试着等她哭完，或者在去哄她之前设定一个时间限制？

教育工作者会怎么做?

假如每个工作日的下午,Jenna 都会在儿童看护中心待几个小时。如果你是一名照看服务提供,Jenna 在睡觉之后马上就醒了,你如何应付她?

健康护理工作者会怎么做?

你会建议 Jenna 的照顾者如何应付她?照顾者应该意识到什么样的危险?

你会怎么做?

你如何应付 Jenna?哪些因素会影响你的决策?基于你的阅读,你认为 Jenna 会如何回应?

第 4 章

学 前 期

　　Chen 刚满 3 岁，是一个精力充沛的学前儿童，他试图把手伸向厨房柜台上的饼干罐。因为罐子刚好超过了他够得到的范围，他就把厨房桌子旁的一把椅子推到柜台边，爬了上去。

　　因为他爬到椅子上时仍然无法够到饼干，所以 Chen 又爬到厨房柜台上，然后爬到装有饼干的碗边。他撬开罐子的盖子，把手伸进去，拿出一块饼干，开始津津有味地嚼起来。

　　但这不会持续太久。他的好奇心控制了他，他又抓起一块饼干，开始沿着柜台朝水槽走去。他爬了进去，把冷水龙头拧到"开"的位置，然后高兴地在冷水中溅起水花。

　　Chen 的父亲只离开了房间一会儿，回来就发现 Chen 坐在水池里，浑身湿透，还带着一脸满足的微笑。

　　在这一章，我们将探讨学前儿童在生理、认知、社会性和人格方面的发展变化。我们将从儿童在这个时期的生理变化开始，讨论体重、身高、营养和健康等问题。这个时期儿童的大脑和神经通路也在变化，我们会提到一些关于大脑功能的性别差异方面的有趣发现。我们还将涉及学前期粗大运动和精细运动技能

的发展变化。

　　智力发展是本章第 2 节的重点。我们将回顾认知发展的主要理论，包括皮亚杰的阶段理论、信息加工观点以及一种强调文化对认知发展具有重大影响的观点。我们还会考虑学前期语言发展的重要进步，并讨论一些影响认知发展的因素，包括电视媒体的接触以

及儿童看护与学前计划的参与程度。

在第3节中，我们将探讨学前儿童的社会性和人格发展。首先，我们会关注学前儿童如何形成自我意识并发展出种族和性别认同。其次，我们将讨论他们友谊的本质以及和同伴共同玩耍的意义。然后，我们将注意力转移到家长身上，考察当今常见的不同教养方式以及它们对儿童未来发展和人格的影响。最后，我们探讨学前儿童如何发展出道德感以及学习控制攻击行为的方式。

4.1　学前期的生理发展

Green 所带的学前班儿童将要去一个农场进行实地考察。Green 所能做的就是让她班上那些比较兴奋的孩子不要在公交车的过道上跑来跑去或在座位上蹦跳。为了集中大家的注意力，她引导他们玩一系列熟悉的课堂游戏。首先，Green 拍打出各种节奏，孩子们试着模仿。当他们对这个游戏感到厌倦时，Green 开始引导孩子们玩一连串的"我看见"游戏，并且选择每个人都能看见的物体。然后她引导孩子们参与到有手部动作的歌曲中，例如《小蜘蛛》(*The Itsy Bitsy Spider*)。

并非所有的儿童都需要通过这些方式安静下来。4 岁的 Danny 正专注于画奶牛、马和猪。他的画很简单，但是很容易识别出他画的动物是他预期在农场里看到的。Davis 则在和她旁边的女生谈论谷仓、拖拉机和鸡舍。Davis 所依据的是 4 个月以前和父母参观的一家农场的记忆。Megan 正在安静地吃自己带来的午餐，一口一片薯片。实际上，2 小时以后才到午餐时间。"对于学前儿童来说，从来没有无聊的时候，"Green 说，"他们总是在做一些事情。一个班 20 个孩子，一般来说，就会有 20 件不同的事情。"

Green 班上的学前儿童不久之前还是婴儿，现在已经能够跑或者用相似的节奏拍手了。但是，这个年龄段的儿童所经历的生理发展不限于蹦跳或攀爬，也包括让 Danny 画出能够识别的物体、让 Davis 能记住几个月前发生的事情的细节。

发育中的身体

在学前期，儿童生理能力的快速发展令人惊讶。当我们从他们的个头、体型和生理能力发生的具体变化来看，他们的成长显而易见。

到 2 岁左右，美国儿童的平均体重大概为 25 ～ 30 磅，身高接近 36 英寸。到 6 岁，他们的体重平均约为 46 磅，直立身高 46 英寸（见图 4-1）。

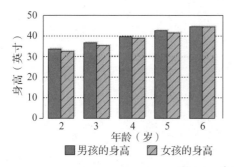
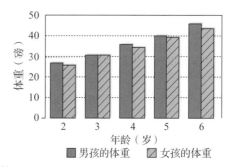

图 4-1　身高和体重的增长

学前儿童身高和体重稳定增长。数字表示每个年龄男孩和女孩身高和体重的中值，即每组中有 50% 的儿童高于该身高或体重水平，50% 的儿童低于该水平。

资料来源：National Center for Health Statistics in collaboration with the National Center for Chronic Disease Prevention and Health Promotion，2000.

这些平均值掩盖了巨大的个体差异。例如，10%的6岁儿童体重高于55磅，10%的儿童体重低于36磅。此外，男孩和女孩在身高和体重上的平均差异在学前期有所增加，虽然在2岁时这种差异相对较小，但是到了学前期，就平均值而言，男孩比女孩长得更高、更重。

经济因素也影响这些平均值。发达国家的儿童营养更好，得到的健康护理更多，他们在生长发育方面与发展中国家的儿童有显著差异。例如，瑞典的4岁儿童一般长得和孟加拉国的6岁儿童一样高。即使在美国，家庭收入低于贫困线的儿童也更可能比家庭富裕的儿童矮（Petrou & Kupek，2010；Mendoza et al.，2017）。

体型和营养的变化

如果我们将一个2岁儿童和一个6岁儿童的身体做比较，就会发现他们的身体不仅在身高和体重上有所不同，在身体形态上也有不同。在学前期，男孩和女孩不再那么胖乎乎的了，而是变得更苗条了。此外，他们的胳膊和腿变长了，头部与身体其他部分的比例大小更接近成人。事实上，儿童长到6岁时，他们的比例跟成人就非常相似了。

身体内部也发生着其他生理变化。肌肉在增长，儿童变得更加强壮，骨骼变得更坚硬，感觉器官继续发展。例如，耳朵里耳咽管（eustachian tube）的方位将会发生剧烈的变化，这会引起学前儿童常见的耳痛。

由于儿童在学前期的发育速度比婴幼儿时期要慢，学前儿童需要的食物更少，这可能会引起家长的担心。然而，如果提供营养丰富的膳食，儿童就能够摄入足够的食物。

事实上，由于家长的担心而让孩子摄入超过他们想吃的食物量可能会造成超重（overweight）甚至肥胖（obesity）。超重是指在相同年龄和性别的儿童中身体质量指数（body mass index，BMI）在85至95百分位数之间。（BMI的计算方法是儿童的体重（千克）除以身高（米）的平方。）如果BMI值很大，那么儿童则会被认为是肥胖的。**肥胖**是指在相同年龄和性别的儿童中BMI在95或更高的百分位数以上。

在20世纪80年代和90年代，年龄较大的学前儿童的肥胖率明显增加。然而，2014年的研究发现，在过去的10年里，美国的肥胖发病率从近14%下降到8%多一点，这是儿童健康方面的重大突破

（Tavernise，2014；Miller & Brooks-Gunn，2015）。

尽管如此，在全球范围内，尤其是在发展中国家，儿童肥胖和超重仍然是一个重要问题。绝大多数的肥胖和超重儿童生活在发展中国家，在这些国家，大多数儿童不能获得良好的营养。如果照目前的趋势继续发展下去，到2025年，将有7 000万超重和肥胖婴幼儿（Commission on Ending Childhood Obesity，2018）。

对于家长而言，最好的策略就是保证食物品种齐全，且脂肪含量低、营养成分高。铁含量相对高的食物尤为重要：缺铁性贫血会导致持续的乏力，这是美国等发达国家常见的营养问题之一。含铁量高的食物包括深绿色蔬菜（如西蓝花）、全谷类和一些肉类（如瘦肉汉堡）。吃低脂食物、避免吃含钠量高的食物也是很重要的（Brotanek et al.，2007；Grant et al.，2007；Jalonick，2011）。

学前儿童也需要维生素A，它会促进发育。牛奶、鸡蛋以及黄色和橙色蔬菜（如南瓜和胡萝卜）中含有维生素A。同样重要的是水果中的维生素C，它能够保证健康的组织和皮肤，乳制品中的钙也很重要，它有助于促进骨骼和牙齿的形成。

最终，家长应该给孩子发展他们自己的食物喜好的机会。家长可以鼓励孩子先尝一小口来让他们接触新食物，这样扩大孩子的食谱相对轻松，是一种好方法（Hamel & Robins，2013；Struempler et al.，2014；Johnson et al.，2018）。

在被称为"恰到好处现象"的行为中，一些学前儿童对他们将要吃的食物种类形成了强烈的仪式和惯例。他们可能只吃某些食物，这些食物是用特定方式

鼓励孩子吃超出他们自然想吃的量，可能会导致他们的食物摄入量超出适宜水平。

准备的，并以特定方式摆在盘子里。在成年人中，这种"死板"是一种心理障碍的迹象，但在幼儿中是正常的。几乎所有的学前儿童最终都会摆脱它（Evans et al.，1997；Evans et al.，2006）。

从一个健康护理工作者的视角看问题

对于从发展中国家收养并在更工业化国家长大的儿童，生物和环境是如何一起共同影响其身体发育的？

健康与疾病

在3～5岁时，学前儿童平均每年患7～10次感冒以及其他轻微的呼吸系统疾病。在美国，普通感冒引起的流鼻涕是学前儿童最常见但也最不严重的健康问题。实际上，美国大部分学前儿童都很健康，88%的4岁以下儿童的父母说他们孩子的健康状况非常好（Kalb，1997；National Health Interview Survey，2015）。

虽然这些疾病引起的流鼻涕和咳嗽会使儿童难受，但是这种难受的感觉并不是很严重，这些症状也只是持续几天而已。（更多关于保持学前儿童健康的信息，见后页"生活中的发展"专栏。）

学前儿童面临的最大危险既不是疾病也不是营养问题，而是意外事故：10岁以下儿童因受伤致死的可能性是疾病的2倍。事实上，美国儿童每年有1/3概率会因为受伤而需要去医院（Field & Behrman，2003；Granié，2010；National Safety Council，2013）。

高水平的身体活动是导致学前儿童受伤的原因之一。正是这种身体活动，再加上这个年龄群体好奇心旺盛且缺乏判断的特点，导致学前儿童容易发生意外事故。

此外，一些儿童比其他儿童更爱冒险，因而也更容易受伤。男孩比女孩更好动，更爱冒险，受伤的概率也更高。经济因素也有一定的作用，在贫困地区长大的儿童，其生活环境与富裕的地区相比可能包含了更多的危险元素，伤亡的可能性高达富裕地区的2倍以上（Morrongiello，Klemencic，& Corbett，2008；Steinbach et al.，2016；Titi，van Niekerk，& Ahmed，2018）。

父母和看护者可以采取预防措施防止受伤的发生，例如从"儿童安全"住宅和教室开始，将电源插座用盖子盖上，在橱柜上安装儿童锁。儿童车座和自行车头盔可以有助于减少交通事故的发生。同时，父母和教师也需要意识到一些危险源带来的长期性威胁（Morrongiello，Corbett，& Bellissimo，2008；

Morrongiello et al.，2009；Sengoelge et al.，2014）。

例如，铅中毒对于很多儿童而言是非常危险的。根据美国疾病控制与预防中心的数据，约1 400万儿童因接触到铅而面临铅中毒的风险。尽管法律对油漆和汽油的铅含量有严格规定，但在涂漆的墙面和窗框（特别是老房子）中仍然含有铅，在汽油、陶瓷、铅焊管、汽车和卡车尾气中，甚至在灰尘和水中，也含有铅（Dozor & Amler，2013；Herendeen & MacDonald，2014；Bogar et al.，2017）。

更进一步，儿童饮用水中即使是微量的铅也会导致永久性的健康和发育问题。一个悲惨的例子是密歇根州弗林特饮用水事件。那里的城市供水受到了铅污染。从2014年开始，当水通过水管改道时，铅泄漏到供水系统中。在这种情况得到补救之前，那里的居民不得不使用瓶装水来维持生存（Goodnough & Atkinson，2016）。

正如我们在密歇根州弗林特的水危机中所看到的，即使儿童饮用水中含有的微量铅也会导致永久性的健康和发育问题。

因为即便是非常微量的铅，也会对儿童造成永久性的伤害，美国卫生与公众服务部（Department of Health and Human Services，HHS）将铅中毒列为6岁以下儿童最大的威胁。智力低下、言语和听力问题以及多动和注意力不集中都与接触铅有关。高浓度的铅接触还和学龄儿童高水平的反社会行为有关，包括攻击和违法行为。更高程度的铅接触引起的铅中毒还会导致疾病甚至死亡（Nigg et al., 2008；Marcus, Fulton, & Clarke, 2010；Lewis et al., 2018）。

发育中的大脑

大脑的发育速度比身体其他部分更快。2 岁儿童的大脑体积和重量已经是成年人的 75%；到了 5 岁，儿童的大脑重量是成年人平均水平的 90%。相比之下，5 岁儿童的平均体重只是成年人的 30%（Nihart, 1993；House, 2007）。

为什么大脑发育得如此之快？原因之一就是细胞之间的连接数量增加，这使得神经元之间可以进行更加复杂的信号传输，进而引起认知技能的快速增长。此外，髓鞘（myelin）（围绕神经元起保护性绝缘作用的部分）数量的增加加快了电脉冲沿脑细胞的传递速度（Dalton & Bergenn, 2007；Klingberg & Betteridge, 2013；Dean et al., 2014）。

生活中的发展

保持学前儿童的健康

没有别的办法：即便是最健康的学前儿童也会偶尔生病，这是不可避免的。与他人的社交互动会使疾病从一个儿童传染到另一个儿童身上。但是，有些疾病是可以预防的，也有些疾病可以通过一些简单的预防措施使其发病率降到最低。

- 学前儿童应该适当摄入含有均衡营养元素的食品，特别是富含蛋白质的食物。要坚持给儿童吃健康的食物，即便儿童一开始会拒绝这些食物，他们之后也会逐渐喜欢上这些食物。
- 鼓励学前儿童锻炼身体。
- 让儿童想睡多久就睡多久。疲劳会使儿童更容易生病。
- 避免儿童和生病的人接触。如果他们和生病的孩子玩耍，家长要保证他们玩耍后洗手。
- 确保儿童根据合适的计划进行免疫接种。尽管有的家长认为免疫接种会提高患孤独症谱系障碍的风险，但是这一观点并没有科学依据。美国儿科学会和美国疾病控制与预防中心证实，儿童应该接受所有推荐的免疫接种，除非有专业的医疗人员建议不接种疫苗（Daley & Glanz, 2011；Krishna, 2018）。
- 如果孩子确实生病了，那么记住一点：儿童期的小病有时会为以后更严重的疾病提供免疫力。

大脑功能偏侧化

胼胝体（corpus callosum）是连接左右脑半球的神经纤维束。到学前期结束时，胼胝体会变得相当厚，发展出 8 亿束单独的纤维帮助协调左右半球的大脑功能。与此同时，大脑的两个半球之间的差异不断增大，并且越来越专门化。**功能偏侧化**（lateralization），即某些功能更多地分布在一侧半球的过程，在学前期也变得越发明显。

对于大多数个体而言，左半球主要涉及与言语能力相关的任务，如说话、阅读、思维和推理；右半球发展出其自身的优势，特别是在非言语领域，如空间关系的理解、图案和绘画的鉴赏、音乐以及情感的表达（Pollak, Holt, & Wismer Fries, 2004；Watling & Bourne, 2007；Dundas, Plaut, & Behrmann, 2013；见图 4-2）。

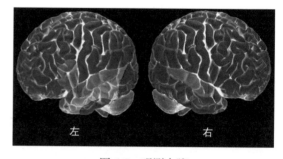

图 4-2 观测大脑

这些 PET 扫描图显示了在特定任务过程中大脑左右半球活动情况是不同的。教育工作者如何在他们的教学方法中利用这一结果？

每个半球处理信息的方式也稍有不同。左半

球加工信息方式是序列化的，一次一个数据；右半球倾向以更全局的方式加工信息，整体地反映出来（Holowka & Petitto，2002；Barber et al.，2012）。

尽管左右半球有一定程度的专门化，但在很多方面它们还是协同行动、相互依存的。事实上，每个半球都能进行另一个半球的大部分工作。例如右半球也进行一些语言加工，并在语言理解方面起到重要作用（Corballis，2003；Hutchinson，Whitman，& Abeare，2003；Hall，Neal，& Dean，2008；Segal & Gollan，2018）。

大脑功能偏侧化也存在个体差异。例如，大约10%的人是左利手或双利手（可以交替使用两只手），大多数这样的人的语言中枢位于右半球或者没有特定的语言中枢（Compton & Weissman，2002；Isaacs et al.，2006；Szaflarski et al.，2012；Porac，2016）。

更加有趣的是与功能偏侧化有关的性别差异。例如，从出生到学前期，男孩和女孩在一些较低水平的身体反射和听觉信息加工上表现出半球差异，男孩的语言功能向左半球侧化的倾向非常明显；而对于女孩而言，语言在两个半球的分布更加平衡。这些差异可以帮助我们理解为什么学前期女孩的语言发展比男孩快（Castro-Schilo & Kee，2010；Filippi et al.，2013；Agcaoglu et al.，2015）。

大脑发育和认知发展之间的关系

神经科学家刚刚开始了解大脑发育和认知发展之间的关联。虽然目前我们还不知道其因果关系的先后（是大脑发育促进了认知的进步，还是认知的进步刺激了大脑发育），但是我们却能清楚地看到两者之间的关系。

例如，在儿童期，大脑快速发展，认知能力也在快速增长。一项测量脑电活动的研究发现，1.5～2岁期间的脑电活动异常活跃，这段时期也是语言能力迅速提高的阶段。在其他认知发展特别密集的时期，也出现了脑电活动的活跃期（Mabbott et al.，2006；Westermann et al.，2007；Sadeghi et al.，2013；见图4-3）。

还有研究显示，髓鞘数量的增加可能和学前儿童认知能力的提升相关。例如，网状结构（reticular formation）是与注意有关的脑区，儿童在5岁的时候才能完成该区域的髓鞘化，这或许能够解释儿童在入学前注意广度的发展。学前期记忆的发展也可能和髓鞘化有关：在学前期，海马完成髓鞘化过程，而该区

域和记忆有关（Rolls，2000）。

此外，连接小脑（cerebellum，控制平衡和运动的脑区）和大脑皮质（cerebral cortex，负责复杂信息加工的结构）的神经也有明显发育。这些神经纤维的发育与学前期运动技能和认知加工的显著进步有关（Carson，2006；Gordon，2007）。

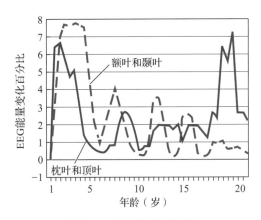

图4-3 大脑的快速发育

脑电活动与毕生不同阶段的认知能力进步有关。在该图中，1.5～2岁期间的脑电活动急剧增加，在此期间语言也迅速发展。

资料来源：Based on Fischer, K. W., & Rose, S. P.（1995）. Concurrent cycles in the dynamic development of brain and behavior. Newsletter of the Society for Research in Child Development, p. 16.

运动发展

Anya坐在公园的沙箱里，一边和其他的父母聊天，一边和她的两个孩子——5岁的Nicholai和13个月大的Smetna玩耍。在聊天的同时，Anya紧紧看着Smetna，如果稍不留意，Smetna就会把沙子放进嘴里。但是今天，Smetna看起来满足于把沙子捧到手中并试图装进桶里。同时，Nicholai正忙着和另外两个男孩一起快速地装满其他的沙桶，然后倒出来搭建精致的城堡，接着再用玩具卡车将其摧毁。

当不同年龄的儿童聚集在操场上的时候，很容易就能看出学前儿童的运动技能已经有了长足的发展。他们的粗大和精细运动技能已经越来越趋于熟练精细。例如，Smetna仍然在学着如何将沙子装入桶中，而她的哥哥Nicholai已经可以轻松地应用这种技能来建沙子城堡了。

粗大运动技能

到3岁时，儿童已经掌握了多种技能：双脚跳、

单脚跳、两只脚换着跳、跑步。到四五岁时，他们对肌肉的控制越来越好，使得技能更加精细化。例如，在 4 岁时他们能够准确地向同伴传球，5 岁时他们可以将一个套环扔到 5 英尺外的一个柱子上。5 岁儿童可以学会骑自行车、爬梯子、滑雪——这些活动都需要相当程度的协调能力（Clark & Humphrey，1985；Osorio-Valencia et al.，2018；学前期出现的主要粗大运动技能，见图 4-4）。

3岁
能双脚交替地爬楼梯
不能突然止步或转身
能跳15～24英尺的距离

4岁
能在有支撑的情况下双脚交替地走下长长的楼梯
能一定程度地控制起步、止步和转身
能跳24～33英尺的距离

5岁
能双脚交替地走下长长的楼梯
能在游戏中起步、止步和转身
能助跑跳跃28～36英尺的距离

图 4-4　学前期主要的粗大运动技能

这些技能的获得可能跟大脑发育以及与平衡和协调相关脑区的神经元髓鞘化有关，另一个可能的原因就是孩子们用了大量时间来练习这些技能。在此期间，儿童的一般活动水平相当高。事实上，3 岁时的活动水平比整个生命中任何时期的水平都要高（Miller，Church，& Poole，2018）。

男孩和女孩在粗大运动协调的某些方面存在差异，这在一定程度上是由肌肉强度的不同而引起的，男孩的肌肉比女孩的更强、更有力。例如，一般情况下，男孩扔球会更远、跳得也会更高，而且男孩的总体运动水平也高于女孩。相比之下，女孩通常在涉及肢体协调方面的任务中优于男孩。例如，5 岁时女孩在跳跃活动和单脚平衡方面会比男孩更好（Largo，Fischer，& Rousson，2003；Spessato et al.，2013）。

肌肉技能的另一个方面体现在控制肠道和膀胱上，这也是家长通常会面临的问题。那么何时以及如何训练儿童如厕呢？没有什么儿童保育问题像如厕训练这个问题一样让家长为之纠结。美国儿科学会目前的指导方针认为，何时开始如厕训练没有统一的时间，应该在儿童准备好后再进行（American Academy of Pediatrics，2009；Lundblad，Hellström，& Berg，2010）。

儿童什么时候"准备好"呢？做好准备的迹象包括：一天中至少有两个小时保持干燥，或午睡后醒来没有尿湿；肠蠕动规律且可预见；能够通过面部表情或言语表明要排尿或排便；能够听从简单指令；能够独立去厕所并脱裤子；对弄脏的尿布感到不舒服；要求使用便器或便壶；有穿内裤的愿望。

此外，儿童不仅要做好身体方面的准备，而且要做好情绪上的准备，如果他们表现出强烈抗议如厕训练的迹象，那么如厕训练就该延迟。如果家庭环境发生了较大的改变，例如有新宝宝出生，或者生了大病，同样也需要延迟如厕训练。一些 18 ～ 24 个月大的儿童已经表现出做好如厕训练的迹象，但有些儿童则要到 30 个月甚至更大一些才行（Fritz & Rockney，2004；Connell-Carrick，2006；Greer，Neidert，& Dozier，2016）。

在美国儿科学会指导方针的影响下，过去几十年中开始进行如厕训练的时间有所延后。例如，在 1957年，92% 的儿童在 18 个月大的时候就进行了如厕训练。而如今，如厕训练的平均年龄大概在 30 个月（van Nunen et al.，2015；Rouse et al.，2017）。

精细运动技能

在发展粗大运动技能的同时，儿童的精细运动技能也在进步，发展出更为灵敏、更为小巧的身体运动，如使用叉子和勺子、用剪刀剪东西、系鞋带、弹钢琴等。

精细运动技能需要大量的练习。精细运动技能的出现表现出了清晰的发展模式。在 3 岁时，儿童已经能够用蜡笔画出圆圈和方块，去卫生间时能够自己脱衣服。他们能够将简单的拼图拼在一起，还能够将不同形状的木块放到相应的孔中。然而，他们在完成这些任务时并不精准和完美，例如，他们常常试图将一块拼图硬塞到某个地方。

到 4 岁时，他们的精细运动技能有了提升，能够画出看上去像人的人像，能够用纸折成三角形；到 5 岁的时候，他们能够正确地握住并使用细铅笔。

在学前期，儿童的精细运动技能和粗大运动技能都在发展。

学前儿童会选择用哪只手握笔来完成精细运动任务呢？对于大多数儿童而言，他们在出生后不久就做出了选择。

从婴儿早期开始，许多儿童就表现出使用某一只手多于另一只手的偏好——**利手**（handedness）的发展。到7个月时，一些婴儿就似乎喜欢更多地用某一只手来抓东西（Marschik et al.，2008；Morange-Majoux，Lemoine，& Dellatolas，2013；Garcia & Teixeira，2017）。

大多数儿童到学前期的末尾已经表现出明显的利手倾向，约90%的儿童是右利手，10%是左利手。此外，男孩中左利手的比率高于女孩。

回顾、检测和应用

回顾

1. 描述学前儿童的身体状态。

学前期以稳定的身体发育和迅速的生理能力发展为标志。学前儿童吃得比婴儿期时少，但是如果给予他们自由选择营养的机会，帮助其发展自己的偏好，他们通常可以适当地调整自己的食物摄入量。

2. 描述学前儿童总体健康状态。

学前期通常是一生中最健康的时期，只有一些小病对儿童形成威胁。意外事故以及环境危害是学前儿童健康的最大威胁。

3. 解释学前儿童的大脑如何变化和发展。

除了身体发育，学前期的另一个特点是大脑的快速发育。髓鞘的增长对于智力的发展尤为重要。其他变化发生的同时，大脑也出现功能偏侧化，即两个半球倾向于适应特定的任务。

4. 解释大脑发育和认知发展之间的关系。

在儿童时期，大脑表现出不同寻常的爆发式发育，这与认知能力的提高有关。

5. 描述学前儿童粗大运动发展的过程。

粗大运动在学前期快速发展。男孩和女孩的粗大运动技能开始分化，男孩在需要力量的任务上表现更好，女孩则在需要协调性的任务上表现更好。为了有效地训练如厕，儿童必须在身体和情绪上都做好准备。有些儿童在18～24个月之间表现出准备就绪的迹象，但也有些儿童直到30个月或更大的时候才准备好。

6. 描述学前儿童精细运动发展的过程。

精细运动技能涉及细小的身体运动，它与粗大运动技能同时发展。精细运动技能需要相当多的练习才能发展。学前儿童也会发展出利手偏好——使用一只手多于另一只手的偏好。

自我检测

1. 下列哪项建议不利于防止儿童肥胖？

a. 提供营养价值高的食物

b. 确保食物含较少的脂肪

c. 保证稳定的、变化较少的食谱

d. 允许儿童发展他们自己的食物偏好

2. 在学前期，大脑的两个半球在加工过程中变得越来越专门化，这一过程叫作_____。

  a. 同质性   b. 髓鞘化

  c. 大脑融合   d. 功能偏侧化

3. 学前儿童运动技能发展如此迅速的一个主要原因是，神经元髓鞘化增加的大脑区域与_____有关。

  a. 平衡和协调   b. 感知觉

  c. 力量和耐力   d. 认知发展

4. 下列属于精细运动的是_____。

  a. 单脚跳   b. 用剪刀剪东西

  c. 精准投球   d. 攀爬梯子

应用于毕生发展

了解学前儿童身体发育的相关情况，可以从哪些方面帮助父母和看护者照顾儿童？

4.2　学前期的认知发展

Jesse 和三只熊

3 岁的 Jesse 正在表演他最喜欢的故事——《三只熊》。在另一个房间，他妈妈听到他扮演多个角色。"有人喝了我的粥。"Jesse 用低沉熊爸爸的声音说。"有人坐了我的椅子。"他用尖尖的嗓子模仿熊妈妈说。然后 Jesse 用他自己熊宝宝一样的声音说话。"有人睡了我的床，她还在这里呢！"随后是高声尖叫，这让他妈妈意识到，Jesse 在模仿金发女孩醒来看到三只熊时的反应。

在某些方面，3 岁儿童的智力复杂得令人吃惊。他们的创造力和想象力发展到了一个新的高度，他们的语言变得日益复杂，他们推理和思考这个世界的方式在几个月前简直是不可能的。学前期智力飞速发展的基础是什么？在这一节，我们将考虑几种关于学前儿童思维和认知能力发展的观点。

皮亚杰的认知发展观

在 3.2，我们讨论了皮亚杰的认知发展阶段观点。他认为学前期既是稳定的又是变化的。他把学前期单独分为认知发展的一个阶段——前运算阶段，从 2 岁持续到 7 岁左右。

皮亚杰的前运算思维阶段

在**前运算阶段**（preoperational stage），儿童更多地使用象征性符号思维，出现心理推理，概念的使用也有所增加。看到妈妈的车钥匙可能会想到"去商店吗"这个问题，因为儿童开始将钥匙看作开车的象征。通过这种方法，儿童开始更加善于表征事件的内在，更少以直接的感觉运动活动来理解外部世界。但他们还不能进行**运算**（operation）：即有组织的、形式的、逻辑性的心理加工。

根据皮亚杰的观点，前运算思维的一个重要方面就是象征性符号功能（symbolic function），即使用心理符号、单词或物体代替或表征一些不在眼前的东西的能力。例如，学前儿童能够使用表示小汽车的心理符号（单词"小汽车"），他们也懂得一辆玩具小汽车能够代表一辆真正的小汽车，没必要去驾驶一辆真汽车来弄懂它的基本作用和用途。

语言与思维的关系。前运算阶段的重要进步之一是语言的使用日益复杂，而象征性符号功能是这一进步的基础。皮亚杰认为学前期语言的进步反映了思维相对于早期感觉运动阶段的进步。感觉运动阶段以感觉运动为基础，它的速度较慢，象征性思维则以不断提升的语言能力为基础，它使得学前儿童能够以更快的速度真实地表征动作。

更重要的是，语言可以让儿童超越当下思考未来。学前儿童在幻想和白日梦中通过语言来想象未来的种种可能，而不是仅仅局限于当下。

中心化：所见即所想。将一个小狗面具戴在猫咪的头上会得到什么？三四岁的儿童会回答"小狗"。对于他们而言，一只戴着狗面具的猫应该像狗一样吠叫，像狗一样摇尾巴，而且吃狗粮。这只猫的每一个方面都变成了狗。

对于皮亚杰来说，这种想法的本质就是中心化，它是前运算阶段儿童思维的一个关键成分，也是其局限。**中心化**（centration）是关注刺激物的某一有限的方面（特别是表面成分）而忽略其他方面的过程，主导学前儿童的思维，导致他们出错。

中心化会导致儿童犯图 4-5 中的错误。问四五岁的儿童哪一排的纽扣更多，他们通常会选择更长的那一排而不是实际上包含更多纽扣的那一排。即使这个年龄阶段的儿童知道 10 比 8 要多，他们也会犯错误。他们只注意到表观，没有考虑对数量的理解。

图 4-5 哪一排的纽扣更多

在学前儿童面前摆放着这样两排纽扣，并问他们哪排的纽扣更多时，他们通常回答下面那排更多，因为它看起来更长。即使他们很清楚地知道 10 比 8 大，他们也会这样回答。你认为可以教会学前儿童正确回答这个问题吗？

学前儿童对表观的注意可能和前运算阶段的另一个方面有关，即不能理解守恒。

守恒：认识到表观有欺骗性。思考下面的场景。

4 岁的 Jaime 面前摆放着两个形状不同的水杯，一个又矮又粗，另一个又高又细。老师向又矮又粗的杯子里注入半杯苹果汁，然后又将这些苹果汁倒入又高又细的那个杯子。这些果汁几乎装满了细杯子。老师问 Jaime 一个问题：第二个杯子中的果汁比第一个的多吗？

如果你认为这是个简单的任务，像 Jaime 这样的孩子也这么认为。但问题是他们的回答几乎总是错的。

大多数 4 岁儿童会回答细高杯子中的果汁比粗矮杯子中的果汁要多。事实上，如果把这些果汁倒回到粗矮杯子中，他们很快就会说现在的果汁比高杯子中的要少。

判断错误的原因是这个年龄阶段的儿童还没有掌握守恒的概念。**守恒**（conservation）就是知道物体的量与排列和外在形状无关（一些其他的守恒任务，见图 4-6）。

为什么前运算阶段的儿童会在守恒任务中出错呢？皮亚杰指出，主要原因是其中心化的倾向阻碍了他们对情境相关特性的注意。此外，他们不能理解伴随着情境外观变化的序列转变。

对转变的不完全理解。处在前运算阶段的学前儿童走在树林中看到一些虫子，可能会认为它们是同一只虫子。原因是学前儿童是孤立地看待每个情境的，不能理解一只虫子从一个地方快速地挪动到另一个地方是需要转变的。

正如皮亚杰使用的这个词，**转变**（transformation）是一种状态变化成另一种状态的过程。例如，成年人知道如果让一支直立的铅笔落下，它会经历一系列连续的阶段直到它到达最终的水平静止点。相反，前运算阶段的儿童不能想象或记起铅笔从竖直到水平位置所经历的连续转变。

自我中心主义：无法采择他人视角。前运算阶段的另一个特点就是自我中心思维。**自我中心思维**（egocentric thought）是指不考虑他人观点的思维。学前儿童不能理解他人有着和自己不同的视角。自我中心思维有两种形式：缺乏对他人从不同物理角度看待事物的意识以及不能意识到他人或许持有不同的想

守恒类型	样式	物理表象的变化	通过该任务的平均年龄
数量	集合中元素的数量	重新排列或打乱元素	6～7岁
物质（质量）	有延展性物质的量（如黏土或液体）	改变形状	7～8岁
长度	线段或物体的长度	改变形状或结构	7～8岁
面积	平面图形覆盖的面积	重新排列图形	8～9岁
重量	物体重量	改变形状	9～10岁
容量（体积）	物体的容量（如排水量）	改变形状	14～15岁

图 4-6 关于儿童理解守恒原则的常用测试

为什么对守恒的感知很重要？

法、感受和观点。（注意，自我中心思维并不意味着前运算阶段的儿童故意以自私或不考虑他人的方式思考问题。）

由于存在自我中心思维，儿童会对他们的非言语行为以及由此对他人产生的影响缺乏考虑。例如，一个4岁的儿童得到了一双不想要的袜子作为礼物，当打开礼物盒子时，他可能会皱着眉、板着脸，他无法意识到他人能看到他的表情，从而暴露了他对礼物的真实感受。

自我中心能够解释为什么学前儿童会自言自语，即使一旁有别人。他们经常会忽略他人的话。这些行为说明了前运算阶段儿童思维的自我中心特点：没有意识到自己的行为引发了他人的反应和回应。因此，学前儿童很大一部分语言行为并不是出自社交动机，而只是对他们自己有意义。

同样，在玩捉迷藏的游戏中也能看出前运算阶段儿童的自我中心。在捉迷藏游戏中，3岁儿童可能用枕头遮住脸把自己"藏"起来——其实仍然能被他人看到。他们这么做的原因是：如果他们不能看到别人，别人也不能看到他们。他们认为别人的视角和他们的一样。

直觉思维的出现。因为皮亚杰将学前期叫作"前运算阶段"并且关注儿童认知的不足，这就很容易让人觉得学前儿童是停滞不前的。然而，前运算阶段并不是在虚度时光。认知能力在稳定地发展，新的能力也出现了，包括直觉思维。

直觉思维（intuitive thought）是指学前儿童利用初级推理以及渴望获取世界知识的思维。在4～7岁，儿童的好奇心非常强，几乎每件事情都要问"为什么"。同时，儿童可能表现得好像他们是某个话题的权威，觉得自己对问题有最终的解释权。他们的直觉思维使得他们认为自己知道各种问题的答案，但是他们的这种自信却毫无逻辑基础。

在前运算阶段后期，儿童的直觉思维为更加复杂的推理做好了准备。例如，学前儿童开始懂得用力蹬脚踏板会使自行车跑得更快，按遥控器的按钮可以更换电视频道。到前运算阶段结束的时候，学前儿童开始知道功能性（functionality）的概念，即行为、事件和结果在固定模式中是彼此相关的。他们也开始理解同一性（identity）的概念，即不论事物的形状、大小和外形如何变化，它们仍是原先的那个事物，例如，一块黏土不论被揉成球还是拉成一条蛇的样子，总量是不变的。理解同一性对儿童发展守恒概念（数量与物理表象无关，我们之前讨论过这个问题）不可或缺。皮亚杰认为儿童对守恒的理解标志着从前运算阶段发展到下一个阶段——具体运算阶段（我们将在第5章中讨论）。

评价皮亚杰的认知发展观

皮亚杰是一位儿童行为的专业观察家，他提供了学前儿童认知能力的详细描述。其理论的主要观点为我们提供了一种有效途径去思考学前期阶段认知能力的发展（Siegal，1997）。

然而，依据近期研究发现，在适当的历史环境下考察皮亚杰关于认知发展的理论很重要。就像我们之前所讨论的，皮亚杰的理论是基于对相对较少的儿童的广泛观察。尽管他的观察富有洞察力并具有突破意义，但最近的实验研究表明，在某些方面皮亚杰低估了儿童的能力。

我们以皮亚杰关于前运算阶段儿童如何理解数的观点作为例子。基于学前儿童在涉及守恒和可逆性（理解将事物反转至最初状态的转变过程）的任务中的表现，他认为学前儿童对于数的理解存在严重缺陷。但是近期的实验研究却提出了不同的看法。

例如，发展心理学家罗切尔·戈尔曼（Rochel Gelman）发现，3岁儿童能够轻松辨别出2个玩具动物和3个玩具动物分别排成一行之间的差别，不管玩具之间的间隔有多大。年长儿童能够区分数字的大小，能够理解一些加法和减法问题的基本知识（Brandone et al.，2012；Gelman，2015；Dietrich et al.，2016）。

戈尔曼总结道，儿童具有天生的计数能力，这种能力就像一些理论家认为语言使用能力是普遍的、由遗传决定的一样。这一结论显然和皮亚杰的主张不一致，皮亚杰认为儿童的数学能力直到前运算阶段结束后才会快速发展。

一些发展心理学家（特别是那些支持信息加工观点的人）还认为认知技能以一种比皮亚杰阶段理论所提出的更为连续的方式发展。相对于皮亚杰所认为的思维是一种质变的观点，他们更倾向于认为思维能力变化是量变的，是逐渐提高的（Gelman & Baillargeon，1983；Case，1991）。

皮亚杰的认知发展观点面临进一步的挑战。他认为守恒直到前运算阶段结束时才能出现，但这禁不起实验的检验。儿童经过一定的训练和练习就能够正确回答守恒任务。皮亚杰认为前运算阶段儿童认知能力不够成熟而不能理解守恒问题，但训练能够改善儿童在此类任务上的表现，这一事实对皮亚杰的这一观点提出了质疑（Ping & Goldin-Meadow，2008）。

总的来说，皮亚杰倾向于关注学前儿童在逻辑思维上的不足。而近期的理论家们通过更多关注儿童的能力，发现了学前儿童可以达到令人惊讶的能力水平的证据。

其他观点：信息加工理论和维果茨基

即使已经成年，Paco对他的第一次农场之旅记忆犹新，那时他才3岁。他去看望生活在波多黎各的祖父，他们两人来到了附近的一个农场。Paco叙述了他所见的上百只鸡，他还清晰地记得他很害怕那些看起来很大的、臭臭的、吓人的猪。他尤其记得和祖父骑马时兴奋的心情。

Paco对他的农场之行记忆犹新这个事实并不令人诧异：许多人都有着清晰的、看似准确的、可以追溯到3岁的记忆。在学前期记忆形成的过程和长大之后记忆形成的过程是类似的吗？更广泛地说，学前期的信息加工有什么一般性的变化吗？

这个学前儿童在6个月后还可能回忆起这段旅程，但到12岁时，她可能就想不起来了。你能解释原因吗？

认知发展的信息加工理论

认知发展的信息加工观点关注儿童在处理问题时使用的"心理程序"所发生的变化。信息加工观点认为，就像程序员根据经验修改计算机程序之后程序将变得更加精妙一样，儿童的认知能力在学前期也会发生变化。对于许多儿童发展心理学家来说，信息加工观点代表了有关儿童认知发展的最具有影响力、最综合也最准确的解释（Siegler，1994；Lacerda，von Hofsten，& Heimann，2001）。

我们将关注两个强调信息加工理论的领域：对数的理解和记忆发展。

学前儿童对数的理解。如前所述，学前儿童对数的理解比皮亚杰所认为的要好。持有信息加工观点的研究者已经发现，越来越多的证据表明学前儿童具有良好的数理解能力。他们不仅能数数，而且能以一种相当系统且一致的方式来数（Siegler，1998；Milburn et al.，2018）。

例如，发展心理学家罗切尔·戈尔曼提出，学前儿童数数时遵从一些数字法则。给他们呈现一组物品，他们知道应该给每件物品分配一个数字，而且每件物品只应该数一次。此外，即使他们数错了数字，他们在使用时也会保持一致。例如，一个4岁儿童将3件物品数成"1，3，7"，当她数另外一组不同的物品时还会说"1，3，7"。而当被问到这组物品有多少件时，她可能会说有7件（Slusser，Ditta，& Sarnecka，2013；Xu & LeFevre，2016；Brueggemann & Gable，2018）。

到4岁时，大多数孩子都能够通过数数解决简单加法和减法问题，并且可以成功进行不同数量的比较（Donlan，1998；Gilmore & Spelke，2008）。

记忆：回忆过去。回想一下你自己最早的记忆。如果你也像前面所说的Paco和大多数人一样，那么你能够记起的可能是发生在3岁后的某一件事情。**自传体记忆**（autobiographical memory）是对自己生活中特定事件的记忆，它要到3岁以后才有一定的准确性，并在整个学前期逐渐提高。学前儿童记忆的准确性在一定程度上取决于记忆是何时被评估的。不是所有的自传体记忆都会在日后生活中保留下来。例如，一名儿童可能会在6个月或者1年后仍然记得上幼儿园的第一天，但在那之后可能一点都不记得。此外，除非某一事件非常生动或有意义，否则它不会被记起（Valentino et al.，2014；McDonnell et al.，2016；Valentino et al.，2018）。

学前儿童的自传体记忆不仅会消退，而且所记的内容不可能完全准确。例如，如果一件事经常发生，可能就很难记得这件事发生的具体时间。学前儿童关于熟悉事件的记忆常常以**脚本**（script）的方式进行组织，即对事件及其发生顺序在记忆中概括性地表征。例如，一个幼儿可能以下列几个步骤表征在餐馆进餐的过程：和服务员谈话、得到食物、开吃。随着年龄增长，这个脚本变得更加详细：上车、在餐馆入座、选择食物、点菜、等待上菜、开吃、点甜点、结账。脚本事件回忆的准确性相对于非脚本事件会更差一些（Sutherland，Pipe，& Schick，2003；Yanaoka & Saito，2017）。

儿童目击者证词：审判中的记忆。学前儿童的记忆还有另一个重要特征：他们的记忆容易受他人暗示的影响。当要求儿童指证诸如虐待等法律事件时，这个问题尤其值得关注。考虑一下以下这个情境。

我看到了蜡笔，它们的颜色像彩虹一样，还有金色的。我很想一整天都用它们涂颜色。但是一个巨人趁我们睡觉时偷走了所有蜡笔。

尽管这个 4 岁男孩详细地描述了他目睹蜡笔被偷这件事情，但问题是：这件事情并不是这样的，他的记忆全是错的。

当被问到班级里最近一周发生了什么事情时，这个 4 岁男孩叙述了蜡笔被偷的事件，但这件事根本就没发生过。有一盒蜡笔不见了，但是孩子们不知道蜡笔为什么不见了。这个男孩听到老师对校长说，睡觉前还看到了蜡笔。几天后，老师给孩子们讲了一个神话故事《杰克与魔豆》，故事里有一个巨人。这些细节构成了他叙述中的一部分。

这一事件对司法发展心理学这一崭新且快速发展的领域的研究具有启示意义。

司法发展心理学（forensic developmental psychology）关注儿童在司法系统背景下自传体记忆的可靠性。这些儿童可能是目击者，也可能是受害者（Goodman，2006；Bruck & Ceci，2012）。

儿童的记忆很容易受到成人提问暗示的影响。这一特点在学前儿童身上体现得尤为明显，他们比成人或学龄儿童更容易受到暗示的影响。如果反复询问儿童同样的问题，他们的错误率就会增长。事实上，错

误记忆（如那个 4 岁男孩报告的"被盗的蜡笔"事情）可能比真实记忆保持得更久。此外，当问题具有很高的暗示性时（例如，提问试图引导当事人得出特定结论时），儿童更容易出错（Lowenstein，Blank，& Sauer，2010；Stolzenberg & Pezdek，2013；Otgaar et al.，2018）。

司法发展心理学家在法律语境中关注儿童记忆的可靠性。

信息加工的视角。根据信息加工观点，认知发展包括人们知觉、理解、记忆信息方式的逐渐进步。随着年龄的增长和经验的增加，学前儿童处理信息更加有效，也更为熟练，他们能处理的问题也越来越复杂。在这一观点下，正是这些信息加工过程中量变形式的进步（并不是皮亚杰提出的质变）形成了认知发展（Zhe & Siegler，2000；Rose，Feldman，& Jankowski，2009；Bernstein et al.，2017）。

对于信息加工观点的支持者来说，这一视角最重要的特点是它精确地定义具体过程，并且能够被研究检验。信息加工观点不是建立在模糊的概念之上的，如皮亚杰的同化和顺应等概念，而是提出了一套全面的、具有逻辑性的概念。

例如，当学前儿童长大一些，他们具有了更大的注意广度，能够更有效地监控和计划他们所关注的事物，并且逐渐能意识到自己认知的局限性。这就为皮亚杰的某些发现提供了新的解释。例如，注意力的提高使得年长儿童（与学前儿童有区别）能够同时关注高杯子和矮杯子的高度和宽度，从而能够理解当杯中液体倒来倒去时，量会保持不变，从而理解了守恒。

但是，也有人会批评信息加工观点。一个集中的批评就是信息加工观点"只见树木，不见森林"，它过多关注于细节的、独立的心理加工序列，以至于从来没有对认知发展形成全面综合的理解，而这一点皮亚杰做得相当不错。

因此，理论家同时使用皮亚杰和信息加工观点可以说是采用互补的方法来解释行为。例如，考虑一下这一章开头的场景，一个名叫 Chen 的学前儿童非常活跃，他找到了一个够到饼干罐的办法——爬过厨房柜台。皮亚杰的观点可能关注图式的发展，正是图式的发展使 Chen 能够理解目标导向行为的概念。相比之下，信息加工观点可能会关注记忆的进步，认为是记忆的进步使 Chen 记起饼干存放在哪里。

因此，行为的信息加工解释提供了一种不同但互补的行为观点。无论如何，信息加工观点在过去几十年里具有很大的影响。它激发了大量研究，帮助我们了解了儿童认知是如何发展的。

维果茨基的认知发展观：考虑文化的影响

印第安奇尔科廷（Chilcotin）部落的一个成员正在把一条大马哈鱼做成晚餐，她的女儿在一旁观看。女儿对烹饪过程中的一个细节提出疑问时，这位母亲拿出另外一条大马哈鱼并重复整个过程。关于学习，这个部落的观点认为，理解是来自对整个过程的掌握而不是来自对任务的个别子成分的学习（Tharp，1989）。

奇尔科廷部落关于儿童如何了解世界的观点与西方社会普遍的观点有所不同，后者认为个体只有掌握问题的每个部分才能完全理解它。特定文化和社会对于解决问题的方法间的差异会影响认知发展吗？根据苏联发展心理学家列夫·维果茨基（Lev Vygotsky，1896—1934）的观点，其答案显然是肯定的。

维果茨基认为，认知发展是社会交互的产物。他并不关注个体的表现，而是关注发展和学习的社会性方面，这一观点越来越具有影响力。

维果茨基把儿童看作学徒，从成人和同伴指导者那里学习认知策略和其他技能。成人和同伴不仅呈现做事情的新方式，而且提供帮助、指导和鼓励。因此，他关注儿童的社会和文化世界，认为这是儿童认知发展的源泉。根据维果茨基的观点，在成人和同伴提供的帮助下，儿童逐渐变得聪明，并开始自己解决问题

（Vygotsky，1926/1997；Tudge & Scrimsher，2003）。

维果茨基认为，文化和社会建立了一些机构和组织，如幼儿园和游戏群体，它们通过提供认知发展的机会来促进儿童的发展。此外，通过强调特定的任务，文化和社会将塑造儿童特定的认知进步。我们必须认识到现存社会对个体成员的重要性，否则很容易低估个体最终所获得的认知能力的实质和水平。例如，儿童玩具就能反映出在特定社会中什么是重要的和有意义的。在西方社会，学前儿童通常会玩玩具马车、汽车和其他交通工具，这在某种程度上反映了"流动"是文化的本质特征（Veraksa et al.，2016；Yeniasir，Gökbulut，& Yaraşir，2017；Esteban-Guitart，2018）。

因此，维果茨基的观点与皮亚杰的观点有着很大的不同。皮亚杰把发展中的儿童看作小科学家，通过自身努力发展出对世界的独立理解。而维果茨基则把儿童看作学徒，他们从高明的老师那里学习他们所处文化中的重要技能（Mahn & John-Steiner，2013；Neal Kimball & Turner，2018）。

苏联发展心理学家维果茨基提出，认知发展应该关注儿童的社会和文化世界，这与关注个体表现的皮亚杰观点有所不同。

最近发展区和脚手架：认知发展的基础。维果茨基提出儿童的认知能力通过接触新信息而不断发展，这些信息能够引发他们的兴趣但又不是很难处理。在某一水平下，儿童几乎能够但又不足以独立完成某一任务，但是在更有能力的他人帮助下就可以完成，维果茨基将这二者之间的差距称为**最近发展区**（zone of proximal development，ZPD）。为了促进认知发展，就必须由父母、教师或者能力更强的同伴在儿

童的最近发展区内呈现新信息。例如，学前儿童可能不知道如何将一个小把手粘在她做的泥锅上，但是有了幼儿园老师的建议，她就能做到这一点（Zuckerman & Shenfield，2007；Norton & D'Ambrosio，2008；Warford，2011）。

最近发展区的概念认为，即使两个儿童在没有帮助的情况下都能够实现同等程度的发展，但是如果一个儿童得到了帮助，他就会比另一个儿童有着更大的进步。在他人帮助下进步越大，最近发展区就越大。

由他人提供的帮助或扶持被称为脚手架，这个名字来自建筑结构中的临时脚手架。**脚手架**（scaffolding）是学习和问题解决的支持，以促进儿童的独立和成长（Puntambekar & Hübscher，2005；Blewitt et al.，2009）。较年长的人所提供的脚手架能够推动儿童完成任务，一旦儿童能够独立解决问题时就要把脚手架移走，就像施工过程中的一样（Taynieoeaym & Ruffman，2008；Ankrum，Genest，& Belcastro，2013；Leonard & Higson，2014）。

对于维果茨基来说，脚手架不仅能够帮助儿童解决特定问题，而且能够促进儿童整体认知能力的发展。在教育中，脚手架首先是帮助儿童以适当的方式思考和界定任务。另外，父母或教师应该提供一些适合儿童发展水平的线索或示范行为以完成任务。

从一个教育工作者的视角看问题

如果儿童的认知发展依赖与他人的交互，那么对于幼儿园或邻里之类的社会环境，社会有什么样的职责？

这种更成功个体向学习者提供帮助的一个关键方面在于借助文化工具。文化工具是现实的、实在的事物（如铅笔、纸、计算器、电脑等），也是一种解决问题的知识性和概念性的框架。这一框架包括在某种文化中使用的语言、字母和数字系统、数学和科学系统，甚至是宗教系统。这些文化工具提供了能够帮助儿童定义和解决特定问题的结构，还提供了鼓励认知发展的智力观点。

例如，考虑一下人们谈论距离时的文化差异。在城市中，距离通常是以街区为单位来测量的（"商店距离这儿约有 15 个街区"）。对于一个农村孩子来说，更有文化意义的术语可以是码⊖、英里⊜、"抛出一个石头那么远"的实用经验法则，或者是其他已知距离和里程的参照，如"大约是到城里距离的一半"。

而更复杂的是，"多远"这个问题有时不是根据距离而是用时间，如用"到商店大约是 15 分钟的路程"来回答。这是依赖于情境的，例如，根据所指的是步行还是乘车又有不同的理解，而且如果是乘车，还要看乘车的形式，这又可以有乘牛车、自行车、公共汽车、独木舟、汽车等各种各样依赖于文化情境的方式。儿童解决问题和完成任务时能够获得什么性质的工具，很大程度上依赖于他们所处的文化。

评价维果茨基的贡献。维果茨基的观点变得逐渐具有影响力，这种影响力是令人吃惊的，因为从他去世（年仅 37 岁）到现在已经超过 75 年（Winsler，2003；Gredler & Shields，2008）。他的影响逐渐扩大是因为他的观点有助于解释大量研究中得出的结果，即社会交互在促进认知发展中存在重要作用。他认为儿童对世界的理解认识是他们与父母、同伴以及社会中其他成员进行交互活动的结果，这一观点也得到了越来越多的支持。其观点也与大量多元文化和跨文化研究的结果相一致，这些研究发现，认知发展在某种程度上是由文化因素塑造而成的（Hedegaard & Fleer，2013；Friedrich，2014；Yasnitsky & van der Veer，2016）。

当然，并不是维果茨基理论的每个方面都得到了支持，他对于认知发展缺乏精确的概念界定就受到了批评。比如，最近发展区这个概念就相当不精确，而且难以用实验进行验证（Daniels，2006）。

另外，维果茨基没有说明基本的认知过程是如何发展的，比如注意和记忆的发展，他也没有解释儿童先天的认知能力是如何形成的。由于他强调的重点是

⊖　1 码 = 0.914 4 米。

⊜　1 英里 = 1 609.344 米。

宽泛的文化影响，没有关注单个信息是如何加工和整合的，如果我们要彻底了解认知发展，就必须考虑这些过程，而信息加工理论对这些过程进行了较为直接的表述。尽管如此，维果茨基将儿童的认知和社会性领域融合在一起，这仍然是我们理解儿童认知发展上的重大进展。

语言的发展和学习

我尝试了这个，真是太棒了！

这是一幅我和妈妈跑过水洼的图画。

我和爸爸妈妈去看焰火的时候，你去哪儿了？

我不知道有东西能在池子里漂浮。

我们能够经常假装自己是别人。

老师把它放在柜台上了，谁也够不着。

在公园时我们确实想拿着它。

如果你想玩"砸树"游戏，你需要拿你自己的球。

我长大了会成为一个棒球手，我会有自己的棒球帽，我会戴着它，我将会打棒球（Schatz，1994，p.179）。

听听 3 岁的 Ricky 会说些什么。除了认识字母表中的大多数字母、写他名字的第一个字母以及写出单词"HI"之外，他还能说出前面这些复杂的句子。

在学前期，儿童的语言技能在复杂性上已经达到前所未有的新高度。他们开始进入具有一定交流能力的时期，但在语言理解和生成上还存在显著的差距。事实上，没人会将 3 岁儿童的话误以为出自成人之口。然而，学前期结束时，他们就能够赶上成人，不论在语言理解还是语言生成等很多方面都达到了成人的水平。这些转变是如何发生的呢？

语言发展

儿童在 2 岁末至 3 岁半时语言发展速度之快，以至于研究者都还不曾了解其确切的模式。但目前已经明确的是，句子长度以稳定的速度增长，该年龄段的儿童把单词和短语组成句子的方式：**句法**（syntax），每月增加一倍。儿童到 3 岁时，各种组合达到了上千种。

儿童使用的单词数量也有巨大飞跃。到 6 岁时，儿童的平均词汇量约为 14 000 个单词——要达到这个数量，按照每天 24 小时计算，儿童几乎每两个小时就学会一个新词。他们通过一个称为**快速映**

射（fast mapping）的过程实现这一创举，在这个过程中，新的单词经过短暂接触就与它们的意思联系在一起（Marinellie & Kneile，2012；Venker，Kover，& Weismer，2016；Aravind et al.，2018）。

到 3 岁时，学前儿童按照常规使用名词的复数形式、所有格形式（例如"boys"和"boy's"）、过去式（在动词后面加"-ed"）和冠词（"the"和"a"）。他们能够提出和回答复杂的疑问句，比如"你说我的书在哪里？"和"那些是卡车，不是吗？"。

学前儿童的技能拓展到能够理解他们以前没有遇到过的单词的意思。例如，在一个经典实验中（Berko，1958），实验者告诉儿童图案是一个"wug"，然后呈现画有两个这样图案的卡片。"现在，它们有两个了"，实验者告诉儿童，然后让他们在句子中填上单词，"这里有两个 ____"（答案当然是"wugs"）（见图 4-7）。

这是一个wug。

我们加上一个wug，现在，这里有两个____。

图 4-7 单词的恰当形式

尽管学前儿童（和我们一样）之前可能从未遇到过"wug"，但他们能够在空白处填上适当的单词（答案是"wugs"）。

资料来源：Based on Berko, J.（1958）. The child's learning of English morphology. Word, 14, 150–177.

儿童不仅懂得名词复数形式的规则，而且能够理解名词的所有格形式和第三人称单数以及动词的过去式——这些单词都是他们先前没有接触过的，甚至是那些没意义的假词（O'Grady & Aitchison，2005）。

在获得了语法规则的同时，学前儿童也知道什么说法是不合规的。**语法**（grammar）是决定如何表达我们思维的规则系统。例如，学前儿童开始明白"I am sitting"是正确的，而相似结构"I am knowing（that）"是不正确的。尽管 3 岁儿童也会不时地犯这样那样的错误，但他们大部分时候还是遵循句法规则的。有的错误显而易见（例如使用"mens"和"catched"），但是这些错误非常少见。事实上，学前儿童在90%的时间里的语法结构是正确的（Guasti，2002；Abbot-Smith & Tomasello，2010；Normand et al.，2013）。

自言自语。 即使和学前儿童只有短暂接触，你也可能会注意到一些儿童在玩耍时会和自己说话。一个儿童可能会提醒一个娃娃一会儿要去商店买东西，或者在玩小赛车时可能会谈到一个即将到来的比赛。在一些例子中，这种对话是不间断的，比如一个儿童在玩拼图时可能会说这样的话："这块放这里……哎呀，这块不合适……我该放哪呢……这样放不对。"

一些发展心理学家认为这些**自言自语**（private speech）——儿童对着自己说并且指向自己的言语——有着重要的功能。例如，维果茨基认为这些言语用于指导行为和思想。儿童通过自言自语和自己交流，他们能够尝试想法，充当自己的回音板。从这个角度来看，自言自语促进儿童思维并有助于他们控制自己的行为，正如你会在某些情境下说"不要着急"或"冷静一下"以试图控制自己的愤怒情绪。因此，在维果茨基看来，自言自语具有重要的社会功能，是在思考中进行自我推理时使用内部对话的先兆（Winsler et al.，2006；Al-Namlah，Meins，& Fernyhough，2012；McGonigle-Chalmers，Slater，& Smith，2014；Sawyer，2017）。此外，自言自语可能是儿童用来练习交谈中所需实践技能的方式，这种实践技能被称为语用学。**语用学**（pragmatics）是语言中的一个方面，帮助个体与他人进行有效且适宜的交流。语用能力的发展使儿童能够明白交流的基础——轮流表达、围绕主题不跑题以及根据社会习俗知道什么该说什么不该说。教儿童在收到礼物时该说"谢谢"，教他们在不同场合下使用不同的语言（在操场还是在教室），就是在教他们学习语言的语用学。

社会性言语。 社会性言语在学前期阶段也有很大的发展。**社会性言语**（social speech）即指向他人并以让他人明白为目的的言语。3岁前，儿童说话似乎只是为了自娱自乐，根本不关心他人是否能明白。然而，在学前期阶段，儿童开始将话语指向他人，希望他人倾听，当他人不明白时儿童会感到挫败。因此，他们开始通过前面提到的语用学来调整自己的言语以便别人能够明白。

非正式和正式的学习

儿童是众所周知的"信息海绵"，无论是来自非正式来源，如电视或互联网，还是有明确教学目的而建立的正式教育项目，儿童都可能像海绵一样从中吸取信息。这些学习资源对儿童的影响可能或多或少有一些益处，具体情况取决于"教师"的质量和可靠性。我们将探讨通过媒体带来的非正式信息来源和学习，以及由早期教育项目提供的更多正式学习资源对学前儿童的影响。

学前儿童生活中的媒体和屏幕时间。 学前儿童的父母面临的最棘手的问题之一就是决定应该允许他们的孩子看什么以及看多少媒体。学前儿童从他们观看媒体的时间中能够学到什么呢？抑或接触媒体也有负面影响？

这些问题的答案是很复杂的，而且在不断演变。毫无疑问，如果让学前儿童自己使用设备，他们可能会花相当多的时间观看各种各样的媒体。事实上，他们的确会这样做：学前儿童平均每天接触屏幕的时间超过4小时，其中包括在手持设备、电视和电脑上观看媒体。此外，在有2～7岁孩子的家庭中，超过1/3的家庭说，家里的电视"大部分时间"都是开着的（Gutnick et al.，2010；Tandon et al.，2011）。

此外，70%的4～6岁儿童曾使用过电脑，其中有1/4的儿童每天都会使用。这些使用电脑的儿童平均每天会花费1小时的时间，而且大多数是自己一个人用。在父母的帮助下，约有1/5的儿童曾发过电子邮件（Rideout，Vandewater，& Wartella，2003；McPake，Plowman，& Stephen，2013）。

观看媒体的利与弊。 儿童究竟从他们所接触的媒体中学到了什么，目前还不清楚。当学前儿童观看电视或线上视频时，他们往往没有完全理解他们所看故事的剧情，尤其是较长的节目。看完节目后他们也不能回忆出重要的故事细节，他们对角色动机的推论也是有限的，且往往是错误的。此外，学前儿童往往不能将电视节目中的想象和现实区分开来，比如他们相信有一个真的大鸟生活在芝麻街（Sesame Street）（Richert & Schlesinger，2017）。

当学前儿童接触电视上的广告时，他们不能批判性地理解和评价所看到的内容。因此，他们很可能完全接受广告商对他们产品的宣传。鉴于儿童相信广告信息的可能性如此之高，美国心理学会建议要限制针对 8 岁以下儿童的电视广告（Nash，Pine，& Messer，2009；Nicklas et al.，2011；Harris & Kalnova，2018）。

对学前儿童使用媒体的另一个担忧与它所导致的儿童不活动有关。与看电视时间较短的儿童相比，每天看电视和视频超过 2 小时或使用电脑的时间较长的儿童有着更高的肥胖风险（Jordan & Robinson，2008；Strasburger，2009；Cox et al.，2012）。

简而言之，学前儿童对于所接触到的世界的理解是不完全的，也是不现实的。然而，随着年龄的增长和信息加工能力的提高，儿童对他们在电视和电脑上所看到的内容的理解能力也会提高。他们对事件的

记忆更为准确，能够更集中地关注电视节目的核心信息。这种进步表明，有可能通过对电视媒介的影响力进行控制以促使认知发展——这正是《芝麻街》制作者的初衷（Berry，2003；Uchikoshi，2006；Njoroge et al.，2016）。

为了解决儿童看屏幕时间过长这一问题，在 2016 年，美国儿科学会建议，18 个月以下的儿童不应使用视频聊天以外的屏幕媒介。他们建议，对于 2 岁以上的学前儿童，每天观看高质量节目的时间不要超过 1 小时。他们还建议在吃饭期间和睡前 1 小时不要使用屏幕（American Academy of Pediatrics，2016；也见"从研究到实践"专栏）。

从研究到实践

屏幕时间和视频致呆

在这样一个娱乐和通信技术越来越发达的世界里，非常小的孩子使用移动设备也就不足为奇了。例如，在餐馆里，经常可以看到蹒跚学步的孩子和父母坐在一张桌子旁，戴着耳机，在父母的智能手机上看他们最喜欢的节目，或者在平板电脑上玩视频游戏。许多家长希望使用这项技术为他们的孩子提供某种教育上的好处。但是，孩子们通过屏幕的学习会和直接与成年人互动一样好吗？

不，他们没有，因为所谓的视频致呆（video deficit）。不断地有研究发现，对于许多学习任务，如单词学习和模仿，幼儿在与成年人互动时的学习速度要比他们在屏幕上观看指导时快得多。例如，一项研究发现，12 ~ 18 个月大的儿童通过与父母现场互动的方式学习新单词要比那些通过观看流行 DVD 学习相同单词量的儿童学习的单词更

多（DeLoache et al.，2010）。

我们还不完全了解导致儿童的视频致呆的原因。然而，最近的一项研究观察了当学步儿被告知从哪里去找被藏起来的物体时，他们的眼球运动是如何变化的，其中告诉儿童的方式是通过屏幕或一个真人来展示的。研究者发现，与跟真人互动的学步儿相比，与屏幕互动的学步儿实际上关注物体隐藏处的时间更久，但找到物体的可能却更少。这项研究和许多类似的研究强调了面对面互动对幼儿的重要性，或许还提醒了我们不要依赖技术进行教育（Kirkorian et al.，2016）。

共享写作提示：

对视频致呆的认识如何影响家长和老师教育幼儿的策略？

早期儿童教育：把"学前"的"前"字去掉。 "学前期"这个术语有些用词不当：约有 3/4 的美国儿童接受各种形式的家庭以外的看护，这些机构会教授各种技能来提高儿童智力和社会能力（见图 4-8）。出现这种情况有一些原因，但最主要因素是父母双方都在外工作的人数增加。例如，父亲在外工作的比例非常高，拥有 6 岁以下子女的女性中也有接近 65% 在外工作，而且大多是全职（Bureau of Labor Statistics，

2018）。

然而，学前教育的流行还有另外一个原因：发展心理学家研究发现，在美国，五六岁正式入学前，儿童能够通过参加一些教育活动而从中受益。与那些待在家里没有参加正式教育的儿童相比，参加良好学前教育的儿童在认知和社会性方面受益明显（National Association for the Education of Young Children，2005；Bakken，Brown，& Downing，2017）。

早期教育的多样性。早期教育的种类有很多。一些家庭外的儿童看护和临时看管婴儿没什么两样，另一些则着眼于提高儿童的智力和促进社会性发展。主要有以下几种早期教育类型。

- 儿童看护中心（child-care centers）一般在家长工作的时候提供家庭外的儿童看护。虽然很多中心旨在提供一些智力方面的训练，但是它们的主要目标更倾向于社会性和情绪的培养，而不是认知。

- 家庭儿童看护中心（family child-care centers）也提供一些儿童看护，即在私人家庭里进行一些看护。由于某些地区的中心并没有获得执照，所以看护质量参差不齐。具备营业执照的儿童看护计划教师通常比那些提供家庭儿童看护的人接受过更多专业训练，护理质量也较高。

- 学前班（preschools）旨在为儿童提供智力和社会体验。它们的时间安排比家庭看护中心更严格，通常每天只提供 3～5 小时的看护。由于这种限制，学前班主要服务于那些中等和更高社会经济地位的家庭，因为这些家庭中的父母不用全天工作。

  与儿童看护中心一样，学前班之间所提供的活动也有较大差别。一些活动强调社会技能，而另一些则关注智力发展，还有一些两者都重视。例如，蒙台梭利学前班是由意大利教育家玛利亚·蒙台梭利（Maria Montessori）创建的，它们会使用一系列精心制作的材料去创造一种可以加强儿童感官、运动技能和语言能力的环境。儿童可以在很多活动中进行选择，并且可以从一个活动转到另一个活动（Gutek，2003）。

  同样，瑞吉欧·艾米利亚（Reggio Emilia）学前教育方法是从意大利引进的另一种教育方法，儿童参与的是协商性课程（negotiated curriculum），强调儿童和教师的共同参与。该课程基于儿童的兴趣，通过整合艺术和为期一周的项目来促进他们的认知发展（Hong & Trepanier-Street，2004；Rankin，2004；

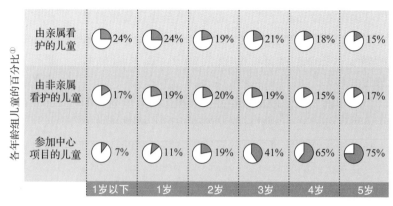

图 4-8 家庭以外的看护

在美国，大约 60% 的 6 岁以下儿童参与了某种形式的家庭以外的看护，这种趋势是由越来越多的家长全职工作造成的。证据表明，儿童能够从早期儿童教育中获益。

资料来源：Child Welfare Information Gateway，2018.

注：①纵向相加并不等于 100%，这是因为有些儿童会参加不止一种日间看护。

Paolella，2013）。

学前准备项目似乎是有成本效益的。根据对参与学前教育的长期经济效益的全面分析，在这个项目上每花费 1 美元，就会得到 3～4 美元的长期收益（Gormley et al.，2005；Nakajima et al.，2016；Karoly，2018）。

- 学校儿童看护（school child care）由美国一些地方学校系统提供。美国几乎一半的州都为 4 岁儿童建立了幼儿园前教育计划，主要针对贫困儿童。由于学校儿童看护中心的教师比不太规范的儿童看护中心的教师受过更好的训练，所以这里的服务通常比其他形式的早期教育质量更高。

儿童看护的效果。这些项目有效吗？许多研究表明，进入儿童看护中心的学前儿童与在家中接受看护的儿童相比，在智力水平上至少是相同的，甚至更高。例如，一些研究发现，看护中心的儿童口头表达更流利，记忆力和理解能力更强，甚至比在家中接受看护的儿童有着更高的 IQ 分数。其他研究发现，较早和长期参与儿童看护将特别有助于来自低收入家庭的儿童以及存在潜在危险的儿童。有些研究甚至发现，儿童看护项目在 25 年后仍然有积极影响（Vivanti et al.，2014；Bakken，Brown，& Downing，2017；Ansari & Pianta，2018）。

儿童看护中心在社会性方面也有类似的优势。参加高质量看护的儿童比那些没有参加的儿童更加自信、独立，并且具有更多的社会知识。不过，家庭外看护的结果并不都是积极的：这些儿童对长辈不够礼貌、不够顺从、不够尊敬，而且有些时候比他们的同伴更加争强好胜和具有攻击性。此外，每周超过10个小时在学前机构的儿童在班级里扰乱秩序的可能性要略微高一点（NICHD Early Child Care Research Network，2003a；Douglass & Klerman，2012；Vivanti et al.，2014）。

需要记住的是，并不是所有儿童早期看护机构都具有同等效果。高质量的看护有助于儿童智力和社会性的发展，而低质量的看护不仅不太可能给儿童带来这些益处，实际上还会伤害儿童（NICHD Early Child Care Research Network，2006；Dearing，McCartney，& Taylor，2009）。

儿童看护的质量。我们如何界定"高质量"？高质量看护具有以下特征（Leach et al.，2008；Rudd，Cain，& Saxon，2008；Lloyd，2012）。

- 看护者要接受过良好的训练，最好获得了学士学位。
- 儿童看护中心的规模要合理，看护者与儿童的人数比例要适中。一个班最多14～20人，每个看

护者最多照顾5～10个三岁儿童或7～10个四五岁儿童。
- 师生比最好在1：10或更大。
- 儿童看护机构的课程要经过仔细规划，并且通过教师协作来执行。
- 语言环境要丰富，要有大量的对话。
- 看护者对儿童的情感和社会性需要保持敏感，并知道何时应该干预、何时不该干预。
- 材料和活动要适合儿童的年龄。
- 要达到基本的健康和安全标准。
- 应对儿童进行视力、听力和健康问题的筛查。
- 一天至少提供一顿饭。
- 机构应该提供至少一项家庭支持服务。

没人知道美国有多少机构是属于"高质量"的，但是"高质量"的机构要远远少于理想的数目。事实上，美国儿童看护在质和量上的供给能力要落后于其他工业化国家（Muenchow & Marsland，2007；Pianta et al.，2009；OECD，2017；也见"文化维度"专栏）。

文化维度

全球的学前教育：为什么美国落后了

在法国和比利时，进入学前机构是法定权利。瑞典和芬兰给那些有需要的父母提供儿童看护。俄罗斯拥有一个广泛国有企业系统，包括yasli-sads、托儿所和幼儿园，75%的3～7岁城区儿童都会参与到这个系统中来。

相比之下，美国对学前教育或一般儿童看护方面没有协调一致的国家政策，有如下一些原因：首先，教育的决策权已经下放给各个州和当地学区；其次，美国不像其他国家具有教育学前儿童的传统；最后，学前教育机构在美国的地位一直比较低，学前机构和托儿所教师是所有教师中收入最低的（教师的薪水随着所教学生年龄的增长而增加。因此，大学和高中教师的薪水最多，

而小学和学前机构教师的薪水最少）。

不同的社会对于早期儿童教育目标的看法也不同（Lamb et al.，1992）。例如，一项跨国研究结果发现，中国、日本、美国的父母对于学前机构目标的看法有很大区别。中国的父母大多认为幼儿园主要是为了给孩子日后的学业提供一个良好的开端；日本的父母则认为幼儿园给孩子提供了成为集体一员的机会；而美国的父母认为尽管获得良好的学业开端和具有团队经验同样重要，但是幼儿园的主要目标应该是使孩子更加独立（Johnson et al.，2003）。

从一个教育工作者的视角看问题

如果幼儿园班上有来自中国、日本和美国的儿童，你认为对于这个班的老师来说这意味着什么？

回顾、检测和应用

回顾

7. 分析皮亚杰对学前期认知发展的解释。

根据皮亚杰的观点，儿童在前运算阶段发展出象征性符号功能，在思维上的这一变化是其日后获得进一步认知提升的基础。前运算阶段儿童受到自我中心思维的限制。

8. 评价皮亚杰的观点如何经受时间的考验。

在承认皮亚杰的天赋和贡献时，近期的发展心理学家也指出他低估了儿童能力。

9. 分析学前期认知发展的信息加工观点。

信息加工理论关注学前儿童对信息的存储和回忆以及在信息加工能力（如注意）上的量变。儿童的记忆容易受到成人提问暗示的影响，这一点在学前儿童中体现得比在成人和学龄儿童中更加明显。随着年龄的增长以及实践的增多，学前儿童加工信息更加高效成熟，越来越能够处理复杂问题。

10. 描述维果茨基对学前期认知发展的观点。

维果茨基认为儿童认知发展的特点和进步依赖于儿童所处的社会文化环境。维果茨基发展了两个理论框架：最近发展区和脚手架。这些在教育领域中均被证实具有实践价值。

11. 解释儿童的语言在学前期是如何发展的。

儿童从双字句的语言快速发展为更长、更复杂的表达，这反映了他们不断发展的词汇和掌握的语法。

12. 描述非正式和正式学习资源对学前儿童的影响。

电视的影响是复杂的。一方面，学前儿童持续接触那些不能代表现实世界的情绪和情境这一情况引起了人们的关注。另一方面，学前儿童可以从芝麻街等旨在提高认知能力的教育项目中有所收获。以中心或学校为基础的儿童看护早期教育项目，或者学前教育项目，可以给儿童带来认知和社会性的进步。美国在学前教育方面缺乏协调一致的国家政策。

自我检测

1. 根据皮亚杰的观点，虽然儿童在前运算阶段开始使用象征性思维，但他们不能像学龄儿童那样进行_____，不能进行有组织、逻辑性的心理加工。

a. 运算　　　　　　　　　b. 超越

c. 自我中心思维　　　　　d. 社会交往

2. 根据信息加工观点，一个人对自己生命中发生的特定事件的记忆称为_____。

a. 个人记忆　　　　　　　b. 外显记忆

c. 自传体记忆　　　　　　d. 文化记忆

3. 学前儿童能够在短暂接触后就理解单词意思，这被称为_____。

a. 语法　　　　　　　　　b. 快速映射

c. 句法　　　　　　　　　d. 社会性言语

4. 蒙台梭利学前班设计的环境可以促进_____的发展。

a. 社会性和文化　　　　　b. 认知和记忆

c. 艺术和创造力　　　　　d. 感觉、运动和语言

应用于毕生发展

在你看来，学前儿童的发展中思维和语言是怎样相互影响的？没有语言是否能思考？

4.3　学前期的社会性和人格发展

伊利诺伊州林肯市的幼儿园教师 Marcia Mueller 说："我以为自己不会发现这种情况。和其他老师一样，我对孩子们可能会遇到的问题很警惕，但 David 是一个容易相处的 4 岁孩子，他总是寻求取悦，在其他孩子哭泣时也总是与他们共情。不过，当他父母提到他们所担忧的情况时，我还是更仔细地观察了一下。"

"我注意到 David 似乎从不'喜欢玩'——从不跑来跑去，也不爬滑梯或荡秋千。有一次他往墙上扔了块乐高积木。当我接近他时，他说'我不擅长玩乐高。我永远都玩不好它。我不应该玩乐高'。"

"我开始注意到 David 很快就把学习上的挫折变成个人内疚的来源。例如，在不确定的情况下，他从来不会试着说出今天是周几。事实上，在不确定自己已经掌握某件事之前，他从来没有尝试过任何事情，如数字母表，数到 10。尽管发呆通常是很正常的行为，但当我注意到 David 有时会发呆时，我开始怀疑他到底只是分心，还是真的被一些事情所困扰。"

"我和我们的主任谈了谈，还和 David 的父母见了面。他们决定带他去看儿童心理学家，结果 David 被确诊为儿童抑郁症。"

在这一节，我们将讨论学前期的社会性和人格发

展。首先，我们将考察儿童如何继续形成自我意识，关注他们如何发展自我感，包括性别概念。接下来，我们会关注学前儿童的社会生活，特别是他们如何和他人游戏，然后考虑父母和其他权威人士如何通过训练来塑造儿童的行为。

最后，我们将考察社会行为的两个关键方面：道德发展和攻击行为。我们探讨儿童如何发展出是非标准，分析导致儿童做出攻击行为的因素。

形成自我感

尽管大多数学前儿童并没有明确提出"我是谁"这个问题，但这个问题是他们很多发展的基础，问题的答案可能会影响他们之后的人生。

学前期的自我概念

当 Mary-Alice 脱下外套时，她的幼儿园老师睁大眼睛惊讶地看着她。通常穿着搭配很好的 Mary-Alice 今天却穿得十分奇怪。她穿着花裤子和一个极不协调的格子上衣，全套装束是条状的头巾、印有动物图像的袜子和圆点雨鞋。她妈妈尴尬地耸了一下肩："Mary-Alice 今天完全是自己打扮的。"她把装着另一双鞋的袋子递给老师，因为晴天穿雨鞋很不舒服。

心理社会性发展：解决冲突。精神分析学家埃里克·埃里克森可能会表扬 Mary-Alice 的妈妈，因为她帮助 Mary-Alice 发展了主动意识（如果不是为了时尚），从而促进她的心理社会性发展。**心理社会性发展**（psychosocial development）包括个体对自己以及他人行为理解的变化。根据埃里克森的观点，社会和文化为发展中的个体呈现了一系列随年龄而变化的特定挑战。他认为，人们经历了 8 个明显不同的阶段，每一个阶段都以人们必须解决的冲突或危机为特征。我们努力解决这些冲突的体验引导着我们发展出持续终生的关于自我的意识。

在学前期早期，儿童正在结束自主对羞愧怀疑阶段并进入**主动对内疚阶段**（initiative-versus-guilt stage）。这一阶段大约是 3 ～ 6 岁，在这期间，儿童面临着想要不依赖父母独立做事情和失败时产生的内疚感之间的冲突。他们视自己为自己行为的负责人，并且开始自己做决定。

如果父母对儿童的独立性倾向采取积极的反应（就像 Mary-Alice 的母亲），那么就能帮助他们的孩子解决这些对立的情绪。通过给孩子提供独立的机会，同时给予指导，父母能够支持和鼓励孩子的主动性。相比之下，如果父母阻止孩子寻求独立性，则会增加他们生活中持续存在的内疚感，进而影响到在这个时期开始形成的自我概念。

心理社会性发展与个体对自我和他人行为理解的变化有关。

自我概念：思考自我。如果你让学前儿童指出是什么使得他们与其他孩子不同，他们很容易给出这样的答案："我跑得快"或者"我是一个坚强的女孩"。这些答案涉及的是**自我概念**（self-concept）——他们的身份，或者他们关于自己作为个体是什么样子的信念体系（Marsh, Ellis, & Craven, 2002；Bhargava, 2014；Crampton & Hall, 2017）。

儿童的自我概念不一定很准确。事实上，学前儿童通常会高估自己某方面领域的技能和知识。因此，他们对未来的看法是相当乐观的：他们希望赢得下一场游戏，击败比赛中的所有对手，长大后写下伟大的故事。即使他们刚刚在某项任务上经历了失败，他们还是会期待在未来做得更好。他们持有这样乐观的看法是因为他们还没有开始把自己以及自己的表现与他人进行比较，也因此能够自由地把握机会并尝试新的活动（Verschueren, Doumen, & Buyse, 2012；Ehm,

Lindberg, & Hasselhorn, 2013; Jia, Lang, & Schoppe-Sullivan, 2016)。

学前儿童对自己的看法也反映了他们的文化。例如, 很多亚洲文化具有**集体主义取向**(collectivistic orientation), 在这类文化中的人们倾向于把自己看成是大的社会网络中的一部分, 在这个社会网络中自己与他人相互联系, 并对他人负有责任; 相反, 西方文化中的儿童更可能发展出反映**个体主义取向**(individualistic orientation)的观点, 即强调个人同一性以及个体的独立性, 倾向于把自己看成是独立和自主的, 与他人竞争稀缺资源(Lehman, Chiu, & Schaller, 2004; Wang, 2006; Huppert et al., 2018)。

文化中对不同种族和族裔群体的态度也会影响学前儿童自我概念的发展。学前儿童所接触的个体、学校以及其他文化机构的态度也会微妙地影响儿童对种族或族裔认同的意识(见"文化维度"专栏)。

文化维度

发展种族和族裔意识

学前期是儿童重要的转折点, 他们对于自己是谁这个问题的回答开始考虑种族和族裔认同的内容。

对大多数学前儿童而言, 种族意识很早就出现了。甚至婴儿期就能区分不同肤色的皮肤, 但是要更晚的时候儿童才能意识到不同种族特征的意义。

到了三四岁的时候, 学前儿童开始注意到人们肤色的不同, 并将自己归到某个群体里, 例如"西班牙人"或"黑人"。虽然最初他们并不知道种族和族裔是关于他们是谁的永久不变的特征, 但是长大些之后他们就会理解社会赋予族裔和种族身份的重要性(Quintana et al.,

2008; Guerrero et al., 2010; Setoh et al., 2017)。

一些学前儿童对种族和族裔认同具有混合的感觉, 有些儿童经历着**种族认同失调**(race dissonance), 即少数族裔儿童表现出对多数族裔价值或人群的偏好。例如, 一项研究询问儿童对绘画中白人儿童和黑人儿童的反应, 结果发现90%的非裔儿童在描绘黑人儿童时的反应比描绘白人儿童时更为负性。然而, 这种反应并没有转化为较低的自尊。相反, 对白人的偏好只是源于主流文化强大的影响力, 而不是对本种族的轻视(Holland, 1994; Quintana, 2007)。

性别认同: 发展中的女性和男性特征

对男孩的褒奖: 最具思想、最好学、最有想象力、最热情、最有科学精神、最好的朋友、最风度翩翩、最勤劳、最具幽默感。

对女孩的褒奖: 人见人爱的宝贝、最甜美、最可爱、最好的分享者、最好的艺术家、最大度、最有礼貌、最热心助人、最具创造力。

这样的描述有什么不对? 尽管有些父母的女儿在幼儿园毕业典礼上得到上述女孩褒奖, 但是也有不少与现实不相符的地方(Deveny, 1994)。女孩通常由于她们令人喜爱的个性而得到赞扬, 而男孩则由于他们的聪明和分析能力而获得奖励。

这种情况并不少见: 从出生开始到学前期以及之后, 女孩和男孩生活在不同的世界(Bornstein et al., 2008; Conry-Murray, 2013; Brinkman et al., 2014)。

性别, 即成为男性或女性的意识, 在儿童进入学前期的时候就已经很好地建立起来了。到2岁时, 儿童能够一致地给人贴上男性或女性的标签(Campbell, Shirley, & Candy, 2004; Dinella, Weisgram, & Fulcher, 2017)。

性别差异会在游戏中表现出来。学前男孩比女孩花更多的时间玩追逐打闹游戏, 学前女孩则花更多的时间玩有组织的游戏或角色扮演。在这个时候, 男孩开始更多地跟男孩玩, 女孩开始更多地跟女孩玩, 这种趋势在儿童中期逐渐增长。女孩比男孩更早开始偏好同性玩伴。她们在2岁时就开始明显地偏爱和女孩玩, 而男孩直到3岁才表现出这种偏好(Boyatzis, Mallis, & Leon, 1999; Martin & Fabes, 2001; Raag, 2003; Martin et al., 2013)。

学前儿童对于男孩和女孩应该怎样行为有着严格的想法。事实上, 他们对于性别适宜行为的期望甚至比成年人更加刻板。直到5岁, 儿童对性别刻板印象的信念变得越来越强烈, 尽管到7岁时这些信念或

在学前期阶段，因性别而产生的游戏间的差异变得更加明显。此外，男孩和女孩都倾向于和同性玩耍。

多或少不再那么刻板，但并不会消失。事实上，学前儿童特有的性别刻板印象与社会中传统的成年人很相似（Halim et al., 2014; Emilson, Folkesson, & Lindberg, 2016; Paz-Albo Prieto et al., 2017）。

像成年人一样，学前儿童预期男性更倾向于涉及能力、独立性、强有力和竞争性的特征，而女性则被认为应该更具有温暖、善于表达、抚育以及服从等特征。尽管这只是期望，并没有说出男性和女性实际上的行为方式，但是这样的期望给学前儿童提供了观察世界的透镜，并影响着他们的行为以及他们与同伴和成年人互动的方式（Blakemore, 2003; Gelman, Taylor, & Nguyen, 2004; Martin & Dinella, 2012）。

从一个儿童护理工作者的视角看问题

如果一个在学前儿童看护中心的女孩告诉一个男孩他不能玩洋娃娃，因为他是男孩，要处理这种情况，最好的方法是什么？

为什么性别会在学前期（以及生命的其他阶段）起着这样大的作用？发展心理学家已经给出了一些解释。

生物视角。与性别相关的生理特征导致了性别差异，这并不令人惊讶。例如，研究发现激素影响以性别为基础的行为。出生前接触高水平雄激素的女孩，与没有接触雄激素的姐妹相比，更可能表现出"典型的男性"相关的行为（Knickmeyer & Baron-Cohen, 2006; Burton et al., 2009; Mathews et al., 2009）。

接触雄激素的女孩更喜欢与男孩同伴玩耍，会比其他女孩花更多时间玩与男性角色相关的玩具，例如小汽车和卡车。与此类似，男孩如果在出生前接触异常高的雌激素，也会更倾向于表现出与女性刻板印象相关的行为（Servin et al., 2003; Knickmeyer & Baron-Cohen, 2006）。

一些发展心理学家把性别差异看作服务于物种生存的生物学目标。基于演化的观点，这些理论家认为，男性如果表现出刻板化的男子气概（例如，有力量和富有竞争力），就会吸引那些能为他们生育强壮后代的女性。而在女性刻板任务上（例如，养育后代）表现出色的女性就可能成为更有价值的配偶，因为她们能够帮助孩子度过充满危险的童年期（Browne, 2006; Ellis, 2006）。

当然，我们很难将行为特征明确地归因于生物学因素。因此，我们必须考虑性别差异的其他解释。

社会学习观点。根据社会学习观点，儿童通过观察他人知道了与性别相关的行为和期望，这里的他人包括父母、教师、兄弟姐妹以及同伴。一个小男孩看到了美国职业棒球联赛选手的荣耀，之后变得对运动感兴趣；一个小女孩看到照顾她的保姆练习啦啦队舞蹈，就开始自己试着练习起来。观察到他人因性别适宜行为而获得奖励会引导儿童效仿这些行为（Rust et al., 2000）。

书籍和媒体，特别是电视和视频游戏，也在帮助延续性别相关行为的传统观点。例如，对流行电视节目的分析发现，男性角色数量是女性角色的两倍。另外，女性更倾向于同男性一起出现，女性 – 女性的关系则不太常见（Calvert et al., 2003；Chapman, 2016）。

电视和其他媒体还将传统的性别角色赋予男性和女性，通常根据女性角色和男性角色的关系来定义女性角色。女性角色更可能作为受害者出现。她们不太可能作为创造者或决策者出现，而更可能被刻画成对爱情、家庭、亲人感兴趣的人物。社会学习理论认为，这样的榜样对学前儿童定义性别适宜行为具有重要的影响（Nassif & Gunter, 2008；Prieler et al., 2011；Matthes, Prieler, & Adam, 2016）。

在某些情况下，社会角色的学习并不是间接地通过榜样，而是直接的。例如，父母可能会告知学前儿童要做得像个"小女孩"或"小男子汉"。这通常意味着女孩应该淑女一些而男孩应该坚强不屈。这些直接的训练提供了对不同性别所期望行为的清晰信息（Leaper, 2002）。

认知观点。 在某些理论家的观点中，形成清晰认同感的一个方面是建立性别认同的愿望。**性别认同**（gender identity）是指对于自己是男性或女性的知觉。为了做到这一点，儿童会发展出**性别图式**（gender schema），即组织性别相关信息的认知框架（Barberá, 2003；Martin & Ruble, 2004；Signorella & Frieze, 2008）。

在生命早期，人类就会发展出性别图式，包括对于男性和女性而言哪些是适宜的"规则"，哪些是不适宜的"规则"，它是学前儿童看待世界的透镜。一些女孩会认为裤子是男孩穿的，并僵化地应用这条规则，从而拒绝穿裙子以外的衣服。学前男孩也可能认为只有女孩才化妆，因此拒绝在学校的演出中化妆，即使其他所有的男孩女孩都化了妆（Frawley, 2008）。

根据劳伦斯·科尔伯格（Lawrence Kohlberg）的认知发展理论，这种僵化在一定程度上反映了学前儿童对性别的认识（Kohlberg, 1966）。具体来说，年幼的学前儿童认为性别差异是基于外表或行为的差异而不是生物学因素。根据这种世界观，一个男孩可能认为他穿上裙子并把头发扎成马尾辫就会变成女孩。到了四五岁，儿童才能发展到可以理解**性别恒常性**（gender constancy），即意识到基于固定不变的生物特征，一个人永远是男的或是女的。

对一些儿童来说，性别认同尤其具有挑战性。跨性别儿童认为他们被困在了另一个性别的身体里。有报道称，跨性别儿童在刚刚开始学习说话的 18～24 个月大的时候，就会向父母表示，他们认为自己的性别认同与出生时的性别不同。但是，关于这个问题的研究相对较少，对于父母如何去对待那些坚信自己认同另一个性别的学前儿童，也几乎没有指导性建议（Prince-Embury & Saklofaske, 2014；Fast & Olson, 2017）。

有趣的是，性别图式在儿童理解性别恒常性之前就出现了。即使是很小的学前儿童，也可以基于性别的刻板观点来判断哪些行为是适宜的、哪些是不适宜的（Ruble et al., 2007；Karniol, 2009；Halim et al., 2014）。

能否避免采用性别图式看待世界？根据一些专家的观点，一个方法是鼓励儿童**双性化**（androgynous），即一个性别角色中包括了两个性别典型特征的状态。例如，父母和其他照顾者可以鼓励男孩把男性角色看成是坚定而自信的，但同时也是友善而温柔的。类似地，可以鼓励女孩把女性角色看成既是有同情心、温柔的，又是喜爱竞争的、自信的和独立的。一些研究发现，随着年龄的增长，认为自己具有两性性别特征的孩子，在心理健康方面会有些优势（Bem, 1987；Pauletti et al., 2017）。

与其他关于性别发展的观点一样，认知观点并没有暗示两性之间的差异不正确或不合适。相反，该观点认为，应该教导学前儿童把他人看作独立的个体。另外，学前儿童需要学会理解，重要的是以独立的个体而不是一种性别的代表去行动、去实践自己的才能。

朋友和家庭：学前儿童的社会生活

当 Juan 3 岁的时候，他有了自己第一个"最好的朋友"Emilio。Juan 和 Emilio 住在圣何塞市的同一幢公寓楼里，两人形影不离。他们在公寓走廊里不停地玩着玩具车，直到有些邻居开始抱怨噪声，他们才停下来。他们假装为对方读故事，有时还在彼此的家里睡觉，这对于一个 3 岁小孩来说可是一项重大进步。他们都觉得没有比和这个"最好的朋友"在一起更快乐的事情了。

当孩子处于婴儿期，家庭能够提供他们需要的几乎所有的社会联系。但是到了学前期，很多儿童就像 Juan 和 Emilio 一样，开始发现同伴之间友谊的快乐。

让我们看看学前儿童社会性发展中的朋友和家庭这两个方面。

友谊的发展

3岁之前，儿童的大部分社交活动仅发生在同一时间同一地点，并无真正的社会互动。但到3岁左右时，他们开始发展真正的友谊，因为同伴开始变成了拥有特别品质和给予奖赏的个体。如果说学前儿童与成人关系反映出他们对于照顾、保护和指导的需求，那么他们与同伴的关系就更多建立在对陪伴、玩耍和娱乐的需求上。他们开始并逐渐将友谊看成是一种持续的状态，认识到友谊不仅仅能带来即时的乐趣，而且也能提供对未来活动的承诺（Proulx & Poulin, 2013；Paulus & Moore, 2014；Paulus, 2016）。

儿童与朋友的互动在学前期阶段也不断变化。3岁儿童友谊的关注点在于一起做事和相互玩耍所带来的愉悦。大一些的学前儿童则更关注信任、支持和共同兴趣。不过纵观整个学前期阶段，玩耍始终是友谊的一个重要部分（Shin et al., 2014；Daniel et al., 2016）。

随着学前儿童长大，他们关于友谊的概念会更新，与朋友互动的性质也会变化。

按规则玩耍：游戏的作用和分类。 在 Rosie Graiff 的3岁儿童的班里，Minnie 一边轻声地对自己唱歌一边弹着布娃娃的脚，Ben 在地板上推着他的玩具车，发出汽车的噪声，Sarah 则绕着教室不停地追逐 Abdul。

游戏绝不仅仅是学前儿童用来打发时间而做的事情。相反，它对儿童的社会性、认知和生理发展均有帮助（Hughett, Kohler, & Raschke, 2013；Fleer, 2017）。

在学前期阶段之初，儿童开始进行**功能性游戏**（functional play）——3岁儿童的典型游戏，涉及简单的、重复性的活动，例如在地板上推玩具车、蹦跳。功能性游戏的目的只是保持活跃，而不是创造什么物体（Bober, Humphry, & Carswell, 2001；Kantrowitz & Evans, 2004）。

到4岁时，儿童开始进行一种形式更为复杂的游戏。在**建构性游戏**（constructive play）中，儿童操控物体以生成或建造某物。儿童用积木建造一幢房子或完成一幅拼图就是建构性游戏：他或她有一个最终目标——造出点什么。这种游戏并非一定要创造新鲜的事物，儿童可能重复地建起一座积木房子，推倒再重建。

建构性游戏给儿童提供了练习生理和认知技能以及精细肌肉动作的机会。他们获得了解决有关问题的经验，如物体结合在一起的方式和顺序。随着游戏的社会性本质变得越来越重要，他们还学会了如何与他人合作（Love & Burns, 2006；Oostermeijer, Boonen, & Jolles, 2014）。

游戏的社会性方面。 如果两个学前儿童并排坐在同一张桌子旁，各自玩着不同的拼图游戏，他们算是在一起玩吗？

根据米尔德丽德·帕滕（Mildred Parten）（1932）的开创性工作，答案为"是"。她认为这两个学前儿童在进行**平行游戏**（parallel play），即儿童用相似的方式玩相似的玩具，但彼此间没有互动。学前儿童也进行另一种形式的游戏，一种十分被动的游戏：旁观者游戏。在**旁观者游戏**（onlooker play）中，儿童仅仅观看他人玩耍，自己并不参与。

随着年龄的增长，学前儿童开始进行形式更为复杂、涉及更高水平互动的社会性游戏。在**联合游戏**（associative play）中，两个或多个儿童通过共同分享或转借玩具和工具的形式进行互动，尽管各自做着不同的事情。在**合作游戏**（cooperative play）中，儿童真正与他人一起玩耍，或是轮流玩游戏，或是彼此发起竞赛。

独自游戏和旁观者游戏在学前期阶段后期仍然存在。有时儿童更愿意自己玩。当新伙伴想加入一个团队时，一个容易成功的策略就是采取旁观者游戏，并等待机会较为主动地加入游戏中（Lindsey & Colwell, 2003）。

假装游戏的性质在学前期也会发生变化。随着儿童从仅仅使用真实物体到借助不那么具体的事物，假装游戏在一定程度上变得更加脱离实际，并更具想象力。因此，在学前期阶段的初期，儿童只有在拥有一个看起来很像真收音机的塑料收音机时才能够假装听广播，而后来，他们则可能使用一个完全不同的物体，如一个大纸盒，来假装收音机（Parsons & Howe，2013；Russ，2014；Thibodeau et al.，2016）。

维果茨基（Vygotsky，1926/1997）认为，假装游戏是学前儿童扩展认知技能的重要途径，尤其当假装游戏涉及社会性游戏成分时。通过假装游戏，儿童能够"练习"那些作为他们特定文化内容的活动（例如假装使用电脑或假装看书），并且扩展他们对世界如何运转的认识。

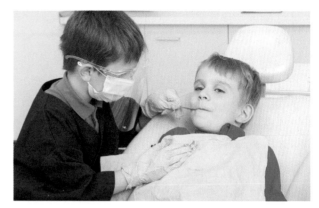

根据发展心理学家维果茨基的观点，儿童能够通过假装游戏练习那些作为他们特定文化内容的活动，并且扩展他们对世界如何运转的认识。

从一个教育工作者的视角看问题

幼儿园教师如何鼓励一个害羞的儿童加入一群正在玩耍的学前儿童中去呢？

学前儿童的心理理论：理解他人的想法

儿童游戏发生变化的一个原因就是学前儿童心理理论（关于心理活动的知识与信念）的持续发展。运用心理理论，学前儿童逐渐能够从他人的视角看问题。即使是年仅两岁的儿童，也能够理解他人拥有情绪。到三四岁时，儿童能够想象实际并没有出现的物体，如斑马，而且知道他人也能够做这样的事。他们能够假装某事已经发生并按照它已经发生那样进行反应，这种技能是他们想象游戏的一部分（Wellman，2012；Lane et al.，2013；Wu & Su，2014）。学前儿童对他人行为背后的动机和原因更具有洞察力。他们开始理解妈妈是因为会面迟到了而生气，尽管他们没有亲眼见到她的迟到。并且在 4 岁左右，学前儿童对于人们会被客观事实愚弄或误导（如涉及熟练手法的魔术戏法）的理解变得惊人的老练。随着儿童逐渐能够洞察他人的想法，这种理解的进步有助于他们更好地掌握社会性技能（Fitzgerald & White，2002；Eisbach，2004；Fernández，2013）。

但是，3 岁儿童的心理理论仍存在局限性。例如，他们对"信念"的理解并不全面，这在他们完成错误信念（false belief）任务时就得以体现。在错误信念任务中，学前儿童看到一个叫 Maxi 的玩偶：Maxi 把巧克力放在壁橱里，然后出去了；Maxi 离开后，他的母亲把巧克力转移到别的地点。

随后，询问学前儿童 Maxi 回来后会去哪里找巧克力。3 岁儿童会（错误地）回答说 Maxi 会去新的地点找巧克力。与之相对的是，4 岁儿童能够正确地意识到 Maxi 存在错误的信念，认为它还在壁橱里，因此会去壁橱找它（Amsterlaw & Wellman，2006；Brown & Bull，2007；Lecce et al.，2014；Ornaghi，Pepe，& Grazzini，2016）。

到了学前期的末尾，大多数儿童都能很轻松地解决错误信念任务。但是，有一个群体（具有孤独症谱系障碍的儿童）在其毕生中都会存在困难。（孤独症谱系障碍（autism spectrum disorder）是一种具有语言和情绪困难的心理障碍。）

患孤独症谱系障碍的儿童在与他人相处方面存在问题，部分原因是他们很难理解他人在想什么。根据美国疾病控制与预防中心的数据，大约 68 个儿童中就有 1 个（主要是男性）患有孤独症谱系障碍。孤独症谱系障碍的特征是在与他人的（即使是父母）关系上存在困难并规避人际交互的情境。此外，患有孤独症谱系障碍的学前儿童可能不愿意被抱起或拥抱，他们可能会觉得眼神交流不愉快，并试图避免与他人眼神接触。无论年龄怎样增长，孤独症谱系障碍患者都会被错误信念问题所困扰（Carey，2012；Miller，2012；Peterson，2014）。

文化因素在心理理论以及儿童解释他人行为的发展过程中也扮演着重要角色。例如，在工业化程度更高的西方文化背景中，儿童更倾向于将他人的行为视为个体特质或特征的产出（"她赢得了这场跑步比赛是因为她真的跑得很快"）。相反，在非西方文化下的儿童可能会将他人的行为视为外力的驱使，受到个人控制的可能性更小（"她赢得了这场跑步比赛是因为她比较幸运"）（Tardif，Wellman，& Cheung，2004；Wellman et al.，2006；Liu et al.，2008）。

学前儿童的家庭生活

晚饭后，当妈妈做清洁的时候，4岁的Benjamin在看电视。过了一会儿，他走过来并拿了一块毛巾，说："妈妈，让我帮你刷碗吧。"妈妈对孩子突如其来的行为颇感惊讶，问道："你在哪里学会刷碗的？"

"我在视频里看到的，"他说，"只是那里面是爸爸帮忙。因为我们没有爸爸，我想应该我来做。"

家庭生活的变化。对于许多学前儿童而言，生活并不是电视连续剧的重演，他们需要面对现实中越来越复杂的世界。例如，在1960年，只有不到10%的18岁以下儿童生活在单亲家庭，30年后，超过25%的家庭都是单亲家庭。种族差异也很大：52%的非裔儿童和29%的西班牙裔儿童生活在单亲家庭，而白人儿童生活在单亲家庭的比例为22%（Grall，2009；U.S. Census，2017）。

尽管如此，对于大多数儿童来说，学前期阶段并不是一个混乱的时期，而是一个逐渐与世界进行互动的时期。父母提供的温暖、支持性的家庭环境，促进学前儿童与其他儿童发展出真正的友谊。研究也证实，儿童与父母之间强烈而积极的关系可以推动儿童与他人之间关系的发展（Vu，2015）。

有效育儿：教导期望的行为。大多数家庭的关键要素是父母；父母通常是与孩子互动最经常、最始终如一的人。有效的教养取决于父母教孩子如何行事。父母在面对学前儿童时，通常很少直接指导，他们倾向于发展出独特的风格，他们的风格可以分为几大类。让我们考虑一下下面的假设情况。

当Maria认为一旁没有人的时候，她走进了哥哥Alejandro的卧室，那里藏着哥哥最后的万圣节糖果。

当她拿起哥哥装糖果的花生酱杯子时，妈妈走进了房间，立刻明白了情况。

如果你是Maria的母亲，你认为下列反应中哪个是最合理的？

- 1. 告诉Maria她必须立刻回到自己的房间待上一天，并且她将失去最喜欢的毛毯，这是她每天晚上睡觉和午睡时所盖的毯子。
- 2. 温和地告诉Maria她所做的不是一个好的行为，以后不应该再做。
- 3. 解释为什么她的哥哥Alejandro会难过，并且告诉她必须待在自己房里1小时作为惩罚。
- 4. 忽略这件事，让孩子自己解决。

拥有专制型父母的儿童很难和同伴相处，也不能很好地适应环境。如果父母溺爱结果会怎样，过分忽视呢？

这四种反应分别代表了由戴安娜·鲍姆林德（Diana Baumrind）（1971，1980）定义并由埃莉诺·迈克比（Eleanor Maccoby）及其同事修订的主要教养风格中的一种（Baumrind，1971，1980；Maccoby & Martin，1983）。

- **1. 专制型父母**（authoritarian parents）具有控制、惩罚、严格、冷漠的特点。他们的话就是法律，崇尚严格、无条件服从，不能容忍孩子存在反对意见。
- **2. 溺爱型父母**（permissive parents）提供不严格且不一致的反馈。他们基本上不对孩子做出要求，并且不认为自己对孩子的行为结果负有很大的责任。他们很少或根本不限制孩子的行为。
- **3. 权威型父母**（authoritative parents）是坚定的，制定清晰一致的规则限制。尽管他们倾向于严格，就像专制型父母那样，但是他们深爱着孩子并给予情感支持。他们尝试与孩子讲道理，解释为什么应该按照特定的方式行事（"Alejandro 会难过"），并且与孩子交流他们所施加的惩罚的道理。权威型父母鼓励他们的孩子独立自主。

- **4. 忽视型父母**（uninvolved parents）对孩子不感兴趣，表现出漠不关心以及拒绝行为。他们与孩子的感情疏远，视自己的角色仅仅是喂养、穿衣以及为孩子提供庇护的场所。在最极端的情况下，忽视型父母会导致忽视——一种虐待儿童的形式（关于这四种类型的总结，见表 4-1）。

父母的教养方式通常会导致儿童行为上的差异，尽管也有很多例外（Cheah et al., 2009；Lin, Chiu, & Yeh, 2012；Flouri & Midouhas, 2017；也见"生活中的发展"专栏）。

- 专制型父母的孩子更有可能性格内向，表现出相对较少的社交性，不是非常友好，在同伴中经常表现得不自在。其中，女孩特别依赖父母，而男孩往往表现出过多的敌意。
- 溺爱型父母的孩子倾向于依赖他人和喜怒无常，社会性技能和自我控制能力较差。他们与专制型父母的孩子有很多相同的特点。
- 权威型父母的孩子表现最好。他们多表现为独立、友善、有主见且有合作精神。他们追求成就的动机很强，也常获得成功并受到他人喜爱。无论在与他人关系还是自我情绪调节方面，他们都能够有效调节自己的行为。
- 忽视型父母的孩子表现最差，在情感发展方面较为混乱。他们感到不被爱以及感情上的疏离，并且也阻碍了其生理和认知方面的发展。

生活中的发展

管教孩子

如何最有效地管教孩子这一问题已经历经了世世代代的讨论，今天来自发展心理学家的答案包括了下列建议（O'Leary, 1995；Brazelton & Sparrow, 2003；Flouri, 2005）。

- **对于大多数西方文化下的儿童，权威型教育最有效**。父母应该严格和一致，提供清晰的指导和规则，但是要用儿童能够理解的语言向他们解释为什么要制定这些规则。

- **美国儿科学会认为，体罚绝对不是一种合适的管教方法**。体罚孩子不仅比其他纠正不适宜行为的方法效果更差，还会导致额外的有害后果，例如更可能出现攻击行为。尽管大多数美国人小时候都曾被体罚过，但是研究表明，体罚确实是不合适的管教方法（Bell & Romano, 2012；American Academy of Pediatrics, 2012b；Afifi et al., 2017）。
- **使用计时隔离进行惩罚**。意味着儿童在做错事

表 4-1 教养风格

父母对孩子的回应	父母对孩子的要求	
	有要求的	没有要求的
高回应性	**权威型** 特点：坚定的，制定清晰一致的规则限制 　与孩子的关系：尽管他们倾向于严格，就像专制型父母那样，但是他们深爱着孩子并给予情感支持，鼓励孩子独立。他们也尝试与孩子讲道理，解释为什么应该按照特定的方式行事，并且与孩子交流他们所施加的惩罚的道理	**溺爱型** 特点：不严格且不一致的反馈 　与孩子的关系：他们基本上不对孩子做出要求，并且不认为自己对孩子的行为结果负有很大的责任。他们很少或根本不限制孩子的行为
低回应性	**专制型** 特点：控制、惩罚、严格、冷漠 　与孩子的关系：他们的话就是法律，崇尚严格、无条件服从，不能容忍孩子存在反对意见	**忽视型** 特点：表现出漠不关心以及拒绝行为 　与孩子的关系：他们与孩子的感情疏远，视自己的角色仅仅是喂养、穿衣以及为孩子提供庇护的场所。在最极端的情况下，忽视型父母会导致忽视——一种虐待儿童的形式

后，在一段时间之内不允许他们参与自己喜欢的活动。

- **调整父母的管教行为以适应儿童及情境的特征。**要注意到儿童的个性，并据此采取合适的教养手段。
- **利用惯例（例如洗澡、上床睡觉惯例等）来避免**

当然，没有哪一种分类系统能够完全地预测儿童是否会发展得很好。在很多情况下，专制型和溺爱型父母教育的孩子也发展得很成功。

而且，父母的教养方式并不是稳定不变的，有时候也会从一种类型转变成另一种类型。例如，当孩子在马路中间飞奔时，专制型风格通常是最有效的（Eisenberg & Valiente，2002；Gershoff，2002）。

儿童养育实践中的文化差异。需要注意的是，之前我们讨论的关于儿童教养的发现主要适用于西方社会。最成功的教育方式可能在很大程度上依赖于特定的文化标准，以及在特定文化中何种类型父母被认为是具有恰当的教养经验的（Keller et al.，2008；Yagmurlu & Sanson，2009；Yaman et al.，2010；Calzada et al.，2012；Dotti Sani & Treas，2016）。

例如，中国文化下"孝顺"这一概念认为，父母应该是严格和严厉的，要牢牢地控制孩子的行为。父母有责任培养他们的孩子遵从社会和文化要求的标准，特别是在学校要有良好的表现。儿童对这种教养风格的接受与认同被看作对父母的尊重（Russell，Crockett，& Chao，2010；Lui & Rollock，2013；Frewen et al.，2015；Chuang et al.，2018）。

简而言之，儿童养育实践反映了文化中人们如何理解儿童的本质以及父母的恰当角色。没有哪一种单一的教养方式能够广泛适用。例如，在一个国家，移民父母对适当的育儿方式的观点往往与本国人不同，但他们抚养的孩子却相当成功（Pomerantz & Wang，2011；Chen，Sun，& Yu，2017；Kuppens & Ceulemans，2018）。

儿童虐待、忽视和心理弹性：家庭生活的阴暗面

以下的数字是触目惊心的：每天至少有500名儿童被他们的父母或其他照顾者杀害，并且每年还有14万名儿童受到身体上的伤害。在美国，每年约有300万名儿童受到虐待或忽视。从身体虐待到心理虐待，

冲突。例如就寝时间可能就是一个导火索，导致父母和儿童之间每晚都出现斗争。父母可以用一些愉快的策略（例如每晚就寝前例行地阅读故事，或者跟儿童来场"摔跤"比赛）来赢得儿童的顺从，以平息这种潜在的斗争。

虐待的形式多种多样（National Clearinghouse on Child Abuse and Neglect Information，2004；U.S. Department of Health and Human Services，2007；Criss，2017；见图4-9）。

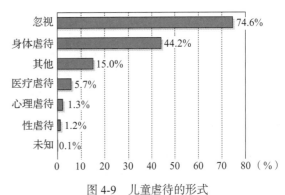

图4-9 儿童虐待的形式

忽视是最常见的虐待形式。教育工作者和健康护理工作者怎样帮助识别儿童虐待的案例呢？

资料来源：Child Welfare Information Gateway，2018.

童年性虐待。在某些情况下，虐待儿童的行为是与性相关的行为。令人惊讶的是，童年性虐待非常普遍。尽管很难获得有关性虐待发生率的准确统计数据（许多情况都未报告），但据估计，美国每年约有50万例儿童性虐待案例。在18岁之前，多达1/6的男孩和1/4的女孩会受到性虐待，全球7 300万18岁以下的男孩和1.5亿18岁以下的女孩遭受性虐待（Sedlak et al.，2010；American Psychological Association，2014）。

在大多数情况下，是儿童的亲属或熟人对儿童进行性虐待，最常见的儿童性虐待者是男性异性恋者。虽然大多数受害者认识他们的虐待者，但年龄较大的儿童和青少年可能首先是在网上与他们的虐待者开始接触的（Finkelhor et al.，2005；Sklenarova et al.，2018）。

虐待的警告信号。无论经济福祉或社会地位如何，任何家庭都可能发生虐待儿童的行为。在生活压力较大的家庭中，这种现象更为常见。贫困、单亲家庭和高于平均水平的婚姻冲突会增加创建这种家庭环

境的可能性。相比于亲生父亲，继父更有可能虐待继养子女。如果配偶之间有暴力史，他们虐待儿童的可能性也更大（Osofsky，2003；Evans，2004；Ezzo & Young，2012；一些虐待的警告标志，见表4-2）。

被虐待的儿童更有可能暴躁不安、抵制控制，且不易适应新环境。他们会出现更多的头痛、胃痛、尿床等经历，通常更加焦虑，而且有可能出现发展迟滞。某些年龄段的儿童更可能成为被虐待的对象：3～4岁和15～17岁的儿童比其他年龄段的儿童更容易受到父母虐待（Straus & Gelles，1990；Ammerman & Patz，1996；Haugaard，2000；Carmody et al.，2014）。

这个婴儿被抛弃在荒野里，可能受到严重的忽视。

身体虐待的原因。 为什么会出现身体虐待呢？绝大多数父母当然无心伤害自己的孩子。事实上，虐待孩子的父母在事后大多会对自己的行为表示迷惘和后悔。

虐待儿童的原因之一是对体罚的许可形式与非许可形式之间模糊的划分。在美国，人们认为打孩子不仅仅是可以接受的，而且通常是非常必要的。约有一半的4岁以下儿童的母亲报告说在前一周打过孩子，而且近20%的母亲认为打不满1岁孩子的屁股是合适的。在其他一些文化中，体罚更加常见（Lansford et al.，2005；Deb & Adak，2006；Shor，2006）。

不幸的是，"打屁股"和"殴打"之间的界限并不清晰，且愤怒中开始的打屁股行为很容易上升为虐待。事实上，越来越多的科学证据表明，应该尽量避免打孩子。尽管体罚可以让孩子即刻听话，但是也会产生严重的、长期的副作用。例如，打孩子通常伴随着低质量的亲子关系、孩子和父母较差的心理健康、更严重的不良行为以及更多反社会行为。打孩子也会教会儿童暴力是可以接受的解决问题的途径。因此，美国儿科学会强烈反对使用任何形式的体罚（Afifi et al.，2006；Zolotor et al.，2008；Gershoff et al.，2012；Gershoff et al.，2018）。

另一个导致西方社会虐待高发率的因素是隐私性。在大多数西方文化下，儿童教养被认为是一种隐私的、独立的家庭行为。在其他许多文化下，儿童养育被看作多个人甚至整个社会的共同责任，当父母快丧失耐心的时候其他人可以来帮忙（Chaffin，2006；Elliott & Urquiza，2006）。

暴力循环假说。 很多虐待儿童的人在童年时期自己就遭受过虐待。根据**暴力循环假说**（cycle of violence hypothesis），童年时期遭受的忽视与虐待使儿童在成年

表 4-2　儿童虐待的警告标志有哪些

由于虐待儿童是一种典型的秘密犯罪，因此确定虐待受害者尤为困难。但是，仍然有一些迹象能暗示一名儿童是暴力的受害者（Robbins，1990）：

- 可见的、没有合理解释的严重伤痕
- 咬痕或颈部勒痕
- 烟头烫伤或开水烫伤
- 无明显原因的疼痛感
- 对成人或照顾者的恐惧
- 暖和天气下的不适宜着装（长袖、长裤、高领外衣）——有可能掩饰手部、腿部和颈部的伤痕
- 极端行为——高度攻击性、极端顺从、极端退缩
- 对身体接触的恐惧
- 在性虐待的情况下：用新词来描述私处，用玩具或毛绒动物来模仿性行为，或者拒绝脱衣服

如果你怀疑某个儿童是攻击行为的受害者，你就有责任采取行动。打电话联系当地警察局或城市社会服务部门。告诉教师或警察及相关服务人员：记住要果断行动，你可能真的会挽救一个人的生命

后更倾向于忽视或虐待自己的孩子（Heyman & Slep，2002；Henschel，de Bruin，& Möhler，2014；Bland，Lambie，& Beset，2018）。

根据这一假说，虐待的受害者从他们童年时期的经历中了解到，暴力是一种恰当且可以接受的处罚形式，却并没有学会解决问题的技能以及非暴力循序渐进式的原则（Blumenthal，2000；Ethier，Couture，& Lacharite，2004；Ehrensaft et al.，2015）。

当然，孩童时期遭受虐待并不一定导致虐待自己的孩子。事实上，数据统计显示，仅有约 1/3 的童年遭受虐待或忽视的人会虐待自己的孩子（Straus & McCord，1998；Spatz Widom，Czaja，& DuMont，2015；Anderson et al.，2018）。

打屁股行为和其他形式的暴力越来越多地被看作对人权的侵犯。联合国儿童权利委员会（The United Nations Committee on the Rights of the Child）将身体惩罚称为"针对儿童的合法化暴力行为"，并且呼吁消除这种行为。已经有 192 个国家对这个观点提供了法律支持，但不包括美国和索马里（Smith，2012）。

心理虐待。 儿童可能遭受到更为隐蔽的虐待形式。**心理虐待**（psychological maltreatment）是指当父母或其他照顾者伤害儿童的行为、认知、情感或生理功能时所发生的虐待。它可能是外显的行为或忽视的结果（Higgins & McCabe，2003；Garbarino，2013）。

例如，施虐的父母可能会恐吓、贬低或羞辱自己的孩子，从而导致儿童感到自己是令人失望的或失败的。父母可能对孩子说：真希望没有生下你。儿童可能受到被抛弃甚至死亡的威胁。在另外一些例子中，较大一点的儿童可能会遭到剥削，被迫去找工作并将收入交给父母。

在另一类心理虐待的案例中，虐待会以忽视的形式出现。父母会忽略他们的孩子，或表现出情感上的不负责。在这种情况下，儿童可能被迫承担不现实的责任，或被抛弃而需要自己谋生。

虽然一些儿童有足够的心理弹性来应对心理虐待，但这往往会造成持久的伤害。心理虐待常常伴随着儿童在学校的低自尊、撒谎、品行不良和学业不理想。在一些极端案例中，它有可能导致犯罪、攻击甚至谋杀。在另外一些案例中，遭受心理虐待的儿童变得抑郁，甚至自杀（Allen，2008；Palusci & Ondersma，2012；Gray & Rarick，2018）。

施虐的父母可能会恐吓、贬低或羞辱自己的孩子，从而导致儿童感到自己是令人失望的或失败的。虽然有些儿童有足够的心理弹性来应对心理虐待，但这往往会造成持久的伤害。

心理虐待和身体虐待都会造成许多负性结果的一个原因就是，受害者的大脑会因为遭受虐待而产生永久性的改变（见图 4-10）。例如，童年遭受虐待可能导致成年后杏仁核和海马缩小。由于涉及记忆和情绪调节的边缘系统过度兴奋，虐待带来的应激和恐惧也可能引起大脑产生永久性改变，最后导致成年期的反社会行为（Twardosz & Lutzker，2009；Thielen et al.，2016；Presseau et al.，2017）。

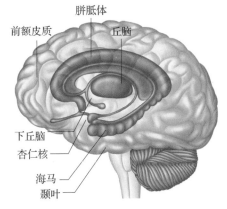

图 4-10 虐待改变大脑

由于童年遭受虐待，由海马和杏仁核组成的边缘系统可能发生永久性的改变。

资料来源：Based on Scientific American.（2002，March 1）. Scars that won't heal：The neurobiology of child abuse. Scientific American, p. 71.

心理弹性：克服逆境。 尽管儿童虐待可能带来严重的伤害，但是很明显，并不是所有遭受过虐待的儿童都会出现永久性创伤。实际上，一些儿童的情况是相当好的。是什么能够使这些儿童克服在大多数情况下困扰其他人一生的压力与创伤呢？

答案是心理弹性。**心理弹性**（resilience）是克服高风险环境的能力，这些环境使得儿童具有很高的可能性出现心理和身体损伤，这些环境包括极端贫困、出生前的应激、家庭暴力等。在某些案例中，一些因素似乎能降低或消除儿童对艰难环境的反应（Collishaw et al.，2007；Monahan，Beeber，& Harden，2012；Sciaraffa，Zeanah，& Zeanah，2017）。

根据发展心理学家埃米·沃纳（Emmy Werner）的观点，心理弹性好的儿童具备的气质更倾向于激发积极的反应。他们通常充满深情、随和、温柔，像婴儿一样容易抚慰，在任何环境中都能引发养育者的关怀。因此，在某种意义上，心理弹性好的儿童能够通过激发别人做出某些行为，从而创造自身发展所需的有利环境。进入学龄期后，这些儿童会在社交方面令人愉悦、对人友善，并具有良好的沟通能力。他们往往更加聪明和独立，并能够感觉到他们可以塑造自己的命运而不依靠他人或者运气（Martinez-Torteya et al.，2009；Naglieri，Goldstein，& LeBuffe，2010；Newland，2014）。

这些特质能够提示我们如何帮助那些面临发展威胁的儿童。帮助弱势儿童的计划之所以成功是因为拥有一个共同思路：为他们提供有能力和关怀心的成人榜样，教这些儿童解决问题的技能，并且帮助他们将自己的需要告诉那些能够帮助他们的人（Maton et al.，2004；Condly，2006；Goldstein & Brooks，2013）。

道德发展和攻击

Lena 和 Carrie 都在幼儿园，她们俩都想出演《灰姑娘》。老师开始分配角色："Lena，你来演灰姑娘；Carrie，你来演她的仙女教母。"眼泪充满了 Carrie 的眼眶。"我不想当仙女教母。"Carrie 抽泣着说。Lena 用手搂着 Carrie 说："你也可以演灰姑娘，我们是灰姑娘双胞胎。"Carrie 一下子就高兴起来了，感激 Lena 如此懂得她的心情并且如此善意地回应她。

在这一短短的场景中，我们可以看到学前道德发展的许多关键性成分。儿童对于什么是正确行为的观点发生了变化，这一变化是学前期成长的重要方面。

由于儿童对于道德发展的深入理解，即使在没有人看到他们做坏事的情况下，他们也会担心自己受到惩罚。

与此同时，学前儿童所表现出的攻击行为也在发生变化。我们可以这样认为，作为人类行为的两个相反方面，道德和攻击的发展都与增长的他人意识密切相关。

道德发展：遵循社会的是非标准

道德发展（moral development）是指人们的公正感、对于正确与否做出判断的意识以及与道德问题相关的行为的变化。发展心理学家已经从儿童对道德的推理、对道德过失的态度以及面对道德问题时的行为等方面考察了道德发展。在研究道德发展的过程中也形成了一些观点。

皮亚杰关于道德发展的观点。儿童心理学家让·皮亚杰是最早研究道德发展问题的学者之一。他认为道德发展和认知发展一样，都是阶段性的（Piaget，1932）。最初阶段从 4 到 7 岁，他称之为他律道德（heteronomous morality），规则被视为恒定不可变。在这一阶段中，儿童假设有且只有一种方式进行游戏，死板地按照规则玩。但是同时，学前儿童可能无法完全掌握游戏规则，结果一群儿童在一起玩时，每人都有各自稍许不同的规则。尽管如此，他们还是玩得很开心。皮亚杰指出，每一个儿童都会"赢"得这种游戏，因为赢就意味着玩得开心，而不是真正和他人竞争。

严格的他律道德最终会被两个后续的道德阶

段所取代：初始合作和自主合作。在初始合作阶段（incipient cooperation stage）（大约从 7 ～ 10 岁），儿童的游戏更加社会化，他们习得了正式的游戏规则，并根据这一共享知识来玩游戏。不过，规则仍然被看作大致不变的，仍然需要按照"正确"的方式玩游戏。

直到自主合作阶段（autonomous cooperation stage）（大约从 10 岁开始），儿童才充分意识到如果一起游戏的人同意，正式的游戏规则就可以改变。从这开始，儿童开始理解游戏的规则是由人创造出来的，是可以根据人们的意愿来改变的。

道德的社会学习观点。 皮亚杰强调学前儿童认知发展的局限性如何导致特定形式的道德推理，而社会学习观点则更加关注学前儿童所处的环境如何使他们产生**亲社会行为**（prosocial behavior）——有利于他人的帮助行为（Caputi et al., 2012；Schulz et al., 2013；Buon, Habib, & Frey, 2017）。

社会学习观点认为儿童表现出某些亲社会行为，是因为他们以符合道德的方式做出的行为得到了正强化。例如，Claire 给弟弟分享糖果，妈妈称她是一个"好女孩"，此时 Claire 的行为就得到了强化。其结果是，今后 Claire 更愿意做出与他人分享的行为（Ramaswamy & Bergin, 2009）。

然而，并不是所有亲社会行为都必须得到直接的强化。根据社会学习理论家的观点，儿童还可以通过观察他人的行为来间接学习道德行为，这些被观察的对象被称为榜样（models）。儿童会模仿因行为获得强化的榜样，最终学会自己表现出这些行为。例如，当 Claire 的朋友 Jake 看到 Claire 和弟弟分享糖果并因此受到表扬时，Jake 就更有可能在以后的某个时刻也做出这种分享行为。不幸的是，反之亦如是：如果一个榜样做出了自私的行为，观察到该行为的儿童也倾向于做出自私的行为（Hastings et al., 2007，Bandura, 2018）。

儿童并不是简单地、不假思索地模仿他们看到的其他人得到奖赏的行为。通过道德观察，社会规范提醒着他们从家长、教师以及其他权威人士那里传递过来的道德行为的重要性。他们注意到特定情境和某些行为之间的联系。这就增加了相似情境激发观察者相似行为的可能性。

由此，就出现了**抽象建模**（abstract modeling），这个过程为更普遍的规则和原则的发展打下了基础。

相对于总是模仿他人行为，较大的学前儿童开始发展出构成他们所观察行为基础的概括化原则。在重复观察到榜样由于做出符合道德期望的行为而受到奖励的事件后，儿童开始推理和学习道德行为的普遍原则（Bandura, 2016）。

道德的遗传学观点。 最近出现的极具争议的遗传学观点提出：特定基因是某些方面道德行为的基础。根据这个观点，学前儿童表现慷慨还是表现自私，是具有遗传倾向的。

在一项旨在说明遗传学观点的研究中，研究者给学前儿童一个分享贴画的机会。那些在分享贴画中表现得比较自私的孩子，更有可能在一个叫作 AVPR1A 的基因上出现变异，这个基因调节大脑中与社会行为相关激素的分泌（Avinun et al., 2011）。

基因突变不可能完全解释学前儿童慷慨行为的缺失。儿童成长的环境也可能是一个重要因素，在决定儿童的道德行为中可能起到重要或主导作用。但这些发现表明，慷慨行为可能具有遗传基础。

共情与道德行为。 根据一些发展心理学家的观点，**共情**（empathy），即对他人感受的理解，是一些道德行为的核心。

共情的萌芽发展得很早。1 岁婴儿在听到其他婴儿哭泣时也会哭起来。到两三岁时，儿童会为其他儿童、成人甚至陌生人提供礼物，并自发地和他们分享玩具（Ruffman, Lorimer, & Scarf, 2017）。在学前期阶段，随着儿童监控和调节自身情绪以及认知反应能力的提升，共情持续发展。

一些理论学家认为，不断增长的共情（以及其他正性情绪，如同情、欣赏）使得儿童表现出更多的道德行为。此外，一些负性情绪（如对不公平情境的愤怒或对先前违规行为的羞愧）也可能促进儿童道德行为的发展（Rieffe, Ketelaar, & Wiefferink, 2010；Bischof-Köhler, 2012；Eisenberg, Spinrad, & Morris, 2014）。

学前儿童的攻击和暴力行为：原因和结果

4 岁的 Duane 再也克制不住他的愤怒和挫败感了。虽然他向来脾气温和，但当 Eshu 开始嘲笑他裤子上的破口并喋喋不休地持续了几分钟后，Duane 终于爆发了。他冲向 Eshu，把他推倒在地，开始用紧握的小拳头打他。因为 Duane 太过激动发狂，他的攻击并没有造成很大的伤害，但也足够在幼儿园老师赶到之前让Eshu尝到了苦头，并大哭起来。

学前儿童的攻击行为是相当普遍的，尽管类似这样的例子并不多见。言语攻击、相互推搡、拳打脚踢以及其他形式的攻击在整个学前期阶段都可能发生，只是随着儿童年龄的增长，攻击的程度也会发生变化。

Eshu的嘲笑其实也是一种攻击。**攻击**（aggression）是对另外一个人有意的侮辱或伤害。婴儿不会表现出攻击行为；即使他们无意地做了，他们的行为也不是有意图地伤害他人。相反，等他们进入学前期阶段，他们才表现出了真正的攻击。

攻击行为贯穿于整个学前期阶段，包括身体和言语上的。

在学前期阶段的早期，一些攻击行为是为了达到一个特定目的，例如从另一个人那里抢走玩具或霸占另一个人所占据的特定空间。因此，从某种意义上来说攻击是无意的，小小的混战事实上可能只是学前儿童日常生活的一部分。完全没有攻击行为的儿童是罕见的。

然而，极端和持续的攻击行为会引起关注。对于大部分儿童而言，在学前期阶段随着年龄的增长，其攻击行为的数量、频次和每次攻击行为的持续时间都会减少（Persson，2005）。

儿童的人格和社会性发展对攻击行为的减少有所贡献。在学前期阶段，大部分儿童能够越来越好地控制自己的情绪。**情绪的自我调节**（emotional self-regulation）是将情绪调整到一个理想的状态和强度水平上的能力。从2岁开始，儿童能够说出自己的感受，并且能够运用策略来调节这些感受。当他们再长大一些的时候，就能够运用更为有效的策略，学会更好地应对消极情绪。除了自我控制能力的提升，儿童还能够发展出复杂的社会技能。大多数儿童学会使用语言来表达自己的愿望，并能与他人进行协商谈判（Philippot & Feldman，2005；Helmsen，Koglin，& Petermann，2012；Rose et al.，2016）。

尽管攻击行为会随着年龄增长出现普遍减少的趋势，一些儿童却在整个学前期阶段一直表现出攻击行为。此外，攻击性是一种相对稳定的特质：攻击性强的学前儿童到了学龄期也更可能是攻击性强的（Schaeffer，Petras，& Ialongo，2003；Davenport & Bourgeois，2008）。

男孩通常比女孩表现出更高水平的身体性、工具性攻击。**工具性攻击**（instrumental aggression）是指由达成具体目标的愿望所驱动的攻击，例如想得到另一个儿童正在玩的玩具。

相比之下，尽管女孩表现出的工具性攻击行为较少，但她们也一样具有攻击性，只是与男孩所表现的方式不同。女孩更可能使用**关系攻击**（relational aggression）——意在伤害他人感受的非身体攻击。这种攻击可能表现为辱骂中伤、与朋友断交或者仅仅是说一些刻薄、令人痛苦的事情使对方难受（Murray-Close，Ostrov，& Crick，2007；Valles & Knutson，2008；Ambrose & Menna，2013）。

攻击的根源。 我们怎么来解释学前儿童的攻击行为呢？一些理论家认为攻击行为是一种本能，是人类生存条件的重要组成部分。例如，弗洛伊德的精神分析理论认为，我们都是受性本能和攻击本能所驱动（Freud，1920）。习性学家康拉德·洛伦茨（一位动物行为专家）认为，动物（包括人类）都有一种战斗本能，这种本能从原始的保护领土、保持稳定的食物供给以及淘汰较弱动物的动机中衍生而来（Lorenz，1974）。

类似的争论在进化理论家和社会生物学家之间展开，社会生物学家考虑社会行为的生物学基础。他们认为，攻击行为可以增加交配的机会，提升基因传递的可能性。另外，攻击行为可能会帮助一个物种与它的基因库成为一个整体，因为强者生存。最终，攻击本能会促使基因得以存活并传递给后代（Archer，2009）。

虽然用本能来解释攻击行为是符合逻辑的，但缺乏实验证据的支持。这类解释没有考虑到人类随着年龄增长变得越来越复杂的认知能力。而且对于判断儿童和成人何时以及如何进行攻击行为也没有给出什么指导，它只是指出了攻击行为是人类固有的一部分。因此，发展心理学家转向了其他观点。

攻击行为的社会学习观点。 Lynn 目睹了 Duane 推倒 Eshu 的过程，第二天，她与 Ilya 发生了争执。她们先是斗嘴，然后 Lynn 把手攥成拳头试图击打 Ilya。幼儿园老师被吓坏了，因为 Lynn 很少生气，她以前从未做出过攻击行为。

这两件事之间有什么联系吗？社会学习理论学家会回答"是"，因为他们认为攻击主要是基于观察和先前学习的。那么，为了理解攻击行为的原因，我们应该看看儿童成长环境中的奖惩系统。

攻击的社会学习观点强调社会和环境条件如何教会个体具有攻击性。从行为主义的视角来看，攻击行为是通过直接的强化而习得的。例如，学前儿童可能会习得，通过攻击性地拒绝同伴分享的要求，他们就能一直独占最喜欢的玩具。用传统的学习理论的说法，他们因为做出攻击性行为而受到强化，因此日后他们更有可能表现出攻击行为。

但是在讨论道德时，社会学习观点认为强化也可能是间接的。研究提出，与攻击性较强的榜样的接触导致了攻击性的增加，尤其是当观察者本身处于生气、受辱或者挫败的状态时。例如，阿尔伯特·班杜拉（Albert Bandura）及其同事在一项学前儿童的经典研究中说明了榜样的力量（Bandura，Ross，& Ross，1963）。该研究中，一组儿童观看成人带有攻击性地、粗暴地对待玩偶波波（一个大的充气塑胶小丑，是为儿童设计的拳击吊袋，推倒之后还能够恢复到原来站立的姿势）的录像。作为对比，另一组儿童观看成人安静地玩 Tinkertoys（成人玩的万能工具玩具）（见图4-11）。之后，实验者让学前儿童玩很多玩具，其中包括玩偶波波和 Tinkertoys。但是开始时，实验者不让这些儿童玩自己最喜欢的玩具，以至于他们感到沮丧。

正如社会学习观点预测的那样，这些学前儿童模仿了成人的行为。看到成人粗暴对待玩偶波波的儿童比那些看到成人平静地玩 Tinkertoys 的儿童表现出了更多的攻击性。

观看暴力电视：有影响吗？ 大多数学前儿童在电视上看到过攻击行为。儿童电视节目包含的暴力水平（69%）高于其他节目（57%）。在平均一个小时的时间里，儿童节目包含的暴力事件是其他节目的两倍多

图 4-11 模仿攻击

这一系列图片来自班杜拉经典的"玩偶波波"实验，该实验旨在说明攻击的社会学习。图片清晰地显示出成人榜样的攻击行为（第一行）是如何被目击的儿童所模仿的（第二、三行）。

（Wilson et al.，2002）。

如此高水平的电视暴力，再加上关于模仿榜样攻击的研究结果，我们不得不关注一个重要问题：观看攻击行为是否会增加儿童（以及他们成年后）做出攻击行为的可能性？

难以辩驳的研究证据表明，观看电视暴力的确会导致随后的攻击行为。纵向研究也发现，偏好暴力节目的 8 岁儿童和他们 30 岁时犯罪行为的严重程度有关。其他证据支持以下观点：观看媒体暴力将导致个体更轻易地做出攻击行为、欺凌行为，而且对暴力受害者遭受的伤害不敏感（Christakis & Zimmerman，2007；Kirsh，2012；Merritt et al.，2016）。

从一个教育工作者的视角看问题

学前儿童的老师或家长如何帮助儿童注意到所看节目中的暴力行为，并保护他们不受影响？

电视并不是媒体暴力的唯一来源。许多视频游戏包含了大量的攻击行为，而很多儿童经常玩这些游戏。例如，14% 的 3 岁及以下儿童和大约 50% 的 4～6 岁儿童都玩视频游戏。关于成人的研究表明，玩暴力视频游戏与表现出的攻击行为有关，因此，玩暴力视频游戏的儿童将更有可能表现出攻击性（Hasan et al.，2013；Bushman，Gollwitzer，& Cruz，2014；Greitemeyer，2018）。

幸运的是，社会学习原则并非只强调问题，也讨论如何解决问题。它可以明确指导儿童用批判性的眼光看待暴力。如果儿童明白了暴力不能代表真实世界，知道了观看暴力行为会给他们带来负面影响，懂得了他们不应该模仿电视上看到的暴力行为，那么他们就可能以不同的视角去观看暴力节目，从而更少地受到它们的影响（Persson & Musher-Eizenman，2003；

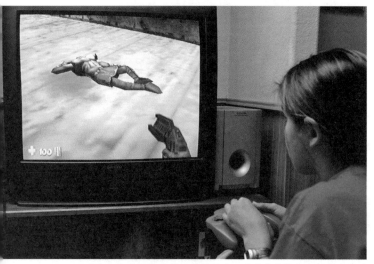

对攻击行为的社会学习解释认为，儿童在电视和视频游戏中观看到的攻击行为会导致实际的攻击行为。

Donnerstein，2005）。

此外，正如接触攻击性榜样会导致攻击行为那样，观察非攻击性榜样也会减少攻击行为。学前儿童不仅会学习别人如何攻击他人，他们还会学习如何避免对抗以及控制自己的攻击行为，我们将在后面讨论。

攻击行为的认知观点：暴力背后的想法。两个儿童在踢球，当他们同时去接球时无意中撞到了对方。其中一个的反应是道歉，另一个则推搡着对方生气地说"够了"。

尽管事实上两个人对这个小事件应该负同等的责任，但是产生了完全不同的反应结果。第一个儿童把这看成是意外，而第二个看成是挑衅。

关于攻击的认知观点认为，理解道德发展水平的关键是考察学前儿童对他人行为以及当时情境的解释。根据发展心理学家肯尼思·道奇（Kenneth Dodge）及其同事的研究，一些儿童比另一些儿童更倾向于认为行为具有攻击性动机，他们无法注意到情境中的适宜线索，而会错误地理解情境中的行为，认为事件的发生是具有敌意性的。随后，在决定如何反应时，他们会基于那些错误的理解，对事实上并不存在的情况做出攻击性的反应（Dodge & Petit，2003）。

尽管关于攻击的认知观点描述了导致儿童做出攻击行为的过程，它却无法成功地解释为什么儿童对情境产生错误的知觉以及为什么容易做出攻击性反应。但另一方面，认知观点却可以帮助我们找到减少攻击性的方法：通过教会学前儿童更准确地解释情境，我们可以引导他们不要轻易认为别人的行为具有敌意动机，这样他们就不太可能用攻击本身进行反应（见"生活中的发展"专栏）。

生活中的发展

增加学前儿童的道德行为，减少攻击行为

基于前面提到过的许多观点，我们可以在鼓励儿童的道德行为并减少攻击行为方面找到一些实用且容易实现的策略（Bor & Bor，2004；Eisenberg，2012）。

- **为学前儿童提供观察他人做出合作、帮助、亲社会行为的机会**。鼓励他们通过参与拥有共同目标的活动进行同伴互动。这些合作活动能够教会他们合作并帮助他人的重要性和可取性。

- **不要忽略攻击行为**。当看到学前儿童的攻击行为时，家长和教师应该进行干预，并明确说明通过攻击来解决冲突是不可接受的。

- **帮助学前儿童对他人的行为做出其他解释**。这对于那些具有攻击性和倾向于把别人的行为看得比实际情况更具有敌意的儿童尤其重要，家长和教师应该帮助这些儿童认识到他们同伴的行为有多种可能的解释。

- **监控学前儿童观看媒体的整体屏幕时间，尤其是看暴力内容**。不鼓励学前儿童观看带有攻击性的节目，鼓励学前儿童观看旨在培养儿童道德行为的特定节目，如《芝麻街》《兔子哈里》。

- **帮助学前儿童理解自己的感受**。当儿童生气时（所有的儿童都会这样），他们应该知道怎样用一种构建性的方式来处理自己的情感。告诉他们一些可以改善这种情况的具体事情。（"我知道你因为 Jake 不给你玩而非常生气。不要打他，告诉他你也想玩那个游戏。"）

- **明确教导他们推理和自我控制**。学前儿童可以理解道德推理的基本原理，应该告诉他们为什么某些行为是适当的。例如，明确地说"如果你吃掉了所有饼干，其他人就没有甜点了"要好过说"乖孩子就不会吃掉所有的饼干"。

回顾、检测和应用

回顾

13. 解释学前儿童如何发展出自我概念。

根据埃里克森的心理社会性发展理论，学前儿童经历了从自主对羞愧怀疑阶段（18个月至3岁）到主动对内疚阶段（3至6岁）。学前儿童自我概念的形成一部分来源于他们自己的知觉和对自身特征的估计，一部分来源于父母对他们行为的反应，还有一部分来源于文化的影响。

14. 分析学前儿童如何发展出性别意识。

性别差异很早就出现了，并且与社会性别刻板印象一致。不同的理论家以不同的方式解释学前儿童对性别的强烈预期。有些理论家将遗传因素作为性别预期的生物学解释证据。社会学习理论家则关注环境的作用，而认知理论家提出儿童形成的性别图式是儿童收集有关性别信息后组织起来的认知框架。

15. 描述学前儿童中典型的社会关系种类。

在学前儿童中，游戏是社会学习中的一种重要形式。儿童一般从平行游戏转向旁观者游戏，再到联合游戏，最后变成合作游戏。在学前期阶段，社会关系开始包含真正的友谊，随着时间的推移，这其中包括信任和忍耐。

16. 分析儿童心理理论在学前期是如何变化的。

在学前期阶段，儿童的心理理论继续发展，这使得他们越来越能够从他人的视角看世界。学前儿童开始理解他人是如何思考的以及他人为什么做这些事情。通过想象游戏，他们开始掌握现实和想象的区别。

17. 描述学前儿童经历的家庭特点变化和教养方式的多样性。

随着时间的推移，家庭在性质和结构上都会发生变化，但一个强大积极的家庭环境对于儿童的健康发展来说至关重要。父母的教养风格在个体和文化上都有所不同。在美国和其他西方社会，父母的教养风格大多是专制型、溺爱型、忽视型和权威型。权威型教养风格被认为是最有效的。

18. 分析导致虐待和忽视儿童的因素，并描述可能保护儿童的个人特征。

虐待儿童可能是身体上的或是心理上的，尤其会发生在生活压力大的家庭环境当中。家庭隐私以及儿童养育中的体罚增加了美国虐待儿童的比率。此外，暴力循环假说指出，童年时期受虐的个体成年后很可能成为施虐者。能生存下来的受虐儿童往往依赖于心理弹

性的气质特质。

19. 解释学前儿童如何发展出道德感。

皮亚杰认为学前儿童处于道德发展的他律道德阶段，这个阶段的特点是个体对行为的规则有一种外在的、不可改变的信念，所有的罪行都会遭到即时的惩罚。相反，道德的社会学习观点强调道德发展中环境与行为的交互作用，行为的榜样在其中发挥了重要作用。有些发展心理学家认为道德行为源自儿童共情的发展。其他情绪，包括愤怒、羞耻等负性情绪，也可能促进道德行为。

20. 分析学前儿童如何发展出攻击行为的理论视角。

故意伤害他人的攻击行为出现在学前期。一些习性学家，如洛伦茨，认为攻击行为只是人类生命的一个生物学事实。社会学习理论家关注环境的作用，包括榜样和社会强化对攻击行为的影响。攻击行为的认知观点强调了个体解释他人行为在决定做出攻击性或非攻击性反应中的作用。

自我检测

1. 根据埃里克森的理论，儿童在学前期面临的与心理社会性发展相关的冲突涉及哪方面的发展？

a. 道德　　　　b. 认同　　　　c. 主动性　　　　d. 信任

2. 为了参加学校的跳绳比赛，5 岁的 Kayla 在过去的 6 周里一直在练习跳绳。一天下午她跳完绳告诉母亲说："我跳得真烂。"这句话表明 Kayla 在逐渐发展她的认同或者叫_____。

a. 独立性　　b. 自我概念　　c. 竞争性　　d. 自尊

3. 下列哪个特征是溺爱型父母的孩子的典型特点？

a. 低自我控制　　　　　　b. 独立性
c. 友善　　　　　　　　　d. 合作性

4. 根据_____理论，提高学前儿童做出亲社会行为可能性的因素是环境。

a. 认知 - 行为　　　　　　b. 社会学习
c. 精神分析　　　　　　　d. 人本主义

应用于毕生发展

如果高威望榜样的行为在影响道德态度和行为方面尤其有效，那么这对参与到体育、广告和娱乐等产业中的个体是否也有一些启示？

第 4 章　总结

汇总：学前期

3 岁的 Chen 是我们在本章开始的时候谈到的一个充满热情的孩子，他爬过厨房的柜台去够一个饼干罐。他可能天生充满好奇、喜好探索。Chen 会测试自己的生理能力极限，尽量挑战挡在自己面前的障碍。Chen 会利用自己新发展的技能来帮助他找到在他脑海中形成的问题的答案。他爱冒险的人格会使他不计后果地探索环境。在醒着的每一刻，Chen 都在把发展中习得的各种技能整合起来去练习控制、操控这个世界。

4.1　学前期的生理发展

- 在学前期，Chen 的身体在长大，学会轻松进行一些运动并发展能力，如走路、攀爬和游泳。
- Chen 也学会了使用和控制一些粗大和精细运动技能，表现出惊人的身体灵敏性。
- Chen 的大脑不断发育，他的认知能力也不断发展。例如，对于他所见的世界，观察其现象、提出问题的能力在提升。

4.2　学前期的认知发展

- Chen 的记忆能力会增长，这能够帮助他在未来回忆起他会在饼干罐里找什么的经历。
- Chen 会观察他人，学会了如何执行具有挑战性的任务。
- Chen 的语言技能持续发展，这使得他能够越来越有效地表达自己的想法。
- Chen 的认知技能会发展，这使得他能够观察现象，提出问题，并且计划找到问题的答案。

4.3　学前期的社会性和人格发展

- Chen 的自我概念包括视自己为熟练的攀爬者，当然，这是一种高估，会让他面临出事故的风险。
- Chen 已经到达一定的年龄，他可以通过分享远足和游泳的乐趣来建立他的友谊。
- Chen 的父母表现的是一种权威型的教养方式，这种教养方式鼓励他的独立和决断意识。

父母会怎么做?

你会怎样帮助 Chen 去考虑他的行为可能造成的后果?你会怎样评估他对于考虑后果的准备性?关于考虑行为对身体安全影响方面,你会对 Chen 说些什么?

教育工作者会怎么做?

你会使用哪些策略去促进 Chen 的社会性发展?你会怎样帮助 Chen 与同龄人建立关系?你会如何处理 Chen 潜在的领导特质?你会怎样帮助他避免有勇无谋的冒险?对于监管像 Chen 这样的孩子,你会告诉 Chen 的老师行为步骤方面的一些什么内容?

健康护理工作者会怎么做?

关于随着生理和认知发展而出现的特定风险方面,你会对 Chen 的照看者说一些什么?随着 Chen 的成长,你会怎样建议 Chen 的父母去关注家里的儿童安全措施?

你会怎么做?

你会做些什么来促进 Chen 的发展?你会怎样建议 Chen 的照顾者去恰当引导 Chen 的冒险和好奇天性?你会怎样建议 Chen 的照顾者处理 Chen 的"胆大"?应该阻拦吗?

第 5 章

儿童中期

这是 9 岁的 Jan 第一次参加少年棒球联盟的比赛。在父母的大力支持下，她尝试参加了当地的球队，成为第一个这样做的女孩子。现在她已经是纽约洋基队的一名球员。但她仍旧有些顾虑，因为她的队友们对于阵容里有个女孩这件事并不感到兴奋。

教练把 Jan 派到二垒。她一直盯着球和手套，时刻做好准备，但一场又一场的比赛后，球都跑到了游击手那里，为了突围游击手把球扔给了一垒手。Jan 很失望。男孩们再也不给她机会了。她的教练在第七局提醒她："棒球不仅仅是击球和接球，要想打好比赛，你得动脑筋。"Jan 回到了球场上，坚毅而机敏。

现在是最后一局了。纽约洋基队有一分的领先，但是巴尔的摩金莺队有最后击球权，他们最好的击球手站在垒板前，只有一个人出局，还有一人在一垒跑。比赛已经到了紧要关头。

后来，Jan 说当击球手挥棒的时候，她看到球径直向本垒板飞来。她知道它会正好碰到球棒，从球棒中间向上飞。那个游击手根本没资格上场。那是她的球。

当球击中球棒时，她跑到自己的右边，伸展身体去接弹起的球，在二垒接住球让跑垒员出局，然后把球传给一垒以完成双打。游戏结束。"真棒！"她的队友喊道。他们拍拍 Jan 的背，Jan 笑了。

在儿童中期，孩子们进入学校，渴望学习所有他们能学到的关于这个世界的知识。常规的教室设置为儿童提供了良好的条件，有助于其身体、智力和社会性的发展。但是也有儿童有特殊需要或者存在发展缺陷，需要接受特殊干预，这些特殊措施能让他们的能力得到最大限度的发展，拥有良好的自尊。

在本章中，我们将跟随儿童迈出开始正式教育的关键一步。我们关注儿童的身体变化，这些变化为儿童迎接新的挑战做好准备。我们也讨论该时期典型的发展模式以及他们运动技能所达到的更高水平，运动技能方面的发展让儿童开始学习投球、拉小提琴等多种活动。我们还讨论威胁儿童健康的因素，考虑可能影响儿童学校生活的特殊需求。

然后，我们将转向儿童逐渐增长的智力和概念性技能，以及日益精湛的语言能力，它们都是这一阶段的标志性能力。我们会考察儿童待得最久的地方——学校。我们会关注儿童阅读发展以及教儿童学会阅读的最有效策略。我们还将探讨极具争议性的话题——智力。

最后，我们将考察学龄儿童作为一名社会成员的发展情况，包括作为学校和家庭的一员。我们会关注学龄儿童是如何理解自己和发展自尊的。我们会考察他们是如何与他人相互作用的，包括与异性成员的联系。我们还将探讨多种家庭形式和家庭结构，以及深入讨论学校教育问题。

5.1　儿童中期的生理发展

11 岁的 Tommy 讨厌体育馆。今天他被强迫参加篮球比赛，结果三次运球失败，两次被其他人截球。Tommy 认为最好的方法就是完全避免碰到球。

然而，一个球突然抛向了他这边。他本能地接住了球，顺利地将球运到篮筐下，以十分标准的姿势将球投了出去。虽然没有投进，但在球弹出篮筐的时候，他的同伴抢到了篮板球，顺利将球投进篮筐。

一个同伴称赞 Tommy "很棒的助攻"。可能打篮球也不是一件那么糟糕的事。

与学前期相比，Tommy 现在已经取得了长足的进步，在学前期迅速、协调地跑步，运球以及投篮这些动作是不可能完成的。

随着儿童的生理、认知和社会技能攀升到新的水平，儿童中期的发展特点也变得清晰。6～12 岁的儿童处于 "学龄期"。这一时期儿童的身体发展非常明显，运动技能也在迅速提高。

我们从儿童中期的生理和运动发展开始描述儿童

学龄期的发展特点。我们将会讨论儿童的身体如何变化，以及营养失调和儿童肥胖这一成对的问题。我们还会考察儿童粗大运动技能（如运球）的发展，以及精细运动技能（如按动琴键来弹奏钢琴）的发展。我们还将讨论这一时期儿童的健康问题，包括心理健康。

在本节的最后，我们会探讨具有特殊需要的儿童在感知觉和学习方面的困难。我们将着重关注在最近几十年里越来越引起重视的发展障碍——注意缺陷多动障碍。

发育中的身体

灰姑娘，穿了一身黄色的衣服，
走上楼想去亲一个年轻人。
可惜她搞错了，竟然去亲了一条蛇！
需要多少位医生，才能把她医好？
1 位，2 位，……

伴着其他女孩反复而有节奏地吟唱经典的跳绳歌谣，Kat 骄傲地展示着自己倒着跳绳的新技能。Kat 在二年级时开始变得很会玩跳绳，而在一年级的时候，她还没能掌握这项技能，但是经过一个夏天，她花了很长时间练习，现在看来，练习似乎是卓有成效的。

正如 Kat 欣喜地体验着自己的身体变化一样，在儿童中期，儿童的身体飞速发展，他们也掌握了许多新的技能。这种发展是如何产生的呢？我们将首先考虑这个阶段儿童典型的生理发展特点，然后再把关注点转向非典型发展儿童。

缓慢但稳定，这描述了儿童中期的成长特点。相对于出生后前5年的快速发展和以生长发育迸发为特征的青少年期，儿童中期的身体发展相对缓慢。然而，身体也不是停滞不长的。身体的成长仍在继续，但是成长速度与学前期相比变得缓慢了。

身高和体重的变化

在美国，儿童在小学期间平均每年长高2～3英寸。到11岁时，女孩的平均身高为4英尺10英寸，男孩为4英尺9$\frac{1}{2}$英寸。在毕生发展中，女孩的平均身高只有在这段时期才高于男孩。这种身高的差异反映了女孩的身体发展稍早。她们在青少年期时的快速发育始于10岁左右。

在儿童中期，体重的增长也呈现出类似的模式；男孩和女孩的体重每年大概增加5～7磅。体重还会被重新分配。随着"婴儿肥"的消失，儿童的身体中肌肉增多，变得更加强健，力量也逐渐增加。

平均身高和体重的增加掩盖了显著的个体差异。同龄儿童之间会有6～7英寸的身高差异。文化也可能会影响身体的发育。

同龄儿童的身高相差6英寸是很平常的事，而且这种差异处于正常范围之内。

在北美，大多数儿童获取了充足的营养，从而能最大限度地成长。然而，在世界的其他地方，营养物质的匮乏以及疾病阻碍了儿童的成长，使得他们更加矮小和瘦弱。就是在同一地方的儿童，发育水平也存在较大差异：在加尔各答、香港特别行政区和里约热内卢等城市生活的穷困儿童，比处在同一城市生活的富裕儿童更矮小。

在美国，大部分身高和体重的差异是由不同人种独特的遗传基因所决定的，包括与种族和族裔背景有关的遗传因素。来自亚洲和大洋洲太平洋地区的儿童，比来自北欧和中欧地区的儿童要矮小一些。另外，黑人在儿童期一般发育得比白人快（Deurenberg, Deurenberg-Yap, & Guricci, 2002; Deurenberg et al., 2003）。

营养不足和疾病会严重影响身体发育。在加尔各答、香港特别行政区和里约热内卢等城市的贫困地区生活的儿童，比在同一城市中富裕地区生活的儿童要矮小一些。

即使在特定的族裔群体内部，个体之间也具有明显的差异。我们不能把种族和族裔间的差异仅仅归因于遗传因素，因为饮食习惯和富裕水平的不同都会导致差异的产生。此外，严重应激（由父母冲突或者酗酒等因素所导致）也会影响垂体的机能，从而影响身体的发育（Koska et al., 2002; Lai, 2006）。

营养和肥胖

正如前面提到的，体型和营养之间具有非常明显的联系。但是体型并不是儿童营养水平所影响的唯一方面。例如，儿童的营养状况也影响学龄期的社会性和情绪功能的发展。与营养不足的儿童相比，营养充足的儿童与同伴的关系更为密切，表现出更多的积极情绪和更少的焦虑。营养也与认知表现有关。例如，一项研究表明，肯尼亚营养充足的儿童在言语能力测验以及其他认知能力的测量中，比轻度至中度营养不良的儿童表现得更好。营养失调可能会通过抑制儿童的好奇心、反应能力和学习动机来影响其认知的发展（Yousafzai, Yakoob, & Bhutta, 2013；Jackson, 2015；Tooley, Makhoul, & Fisher, 2016）。

尽管营养不良和营养失调会明显导致生理、认知和社会性方面的困难，但在某些情况中，营养过剩，即儿童摄取过多的热量，也会带来很多问题，尤其是儿童期肥胖问题。

对体重的担忧可能接近于强迫症，特别是对女孩而言。许多6岁的女孩都担心变"胖"，并且大概有40%的9～10岁的女孩正在努力减肥。这种对体重的担忧反映了美国对于苗条的崇尚，而且这种崇尚弥漫于美国社会的各个角落（Greenwood & Pietromonaco, 2004；Liechty, 2010）。

进餐时，当Ruthellen的妈妈问她是否想要一片面包时，Ruthellen回答说最好不要，她认为自己可能正在变胖。事实上，Ruthellen现在6岁，身高和体重正常。

尽管人们普遍认为瘦是一种优点，但越来越多的儿童正在变胖。肥胖是指儿童的身体质量指数（BMI）高于95%的同龄同性别儿童。（BMI的计算方法是将儿童体重（千克）除以身高（米）的平方。）按照这一界定，18.5%的美国儿童达到了肥胖水平，这个比例自20世纪70年代以来已经增加了3倍。这不仅是美国的问题；从1975年到2016年，5～19岁的肥胖儿童数量增加了10倍（Ogden et al., 2015；Hales et al., 2017；NCD Risk Factor Collaboration, 2017；也见图5-1）。

肥胖在低收入家庭的儿童中更常见。此外，美国的肥胖患病率与族裔有关：西班牙裔和印第安人/阿拉斯加土著儿童的肥胖水平高于白人和黑人（Ogden et al., 2015；Bodell et al., 2018）。

儿童期肥胖所造成的后果会持续一生。肥胖的儿童成年以后体重超标的可能性会更高，他们患心脏病、糖尿病和其他疾病的风险也会更大。一些科学家认为，在美国肥胖的盛行可能会导致人口平均寿命的缩短（Park, 2008；Keel et al., 2010；

Mehlenbeck, Farmer, & Ward, 2014）。

除了饮食之外，肥胖还受到遗传和社会因素的影响。特定的遗传基因会使一些儿童容易体重超标。例如，与养父母相比，被收养儿童的体重与亲生父母更为相似（Bray, 2008；Skledar et al., 2012；Maggi et al., 2015）。

社会因素同样会影响儿童的体重。儿童需要学会控制自己的饮食，那些过分控制和管理儿童饮食的父母，可能会使得儿童缺乏调节自己食物摄入量的内部控制能力（Wardle, Guthrie, & Sanderson, 2001；Doub, Small, & Brich, 2016；Gomes, Barros, & Pereira, 2017）。

糟糕的饮食也会导致肥胖。尽管很多父母都知道特定的食物对平衡、有营养的饮食很重要，但是他们仍给孩子提供过少的蔬菜和水果，以及超过建议量的油腻食品和甜食。因为不能提供有营养的食物选择，学校午餐计划有时也成了导致这个问题的原因之一（Story, Nanney, & Schwartz, 2009；Janicke, 2013）。

虽然这个年龄段的儿童精力很充沛，但令人惊奇的是，儿童期肥胖的一个主要影响因素竟然是缺乏锻炼。学龄期儿童参加的体育锻炼相对较少，身体也并不是十分健壮。大概有40%的6～12岁男孩做不了两个引体向上，有25%连一个也做不了。而且，尽管国家在努力提高学龄儿童的健康水平，但美国儿童的锻炼量几乎没有增加。一部分原因是许多学校减少了课间休息和体育课的时间。在6～18岁，男孩的运动量减少了24%，而女孩减少了36%（Sallis & Glanz, 2006；Weiss & Raz, 2006；Ige, DeLeon, & Nabors, 2017）。

为什么儿童的锻炼水平相对较低呢？其中的一个回答是许多孩子都忙于看电视、玩电脑或视频游戏。这种长时间的静坐不仅阻止了儿童锻炼身体，他们还

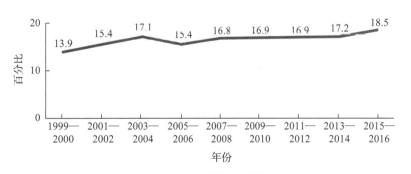

图5-1　呈上升趋势的肥胖

2～19岁儿童和青少年超重的百分比在过去的20年里急剧增长。

资料来源：Hales et al., 2017.

经常一边看电视或上网，一边吃零食（Goldfield et al., 2012；Chahal et al., 2013；Lambrick et al., 2016；Falbe et al., 2017；见"生活中的发展"专栏）。

保持儿童健康

Matías 一周五天每天大部分时间都坐在桌前，通常没有锻炼。在周末，他把大部分时间花在看视频和玩视频游戏上，经常喝苏打水和吃零食。当他出去吃饭时，通常是在麦当劳这样的地方，摄入高热量和高脂肪的食物。

尽管这样的描绘可以用在许多成年男女身上，但 Matías 实际上才 6 岁。在美国，许多学龄儿童就像 Matías 一样，很少或从来不进行定期锻炼，结果导致身体欠佳，而且面临肥胖和其他健康问题的风险。

可以采取下列方法鼓励儿童更多地运动（Tyre & Scelfo，2003；Okie，2005）。

- **使锻炼富有趣味。**儿童会反复进行使自身感到愉快的事情。然而，那些竞争性过强或技能较差的儿童无法参与的活动，可能导致儿童终身讨厌锻炼。
- **做锻炼的角色榜样。**当发现锻炼是他们父母、老师或成年朋友生活中定期要进行的活动内容时，儿童可能也会将保持身体健康视为自己生活中定期要做的事情。
- **使活动适合儿童的身体水平和运动技能。**例如，使用儿童专用器械使他们具有成就感。
- **鼓励儿童寻找一个搭档。**如果有朋友、兄弟姐妹或父母的参与，滑旱冰、徒步旅行或是其他活动就会变得更为有趣。
- **缓慢地开始。**慢慢让那些坐惯了的儿童进行定期的身体活动。先尝试一天进行 5 分钟的锻炼。10 周过后，使他们达到一天进行 30 分钟，一周 3 ～ 5 次的锻炼目标。
- **督促儿童参与有组织的体育运动，但不要督促得太紧。**不是所有的儿童生来就爱运动。把参与和享受其中的乐趣作为这些活动的目标，而不是把取胜作为目标。
- **不要把身体活动当作惩罚。**鼓励儿童参加那些他们喜欢的、有组织的活动。
- **提供一个健康的食谱。**好的营养能为孩子提供能量。苏打、含糖和高脂肪的点心则尽量少吃。

运动发展和安全

学龄儿童的健康水平并没有我们所期望的那么高，这并不意味着这些孩子肢体能力差。事实上，即使不经常锻炼，孩子们的粗大和精细运动技能也会在学龄期中得到长足的发展。

跳跃：运动技能的快速发展

在儿童中期，儿童的肌肉协调和操作技能提高到接近成人的水平，这使得这个年龄的孩子有可能进行更为广泛的新活动。

粗大运动技能。肌肉协调性的增加是粗大运动技能发展中的一个重要方面。当我们看到一个垒球投手发出的球绕过击球手，到达本方接球手时；以及当我们看到本章前面提到的会跳绳的 kat 时，我们就会被这些儿童掌握的诸多技能所触动，这些技能正是从他们笨拙的学前期开始，逐渐获得的。大多数学龄儿童能很容易地学会骑车、滑冰、游泳和跳绳（见图 5-2）。

许多年前，发展心理学家就得出结论，认为在这一发展阶段不同性别儿童在粗大运动技能上的差异变得越来越明显，其中男孩的表现要好于女孩。但是，当把定期参加类似活动（如垒球）的男孩和女孩之间进行比较时，就会发现他们粗大运动技能的差异实际上是非常小的（Jurimae & Saar，2003；Gentier et al., 2013）。

为什么会有这种变化？社会对儿童的期望可能发挥了作用。社会不太希望女孩表现得活蹦乱跳，并且告诉女孩，她们在运动中的表现是会差于男孩的。女孩的表现也就反映出了这样的期望。

然而在今天，至少从官方态度来看，社会信息已经发生了变化。例如，美国儿科学会提出男孩和女孩应该参加相同的运动和游戏，并且建议男女生在一起参加活动。只有到青春期时，女孩纤弱的身躯才会使她们更

6岁	7岁	8岁	9岁	10岁	11岁	12岁
女孩在运动的准确性方面表现得更好；男孩在更有力且不太复杂的动作方面表现得更好 能够根据恰当的重心转换和踏步来投掷物体 获得了蹦跳的能力	能够闭着眼睛单脚保持平衡 能够在2英寸宽的平衡木上行走，不会掉下来 能够单脚跳，并准确地跳到小方格里（跳房子） 能够正确地进行单脚跳练习	能够握紧物体，施加12磅的压力 能以2-2、2-3或3-3的模式进行不同节奏的单脚跳 女孩能够把一个小球投出33英尺远；男孩能够把一个小球投出59英尺远 在这个年龄，两种性别的儿童同时参与的游戏数目是最多的	女孩垂直跳跃所能达到的高度，比她们站直并举起手后的高度还要高8.5英寸，男孩则能跳到比站直举高手后还高10英寸的地方 男孩每秒能跑16.6英尺；女孩每秒能跑16英尺	能够判断从远处投来的小球的方向并截住它 男孩和女孩每秒都能跑17英尺	男孩立定跳远能跳5英尺；女孩立定跳远能跳4.5英尺	跳高能够达到3英尺

图 5-2　儿童在 6 ~ 12 岁期间粗大运动技能的发展

资料来源：Adapted from Cratty，1986.

容易在身体接触的项目中受伤。因而，青春期之前就在体育锻炼和运动中把儿童按性别分开，是没有道理的（American Academy of Pediatrics，2004；Daniels & Lavoi，2013；Deaner，Balish，& Lombardo，2016）。

精细运动技能。在电脑键盘上打字，用钢笔和铅笔学写字，绘制精细的图画。以上这些只是儿童众多成就中的一部分，这些成就取决于儿童早期和儿童中期的精细运动协调性的发展。六七岁的儿童能够系鞋带和扣上扣子；到 8 岁时，他们可以独立地用一只手做事；到十一二岁时，他们操控物体的能力几乎达到了成人的水平。

精细运动技能发展的原因之一是大脑中髓鞘的数量在 6 ~ 8 岁时显著增长。髓鞘为神经细胞的某些部位提供了环绕在其周围的保护性绝缘物质。髓鞘数量的增长使得神经元之间的电脉冲传导速度大大提升，信息能够更快地到达肌肉，并能更好地控制它们（Lakhani et al.，2016）。

儿童中期的健康和安全

Imani 很痛苦。她在流鼻涕，嘴唇干裂，喉咙疼痛。虽然她没有上学，待在家里整天看电视里重播的

在儿童中期，儿童掌握了许多之前不能很好完成的技能，比如那些依赖精细运动协调性的技能。

节目，但她仍旧觉得十分难受。

尽管 Imani 很痛苦，但她的情况并不是很糟糕。几天之后她的感冒就会好转，她的身体也不会因生病而虚弱。事实上，她的状况可能还会更好些，因为现在她的身体对那些导致她生病的感冒病毒已经有免疫力了。

Imani 的感冒可能是她在儿童中期所得的最严重的疾病。这个时期，儿童的身体是非常强健的，并且

他们所得的大多数疾病往往是比较轻微和短暂的。定期的疫苗接种，已经大大降低了那些威胁生命的疾病的发病率，这些疾病在50年前曾夺去了许多儿童的生命。但是，生病也是很平常的。一项大规模调查的结果显示，9/10以上的儿童在儿童中期的6年中可能经历至少一种严重的疾病。大多数儿童得过短期疾病，而1/9的儿童患有长期的慢性疾病，如反复发作的偏头痛。并且，一些疾病实际上正在变得更加普遍（Dey & Bloom，2005；Siniatchkin et al.，2010；Celano，Holsey，& Kobrynski，2012）。

安全问题也对儿童的健康构成威胁。虽然事故仍然是对儿童安全的最大威胁，但是对于拥有这一年龄段孩子的父母而言，互联网也受到越来越多新的关注。

哮喘。在过去的几十年里，哮喘成了流行率显著攀升的疾病之一。哮喘是一种慢性病，其特征是出现周期性的喘息、咳嗽和呼吸急促的症状。超过8%的美国儿童患有此疾病，世界范围内有超过1.5亿的儿童患有此疾病（Bowen，2013；Gandhi et al.，2016；Centers for Disease Control and Prevention，2017）。

当通向肺部的通道收缩，部分地阻碍了氧气的流通时，哮喘就发作了。引发哮喘的因素很多。最常见的是呼吸道感染（如感冒或流感），对空气中的刺激物（如污染、香烟的烟雾、微尘、动物毛发和排泄物）的过敏反应，以及压力和锻炼（Noonan & Ward，2007；Marin et al.，2009；Ross et al.，2012）。

种族和族裔少数群体尤其容易罹患这种疾病，因为贫困率较高，他们更容易受到环境因素的影响。由于他们可能生活在贫困地区，因此更容易接触到糟糕的空气质量和化学物质，这些因素会增加患哮喘的风险。但遗传因素似乎也在发挥作用（Forno & Celedon，2009；Fedele et al.，2016）。

意外事故。学龄儿童日益增长的独立性和活动性导致了新的安全问题。在5~14岁期间，儿童受伤的比率有所增长。男孩比女孩更容易受伤，可能是因为他们身体活动的总体水平较高。一些族裔和种族群体比另一些处于更高的风险水平：美国印第安人和阿拉斯加土著受伤死亡率最高，亚裔和太平洋岛屿居民最低；白人和非裔美国人的受伤死亡率几乎相同（Noonan，2003；Borse et al.，2008）。

学龄儿童活动性的增加是一些意外事故发生的根源之一。对于那些经常自己步行上学的儿童来说，他们中的很多人是第一次独自走这么长的路，他们面临着被小汽车和卡车撞到的风险。由于他们缺乏经验，当需要判断自己与迎面而来的车辆相距多远时，就可能会出现错误。此外，自行车事故也呈增长趋势，特别是当儿童冒险在繁忙的公路上骑行时，更是如此（Schnitzer，2006）。

造成儿童伤害最多的是汽车事故。5~9岁的儿童中，每年每10万个就有5个在车祸中丧生。火灾和烧伤、溺水以及枪击致死的发生频率依次递减（Schiller & Benadel，2004；Centers for Disease Control and Prevention，2012）。

减少汽车和自行车伤害的两个方法是，坚持使用座椅安全带，以及穿戴适当的保护性装备。自行车头盔已经显著降低了头部伤害，而且头盔在许多地区是被强制使用的。护膝和护肘能够减少在旱冰和滑板运动中的伤害（Blake et al.，2008；Lachapelle，Noland，& Von Hagen，2013）。

网络空间中的安全。当前对学龄儿童安全的一个威胁来自互联网。网络空间存在着许多令父母反感的内容。

虽然某些程序可以用来自动屏蔽已知的对儿童有危险或含有不良内容的网站，但大多数专家认为最可靠的保护措施来自父母的监督。根据与美国司法部合作的非营利组织"国家失踪与受剥削儿童中心"的说法，父母应该警告孩子决不能在聊天室或者社交网站上提供个人信息，如家庭住址或电话号码。另外，至少在父母不在场的情况下，儿童不能和那些通过网络结识的人会面。

没有可靠的统计数据可以提供儿童在网络空间的风险中的真实感受。但潜在危险是肯定存在的，父母必须给孩子提供指导。仅仅认为孩子们在他们自己卧室里，登录家庭电脑，就感觉他们是完全安全的，这种想法是错误的（Mitchell et al.，2011；Reio & Ortega，2016）。

儿童对电脑和互联网的使用需要得到监管。

从一个教育工作者的视角看问题

你认为使用拦截软件或是电脑芯片来屏蔽网上令人讨厌的内容，是否是一个切合实际的想法，这些方法是否是保障儿童网络空间安全的最佳方式？

心理障碍

Ben，8岁，喜欢棒球和神秘故事。他有一只狗，Frankie，和一辆蓝色的竞速自行车。Ben患有双相情感障碍，这是一种严重的精神疾病。前一分钟他可能还沉浸在他的功课中，下一分钟他却拒绝看一眼他的老师。平时他能跟同学们和睦相处，但也可能突然攻击其他人。有时他相信自己无所不能：触摸火焰也不会被烧伤，能够从楼顶跳下或在天空中飞行。有时，他又感到悲伤和渺小，会写一些关于死亡的诗歌。

当人在精神、精力异常高涨和抑郁这两种极端的情绪状态之间循环反复时，就被诊断为类似Ben所患的双相情感障碍。多年来，大多数人都忽视了儿童这类心理障碍的症状，甚至到目前为止，似乎也没有注意到它们的存在。然而，心理障碍却是一个普遍的问题：20%的儿童和青少年患有心理障碍，而这些心理障碍会导致他们至少在某些方面的发展受损。例如，大约有5%的儿童患有儿童期抑郁，13%的9～17岁的儿童患有焦虑障碍，儿童心理障碍每年的治疗费用大概是25亿美元（Cicchetti & Cohen，2006；Kluger，2010；Holly et al.，2015）。

提倡让儿童使用类似百忧解（Prozac）、左洛复（Zoloft）、帕罗西汀（Paxil）和安非他酮（Wellbutrin）等抗抑郁药的人认为，可以用药物疗法来成功治愈抑郁和其他心理障碍。在有些情况中，采用谈话治疗方法的传统疗法通常是没有疗效的，这时药物可能就是唯一能减轻病情的方法。此外，至少有一个临床测验说明，药物对于儿童来说是有效的（Hirschtritt et al.，2012；Lawrence et al.，2017；Zhang et al.，2018）。

然而，批评者们则质疑抗抑郁药物对儿童的长期影响。没有人知道抗抑郁药物对发育中的大脑是否有影响以及其长期的作用是什么。人们也几乎不知道应该给特定年龄或体型的儿童服用多大的剂量。更有一些观察者认为，为儿童设计的橘子味或薄荷味的糖浆样药物，可能会导致他们用药过量或最终鼓励了非法药物的使用（Rothenberger & Rothenberger，2013；

Seedat，2014）。

最后，有证据显示抗抑郁药物的使用会增加自杀的风险。这种可能的联系，促使美国食品药品监督管理局发布了一则对"选择性5-羟色胺再摄取抑制剂"（SSRIs）这类抗抑郁药物的使用警告。一些专家强烈要求应完全禁止给儿童和青少年服用这些抗抑郁药物（Gören，2008；Sammons，2009；Ghaemi, Vohringer, & Whitham，2013）。

尽管使用抗抑郁药物来治疗儿童还存在争议，但是，儿童期抑郁和其他心理障碍在人生其他阶段仍然是一个重大的问题。儿童的心理障碍不仅在儿童期具有破坏性，而且还会增加他们在未来患心理障碍的风险（Franic et al.，2010；Sapyla & March，2012；Palanca-Maresca et al.，2017）。

具有特殊需要的儿童

Karen是一个乐观开朗的女孩。但她上一年级的时候，一次阅读测验让她成为低分阅读组的一员。与老师一对一的学习也没有提高她的阅读能力。她无法识别前天或者昨天见过的单词，存在明显的记忆力问题。她的记忆力问题很快在各门课程中显现出来。在经由父母同意后，学校给她进行了一些诊断测试，结果显示Karen的大脑不能顺利将短时记忆转化为长时记忆存储。她最终被诊断为学习障碍。根据美国法律，她可以获得需要的帮助。

Karen被归入了上百万的学习困难儿童的行列，而学习困难儿童只是有特殊需要儿童中的一类。虽然每个儿童的能力不同，但是具有特殊需要的儿童在身体素质或学习能力上存在明显缺陷。这种特殊需要向其照顾者和教师提出了巨大的挑战。

感知觉困难和学习障碍

曾经弄丢过自己的眼镜或隐形眼镜的人知道，对于感知觉损伤的人来说，即便是基本的日常任务，做起来也非常困难。视力、听力或言语能力不足对当事人来说，是一个巨大的挑战。

视觉问题。视觉损伤（visual impairment）有其法定的和教育的含义。法律对于该损伤的界定是非常明确的：失明（blindness）是指视敏度在矫正后小于20/200（即在 20 英尺远的距离，都无法看见一般能在 200 英尺远的距离看到的物体），部分失明（partial sightedness）是指视敏度在矫正后小于 20/70。

即便儿童的视觉损伤没有严重到失明的程度，其视觉问题也可能对其学业造成严重影响。首先，法律规定的标准只与远距离视力有关，但是，大多数的功课都需要近距离视力。另外，这种对视力的界定没有考虑到有关颜色、深度和亮度知觉的能力，而所有的这些能力都可能会影响一个学生的学业成就。大约有 1‰ 的学生需要接受视觉损伤方面的特殊教育服务。

大多数严重的视觉问题很早就能被确诊，但有时，损伤也许并不能被检查出来。视觉问题也可能随着儿童眼睛的发展变化而逐渐出现。

听觉问题。听觉损伤（auditory impairment）也可能导致学业问题，还会造成社交困难，因为同伴间的交往大多是通过一些非正式的谈话进行的。影响着 1%～2% 学龄儿童的听力丧失，并不仅仅是听力不好的问题。相反，听觉问题涉及许多不同的方面（Yoshinaga-Itano，2003；Smith，Bale，& White，2005；Martin-Prudent et al.，2016）。

在一些听力丧失的情况中，儿童只是在感知特定频率或音高的声音上存在损伤。例如，他们的听力可能在正常言语范围内的音高上损伤很大，而在其他频率，如那些非常高或低的声音上，损伤很小。因此，这就可能需要为儿童提供对不同频率声音具有不同放大程度的助听器；但统一放大所有频率声音的助听器可能是无效的，因为它会把这些儿童能够听到的声音放大到听起来不舒服的程度。

儿童如何适应这种损伤，取决于他们听力丧失开始的时间。对于几乎没有或完全没有听过语音的儿童而言，听力丧失的后果是更为严重的，这会使得他们很难理解和发出口语。而对于那些已经学习了语言的儿童来说，听力丧失并不会对其日后的语言发展造成严重的影响。

严重的早期听力丧失会损伤抽象思维。具体概念

能够通过视觉来说明，但是只有通过语言，抽象概念的意义才能被完全理解。例如，不使用语言就很难解释如"自由"或"灵魂"这样的概念（Meinzen-Derr et al.，2014；Fitzpatrick et al.，2017）。

听觉损伤会导致学业和社交方面的困难，也可能导致言语困难。

言语问题。言语损伤（speech impairment）有时会伴随听觉困难出现，它也是一种普遍的非典型发展：无论什么时候，这类儿童的言语水平总是与正常水平相差甚远。言语损伤会阻碍交流，也可能使说话者出现适应不良。大概有 5% 的学龄儿童具有言语损伤的问题（Bishop & Leonard，2001；National Institute on Deafness and Other Communication Disorders，2016）。

儿童语言流畅性障碍（Childhood-onset fluency disorder），或**口吃**（stuttering）是一种最为常见的言语损伤，它极大地破坏了说话的节奏和流畅性。虽然有很多相关的研究，但目前还不能确定口吃的具体原因。对于年幼儿童来说，偶尔口吃是不足为奇的，而且这在成人身上也偶尔发生，但长期口吃可能是一个严重的问题。口吃不仅阻碍了交流，还会使儿童尴尬和紧张，从而使他们变得害怕交谈，不敢在课堂上大声讲话（Choi et al.，2013；Sasisekaran，2014；Connally，2018）。

父母和教师不应该一味地关注口吃，应该给儿童足够的时间，让他们把已经开始说的话说完，无论儿童的说话时间会延续多久，都应让他们说完。这样才能帮助儿童解决口吃的问题。替口吃者说完他们要说的话，或是纠正他们说话的做法，都是没有用的

（Ryan，2001；Howell，Bailey，& Kothari，2010；Beilby，Byrnes，& Young，2012）。

学习困难：成就与学习能力之间的差异。就像在本节开始部分所描述的 Karen 那样，根据美国国家学习障碍中心的数据，1/5 的儿童有学习障碍或注意力问题。**学习困难**（learning disability）会干扰儿童听、说、读、写、推理和数学能力的发展。当儿童的实际学业表现与其潜在的学习能力之间存在差异时，儿童就被诊断为学习困难（Bos & Vaughn，2005；Bonifacci et al.，2016；National Center for Learning Disabilities，2018）。

这种宽泛的定义涵盖了一系列不同的困难。例如，一些儿童具有诵读困难（dyslexia），这种困难会导致对字母产生错误的视知觉，很难诵读和拼写字母以及混淆左和右。虽然诵读困难还没有被完全了解，但问题可能出在大脑中的特定部分，这些部分负责把单词分解成构成语言的声音元素（McGough，2003；Lachmann et al.，2005；Summer，Connelly，& Barnett，2014）。

学习障碍的原因是什么？一些理论将目光投向基于遗传因素的神经科学解释。通过这种方法，研究人员发现诵读困难儿童的大脑在结构和功能上与正常儿童有所不同。其他理论家关注环境因素，如早期营养不良或过敏，母亲在怀孕期间使用药物，或患上脑膜炎等疾病（Shaywitz，2004；Richards et al.，2015）。

注意缺陷多动障碍

7 岁的 Troy 总能把他的老师折腾得筋疲力尽。他不能安静地坐着，整天在教室里乱跑，干扰其他的孩子。在阅读小组里，他跳下座位，丢掉书本，大声敲击着白板。在大声朗读时，他在教室里东奔西跑，尖叫并唱着："我是一架喷射机！"有一次，他腾空而起，最后压倒在另一个男孩身上，结果让那个男孩手臂骨折。"他就是好动。"老师满脸倦容地对 Troy 的母亲说。学校最终决定将 Troy 每天安排在三个二年级的教室里。虽然这并不是一个十分完美的解决方案，但至少能让他的老师继续上课。

7 岁的 Troy 旺盛的精力和较低的注意广度是注意缺陷多动障碍造成的，该病在学龄期群体中的发病率为 3%～5%。**注意缺陷多动障碍**（attention deficit hyperactivity disorder，ADHD）的特征是不能集中注意力、冲动、难以忍受挫折，以及总是表现出大量不恰当的行为。所有儿童都会在某些时间里表现出这样的特质，但对于那些被诊断为 ADHD 的儿童来说，这样的行为是很普通的，并且干扰了他们在家和学校的正常活动（Whalen et al.，2002；Sciberras et al.，2013；Van Neste et al.，2015）。

通常很难将只是具有较高活动水平的儿童和 ADHD 儿童区分开来。ADHD 最常见的一些症状包括以下几个方面。

- 在完成任务、遵照指令和组织工作方面一直有困难。
- 坐立不安，扭曲身体，不能看完整个电视节目。
- 频繁地打断别人或说话过多。
- 往往在听完所有指令之前就急于开始某项任务。
- 很难等待或久坐。

由于没有简单的测验能够鉴别 ADHD，所以很难确切地知道究竟有多少儿童有这种障碍。美国疾病控制与预防中心发现 3～17 岁的儿童群体中，患有 ADHD 的概率是 9.4%，男孩被诊断为该障碍的概率是女孩的 2 倍。其他的评估结果低一些。训练有素的临床医生在对儿童进行广泛的评估以及对父母及教师进行访谈之后，才能做出准确的诊断（Danielson et al.，2018）。

ADHD 的病因并不清楚，尽管一些研究发现这与神经发育延迟有关。具体来说，这可能是因为相比于未患有 ADHD 的儿童，患有 ADHD 儿童的大脑皮质的增厚延迟了 3 年（见图 5-3）。

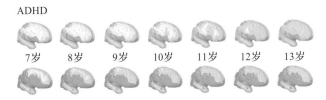

ADHD

7岁　8岁　9岁　10岁　11岁　12岁　13岁

典型发展的控制组

图 5-3　ADHD 儿童的大脑

相比于在这个年龄阶段典型发展的儿童，患有 ADHD 的儿童的大脑皮质（第一行）看上去要更薄。

资料来源：Shaw et al.，2007.

对 ADHD 儿童的治疗一直存在很大的争议。许多医生通常对儿童使用如哌甲酯（Ritalin）或右旋苯丙胺（Dexedrine）（有趣的是，它们是兴奋剂）等药物，因为这些药物能降低过度活跃儿童的活动水平（Arnsten，Berridge，& McCracken，2009；Weissman et al.，2012；Pelham et al.，2016）。

尽管此类药物能有效地增加注意广度和顺从行为，但是其副作用（如易怒、食欲减退和抑郁）也是很大的，而且它对健康的长期影响尚不清楚。因此，其他治疗，如行为疗法，也被使用（Rose，2008；Cortese et al.，2013；Thapar & Cooper，2016）。

除药物外，行为疗法也常常被用于治疗 ADHD 儿童。父母和教师学会了使用奖励等方法（如口头表扬）来改善儿童的行为。还有其他的一些管理方法，比如教师可以增加课堂活动的结构性。因为无结构的任务对于 ADHD 儿童来说是非常困难的（Chronis，Jones，& Raggi，2006；DuPaul & Weyandt，2006）。

最后，有研究表明，ADHD 和儿童的饮食有关，尤其是与脂肪酸或食物添加剂相关。这也促进了饮食疗法的发展。但是，饮食疗法的效果常常不显著（Cruz & Bahna，2006；Stevenson，2006）。（父母和教师可以通过 www.chadd.org 上的儿童和成人注意缺陷 / 多动障碍组织提供的信息来获取帮助。）

回顾、检测和应用

回顾

1. 概述儿童在学龄期的成长并讨论影响他们成长的因素。

儿童在学龄期身高和体重逐渐增加。身高和体重的差异受到遗传和社会因素的共同影响。

2. 解释营养如何对儿童的成长和机体功能产生影响，并说明肥胖所带来的风险。

充足的营养促进生理、社会性和认知的发展，但是营养过剩和久坐的习惯可能导致肥胖。肥胖影响了 15% 的美国儿童，致使患心脏病、糖尿病和其他疾病的风险增加。

3. 说明儿童中期运动技能的发展。

粗大运动技能在学龄期不断提高。肌肉协调性和操作技能的发展接近成人的水平。

4. 概述学龄儿童面临的主要健康和安全问题。

尽管儿童中期通常是一个健康的时期，但一项研究发现，这个年龄段 90% 以上的孩子都会面临至少一种严重的医疗问题。对儿童安全构成威胁的因素包括意外事故（独立性和活动性的增加所带来的后果）以及无监督地使用网络空间。20% 的儿童和青少年存在心理障碍。

5. 解释各种感知觉障碍和学习障碍如何影响儿童的学业表现和社会关系。

校园环境对于在视、听、说方面具有特殊需要的儿童尤其具有挑战性。那些有视觉障碍的人可能会是近视，以及在颜色和深度的感知上遇到困难，这些都会影响他们的学业表现。听觉障碍会同时影响学业成就和同伴互动。理解抽象概念依赖于语言的意义，不能用视觉来解释。言语损伤使沟通变得困难，让孩子害怕说话。学习困难涉及在获得和使用听、说、读、写、推理和数学能力方面存在困难。例如，诵读障碍使得儿童学习阅读变得特别困难，这反过来又影响了他们取得学业成就的各个方面。

6. 说明与 ADHD 相关的行为，并讨论其对儿童学业表现的影响。

患有 ADHD 的儿童很难按照指示完成任务。他们经常坐立不安。他们往往说话过多，并且经常打断别人。ADHD 使 3% ～ 5% 的学龄儿童面临着注意力、条理性和活动方面的问题。

自我检测

1. 以下哪项是与儿童肥胖相关的长期结果？

   a. 发育不良　　　　　　　b. 成年人超重

   c. 意外事故风险更大　　　d. 学习障碍的发展

2. 对儿童中期精细运动技能发展的一个解释是，大脑中的_____在增加。

   a. 髓鞘　　b. 神经元　　c. 基因　　d. 灰质

3. 下列与学龄期儿童意外伤害有关的叙述中，哪一项是正确的？

   a. 在学龄期发生意外的频率明显比年龄更小的时候要低

   b. 性别与在意外事故中受伤的概率无关

   c. 溺水是最常见的意外死亡原因

   d. 男孩明显比女孩更容易受伤

4. _____是最为常见的言语损伤，极大破坏了说话的节奏和流畅性。

   a. 电报式语言　　　　　　b. 口吃

   c. 自言自语　　　　　　　d. 快速映射

应用于毕生发展

如果听觉和抽象思维有关，那么天生耳聋的人是如何思考的呢？

5.2 儿童中期的认知发展

Jen 停下洗碗走到卧室里。因为她 8 岁的女儿 Raylene 让妈妈来听她读 Linda Sue Park 所写的《陶瓷碎片》(*A Single Shard*)。

这本书讲的是一个生活在 12 世纪的韩国男孩。当 Raylene 阅读时，Jen 的眼里噙满了泪水，不是因为书中的故事，而是因为她的女儿已经找到了在小公寓之外成长的方式，并且在这更广阔的世界中变得自信。

Raylene 养成了很好的读书习惯，自己能去当地的图书馆里搜寻好的书籍。她的老师告诉 Jen，Raylene（一个永不满足的读者）的阅读水平在三年级水平之上。

为了支持女儿的阅读爱好，Jen 给 Raylene 买了一些老师推荐的书籍。Raylene 现在看起来非常自豪，因为老师送给她的书架快要装满了。

对于 Jen 来说，这是值得自豪的；女儿 Raylene 取得了意义非凡的成就，她已经从一年级的书籍转向了更具有挑战性的五年级书籍。

儿童中期通常被称作"学龄期"，因为对大多数孩子来说，它标志着正式教育的开始。在该时期，儿童生理和认知能力有时是逐步发展有时却会出现飞跃。但总之，这些发展都是十分显著的。

儿童中期的孩子脑袋里满是想法和计划，还有表达这些想法和计划的口头和书面语言。他们未来发展的轮廓也正是在这个时期被勾勒出来的。

我们通过考察一些用于描述和解释认知发展的理论方法来开始我们这部分的讨论，其中包括皮亚杰的理论、信息加工理论和维果茨基的一些重要观点。我们还将讨论语言的发展以及美国所面临的一个日益紧迫的社会政策问题——双语问题。

接着我们将考虑一些涉及学校教育的问题。我们首先讨论世界各地的教育情况，然后谈谈阅读，这项重要的技能以及多文化教育的特点。在本节的结尾部分，我们将谈谈与学业成就密切相关的智力。我们还会谈到智力测验的特点以及智商明显低于或高于常模的那些儿童的教育问题。

智力和语言的发展

一天，当 Jared 从幼儿园回到家中，告诉父母他已经知道天空为什么是蓝色的时候，他的父母非常高兴。Jared 说到了地球大气，尽管他发错了那个单词的音，他还谈到了空气中的湿气微粒是如何反射太阳光的。虽然他的解释是很粗糙的（他还不是很确切地知道什么是"大气"），但他确实掌握了其基本的概念。他的父母认为，这对于他们 5 岁的孩子来说，已经是一个不小的成就了。

很快，6 年过去了。Jared 现在 11 岁。他已经花了 1 个小时写他的家庭作业。在结束了 2 页的分数乘除作业之后，他开始写美国宪法课的作业。他正在为他的报告写笔记，其中说明了哪些政治派别会参与撰写公文以及宪法出台后是如何随着时间而被修正的。

Jared 巨大的智力潜能并不稀奇。在儿童中期，儿童的认知能力不断扩展，他们逐渐能够理解和掌握各种复杂的技能。然而，他们的思维还没有完全成熟。

儿童中期认知发展的视角

以下一些观点解释了儿童中期认知能力的进步和局限性。

皮亚杰的认知发展观。 让我们回到 4.2 中提到的皮亚杰关于学前儿童发展的一些观点。依据皮亚杰的观点，学前儿童的思维处于前运算（preoperationally）阶段。他们大多是自我中心的，并且缺乏使用运算（有组织的、形式的以及逻辑的心理加工）的能力。

具体运算思维的出现。 在整个学龄阶段，儿童的思维发生了变化，皮亚杰把这个时期称为**具体运算阶段**（concrete operational stage）。这个阶段出现在儿童

7～12岁，是以主动且恰当地使用逻辑为特征的。具体运算思维强调把逻辑运算（logical operations）应用于具体问题之中。例如，当处于这个阶段的儿童面临一个守恒问题时（如判断当把液体从一个容器倒入另一个形状不同的容器后，液体的总量是否不变），他们就会通过认知的和逻辑的加工来回答，而不再只是根据表象进行判断。他们能够正确地推理出因为液体没有流出，所以其总量是不变的。随着自我中心程度的降低，他们能够考虑到一个情境中的多个方面，即表现出**去中心化**（decentering）的能力。本节开始提到的那个六年级学生Jared，就能通过去中心化，来考虑美国宪法所反映出的不同派别的观点。

从前运算思维转变到具体运算思维是需要时间的。在儿童形成稳定的具体运算思维前，他们的思维会在前运算和具体运算之间来回转换。他们能够回答守恒问题，但无法解释原因。当被问到他们是如何得到答案时，他们可能只是简单地回答"因为就是那样"。

然而，一旦儿童能够稳定地使用具体运算思维，他们的认知发展便是突飞猛进的，比如他们掌握了可逆性（reversibility）的概念，它是指转变成一种刺激的过程是可以逆转的。掌握了这一概念后，儿童就能够理解一个黏土球被捏成细长条后，仍然可以重新变成一个球。更抽象地讲，这种概念的掌握使儿童能够理解如果3+5等于8，那么5+3也等于8。在这之后，他们还会理解8-3等于5。

在儿童中期，认知能力有了实质性的进步。

具体运算思维也能使儿童理解时间与速度之间的关系等类似的概念。例如，考虑一下这个问题，两辆车从同样的起点行驶不同的路线，到达同样的终点，而且使用了相同的时间。刚步入具体运算阶段的儿童会认为两辆车以相同的速度行驶。然而，在8～10岁时，儿童开始理解，对于同时到达终点的这两辆车来说，行驶了较长路线的那一辆一定跑得更快。

尽管有不少进步，但儿童的思维仍存在严重的局限性。他们还是脱离不了具体的物理事实。而且，他们不能理解真正抽象的，或是假设的问题，或是涉及形式逻辑的问题。

皮亚杰的观点：正确的和错误的。如前所述，追随皮亚杰观点的研究者发现，虽然他的许多观点值得肯定，但也有许多受到了批评。

皮亚杰是观察儿童的顶级专家。他的许多著作都记录了儿童在学习和玩耍时的情境，而且这些观察都是出色而仔细的。他的理论具有重大的教育意义，许多学校也采用他的观点来指导教学（Brainerd，2003；Hebe，2017）。

从某种程度上说，皮亚杰的理论在描述认知发展方面是成功的。但同时，批评者们也对其理论提出了令人信服和合理的疑问。如前所述，许多研究者认为皮亚杰低估了儿童的能力，这部分上是由于他所进行的小型实验具有一定的局限性。当采用一系列范围较广的实验任务时，儿童在各阶段的表现就与皮亚杰预期的不太一致了（Bibace，2013；Siegler，2016）。

简言之，越来越多的证据表明，儿童的认知能力似乎出现得比皮亚杰预想的要早。一些儿童在7岁前就表现出具体运算思维，而皮亚杰认为这种能力在儿童7岁时才会出现。

当然，我们也不能就此摒弃皮亚杰的理论。虽然一些早期的跨文化研究表明，一些文化中的儿童仍然处于前运算阶段，不能掌握守恒并发展出具体运算思维，但一些研究则得到了相反的结果。例如，通过守恒方面的适当训练，一开始不具有守恒概念的非西方文化儿童也能理解这个概念。在另一项研究中，将澳大利亚城市儿童（他们发展出具体运算思维的时间与皮亚杰的理论相一致）和土著儿童（一般在14岁时还不能理解守恒）进行比较（Dasen et al.，1979）。通过训练，土著儿童也能表现出与城市儿童类似的守恒技能，尽管他们的这种能力在时间上比城市儿童晚3年出现（见图5-4）。

当访谈儿童的研究者和儿童来自同一文化背景时，他们拥有共同的语言和生活习俗，所使用的推理任务也与该文化所注重的领域有关时，这些儿童就更可能表现出具体运算思维（Jahoda，1983）。类似的研究说明，皮亚杰提出的儿童普遍在儿童中期获得具体运算思维的观点是正确的。西方和非西方文化中的学龄儿童在皮亚杰的守恒和具体运算测验上表现出差异，很可能是由于不同文化下儿童的经验不同。因此我们不能脱离儿童的文化特性来理解其认知发展的过程（Mishra & Dasen，2013；Wang et al.，2016；Knight，Safa，& White，2018）。

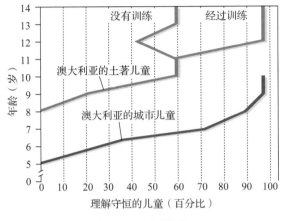

图 5-4　守恒训练

澳大利亚的土著儿童在守恒理解的发展上落后于城市儿童；但通过训练，他们随后可以追上城市儿童。在没有训练的情况下，14岁的土著儿童中约有一半人无法理解守恒。我们可以从训练影响守恒理解这个事实中得出什么结论？

资料来源：Based on Dasen et al.，1979.

儿童中期的信息加工。对于一年级的儿童来说，学会基本的数学题如一位数加减法，以及学会拼写像"dog"这样的基本单词，都是有重要意义的成就。然而到了六年级，儿童还能进行分数和小数运算，完成一份练习题，就像本节前面提到的 Jared 那样。他们还能拼写出像"展出"（exhibit）和"住处"（residence）这样的单词。

根据信息加工观点，儿童能越来越熟练地处理信息。随着记忆容量的增大以及用于处理信息的"程序"越来越复杂，儿童就像计算机一样，能够处理更多的信息（Kuhn et al.，1995；Kail，2003；Zelazo et al.，2003；McCormick & Scherer，2018）。

记忆。如前所述，**记忆**（memory）在信息加工模型中是指编码、储存和提取信息的能力。这三个过程必须全部正常地发挥功效，儿童才能记住某个信息。

通过编码（encoding），儿童用便于记忆的方式来记录信息。从来没有学过 5+6=11，或是学的时候没有集中注意力的儿童，将永远不能记住它。他们从一开始就没有对这个信息进行编码。

但是仅仅接触信息是不够的，信息还必须加以储存（store）。在我们的例子中，5+6=11 这个信息必须放入并保持在记忆系统中。最后，对于一个正常工作的记忆系统来说，存储在记忆中的信息还必须能够提取（retrieve）。通过提取，找出存储在记忆中的内容，提升到意识层面，然后使用。

在儿童中期，短时记忆（working memory，也称为工作记忆⊖）能力有了明显的提高。儿童逐渐能够听完一串数字（1-5-6-3-4）后，以相反的顺序复述它们（4-3-6-5-1）。在学前期阶段，他们只能记住并倒着背大概 2 个数字；在青少年期早期，他们能倒着背 6 个数字。此外，他们还能使用更复杂的策略来回忆信息，而这些策略是可以通过训练发展出来的（Jack，Simcock，& Hayne，2012；Jarrold & Hall，2013；Resing et al.，2017）。

记忆能力可能会帮助我们说明认知发展中的另一些问题。一些发展心理学家认为，学前儿童在解决守恒问题时遇到的困难，可能源于其有限的记忆能力。他们认为年幼儿童也许只是不能回忆起所有必要的信息，才不能正确地解决守恒问题。

元记忆（metamemory），即对记忆的基础过程的理解，同样在儿童中期出现并发展起来。当儿童步入一年级，其心理理论发展得比较成熟时，他们就会对什么是记忆有一个大致的了解。他们能够明白有些人的记忆力比其他人要好（Ghetti & Angelini，2008；Jaswal & Dodson，2009；Cottini et al.，2018）。

随着学龄儿童逐渐开始使用一些控制策略（control strategics），即为了改善认知加工过程而特意使用的一些策略，他们对记忆的理解也变得愈加成熟。例如，学龄儿童意识到复述，即重复信息，能够改善记忆，于是他们会越来越多地使用这种策略（Sang，Miao，& Deng，2002；Coffman et al.，2018）。

提高记忆。儿童能够被训练得更有效地使用控制策略吗？虽然教儿童使用控制策略并不简单，但学龄

⊖ 这两个概念严格来说是不等同的。工作记忆强调功能，是用于完成注入推理和言语理解等任务所需的记忆资源；在执行认知任务的过程中，工作记忆往往作用于信息的暂时储存与加工的资源有限的系统，与信息保存的时间无关。——译者注

儿童确实能够学会有效地使用这些策略。例如，儿童不仅需要知道如何使用一个记忆策略，还要知道应该在何时何地使用它最为有效。

例如，一个叫作关键词策略（keyword strategy）的新方法，能够帮助学生学习外语、各州的首府以及任何两组读音相似的词或标签组成的信息（Wyra, Lawson, & Hungi, 2007）。举例来说，学习外语词汇时，西班牙语的单词鸭子（pato，发 pot-o 的音）可以和日常英文单词"pot"配对，而这个英文单词就是关键词。一旦选择了关键词，儿童就形成了这两个相互联系的单词的心理表象。例如，一个学生可能会用"在壶里洗澡的鸭子"这种表象来记忆"pato"这个词。

维果茨基的认知发展观和课堂教学。学习环境也能激励儿童采用以上那些策略。回想一下发展心理学家维果茨基的观点，他认为儿童是通过接触处于其最近发展区（zone of proximal development, ZPD）中的信息，使得认知能力得以发展。最近发展区体现的是这样一种水平：儿童基本能够但尚未完全理解或完成的某项任务。

维果茨基的观点对于一些课堂实践的发展极具重要的影响，这些课堂实践促进了儿童在教学中的积极参与。所以，课堂被看作儿童有机会实验和尝试各种新活动的场所（Vygotsky, 1926, 1997；Gredler & Shields, 2008；Gredler, 2012）。

根据维果茨基的观点，教育应该关注涉及与他人交互的活动。儿童与成人之间、儿童与儿童之间的交互都能促进认知的发展。必须仔细地构建互动性的活动，以便使其处于每个儿童的最近发展区。

维果茨基的工作也影响了目前一些值得关注的教育创新。例如，合作学习（cooperative learning），就吸收了维果茨基理论中的一些内容，即儿童为实现一个共同目标而组成合作性小组。在合作性小组中工作的学生，能够从他人的观点中受益。一个儿童错误的思考方向会被小组中的其他成员纠正过来。另一方面，并不是每一个小组成员都是有帮助的：正如维果茨基的观点所预期的那样，只有当小组中的一些成员更能胜任此项任务，并能充当专家的角色时，每个儿童才能最大限度地从中受益（DeLisi, 2006；Slavin, 2013；Gillies, 2014）。

从一个教育工作者的视角看问题

建议老师应如何使用维果茨基的方法来教 10 岁儿童学习殖民时期美国的文本。

交互式教学（reciprocal teaching）是一种教授阅读理解策略的方法，是另一项反映维果茨基认知发展观的教育实践。学生学习浏览一段文章的内容，提出与文章意义有关的问题，总结这段文章，最后预测下文的内容。这种方法的交互性使得学生有机会担任教师的角色。老师一开始会引导学生学习阅读理解策略。慢慢地，学生在最近发展区不断进步，逐渐掌握这种策略，直到最终担当起教师的角色。这种方法能够明显地提高学生的阅读理解水平，尤其对那些有阅读困难的学生来说，更是如此（Spörer, Brunstein, & Kieschke, 2009；Lundberg & Reichenberg, 2013；Davis & Voirin, 2016）。

语言发展：词语的含义

如果你听过学龄儿童之间的谈话，就会觉得他们的话听起来和成人没有太大差异。然而，这种表面上的相似性是具有欺骗性的。儿童的语言技能（尤其是在学龄阶段之初）仍然需要锤炼才能达到成人的水平。

掌握语言的机制。儿童的词汇量在学龄期迅速增加。例如，6 岁儿童的词汇量是 8 000 ～ 14 000 个单词，9 ～ 11 岁儿童又多掌握了 5 000 个单词。

学龄儿童掌握语法的能力也在进步。例如，在学龄阶段的早期，与主动语态（如"Jon walked the dog"）相比，儿童很少使用被动语态（如"The dog was walked by Jon"）。此外，6 ～ 7 岁儿童很少使用条件句（如"If Sarah will set the table, I will wash the dishes"）。然而在儿童中期，他们对被动语态和条件句的使用都有所增加。另外，在儿童中期，儿童对于句法（用来把单词和短语组成句子的规则）的理解也在不断加深。

当儿童步入一年级的时候，他们中的大多数都能非常准确地进行单词发音。然而，特定的音素（phoneme），即语音单元，仍令他们感到烦恼。例如，发出 j、v、th 和 zh 音的能力比发出其他音素的能力更晚发展出来。

当句子的意思取决于语调（intonation），或者说是声音的音调时，学龄儿童同样可能很难理解句子的含义。考虑一下这个句子："George gave a book to David and he gave one to Bill"。如果单词"he"被重读，则意思是"乔治给了大卫一本书，而大卫给了比尔另外一本"。但如果语调重音放在单词"and"上，那么意思则是"乔治给了大卫一本书，并且乔治也给了比尔一本书"。学龄期儿童还不太能分辨出这些微妙的变化（Wells，Peppé，& Goulandris，2004；Thornton，2010；Bosco et al.，2013）。

随着儿童能越来越好地掌握语用学（pragmatics）（我们在社会环境中与他人交流时使用语言的规则），儿童的交谈技能也在不断发展。

例如，尽管在儿童早期，儿童就意识到交谈中轮流说话的规则，但他们对于这些规则的使用还是非常初步的。看看下面6岁的Yonnie和Max之间的对话。

Yonnie：我爸爸开一辆联邦快递的卡车。
Max：我姐姐叫Molly。
Yonnie：他早上真的很早就起床了。
Max：她昨晚尿床了。

然而之后，儿童的交谈中体现了更多的观点上的交换，儿童会相互回应对方的观点。例如，11岁的Mia和Josh之间的对话反映出他们已经很好地掌握了语用知识。

Mia：我不知道Claire生日时应该送她什么。
Josh：我会送她耳环。
Mia：她已经有很多珠宝了。
Josh：但我认为她并没有很多啊。

参与合作性小组的学生能够从其他人的观点中受益。

元语言意识。 儿童中期最显著的发展之一，就是儿童逐渐理解了自己应该如何使用语言，或者说是其**元语言意识**（metalinguistic awareness）得到了增强。到五六岁时，儿童就能够理解语言是受一套规则支配的。尽管在早年，他们往往是内隐地学习和理解这些规则，但在儿童中期，他们开始比较明确地理解这些规则（Benelli et al.，2006；Saiegh-Haddad，2007；Tighe et al.，2018）。

当信息模糊或是不完整时，元语言意识就可以帮助儿童来理解它们。例如，当给学前儿童模糊的信息时（如怎样玩复杂游戏的指示说明），他们很少去询问清楚，如果他们不理解，就会责怪自己。但到七八岁时，儿童就会意识到误解可能不仅由自身因素所致，还会与他人（即与儿童交流的那些人）有关。所以，学龄儿童更可能会询问清楚那些模糊的信息（Apperly & Robinson，2002；van den Herik，2017）。

语言如何促进自我控制？ 逐渐娴熟的语言技能可以帮助学龄儿童控制和调节自身的行为。在一个实验中，实验者告知儿童如果他们选择立刻吃掉一颗糖，他们就只能得到这一颗糖，但如果选择等一会儿再吃，就能得到两颗糖。大多数4～8岁的儿童选择了等待，但他们等待时所使用的策略却各不相同。

4岁儿童在等待时会经常看着糖，但实际上这种策略并不是非常有效的。相反，6～8岁的儿童会使用语言来帮助自己克服诱惑，虽然方式有所不同。6岁儿童会对自己说话和唱歌，提醒自己如果等待一会儿就能最终得到更多的糖；8岁儿童则关注与糖的味道无关的方面，如它们的外观，这有助于他们等待下去。简言之，儿童会通过"自言自语"的策略来调节自己的行为。他们的自我控制随其语言能力的提高而不断增强。

双语：用多种语言说话

John Dewey小学因其追求先进和民主而闻名。在大学校园里的这所学校的员工能说15种不同的语言，包括印地语（Hindi）和豪萨语（Hausa）。而这里的学生能说超过30种不同的语言。

在整个美国，儿童使用的语言是多变的。大约1/5（约6 200万）的美国人在家时可以说除了英语以外的语言，使用第二语言的人口比例还在不断地增长。**双语**（bilingualism），即使用两种及以上的语言正变得越来越普遍（Shin & Bruno，2003；Graddol，2004；Hoff & Core，2013；见图 5-5）。

进入学校时，几乎或者根本不能说英语的儿童必须同时学习标准的学校课程和讲授课程所用的语言。一种教非英语母语者的方法是双语教学（bilingual education），即首先用儿童的母语教儿童，同时又让他们学习英语。这样的教育可以让学生能够使用自己的母语为基本的课程打下坚实的基础。大多数双语教学计划的目标是逐渐从母语教学转向英语教学。

另一种方法是使学生置身于英语环境中，只用英语进行教学。该方法的支持者认为，最初用英语之外的语言教授学生，会阻碍他们努力学英语，并延缓他们融入社会的进程。这两种截然不同、高度政治化的方法使得一些政治家主张"只说英语"，而另外一些政治家则通过督促学校尊重母语非英语的学生所面临的挑战，给学生提供一些母语方面的指导。

心理学研究表明：双语者具有一定的认知优势。在评估一个情境时他们能够选择的语言更多，所以双语者表现出较高的认知灵活性。他们解决问题时更具创造性和多面性。而对于少数族裔学生来说，用母语学习也与较高的自尊有关（Hermanto，Moreno，& Bialystok，2012；Yang，Hartanto，& Yang，2016；Hsin & Snow，2017）。

双语学生具有较强的元语言意识，能更明确地掌握语言的规则，表现出更高的认知成熟度。一些研究结果表明，他们可能在智力测验中得分更高。另外，大脑扫描发现，仅说一种语言的人与双语者存在不同的大脑激活模式（Piller，2010；Burgaleta et al.，2013；Sierpowska et al.，2018）。

就像我们在第3章中提到的，很多语言学家主张语言获得的基础是普遍性的过程，因而母语教学可能会促进第二语言教学。事实上，正如我们将在下面谈到的，许多教育工作者认为，所有的学生都应该学习第二语言（McCardle & Hoff，2006；Frumkes，2018）。

学校教育：儿童中期的三个 R（以及更多）

当阅读小组中其他 6 个孩子的目光齐刷刷地转向 Glenn 时，他在座椅上很不自在地扭动着。阅读对他来说从来都不是件容易的事，当轮到自己朗读时他总是感到焦虑。但当老师点头鼓励他时，他朗读了起来。最初还有些犹豫，当读到有关"妈妈新工作的第一天"这个故事时，他来了兴趣。他发现自己能很好地阅读这个段落，并为此感到高兴。当老师说"很好，Glenn"时，他脸上洋溢着灿烂的笑容。

类似这样的一些小瞬间，不断地重复着，它们构成了或者是打破了儿童的教育体验。学校教育标志着社会开始正式地将其逐渐累积的知识、信念、价值观和智慧传递给新一代。从非常实际的意义上说，这种传递的成功与否决定了世界未来的命运以及每个学生个人的成功。

阅读：学会破解词语背后的意思

前面所描述的 Glenn 和 Raylene 为改善他们的阅

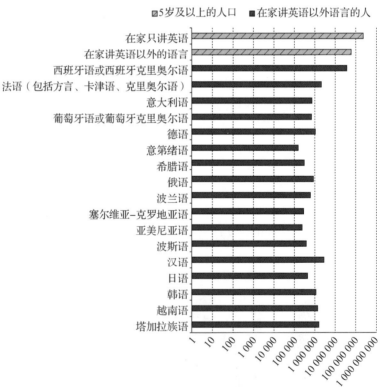

图 5-5　5 岁及以上在家讲英语以外语言的人数百分比

资料来源：U.S. Census Bureau，2017，American Community Survey.

读水平做出了很大的努力（如序言中所描述的），因为对于学习来说阅读是一种基本能力。阅读涉及多种技能，从低水平的认知技能（识别单个字母以及把字母与发音联系在一起）到高水平的技能（把书面词语与长时记忆中存储的含义匹配起来，以及使用上下文和先前的知识来确定句子的意思）。

阅读阶段。阅读技能的发展通常会经历一系列阶段，这些阶段历时较长，往往彼此重叠。在阶段0，即从出生到一年级，儿童学习阅读所需的一些前提技能，包括识别字母、再认熟悉的单词（例如他们自己的名字或停车标志上的"stop"单词），以及写出自己的名字（Chall，1992；Oakhill，Cain，& Elbro，2014）。

阶段1，是指一年级和二年级。此时儿童开始学习真正的阅读，主要涉及语音转录技能（phonological recording skill）。在此期间，儿童练习把字母组合在一起读出单词，并且完成字母及其读音的学习。

阶段2，指二年级和三年级。儿童学会流畅地朗读。然而，此时儿童仅仅流畅地读出单词的发音就需要付出很大的努力，以至于他们剩余的认知资源难以同时加工单词的含义。

阶段3，从四年级到八年级。阅读最后变成了一种方法，特别是一种用于学习的方法。早期进行的阅读，其目的在于让儿童学会阅读，而到了这个阶段儿童开始通过阅读来了解这个世界。然而，即使是在这个年龄，儿童也不能完全通过阅读来理解事物。例如，儿童在这个阶段的一个局限是他们只能理解单一观点所呈现的信息。

在最后的阶段4，儿童能够阅读并加工那些反映了多种观点的信息。这种在进入高中时才出现的能力，使儿童能够更加透彻地理解文本。文学名著之所以不会在教育的早期阶段就呈现给儿童，部分原因是年幼儿童缺乏相应的词汇量，但更多的是由于他们缺乏理解复杂的文学作品中所涉及的多重观点的能力。

我们应该如何教授阅读？ 究竟哪种阅读教学方法最有效，教育工作者就这个问题已经争论了很长时间。争论的核心问题是，阅读时的信息加工机制究竟是什么。基于编码的阅读法（a code-based approach to reading）的支持者认为，教师应该关注那些为阅读打下基础的基本技能。基于编码的方法强调阅读的成分，如字母的发音以及它们的组合——语音，还有字母和发音是如何组合成单词的。他们认为阅读

包括对单词的各个成分进行加工，并把它们组合成单词以及使用这些单词来推测出句子和段落的意思（Dickinson，Golinkoff，& Hirsh-Pasek，2010；Hagan-Burke et al.，2013；Cohen et al.，2016）。

相反，一些教育工作者认为最成功的阅读教学法是整体语言法（a whole-language approach to reading）。这种方法把阅读视为一个自然的过程，这个过程与口语的获得类似。根据这种观点，儿童应该通过接触完整的作品——句子、故事、诗歌以及图表来学习阅读。不是教儿童读单词，而是让他们根据上下文的情境猜测单词的意思。通过这种试错的方法，儿童就能逐渐成为熟练的阅读者，学会所有的单词和短语（Sousa，2005；Donat，2006）。

越来越多的研究表明，基于编码的阅读法要优于整体语言法。一个研究发现，与优秀的阅读者相比，接受了一年字母拼读法辅导的儿童，其阅读水平大大提高，并且他们阅读时相关的神经通路也与优秀的阅读者越来越接近。因此，基于证据的积累，大多数阅读专家现在支持使用基于编码的方法进行阅读教学（Brady，2011；Vaish，2014；Castles，Rastle，& Nation，2018）。

无论用哪种方式进行教学，阅读都会使大脑回路产生了显著的改变。它促进了大脑视觉皮层组织的发育，并且提升了口语的加工能力（见图5-6）。

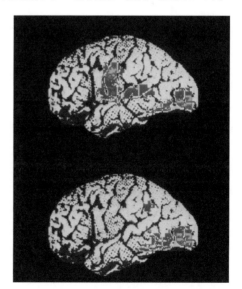

图 5-6　阅读与大脑

阅读行为会导致大脑相关区域的显著激活，正如扫描图片所示。图的上面部分是一个人在大声朗读，下面部分是一个人在默读。

资料来源：SPL/Science Source.

教育趋势：超越三个R

近年来，21世纪的学校教育已经发生了明显的变化。事实上，美国的学校开始重新倡导传统的三个R教育——阅读（reading）、写作（writing）和算术（arithmetic）。这种对基础科目的关注背离了之前的教育趋势，强调学生的社会幸福感，并允许学生选择所要学习的科目，而不是学习那些设定好的课程（Merrow，2012；Hudley，2016；VanWheelden，2016）。

今天的小学课堂也强调教师和学生的个人责任感。教师要为学生的学习负更多责任，而且学生和教师都要参加州级或国家级测验，以评估他们的能力（McDonnell，2004）。

随着美国人口日渐多样化，已经有越来越多的小学关注学生多样性和多元文化的问题。文化差异和语言差异一样，很可能在社会和教育方面对学生产生影响。在美国，学生的人口构成正经历着巨大的转变。说西班牙语的人的比例很可能在未来的50年里增加为原来的2倍多。到2050年，不说西班牙语的白人可能会成为美国总人口中的一个少数族裔群体（Colby & Ortman，2015；见图5-7）。

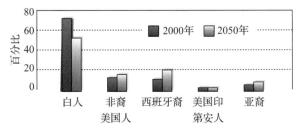

图5-7 美国人口结构的预测

目前对美国人口结构的预测显示：到2050年，非西班牙裔白人的比例将减少，而少数族裔成员的比例将增加。人口统计学的变化将对社会工作者造成哪些方面的影响？

资料来源：U.S. Bureau of the Census, 2010a.

所以，教育工作者已经越来越重视多元文化的问题。在接下来的"文化维度"专栏，我们讨论了针对不同文化背景学生的教育目标是如何发生巨大变化的，以及现在对它还有哪些争论。

文化同化还是多元社会？ 在某种程度上，多元文化教育是对**文化同化模型**（cultural assimilation model）的一种回应。该模型的目标是把其他文化统一到唯一的美国文化下。也就意味着美国不鼓励非英语母语的个体继续使用他们的母语，最好是完全使用英语。

文化维度

多元文化教育

美国学校的班级总是混合着不同背景和经历的学生。最近，这种多样性成为教育工作者面临的巨大挑战和机遇。

事实上，班级成员的多样性与教育的根本目标存在密切联系。教育的目标就是把社会认为的重要信息传授给学生。著名的人类学家玛格丽特·米德（1942）曾说过，"从更广泛的意义上说，教育是一个文化印刻的过程，将天生比其他哺乳动物更具学习潜能的人类新生儿，转变成一名属于特定人类社会中的个体，并与其他成员分享一种特定的人类文化"。

所以，文化被认为是一个社会中的成员共有的一系列行为、信念、价值观和期望。但是文化并不是简单的"西方文化"或者"亚洲文化"，它还由各种亚文化群体（subcultural groups）组成。如果某种文化或者亚文化的成员身份，对学生体验学校教育的过程没有什么重要影响，那么教育工作者就可能很少去关注该成员身份了。近年来，**多元文化教育**（multicultural education）备受关注。这种教育的目标是，帮助少数族裔学生在主流文化中发展能力的同时，也保持对原初文化群体的积极认同（Nieto，2005；Ngo，2010；Matriano & Swee-Hin，2013；Gharaei，Thijs，& Verkuyten，2018）。

从一个教育工作者的视角看问题

社会是否应该促使非美国文化下的儿童同化到美国文化下？请给出支持你答案的理由。

接触不同群体的小学生和老师，能够更好地理解世界，并能敏锐地捕捉到他人的价值观和需要。有什么方法能够使学生在教室中对他人更敏感？

但是，在20世纪70年代初，教育工作者和少数族裔群体认为，文化同化模型应被**多元社会模型**（pluralistic society model）所取代。在多元社会模型中，美国社会由具有同等地位的多种文化群体组成，这些群体保留着各自独特的文化特征。

事实上，对文化同化的担忧也鼓励了多元社会模型的出现。持有该观点的人认为，教师强调主流文化，不鼓励非英语母语的儿童使用母语的做法贬低了亚文化遗产的价值，降低了儿童的自尊。而教学资料常常会涉及与文化相关的事件和思想，这会使少数族裔的儿童很难从课本中接触到自己文化的重要方面。例如，英语课文中很少出现西班牙文学和历史的重要内容，如寻找青春之泉（search for the Fountain of Youth）和唐璜传奇（the Don Juan legend）。西班牙学生可能因此错过本文化灿烂的成果。

近些年来，教育工作者认为与来自不同文化的学生一起上课可以丰富和拓展学生的教育经验。接触其他文化后，老师和学生能更好地理解世界，并敏锐地捕捉到他人的价值观和需求（Levin et al.，2012；Thijs & Verkuyten，2013；Theodosiou-Zipiti & Lamprianou，2016）。

培养双文化认同。现在大多数教育工作者都认为少数族裔中的儿童应该发展**双文化认同**（bicultural identity），学校既要支持儿童对原初文化的认同，同时也应让他们融入主流文化之中。这种观点意味着，个体同时成为两种文化的成员，有两种文化认同感，不必选择一种就得放弃另一种（Oyserman et al.，2003；Vyas，2004；Collins，2012）。

但是，还未找到很好的方法实现这一目标。想一想那些入学时只会说西班牙语的儿童。传统的"大熔炉"方法是努力帮助他们融入英语课堂，为他们提供英语速成班（几乎没有其他的方法），直到他们获得相应的英语能力。不幸的是，该方法有一个很大的缺点：在儿童掌握英语之前，他们会越来越落后于他们的同伴（First & Cardenas，1986）。

当今的双文化模式鼓励儿童成为多种文化中的成员。以母语为西班牙语的儿童为例，首先用西班牙语进行教学，随后加入英语教育方式。学校还会实施针对所有学生的多元文化项目，在教学中把所有学生的文化相关内容都呈现出来。这种教学方式的目的在于提升每个学生的自我意象（Fowers & Davidov，2006；Mok & Morris，2012；Lourie，2016）。

尽管大多数专家提倡双文化模式，但这并没有得到所有公众的认可。例如，之前提到的"只说英语"运动就禁止学校用英语以外的语言进行教学。究竟哪种观点占上风还需拭目以待。

世界各地及不同性别儿童的学校教育：谁在受教育？与大多数发达国家一样，在美国接受小学教育既是一种普遍的权利，也是一个法定的义务。事实上，所有儿童直到12年级都可以享受免费教育。

然而，其他地方的儿童却没这么幸运。全世界超过1.6亿名儿童甚至没有接受过初等教育。另外有1亿名儿童，其受教育程度也只达到小学的水平，总共有将近1亿名的个体（2/3是女性）一生都是文盲。

几乎在所有的发展中国家，能够接受正规教育的女性数量都少于男性，而且这种差异存在于学校教育的各个水平。甚至在发达国家，女性接触科学和技术领域的机会也少于男性。这些差异反映了一种性别偏见，它普遍且根深蒂固地存在于文化和父母的心中。美国男性和女性的受教育水平较为接近。尤其是在学龄早期，男孩和女孩拥有同等的受教育机会。

智力：确定个体的优势

"为什么应该说实话？""洛杉矶离纽约有多远？""桌子是由木头制成的，窗户是由_____。"

当10岁的Hyacinth弓着背坐在课桌前，努力回答类似的一长串问题时，她试图猜想自己正在参与的这项测验的意义究竟是什么。这项测验涉及的内容显然是她五年级的老师 White-Johnston 没有讲过的。

"这一列数字的下一个是什么：1，3，7，15，31，＿＿＿？"

当她继续往下做题时，她不再猜想这项测验的目的了。她已经把这个问题留给了老师，只是尽量做出正确的答案。

Hyacinth 参加的是一项智力测验。如果她知道其他人也在质疑这项测验的意义和重要性的话，她可能会非常惊讶。智力测验中的试题是精心准备的，它是为预测学业成功而设计的（之后我们将说明原因）。然而，很多发展心理学家对这些测验是否能完全恰当地评估智力还持怀疑态度。

对于那些想要区分智力行为和智力缺乏行为的研究者来说，理解智力是什么就已经是很大的挑战了。即使非专业人士有自己的界定（一项调查发现，外行人认为智力由三个成分组成：问题解决能力、言语能力和社会胜任力），但专家们却很难有一致的观点（Sternberg et al.，1981；Howe，1997）。尽管如此，给智力下一个大概的定义还是可能的：**智力**（intelligence）是指个体面对挑战时，理解世界、理性思考和有效使用资源的能力（Wechsler，1975）。

为了理解研究者各自是如何给智力下定义，并发展智力测验（inteligence test）的，我们需要了解智力领域中的一些重要历史事件。

智力基准点：区分聪明和不聪明

在 20 世纪初，巴黎学校体系面临一个问题：相当多的儿童并没有从常规教学中获益。不幸的是，这些儿童中的许多人属于我们现在所说的精神发育迟滞患者，他们大多没被识别出来，也没被及时转至特殊班级。法国教育部长请心理学家阿尔弗雷德·比奈（Alfred Binet）设计一种方法，以确定那些可能会从特殊教育中受益的儿童。

比奈测验（Binet's Test）。比奈采用了一种非常实用的解决方式。多年的观察结果显示，以前那些区分智力和智力缺乏的学生的方法（其中一些方法基于反应时和视力敏锐度）没有什么用。他启动了一个试错的过程，让那些曾经被老师认为"聪明"或"笨"的学生完成一些题目和任务。那些"聪明"学生能正确完成而"笨"学生不能正确完成的任务，就被保留作为测试内容。不能区分这两组学生的任务就被剔除。

最后，他得到一套能够可靠区分快速和慢速学习者的测验题目。

比奈的先驱性工作为后人留下三个重要遗产。

第一，他构建智力测验时采取实用的方法。比奈没有关于智力是什么的理论设想。相反，他使用了一种试错的心理测量方法，这种构建测验的重要方法一直持续到今天。他把智力定义为他的测验所测量的东西，这种定义已经被很多现代的研究者采用，尤其受到那些想要避免谈到智力本质的测验编制者的欢迎。

第二，他把智力和学业成功联系起来。比奈构建智力测验的方法，确保了智力（被定义为在测验上的表现）和学业成功在本质上是相同的。因此，比奈的智力测验以及现在使用他的方法而编制的测验，已经成为预测学生学业表现的合理指标。但是，这些测验并没有为个体其他方面的特点提供有用的信息，比如社会技能和人格特征，这些方面很大程度上都与学业能力无关。

第三，他发展出将每个智力测验分数和**心理年龄**（mental age）相联系的方法。心理年龄是指参加测验的儿童获得某个分数时的平均年龄。例如，如果一个 6 岁女孩在测验中得了 30 分，而这个分数是 10 岁儿童的平均得分，那么她的心理年龄就是 10 岁。同样，一个 15 岁男孩在测验中得了 90 分，该分数与 15 岁儿童的平均得分一样，那么他的心理年龄就是 15 岁（Wasserman & Tulsky，2005）。

虽然心理年龄表明了儿童相对于同伴的表现，但无法对**实际年龄或者生理年龄**（chronologiacal or physical age）不同的学生的表现进行充分比较。例如，仅使用心理年龄，可能会认为一个心理年龄为 17 岁的 15 岁儿童和一个心理年龄为 8 岁的 6 岁儿童一样聪明，但实际上那个 6 岁儿童的聪明程度可能相对更高。

可以通过**智商**（intelligence quotient，IQ）的形式来解决这个问题。智商是学生的心理年龄和实际年龄之比给出的分数。传统的计算 IQ 的方法采用了下面的公式，其中 MA 代表心理年龄，CA 代表实际年龄：

$$IQ \text{ 分数} = MA / CA \times 100$$

该公式表明，心理年龄（MA）与实际年龄（CA）相等的人总会得到数值为 100 的 IQ 分数。如果实际年龄超过了心理年龄，则说明智力水平处于平均水平之下，IQ 分数将低于 100；如果实际年龄小于心理年龄，则说明智力水平处于平均水平之上，IQ 分数将高于 100。

我们可以利用这个公式重新考虑一下刚才那个心理年龄为 17 岁的 15 岁儿童的例子。这个学生的 IQ 是 17/15×100，即 113。相比之下，心理年龄为 8 岁的 6 岁儿童的 IQ 是 8/6×100，即 133。因此，后者的 IQ 更高。

现今的 IQ 分数是以更复杂的数学方法计算出来的，被称为离差智商分数（deviation IQ score）。离差智商分数的平均值仍为 100，但现在可以通过得分和该平均值之间的差异程度，计算出得分相似的人数比例。例如，大概有 2/3 的人得分处于平均分 100 的正负 15 分之内，即得 85～115。在这一得分范围之外，得分相似的人数的比例就会显著下降。

测量 IQ：现今测量智力的方法。 从比奈时代开始，智力测验已经能够越来越准确地测量 IQ，尽管它们中的大多数都是以比奈最初的工作为基础的。例如，

使用最为广泛的测验，即**斯坦福－比奈智力量表（第 5 版）**（Stanford-Binet Intelligence Scale，Fifth Edition；SB5），一开始是作为原始比奈测验的美国版本而被使用的。该测验由一系列根据受试者年龄不同而变化的题目组成。例如，年幼儿童要回答有关日常活动的问题，或临摹复杂的图形。年长的人则要解释谚语、解决类比问题以及描述各组词之间的相似性。受试者被要求回答的问题会越来越难，直到他们不能完成为止。

韦氏儿童智力量表（第 5 版）（Wechsler Intelligence Scale for Children，Fifth Edition；WISC-V）是另一个被广泛使用的智力测验。该测验是韦氏成人智力量表（Wechsler Adult Intelligence Scale）的衍生测验，它将测量总分分为言语和操作（非言语）技能两部分（见图 5-8）。词汇问题用来考察理解能力，而典型的非言语任务包括临摹一个复杂的图案、给图片排序以及

名称	条目的目的	例题
言语量表		
信息	评估一般的信息	多少分等于一角
理解	评估对社会规范和过去经验的理解	把钱存在银行里有什么好处
算术	通过应用题目评估数学推理能力	如果两个纽扣是 15 美分，那么一纽扣要花多少钱
相似性	考察能否理解物体之间或概念之间的相似性，探测抽象推理能力	1 小时和 1 周从什么方面来说是相似的
操作量表		
数字符号	评估学习速度	使用线索把符号和数字匹配起来 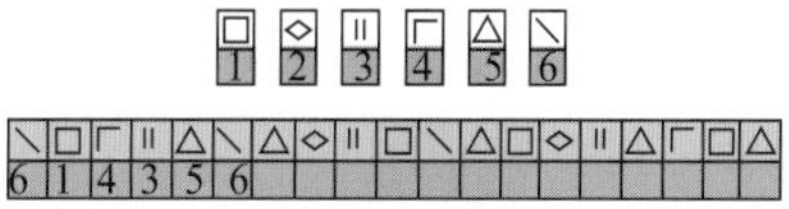
完成图画	视觉记忆和注意	指出缺失的部分 
组合物体	考察对部分与整体之间的关系的理解	把各部分组合在一起，以形成一个整体 

图 5-8 测量智力

韦氏儿童智力量表（第五版）包括了与这些类似的项目。这些项目涉及哪些内容，它们又遗漏了哪些内容？

组合物体等。该测验各个不同的部分能够较为容易地确定受试者可能具有的任一特定问题。例如，如果操作部分的得分显著高于言语部分，那么可能意味着受试者在言语发展方面存在问题（Zhu & Weiss，2005；Wahlstrom et al.，2018）。

考夫曼儿童成套评估测验（第 2 版）（Kaufman Assessment Battery for Children，Second Edition；KABC-II）采用了不同的方法来测量智力。它测量的是儿童同时整合多种刺激并进行逐步思考的能力，特别之处在于其灵活性。它允许主试使用各种措辞和手势，甚至用不同的语言来提问，以便测量出受试者的最佳表现。这使得测验对于那些以英语为第二语言的儿童来说更为有效和公正（Kaufman et al.，2005；Drozdick et al.，2018）。

IQ 分数意味着什么？对大多数儿童来说，IQ 分数能够合理地预测他们的学业表现。这并不奇怪。因为最初发展智力测验就是为了识别出那些有困难的学生（Sternberg & Grigorenko，2002）。

但当涉及学业领域之外的表现时，情况就不一样了。例如，尽管具有较高 IQ 分数的人往往接受更长时间的学校教育，而一旦在统计上控制了教育年限后，IQ 分数与经济收入以及之后的成功之间的关系就不那么密切了。两个 IQ 分数不同的人可能都在同一所大学里拿到了学士学位，IQ 分数较低的那个人却可能最后收入较高并较为成功。由于传统的 IQ 分数在说明这些问题上存在困难，研究者便开始考虑其他测量智力的方法（McClelland，1993）。

IQ 测验未能说明的：关于智力的其他概念。学校目前最常使用的智力测验，大都把智力看成一个单一因素，或是一种单一的心理能力。这种属性被称为 g 因素（Spearman，1927；Lubinski，2004）。人们假定 g 因素是智力所涉及的各方面表现的基础，g 因素就是智力测验所测量的内容。

然而，许多理论家并不同意智力是单维的观点。一些发展心理学家认为存在两种智力：流体智力和晶体智力（Catell，1987）。**流体智力**（fluid intelligence）反映了解决和推理新异问题的能力，相对独立于过去的特定知识。例如，当要求一个学生按照某种标准将一系列字母分组，或记住一系列数字时，他可能会使用流体智力（Shangguan & Shi，2009；Ziegler et al.，2012；Kenett et al.，2016）。

相对而言，**晶体智力**（crystallized intelligence）是指人们所积累的从经验中学到的和能够应用于问题解决情景的那些信息、技能和策略。人们在玩填字游戏时使用的是晶体智力，因为他们需要回忆过去学过的特定单词（Hill et al.，2013；Thorsen，Gustafsson，& Cliffordson，2014；Hülür et al.，2017）。

其他的理论家把智力分为更多的成分。心理学家霍华德·加德纳（Howard Gardner）认为我们至少有八种不同的智力，而且每种都是相对独立的（见图 5-9）。加德纳认为这些智力是一起发挥作用的，并取决于我们所参与的活动（Chen & Gardner，2005；Gardner & Moran，2006；Roberts & Lipnevich，2012）。

从一个教育工作者的视角看问题

霍华德·加德纳的多元智力理论是否意味着课堂教学应该对强调 3R（阅读、写作和算术）的传统方法进行修正？

我们在前面讨论了维果茨基关于认知发展的观点，他采用了一种很不同的观点来研究智力。他认为我们在评估智力的时候，不仅要关注已经充分发展的认知过程，还应该关注正在发展的过程。为了做到这一点，他主张测量任务应该包括动态评估过程，即被评估人和进行评估的人之间合作性的互动。简言之，智力既要反映儿童完全依靠自己能力时的表现，也要反映他们在得到成人协助时的表现（Vygotsky，1926，

1976；Lohman，2005）。

心理学家罗伯特·斯腾伯格（Robert Sternberg，2003a，2005）采用另一种角度来研究智力，他认为最好把智力看作信息加工的过程。根据这种观点，我们需要了解人们是如何把材料储存在记忆中以及之后如何用它来解决智力任务的，这样才能获得关于智力的最为精确的概念。信息加工的方法并不关注组成智力结构的各个子成分，而是考察那些智力行为所依赖的

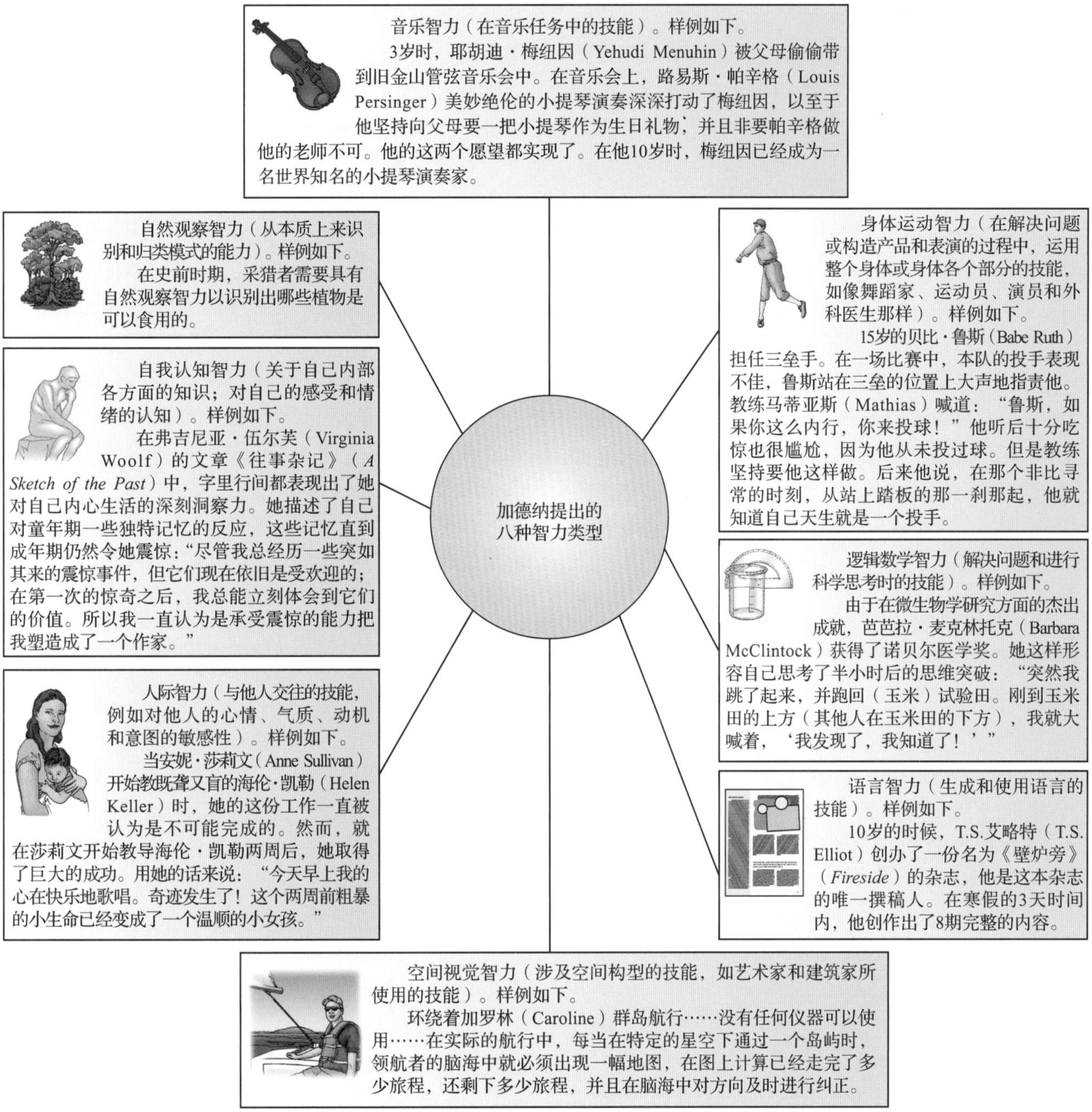

音乐智力（在音乐任务中的技能）。样例如下。

3岁时，耶胡迪·梅纽因（Yehudi Menuhin）被父母偷偷带到旧金山管弦音乐会中。在音乐会上，路易斯·帕辛格（Louis Persinger）美妙绝伦的小提琴演奏深深打动了梅纽因，以至于他坚持向父母要一把小提琴作为生日礼物，并且非要帕辛格做他的老师不可。他的这两个愿望都实现了。在他10岁时，梅纽因已经成为一名世界知名的小提琴演奏家。

自然观察智力（从本质上来识别和归类模式的能力）。样例如下。

在史前时期，采猎者需要具有自然观察智力以识别出哪些植物是可以食用的。

自我认知智力（关于自己内部各方面的知识；对自己的感受和情绪的认知）。样例如下。

在弗吉尼亚·伍尔芙（Virginia Woolf）的文章《往事杂记》（A Sketch of the Past）中，字里行间都表现出了她对自己内心生活的深刻洞察力。她描述了自己对童年期一些独特记忆的反应，这些记忆直到成年期仍然令她震惊："尽管我总经历一些突如其来的震惊事件，但它们现在依旧是受欢迎的；在第一次的惊奇之后，我总能立刻体会到它们的价值。所以我一直认为是承受震惊的能力把我塑造成了一个作家。"

人际智力（与他人交往的技能，例如对他人的心情、气质、动机和意图的敏感性）。样例如下。

当安妮·莎莉文（Anne Sullivan）开始教既聋又盲的海伦·凯勒（Helen Keller）时，她的这份工作一直被认为是不可能完成的。然而，就在莎莉文开始教导海伦·凯勒两周后，她取得了巨大的成功。用她的话来说："今天早上我的心在快乐地歌唱。奇迹发生了！这个两周前粗暴的小生命已经变成了一个温顺的小女孩。"

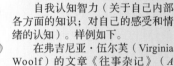

加德纳提出的八种智力类型

身体运动智力（在解决问题或构造产品和表演的过程中，运用整个身体或身体各个部分的技能，如像舞蹈家、运动员、演员和外科医生那样）。样例如下。

15岁的贝比·鲁斯（Babe Ruth）担任三垒手。在一场比赛中，本队的投手表现不佳，鲁斯站在三垒的位置上大声地指责他。教练马蒂亚斯（Mathias）喊道："鲁斯，如果你这么内行，你来投球！"他听后十分吃惊也很尴尬，因为他从未投过球。但是教练坚持要他这样做。后来他说，在那个非比寻常的时刻，从站上踏板的那一刹那起，他就知道自己天生就是一个投手。

逻辑数学智力（解决问题和进行科学思考时的技能）。样例如下。

由于在微生物学研究方面的杰出成就，芭芭拉·麦克林托克（Barbara McClintock）获得了诺贝尔医学奖。她这样形容自己思考了半小时后的思维突破："突然我跳了起来，并跑回（玉米）试验田。刚到玉米田的上方（其他人在玉米田的下方），我就大喊着，'我发现了，我知道了！'"

语言智力（生成和使用语言的技能）。样例如下。

10岁的时候，T.S.艾略特（T.S. Elliot）创办了一份名为《壁炉旁》（Fireside）的杂志，他是这本杂志的唯一撰稿人。在寒假的3天时间内，他创作出了8期完整的内容。

空间视觉智力（涉及空间构型的技能，如艺术家和建筑家所使用的技能）。样例如下。

环绕着加罗林（Caroline）群岛航行……没有任何仪器可以使用……在实际的航行中，每当在特定的星空下通过一个岛屿时，领航者的脑海中就必须出现一幅地图，在图上计算已经走完了多少旅程，还剩下多少旅程，并且在脑海中对方向及时进行纠正。

图 5-9 加德纳的八种智力类型

加德纳提出的理论认为，智力有八种不同的类型，每一种都是相对独立的。

资料来源：Based on Walters & Gardner, 1986.

基础过程（Floyd，2005）。

有关问题解决过程的性质和速度的研究表明，那些有着较高智力水平的人与其他人在解决问题的数量和使用的方法上都存在差异。IQ分数较高的人把更多的时间花在问题解决的初期阶段，即从记忆中提取相关的信息。与之相反的是，IQ分数较低的人则往往跳过这一环节，进行一些没有根据的猜想。因此，问题解决中所涉及的过程可能反映了智力的重要差异（Sternberg，2005）。

斯腾伯格关于智力的信息加工理论的一系列工作促使他发展出**智力三元论**（triarchic theory of intelligence）。在这个模型中，智力由信息加工的三个方面构成：成分要素、经验要素和情境要素。成分要素反映了人们加工和分析信息的有效程度。这个方面的有效性使得人们能够推理出一个问题的不同部分之间的关系，解决问题，然后评估解决方案。在成分要素上具有优势的人，在传统的智力测验中得分最高（Sternberg，2005；Ekinci，2014；Sternberg，2016）。

经验要素是智力中涉及洞察力的成分。在经验要素上具有优势的人能够轻易地把新材料与他们已知的材料进行比较，并能以新颖和创造性的方式把已知的事实结合并联系起来。最后，智力的情境要素涉及实践智力，或者说是处理日常生活问题的方式。

根据斯腾伯格的观点，人们在不同程度上具备这三种要素。每个人在智力的这三种要素所涉及的能力上都具有自己的特定模式。我们完成某项特定任务的优异程度，反映了任务与个体这种特定模式相吻合的程度（Sternberg，2003b，2008）。

IQ 的群体差异

"jontry" 是_____的一种。

a）rulpow

b）flink

c）spudge

d）bakwoe

如果你在一项智力测验中发现了类似上述由无意义单词组成的题目，你可能会开始抱怨。哪种智力测验会采用由无意义的术语组成的题目呢？

然而对某些人来说，传统智力测验的题目可能几乎就是无意义的。举一个假设的例子，试想农村地区的儿童被问及有关地铁的一些细节，而城市地区的儿童被问及有关羊交配过程的问题。在这两种情况下，我们都将预期受试者的先前经验会对他们回答问题的能力具有重大影响。在智力测验中，这种题目更应该被看作一个关于先前经验而不是关于智力的测量。

尽管传统智力测验并不是如此明显地依赖于受试者的先前经验，但是文化背景和经验仍会影响测验分数。事实上，许多教育家认为，与其他文化群体相比，传统的智力测验稍有利于白人、中上层社会阶层的学生（Ortiz & Dynda，2005；Dale et al.，2014）。

解释 IQ 的种族差异。 研究者们在文化背景和经验如何影响智力测验分数这一问题上存在很大争议。争论源于某些种族群体的平均 IQ 分数总是低于其他种族群体的平均 IQ 分数。例如，非裔美国人的平均得分大约比白人低 15 分，尽管测出的差异会随着所采用的智力测验的不同而大幅波动（Fish，2001；Maller，2003；Morin & Midlarsky，2017）。

这些差异所引发的问题就是它们究竟反映的是智力上的差异，还是智力测验造成的偏差。例如，如果白人在智力测验中的表现优于非裔美国人，是因为他们更熟悉测验题目所使用的语言，那么我们就很难认为该测验公平地测量了非裔美国人的智力。类似地，一个只使用非裔美国人本土英语的智力测验，也是不能公正地测量白人智力的。

如何解释不同文化群体在智力测验分数上的差异，是儿童发展中主要争论的问题之一：智力在多大程度上是由遗传决定的，多大程度上是由环境决定的？这一问题的社会意义说明了其重要性。如果智力主要是由遗传决定的，并因此在个体出生时就大体定型，那么试图改变认知能力的一些尝试，如学校教育，其成功的可能性就十分有限。如果智力主要是由环境决定，那么改变社会和教育状况就将是一个更有希望提高认知功能的途径（Weiss，2003；Nisbett et al.，2012）。

钟形曲线争论。 虽然关于遗传和环境对智力影响的研究已经进行了几十年，但是先前不温不火的争论随着理查德·赫恩斯坦（Richard J. Herrnstein）和查尔斯·穆雷（Charles Murray）（1994）所著的《钟形曲线》（*The Bell Curve*）一书的出版而愈演愈烈。他们认为白人和非裔美国人平均 15 分的智力差异主要是由遗传造成的。他们还认为这种差异解释了少数族裔群体较高的贫困率、较低的就业率，以及较多接受福利的现象。

他们得出的结论遭到了暴风雨般的抗议，而且许多研究者考察书中报告的数据时都得出了非常不同的结论。大多数发展学家和心理学家认为，智力测验中的种族差异可以用环境差异来解释。事实上，在统计上同时考虑多个经济指标和社会因素时，黑人与白人儿童的平均 IQ 分数就非常接近了。例如，来自相似的中产阶级家庭背景的儿童，无论是非裔美国人还是白人，其 IQ 分数都是非常相似的（Alderfer，2003；Nisbett，2005）。

进一步地，批评者坚持认为没有证据表明智力是导致贫困和其他社会问题的原因。事实上，一些批评者认为，正如之前提到的，个体的 IQ 分数与之后的成功并不相关（Reifman，2000；Nisbett，2005；Sternberg，2005）。

智商是否存在种族差异具有高度的争议性，这一问题最终关系到智力由遗传因素决定还是由环境因素决定。

此外，由于测验本身具有偏差，文化和社会中少数族裔成员的 IQ 分数可能低于主流社会成员。因此，传统的智力测验可能会歧视那些没有体验过主流社会成员所处环境的少数族裔成员（Fagan & Holland，2007；Razani et al.，2007）。

大多数传统的智力测验问卷是通过招募说英语的白人中产阶级被试而被制作出来的。所以，来自其他不同背景的儿童可能在这些测验中表现得较差。这并不是因为他们不聪明，而是因为测验中的问题具有文化偏差，有利于主流群体。在加利福尼亚州学区的一个经典研究发现，墨西哥裔美国学生被安排到特殊教育班级的可能性是白人学生的 10 倍（Mercer，1973；Hatton，2002；U.S. Department of Education，2016）。

更多近来的研究表明，全美被认为患有轻度智力障碍的非裔美国学生是白人学生的 2 倍，这种差异主要源于文化偏见和贫穷。尽管某些智力测验，如多文化多元评估系统（Multicultural Pluralistic Assessment，SOMPA）被设计成不受文化背景影响的有效测验，但没有测验是完全公正的（Hatton，2002；Hagmann-von Arx，Lemola，& Grob，2018）。

大多数专家都不相信《钟形曲线》的观点，即认为群体间 IQ 分数的差异主要由遗传因素决定。然而我们仍然无法解决这个问题，因为我们不可能设计出一个能够确定不同群体成员之间 IQ 分数差异原因的决定性实验。（想一想为什么无法设计一个这样的实验：从伦理上来说，我们不可能把儿童分配到不同的居住环境以考察环境的作用，也不可能从遗传上来控制或是改变未出生儿童的智力水平。）

如今，IQ 被视为遗传和环境两者以复杂的方式共同作用的产物。人们认为基因会影响经验，而经验会影响基因的表达。心理学家埃里克·特克海默（Eric Turkheimer）已发现有证据显示，环境因素会更多地影响贫困儿童的智商，基因会更多地影响富足儿童的智商（Harden，Turkheimer，& Loehlin，2007；Turkheimer et al.，2017）。

最终，提高儿童的居住环境和教育经验，比确定智力由遗传和环境所决定的绝对程度更为重要。丰富儿童的生活环境，能够更好地让所有儿童充分发挥潜能，最大限度地为社会作贡献（Posthuma & de Geus，2006；Nisbett et al.，2012）。

低于和高于智力常模：智力障碍和智力超常

尽管在幼儿园时 Connie 与她的伙伴能够保持同步，但到一年级时，她几乎在所有科目中都是学习最慢的一个。她很努力，但是她需要比其他学生花费更长的时间理解新的材料，并且她一般需要特殊辅导，才能跟上班里的其他同学。

然而她在某些领域却做得很出色：当老师要求画画或动手做一些东西时，她的表现超过了班里的其他同学。她那漂亮的作品非常令人羡慕。虽然班上的其他同学感到 Connie 有些不同，但他们并不能确定这种差异的来源是什么，并且事实上他们也没有花太多时间来思考这个问题。

然而，Connie 的父母和老师却知道是什么让她与众不同。幼儿园时期进行的大量测验显示，Connie 的智力远远低于正常水平，并且她被正式归为有特殊需要的儿童。

如果 Connie 在 1975 年之前上学，一旦她被确认出智商较低，就很可能被安置到特殊需要的班级中。这样的班级通常由具有不同问题的学生组成，他们的问题包括情绪问题、严重的阅读障碍以及诸如多发性硬化之类的身体能力丧失，还有低 IQ 等，这种班级通常是脱离常规教育进程的。

1975 年，当美国国会通过了《全体残障儿童教育法案》（Education for All Handicapped Children Act，即 94–142 号公法）时，一切都发生了变化。该法案旨在——其目标在很大程度上已经实现了——确保有特殊需要的儿童在**最少限制的环境**（least restrictive environment）中接受全部教育，即教育环境最大限度地相似于那些没有特殊需要的儿童（Rozalski, Stewart, & Miller, 2010; IDEA, 2018）。

实际上，这项法案已经使得具有特殊需要的儿童能够最大限度地融入常规课堂和常规活动中，只要能保证这样做是对教育有益的。只有在学习那些由于他们的存在而特别受影响的课程时，才将有特殊需要的儿童从常规课堂中分离出来；而在上所有其他课程时，则安排他们在常规课堂里学习。当然，那些严重残障的儿童仍然在大部分时间或全部时间里都需要进行单独的教育。但是，这项法案使得特殊儿童和典型发展的儿童能够最大限度地融合在一起（Yell, 2019）。

这种旨在尽可能避免把特殊学生分离出来的特殊教育方法，称为回归主流。**回归主流**（mainstreaming）使特殊儿童可以最大限度地融入传统教育体系中，并提供十分宽泛的教育选择（Belkin, 2004; Crosland & Dunlap, 2012）。

一些专家提出了另一种被称为"全纳"的教育模型。全纳（full inclusion）是指使所有学生都融入常规课堂中，那些有严重缺陷的学生也不例外。这样一来，分离性的特殊教育课程将停止运行。全纳是存在争议的，这种做法是否能够推广还需拭目以待（Mangiatordi, 2012; Greenstein, 2016; Bešić et al., 2017）。

不论是采取回归主流还是全纳的教育模式，智商显著超出正常范围的儿童对教育工作者而言，都是一种挑战。接下来我们将谈谈智商低于常模和高于常模的儿童。

低于常模：智力障碍。大约有 1%～3% 的学龄儿童被认为存在智力障碍问题。智力障碍之前被称作精神发育迟滞，其评估方式存在很大的差异，即使是最被广泛接受的定义也还有很多尚待解释的地方。根据美国精神发育迟缓协会的观点，**智力障碍**（intellectual disability）是一种能力丧失，其特征是包括日常的社会性和实践性技巧的智力功能和适应性行为存在局限性（American Association on Intellectual and Developmental Disabilities, 2012）。

大多数智力障碍的案例都被归类为家族性智力障碍（familial intellectual disability），因为对于这些案例来说，没有比具有智力障碍家族史更为明显的病因了。在其他的一些案例中，我们可以找到明确的生物学病因。最为常见的生物学病因是胎儿酒精综合征（fetal alcohol syndrome），是母亲在怀孕期间摄入酒精而造成的，以及由于多了一条染色体而导致的唐氏综合征（Down syndrome）。出生时的并发症，如暂时缺氧，也可能导致智力障碍（Plomin, 2005; Manning & Hoyme, 2007）。

这个患有唐氏综合征的女孩通过回归主流进入这个课堂。

虽然认知上的局限可以采用标准的智力测验进行测量，但要测量其他方面的发展局限则较为困难。这就导致了不能精确地使用"智力障碍"这一术语。这也意味着那些被归为智力障碍的人，其能力上会存在很大差异。有些智力障碍者不需要被特殊关注，就能够学会工作和正常生活；而有些则基本上无法训练，还有些根本不会说话，或无法发展出类似爬行和行走这样的基本运动技能。

大多数（约占 90%）智力障碍个体缺陷的程度相对较低。智力测验分数处于 50/55 ～ 70 之间的智力障碍者，属于**轻度智力障碍**（mild intellectual disability）。尽管他们的早期发展通常慢于平均水平，但他们的迟滞可能在其入学前还未被识别出来。一旦他们步入学校，他们的迟滞和对特殊关注的需要就会变得明显，就像我们开始所描述的一年级学生 Connie 一样。通过合适的训练，这些学生能够达到三至六年级的教育水平。尽管他们不能完成复杂的智力任务，他们却可以成功地独立拥有并胜任一份工作。

对受损程度更高的精神发育迟滞者来说，智力和适应性方面的缺陷变得愈加明显。智商分数处于 35/40 ～ 50/55 之间的个体被归为**中度智力障碍**（moderate intellectual disability）。中度智力障碍的人占智力障碍总人数的 5% ～ 10%，他们在生活的早期就不同于典型发展的个体；换句话说，他们发展语言和运动技能的速度较慢。常规教育几乎不能有效地教授中度智力障碍者，使他们获得一些学业技能，因为他们一般都不能跨越二年级的水平。但他们仍然能学会一些职业性和社会性技能，并学会独自去熟悉的地方。一般来说，他们需要中等程度的监护。

对那些**重度智力障碍**（severe intellectual disability）（智商分数为 20/25 ～ 35/40）和**极重度智力障碍**（profound intellectual disability）（智商分数低于 20/25）的个体而言，他们的功能严重受损。这些人一般都几乎或完全没有言语能力，他们的运动控制能力也很差，并且可能需要 24 小时的看护。同时，也有一些重度智力障碍者能够学会基本的自理技能，如穿衣服和吃饭，他们还可能在某些时候作为成人独立地生活。然而，他们一生中仍需要相对高水平的看护，而且大多数的重度和极重度智力障碍者都在专门的机构里度过其一生的大部分时间。

高于常模：资优儿童

Amy 在 3 岁开始读书。在 5 岁的时候，她已经开始写自己的书了。进入一年级后，不到一周她就开始感到无聊。因为她的学校没有为天才儿童而设置的课程，于是她采取了他人建议跳级到二年级。很快，她又从二年级跳到了五年级。她的父母非常自豪也有所担忧。但是，当他们询问 Amy 五年级的老师 Amy 是否适应五年级的学习时，老师却说 Amy 可以进入高中了。

资优儿童被看成是另一类例外，这有时会让人感到奇怪。不过，3% ～ 5% 的这类儿童面临着他们自身的特殊挑战。

目前还没有对**资优**（gifted and talented）儿童进行正式的界定。但是，美国联邦政府认为"天才"这个术语包括"在如智力、创造性、艺术性、领导能力或特定学业领域中表现非凡以及为了充分发挥能力而需要学校提供特定而非常规的服务和活动"的儿童（Ninety-Seventh Congress, 1981）。除了智力超常之外，这个概念还涉及非学业领域的非凡潜能。尽管当学校体系面临预算问题时，针对资优儿童的教育项目通常是第一个被取消的，但资优儿童和低智商学生一样，同样需要特殊关注（Schemo, 2004；Mendoza, 2006；

Olszewski-Kubilius & Thomson, 2013）。

尽管对资优儿童的刻板印象通常是"不善交际的""适应性差的""神经过敏的"，但研究却显示高智商的人往往是友善的、适应性强的，并且是受欢迎的（Bracken & Brown, 2006；Shaunessy et al., 2006；Cross et al., 2008）。

例如，一项始于 20 世纪 20 年代的具有里程碑意义的长期研究，考察了 1 500 名天才学生，结果发现天才学生比智力低于自己的同学更加健康、更具协调性、心理适应性更强。此外，他们比一般人得到更多的奖赏和声望，赚的钱更多，在艺术和文学上做出的贡献也更多。在他们 40 岁时，总共已写出 90 多本书、375 个剧本和短篇小说，以及 2 000 篇文章，并且他们已经注册了 200 多项专利。与非天才学生相比，他们更满意自己的生活，这也是不足为奇的（Reis & Renzulli, 2004；Duggan & Friedman, 2014）。

然而，资质聪颖并不能确保在学校中获得成功。例如，言语能力既能让人表达自己的观点和感受，同样也能让人夸夸其谈或者将可能不正确的观点说得头头是道。此外，教师有时会曲解天才儿童的幽默、新颖性以及创造性，并认为他们的智力优势是具有扰乱性的和不适当的。同伴也可能对天才儿童表现出冷漠；因此，一些非常聪明的儿童会为了和他人融洽地相处而试图隐藏他们的非凡智力（Swiatek, 2002）。

教育工作者提出了两种教育资优儿童的方法：加速和丰富。**加速**（acceleration）的方法允许天才学生按照自己的速度向前发展，即使这意味着他们会跳级。加速计划的教材并不总是和一般教材不同；资优学生可能只是需要以比普通学生更快的速度学习（Wells, Lohman, & Marron, 2009；Wood et al., 2010；Lee, Olszewski-Kubilius, & Thomson, 2012）。

另一种方法是**丰富**（enrichment）。通过这一方法，学生仍然处于规定的年级水平，但会接受特殊的计划和个别化的活动，从而进行更深入的学习。在这种方法中，教材不仅在时间的安排上有所不同，而且在难易程度上也存在差异。因此，丰富法涉及的教材旨在为天才儿童提供智力上的挑战，鼓励他们进行更高层次的思考（Worrell, Szarko, & Gabelko, 2001；Rotigel, 2003）。

回顾、检测和应用

回顾

7. 概述说明儿童中期认知发展的主要理论。

皮亚杰认为学龄儿童处于具体运算阶段，而信息加工理论则关注儿童记忆容量的增加以及他们所使用的心理程序的复杂性。维果茨基认为学龄儿童在学习中应当有机会进行实验和实践，并与同伴进行积极的互动。

8. 概述儿童中期的语言发展并解释双语带来的认知优势。

随着语言的发展，词汇、语法和语用知识不断增加，元语言意识不断增强，语言也成为一种自我控制的手段。双语学生倾向于表现出更强的元语言意识，更明确地掌握语言规则，并且其认知的成熟度更高。

9. 描述阅读发展的五个阶段，并比较各种教学方法。

阶段 0（从出生到一年级）：在这段时间里，孩子们可以学习字母名称和再认一些熟悉的单词。阶段 1：真正的阅读，主要是让孩子们完成字母名称及其读音的学习。阶段 2：孩子们学习流畅地大声朗读。阶段 3：阅读成为达到目的的一种手段、一种学习的方式。阶段 4：孩子们能够阅读和加工反映多种观点的信息。越来越多的证据显示，基于编码的方法相较于整体语言法的教育方式在阅读教学中更成功。

10. 概述美国教育所呈现出的各种趋势。

近几十年来，美国的学校开始重新倡导传统的教育模式。大多数教育工作者认为，学校应该帮助少数族裔儿童发展双文化认同，使得儿童的原初文化认同得到支持，同时也让儿童融入主流文化之中。在美国和许多其他国家，接受教育是一项法定的权利。但是，全世界仍有数百万儿童甚至没有接受过初等教育。

11. 对照比较测量智力的不同方法。

传统上把智力的测量看成是对那些能够促进学业成功的能力的测量。这些被用于测量智力的测验包括韦氏儿童智力量表（第 5 版）（Wechsler Intelligence Scale for Children，Fifth Edition；WISC-V），考夫曼儿童成套评估测验（第 2 版）（Kaufman Assessment Battery for Children，Second Edition；KABC-II）。近期的智力理论认为，可能存在着一些独特的智力或一些智力成分，它们反映了不同的信息加工方式。

12. 概述在儿童中期教育智力障碍和智力超常儿童的各种途径和方法。

根据法律规定，具有特殊需要的儿童必须在最少受限制环境下接受教育。这导致了回归主流，即尽可能将这些儿童整合进常规的教育系统中。资优儿童的需要通常通过加速和丰富两种方式来解决。

自我检测

1. 维果茨基提出，当儿童在他们的_____内接受信息时，将会实现认知方面的提升。

a. 逻辑区　　　　　　　　b. 最近发展区
c. 元记忆区　　　　　　　d. 控制策略区

2. 根据_____的阅读方法，教授阅读时应该传授阅读需要的基本技能，比如教授儿童字母拼读法以及字母和单词是怎样构成词汇的。

a. 整体语言法　　　　　　b. 语言学
c. 基于编码的　　　　　　d. 动态法

3. 根据斯腾伯格的智力三元论，信息加工的三个方面是_____。

a. 情境的、参照的和晶体化
b. 发展的、成分的和结构的
c. 经验的、实验的和判断的
d. 成分的、经验的和情境的

4. 对于那些智力低于正常水平的儿童来说，《全体残障儿童教育法案》认为这些儿童应该在一个_____的环境中接受教育。

a. 独立但平等　　　　　　b. 最多限制
c. 最少限制　　　　　　　d. 需求导向型

应用于毕生发展

流体智力和晶体智力是如何相互作用的？它们当中的哪一个更容易受到遗传的影响，而哪个更容易受到环境的影响？为什么？

5.3　儿童中期的社会性和人格发展

当 9 岁的 Matt 的父亲升职后，他的家人从堪萨斯州的托皮卡搬到罗得岛州的普罗维登斯时，Matt 既兴奋又害怕。搬到一个新地方是令人兴奋的。但 Matt 在他的老家是一个安静、谦逊的四年级学生，只有一小群朋友。到新的地方读五年级，他会适应得怎么样？

事实证明，他适应得不是很好。他害羞的举止妨碍了他结交新朋友。午餐时间，Matt 没有和其他孩子坐在一起，而是独自坐着看书。"他们早就互相认识了，结交朋友非常困难。"Matt 悲叹道，"我就是不适应。"

Matt 的地方口音和矮小的身材无疑是雪上加霜。没过多久，同学们就开始嘲笑他的演讲，在走廊上绊倒他。他的储物柜被撬了很多次，Matt 放弃继续使用它，随身带着他的书。老师们或是不在意，或更有可能是没有注意到，毕竟欺凌很少发生在他们面前。最令 Matt 恐惧的是他的父母可能会发现这一切并对他失望。他不想让他们知道他让自己成为受害者。

发展自我

Karla 舒舒服服地坐在她郊区家后院的一棵高大的苹果树上建造的树屋里。9 岁的时候，她刚刚完成了最新的作品，把几块木头钉在一起，熟练地挥舞着锤子。她和她的父亲在她 5 岁的时候就开始建造树屋，从那以后她就一直在给树屋做小的扩建。在这一点上，她对树屋产生了一种明显的自豪感，她在树屋里待了几个小时，享受着树屋为她提供的私密感。

这一片段反映出了 Karla 逐渐增长的能力感。Karla 对自己成果的自豪感反映了儿童看待他们自己方式的发展，并且传达出心理学家埃里克森所提出的"勤奋"的含义。

不同的镜子：儿童看待自己方式的变化

对于"我是谁"这个问题，学前期的孩子可能会回答说："就我的年龄来说，我很高，而且我能跑得很快。"由于儿童中期儿童的认知能力的迅速提高，同样的孩子到 10 岁时可能会回答说："我很有趣，很善良，并且擅长弹钢琴。"孩子们也开始反思自己的性格和能力，以进行自我判断和评价。

儿童中期的心理社会性发展：勤奋对自卑。根据埃里克森的观点，儿童中期的发展大多是围绕能力展开的。**勤奋对自卑阶段**（industry-versus-inferiority stage）大约从 6 岁持续到 12 岁，其特征是儿童为了应对由父母、同伴、学校以及复杂的现代社会提出的挑战而付出努力。

在这一时期，儿童把精力集中到掌握学校所要求学习的大量知识，并努力找到自己在社会中的位置。成功地通过这一阶段会使儿童像 Karla 谈论建造经历时那样，拥有一种掌握感和逐渐增长的能力感。另外，在这一阶段的困难会使儿童产生一种失败感和不能胜任感。因此，儿童就可能会在寻求学业和同伴交往中退缩，表现出较低的兴趣和取胜动机。

根据埃里克森的观点，儿童中期是应对勤奋与自卑之间矛盾的阶段，其特征是专注于应对外界提出的挑战。

像 Karla 这样的孩子在这个时期所获得的勤奋感具有持久的影响力。一项旨在考察儿童期勤奋、努力学习与成年期行为关系的研究，对 450 名男性从童年早期开始进行了长达 35 年的追踪（Vaillant & Vaillant，1981）。童年期最勤奋、最努力学习的男性成年后在职业和个人生活方面也是最成功的。事实上，与智力和家庭背景相比，童年期勤奋与成年期成功之间具有更为密切的关系。

理解自我："我是谁"的新答案。在儿童中期，儿童会找寻"我是谁"的答案。尽管这个问题不如青少年期表现得那么急迫，但学龄儿童也试图找寻自己在社会中的位置。

前面所讨论的认知能力的提高，有助于儿童的自我理解。他们开始更少地从外部的和身体的属性来看待自己，更多地从心理特质来看待自己（Aronson & Bialostok, 2016; Thomaes, Brummelman, & Sedikides, 2017）。

例如，6岁的Carey把自己描述为"跑得很快，擅长画画"，这些特征都依赖于外部活动所涉及的运动技能。相反，11岁的Meiping把自己描述为"相当聪明、友好、乐于助人"。由于认知能力的逐渐提高，Meiping对自身的看法倾向于以心理特性（抽象的内部特质）为基础。

儿童关于自己是谁的观点也变得越来越复杂。根据埃里克森的观点，儿童正在努力寻找自己能够成功地实现"勤奋"的领域。当他们长大一些，儿童便会发现自己的强项和弱项。例如，10岁的Ginny开始知道自己数学很棒，却不擅长拼写；11岁的Alberto认为自己很会打垒球，却没有很好的体力踢足球。

儿童的自我概念开始区分出个人和学业两个部分。儿童会在四个主要领域对自己做出评价，而每个领域又可以进一步细分。例如，非学业自我概念包括外表、同伴关系和身体能力，而学业自我概念也有类似的划分。关于学生在英语、数学和非学业领域的自我概念的研究表明，虽然这些不同的自我概念之间有重叠，但它们之间并不总是相关的。例如，一个自认为数学很棒的儿童不一定会觉得自己也擅长英语（Marsh & Hau, 2003; Ehm et al., 2013; Lohbeck, Tietjens, & Bund, 2016）。

自尊：发展积极或消极的自我概念。儿童并不会冷静地用一系列生理和心理特征来看待自己。相反，他们会以特定的方式来判断自己是好还是不好。**自尊**（self-esteem）是指个体在整体上和特定方面对自我的积极和消极评价。相较于反映有关自我信念和认知的自我概念（如"我擅长吹小号""我的社会科学学得不太好"）来说，自尊有更多的情绪导向（如"每个人都认为我是个书呆子"）（Bracken & Lamprecht, 2003;

Mruk, 2013）。

儿童中期的自尊以重要的方式发展着。如前所述，这一时期的儿童越来越多地将自己与他人进行比较，以评估自己在多大程度上符合社会标准。他们也逐渐发展出一套成功的内在标准，从而衡量自己与他人相比有多成功。与自我概念一样，儿童中期的一大进展是自尊开始逐渐分化。大多数7岁儿童的自尊反映了他们对自己总体上的、相当简单的看法。总体上积极的自尊，会使他们认为自己擅长一切事情。如果总体上自尊是消极的，他们就会感到自己不能胜任绝大多数事情（Lerner et al., 2005; Coelho, Marchante, & Jimerson, 2016）。

然而，当儿童进入儿童中期后，他们的自尊会在某些领域上较高，而在另一些领域较低。例如，男孩的总体自尊可能由某些领域的积极自尊（如他感到自己很有艺术才能）和其他领域比较消极的自尊（如他对自己的运动技能感到不满意）组合而成。

自尊的变化和稳定性。一般来说，在儿童中期总体自尊一般较高，但是到12岁时便开始下降。尽管对于这种下降有多种可能的解释，但一个主要的原因似乎是从小学升到初中通常发生在这个年龄段：研究表明，儿童在小学毕业升初中时，表现出自尊的下降，随后又逐渐回升（Robins & Trzesniewski, 2005; Poorthuis et al., 2014）。

然而，一些儿童长期处于低自尊水平。这些儿童面临着一条坎坷的道路，部分原因在于低自尊会让他们陷入一种失败的恶性循环，难以打破。例如，学生Harry的自尊一直很低，他正面临一场重要的考试。由于他的自尊低，他预期自己会考砸。因此，他非常焦虑，以致不能集中精力有效地学习。他也不大可能会努力地学习，因为他认为既然无论怎样都会考砸，又何必再下功夫。

Harry的高焦虑和不努力自然造成了他所预期的结果：这次测验他考得很糟糕。这种失败验证了Harry的预期，强化了他的低自尊，并且使得失败的恶性循环持续下去。

高自尊的学生会进入成功的良性循环。更高的预期会使他们更加努力且更少焦虑，从而增加了成功的可能性。这又反过来强化了开启成功循环的高自尊。

从一个教育工作者的视角看问题

为了帮助那些由于低自尊而失败的儿童，教师能够做些什么，怎样才能打破这种失败的恶性循环？

父母可以通过提高孩子的自尊来打破这种失败的循环。最好的办法是采用第4章中讨论的权威型教养风格。权威型的父母让孩子感到温暖，并为他们提供情感上的支持，但是会对孩子的行为进行明确的限制。其他类型的教养风格则对自尊有消极影响。高惩罚和高控制的父母会传递给孩子这样的信息，即他们是不值得信赖的，没有能力做出正确的决定，而这将会削弱儿童的能力感。溺爱型的父母，不论孩子的实际表现如何，都会不加区分地给以赞扬和强化，这样会使孩子形成错误的自尊感，而这种错误的自尊感可能是有害的（Taylor et al., 2012；Raboteg-Saric & Sakic, 2013；Harris et al., 2015）。

种族和自尊。如果你所在的种族群体时常遭受偏见和歧视，那么你的自尊也会受到影响。早期研究证实了这一假设，非裔美国人的自尊低于白人。几十年前的一系列开创性的研究发现，面对黑人洋娃娃和白人洋娃娃，非裔美国儿童更偏爱白人洋娃娃（Clark & Clark, 1947）。从该研究结果可以看出：非裔美国儿童的自尊较低。

然而，更多近期的研究表明这些假定有些言过其实。实际情况是更为复杂的。例如，尽管最初白人儿童的自尊较高，但是到了11岁左右，黑人儿童的自尊会略高于白人儿童。这种转变的出现是因为，非裔美国儿童获得了更多的种族认同感，发展出更为复杂的种族认同观点，并且越来越多地看到自己种族的积极方面（Zeiders, Umaña-Taylor, & Derlan, 2013；Sprecher, Brooks, & Avogo, 2013；Davis et al., 2017）。

西班牙裔儿童的自尊在儿童中期的后期也有所提高，尽管在青少年期他们的自尊仍然低于白人儿童。相反，亚裔美国儿童则表现出相反的模式：在小学时期，他们的自尊高于黑人和白人，到儿童中期的后期却低于白人

（Verkuyten, 2008；Kapke, Gerdis, & Lawton, 2017）。

在几十年前进行的开创性研究中，非裔美国女孩对白人洋娃娃的偏爱被看作低自尊的表现。然而近来的证据表明，白人儿童和非裔美国儿童的自尊几乎不存在差异。

社会认同理论（social identity theory）为自尊与少数族裔群体的地位之间的复杂关系提供了一种解释。根据这一理论，当少数族裔群体的成员认为基本没有可能改变群体间在权力和地位上差异时，他们更有可能接受主流社会群体的消极观点；如果少数族裔群体的成员认为能够减少偏见和歧视，并将这种偏见归咎于社会而非自己，那么他们和主流社会成员在自尊上就不应该存在差异（Tajfel & Turner, 2004；Thompson, Briggs-King, & LaTouche-Howard, 2012）。

事实上，随着少数族裔群体成员的群体自豪感和种族意识不断增强，不同族裔成员间的自尊差异已经有所缩小。人们逐渐意识到多元文化的重要性，这可能说明了族裔间自尊差异缩小的原因（Lee, 2005；Tatum, 2017）（关于多元文化主义的另一个方面，见"文化维度"专栏）。

文化维度

移民家庭中的孩子能够很好地适应吗

美国移民数量在过去的30年里显著增长。移民家庭中的儿童占美国儿童的25%。移民家庭中的儿童是整个国

家儿童数量快速增长的部分（Hernandez et al.，2008）。

这些移民家庭的儿童发展得很好，他们在某些方面的发展甚至超过了其非移民的同伴。例如，与父母均为美国本土人的儿童相比，移民儿童在学校中具有同等或是更好的成绩。在心理发展方面，尽管移民儿童报告自己感到不太受欢迎，不太能对自己的生活进行掌控，但他们还是适得很好，表现出与非移民儿童相似的自尊水平（Kao，2000；Driscoll，Russell，& Crockett，2008；Jung & Zhang，2016）。

另一方面，许多移民儿童也面临着挑战。他们的父母通常所受教育有限，工作所获得的工资较低。相比于一般人群，他们的失业率总是更高。另外，父母的英语熟练度也很低。许多移民儿童缺少好的健康保障（Hernandez et al.，2008；Turney & Kao，2009）。

然而，即便是那些来自经济并不宽裕的移民家庭的儿童，与非移民儿童相比，也具有更强的成就动机，更看重教育。此外，许多移民儿童来自强调集体主义的社会，因此就可能认为自己对家庭负有更多的义务和责任，所以一定要获得成功。最后，移民儿童的祖国可能会赋予他们足够强的文化认同感，从而使得他们不采用那些不受欢迎的"美国式"的行为模式，如物质主义或自私（Fuligni & Yoshikawa，2003；Suárez-Orozco，Suárez-Orozco，& Todorova，2008）。

在儿童中期，美国的移民儿童似乎大多是发展良好

的。但是，到了青少年期和成年期，情况就不那么明朗了。例如，一些研究显示，这些儿童在青少年期会出现更高比例的肥胖（一个心理健康的关键指标）。而关于移民在毕生发展中是如何应对各种问题的研究，才刚刚开始（Fuligni & Fuligni，2008；Perreira & Ornelas，2011；Fuligni，2012）。

在美国，移民儿童往往都生活得不错，部分原因是他们当中的许多人都来自强调集体主义的国家，因此就可能认为自己对家庭负有更多的义务和责任，所以一定要获得成功。还有哪些文化差异促使了移民儿童获得成功？

道德发展

你的妻子由于患了一种不寻常的癌症，生命垂危。医生认为有一种药也许可以救她，就是邻近城市的一名科学家新近研制出来的某种形式的镭。但是这种药生产起来很贵，并且这个科学家的要价是该药生产成本的10倍。他花了1 000美元生产镭，而对很少的剂量就开价10 000美元。你找了所有认识的人借钱，但只借到了2 500美元，这才是所需总数的1/4。你告诉那名科学家你的妻子就快死了，并请求他把药便宜卖给你，或者允许你稍后再付钱。但是科学家却说："不行，我发现了这种药物，我是要用它挣钱的。"你在绝望中，想到闯进科学家的实验室为妻子偷药。你应该这样做吗？

根据发展心理学家劳伦斯·科尔伯格和他同事的观点，儿童对这个问题的回答揭示了他们的道德感和正义感的核心方面。他认为，人们对这类道德两难问题的反应，揭示了他们所处的道德发展阶段以及他们

认知发展水平方面的信息（Colby & Kohlberg，1987；Buon，Habib，& Frey，2017）。

科尔伯格认为，随着正义感的发展以及进行道德判断时推理方式的改变，人们会经历一系列的阶段。年幼的学龄儿童倾向于根据具体不变的规则（"偷东西就是错的"或"如果我偷东西，就会受到惩罚"）或者社会规则（"好人不偷东西"或"如果每个人都偷东西，那会是什么样"）进行思考。

然而，到青少年期时，个体能够达到较高的推理水平，通常达到了皮亚杰所说的形式运算阶段。他们能够理解抽象的、形式的道德原则，当遇到上述类似问题时，他们会考虑到更宽泛的道德问题和是非问题（"如果你遵从自己的良心做了正确的事情，那么偷药也是可以接受的"）。

科尔伯格认为道德发展会经历3个水平，并把它们进一步细分为6个阶段（见表5-1）。处于最低水平——前习俗道德（preconventional morality）（即阶段

1 和阶段 2）的人，会遵循以惩罚或奖励为基础的严格规则（例如，一个学生可能会这样评价这个道德两难故事：不值得去偷药，因为你可能会进监狱）。

在接下来的一个水平，习俗道德（conventional morality）（即阶段 3 和阶段 4）中，人们以负责任的社会好公民的身份来处理道德问题。某些人会反对偷药，是因为他们会为违反了社会规范而感到内疚。另一些人则会赞成偷药，因为如果什么都不做，他们会觉得难以面对他人。所有这些人的推理都处于习俗道德水平。

而处于后习俗道德（postconventional morality）（即

阶段 5 和阶段 6）的个体则会超越他们所处的特定社会中的规则，而考虑更为广泛的普遍道德原则。这些人会为没有偷药而谴责自己，因为他们违背了自己的道德原则。他们的推理处于后习俗道德水平。

科尔伯格的理论提出，人们会以固定的顺序通过这些阶段，并且由于青少年期之前认知发展的局限性，人们直到青少年期才能达到最高阶段（Kurtines & Gewirtz, 1987）。然而，并非所有人都会达到最高阶段：科尔伯格发现达到后习俗道德水平的人是相当少的。

尽管科尔伯格的理论为道德判断的发展提供了很

表 5-1 科尔伯格的道德推理序列

不同水平	阶段	道德推理样例	
		赞同偷窃	反对偷窃
水平 1 **前习俗道德** 处于这个水平的个体会从获得奖赏和避免惩罚的角度来考虑其具体的利益	**阶段 1** 服从和惩罚取向：在这一阶段，人们坚持规则是为了避免惩罚，为自己的利益而服从规定	"你不能让你的妻子死去。人们会谴责你没有做到最好，也会谴责那个科学家没有将药品低价卖给你。"	"你不应该偷药，因为你可能会被抓住并关进监狱。即使你没有被捉住，你的良心也会感到有罪，你将会总是担心警察可能会查出你到底做了什么。"
	阶段 2 奖赏取向：在这一阶段，人们为了自己的利益回报而遵守规则	"即使你被捉了，陪审团也会理解你的，并将会给你一个较轻的处罚。同时你的妻子还活着。如果在偷到药之前你就被发现了，你可能仅仅需要把药还回去就行了，并不会受到处罚。"	"你不应该偷药，因为你并不需要为妻子的癌症负责。如果你被捉了，妻子会死掉，而且你也会被送进监狱。"
水平 2 **习俗道德** 这个水平上，社会成员关系变得重要。人们会以一种能够得到他人认同的方式来表现自己的行为	**阶段 3** "好孩子"道德：人们想要赢得别人的尊重，并做出别人所期望的事情	"假如你偷的是用来救命的药，谁又能责怪你什么呢？但是如果你让你的妻子死掉了，那你在家人和邻居面前就再也抬不起头了。"	"如果你偷了药，所有的人都会像对待罪犯一样对待你，他们会想，为什么你不能想出其他的方法来挽救你妻子的性命。"
	阶段 4 权威和维持社会秩序的道德：在这个阶段，人们会认为只有社会本身才能定义什么是正确的，而不是个体自己。遵守社会规则本身就是正确的	"一个合格的丈夫应当对他的妻子负责。如果你想过一段光荣的生活，你就不应该让对结果的害怕阻挡住自己挽救妻子的做法。如果你想安然入睡，你就必须去挽救她。"	"你不应让对妻子的关心掩盖住自己的判断能力。从目前来看，偷药可能看起来是正确的，但是之后你就会因为违反了法律而生活在悔恨之中。"
水平 3 **后习俗道德** 这个水平上，人们认为确实存在一些道德原则或典范指导着我们的行为。这些原则或典范相对于特定的社会规则来说是更加重要的	**阶段 5** 契约的、个人权利的以及大众接受的法律性的道德：在这个阶段，人们对遵守社会认同的规则具有一种义务感。但是随着社会的发展，规则也需要不断地更新，以使得社会变化能够反映出潜在的社会原则	"如果你仅仅是遵守法律，你将会违背挽救妻子了生命的潜在原则。如果你真的偷了药，整个社会也会理解你的做法并尊重你。你不能让一项过时的法律来阻止你去做正确的事情。"	"规则代表了整个社会对行为的道德性的思考。你不应让这短时的情绪冲动干扰到更长久的社会规则判断。如果你偷了药，社会将会对你做出消极的评价，最后你也将失去自尊。"
	阶段 6 个人原则的和良心的道德：在这个阶段，人们将法律视为普遍道德原则的详细描述。个体必须在面对自己良心的同时对这些法律进行检验，而事实上良心尝试表达的却是一种对原则的天生的感觉	"如果你让妻子死去了，你可能遵守了法律字面上的要求，却违背了存在于自己良心内部的关于拯救生命的普遍原则。你将永远责备自己，因为你遵守的是一项并不完美的法律。"	"如果你成了一个小偷，你将受到自己良心的责备，因为你将会自己对道德问题的理解凌驾于法律的正当规则之上。这样你就背叛了自己的道德标准。"

资料来源：Based on Kohlberg, 1969.

好的解释，但它与道德行为之间的关系却相对较弱。不过，处于较高阶段的学生，在学校和社区中表现出反社会行为的可能性也较小。一项实验发现，当有机会时，处于后习俗道德水平的学生中有 15% 会做出欺骗行为，而处于更低水平的学生中有一半以上会做出欺骗行为。虽然处于较高道德水平的学生欺骗程度较低，但他们仍然欺骗了。很显然，知道什么是正确的并不等于就会那样做（Semerci，2006；Prohaska，2012；Wu & Liu，2014）。

由于科尔伯格的理论只是基于对西方文化的观察而得出的，所以也受到了批评。事实上，跨文化的研究发现，处在工业化程度较高、技术更为先进的文化中的个体，比非工业化国家的成员，能够更快地通过这些阶段。一个解释就是科尔伯格的高道德阶段是以涉及政府和社会机构（如警察局和法庭）的道德推理为基础的。在工业化程度较低的区域，道德可能更多的是基于人与人之间的关系。简言之，在不同的文化中，道德的性质可能是不同的，所以科尔伯格的理论更适合西方文化（Fu et al.，2007）。

另外，发展心理学家艾略特·图里尔（Elliot Turiel）认为科尔伯格并没有很好地区分道德推理与其他类型的推理。根据图里尔的观点，即道德领域理论，认为儿童能够区分社会领域的习俗推理和道德推理。在社会习俗推理中，焦点是由社会建立的规则，比如用叉子吃土豆泥或是吃饭后要求做某事。这样的规则大多是专断的。（如果一个儿童用汤勺吃土豆泥，那么有问题吗？）相对地，道德推理关注公平、正义、他人的权利以及避免伤害他人等方面。与社会习俗规则（目的是保证社会功能的稳定）相比，道德推理基于更加抽象化的公平概念（Turiel，2010）。

科尔伯格的理论还涉及一个更有争议的问题，就是它难以解释女孩的道德判断。由于最初的理论主要是基于男性的数据，因此有些研究者认为它能更好地描述男孩而非女孩的道德发展。这也能够解释一个惊奇的发现，即在以科尔伯格的阶段为基础的道德判断测验上，女性得分普遍低于男性。这一结果使得研究者们提出了关于女孩道德发展的不同观点。

心理学家卡罗尔·吉利根（Carol Gilligan）认为，社会对男孩和女孩的养育方式的不同，导致了男性和女性在看待道德行为上的基本差异。根据她的观点，男孩主要从大的原则角度（例如正义或公平）看待道德，而女孩则从对个体的责任以及是否愿意牺牲自我以帮助处于特定关系之中的特定个体的角度来看待道德。因此，与男性相比，对个体的同情在女性的道德行为中是一个更为突出的因素（Gilligan，2015）。

吉利根认为女性的道德发展经历了三个阶段的过程（见表 5-2）。在被称为"个体生存取向"的第一个阶段，女性首先关注对自己实际的、最有利的东西，然后逐渐从自私过渡到责任感，即思考什么对他人是最有利的。在被称为"自我牺牲的善良"的第二个阶段，女性开始认为必须牺牲自己的愿望以满足他人所需。

在理想情况下，女性会从"善良"过渡到"真实"，即这时她们也会考虑自己的需要。这种转变使她们到达第三阶段，即"非暴力的道德"，这时女性认识到伤害任何人都是不道德的，包括伤害她们自己。这种认识在女性的自我和他人之间建立起一种道德等价性，根据吉利根的观点，它代表着道德推理中最复杂的水平。

吉利根的阶段顺序明显不同于科尔伯格，一些发展心理学家认为，她对科尔伯格研究的反对意见过于彻底，性别差异并不像最初所想的那么大。例如，一些研究者指出，男性和女性在做道德判断时都会使用相似的"公正"和"关怀"取向。当然，关于男女性道德取

表 5-2　吉利根提出的女性道德发展的三个阶段

阶段	特征	例子
阶段 1 个体生存取向	最初关注的是什么是实际的、对自己最有利的。然后逐渐从自私过渡到责任感，即思考什么对他人是最有利的	一年级的女孩在和朋友玩耍时可能坚持只玩她自己选择的游戏
阶段 2 自我牺牲的善良	最初的观点是女人必须牺牲自己的愿望以满足他人所需，但逐渐从"善良"过渡到"真实"，即会同时考虑他人和自己的需要	现在这个女孩长大了，她可能认为作为一个好朋友，她也应该玩好朋友选择的游戏，即使她自己并不喜欢这些游戏
阶段 3 非暴力的道德	在他人和自己之间建立起道德等价性，伤害任何人，包括自己，都是不道德的。根据吉利根的观点，这是道德推理中最复杂的形式	这个女孩现在可能认识到，朋友一定会享受在一起的时间，并且找寻双方都喜欢的一些活动

资料来源：Gilligan，1982.

向的差异，以及道德发展的一般性质的问题仍有待解决（Tappan，2006；Donleavy，2008；Lapsley，2016）。

关系：儿童中期友谊的建立

在2号餐厅里，Jamillah和她的新同学正在慢慢地咀嚼三明治，安静地吸着纸盒里的牛奶。男孩和女孩们羞怯地望着餐桌对面的陌生面孔，寻找也许能跟他们一起在操场上玩的人，以及那些也许能成为朋友的人。

对这些孩子来说，操场上发生的事情和课堂发生的事情一样重要。当他们跑出去，到操场上时，没有人能保护他们。没有哪个孩子会保证自己不在游戏中失败；没有人能保证在技能考试中不丢脸；没有人能保证在打架时不受伤；没有人会去干涉或保证一群人带不带你玩。一旦到了操场上，要么被动沉寂，要么主动活跃。没有人会主动成为你的朋友（Kotre & Hall，1990，pp. 112-113）。

正如Jamillah和她的同学表现的那样，友谊在儿童中期起到了越来越重要的作用。建立和维持友谊关系成为儿童社会生活的一大部分。

朋友会以不同的方式影响着个体的发展。友谊为儿童提供了有关世界和自己的信息。朋友为儿童提供了情感支持，它能够使儿童更有效地应对压力。拥有朋友可以降低儿童成为被攻击对象的可能性。这能够教会儿童如何管理情绪以及帮助他们解释自身的情绪体验。友谊能够教会儿童如何与他人沟通和交往，还能通过增长儿童的经验来促进他们的智力发展（Gifford-Smith & Brownell，2003；Majors，2012；Lundby，2013）。

朋友和同伴在这一阶段对儿童的影响越来越大，但是父母和其他家庭成员对儿童来说仍然十分重要。大多数发展心理学家认为，儿童的心理功能和整体发展是多种因素共同作用的结果，其中包括同伴和父母（Parke，Simpkins，& McDowell，2002；Laghi et al.，2014）。（在本节的后面部分，我们将更多地探讨家庭的影响。）

友谊的阶段：朋友观的变化

在这一发展阶段，根据发展心理学家威廉·达蒙（William Damon）的观点，儿童关于友谊的概念经历

了三个不同的阶段（Damon & Hart，1988）。

阶段1：基于他人行为的友谊。在这一阶段，大概从4～7岁，儿童把朋友看成是那些喜欢自己的，能够分享玩具，和自己共同活动的他人。他们把那些和自己待在一起时间最长的人看作朋友。当问一名幼儿园的儿童"你怎么知道某个人是你最好的朋友"时，他可能会说他最好的朋友是那个跟他一起玩，并且喜欢他的人（Damon，1983；Erdley & Day，2017）。

但是，处于该阶段的儿童很少将他人的个人特点看作友谊的基础。相反，他们会使用具体方法，即主要根据他人的行为来选择朋友。他们喜欢那些可以共同分享的人，而不喜欢那些不愿意分享、会发生冲突或是不和他们一起玩的人。在第一阶段，朋友主要被看作能够为快乐地交往提供机会的人。

阶段2：基于信任的友谊。在接下来的这一阶段，儿童关于友谊的观点变得复杂。这一阶段大概从8岁持续至10岁，儿童会考虑他人的个人特点、特质以及他人可以提供的奖赏。但是，在第二阶段，友谊的核心是相互信任。朋友是指那些在需要时能够指望得上，并帮助自己的人。违背信任的后果是很严重的，友谊不再像小时候那样，仅仅通过一起高兴地玩耍而得到修复。相反，儿童所期望的是对方做出正式的解释和道歉，这样才能重建友谊。

相互信任被认为是儿童中期友谊的核心。

阶段3：基于心理亲密的友谊。友谊的第三个阶段开始于儿童中期末尾，即从11岁持续到15岁，这个时期儿童发展出的友谊观会一直持续到青少年期。尽管在本书的后面部分我们将对其细节进行讨论，但此时友谊的主要标准已经转向了亲密和忠诚。此时的

友谊以亲密感为特征，这通常是由分享个人的想法和感受所导致的。同时，儿童也会有些排外。在儿童中期末尾，他们会寻找那些忠诚的朋友，并且更多地从友谊所带来的心理上的益处，而不是共享的活动来看待友谊。

儿童也对朋友的哪些行为是自己喜欢的，哪些是不喜欢的，具有了清晰的认识。他们更喜欢那些邀请自己分享活动以及在身体和心理上对自己有所帮助的人。他们不喜欢那些与身体攻击和言语攻击有关的行为。

友谊的个体差异：什么使得儿童受欢迎？ 为什么有些儿童是校园里的活跃人物，而有些儿童却会被孤立，并且他们对同伴的友好举动也通常会遭到拒绝和鄙视呢？发展心理学家试图通过考察儿童在受欢迎程度上的个体差异来回答这一问题。

学龄儿童的地位：确立自己的位置。 儿童的友谊展现出清晰的地位等级。**地位**（status）是指群体中其他相关成员对角色或个体的评价。高地位的儿童拥有更多的机会获得各种资源，如游戏、玩具、书籍和信息；低地位的儿童更可能跟随着他们的领导者。地位可以通过一些方法进行测量。通常可以直接问儿童有多么喜欢或不喜欢某个同学，也可以问他们最（不）喜欢和谁一起玩耍或共同完成某个任务。

地位是友谊的一个重要决定因素。高地位的儿童容易与其他高地位的儿童交朋友，而低地位的儿童更可能与低地位儿童成为朋友。地位也与儿童拥有朋友的数量有关：高地位儿童比低地位儿童有更多的朋友。

不仅社会交往的数量能够将高地位儿童和低地位儿童区分开来，他们交往的性质也存在差异。高地位的儿童更可能被其他儿童当作朋友，更可能形成排外的、令人向往的小团体，并且与更多的儿童交往。低地位的儿童往往会与年幼的，或是受欢迎程度较低的儿童一起玩（McQuade et al.，2014；van den Berg et al.，2017）。

受欢迎程度反映了儿童的地位。处于中高地位的学龄儿童更可能发起并协调社会交往，这使其社会活动的总体水平高于低地位儿童（Erwin，1993；Shutts，2015）。

哪些个人特点导致个体受欢迎？ 受欢迎儿童有一些共同的人格特质。他们通常乐于助人，在合作项目中善于与他人合作。他们通常也比较风趣，并且能够欣赏他人的幽默感。与那些不太受欢迎的儿童相比，

他们能够更好地解读他人的非言语行为，并理解他人的情绪体验。他们还能更有效地控制自己的非言语行为，更好地表现自己。总之，受欢迎儿童具有很强的**社会能力**（social competence），即那些使得个体在社会环境中表现成功的各种社会技能的集合（Feldman，Tomasian，& Coats，1999；McQuade et al.，2016；Erdley & Day，2017）。

多种因素会导致儿童不受欢迎，被同伴所孤立。

虽然受欢迎的儿童一般都很友好、外向、乐于合作，但是有一类受欢迎的男孩（而非受欢迎的女孩）会表现出一系列的消极行为，包括攻击行为、破坏行为以及制造麻烦。虽然他们有这些不太好的行为，但还是很受欢迎，被同伴认为是很酷、很顽强的。他们受到欢迎，可能是因为在别人的眼里，他们敢于打破那些别人不得不遵循的规则（Woods，2009；Schonert-Reichl et al.，2012；Scharf，2014）。

社会问题解决能力。 与受欢迎程度有关的另一个因素，是儿童的社会问题解决能力。**社会问题解决**（social problem-solving）是指使用策略，以令双方都满意的方式来解决社会冲突。即便在最好的朋友之间，社会冲突也会经常发生，因此能够处理冲突的成功策略就成为获得社会成功的重要因素（Murphy & Eisenberg，2002；Siu & Shek，2010；Dereli-Iman，2013）。

根据发展心理学家肯尼思·道奇（Kenneth Dodge）的观点，成功的社会问题解决能力是一步步发展的，并且每一步都与儿童的信息加工策略相对应（见图 5-10）。道奇认为儿童在社会问题解决过程中的每个步骤上所做的选择，决定了他们解决社会问题的方式（Dodge & Price，1994；Dodge et al.，2003；Lansford et al.，2014）。

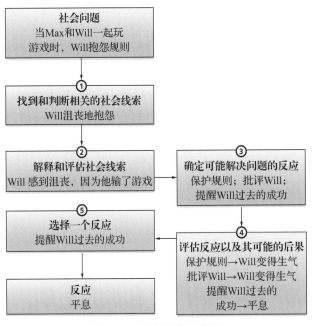

图 5-10 问题解决的步骤

儿童的问题解决能力会按照一定的步骤发展起来，这些步骤涉及不同的信息加工策略。

资料来源：Based on Dodge，1985.

通过详细描述每个阶段，道奇提供了一种方法来干预特定儿童的缺陷。例如，一些儿童经常会误解他人的行为（第2步），然后根据他们的错误理解做出反应。

一般来说，受欢迎的儿童能够更好地解释他人行为。他们也有更多样的处理社会问题的技巧。与其相反的是，不太受欢迎的儿童往往不能很好地理解他人的行为，因此他们的反应可能是不恰当的。他们处理社会问题的策略更为有限；有时甚至不知道如何道歉，或是帮助那些不开心的人调整心情（Rose & Asher，1999；Rinaldi，2002；Lahat et al.，2014）。

不太受欢迎的儿童可能成为习得性无助的受害者。因为他们不理解他们不受欢迎的根本原因，儿童可能感到他们极少或没有能力改善他们的环境。因此，他们可能只是简单地放弃，甚至不再尝试和他们的同伴在一起。反过来，他们的习得性无助变成了自我实现的预言，减少了他们在将来变得受欢迎的机会（Seligman，2007；Aujoulat，Luminet，& Deccache，2007；Altermatt & Broady，2009；Sorrenti et al.，2018）。

教授社会能力。可喜的是，不受欢迎的儿童是能够学习社会能力的。有一些计划旨在教授儿童学习技能，而这些技能似乎是一般社会能力的基础。在一个实验项目中，教一组不受欢迎的五年级和六年级儿童如何与朋友进行交谈。教他们如何表达和自己有关的内容，如何通过提问了解别人以及如何以友善的方式提供帮助和建议。

与另一组没有接受训练的儿童相比，实验组儿童能够与同伴进行更多的互动和交谈，发展出更高的自尊，最关键的是，他们比训练前更容易被同伴们接受（Asher & Rose，1997；Bierman，2004；Fransson et al.，2016）（想要获得更多关于儿童社会能力的信息，见"生活中的发展"专栏）。

生活中的发展

提高儿童的社会能力

在儿童的生活中，友谊的建立和维持显然是非常重要的。幸运的是，有一些父母和教师可以使用的策略，能够促进儿童的社会能力。

- **鼓励社会交往**。教师可以想方设法让儿童参加群体活动，父母可以鼓励儿童成为幼女童军和童子军等组织的成员，或参加团队性的体育运动。

- **教授儿童倾听技能**。向他们展示应如何仔细倾听并回应交流中所传达的外显内容和潜在含义。
- **使儿童意识到他人会用非言语的方式来表达情绪和感受**。因此，他们应该注意到他人的非言语行为，而不仅仅是他人所说的话。
- **教授交谈技能，包括强调提出问题和自我表露的重要性**。鼓励学生使用以"我"开头的句式澄清自己的感受或观点，避免泛化到他人。

- **不要让儿童公开地选择团队或群体。** 相反，要随机分配儿童，这样能够保证各组之间能力的平均分配，并避免出现某些儿童最后才被选择的尴尬情形。

欺凌：校园和网络欺负

Austin，一个俄亥俄州的青少年，在他的同学欺负他，并说他是同性恋后尝试自杀。据说，他的同学将他的运动服藏起来，并且阻止他进入衣帽间和餐厅。他们在网上说了很刻薄的话。

Rachel，一个明尼苏达州的七年级学生，因为受到难以忍受的欺负，而最终选择了自杀。13 岁的她被一群女孩烦扰了数月，她们叫她"妓女"，在她的笔记本上写下"荡妇"，并且在网上攻击她。

有许多儿童和 Austin、Rachel 一样，面对着欺凌的折磨，无论是来自学校的还是网络上的。大约有 85% 的女孩和 80% 的男孩报告他们在学校里至少受到过一次欺凌，每天有 16 万的美国儿童由于这种害怕而待在家里。其他的被欺凌经历来自网络，这可能是更痛苦的，因为欺凌总是匿名性的或者是公开发布的（Mishna, Saini, & Solomon, 2009；Law et al., 2012；Barlett, Chamberlin, & Witkower, 2017）。

欺凌通常有四种类型。在言语欺凌（verbal bullying）中，受害者会因为身体或其他原因而被辱骂、威胁或取笑。身体欺凌（physical bullying）代表的是实际的攻击，在这种情况下，孩子可能会被无理地殴打、推搡或触碰。关系欺凌（relational bullying）可能更加微妙；发生在儿童遭受到社会攻击时，即被他人故意排斥在社会活动之外。最后，网络欺凌是指受害者在网上受到攻击或声誉遭受网上恶意传播的谎言的损害（Espelage & Colbert, 2016；Osanloo, Reed, & Schwartz, 2017）。

那些经常受到欺凌的儿童通常是相当消极的不合群者。他们可能很容易哭泣，并且缺乏缓和紧张局面的社会能力。例如，他们往往无法想到对欺凌者的嘲笑给予幽默的反击。但是，尽管这些儿童更可能被欺凌，但没有这些特点的儿童偶尔也会被欺凌。大约有 90% 的中学生报告，在上学期间曾经被欺凌，而且早在学前期就开始了（Katzer, Fetchenhauer, & Belschak, 2009；Lapidot-Lefler & Dolev-Cohen, 2014；Jansen et al., 2016）。

大约 10%～15% 的学生曾经欺凌过他人。大约有半数的欺凌者来自具有虐待性的家庭。欺凌者比非欺凌者看更多的暴力电视节目，在家和学校里表现出更多的不良行为。当他们的欺凌行为带给他们麻烦时，他们可能会说谎，并且很少会因受害者而感到懊悔。与同伴相比，欺凌者在成人后更可能会触犯法律。尽管欺凌有时在他们的同伴之间很流行，但具有讽刺意义的一点是，他们有时自己也会成为欺凌的受害者（Barboza et al., 2009；Peeters, Cillessen, & Scholte, 2010；Dupper, 2013）。

减少校园欺凌发生的有效措施之一是让学生参与到对恃强凌弱行为的反抗中。比如，学校可以训练学生，鼓励他们发现欺凌行为时勇敢制止，而不是做无助的旁观者。研究显示，鼓励学生向受害者伸出救援之手能显著降低欺凌行为发生的频率（Storey et al., 2008；Munsey, 2012；Juvonen et al., 2016；Menolascino & Jenkins, 2018）。

性别、种族和友谊

儿童中期的友谊往往由儿童的地位决定，同时也受性别和种族的影响。在幼儿园里，孩子们通常会选择和喜欢相同活动的人做朋友。到了儿童中期，孩子们产生了更为复杂的自我意识。对自我的认识包括了性别和种族及族裔身份。尽管这种不断增长的意识可能会在一定程度上巩固友谊，但也可能会让一些孩子变得冷漠。

性别和友谊：儿童中期的性别隔离

女孩守规矩，男孩瞎起哄。

男孩是傻子，女孩有虱子。

男孩去大学学习更多的知识，女孩去木星变得更加愚蠢。

上述是小学男生和女生对异性同伴的一些看法。在这一阶段，儿童对异性的回避是非常明显的，他们的社交圈里几乎都是同性别的孩子（Rancourt et al., 2013；Zosuls et al., 2014；Braun & Davidson, 2016）。

有趣的是，这种友谊的隔离几乎存在于所有的社会中。在非工业化的社会中，同性别隔离，可能是由儿童所参与的活动类型导致的。例如，在许多文化中，男孩被分配做一种类型的工作，而女孩做另一种。然而，参与不同的活动也许并不能完全解释这种性别隔离：在一些比较发达的国家，虽然儿童在同一学校里参加许多相同的活动，但他们仍然倾向于回避异性同伴（Steinmetz et al.，2014；Kottak，2019）。

在儿童中期，跨性别交往的缺乏意味着男孩和女孩的友谊关系只限于同性伙伴。男孩与女孩内部的友谊性质存在很大差异。

男孩通常具有更大的朋友圈，他们更喜欢一群人在一起玩，而不是成对地玩。男孩群体内，地位的差异通常是很明显的，其中会有一个公认的领导者和众多地位不同的成员。由于这种代表了群体成员的相对社会权力的严格等级，即优势等级（dominance hierarchy），地位较高的成员能够安全地质疑和反对地位较低的成员（Pedersen et al.，2007；Pun，Birch，& Baron，2017）。

男孩一般更关心自己在优势等级中的位置，并努力地维持和提升自己的地位。这导致了一种游戏的出现，即限制性（restrictive）游戏。在限制性游戏中，当儿童觉得自己的地位受到挑战时，交往就会被中止。如果被比自己地位低的同伴挑战，男孩就会觉得不公平，他可能会试图通过争抢玩具或表现得独断，来结束交往。因此，男孩间的游戏往往是有火药味的，而不是持续平静的（Benenson & Apostoleris，1993；Estell et al.，2008；Cheng et al.，2016）。

男孩间使用的友谊语言反映了他们对地位和挑战的关心。看看这段互为好朋友的两个男孩之间的对话。

男孩1：离开我的地盘！你离我太近了！
男孩2：你赶我走呀！
男孩1：我知道我是可以那样做的。
男孩2：你不赶我走是因为你是个胆小鬼。
男孩1：不要逼我。
男孩2：你就是个失败者，你什么都做不了。

女孩间的友谊模式与男孩极其不同。女孩更重视一两个好朋友，而不是一大群朋友。与寻求地位差异的男孩不同，女孩会避免地位差异，更愿意维持一种地位平等的友谊。

女孩间的冲突常常是通过妥协来解决的，比如忽视冲突情境或是做出让步，而不是努力使自己的观点获胜。她们的目标是消除分歧，使社会交往更容易，没有对抗（Noakes & Rinaldi，2006）。

女孩使用的语言通常反映了她们对友谊的看法。相对于明显的命令语（"给我铅笔"），她们更倾向使用对抗性较小、更间接的语言。女孩倾向于使用委婉的商量形式的语言，例如"我们一起看电影吧"或"你想和我交换书吗"，而不是"我想去看电影"或"把这些书给我"（Goodwin，1990；Besage，2006）。

随着年龄的增长，儿童与其他种族儿童之间友谊的数量和深度都有所下降。学校能够通过哪些方法来促进不同种族儿童相互接受对方？

跨种族的友谊：教室内外的融合。 大部分情况下，友谊并不是与种族无关的。儿童最亲密的朋友多是那些同种族的人。实际上，随着年龄的增长，儿童与其他种族儿童之间友谊的数量和深度都有所下降。到十一二岁时，非裔美国儿童似乎对指向自己种族成员的偏见和歧视更为关注，并且十分敏感。那时，他们很可能会区分出内群体（人们认为自己所属的群体）和外群体（人们认为自己不属于的群体）成员（Rowley et al.，2008；Bagci et al.，2014）。

当要求一所具有长期种族融合传统的学校中的三年级学生提名一位自己的好朋友时，大约有1/4的白人儿童和2/3的非裔美国儿童选择了其他种族的儿童。相反，到十年级时，不到10%的白人儿童和5%的非裔美国儿童提名了其他种族的儿童（McGlothlin & Killen，2005；Rodkin & Ryan，2012；Munniksma et al.，2017）。

然而，虽然可能不会选择对方作为最好的朋友，但是白人儿童、非裔美国儿童以及其他少数族裔群体中的儿童，对彼此的接纳程度却很高。在那些一直致力于消除种族界线的学校中，情况更是如此。这是不难理解的：许多研究表明，主流群体和少数族裔群体成员之间的接触可以减少偏见和歧视（Hewstone，2003；Quintana & Mckown，2008；Korol，Fietzer，& Ponterotto，2018）。

从一个社会工作者的视角看问题

怎样才能减少因种族界限而导致的友谊隔离？需要改变哪些个体因素或社会因素？

儿童中期的家庭生活

Jared 的妈妈白天在医院当护士，所以 Jared 的外祖母接他放学。当他们回家后，他的外祖父带他去他们公寓后面的球场练习击球和接球，因为 10 岁的 Jared 梦想有一天能在旧金山巨人队打一垒。通常情况下，还有 4 ~ 5 个孩子也会加入，练习一直持续到 Jared 的外祖母叫他来帮自己做晚餐。Jared 的妈妈晚上 6 点会回家，她会感到很饿。"我的家庭就像一个团队，"Jared 说，"我的妈妈，我的外祖父母，我——我们都参与其中，帮助团队运转。"Jared 是一个多代同堂家庭中的成员。他 3 岁时父母离婚了，第二年他的外祖父母搬入家中。

在前面的章节我们已经看到，最近的几十年来，家庭结构已经发生了变化。随着越来越多的父母同时在外工作，离婚率不断攀升以及单亲家庭不断增多。对于 21 世纪正处于儿童中期的孩子来说，他们面临的生活环境非常不同于以往的任何一代。

儿童中期的一个最大挑战就是儿童日益增长的独立性，这也是他们行为的特征。儿童从他人的控制中脱离出来，逐渐开始控制自己的命运，或者至少是自己的行为。因此，儿童中期是一个**共同约束**（coregulation）的时期，其中父母和儿童会共同控制行为。但慢慢地，父母会为儿童的行为提供一些大的指导方针，而儿童也会对自己的日常行为加以控制。例如，父母可能会督促他们的女儿每天在学校里购买有营养的午餐，但是他们的女儿却有自己的决定——吃比萨和两份甜点。

如今的家庭：多样化的形式

什么构成一个家庭？在 20 世纪，这个问题很可能会得到这样的回答："两个父母和两个或两个以上的孩子。"这对父母很少是同一性别。如今，家庭的规模和类型多种多样。一个孩子的家庭可能包括与他生活的单亲父母，也可能包括兄弟姐妹、继父母、继兄弟姐妹、祖父母和其他亲戚。

家庭生活：父母和兄弟姐妹的影响。儿童中期，儿童和父母待在一起的时间比较少。尽管如此，父母仍然对他们有重要的影响，为他们提供基本的帮助、建议和指导（Parke，2004）。

兄弟姐妹也会对儿童产生重要影响，其中有利也有弊。尽管兄弟姐妹能够为他们提供支持、友谊和安全感，但也会制造冲突。兄弟姐妹之间的竞争很可能会发生，尤其是当他们的性别相同、年龄相仿的时候。当表面上父母对一个孩子的偏爱胜过了另一个孩子时（这种知觉可能是准确的，也可能不是），这种竞争也许还会加剧。父母允许年长儿童有更多的自由，他们的这种直截了当的决定可能会被解释为偏心。在某些情况下，察觉到父母偏心可能会伤害年幼儿童的自尊。但是兄弟姐妹的竞争并不是必然会发生的（McHale，Kim，& Whiteman，2006；Caspi，2012；Skrzypek，Maciejewska-Sobczak，& Stadnicka-Dmitriew，2014；O'Connor & Evans，2018）。

兄弟姐妹的经历与文化差异有关。例如，在墨西哥裔美国人家庭中，他们的价值观强调家庭的重要性，当较为年幼的兄弟姐妹受到特别对待时，其他人更少表现出负性的反应（McHale et al.，2005；McGuire & Shanahan，2010）。

没有兄弟姐妹的儿童情况又是如何呢？独生子女和有兄弟姐妹的儿童一样，同样能够适应得很好，这就驳斥了对独生子女所持有的娇生惯养、自我中心的固有看法。事实上，在某些方面，独生子女具有更好的适应性、更高的自尊和更强烈的成就动机。在当时严格贯彻独生子女政策的中国，有研究表明，与有兄弟姐妹的儿童相比，独生子女通常具有更好的学业表现（Miao & Wang, 2003; Liu et al., 2017）。

单亲家庭。尽管69%的美国儿童与父母双方生活在一起，但剩下的31%的儿童以其他方式生活，如与单亲父母或祖父母生活在一起。美国儿童家庭结构还具有一些明显的种族差异：74%的白人儿童与已婚父母生活在一起，相比之下，西班牙裔美国儿童和非裔美国儿童的这一比例分别为60%和34%（ChildStats. gov, 2017）。

因父母一方亡故而形成单亲家庭的情况是很少的。更为普遍的情况是，没有配偶、离婚或配偶离开。大多数情况下，单亲家庭里的家长是母亲。

生活在单亲家庭对儿童有什么影响？这在很大程度上取决于另一方父母是否在早年就出现在儿童的生活中以及当时的父母关系如何。此外，单亲家庭的经济地位也是一个重要因素。单亲家庭的经济状况通常要比双亲家庭差，所以生活在相对贫困的家庭，会对儿童造成消极的影响（Davis, 2003; Harvey & Fine, 2004; Nicholson et al., 2014）。

多代家庭。在一些家庭中，儿童、父母和祖父母共同住在一起。多代同堂家庭的数量正在增加，2014年，约19%的美国人生活在多代家庭中，而5年前这一比例仅为17%。多代家庭数量的增加，部分原因是2008年的经济低迷，以及住房成本的上升（Carrns, 2016）。

多代家庭给儿童提供了丰富的生活经验，但如果多代人不相互沟通协调，就对儿童严厉管教的话，那么冲突就可能出现。

与白人相比，三代人居住在一起的家庭在非裔美国人中更为普遍。在非裔美国人的文化规范中，祖父母在养育儿童时起到的积极作用是受到肯定的，尤其是在单亲家庭中。因此，祖父母帮忙对儿童进行日常照料，往往是这类家庭生活中的一个非常重要的部分（Oberlander, Black, & Starr, 2007; Pittman & Boswell, 2007; Kelch-Oliver, 2008）。

生活在混合家庭。对许多儿童来说，离婚的后果还包括父母再婚。在超过1 000万的美国家庭中，至少有一方会再婚。有超过500万的再婚夫妇会与一个以上的继子（女）同住，这种家庭称为混合家庭（blended families）。总的来说，16%的美国儿童生活在混合家庭中（U.S. Bureau of the Census, 2001; Bengtson et al., 2004; PEW Research Center, 2015）。

离婚的男性和女性带着孩子再婚，就形成了混合家庭。

生活在混合家庭的儿童面临着多种挑战。他们必须经常处理角色模糊（role ambiguity）的问题，即角色和期望很不明确。他们可能并不清楚自己的责任是什么，应该怎样对待继父母和继兄弟姐妹，以及如何做出大量艰难的日常决定。例如，他们可能必须选择要与父母中的哪一方共度假期和节日，或者在亲生父母和继父母相冲突的建议中做出决定。有些儿童会感到打破惯例和已经建立起的家庭关系是非常困难的。例如，一个习惯得到母亲全部关注的儿童，很难接受母亲对继子也表现出关心和喜爱（Belcher, 2003; Guadalupe & Welkley, 2012; Mundy & Wofsy, 2017）。

不过，尤其是和青少年相比，混合家庭的学龄儿童通常能够适应得相对顺利。原因有以下几种：首先，再婚后家庭的经济状况通常有所改善；其次，通常会有更多的人来分担家务；最后，家庭成员的增多为个体提供了更多的社会交往机会（Greene, Anderson, & Hetherington, 2003; Hetherington & Elmore, 2003）。

当父母能够为儿童创造出一种有利于自尊发展，并且有利于家庭成员融为一体的环境时，那么这就是一个成功的混合家庭。一般来说，儿童年龄越小，在混合家庭中的过渡就越容易（Kirby, 2006; Jeynes, 2007）。

父母是同性恋的家庭。越来越多的儿童拥有两个母亲或两个父亲。据估计，美国有 100 万～ 500 万个女同性恋或男同性恋父母当家的家庭，并且大约有 600 万儿童的父母是同性恋者（Patterson，2007，2009；Gates，2013）。

在过去，男同性恋者、女同性恋者、跨性别者和其他非异性恋者在收养孩子方面面临着巨大的障碍。

许多收养机构都有明确的规定，禁止非异性恋父母收养孩子，在一些州，这种收养是非法的。然而，随着同性婚姻合法化，这些障碍正在减少。此外，研究人员已经开始研究在同性恋家庭中长大的孩子，正如我们在"从研究到实践"专栏中讨论的那样，其发展结果在很大程度上是积极的。

从研究到实践

两个妈妈，两个爸爸：孩子如何与同性恋或跨性别父母相处

女同性恋、男同性恋和跨性别家庭的孩子如何生活？尽管关于跨性别父母对孩子的影响的数据很少，但越来越多关于同性恋父母对孩子的影响的研究表明，同性家庭中孩子的发展状况与异性恋家庭的儿童是差不多的。他们的性取向与其父母的性取向无关，他们的行为也没有深深地刻上性别的烙印，他们似乎同样可以很好地适应生活（Fulcher, Sutfin, & Patterson, 2008；Patterson, 2009；Goldberg, 2010a）。

一项大规模分析考察了 33 项关于父母性别和性别认同对其子女影响的研究。分析发现，上述因素总体上没有影响儿童的性取向、认知发展和性别认同，而对亲子关系的质量确实存在一定影响。有趣的是，相比于异性恋父母，男同性恋和女同性恋父母报告，他们与儿童拥有更好的关系。研究还发现，同性恋父母的孩子比异性恋父母的孩子表现出更多典型的性别游戏和行为。最后，同性恋父母的孩子比异性恋父母的孩子有更高的心理适应水平（Fedewa, Black, & Ahn, 2015）。

其他的研究显示，同性恋父母的孩子与同伴的关系和异性恋父母的孩子相似。另外，他们在与成人的关系方面（包括同性恋和异性恋者）也是如此；并且当他们步入青少年期后，也会具有类似的浪漫关系和性行为（Patterson, 2009；Golombok et al., 2003；Wainright, Russell, & Patterson, 2004；Wainright & Patterson, 2008）。

总的来说，研究显示同性恋父母的孩子与异性恋父母的孩子相比，在发展上并没有差异。对于跨性别父母，还没有足够的研究得出相似的结果，在下结论之前还需要进行更多的研究。同性恋父母的孩子与其他孩子之间明显的不同就是，他们可能会由于父母的性取向而遭受歧视和偏见，尽管美国社会对这种同性结合的接受程度已经相对更高了。事实上，2015 年美国最高法院对同性婚姻合法化的裁决应该会加速人们接受这种结合的趋势（Davis, Saltzburg, & Locke, 2009；Biblarz & Stacey, 2010；Kantor, 2015；Miller, Kors, & Macfie, 2017）。

共享写作提示：

同性恋父母应该如何让他们的孩子做好应对可能面临的偏见和歧视的准备呢？

种族和家庭生活。尽管家庭类型就像个体类型那样多种多样，但是研究也发现了各类家庭的一致性都与种族有关。例如，非裔美国家庭常常具有很强烈的家族感，他们会对大家庭中的成员表示欢迎，提供支持。由于在非裔美国家庭中，女性当家的情况相对较多，因此大家庭经常提供重要的社会和经济支持。此外，很多家庭是长者（如祖父母）当家，并且有些研究发现，生活在祖母当家的家庭中的儿童，适应得特别好（Taylor, 2002；Parke, 2004）。

西班牙语裔家庭通常很注重家庭生活、社区和宗教组织。他们教育儿童要重视自己和家庭之间的联系，

并把自己看成大家庭的核心部分。他们的自我意识最终是从家庭中萌生出来的。西班牙语裔家庭，人口通常较多，每家的平均人口数为 3.70 人，而白人家庭为 3.08 人，非裔美国家庭为 3.32 人（Cauce & Domenech-Rodriguez, 2002；Halgunseth, Ispa, & Rudy, 2006；U.S. Bureau of the Census, 2017）。

尽管对亚裔美国家庭的研究相对很少，但新近的一些研究表明，父亲更会成为一个维持纪律的掌权人。儿童倾向于认为家庭需要高于个人需要，而且尤其是男性需要照顾父母一生，这是与亚洲文化的集体主义取向相一致的（Ishi-Kuntz）。

家庭生活的挑战

Tamara 的母亲 Brenda 在二年级的教室外等着女儿放学。Tamara 一看到她的妈妈就过去迎接。"妈妈，Anna 今天能过来玩吗？"Tamara 问道。Brenda 一直盼望着能和 Tamara 单独待上一段时间，因为 Tamara 在她的爸爸家待了三天。但是 Brenda 想，Tamara 放学后几乎没有机会邀请其他孩子过来，所以她同意了这个请求。不幸的是，今天的约会结果对 Anna 的家人来说行不通，所以他们想另找一个约会的时间。Anna 的妈妈建议道："星期四怎么样？"Tamara 还没来得及回答，Brenda 就提醒她："你得问问你爸爸，那天晚上你在他家。"Tamara 的脸垂了下来。"好吧。"她咕哝道。

父母的离异使 Tamara 在两个家庭中与父母共处，这对她的适应有什么影响呢？她的朋友 Anna 和她的父母住在一起，但他们都在外面工作。当我们关注家庭对儿童中期的孩子们的生活有何影响时，这些仅是我们需要考虑的一部分问题。

家和独处：儿童在做什么

当 10 岁的 Johnetta 从 Martin Luther King 小学放学回家后，她要做的第一件事就是抓一把小饼干，然后拿起手机。她花一些时间和朋友发短信，然后通常花 1 个小时看电视。电视播广告期间，她看看她的作业。

她没有和爸妈聊天，因为她独自一人在家。

Johnetta 是一个需要**自我照料的儿童**（self-care child），这类儿童放学后会待在家里，独自等待父母下班回来。在美国，大约有 12% ～ 14% 的 5 ～ 12 岁儿童放学后会有一段时间独自在家，没有成人的监管。此外，有三个州规定了将孩子独自留在家里的最低年龄。伊利诺伊州法律要求儿童年满 14 岁；在马里兰州，独自在家的儿童的最低年龄是 8 岁，而在俄勒冈州，儿童必须年满 10 岁才能被单独留在家里（Berger，2000；Child Welfare Information Gateway，2013）。

过去把这类儿童称为"带钥匙的孩子"（latchkey children），这个词意味着伤心、孤独和忽视。如今出现了一种新的观点，根据社会学家桑德拉·霍弗尔兹（Sandra Hofferth）的观点，既然许多儿童生活得很忙碌，那么几个小时的独处可能会有利于他们缓解压力。不仅如此，它可能也为发展儿童的自主性提供了机会（Hofferth & Sandberg，2001）。

当父母工作时，自我照料的儿童放学后会独自待在家里。

已经有研究表明，自我照料的儿童与其他儿童几乎没有差异。虽然有些儿童报告自己有消极的体验（如孤独），但是这种体验似乎并没有扰乱他们的情绪。另外，与没有任何监督、和朋友"游荡在外"的情况相比，独自待在家里也许可以使他们免于麻烦（Goyette-Ewing，2000；Klein，2017）。

独处的时间也能让儿童关注于他们的家庭作业、学校或是个人的事情。事实上，父母在外工作的儿童，可能具有更高的自尊，因为感到自己为家庭做出了贡献（Goyette-Ewing，2000；Ruiz-Casares & Heymann，2009）。

此外，一些家长对自我照顾的概念有了更进一步地理解，他们认为孩子应该有机会探索自己的社区。"野放教养"（free-range parenting）是一种通过允许孩子在无人监督的情况下到附近地区旅行，从而培养孩子独立性的养育方式。实行"野放教养"的看护者有时会让儿童忽视法律，有一些广为人知的例子是，父母因为允许学龄儿童自己玩耍或步行去附近的商店而被捕。相关的法律问题还没有解决，因此这仍然是一个有争议的话题（Vota，2017）。

离婚。父母离婚不再是什么新鲜事了。在美国，大约只有一半的儿童能在整个童年期与父母双方生活在一起。剩下的儿童要么是生活在单亲家庭中，要么与继父母、祖父母或其他亲戚同住，还有一些最终被收养（Harvey & Fine，2004；Nicholson et al.，2014）。

儿童对父母离婚有什么反应？答案是很复杂的。从6个月到2年不等，父母和儿童都可能会表现出心理失调的征兆，如焦虑、抑郁、睡眠障碍以及恐惧症。即使大多数儿童与母亲同住，母子关系的质量一般也会下降，因为儿童常常感到自己被夹在了父母中间（Lansford，2009；Maes，De Mol，& Buysse，2012；Weaver & Schofield，2015）。

在儿童中期的早期阶段，儿童常常会因父母离婚而自责。10岁时，当需要在父母之间做出选择时，儿童会感受到压力，并在一定程度上体验着分裂的忠诚（Hipke，Wolchik，& Sandler，2010）。

离婚的长期影响尚不清楚。一些研究发现，在父母离婚18个月到2年后，大多数儿童便开始恢复到父母离婚前的适应状态。对许多儿童来说，离婚的长期影响是很小的（Guttmann & Rosenberg，2003；Harvey & Fine，2004；Schaan & Vögele，2016）。

还有证据显示，离婚也会带来一些其他影响。例如，与来自完整家庭的儿童相比，离婚家庭的儿童去做心理咨询的数量是他们的2倍（虽然有时咨询是法官要求离婚家庭必须履行的一个步骤）。另外，经历过父母离婚的儿童，也会在将来具有更高的离婚风险（Uphold-Carrier & Utz，2012；South，2013；Mahrer & Wolchik，2017）。

儿童对父母离婚的反应还取决于一些其他因素。其中一个因素是孩子所在家庭的经济状况。离婚通常会使父母双方的生活水平下降。在这种情况下，儿童便会陷入贫困之中（Ozawa & Yoon，2003；Fischer，2007；Seijo et al.，2016）。

另一方面，离婚的负面结果并没有很严重，因为离婚减少了家庭中的敌意和愤怒。如果离婚前家庭中充斥着父母间的冲突（约有30%的离婚家庭是这种情况），那么离婚后家庭中的平静可能会使儿童受益。对于那些和没有住在一起的家长维持着亲密、积极关系的儿童来说，更是如此。然而，70%的离婚家庭，其离婚前的冲突水平并不高。那么这也就意味着生活在这种家庭的儿童很可能要艰难地适应之后的生活（Faber & Wittenborn，2010；Finley & Schwartz，2010；Lansford，2009；Amato & Afifi，2006）。

从一个健康护理工作者的视角看问题

离婚对儿童中期自尊的发展可能具有怎样的影响？父母之间持续的敌意和紧张状态是否会导致儿童的健康问题？

贫困和家庭生活。不论种族如何，在经济条件不好的家庭中，儿童都会面临很多困境。贫困家庭具有较少的日常生活资源，儿童的生活也较为混乱。例如，父母可能不得不寻找比较便宜的住房或是换一份工作。因此，父母可能会较少对孩子的需求做出反应，提供给他们的社会支持也比较少（Evans，2004；Duncan，Magnuson，& Votruba-Drzal，2014）。

困难的家庭环境带来的压力以及贫穷儿童生活中的其他压力——比如在具有高暴力发生率的不安全地区居住和在资源缺乏的学校里学习，这一切最终会对他们造成伤害。经济条件不佳的儿童，很可能会具有较差的学业表现、较多的攻击行为和行为问题。此外，经济福利的下降也与儿童的身体和心理健康问题有关。确切地说，与贫穷相关的长期压力使得儿童对于心血管疾病、抑郁和糖尿病具有更高的易感性（Morales & Guerra，2006；Tracy et al.，2008；Duncan，Magnuson，& Votruba-Drzal，2014）。

团体照料：21世纪的孤儿院。"孤儿院"一词会使我们想到严酷而沉闷的生活。但是，如今的情况已经大不相同了。青少年之家或居住中心（"孤儿院"一词是很少被使用的）通常会收容相对较少的一些儿童，他们的父母已经不能给予其充分的照顾。他们通常会得到美国联邦政府、州和地方的共同资助。美国有将近50万的儿童居住在收养机构（Jones-Harden，2004；Bruskas，2008；Child Welfare Information Gateway，2017）。

团体照料机构里的儿童，大约有3/4曾经被忽视或虐待。每年有30万的儿童会离开自己的家庭，不过他们中的大多数人会在社会服务机构对其家庭进行干预后，重新回到家中。但是，剩下的1/4的儿童却受到了极大的心理伤害，以致他们可能需要在整个童年阶段都待在团体照料的机构中。对于大多数存在严重情绪和行为问题（如攻击性强或易怒）的儿童来说，收养（或者即使是暂时的收养看护）是很难的（Bass，Shields，& Behrman，2004；Chamberlain et al.，2006；Leloux-Opmeer，2016）。

团体照料本身并没有好坏之分。其结果取决于青

少年之家的全体员工以及对儿童和青少年进行照料的人员是否懂得如何同儿童建立起有效、稳定且深厚的情感联结。如果儿童不能与青少年之家的照料人员建立起有意义的关系，那么这种团体照料的环境就完全是有害的了（Hawkins-Rodgers，2007；Knorth et al.，2008；McCall et al.，2018）。

尽管20世纪初的孤儿院（黑白照片）总是拥挤而乏味的，但如今同等性质的青少年之家或居住中心（彩色照片）则是令人愉悦的。

回顾、检测和应用

回顾

13. 概述儿童如何看待自己在儿童中期的变化，并解释这种改变化如何影响他们的自尊。

根据埃里克森的观点，这个时期的儿童处在勤奋对自卑的阶段。在儿童中期，个体开始使用社会比较和自我概念，而其自我概念是建立在心理特征而非身体特征上的。在儿童中期，儿童开始发展和建立自己内部的成功的标准，并且衡量他们自己做得有多好。

14. 说明科尔伯格道德发展理论的六个阶段，并与吉利根的道德阶段序列进行比较和对比。

根据科尔伯格的观点，道德发展从最初的关注赏罚，发展到对社会习俗和规则的关注，再到普遍的道德原则感。但是，吉利根指出，女孩的道德发展可能基于对个体的责任感和同情而非宽泛的道德原则，遵循不同的过程。

15. 说明达蒙关于友谊发展阶段的观点，并解释决定儿童中期儿童受欢迎程度的因素。

儿童对友谊的理解经历了从和他人分享愉快的活动，到思考他人的个人特质是否能满足自己的需要，再到关注亲密和忠诚的一系列变化过程。儿童期的友谊会表现出地位等级的差异。社会问题解决能力和信息加

工能力的提高，会使儿童拥有更好的人际技能和更高的受欢迎程度。

16. 解释在儿童中期性别和种族如何影响友谊。

男孩和女孩逐渐沉浸在与同性别儿童的友谊中。男孩的友谊涉及群体关系，而女孩的友谊则以地位平等的成对女孩间的交往为特征。随着儿童年龄的增长，他们的异种族朋友的数量和友谊深度都有所下降。

17. 说明多样化的家庭形式，并评价它们对儿童的影响。

儿童可能在传统的双亲（父亲和母亲）家庭中长大，但现如今许多孩子也可能来自单亲家庭、多代家庭、混合家庭以及父母是同性恋的家庭。这种非传统家庭对儿童幸福感的影响取决于家庭的经济状况、社会的接受程度以及成年人之间是否存在紧张的关系。

18. 描述工作、离婚和贫困给家庭生活带来的挑战。

在所有的成年人都是全职工作的双亲或单亲家庭中，许多孩子放学后没有成人监督，独自生活。这些自我照料的儿童有时会感到孤独，但许多儿童也会从他们的经历中发展出独立性，并提升自尊。离婚对儿童的影响取决于诸如经济状况和家庭关系的紧张程度等因素在离婚前后的对比。贫困给儿童生活带来了更多干扰，父母往往过于关注基本的生存问题，而没有把更

多的时间花在孩子的其他需求上。贫困儿童面临学习成绩较差和攻击性较高的风险。

自我检测

1. 在儿童中期，随着儿童发展出更好的自我理解能力，他们开始更少地从身体特性，而更多地从_____来看待自己。

   a. 熟悉的关系　　　　b. 心理特质

   c. 环境特点　　　　　d. 运动技能

2. 根据_____的观点，随着年龄和认知能力的发展，个体的正义感和道德推理水平经历了一系列的六个阶段。

   a. 弗洛伊德　b. 皮亚杰　　c. 科尔伯格　d. 斯金纳

3. _____是群体中相关成员对角色或个体的评价，并且通常是在提到儿童和他们同伴群体时被讨论的。

   a. 地位等级　b. 社会能力　c. 友谊　　　d. 地位

4. 儿童对父母离婚的反应包括_____。

   a. 精神分裂症、暴怒和学业失败

   b. 焦虑增强、睡眠障碍和抑郁

   c. 恐惧症、精神分裂症和性别混淆

   d. 暴怒、抑郁和自残

应用于毕生发展

政治学家经常提到"家庭价值观"的概念。这个术语与各种家庭情境，如离异的父母、单身的父母、混合家庭、上班的父母、自我照料的儿童和团体照料的儿童之间有什么联系？

第5章　总结

汇总：儿童中期

　　Jan（我们在本章开头中提到的那个学生）成功地为她所在的小联盟球队纽约洋基队打了一场比赛。她很高兴能从事自己热爱的运动，但她的队友们（所有的男孩们）都以微妙的方式让她知道，他们对自己的阵容中有一个女孩并不感到兴奋。在Jan的第一场比赛中，游击手和一垒手似乎串通一气把她排除在比赛之外。她对此很不高兴，但她还是留在了比赛中，并且用她的技巧和智慧为她的球队赢得了这场比赛。因此她得到了队友的认可和接纳。这是一个值得高兴的时刻。

5.1　儿童中期的生理发展

- Jan在这一阶段的生理发展以稳定的成长和能力的提升为主要特点。
- 随着肌肉协调性的提升，以及对新技能的不断练习，Jan的粗大运动技能和精细运动技能都得到了发展。她的运动能力与队里的男孩相当。
- 良好的饮食习惯和Jan通过打球而实现的定期锻炼有助于她保持适宜的体重。

5.2　儿童中期的认知发展

- Jan在球场上把握速度和方向关系的能力表明她已经进入了具体运算的思维阶段。
- Jan日益完善的语言能力有助于她在球赛中控制自己的行为。当她的队友们似乎排斥她时，她没有跑出场地，而是提醒自己，她已经在球队中赢得了一席之地，如果有机会，她可以打得很好。
- Jan在运动中表现出了流体智力和晶体智力，她的智力能力的发展同时受到社会交往的辅助作用。

5.3　儿童中期的社会性和人格发展

- 根据埃里克森的观点，这一阶段以儿童应对勤奋与自卑之间的矛盾为特点，Jan表现出了愿意接受同龄人提出的挑战，并且能够应对他们对女孩在体育上的偏见。
- Jan参加少年棒球联盟的比赛表明了她的自尊发展完善。虽然队友们对一个女孩出现在首发阵容中的最初反应令Jan感到失望，但她还是留在了赛场上，并尽自己最大的努力。
- 队友们对她的接纳和认可使Jan获得了情感上的支持。留在少年棒球联盟，并帮助团队赢得比赛提高了她的社会地位。

父母会怎么做?

面对队友对女孩球员的怀疑,你会用什么策略来帮助 Jan 保持她的自尊?你会怎样鼓励她?你会如何应对她的沮丧情绪?

教育工作者会怎么做?

如何在课堂上促进性别平等?你会如何看待这样的事实:儿童中期的男孩和女孩在同性群体中进行社交是正常的,并且异性群体间相互回避或取笑彼此。你可以设计什么样的活动来增进男孩和女孩之间的相互尊重?

健康护理工作者会怎么做?

在饮食和锻炼方面,你对 Jan 有什么建议以保持她的健康并增强她的肌肉力量?

你会怎么做?

当你的女儿面对性别歧视的时候,你会如何处理?如果有人说因为她是个女孩而没有资格做某件事,你会怎么鼓励她?

第 6 章

青少年期

    Julie 在中学时有一个目标：受人欢迎。她抛弃了那些小学时代的"书呆子"朋友，又从商场的时装店里买了全套的新行头，并且开始在人群中实地学习。每一次她都会因为他们的笑话发笑，一有机会就给他们鼓劲。很快，她开始在社交软件上受到一些女孩的关注。此后，她被邀请参加一个很酷的派对，还被一个足球队队员邀请跳舞。

    Julie 感觉自己上了道。然而此后，她开始喝酒。因为她认为这是很酷的孩子会做的事情。到了九年级，她开始喝得越来越多。"当我喝酒时，我感觉自己无忧无虑，而且很有趣，"她回忆道，"我感觉一切都无所谓。"她的成绩也开始从 A 下滑到 B，然后持续下滑到 C，甚至更差。她经常和父母吵架，并且因为经常晚归而被禁止外出。父母会检查她的房间里是否藏有酒。"他们检查得越频繁，我就会变得越疯狂。"她回忆说。直到高三这一年她才清醒过来。"我意识到我没能和我的同学一起毕业，更没能考上大学，"Julie 说，"我把高中当成一个笑话，因为这是种很酷的态度。我一直认为自己很聪明，却不得不重读高三，对我来说真的是一件毁灭性的事情。"

    Julie 签约了一位物质滥用顾问和一位治疗师。她转学到一所以艺术见长的学校。因为一直很擅长写作，所以她加入了一个小说写作俱乐部。"我经常看到和我同龄的孩子们做得很棒，这也激励我想要做到最好。"Julie 说。第二年夏天，她参加了为期一个月的青少年作家工作坊。这个工作坊的负责人对她的作品印象深刻，并把她介绍给一个纽约的经纪人。虽然 Julie 的第一本书被退稿了 52 次，但是她的第二本书被成功签约了。这本书将会在她大学二年级的时候出版。"我终于想明白，确定什么对我来说是酷的，这才是最重要的，"她说，"因为如果我失败了，我就需要自己承担后果。"

这一章我们将探讨青少年期，这是儿童期与成人期之间的过渡时期。青少年面临着生活中各方面的挑战。生理上，他们的身体正在迅速成熟——有时候这种快速成长是令人感到痛苦的。青少年开始关注性，而且他们中的很多人开始担心自己的体形。我们将讨论一些有时会困扰像 Julie 这样的青少年的问题，包括与肥胖、营养、有害物质和性传播疾病等有关的生理问题。

除了生理发育，青少年的认知能力也在发展。我们将讨论青少年期变化最为明显的部分，即青少年对自身思维过程的意识不断增强。我们也将讨论在占据青少年大部分清醒时间的学校中，他们是如何应对的，以及讨论网络对青少年生活、学习和人际关系日益增长的影响。

我们还会讨论青少年在与他人关系变化过程中的改变。我们首先会讨论青少年产生自我概念的方式以及他们形成和保护自尊与同一性的方式；其次讨论的是青少年重新定位自己的家庭地位时与父母的关系；最后，我们将讨论具有本时期核心意义并围绕亲密关系的两个方面：约会与性。

6.1 青少年期的生理发育

变化中的环境

Gavin 正陷入与父亲的争论之中。虽然这不是他们的第一次冲突，但这是迄今为止最大的一次。15 岁的 Gavin 计划在下个月底学年结束的时候去波多黎各参与当地飓风过后的灾难救援行动。他父亲一如既往地反对他的这个想法。"爷爷曾经是一个自由乘车运动参加者（Freedom Rider），" Gavin 争辩道，"而且你曾经和仁人家园（Habitat for Humanity）一起去了危地马拉。""爷爷去南方参加平权运动时已经 18 岁了，" Gavin 的父亲提醒他说，"并且我去危地马拉的时候已经 20 岁了。""但是我马上 16 岁了，" Gavin 声音沙哑地哭喊道，"而且现在的小孩比之前的成长得更快了。" Gavin 的爸爸看着已经比自己高的儿子，像是看到一个刚初中毕业一年的男孩在请求独自远行。Gavin 看着他的父亲，像是看到一个狱卒一心想要限制他的生活，像对待小孩一样对他。争论再次陷入僵局，但 Gavin 已下定决心。那天晚上他睡着了，想象着自己在波多黎各的英勇事迹：帮助人们建立崭新的更好的生活，甚至可能拯救他人的生命。他认为在波多黎各人们会欣赏他，尊敬他。

像 Gavin 一样，许多青少年渴望独立，他们觉得父母忽视了自己已经成熟了很多的事实。他们敏锐地意识到自己不断变化的身体和日益复杂的认知能力。每一天，他们都要处理持续波动的情绪、不断变化的社交网络，以及拒绝性、酒精和毒品的诱惑。在这个让人兴奋、焦虑、快乐和绝望的时期，他们就像 Gavin 一样，渴望证明他们自己足以应对任何挑战。

青少年期（adolescence）是处于儿童期和成人期之间的一个发展阶段。一般来说，其开始于十几岁，并在近二十岁结束。青少年不再被视为儿童，但也还不是成人，而是处于一个快速成长的过渡阶段。

这一节集中讨论青少年期的身体发育。首先，我们将讨论由青春期开始而触发的青少年特殊的身体成熟。接着，我们将探讨早熟和晚熟的后果以及这些后果的性别差异。随后，我们将讨论营养问题。在讨论肥胖的原因和后果之后，我们也将讨论在青少年期常出现的进食障碍。

最后，我们将讨论一些有损青少年身心健康的重大威胁——药物、酒精、烟草以及性传播疾病。

生理的成熟

对于阿瓦部落（Awa tribe）中年轻的男性成员来说，青少年期开始于一项精心计划但在西方人眼中十分恐怖的仪式，这个仪式标志着他们从儿童期向成年期的过渡。男孩们被鞭子和带刺的树枝抽打 2 天或 3 天。通过鞭打，男孩们为之前的违规行为赎罪，并向在战争中牺牲的族人致敬。

我们中的大部分人可能会感激我们不必因为进入青少年期而受到这样的身体考验。不过西方文化下的成员也有进入青少年期的仪式，当然没有那么可怕，比如 13 岁的犹太男孩和女孩的犹太成人礼以及很多基督教教派的成人礼（Eccles, Templeton, & Barber, 2003; Hoffman, 2003; Pankalla & Kośnik, 2018）。

从一个教育工作者的视角看问题

你觉得为什么很多文化都会把步入青少年期看成富有意义的转变，以至于需要举办独特的仪式？

无论各种文化中仪式的本质如何，它们的潜在目的往往是相同的：象征性地庆祝儿童的身体转变为可以生育后代的成人身体的生理变化。

青少年期的成长：身体的快速发育和性成熟

短短的几个月，青少年就能长高好几英寸，至少是身体上从儿童转变成了青年人。在这样一个快速发育的阶段（身高和体重快速增长的时期），男孩平均一年能长高 4.1 英寸，女孩平均一年能长高 3.5 英寸。有些青少年甚至能在一年内长高 5 英寸（Tanner，1972；Caino et al.，2004）。

男孩和女孩的快速发育期始于不同的年龄。女孩的快速发育期从 10 岁左右开始，而男孩则是从 12 岁左右开始的。11 岁时，女孩往往比男孩高，但在 13 岁之后，男孩的平均身高会超过女孩，这种情况也将会持续一生（见图 6-1）。

青春期（puberty），性器官成熟的时期，开始于脑垂体释放信号刺激体内的其他腺体分泌成人水平的性激素：雄激素（androgens，男性激素）或者雌激素（estrogens，女性激素）（男性和女性都会分泌这些性激素，但男性分泌更多的雄激素，女性分泌更多的雌激素）。垂体也会刺激身体分泌更多生长激素。这些生长激素与性激素共同作用导致身体快速发育期和青春期的出现。此外，瘦蛋白似乎也影响着青春期的开始。

与快速发育期类似，女孩青春期开始的时间也更早，大约在 11 岁或 12 岁时就开始进入青春期，而男孩则是在 13 岁或 14 岁时才开始。但这也有很大的个体差异。例如，有些女孩早在七八岁时就开始了，而有些则晚到 16 岁才开始。

女孩的青春期。虽然现在还不清楚为什么青春期会从一个特定的时间开始，但环境和文化因素起了一

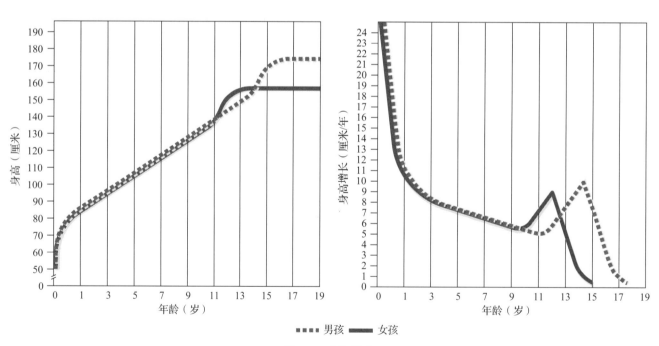

■■■■ 男孩 ▬▬ 女孩

图 6-1 成长模式

成长模式以两种方式被描绘出来。第一幅图显示出某一年龄的身高，第二幅图则显示出从出生到青少年期结束时的身高增长。请注意：女孩的快速发育期从 10 岁左右开始，而男孩则是从 12 岁左右开始的。但到了 13 岁，男孩往往比女孩要高。高于或低于平均身高水平对男孩和女孩来说有什么社会影响呢？

资料来源：Adapted from Cratty，1986.

定的作用。例如，**月经初潮**（menarche），即月经的开始，可能是女孩青春期最明显的标志，这在世界各地有着很大的差异。在较为贫穷的发展中国家，女孩月经初潮要晚于经济发达的国家。即使在发达国家，更富裕家庭的女孩月经初潮也要早于不太富裕家庭的女孩。

由此可见，营养更好、更健康的女孩往往比营养不良或者患有慢性疾病的女孩更早开始月经。一些研究发现，体重或身体中脂肪与肌肉的比例也是影响月经初潮的一个关键因素。例如，在美国，体脂率低的运动员开始月经的时间要晚于不怎么运动的女孩。相反，肥胖增加了与月经初潮相关的激素——瘦蛋白的分泌，这会导致过早的青春期（Sanchez-Garrido & Tena-Sempere，2013；Shen et al.，2016；Kyweluk et al.，2018）。

其他因素也会影响月经初潮的时间。例如，父母离异、严重的家庭冲突等因素所造成的环境压力将会导致月经较早开始（Ellis，2004；Belsky et al.，2007；Allison & Hyde，2013）。

过去的一百年里，美国及其他文化下的女孩进入青春期的年龄都有所提前。19世纪末，月经开始的平均年龄是14岁或15岁，而现在差不多是11岁或12岁。青春期的其他标志，如达到成人的身高、性成熟的平均年龄，也都变得更小，这可能是因为疾病的减少和营养条件的改善（Harris，Prior，& Koehoorn，2008；James et al.，2012；Sun et al.，2017）。

青春期的较早开始是一种明显的**长期趋势**（secular trend）的体现。长期趋势是指通过几代人的积累而导致的身体特征的改变，如几个世纪以来由于营养条件的改善而导致的月经开始提前，或身高增加等。

月经是和第一性征与第二性征发展相关的青春期中若干变化中的一种。**第一性征**（primary sex characteristic）是直接与生殖相关器官及结构发展有关的特征。**第二性征**（secondary sex characteristic）是与性成熟有关的外在表现，与性器官无直接联系。

女孩第一性征的发展包括阴道与子宫的变化。第二性征包括乳房和阴毛的发育。乳房从10岁左右开始发育，阴毛在11岁左右开始出现，腋毛则在2年后出现。

有些女孩的青春期征兆出现得异常的早。1/7白人女孩的乳房或阴毛从8岁就开始发育，而非裔美国

女孩的这个比例则是1/2。发育过早的原因尚不清楚，对专家们而言，如何划分正常还是异常地进入青春期仍存在争论（Ritzen，2003；Mensah et al.，2013；Mrug et al.，2014）。

男孩的青春期。男孩的性成熟过程与女孩的有些不同。在12岁左右，男孩的阴茎和阴囊开始快速发育，三四年后达到成人大小。阴茎变大的同时，其他的第一性征也在发育。前列腺和产生精液（携带精子的液体）的精囊也在发育。男孩的第一次射精，又被称为初次遗精，大约发生在13岁，即在男孩身体开始产生精子一年多之后。起初，精液中只含有相对较少的精子，但随着年龄的增长，精子的数量也在显著地增加；此时，第二性征也开始发展。在12岁左右，阴毛开始出现，接着出现腋毛和胡须；最后，由于声带变长，喉结变大，男孩的声音开始变得深沉（青少年期早期性成熟时的变化，见图6-2）。

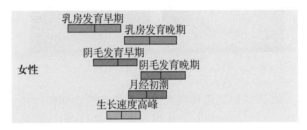

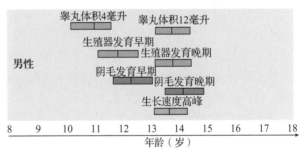

图 6-2 性成熟

男性和女性在青少年期早期性成熟时的身体变化。
资料来源：Based on Patton & Viner, 2007.

触发青春期开始的激素激增可能导致了快速的情绪波动。男孩和较高的激素水平有关的情绪可能是生气和烦恼，而女孩较高的激素水平则与抑郁和愤怒有关（Fujisawa & Shinohara，2011；Sun et al.，2016）。

身体意象：对青少年期身体变化的反应。与同样经历快速发育的婴儿不同，青少年意识到了自己身体所发生的变化，他们可能会对这种变化感到害怕或开心。但是，很少有人对自身的变化无动于衷。

青少年期的一些变化带来了心理上的负担。在

过去，女孩对于月经初潮表现得很焦虑，这是因为西方社会更强调月经的负面影响，如痛经、脏乱。但如今，社会对月经的看法变得更加积极，部分原因在于对月经的公开讨论使得月经不再神秘。例如，电视中卫生棉条的广告已经很常见。这样一来，月经初潮则伴随着自尊水平的提高、社会地位的上升和更强的自我觉知，因为这使女孩们觉得自己正在长大成人（Matlin，2003；Yuan，2012；Chakraborty & De，2014）。

请注意照片中同一个男孩在青春期前后短短几年中的变化。

男孩的初次遗精与女孩的月经初潮很相似。不过女孩一般会把月经初潮告诉母亲，但男孩很少把他们的初次遗精告诉父母甚至朋友。为什么呢？原因之一是对于女孩而言，母亲可以给她们提供她们所需的卫生巾或卫生棉条。但对于男孩而言，初次遗精可能被视为性发育开始的一个标志，他们对性这个领域一无所知，也不愿意和他人谈论这件事。

月经和遗精是私下悄悄发生的，但体形的改变是很明显的。青少年通常对自己体形的变化感到尴尬。尤其是女孩，常常会对自己的新体形感到不满。西方国家理想中的美往往要求一种与现实中女性实际体形不同的不切实际的瘦。青春期的发育大大增加了身体中脂肪组织的数量，同时臀部也会变大——这和社会所要求的瘦得像笔杆一样的苗条体形相去甚远（Kretsch et al.，2016；Senín-Calderón et al.，2017；de Haan et al.，2018）。

儿童对于青春期开始的反应部分取决于他们何时进入青春期。比大多数同龄人发育过早或过晚的男孩和女孩尤其受到开始时间的影响。

青春期的时间：早熟和晚熟的后果。 早熟或者晚熟都存在社会性后果，这些社会性后果对青少年非常重要。

早熟。对于男孩来说，早熟在很大程度上是一个优势。早熟的男孩往往会成为更成功的运动员，这大概是因为他们的体形更大。他们也更受欢迎，而且有更积极的自我概念。

然而，早熟对男孩来说也存在不利之处。早熟的男孩更容易在学校里遇到麻烦，也更可能出现犯罪行为和物质滥用。由于较大的体形，他们更可能去寻求年龄比他们大的男孩的陪伴，并做出与他们年龄不符的事情。此外，早熟的男孩尽管在成年后更有责任心和更具合作性，但他们也会更顺从并缺少幽默感。但总的来说，早熟对男孩而言是有利的（Lynne et al.，2007；Mensah et al.，2013；Beltz et al.，2014）。

早熟对女孩而言就不太一样了。她们身体的显著变化（如乳房的发育）可能会让她们感到不舒服，而且在同龄人中显得与众不同。并且，由于女孩一般比男孩发育得更早，早熟可能发生在女孩很小的时候。一个早熟的女孩很可能不得不忍受其他未发育同学的嘲笑（Hubley & Arim，2012；Skoog & Özdemir，2016；Su et al.，2018）。

然而，早熟对女孩来说并不是一个完全消极的经历。早熟的女孩会更经常被男生当作约会对象，她们的受欢迎程度可能会增强她们的自我概念。但这同时也是一种心理挑战，早熟的女孩可能还没有做好社交准备去参与这种适合大部分女孩在更年长时能够应对的一对一约会。并且，她们与晚熟的同龄人之间明显的区别，可能会使她们感到焦虑、不快乐和抑郁（Kaltiala-Heino，Kosunen，& Rimpela，2003；Galvao et al.，2013）。

因此，除非一个很早就发展出第二性征的年轻女孩能够处理好早熟给她带来的种种问题，否则早熟的结果可能是消极的。在一些对性的态度更加开放的国家，早熟的结果可能更加积极。例如，在性观念比较开放的德国，早熟的女孩会比美国早熟的女孩自尊水平更高。此外，早熟的后果在美国也是各不相同的，这取决于女孩同龄群体对性的态度，以及社会对性的主流标准（Petersen，2000；Güre，Uçanok，& Sayil，2006）。

晚熟。与早熟一样，晚熟的情况也是十分复杂的，但在晚熟的情况下，男孩比女孩更糟糕。比同龄人更瘦小的男孩通常会被认为不太有吸引力。由于瘦小，他们在体育活动中处于劣势；而且由于人们总是希望男孩比他们的约会对象高，因此晚熟的男孩也可能在社交上受到伤害。这些困难如果削弱了男孩们的自我概念，那么晚熟的不利之处可能会延续到成年期。然而，应对晚熟带来的种种挑战也可能给男性带来很大的帮助。晚熟的男孩长大后会更加果断和更有洞察力，并且比早熟的男孩更有创造力和有趣（Kaltiala-Heino，Kosunen，& Rimpela，2003；Skoog，2013；Benoit，Lacourse，& Claes，2014）。

尽管晚熟女孩在初高中阶段的约会及其他混合性别的活动中可能被忽视，且可能具有相对较低的社会地位，但是她们的情况通常比较积极。事实上，晚熟的女孩更少出现情绪问题。在她们进入十年级开始发育前，与看起来体重更重的早熟的同龄人相比，她们更容易符合纤瘦、"长腿"这样的社会理想身材的标准（Kaminaga，2007；Leen-Feldmer et al.，2008）。

总之，早熟和晚熟的反应十分复杂。如前所述，个体的发展受到一系列因素的影响。一些发展心理学家认为与性成熟时的年龄以及一般意义上青春期的影响相比，同龄人群体的变化、家庭动力的变化，尤其是学校和其他社会机构的变化更能决定青少年个体的行为（Mendle et al.，2007；Spear，2010；Hubley & Arim，2012）。

营养、食物和进食障碍：为青少年期的成长提供能量

16岁的Ariel很漂亮，性格开朗，也很受欢迎。但当一个她喜欢的男孩嘲笑她的大腿像"树干"一样粗时，她当真了。她开始非常在意食物，甚至用妈妈的食物秤来称每一样吃进嘴里的食物。她详细地列出食物的分量和卡路里，并且将食物切成小块，剩很多在盘子里。

几个月内，Ariel从110磅瘦到了90磅。她的臀部和肋骨变得清晰可见，手指和膝盖则是经常疼痛。她的月经停止了，指甲也很容易折断。尽管如此，Ariel仍坚称自己超重了。这种状况一直持续到Ariel的姐姐从大学回家，Ariel才承认自己出了问题。她姐姐看着她，喘着粗气，失声痛哭。

Ariel的问题是患有一种严重的进食障碍，即神经性厌食症。正如我们所看到的那样，文化中对于苗条和健康的理想更偏爱晚熟的女孩。但当身体正在发育时，女孩们以及越来越多的男孩们，如何应对镜子面前那与大众媒体宣传的理想形象相去甚远的外表呢？

青少年期快速的身体发育是靠食物摄取量的增加来提供能量的。尤其在快速发育期，青少年吃大量的食物，从而相当显著地增加卡路里的摄入。在青少年期，女孩平均每天需要大约2 200卡路里的热量，男孩则平均每天需要2 800卡路里。当然，并非只有卡路里有助于促进青少年的发育，其他营养物质也是必不可少的，尤其是钙和铁。牛奶和某些蔬菜提供的钙质帮助骨骼发育，还可以预防骨质疏松（骨质变薄），25%的女性老年人的生活常受到该疾病的影响。同样地，铁也是非常必需的，因为缺铁性贫血在青少年中十分常见。

对大多数青少年来说，最主要的问题在于保证膳食均衡。肥胖和使Ariel痛苦的进食障碍这两种极端的营养摄取方式都会对健康造成威胁，也已经成为相当一部分未成年人所担忧的主要问题。

肥胖。 青少年期最常见的营养问题就是肥胖。1/5的青少年超重（即身体质量指数BMI在同龄同性别青少年的第85百分位和第95百分位之间），1/20可能被划分为肥胖（即身体质量指数BMI在同龄同性别青少年的第95百分位及以上）。而且，女性青少年被划分为肥胖的比例在青少年阶段还在不断增长（Kimm et al.，2003；Mikulovic et al.，2011；U.S. Preventive Services Task Force，2017）。

肥胖已经成为青少年阶段最常见的营养问题。除了健康问题，青少年阶段的肥胖还造成了哪些心理问题？

尽管青少年肥胖产生的原因与年幼的儿童相同，但青少年对自我身体意象的特别关注可能会导致严重的心理后果。青少年期肥胖对健康造成的潜在后果也存在很多问题。例如，肥胖会加重循环系统的负担，增加罹患高血压和糖尿病的风险。肥胖的青少年也有80%的可能性会成为肥胖的成年人（Huang et al., 2013；Morrison et al., 2015；Gowey et al., 2016）。

缺乏锻炼是主要原因之一。一项调查显示，直到青少年期结束，很少有女性在学校体育课之外进行大量的锻炼。事实上，年龄越大，她们的锻炼越少。这个情况在黑人青少年女性群体中更加明显，超过一半的人报告说自己在校外没有过体育锻炼，而白人女性相对来说校外锻炼的比例高达1/3（Nicholson & Browning, 2012；Puterman et al., 2016；Kornides et al., 2018）。

青少年期高肥胖率的其他原因还包括随处可得的快餐。这些快餐的价钱在青少年承受范围内，却包含极高的卡路里和脂肪。除此之外，很多青少年大部分的空闲时间都在看电视、玩网络游戏和上网。这些久坐不动的活动不仅让青少年缺乏锻炼，通常还让他们摄入零食等垃圾食品（Thivel et al., 2011；Laska et al., 2012；Bailey-Davis et al., 2017）。

神经性厌食症和贪食症。对脂肪和变胖的恐惧可能会使自己出现问题。例如，Ariel 就患有**神经性厌食症**（anorexia nervosa），这是一种严重的进食障碍，患者常常拒绝进食。即使看上去与普通人不同，变得皮包骨头，错乱的身体意象还是会让一些青少年否定自己的行为和外表。

厌食症是一种危险的心理障碍，大约15%～20%的患者最终会因绝食而死。12～40岁的女性以及来自富裕家庭的聪明、成功和有吸引力的白人青少年女孩最容易罹患厌食症。现在厌食症也逐渐成为男孩中的问题之一，大约10%的厌食症患者是男性，而这一比例还在持续增加，这通常与类固醇的使用有关。受到文化期望的限制，男性患者不太可能去寻求进食障碍的治疗（Schecklmann et al., 2012；Herpertz-Dahlmann, 2015；Austen & Griffiths, 2018）。

尽管厌食症患者吃得很少，但他们仍将生活重心放在食物上。他们可能会经常去购买食物、收集烹饪的书籍、谈论食物或者为他人准备大餐。尽管他们瘦得不可思议，他们的身体意象仍十分扭曲，以至于他

Θ 1加仑（美）=3.785 41升。

们感到自己胖得令人讨厌，并试图继续减肥。即使瘦得皮包骨头，他们也难以察觉到自己变成了什么样。

神经性贪食症（bulimia nervosa），另一种进食障碍，其特征是无节制地暴食，消耗大量食物，然后通过泻药或催吐来清除食物。神经性贪食症患者可能会吃掉整整一加仑Θ的冰激凌或一整包玉米片。但他们随后会产生强烈的负罪感和抑郁，因此会故意清除这些食物。这种障碍非常危险。尽管神经性贪食症患者的体重相对正常，但是暴食－清除食物这一循环中持续的呕吐和腹泻可能会造成体内化学物质失衡，从而引发心力衰竭。

尽管进食障碍的发生原因还不清楚，但是许多因素都可能会导致进食障碍。节食往往是进食障碍的前兆，因为即使是体重正常的人也可能在以苗条为美的社会标准下减肥。体重的减轻可能提升控制感和成就感，从而激励着节食的增加。早熟的女孩以及较胖的女孩，在青少年期晚期更容易会因为想要变得更加符合纤瘦、孩子般的体格等文化标准而出现进食障碍。临床上诊断为抑郁的青少年在日后也更易患上进食障碍（Wade & Watson, 2012；Schvey, Eddy, & Tanofsky-Kraff, 2016；Paans et al., 2018）。

一些专家认为，神经性厌食症和神经性贪食症可能也有生物因素的影响。有双生子研究表明，遗传因素对此类障碍有影响。此外，患者有时也会出现激素失调的情况（Baker et al., 2009；Keski-Rahkonen et al., 2013；Xu et al., 2017）。

其他对于进食障碍的解释试图强调心理和社会因素的作用。例如，一些专家认为进食障碍可能是完美主义、过分要求的家长或其他家庭问题导致的。文化也起到了一定的作用。例如，神经性厌食症只存在于以瘦为美的文化中。因为这种纤瘦的标准并不是普遍存在的，因此神经性厌食症在美国以外的其他国家相对不常见（Bennett, 2008；Bodell, Joiner, & Ialongo, 2012；Lewis et al., 2018）。

例如，除了受西方文化影响最深的地区，神经性厌食症在亚洲相对罕见。除此之外，神经性厌食症是最近才发现的新的障碍。在以丰满为美的17和18世纪，并没有出现神经性厌食症。在美国，患有神经性厌食症的男孩的数量持续增长，这可能与越来越多地强调肌肉发达、体脂率低的男性体形有关

（Mangweth，Hausmann，& Walch，2004；Greenberg，Cwikel，& Mirsky，2007；Pearson，Combs，& Smith，2010）。

这位年轻的女性患有神经性厌食症，这是一种严重的进食障碍，患者不肯吃东西，并且拒绝承认自己的行为和外表异常。

大脑发育与思维：为认知发展铺平道路

随着青少年独立性的增强，他们往往会更加维护自己。从某种角度来说，这种独立性是大脑变化的结果，这种变化使得青少年的认知能力有了显著的提升。随着神经元（神经系统的细胞）数量的不断增加，以及它们之间的连接变得越来越丰富和复杂，青少年的思维也变得越来越复杂（Toga & Thompson，2003；Petanjek et al.，2008；Blakemore，2012）。

大脑在青少年阶段产生了过量的灰质，这些灰质随后会以每年 1% ～ 2% 的速度被修剪（见图 6-3）。髓鞘化（神经元被脂肪细胞绝缘化的过程）的增加使得神经信息的传递更有效率。灰质的修剪以及髓鞘化的增加都有助于青少年认知能力的发展（Sowell et al.，2003；Mychasluk & Metz，2016；Oyefiade et al.，2018）。

青少年期个体的前额叶得到显著发育，该脑区在二十多岁时才能完全发育成熟。前额皮质使得人们以人类独有的方式进行思考、评估和做出复杂决策，也是青少年期可能发展出越来越复杂的智力的基础。

在这一时期，前额皮质在与其他脑区的交流中变得越来越有效，形成了一个更加精细和分散的交流系统，这使得大脑不同的区域能够更加有效地处理信息（Scherf，Sweeney，& Luna，2006；Hare et al.，2008；Wiggins et al.，2014）。

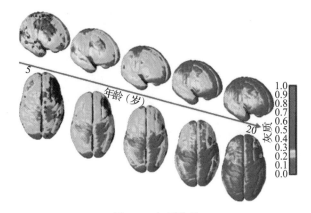

图 6-3 灰质修剪

随着个体从儿童成长为成人，大脑中的灰质会被修剪。这幅大脑的复合扫描图片呈现了 4 岁到 21 岁个体大脑皮质灰质的变化和其他物理变化。

资料来源：Gogtay et al.，2004.

前额皮质也负责冲动控制。前额叶发育完全的个体可以很好地抑制自己愤怒或狂怒等情绪驱使的冲动行为的欲望。然而，从生物层面上说，前额皮质在青少年期的发育还不完全，冲动控制的能力没有得到充分的发展（Weinberger，2001；Steinberg & Scott，2003；Eshel et al.，2007；Cao et al.，2018）。

前额叶发育的不完全会导致很多冒险和冲动行为，这是青少年期个体的一个典型特征。除此之外，一些研究者理论上认为青少年不仅低估了这些具有风险性行为的危险性，而且高估了这些行为会带来的回报。发育中青少年的一些脑区使得他们对社会性刺激更加敏感，这又反过来使冒险行为得到更多回报，并让他们更容易受到同龄人的影响。直到成年，青少年才学会表现出更好的自我调节（Albert，Chein，& Steinberg，2013；Smith，Chein，& Steinberg，2013；Blankenstein et al.，2018）。

睡眠剥夺。随着学习和社会需求的增加，青少年睡得更晚起得更早，处于睡眠剥夺的状态。这种睡眠不足与他们内部生物钟的转变同时发生。年龄大些的青少年需要晚睡晚起，需要 9 个小时的睡眠才能感到精力充沛。然而，一半的青少年每晚只睡 7 个小时或更少，几乎 1/5 的青少年睡不到 6 个小时。这是因为他们需要很早起床去上课，到深夜才感到困倦，这导致他们最终的睡眠时间远远少于身体所需的睡眠时间（Wolfson & Richards，2011；Dagys et al.，2012；Cohen-Zion et al.，2016）。

前额叶是负责冲动控制的脑区，生理层面上，其在青少年期尚未发育成熟，这导致该年龄群体会出现一些冒险和冲动行为。

睡眠不足的青少年成绩更差，也更抑郁，并且更难控制自己的情绪。他们也更容易发生车祸（Roberts, Roberts, & Duong, 2009；Luo, Zhang, & Pan, 2013；de Bruin et al., 2017）。

对青少年身心健康的威胁

一场车祸使 Tom 彻底醒了。警察在凌晨 0 点 30 分打来电话，让他去医院接自己 13 岁的女儿，Roni。事故并不严重，但是那一晚 Tom 了解到的事情可能救了 Roni 的命。警察在她所在车辆上所有人的呼吸中都检测出了酒精，包括那辆车的司机。

Tom 一直知道总有一天他要和 Roni 进行关于"酒精和药物"的谈话，但是他一直希望这次谈话能在她上高中时进行，而不是初中。回想起来，他意识到将女儿逃课、成绩下降、精神萎靡这些典型的药物或酒精导致的问题迹象当成是"青少年期焦虑"的做法出错了。现在，是时候面对现实了。

在接下来的几个月中，每周他都会和 Roni 一起与咨询师见面。虽然一开始 Roni 充满敌意，但是有一天晚上他们在洗碗时，Roni 开始痛哭流涕。Tom 只是抱着她，一句话也没有说。但是从那一刻起，Tom 知道他的女儿重新走上了正轨。

Tom 了解到酒精并不是 Roni 唯一服用的物质。她的朋友后来承认，Roni 被朋友们称为"垃圾头"是因为她几乎尝试了所有的药物。如果没有发生这场事故，Roni 很可能会惹上很大的麻烦，甚至失去生命。

药物、酒精和烟草

很少出现青少年饮酒导致像 Roni 故事中这种极端的后果，尽管青少年期通常是人一生中最健康的阶段之一，但酒精使用以及其他物质的使用和滥用已经成为青少年健康的几大威胁之一。虽然药物、酒精、烟草使用行为的危险程度不得而知，但它们都对青少年的健康和幸福构成严重威胁。

药物滥用。 青少年们的药物使用有多么普遍？非常普遍。例如，每 15 个美国高中生中就有 1 人每天或几乎每天都在吸食大麻。此外，过去十年里，大麻的使用量一直保持在一个相当高的水平上，并且随着成人吸食大麻在一些州的合法化，对于吸食大麻的态度更加正面了（Johnston et al., 2016；Lipperman-Kreda & Grube，2018；见图 6-4）。

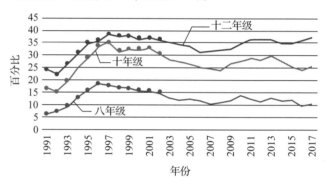

图 6-4 大麻使用保持稳定

根据一项年度调查，在过去 12 个月里吸食过大麻的学生比例一直保持在相当高的水平上。

资料来源：Schulenberg et al., 2017.

青少年使用药物有很多原因。有些人通过它来寻求情绪上的快感。有些人希望通过使用药物来逃避现实生活的压力，即使只是暂时的摆脱。有些人尝试药物仅仅是为了寻求做违法事情时的刺激感。

一些青少年则是在医生开处方止痛药来进行药物治疗后对药物上瘾了，发现停药困难。像电影明星和运动员这类知名榜样的药物使用也可能会诱使青少年使用药物。同时，同伴压力也是其中一个原因，青少年尤其容易受到同伴群体的影响（Nation & Heflinger, 2006；Young et al., 2006；Pandina, Johnson, & White, 2010）。

有时使用药物是为了提高学业表现。越来越多的高中生开始使用类似阿德拉（Adderall）的药物，即一种用于治疗 ADHD 的苯丙胺（amphetamine）的处方药。阿德拉的使用者们认为它能够增强注意力，并且能够提升学习能力，保证使用者能够长时间的学习（Schwarz，2012；Munro et al.，2017）。

药物的使用存在很多危险。一些药物具有成瘾性。**成瘾药物**（addictive drugs）会使个体产生生理或心理依赖，导致使用者越来越渴望使用。

药物生理成瘾后，身体已经习惯了药物的作用，药物使用一旦停止，身体的正常功能就会受到影响。成瘾会导致神经系统发生实际的物质变化，这种变化有可能是潜在的长期变化。这些药物可能之后再也不能提供"兴奋"的感觉了，但可能会成为维持正常感知的必需品（Hauser et al.，2017）。

药物也能造成心理成瘾。人们越来越依赖药物来应对日常生活中的压力。如果药物被当作一种逃避方式，这可能妨碍了青少年面对和解决导致他们使用药物的最根本的问题。即使是偶尔使用一些危险性较小的药物，后来也可能会逐渐发展成更危险的物质滥用。

青少年物质使用目前很大程度上影响了美国阿片类药物流行。正如我们在这本书后面提到的那样，阿片类药物导致的药物过量服用率在过去十年内急速上升（阿片类药物包括可待因和奥施康定等合法处方药物，也包括海洛因等非法药物）。在美国，几乎每天都有 100 人死于阿片类药物服用过量。2014 ~ 2015 年间，死于药物服用过量的 15 ~ 19 岁男性人数增加了 15%；2013 ~ 2015 年间，该年龄段死于药物服用过量的女性人数增加了 35%（Katz，2017）。

无论最初出于何种原因使用药物，药物成瘾都是所有行为问题中最难矫正的。即使采用多种方式的治疗，成瘾的欲望也难以抑制。

酒精：使用和滥用。 62% 的大学生有一个共同点，即在过去 30 天内，他们都至少喝了 1 杯含酒精饮料。1/3 的大学生报告说他们在过去 2 周内喝了 5 杯或更多的含酒精饮料，而且 1/25 的大学生声称他们喝了 15 杯或更多的含酒精饮料。高中生也喝酒：超过 60% 的高年级学生报告说他们在高

中毕业前都曾摄入过酒精，42% 的高中生则是在 8 年级时就已经摄入过酒精了。大约 45% 的 12 年级学生和 25% 的 8 年级学生承认他们至少喝过一次酒（Ford，2007；Johnston et al.，2016；Schulenberg et al.，2017）。

酗酒是大学校园的一个特殊的问题。对男性来说，酗酒指的是一次性连续喝了 5 杯或 5 杯以上的酒；而对于体重较轻、身体吸收酒精效率低的女性来说，酗酒则是一次性连续喝 4 杯及以上的酒。调查发现，几乎 40% 的男大学生和 35% 的女大学生报告说自己在过去 2 周内曾有过酗酒经历（Cheng & Anthony，2018；National Institute on Alcohol Abuse and Alcoholism，2018；Johnston et al.，2018；见图 6-5）。

酗酒甚至对不喝酒或很少喝酒的人也有影响。2/3 少量饮酒者报告说他们曾在学习或睡眠时曾被醉酒的学生骚扰。大约 1/3 的人曾被辱骂或羞辱过，1/4 的 18 ~ 24 岁女性报告曾遭受与酒精相关的性暴力或约会强奸（Squeglia et al.，2012；Herman-Kinney & Kinney，2013；Spear et al.，2013；National Institute on Alcohol Abuse and Alcoholism，2018）。

此外，脑部扫描结果显示，与从不酗酒的人相比，酗酒青少年的脑组织出现受损。他们的前额皮质和小脑皮质更薄，体积更小，白质也减少了。这些研究结果表明，在大脑容易受损的时期，酒精对大脑具有毒性作用，并可能会导致大脑神经元结构的永久性损伤（Cservenka & Brumback，2017；Kaarre et al.，2018）。

青少年开始喝酒有很多原因。对运动员来说，尤其是男性运动员，他们常常比同龄人喝酒更多，因为喝酒是他们证明自己能力的方式之一。与药物使用类似，其他人喝酒是为了缓解压抑紧张的情绪和减轻压力。很多人开始喝酒是因为他们以为每个人都会喝很

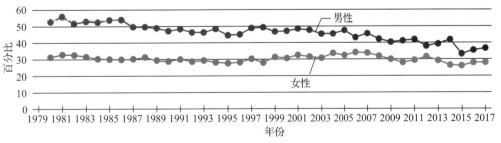

图 6-5 大学生酗酒

自 20 世纪 80 年代首次收集数据以来，至少在男性群体中，19 ~ 22 岁大学生报告在过去 2 周内有过酗酒经历的总体比例依然居高不下。为什么酗酒如此普遍？

资料来源：Johnston et al.，2018.

多酒，这就是所谓的"一致性错觉"（false consensus effect）（Dunn et al.，2012；Archimi & Kuntsche，2014；Drane，Modecki，& Barber，2017）。

一些青少年无法控制他们对酒精的摄入。**酗酒者**（alcoholics）逐渐对酒精产生了依赖，无法停止饮酒行为。他们对酒精的耐受性越来越高，因此需要喝更多酒才能获得快感。有些人整日喝酒，而另一些人则在某一段时间内疯狂酗酒。

一些青少年成为酗酒者的原因还不完全清楚。基

因有一定的影响：酗酒存在家族遗传，尽管并非所有的酗酒者都有存在酒精问题的家人。父母酗酒或家庭成员酗酒的青少年可能会尝试将酗酒作为处理压力的方式（Berenson，2005；Clarke et al.，2008；Kendler et al.，2018）。

当然，寻求帮助比寻找青少年酒精问题或药物问题的起源更加重要。家长、教师和朋友如果意识到问题存在，都可以为青少年提供帮助。接下来我们将提到一些可辨别的迹象，请见"生活中的发展"专栏。

生活中的发展

是否沉迷于药物或酒精

尽管想了解到青少年是否药物或酒精滥用并不是一件易事，但还是有一些迹象可寻的。其中包括：

识别药物文化
- 与药物相关的杂志或衣服上的标语
- 涉及药物的对话和笑话
- 讨论药物时表现出的敌意
- 收集啤酒罐

生理衰退的迹象
- 记忆力下降、注意力持续时间短、注意力难以集中
- 身体协调性差、言语含糊不清或语无伦次
- 不健康的外表、不注重打扮或卫生
- 眼睛充血、瞳孔放大

学校表现的巨大变化
- 成绩明显下滑——不仅仅是从 C 到 F 的变化，还包括从 A 到 B 和 C 的过程；不完成作业
- 旷课或迟到增加

行为变化
- 长期不诚实行为（说谎、偷窃、欺诈）；惹上警察
- 朋友的变化；在谈论新朋友时闪烁其词
- 拥有大量的金钱
- 不适当的愤怒、敌意、易激惹和保密的增加
- 动机、活力、自律和自尊的下降
- 对课外活动和爱好逐渐丧失兴趣

烟草：吸烟的危害。尽管大部分青少年意识到了吸烟的危害，但许多青少年还是会沉迷吸烟。最近的调查显示，总体上青少年吸烟的人数有所下降，但吸烟的总人数仍然很多；而且在特定群体中，吸烟的人数还在增加。吸烟女性的数量也在增加，在包括奥地利、挪威和瑞典在内的一些国家中，吸烟的女孩比例要高于男孩。此外，吸烟也存在种族差异：白人儿童比黑人儿童更有可能尝试烟草，并更早开始吸烟。同样地，相同年龄的白人男性高中生吸烟人数比黑人男性高中生显著更多，尽管这种差异正在缩小（Baker，Brandon，& Chassin，2004；Fergusson et al.，2007；Proctor，Barnett，& Muilenburg，2012）。

吸烟正在成为一种越来越难以维持的习惯，因为社会对吸烟的限制越来越多。现在找到一个适合吸烟的场所越来越困难：越来越多的地方，包括学校和商场

都变成了无烟场所。即便如此，尽管了解吸烟和吸二手烟的危害，仍有相当一部分青少年吸烟。那么，为什么青少年会开始抽烟，并且保持这个习惯呢？

其中一个原因是一些青少年认为吸烟是长大成人的仪式和标志。此外，看到一些有影响力的榜样的吸烟行为，如电影明星、父母和同龄人，也会增加青少年养成吸烟习惯的可能性。烟草同样也非常容易上瘾。尼古丁是香烟中的活性化学成分，能够使人快速产生生理和心理依赖。尽管一两支烟并不能造成烟瘾，但多吸几支烟就可能会养成吸烟的习惯。事实上，早年只抽 10 支烟的人有 80% 的可能性成为习惯性的吸烟者（Wills et al.，2008；Holliday & Gould，2016；Azagba，2018）。

吸烟的最新趋势之一是吸电子烟。电子烟是一种电池供电的形似香烟的设备，其可以输送蒸汽形式

的尼古丁。这种吸食在青少年中相当普遍，过去一年里大约1/5的12年级学生报告自己曾吸过电子烟（Johnston et al.，2018）。

吸电子烟看上去危害比传统的香烟要小。然而一些研究表明，尽管吸电子烟对健康的影响尚不清楚，但在青少年期吸电子烟会增加之后吸烟的可能性，而且美国政府已经开始试图监管电子烟的销售了（Lanza，Russell，& Braymiller，2017；Dunbar et al.，2018；Lee et al.，2018）。

性传播疾病

1/4的青少年在高中毕业前会感染某种**性传播疾病**（sexually transmitted infection，STI）。每10个经常有性行为的青少年女性中，通常有4个就患有性传播疾病，并且可能造成不孕。总的来说，每年约有250万的青少年患上性传播疾病（Forhan et al.，2009；Centers for Disease Control and Prevention，2017；见图6-6）。

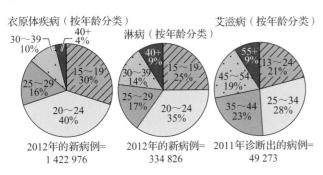

图 6-6　青少年中的性传播疾病

大多数性传播感染的新病例出现在青少年和青年人群体中。

资料来源：Henry J. Kaiser Family Foundation，2014.

最常见的性传播疾病致病源是人乳头瘤病毒（HPV）。HPV通过生殖器接触就可以传播，并不需要性交。大多数感染并没有什么症状，但是HPV能够产生生殖器疣，并在一些情况下可能导致宫颈癌。现

在已经有一种疫苗可以预防某些类型的HPV病毒了。美国疾病控制与预防中心建议给11～12岁的男孩和女孩常规注射疫苗，这一建议已引起了相当大的政治反响（Schwarz et al.，2012；Wilson et al.，2017）。

另一常见的性传播疾病是滴虫病，一种由寄生虫引起的阴道或阴茎疾病。起初没有任何症状，但它最终会导致排尿和射精疼痛。衣原体疾病是一种细菌感染。开始时也没有什么症状，但是之后会导致小便时有灼烧感以及阴茎或阴道出现分泌物。衣原体疾病可能导致盆腔炎，甚至不孕，但可以进行抗生素治疗（Nockels & Oakshott，1999；Fayers et al.，2003）。

生殖器疱疹，与常常出现在嘴边的唇疱疹病毒很相似。它的症状最初是在生殖器周围出现小的水泡或疮，这些水泡可能会破裂而变得非常疼。虽然几周后这些小水泡和疮会消失痊愈，但这种感染会经常复发，循环往复。每当疮再次出现的时候，这种无法治愈的疾病是具有传染性的。

淋病和梅毒是已知的最古老的性传播疾病，古代历史学家就曾有病例记录。在抗生素面世前，这两种疾病都是致命的，但现在可以对其进行非常有效的治疗。艾滋病是最致命的性传播疾病，也是导致年轻人死亡的主要疾病之一。尽管艾滋病无法治愈，但近年来治疗技术已经有了很大的提升，患上艾滋病也不再像从前那样直接判定为"死刑"了。尽管它最初只是一个主要影响同性恋群体的问题，但这个问题很快扩散到其他人群中，包括异性恋群体和静脉注射吸毒者。少数族裔受到的影响更大：非裔美国人和西班牙裔美国人占新发艾滋病病例中的70%，而非裔美国男性艾滋病的患病率几乎是白人男性的8倍。全世界已经超过3 500万人死于艾滋病，目前仍有3 600万艾滋病患者（UNAIDS，2018）。

从一个健康护理工作者的视角看问题

为什么青少年的认知能力，如推理能力和实验性思维的不断发展，并不能阻止他们药物滥用、酗酒、烟草使用以及性传播疾病等行为的出现？您将如何利用青少年的认知能力制订一些计划来杜绝这些问题的出现？

不禁欲，就没有确切的方式避免性传播疾病。然　而，仍有一些方法可以让性行为更安全（见表6-1）。

表 6-1 更安全的性行为

避免性传播疾病的万无一失的唯一方法就是禁欲。但是，遵循下列"安全性行为"的做法，可以显著降低感染性传播疾病的风险：

- **了解你的性伴侣**。在与某人发生性关系前，了解他或她的性生活史
- **使用安全套**。对处于性关系中的个体来说，安全套是预防性传播疾病感染最可靠的方法。此外，口交时用的牙用橡皮障也能提供预防屏障
- **避免体液交换，尤其是精液**。尤其要避免肛交。艾滋病毒可以在直肠中通过很少的体液就能传播，因此不使用安全套的肛交特别危险。口交，曾经被认为是相对安全的方式，现在也被认为具有潜在传播艾滋病毒的危险
- **保持清醒**。酒精和药物的使用会削弱判断力，导致错误的决策，而且会让正确使用安全套变得更加困难
- **考虑单一性伴侣制的好处**。长期遵循单一性伴侣制且伴侣忠诚的人感染性传播疾病的风险较小

尽管进行了大量的性教育，但是安全性行为还远未普及。青少年认为他们感染性传播疾病的可能性是微乎其微的。特别是当他们将自己的性伴侣，即他们非常熟悉、和自己形成相对长期性关系的人认为是"安全的"时，这一点尤其明显（Widman et al., 2014; Doull et al., 2017）。

不幸的是，除非能够了解性伴侣全部性经历以及性传播疾病史，否则不采取保护措施的性行为仍然存在风险。但要了解这些信息是非常困难的，不仅是因为询问时难以启齿，而且性伴侣也可能由于对自身性接触情况的不清楚、尴尬、保护隐私和健忘等原因使你无法准确获知情况。因此，性传播疾病仍然是个值得关注的问题。

回顾、检测和应用

回顾

1. 描述青少年经历的生理变化。

青少年期是一个身体快速发育的时期，包括了青春期所带来的变化。青少年对青春期的反应各种各样——从困惑到自尊的提升。无论是男孩还是女孩，早熟和晚熟对他们的影响都是有利有弊的。

2. 分析青少年的营养需求与问题。

充足的营养对青少年的身体发育至关重要。生理需求的改变和环境压力的变化都可能会导致青少年肥胖或出现进食障碍。

3. 解释青少年大脑发育与认知发展之间的关系。

青少年期大脑的变化，包括前额皮质的持续发育，让青少年的认知能力得到了显著提升。但是，尽管青少年的大脑在发育，但其尚未完全发育成熟，由此得出18 岁以下的人不应该被判处死刑的结论。

4. 描述药物使用和滥用对青少年的主要威胁。

使用非法药物和酒精作为一种寻求快乐、避免压力或获得同龄人认可的方式在青少年中非常普遍。一些令人上瘾的药物在青少年中十分流行，其能够导致生理依赖或心理依赖。酗酒对酗酒者自己和他们周围的人来说都是一个问题，因为这会造成酗酒者的大脑损伤以及对他人做出不负责任或危险的行为。烟草使用对健康的负面影响是公认的。尽管如此，青少年通常还是通过吸烟来提高自己的形象或模仿成年人。

5. 描述青少年性行为可能带来的危险。

1/4 的青少年在高中毕业前就感染了性传播疾病。艾滋病是最严重的性传播疾病。安全的性行为或者禁欲都可以预防艾滋病，但是青少年往往会忽略这些策略。

自我检测

1. 下列哪项是第一性征的例子？
   a. 阴毛的生长　　　　　　　　b. 乳房的发育
   c. 子宫的变化　　　　　　　　d. 身高的突然增加

2. 青少年期最常见的营养问题是_____。
   a. 神经性厌食症　　　　　　　b. 睡眠剥夺
   c. 神经性贪食症　　　　　　　d. 肥胖

3. 青少年可能会逐渐依赖药物来应对他们每天遇到的压力。这被称为_____。
   a. 酗酒　　　　　　　　　　　b. 生物依赖
   c. 补偿性药物使用　　　　　　d. 心理依赖

4. _____是最常见的性传播疾病。
   a. 梅毒　　　　　　　　　　　b. 人乳头瘤病毒
   c. 衣原体　　　　　　　　　　d. 艾滋病

应用于毕生发展

青少年关注自我意象对吸烟和饮酒有何影响？

6.2 青少年期的认知发展

Sonia Sotomayor 从律师、地区检察官逐步发展，最终成为美国最高法院的法官，但她的人生并非一开始就在最高层。她出生在纽约市，父母是波多黎各人，父亲在她 9 岁时就去世了。尽管家境贫寒，但她学业

成绩优异，先后毕业于普林斯顿大学和耶鲁大学的法学院。在经历了一段杰出的法律生涯之后，她被任命为最高法院法官，成为首位西班牙裔的法官。

Sonia Sotomayor 卓越的成就，只是青少年期智力惊人增长的一个例子。事实上，在这一阶段结束时，青少年的认知能力在许多方面与成年人相当。

在本节中，我们讨论青少年的认知发展。我们首先讨论皮亚杰的观点，讨论青少年如何使用形式运算来解决问题。之后转向关注另一个不同的观点：越来越有影响力的信息加工观点。接着我们会考虑元认知能力的发展，青少年通过元认知能力获得对自我思维过程的认识。我们还将讨论元认知如何导致青少年的自我中心主义和个人神话。

然后，我们将考察青少年的学业表现。讨论社会

经济地位和种族对青少年学业表现的影响。此外，我们将讨论网络对教育的影响，学生需要学习有效使用互联网的技能以及互联网潜在的危险。最后，我们将讨论社会经济地位对高中辍学率的影响。

认知发展

当 Mejia 老师读到一篇特别有创造性的文章时，她笑了起来。作为八年级《美国政府》这门课的一部分，她要求学生们写一篇文章，主题是如果美国没有赢得独立战争，他们的生活将会是什么样子。她曾在给六年级学生上课时布置了同样的作业。然而大部分六年级学生只能写出他们知道的知识，但并不能想象出一些新奇的东西。但对八年级学生来说，他们能够描绘出很多有趣的场景。一个男孩把自己想象成了卢卡斯勋爵（Lord Lucas），另一个女孩则想象自己成为一个富有农场主的仆人。

到底是什么将青少年与年龄较小的儿童区分开来了呢？其中一个主要的变化是，青少年能够超越具体的、当下的情况去思考可能发生的事情。青少年能够在头脑中想象各种抽象的可能性，他们也可以考虑问题的相对性而不是绝对性。他们看待问题时不再是非黑即白，而是能够意识到灰色地带的存在。

同样地，我们可以根据不同的理论，用不同的方法解释青少年的认知发展。我们将从回顾皮亚杰的理论开始，他的理论对发展心理学家们思考青少年的认知思维产生了巨大的影响。

皮亚杰的认知发展观点：使用形式运算

14岁的 Leigh 被要求解决一个问题：钟摆的摆动速度是由什么决定的？Leigh 获得了一个挂在细绳上的砝码，她被告知可以改动这个单摆的很多设置：绳子的长度，物体的重量，推动绳子的力的大小，砝码被释放前以弧形上升到的高度。

Leigh 并不记得，她 8 岁时曾参与了一项纵向研究，当时也被要求解决同样的问题。那时，她正处于具体运算阶段，不具备成功解决该问题的能力。她解决这个问题的方式十分随意，并没有任何系统性的行动计划。例如，她同时试图加大推动单摆的力、缩短绳子长度以及增加砝码的重量。因为她一次改变了很多因素，因此当单摆速度发生变化时，她并不知道究竟是哪个因素影响了单摆摆动的速度。

不过现在，Leigh 的思考变得更加系统了。她没有立即去推动单摆，而是思考了一下哪些因素需要考虑。通过思考哪个因素最为重要，从而作出了假设。然后，就像科学家做实验一样，她每次只改变一个变量。通过对每个变量单独而系统地考察，她最终得到了正确的结论：线的长度决定了单摆摆动的速度。

使用形式运算解决问题。心理学家皮亚杰设计了一个钟摆问题，Leigh 解决这个问题的方法表明她已经进入了认知发展的形式运算阶段（Piaget & Inhelder, 1958）。在**形式运算阶段**（formal operational stage），个体发展出了抽象思维能力。皮亚杰认为个体在青少年期开始时就已经进入形式运算阶段了，大约是在 12 岁。

青少年可以通过使用抽象的形式运算逻辑原则来

思考问题，而不再局限在具体的事物上。他们可以通过系统性思维进行简单实验并观察实验的结果来检验自己对问题的理解。因此，处在青少年期的 Leigh 可以抽象地思考单摆问题，并且知道如何验证她的假设。

青少年能够进行形式推理，首先是他们可以从什么因素导致了主要结果的一般性理论出发，然后对不同情境下的结果进行解释。就像我们在第 1 章里讨论的科学家如何形成假设一样，他们能够检验自己的理论。这种思维与上一认知发展阶段的区别在于，它是始于抽象，走向具体应用的能力；而在此之前，儿童只能解决具体情境中的问题。例如，8 岁时，Leigh 只是改变各种条件来看单摆的变化，是一种具体的方法；12 岁时，她则从抽象的观点开始，即认为应该单独检验每个变量的影响。

青少年在形式运算阶段还能够使用命题思维。命题思维是在缺少具体例子的情况下使用抽象逻辑的推理。命题思维让青少年明白，如果某个前提为真，那么得出的结论也一定为真。例如：

所有人都是凡人。（前提）
苏格拉底是一个人。（前提）
因此，苏格拉底是凡人。（结论）

青少年能够理解，如果两个前提都为真，那么得到的结论也为真。在前提和结论的描述更为抽象的情况下，他们还能够进行类似的推理，如下所示：

所有的 A 都是 B。（前提）
C 是 A。（前提）
因此，C 是 B。（结论）

像提出假说的科学家一样，处于形式运算阶段的青少年能够进行系统的推理。他们从得到特定结果的一般性理论开始，之后能够推理出他们所发现的特定结果，从而推断出一个针对特定情境的解释。

尽管皮亚杰指出形式运算阶段始于青少年期早期，但他也假设（和其他阶段类似）个体完整的认知能力是在身体成熟和环境经验的共同作用下逐步获得的。皮亚杰认为，15 岁左右青少年才能够完全进入形式运算阶段。

事实上，一些证据表明相当一部分人到很晚才能具备形式运算的能力，而有些人甚至一生都没有完全获得这个能力。大部分研究表明，只有 40% ～ 60% 的大学生和更年长的成年人能够完全掌握形式运算思维，有些研究则发现人数比例估计要小于 25%。虽然许多成年人并没有在每个领域都表现出形式运算思维，但他们还是能够胜任某些方面的工作（Sugarman，1988；Keating，2004）。

青少年成长的文化环境也对他们形式运算的使用有影响。相较于在更复杂的社会中生活且受到过良好教育的人，那些在与世隔绝的、科技落后社会中生活且很少受过正式教育的人可能会更少地使用形式运算思维（Segall et al.，1990；Commons，Galaz-Fontes，& Morse，2006；Asadi，Amiri，& Molavi，2014）。

但这并不意味着较少使用形式运算思维文化中的青少年（和成人）就不能获得形式运算思维。更可能的结论是，以形式运算为特征的科学推理并不是在所有社会中都有着相同的价值。如果日常生活中并不需要或促使某种类型的推理，那么人们在面对问题时也就不太可能会使用这种推理了（Gauvain，1998）。

青少年使用形式运算的后果。 使用形式运算进行抽象推理的能力，使青少年的日常行为有所改变。先前他们可能会盲目地接受规则及解释，但随着抽象思维能力的不断提高，他们可能会更激烈地质疑父母和其他权威人士。

一般来说，青少年变得更好争辩。他们喜欢利用抽象推理来找出别人解释中的漏洞，并且他们日益增长的批判性思维使得他们对家长和老师的缺点更加敏感。例如，如果父母在青少年期的药物使用没有给他们带来什么影响，当父母反对他们使用药物时青少年就会认为父母前后观点矛盾。但是，青少年也可能会优柔寡断，因为他们能够意识到事物多方面的特点（Elkind，1996；Alberts et al.，2007；Knoll et al.，2017）。

对于父母、教师以及其他与青少年打交道的成年人来说，应对批判能力日益增长的青少年是一种挑战。但这也使得青少年觉得更加有趣了，因为他们会更加主动地寻求对价值观的理解以及对他们自身经历进行辩护。

评价皮亚杰的观点。每次提到皮亚杰的理论，都会引起许多争论。让我们总结一下其中的一些观点。

- 皮亚杰认为，认知能力的发展过程是整体的，按阶段逐步发展的。但个体间的认知能力存在显著差异，尤其是在对比来自不同文化的个体时。个体内部也存在不一致的现象。人们也许能够完成某些测验来表明自己达到了一定的思维水平，却无法完成其他类似的测验。如果皮亚杰是正确的，一旦人们进入了某一特定思维阶段，他们的表现应该相当一致（Siegler，2007）。
- 皮亚杰的阶段论表明，认知发展是在一个阶段到下一阶段的相对较快的转变中发生的。然而，许多发展心理学家认为认知发展是一个更为连续的过程——是逐渐积累的量变，而不是跳跃式的质变。他们还认为皮亚杰的理论更适合描述某一特定阶段的行为，而不适合解释为什么会出现从一个阶段到另一阶段的转变（Case，1999；Birney & Sternberg，2006）。
- 考虑到皮亚杰测量认知能力的任务的本质，批评者认为他低估了某些能力出现的年龄。现在更普遍的看法是认为婴儿和儿童出现更复杂能力的年龄早于皮亚杰所提出的年龄（Siegler，2007；Siegler & Lin，2010）。
- 一些发展心理学家还认为形式运算并不能代表典型的思维，更复杂形式的思维要到成年早期才能出现。发展心理学家吉塞拉·拉博维奇－菲夫（Giesela Labouvie-Vief）（2006）认为一个复杂社会所需要的思维并不一定只是基于纯粹的推理。相反，思维必须是灵活的、可以解释过程的，并反映出现实世界中事件背后因果关系的微妙之处，拉博维奇－菲夫将这种思维称为后形式思维（Labouvie-Vief，2006；Hamer & Van Rossum，2016）。

这些对皮亚杰认知发展理论的批评很有价值。但是，皮亚杰的理论引起了大量关于思维能力和思维过程的发展研究，也推动了很多课程改革。他对认知发展本质大胆的论述也引发了众多反对意见，从而产生了新的方法理论，正如我们下面将谈论到的信息加工观点（Taylor & Rosenbach，2005；Kuhn，2008；Bibace，2013）。

信息加工视角：能力的逐渐转变

从信息加工的角度来看，青少年认知能力的发展是逐渐且连续的。皮亚杰的观点认为，青少年认知复杂性的增加反映了阶段性转变的突飞猛进，而**信息加工观点**（information processing approach）则认为青少年认知能力是在获得、使用和存储信息能力中逐渐改变的。在人们组织思维、制订应对新情境的策略、分类事实以及提升记忆能力和知觉能力的过程中，出现了多种渐进式的变化（Pressley & Schneider，1997；Wyer，2004）。

元认知：对思维的思维。通过 IQ 测验得到的青少年一般智力，始终保持稳定，但构成智力的特定能力却有了显著的提升。言语能力、数学能力以及空间能力都得到了提升。记忆容量的增加使得青少年变得善于同时处理多个刺激，比如可以一边为生物考试备考一边听流行音乐。

正如皮亚杰提到的那样，青少年理解问题的能力、掌握抽象概念的能力、进行假设思维的能力以及对情境内固有可能性的理解能力都发展得越来越精细。这使得他们能够对自己提出的假设关系不断地进行仔细研究与分析。

青少年对世界的了解也越来越多。随着他们接触的材料数量越来越多以及他们记忆能力的增强，他们的知识储备也随之增加。总的来说，各种心理能力在青少年期都有了显著的提升（Kail，2004；Kail & Miller，2006；Atkins et al.，2012）。

认知发展的信息加工理论认为，青少年心理能力得以发展的主要原因之一是元认知的发展。**元认知**（metacognition）是人们对自身思维过程的认识以及对自己认知的监控能力。虽然年幼的儿童也能使用一些元认知策略，但青少年更擅长理解自己的心理过程。

例如，随着青少年对自己记忆能力的理解加深，他们可以更好地估计自己记住考试给定材料所需的时间。此外，他们比幼年时更能准确地判断出自己何时已经完全记住所有材料了。这种元认知的发展使得青少年能够更加有效地理解和掌握学习材料（Rahko et al.，2016；Zakrzewski，Johnson，& Smith，2017；Shute et al.，2018）。

这些新能力也使得青少年产生深刻的内省和自我意识，这两个特点可能会导致青少年出现较高的自我中心主义。我们将在下面进行介绍。

思维的自我中心主义：青少年的自我专注。Carlos认为他的父母是"控制狂"，他不理解为什么他的父母坚持要他在借走车的时候打电话给他们，而且报告自己在什么地方。Jeri 对 Molly 买了跟她一样的耳环感到震惊，她觉得自己的耳环应当是独一无二的，尽管 Molly 买耳环的时候可能并不知道 Jeri 也有相似的耳环。Lu 对他的生物老师很不满，因为她在时间很长且很难的期中测验中考得很差。

青少年新发展出来的复杂的元认知能力使得他们很容易想象别人正在关注着他们，并且他们还可能虚构一些有关他人想法的复杂场景。这是导致青少年思维中的自我中心主义的主要原因。**青少年自我中心主义**（adolescent egocentrism）是一种自我专注的状态，在这种状态下他们认为全世界都在关注着他们。这种自我中心主义使得青少年对权威充满了批判精神，但

不愿接受批评，更倾向于快速指出他人行为中的错误（Schwartz, Maynard, & Uzelac, 2008；Inagaki, 2013；Rai et al., 2014；Lin, 2016）。

青少年可能会发展出**假想观众**（imaginary audience），就像青少年他们关注自己一样，会存在十分关注他们行为的想象中的观察者。但不幸的是，这跟他们其他的思维一样，都存在相同的自我中心主义。例如，一名坐在教室里的学生可能确信教师正在关注她，而一个打篮球的青少年可能确信全场的人都在关注他下巴上的青春痘。

自我中心主义还导致了另一种思维上的扭曲：即认为自己的个人经历是独一无二的。青少年发展出了**个人神话**（personal fable），他们会觉得自己的经历是独一无二、与众不同的，是无法跟别人分享的。例如，失恋的青少年可能觉得没有人曾像这样被伤害过，没有人曾受到过这种糟糕的待遇，再没有人能够理解他们的痛苦（Alberts et al., 2007；Rai et al., 2016）。

从一个社会工作者的视角看问题

青少年的自我中心主义在哪些方面使他们的社会和家庭关系复杂化了？成年人是否能够彻底摆脱自我中心主义和个人神话？

个人神话可能会使青少年对威胁他人的风险毫无畏惧。他们可能认为在发生性行为时不必使用安全套，因为他们的个人神话使他们相信，怀孕和性传播疾病只会发生在别人身上，而不会发生在自己身上。他们也可能会酒后驾驶，因为他们的个人神话使他们认为自己开车十分谨慎，总能掌控各种情况（Greene et al., 2000；Vartanian, 2000；Reyna & Farley, 2006）。

青少年的个人神话可能会使他们认为自己是不会受伤的，因此会参与一些危险行为，像图中巴西少年爬到高速列车的车顶上一样。

学业表现

Jared 非常恼火。他的 iPhone 连不上网，他不得不摘下耳机，把他的微积分课本放下，并暂停他正在 PS4（一种家用电子游戏机）上玩的游戏。在捣鼓一番 iPhone 后，它又能正常播放了。他再次戴上耳机并打开微积分课本和电子游戏时，他大声询问父亲，想知道隔壁房间正在播放篮球比赛的比分是多少。令他惊讶的是，他父亲回答说不知道，因为父亲一直在看书而没有注意到比分。Jared 睁大眼睛，心里默默地认为他的父亲有点笨，因为父亲不能同时做这两件事情。

青少年学业表现：复杂的图景

17 岁的 Jared 能够同时听音乐、做作业和玩电子游戏，这可能表明他比他一次只能完成一件事情的父亲能力高，但也可能无法得出这个结论。在某种程度上，Jared 进行多重任务的能力主要是因为他与父亲成长的时代不同，但也有一部分可能是因为青春期认知

发展。可以这么说，与父亲相比，Jared 可能能够同时完成更多的心理任务；但毋庸置疑，与前几年的他自己相比，他肯定能更好地完成更多的心理任务。

青少年期的元认知、推理以及其他认知能力的发展是否会促进他们学业表现的提升呢？如果我们用成绩作为学业表现的指标，那么答案是肯定的。在过去的 10 年中，高中生的成绩有所提高。1998 年到 2016 年，高中学生的平均成绩从 3.27 上升到 3.38（总分为4）。在学生更富有，且大多数为白人群体的高中学校中，成绩提升的发生率最高（College Board，2005；Buckley，Letukas，& Wildavsky，2018）。

然而，独立的成就测验，如 SAT 的分数，并没有提高。成绩提高更可能的解释是成绩膨胀（grade inflation）现象，即学生并没有变化，只是对学生同样的表现教师当下给的分数更高了（Cardman，2004）。

成绩膨胀的进一步证据来自美国学生与其他国家或城市学生相比更低的成绩。例如，与其他工业化国家或城市学生的成绩相比，美国学生的标准化数学和自然科学的成绩更低（Organization for Economic Cooperation and Development [OECD]，2014；Desilver，2017；见图 6-7）。

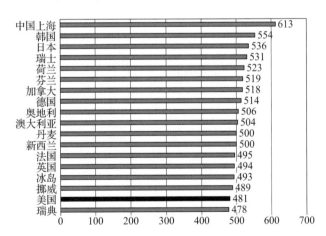

图 6-7 与其他国家或城市相比，美国学生的数学成绩

与世界其他国家或城市学生的数学成绩相比，美国学生的成绩低于平均水平。

资料来源：Based on Organization for Economic Cooperation and Development（OECD），2014.

这种差异并不是由单一原因造成的，而是多种因素的综合结果，如课堂上所花的时间更少、教学强度更低等。相较于其他国家同质性更强、更富裕的学生群体而言，美国学生群体的多样性也可能会影响他们

的学业表现（Stedman，1997；Schemo，2001）。

美国高中生更低的毕业率也反映了美国高中生的学习情况。尽管美国高中生毕业率曾经位居世界第一，但在工业化国家中已经降至第 24 位。美国只有 79% 的高中生能够顺利毕业，这远低于其他发达国家的高中毕业率。当然，正如我们接下来讨论的，社会经济地位的差异会反映在美国的学业表现上（Organization for Economic Cooperation and Development [OECD]，1998，2001，2014）。

社会经济地位和学业表现：成就上的个体差异。 所有学生都有接受平等教育的权利，但教育成就和社会经济地位（SES）之间的关系表明，一些学生群体会比其他群体有更多的优势。

平均而言，中等和高等社会经济地位的学生比低社会经济地位的学生，在标准化测验中的成绩更好，且受教育的时间更长。当然这种差异并不是从青少年期开始的，较低年级就已经开始出现这种差异了。但到了高中阶段，社会经济地位的影响变得更加显著（Tucker-Drob & Harden，2012；Roy & Raver，2014；Li，Allen，& Casillas，2017）。

为什么来自中等和高等社会经济地位家庭的学生表现出更高的学业成就？与生活较为富裕的学生相比，生活贫困的学生拥有的有利条件更少，而且他们的营养和健康状况可能更差。如果他们居住在拥挤的环境中，或没有合适的学校上学，他们就可能没有地方学习。他们的家中也可能缺少富裕家庭中很常见的书籍和电脑（Chiu & McBride-Chang，2006；Wamba，2010；Cross et al.，2018）。

出于这些原因，来自贫困家庭的学生从上学第一天起就可能已经处于不利的情况中。随着他们逐渐长大，他们的学业表现可能会继续落后。事实上，这种差异还可能会像滚雪球一样越来越大。高中的学业成就在很大程度上取决于早期在学校学到的基本技能。早期学习有困难的学生之后可能会越来越落后（Biddle，2001；Hoff，2012；Duncan，Magnuson，& Votruba-Drzal，2017）。

学业成就的族裔和种族差异 不同族裔和种族在学业成就方面的巨大差异是美国教育所面临的问题。学业成绩的数据显示，平均而言，非裔美国学生和西班牙裔学生比白人学生的学业表现更差，标准成就测验中的得分也更低。相比之下，亚裔美国学生的成绩则

往往比白人学生更好（Frederickson & Petrides，2008；Shernoff & Schmidt，2008；Byun & Park，2012；Kurtz-Costes，Swinton，& Skinner，2014）。

社会经济因素造成了族裔与种族学业成就上的差异。大多数非裔美国人和西班牙裔的家庭都很贫穷，这可能会影响他们孩子的学业表现。事实上，当我们在相同社会经济水平上比较不同族裔和种族学生的学业成就时，这种成就的差异就会大大减小，但并不会完全消失（Meece & Kurtz-Costes，2001；Cokley，2003；Guerrero et al.，2006）。

人类学家约翰·奥布（John Ogbu）指出，某些少数族裔群体可能并不太看重学业成功。他们可能认为社会偏见早就决定了无论他们多么努力，他们都不会获得成功。他们可能因此会得到一个结论，即在学校努力学习并不能获得最终的回报（Ogbu，1992；Archer-Banks & Behar-Horenstein，2012）。

奥布认为，与被迫接受新文化的少数群体相比，自愿融入新文化的少数群体成员更有可能在学业上获得成功。他指出，从韩国自愿移民到美国的人的孩子往往会有很好的学校表现；与此相反，在第二次世界大战中从韩国被迫移民到日本的人会被强迫做劳工，他们的孩子的学业表现往往很差。显然，非自愿的移民导致了长久的伤害，会降低后代追求成功的动机。奥布指出，在美国，许多非裔美国学生的祖先是作为奴隶非自愿移民到美国来的，这可能也与他们的成就动机有关（Ogbu，1992；Toldson & Lemmons，2013；Ogunyemi，2017）。

从一个教育工作者的视角看问题

为什么非自愿移民个体后代的学业表现要比自愿移民个体后代的学业表现更差？可以用什么办法来解决这一障碍？

另一个造成族裔和种族成就差异的原因是对学业成功的归因。正如我们前面讨论的那样，许多亚洲文化下的学生倾向于将成功与情境因素联系在一起，比如他们学习的努力程度。相反，非裔美国学生则倾向于将成功归因于外部不可控的条件，如运气或社会偏见等。持有"成功来自努力"信念并付出努力的学生，其学业表现就可能比不相信努力重要的学生要好（Saunders，Davis，& Williams，2004；Hannover et al.，2013）。

青少年对学业表现不好的后果的看法也可能造成族裔和种族间的差异。具体来说，非裔美国学生和西班牙裔学生可能认为，即使学业表现不好，他们以后也能获得成功。这种信念使他们花更少的精力在学习上。相反，亚裔美国学生则认为，他们必须在学业表现出色才能找到一份好工作，从而获得成功。因此，亚裔美国人出于对后果的恐惧而努力学习（Murphy et al.，2010）。

辍学。大部分学生都能念完高中，但美国每年还是有约 50 万的学生在毕业前辍学。辍学的后果非常严重。高中辍学者的收入比高中毕业生低 42%，其失业率高达 50%。

青少年离开学校有很多原因。有些人是因为怀孕或者英语语言问题而离开，有些人则是因为经济问题不得不离开，他们需要养活自己或他们的家庭。

辍学率随性别和族裔的不同而不同。男性比女性更容易辍学。尽管近几十年来各族裔的辍学率都有所下降，但是西班牙裔和非裔美国学生的辍学率依然高于非西班牙裔白人学生。然而，并不是所有的少数族裔都有较高的辍学率，例如亚裔学生的辍学率就低于白人（Bowers，Sprott，& Taff，2013；U.S. Department of Education，2015；National Center for Educational Statistics，2016a）。

贫困在很大程度上决定了一个学生能否完成高中学业。来自低收入家庭学生辍学的可能性是来自中高等收入家庭学生的 3 倍。由于经济的成功取决于教育，辍学往往造成了贫困的恶性循环（National Center for Education Statistics，2016b）。

青少年的媒体使用：数字时代的屏幕时间

大多数青少年对社交媒体和其他技术的使用程度令人震惊。根据凯萨家庭基金会（Kaiser Family Foundation，一个受人尊敬的智囊团）进行的一项针对 8～18 岁男孩和女孩的综合调查的结果显示，年轻人平均每天花在媒体上的时间为 6.5 个小时。此外，由于大约有 1/4 的时间青少年会同时使用多种媒体，所以实际上他们每天会在媒体上花费将近 8.5 个小时（Rideout, Foehr, & Roberts, 2010；Twenge, Martin, & Spitzberg, 2018）。

媒体的使用量可以是非比寻常的。例如，一些青少年每月可以发送近 3 万条短信，并且经常同时进行着多个对话。短信的使用常常会替代其他形式的社会互动，比如打电话，甚至是一些面对面的交流（Lenhart, 2010；Richtel, 2010；Rideout & Robb, 2018；见图 6-8）。

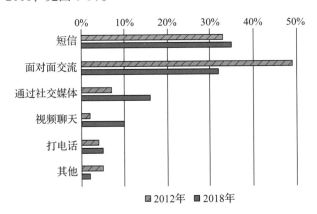

图 6-8　别跟我说话，发短信给我

2018 年，越来越多的青少年表示，他们宁愿发短信给自己的朋友，也不愿意亲自跟他们聊天，这与 2012 年相比有一个明显的变化。

资料来源：Rideout & Robb, 2018.

青少年也可能会使用多种社交平台，其中 Facebook，Instagram 和 Snapchat 最受欢迎。这些社交平台的使用也存在性别差异，男孩更可能使用 Facebook，而女孩更可能使用 Tumblr、Pinterest 和 Instagram 等视觉取向的平台。男孩和女孩都很少关心隐私问题：有调查结果显示，几乎所有人都分享过自己的姓名、生日和照片等。最后，青少年也使用社交媒体来增进他们的浪漫情趣（Lenhart, Smith, & Anderson, 2015；Office of Adolescent Health, 2016）。

对许多青少年而言，使用社交媒体的另外一种形式是参与在线视频游戏。除了游戏本身这一层，视频游戏还提供了一个与同龄人交流的方式。此外，一些研究表明，电子游戏能够提供认知上的刺激。例如，即便是暴力类型的动作或"射击"视频游戏也能提高

个体的注意力、视觉处理能力、空间技能以及心理旋转能力（Green & Bavelier, 2012；Uttal et al., 2013；Kowal et al., 2018）。

青少年使用社交媒体也存在明显的负面影响。例如，一些发展心理学家认为频繁使用社交媒体与面对面社交能力的下降有关。从这个角度来看，网络卷入减少了学习社会技能的机会。然而，使用社交媒体的一些方面实际上也能够帮助青少年学习某些类型的社交技能，从而能够提高他们整体的社交能力（Yang & Brown, 2015；Reich, 2017）。

此外，一些在线活动形式可能是极为恶劣的。例如，一些青少年利用网络来欺凌其他人，如在这个过程中，有些受害者会重复地收到带有伤害性信息的短信或邮件。这类网络欺凌（cyberbullying）行为可能是匿名的，而且特别具有伤害性。虽然它们不会造成身体伤害，但是却能够造成心理伤害（Best, Manktelow, & Taylor, 2014；Bartlett et al., 2017；Hood & Duffy, 2018）。

网络的广泛使用使得青少年能够挖掘到大量的信息。但是，目前尚不清楚网络使用将会如何改变教育，也不清楚这些影响是否都是积极的。例如，学校不得不改变课程设置，包括加入在大量易于获得的信息中如何鉴别出最关键信息的学习：学习对大量信息进行分类，找出最有用的信息，丢弃掉无用信息。为了充分利用网络的优势，学生必须具备搜索、选择并整合这些信息，从而创造新知识的能力（Trotter, 2004；Guilamo-Ramos et al., 2015）。

尽管网络存在这么多益处，但是也存在弊端。网络使青少年更容易获得一些家长和成人非常反感的内容。而且，网络赌博问题也日益严重。高中生和大学生可以很轻易地在体育赛事上下注，并使用信用卡参与网上扑克等游戏（King, Delfabbro, & Griffiths, 2010；Derevensky, Shek, & Merrick, 2010；Giralt et al., 2018）。

计算机的使用还带来了一个涉及社会经济地位、种族和族裔等方面的挑战。与富裕的青少年和高社会经济地位家庭的成员相比，贫困的青少年和少数族裔成员接触计算机的机会更少，这一现象被称为数字鸿沟（digital divide）（Olsen, 2009；Broadbent & Papadopoulos, 2013；Gonzales, 2016）。

回顾、检测和应用

回顾

6. 分析皮亚杰对青少年认知发展的解释。

青少年期对应皮亚杰的形式运算阶段，这一阶段的主要特征是抽象推理和用实验的方法解决问题。由于他们抽象推理的能力，青少年开始质疑权威，变得好争辩。

7. 解释青少年认知发展中的信息加工观点。

根据信息加工观点，青少年期的认知发展是逐渐积累的量变，思维和记忆的许多方面都在发展。元认知能力的发展使青少年可以监控思维过程和心理能力。青少年很容易受到自我中心主义的影响，并认为存在经常关注他们的行为的假想观众。青少年可能会构建个人神话，这让他们觉得自己独一无二，不会受到伤害。

8. 描述影响青少年学业表现的主要因素。

学业成绩与社会经济地位、种族和民族有着复杂的联系。一些学生群体表现不佳与较低的社会经济地位有关，而较低的社会经济地位往往会导致必要的学习资源的缺乏。性别和族裔对辍学率都有影响，美国的辍学率高得惊人。

9. 解释青少年使用媒体的性质和后果。

青少年花大量的时间使用数字媒体。这种现象既有好处，也有风险。好处包括增加获得信息和文化的机会；风险包括接触不适当和有害的资料和行为。随着媒体在学校中变得越来越重要，使用计算机和互联网的机会不平等是一个关键的问题。较贫穷的青少年和少数群体的成员通常比较富裕的青少年和较有利群体的成员接触计算机和互联网更少。

自我检测

1. 15 岁的 Wyatt 能够以更抽象而不是具体的方法解决课堂上的物理问题。从皮亚杰的理论来看，Wyatt 现在拥有_____。

  a. 前运算思维　　　　　b. 形式运算思维

  c. 自我中心主义　　　　d. 感觉运动思维

2. _____是指人们了解自身思维的过程并且能监控自己认知的能力。

  a. 元认知　　　　　　　b. 后形式思维

  c. 自我中心主义　　　　d. 感觉运动思维

3. 由于美国标准测验得分与其他国家的成绩相比并不理想，近 10 年青少年成绩的逐渐上升是由_____造成的。

  a. 移民的增加　　　　　b. 成绩膨胀

  c. 成绩紧缩　　　　　　d. 动机下降

4. 青少年获得电脑和技术教育的机会并不平等，这取决于他们自己社会经济地位、种族和族裔，这被称为_____。

  a. 成就差距　　　　　　b. 网络欺凌

  c. 机会陷阱　　　　　　d. 数字鸿沟

应用于毕生发展

哪些外在因素（即不能归因于学生自身）可能会对美国大学生在国际成就测验上的成绩产生影响？

6.3 青少年期的社会性和人格发展

太空中的卫星能帮助视觉障碍人士日常生活中的导航吗

在 Ameen 还是一名 18 岁的高中生，并发明了一套保障视觉受损者能够独立生活的系统时，他就想到了这个问题。Ameen 在芝加哥上高中，他的灵感来自汽车导航系统，这种系统通过使用全球定位系统卫星来帮助汽车驾驶员不迷路。

Ameen 的父亲以及其他几个亲属都是盲人，因此他想设计一个系统来让视力受损的人能够知道自己在什么地方以及如何能够到达特定的目的地。为此，他组装了一个像苹果 iPod 大小的仪器来接收卫星信号。每个使用者都会在手臂上佩戴手环，还会戴上耳机。

用户在对目的地编程后，就会收到语音指令，会告诉他们往哪个方向走。与此同时，手环会通过振动来指明正确的方向。

经过 3 年的反复试验，这个系统已经被证明十分有效。它能够扩大视觉障碍者的世界，能够用一种前所未有的方式为他们规划路线（Kemker，2017）。

是什么驱使 Ameen 发明他的设备？是什么样的人格和认同让他想帮助那些失明的亲属？是什么激励他以无私，或者可以被称为一种英雄式的方式做这件事？

在本节中，我们将讨论青少年期的人格和社会性发展。

我们首先会考虑青少年是如何形成对自己的看法的。我们关注自我概念、自尊和认同发展。我们还会研究三个主要的心理难题：焦虑、抑郁和自杀。

接下来，我们将讨论关系。我们考虑到青少年如何在家庭中定位自己，以及由于同龄人变得越来越重要，家庭成员在某些领域的影响是如何下降的。我们还将研究青少年与朋友的互动方式，以及受欢迎程度的决定因素。

最后，本节将会考虑约会和性行为。我们将探讨约会和亲密关系在青少年生活中的作用，我们会考虑性行为和支配青少年性生活的一些标准。最后，我们会回顾青少年女性怀孕以及防止意外怀孕的项目计划。

同一性："我是谁"

Anton 说："你无法想象一个 13 岁的孩子要承受多少压力。你必须看上去很酷，表现得很酷，穿合适的衣服，留着正确的发型——而且与你的父母相比，你的朋友们对所有事都有着不同的想法，明白我的意思吗？你必须拥有朋友，不然你什么都不是。并且，如果你不喝酒或者不使用药物，你的朋友就会认为你是不酷的人，但如果你不想做那些事情呢？"

13 岁的 Anton 对他在社会中的新位置有着清晰的认知和自我意识。在青少年期，诸如"我是谁"和"我属于这个世界的哪个地方"这样的问题开始被放在首要位置。

自我概念和自尊

同一性问题在青少年期变得如此重要的一个原因是青少年的智力与成人更加接近。他们可以通过与他人比较来认识自己，并能够意识到自己是独立于其他人的个体。青春期剧烈的生理变化使青少年敏锐地觉察到自己的身体，并意识到他人正在以新的方式来影响自己。无论什么原因，青少年期给青少年的自我概念和自尊带来了重大的变化。总的来说，是他们的自我同一性发生了变化。

自我概念：我是怎样的人？ Valerie 如此描述自己："其他人认为我是无忧无虑的，对什么事情都不太担心。但实际上，我经常感到紧张不安和情绪化。"

Valerie 将别人的观点和她自己的观点区分开来，这代表了青少年期的一种发展进步。在儿童期，Valerie 已经能够用一系列特征来描述自己，但从她的角度出发，这并不能将她与其他人区分开来。然而，当青少年试图描述自己是谁时，他们会同时考虑自己和他人的观点（Preckel et al.，2013；McLean & Syed，2015；Griffin，Adams，& Little，2017）。

以更广阔的视角看待自己，是青少年对同一性理解日益增长的一个方面。他们可以同时看到自我的各个方面，而且，这种关于自己的观点变得更有条理且连贯。他们从心理学的角度看待自己，将特质看作一种抽象的概念，而不是具体的实体（Adams，Montemayor，& Gullotta，1996）。例如，相较于年幼的儿童，青少年更有可能根据自己的意识形态（例如"我是一个环保主义者"）而不是生理方面的特征（例如"我是我们班里跑得最快的人"）来定义自己。

然而，在某些方面，这种更广泛、多面的自我概念可能让人喜忧参半，尤其是在青少年期早期。那个时候，青少年可能会被他们复杂的人格所困扰。年少的青少年可能希望能以一种特定的方式来看待自己（"我是一个善于社交的人，喜欢与人相处"）。当他们的行为与观点相矛盾时，他们可能会感到担忧（"尽管我想与人社交，但有的时候，我无法忍受与朋友在一起，只想一个人待着"）。然而，直到青少年期结束，他们发现自己能够更容易地接受行为和感受随情境的变化而变化了（Trzesniewski，Donnellan，& Robins，2003；Hitlin，Brown，& Elder，2006）。

自尊：我有多喜欢自己？ 尽管青少年越来越能够意识到自己是谁（他们的自我概念），但这并不意味着他们更喜欢自己（他们的自尊）。他们越来越准确的自我概念使得他们能够充分且全面地看待自己，包括所有的缺点。他们如何处理这种感知决定了他们的自尊。

能够区分自我各个方面的相同的认知复杂性也能够引导青少年使用不同的方式来评估这些方面（Chan，1997；Cohen，1999）。例如，一个青少年可能在学业表现方面有高自尊，但在人际关系方面上自尊较低。或者可能相反，正如这位青少年所说："我喜欢我自己吗？这真是一个问题！好吧，让我想想。我喜欢我的一些特质，比如说我是一个好的倾听者和一个好的朋友。但不喜欢我的另一些方面，比如说我的嫉妒。我在学业上不能被称作天才（我的父母希望我能够做得更好），但如果你太聪明，你就会失去很多朋友。我很擅长运动，尤其是游泳。我之所以是一个很好的朋友是因为我有一个最好的特质，你也知道，是忠诚。我因此而出名，也因此而受欢迎。"

青少年的自我意识考虑到了自己和他人的看法。

自尊的性别差异。性别是决定青少年自尊的多个因素之一。值得注意的是，在青少年期早期，女孩的自尊往往比男孩更低、更脆弱（Mäkinen et al.，2012；Ayres & Leaper，2013；Jenkins & Demaray，2015）。

与男孩相比，女孩往往更在意身体外表、社交成功和学业成就。虽然男孩也很在意这些事情，但他们的态度更随意。社会刻板印象中聪明与受欢迎并不兼容，这也困扰着女孩们：如果她们的学业成绩很好，这反而阻碍了她们在社交上的成功。这也说明为什么青少年期女孩的自尊会比男孩更加脆弱（Ayres &

Leaper，2013；Jenkins & Demaray，2015；Ra & Cho，2017）。

尽管青少年期男孩的自尊往往高于女孩，但男孩也有脆弱的一面。例如，性别刻板印象可能会让男孩觉得他们应该永远表现出自信、坚强和无所畏惧。男孩在面临困难时（如他们不能组建一支球队，或约会时遭到女孩的拒绝），可能也会像成年男性一样感到无能为力，而且会因为失败而感到痛苦（Pollack, Shuster, & Trelease，2001；Witt, Donnellan, & Trzesniewski，2011；Levant et al.，2016）。

自尊的社会经济地位和种族差异。社会经济地位（SES）和种族因素也会影响自尊。高社会经济地位的青少年比低社会经济地位的青少年有着更高的自尊，在青少年中后期更为明显。一些能够提高个人地位和自尊的社会地位因素，如拥有更昂贵的衣服或汽车，在青少年期可能会变得更加重要（Dai et al.，2012；Cuperman, Robinson, & Ickes，2014）。

种族和族裔也会对自尊产生影响，但随着对少数族裔偏见的减少，这些因素带来的影响也有所下降。早期的研究结果发现，少数族裔的社会地位可能导致了自尊的降低。研究者解释称，非裔美国人和西班牙裔美国人的自尊之所以比白人低，是因为社会偏见使他们感到不被喜欢和被拒绝，这种感受也被整合到他们的自我概念中了。然而，最近的研究表明，非裔美国青少年与白人青少年在自尊水平上没有什么差异。一种解释是，非裔美国人社区中的社会运动提升了种族自豪感。研究也发现非裔美国人和西班牙裔美国人更强的种族认同感与更高的自尊相关（Phinney，2008；Kogan et al.，2014；Benner et al.，2018）。

不同种族青少年自尊水平没有差异的另一个原因是，青少年倾向于将自己的偏好和事情优先权集中在他们自己擅长的事情上。因此，非裔美国青少年可能会专注在他们最喜欢的事情上，并从这些领域中的成功来获得自尊（Yang & Blodgett，2000；Phinney，2005；Aoyagi, Santos, & Updegraff，2017）。

最后，自尊可能不只受到种族因素的影响，也会受到其他多种因素的综合影响。一些发展心理学家同时考察了种族因素和性别因素，创造出种族性别（ethgender）这个术语指代种族和性别的共同影响。一项同时考察种族和性别的研究发现，非裔美国男性和西班牙裔美国男性的自尊水平最高，而亚裔美国女性和美国土著女性自尊水平最低（Biro et al., 2006；Adams, 2010；Guo et al., 2015）。

青少年强烈的种族认同感与较高的自尊水平有关。

同一性形成的视角

发展心理学家一致认为，青少年对同一性的追求是一个严肃的问题，必须在进一步发展之前加以解决。人们普遍认为，宗教和精神信仰往往对个体自我同一性的形成有影响，个体的种族和族裔背景也对同一性形成有巨大的影响。我们接下来将讨论这些问题。

埃里克·埃里克森：解决同一性危机。根据埃里克森的理论，青少年对同一性的寻求不可避免地会使某些青少年陷入同一性危机中，包括产生的严重心理混乱（Erikson, 1963）。埃里克森认为，青少年试图找出他们自己身上的独特之处，他们认知的发展使得他们可以越来越熟练地完成这一任务（埃里克森阶段论的总结，见表6-2）。

埃里克森认为，青少年努力发现自己的优点和缺点以及他们在未来生活中最适合的角色。这通常包括"尝试"不同的角色或选择，来探索它们是否适合自己的能力和他们对自己的看法。在这个过程中，青少年通过逐步缩小个人、职业、性和政治承诺等范围以做出选择，从而试图理解自己是谁。埃里克森将此称为**同一性对角色混乱阶段**（identity-versus-identity-confusion stage）。

埃里克森认为，没有确立适当同一性的青少年，可能会以多种方式脱离同一性的形成过程。他们可能通过扮演社会上不被接受的角色来表示他们所不想成为的那种人。他们可能无法形成和维持长期的亲密关系。一般而言，他们的自我感知变得"分散"，无法组织起一个集中的、统一的核心认同。

相反，那些成功形成适当同一性的人为未来社会心理的发展奠定了基础。他们认识到自己独特的能力，相信这些能力，并能够发展出准确的自我感知。他们已准备好充分利用他们独特的优势了（Allison & Schultz, 2001）。

社会压力和对朋友及同伴的依赖。同一性对角色混乱阶段青少年承受的社会压力也很高。青少年会受到来自父母和朋友的压力，迫使他们决定高中毕业后是选择工作还是上大学；如果选择工作，那么要选择什么职业。到目前为止，他们接受到的教育一直遵循着美国社会制定的一般路线。然而，这条路线在高中后就结束了，这使得青少年要面临对未来道路上的艰难抉择。

在这个阶段，青少年更多地向他们的朋友和同伴寻求信息，对成人的依赖性逐渐下降。正如我们后面将要讨论到的，这种对同伴日益增长的依赖使得青少

表 6-2 埃里克森阶段论的总结

阶段	适当的年龄	正性结果	负性结果
阶段1. 信任对不信任	出生至1.5岁	感知到他人支持带来的信任	对他人感到害怕和不安
阶段2. 自主对羞愧怀疑	1.5～3岁	如果探索得到鼓励，会有自我效能感	怀疑自己；缺乏独立性
阶段3. 主动对内疚	3～6岁	发现发起行动的方式	对行为和想法感到内疚
阶段4. 勤奋对自卑	6～12岁	胜任感的发展	自卑感、缺乏掌控感
阶段5. 同一性对角色混乱	青少年期	自我独特性的觉知，获得生活中扮演角色的知识	不能识别在生活中所应扮演的角色
阶段6. 亲密对疏离	成年早期	爱情、性关系和亲密友谊的发展	害怕与他人交往
阶段7. 再生力对停滞	成年中期	对生命延续的贡献感	个人行为的琐碎化
阶段8. 自我完善对失望	成年晚期	对人生成就的统一感	对人生中所失机会感到后悔

资料来源：Erikson, 1963.

年能够建立起亲密关系。而将自己与他人进行比较，有助于澄清自己的同一性。

对同伴的依赖有助于青少年明确自我同一性并学会建立关系，使得埃里克森提出这一心理社会性发展阶段与下一阶段"亲密对疏离"能够联系起来。这种依赖同样与同一性形成中的性别差异有关。埃里克森认为男性和女性经历同一性对角色混乱阶段的表现有所不同。男性更有可能按照表 6-2 所呈现的顺序经历心理社会性发展的阶段，即在建立亲密关系之前发展出稳定的同一性。相反，他认为女性的顺序正好倒过来，她们先寻求发展亲密关系，然后通过这些亲密关系形成她们的同一性。这些观点在很大程度上反映出埃里克森提出理论时的社会情境。那时，女性较少上大学或开启自己的事业，往往很早就结婚了。而如今，男孩和女孩在同一性对角色混乱阶段的经历似乎比较相似了。

心理的延缓偿付期。 由于同一性对角色混乱阶段的压力，埃里克森认为很多青少年追求一种心理的延缓偿付期（psychological moratorium），即青少年推迟承担即将面临的成年期的责任来探索各种角色和可能性的时期。例如，许多大学生休学一个学期或一年去旅游、工作或寻找其他的方式来考察他们的优先顺序。

出于一些现实原因，许多青少年无法追求这种心理的延缓偿付期来自由探索不同的身份。有些青少年出于经济原因，必须在放学后兼职，并且在高中毕业后立即工作，这么一来他们就很少有时间去探索各种身份了。这并不意味着这些青少年有心理损失。在上学期间成功地找到一份兼职工作的满意感将会带来有效的心理回报，可能会超过失去尝试各种角色的挫败感。

埃里克森理论的局限。 对于埃里克森理论的一个批评是他使用男性的同一性发展模式作为比较女性同一性的标准。他认为男性只有在获得稳定的同一性之后才能发展出亲密关系是一种常态。在批评者眼中，埃里克森的理论是以男性导向为基础的充满个性与竞争的概念。心理学家卡罗尔·吉利根（Carol Gilligan）认为女性是在建立关系的同时发展同一性的。基于这种观点，建立自己与他人之间的关爱网络是女性获得同一性的关键（Gilligan, Brown, & Rogers, 1990; Gilligan, 2004; Kroger, 2006）。

马西娅的观点：埃里克森观点的更新。 以埃里克森的理论为出发点，心理学家詹姆斯·马西娅（James Marcia）认为同一性可以根据两种特性来划分——危机或承诺、存在或缺失。危机是青少年有意识地在多种选择中做出抉择的阶段。承诺是一种行动或者意识形态过程中的心理投资。一个青少年可能在不同的活动之间换来换去，做某个活动并不会持续几周或以上；而另一个青少年则能够完全投入到流浪者收容所的志愿者工作中（Peterson, Marcia, & Carpendale, 2004; Marcia, 2007; Crocetti, 2017）。

在对青少年开展了深度访谈之后，马西娅提出了青少年同一性发展的四种类型（见表 6-3）。

表 6-3　马西娅青少年同一性发展的四种类型

承诺		
存在		缺失
	同一性获得	同一性延缓
存在	"在过去的两年中，我享受在广告公司的工作，因此我打算从事广告业。"	"我会在妈妈的书店工作，直到我明白我真正想做什么。"
	同一性闭合	同一性弥散
缺失	"我爸爸说我和孩子相处得很好，我可以成为一名好老师，所以我觉得这就是我要做的事情。"	"坦率地说，我并不知道我要做什么。"

（左侧纵向标注：危机/探索）

资料来源：Based on Marcia, 1980.

- **1. 同一性获得**（identity achievement）。这类青少年已经成功地探索和思考过他们是谁以及他们想做什么的问题。在经历过一段充满各种选择的危机阶段后，这些青少年已经确定了某种特定的身份。已经达到这种同一性阶段的青少年心理更健康，与其他任何同一性阶段的青少年相比，他们的成就动机更高，道德推理能力也更强。

- **2. 同一性闭合**（identity foreclosure）。有些青少年并没有经历过一段对各种选择进行探索的危机阶段就已经对某种身份给出了承诺。他们接受了别人为他们做出的最好的选择。这类人的典型情况是：儿子进入家族企业，因为这是意料之中的事情；女儿决定成为一名医生仅仅因为她的母亲就是医生。尽管过早自我认同者并不一定会不开心，但他们往往具有所谓的"刚性力量"，即快乐和自我满足，他们非常需要社会认可，并倾向于成为专制型的个体。

- **3. 同一性延缓**（moratorium）。虽然同一性延缓的青少年在一定程度上探索了一些选择，但他们没有做出承诺。因此，马西娅认为，尽管他们经常是活跃且有魅力的，也寻求与他人发展亲密关系，但是他们还是表现出相对较高水平的焦虑，并会经历心理冲突。这一类青少年正在努力解决同一性问题，但只有经过一番斗争后才能获得同一性。
- **4. 同一性弥散**（identity diffusion）。这一类青少年既不探索也不去思考各种选择。他们倾向于从一件事转到另一件事上。马西娅认为，尽管他们看上去无忧无虑，但缺乏承诺有损他们建立亲密关系的能力。实际上，他们通常表现出社会性退缩。

一些青少年会在这四种类型之间转换。例如，有些青少年被称为"MAMA"（moratorium-identity achievement-moratorium-identity achievement），在同一性延缓和同一性获得两个状态之间来回摇摆。或者，在青少年期早期没有经过深思熟虑就选择了某个职业的同一性闭合的人之后仍可能会重新评价这个选择，并做出更积极的选择。因此，对于某些个体来说，同一性可能在青少年期之后才得以形成。对于某些人而言，同一性形成发生在20岁左右（Al-Owidha, Green, & Kroger, 2009; Duriez et al., 2012; Mrazek, Harada, & Chiao, 2015）。

根据马西娅的观点，在选择致力于某个行动过程或意识形态的青少年身上可以看到心理健康的同一性发展。

从一个社会工作者的视角看问题

你认为马西娅理论中四种同一性状态都可能会在之后的生活中引发重新评估并做出不同的选择吗？对生活在贫困环境中的青少年来说，马西娅的发展理论是否存在难以达到的阶段？为什么？

在某些方面，马西娅同一性理论也预示着一些研究者提到的"成年初显期"的出现。**成年初显期**（emerging adulthood）是从青少年期晚期一直持续到20多岁中期的一个时期。这是青少年期与成年期之间的过渡阶段，跨越了人生中的第三个十年（Arnett, 2011, 2016）。

我们在下一章讨论成年早期时会更详细地讨论这个阶段。成年初显期是青少年已经离开青少年期的一个阶段，此时尽管大脑还在持续发育，神经回路也变得更加复杂。但这也是一个典型的、不确定的时期，在这一时期，他们正在努力确认自己是谁，以及自己之后的前进道路是什么（Verschueren et al., 2017）。

种族和族裔在同一性形成中的作用。对青少年来说，同一性的形成通常非常艰难，而对于面临歧视的种族和族裔成员来说尤其具有挑战性。社会矛盾的价值观告诉青少年，社会应该是不分肤色的，种族和族裔背景不应该影响其成员机会和成就的获得，如果他们成功了，社会也会接受他们。基于传统文化同化模型（cultural assimilation model），融合模型（melting-pot model）认为个体文化身份的同一性应该被同化到美国统一的文化中。

相反，多元化社会模型（pluralistic model）认为美国社会是由多元的、平等的文化群体组成的，这些群体应该保存它们各自的特征。该模型认为文化同化贬低了少数族裔的传统，降低了他们的自尊。

根据这一观点，种族和族裔因素成为青少年同一性形成的核心部分，而不是淹没在试图融入主流文化的努力中。从这个角度来看，同一性发展包括种族和族裔同一性的发展，即一种属于某一种族或族裔群体的归属感，以及与这种归属感相关的情感。这之中包括了一种承诺，以及与特定种族或族裔群体的联系（Phinney, 2008; Umaña-Taylor et al., 2014; Wang,

Douglass, & Yip, 2017）。

中间派认为少数族裔群体成员能够形成双文化认同（bicultural identity），他们在习得自己文化的同时也要融入主流文化。这种观点表明，个体可以获得两种文化的同一性，而不需要在选择一种的同时放弃另一种（Shi & Lu, 2007; Hayes & Endale, 2018）。

双文化认同的选择变得越来越普遍。事实上，有相当一部分人认为自己属于一个以上的种族，且这一比例在 2000 年至 2010 年间增长了 134%（U. S. Bureau of the Census, 2011）。

同一性形成的过程很复杂，对于少数族裔群体成员来说可能更复杂。种族和族裔的同一性形成也需要时间。对于一些人来说，这可能需要更长的时间，但结果会形成多方面且丰富的同一性（Jensen, 2008; Klimstra et al., 2012; Yoon et al., 2017）。

焦虑、抑郁和自杀：青少年的心理难题

一天，九年级的 Leanne 觉得自己被困在一个没有希望的可怕的世界里，"空气就像带着巨大的力量，从四面八方向我挤压过来。我无法摆脱这种感受，也无法忽略它。我什么也做不了"。

一个朋友听了后非常同情她，并邀请她到自己的地下室。"我们开始服用药物，用药柜里能找到的一切东西。"她的朋友回忆道，"起初，似乎是找到了某种解脱方式，但最后我们都不得不回家，如果你知道我在说什么。"

对于 Leanne 来说，事实证明这种解脱也是短暂的。太短暂了。一天，她抓起她爸爸的剃须刀，在充满水的浴缸中，割腕自杀了，她在 15 岁的时候就已经受够了。

尽管大多数青少年能够经受住寻找同一性的挑战（以及这个年龄段的其他挑战），没有出现严重的心理问题，但有些青少年会发现这个时期的压力特别大，一些个体会出现严重的心理问题。其中三个最为严重的是青少年焦虑、抑郁和自杀。

青少年焦虑。所有青少年在面对压力时都会偶尔感到焦虑、恐惧或紧张，这是面对压力时完全正常的反应。

但是在某些情况下，青少年会患上这个年龄阶段最普遍的心理障碍，即焦虑症，该患病人数约占总人数的 8%。焦虑症（anxiety disorder）会在没有任何外部刺激的情况下产生焦虑，从而影响到个体正常的日常功能。有时候，焦虑是因为暴露在特定刺激下产生的，例如对特定动物或昆虫的恐惧，或者是对拥挤的地方或很高地方的恐惧。然而，在另一些情况中，焦虑并不那么具体，可能是由对一般社会情境的恐惧引起的（Merikangas, Nakamura, & Kessler, 2009; Stopa et al., 2013）。

患有焦虑症的青少年可能会过度紧张，担心环境中的一些刺激会引起自己的焦虑，从而试图避免可能产生焦虑的情境。此外，如果青少年没有办法逃离让他们产生焦虑的环境，他们可能会变得不知所措，并且出现一些生理症状，如出汗、晕厥或胃痛（Carleton et al., 2014）。

青少年抑郁。任何人都有伤心和心情低落的时候，青少年也不例外。一段关系的结束、一项重要任务的失败以及所爱之人的死亡，这些事情都会让人产生伤心、失落和悲伤的深刻体验。在这些情况下，抑郁是一种很典型的反应。

超过 1/4 的青少年报告，他们曾连续两个星期或更长时间感到悲伤或绝望，以至于他们无法进行正常的活动。近 2/3 的青少年说，他们在某个时候体验过这种情绪。相比之下，还有一小部分青少年，约 3% 患上了重度抑郁（major depression），这是一种严重且长期存在的综合性心理障碍（Grunbaum, Lowry, & Kahn, 2001; Galambos, Leadbeater, & Barker, 2004; Thapar et al., 2012）。

尽管重度抑郁的发病率非常低，但 25%～40% 的女孩和 20%～35% 的男孩在青少年期都会有短暂的抑郁发作。

性别、族裔和种族差异也会影响抑郁症的发病率。像成年人一样，青少年期的女孩比男孩更容易患抑郁症。一些研究表明，非裔美国青少年比白人青少年有更高的抑郁比例，但并非所有的研究都能支持这个结论。美国土著也有着较高的抑郁症发病率（Verhoeven，Sawyer，& Spence，2013；English，Lambert，& Ialongo，2014；Blom et al.，2016）。

长期且严重的抑郁症病例中通常会涉及生物因素。虽然一些青少年似乎确实从遗传上更易患抑郁症，但青少年生活中显著变化相关的环境及社会因素也会产生影响。例如，经历过所爱之人离世的青少年，或者由酗酒或抑郁的父母抚养长大的青少年都是抑郁症的高危人群。此外，不受欢迎、几乎没什么亲密朋友、总是遭到拒绝等因素也和青少年抑郁有关（Eley，Liang，& Plomin，2004；Zalsman et al.，2006；Herberman Mash et al.，2014）。

抑郁症最令人困惑的问题之一是为什么女孩比男孩的发病率更高。几乎没有什么证据表明这与激素差异或特定的基因有关。一些心理学家推测，由于传统女性性别角色存在许多要求（这些要求往往是互相矛盾的），这使得青少年期女孩的压力更大。回想一下我们在讨论自尊时提到的那个青少年期女孩的例子。她担心学业成绩会有损她的受欢迎程度，这种冲突可能会让她感到无助。除此之外，传统的性别角色赋予男性的地位仍然高于女性也是不争的事实（Gilbert，2004；Hyde，Mezulis，& Abramson，2008；Chaplin，Gillham，& Seligman，2009）。

青少年期女孩普遍更高的抑郁水平可能反映了在应对压力方面的性别差异，而不是情绪上的性别差异。和男孩相比，女孩可能更倾向于通过转向内部来应对压力，从而会产生无助和绝望的情绪。相比之下，男孩更容易将压力外化，变得更冲动或更具攻击性，或者转向使用药物和酒精（Wu et al.，2007；Brown et al.，2012；Anyan & Hjemdal，2016）。

青少年自杀。在过去的 30 年内，美国青少年的自杀率增加了 2 倍。总的来说，每 90 分钟就会有 1 名青少年自杀，年自杀率为每年每 10 万名青少年中有 12.2 人自杀。在 2 100 万的美国大学生中，220 万人曾有过严重的自杀念头，33.6 万人曾试图自杀，2017 年有 1 400 人死于自杀（American College Health Association，2018）。

报告的自杀率实际上可能低估了自杀的真实数字，父母和医护人员往往不愿意将死亡报告成自杀，而更愿意将其作为一次意外事故。即使如此，对于 15 ~ 24 岁的人来说，自杀是仅次于意外事故的第二大最常见死亡原因。对于 10 ~ 17 岁的白人儿童和青少年，自杀率在 2006 年至 2016 年间上升了 70%；虽然同年龄段黑人儿童自杀率较低，但其上升率较高，高达 77%（Conner & Goldston，2007；Healthychildren.org，2016；Morbidity and Mortality Weekly Report，2017）。

尽管青少年期女孩比男孩更频繁地尝试自杀，但男孩自杀的成功率更高。因为男性更倾向于使用更为暴力的方式，如开枪自杀；而女孩更倾向于选择较为平和的方式，如服用过量药物。一些估计的数据表明，男孩和女孩每尝试 200 次的自杀行为，就有 1 次会自杀成功（Dervic et al.，2006；Pompili et al.，2009；Payá-González et al.，2015）。

青少年自杀率增长的原因尚不清楚。最常见的解释是，青少年的压力增加了。但为什么特别是青少年的压力在增加呢？同一时期，其他年龄段人群的自杀率却相对保持稳定。

除了压力之外，还有一些理论试图解释青少年自杀率的上升。一种理论认为抑郁是根本原因之一。体验到极度绝望的抑郁青少年有更高的自杀风险（尽管大多数抑郁个体没有自杀行为）。而社交抑制、完美主义、高压力和焦虑水平也与自杀风险的增加有关。另一种理论认为，相较于其他工业化国家，枪支在美国更普遍、更易得，以及非法药物的相对易得性也导致了自杀率的上升（Arnautovska & Grad，2010；Hetrick et al.，2012；Wiederhold，2014）。

此外，青少年的大脑更容易产生冒险的念头，这可能会导致一些自杀行为的出现。而且，一些自杀案例与家庭冲突、关系或学业困难也有关。有些自杀源于长期的被虐待和忽视的经历。药物使用者和酗酒者的自杀率也相对较高（Wilcox，Conner，& Caine，2004；Xing et al.，2010；Jacobson et al.，2013）。

有些自杀似乎是由于接触到其他人的自杀后而引起的。在集群自杀中，一次自杀事件会引起其他人尝试自杀。例如，一些高中在一次自杀事件广为传播后会出现一系列的自杀事件。因此，许多学校设立了危机干预小组，在一名学生自杀时向其他学生提供咨询服务（Daniel & Goldston，2009；Abrutyn & Mueller，

2014；Milner，Too，& Spittal，2018）。

在过去的 30 年中，青少年的自杀率增加了 2 倍。图为一名家庭成员自杀后，人们在哀悼。

以下是一些潜在自杀的警告性信号（也见"生活中的发展"专栏）。

- 直接或间接地讨论自杀，例如，"我要是死了就好了"或者"我不会再让你感到担心了"。
- 出现学业问题，如旷课或成绩下降。
- 像准备长途旅行一样地做好安排，例如，将自己重要的财物赠送给他人或者安排好宠物的护理。
- 写遗嘱。
- 食欲不振或过度饮食。
- 一般性抑郁，包括睡眠模式的改变、行动迟缓、嗜睡以及沉默寡言等。
- 行为上的巨大变化，例如，害羞的人突然过分活跃。
- 过分关注音乐、艺术或文学中死亡的主题。

生活中的发展

预防青少年自杀

如果你怀疑一个青少年或者任何其他人正在考虑自杀，不要袖手旁观，行动起来！这里有一些建议。

- 和当事人交谈，理解并不带评判地倾听。
- 谈论一些具体的自杀想法，问一些问题，如：你有计划吗？你买枪了吗？枪在哪？你有囤积药物吗？这些药物在哪？美国公众卫生服务部门指出："与大众的想法相反，这种直白的交谈不会让当事人产生某些危险的想法或者鼓励当事人的自杀行为。"
- 努力区分一般的沮丧和更严重的危险，如当事人已经制订出自杀计划。如果危机紧急，不要让他一个人待着。
- 给予支持，让对方知道你关心他，并努力消除他的孤独感。
- 负责寻求帮助，不要害怕会侵犯到当事人的隐私。

不要试图独自处理问题，立刻寻求专业人士的帮助。

- 确保环境的安全，移除（而不仅仅是隐藏）潜在的武器，如枪支、剃须刀、剪刀、药物以及其他潜在危险物品。
- 不要让自杀言论或威胁成为秘密；这些都是寻求帮助的信号，应该立即采取行动。
- 不要使用挑战性的、威胁性的、打击性的话语来纠正企图自杀者的思维。
- 与当事人达成协议，得到他的一个承诺（写下来更好），保证在你们的进一步交谈前，不要有任何自杀企图。
- 不要因为情绪的突然好转而掉以轻心。这种看起来很快的"恢复"可能仅仅是最终决定自杀的解脱，或者是和某人交谈后的暂时释放；但最有可能的情况是，潜在的问题仍未得到解决。

关系：家庭和朋友

当 Paco 进入初中后，他和父母的良好关系发生了巨大的变化。他觉得父母总是插手他的任何事情，他觉得父母没有给他 13 岁这个年龄该有的自由，相反，他们更严加管教他了。Paco 父母的看法与他的不同。他们认为家庭的紧张源于他们的儿子，而不是他们自己。在他们看来，曾经与他们建立了稳定且充满爱的亲密关系的 Paco 突然变了。Paco 经常将他们拒之门外，并且在与他们聊天的时候，总是批评他们的政见、着装以及他们对电视节目的偏好。对于父母而言，Paco 的行为是令人沮丧和困惑的。

家庭纽带：变化着的关系

青少年的社会世界比年幼儿童的社会世界要宽广得多。随着青少年与家庭外个体间关系重要性的增加，他们与家庭成员的互动发生了变化，呈现出一种新的、有时甚至是困难的特征（Collins & Andrew，2004）。

对自主性的追求。 父母有时会对青少年的行为感到愤怒，但更多的是感到困惑。那些原来接受父母评价、建议和指导的孩子开始质疑父母的看法，有时甚至会反抗他们的观点。

这些冲突产生的一个原因是，在孩子进入青少年期时他们与父母都面临着角色的转变。青少年越来越多地寻求自主（autonomy）、独立和对生活的控制感。大多数父母理智地将这种转变视为青少年期正常的部分，这是该时期的主要发展任务。在许多方面他们都乐于见到这些转变，并将之视为孩子成长的标志（Hare et al.，2015；Campione-Barr et al.，2015）。

然而，对于父母来说，青少年现实中日益增长的自主性可能让他们难以应对。理智上理解这种日益增长的独立性和同意青少年参加一个没有父母在场的聚会是两回事。对于青少年来说，父母的拒绝意味着他们对自己的不信任或不放心。父母只是出于好意，可能会说："我相信你，我担心的是那里的其他人。"

大多数家庭中，青少年的自主性在青少年期逐渐增强。一项关于"青少年对父母看法变化"的研究发现，随着自主性的增强，青少年将父母视为有自我权利的更现实的人。例如，他们更倾向于将父母对他们学业的关心看作父母对自身教育缺乏的遗憾以及期望他们能在生活中有更多的选择，而不是将父母看作专制的纪律主义者，盲目地提醒他们做家庭作业而已。与此同时，青少年越来越依赖自己，越来越觉得自己是一个独立的个体。

青少年自主性的增加改变了父母和青少年之间的关系。在青少年期早期，亲子关系往往是不对称的。父母拥有大多数权力和对关系的影响力。然而，在青少年期晚期，尽管父母一般还是保留更有利的地位，但关系中的权力和影响力变得更加平衡，亲子关系往往更加平等（Goede, Branje, & Meeus, 2009；Inguglia et al., 2014；Kiang & Bhattacharjee, 2018）。

文化与自主性。 最终实现自主性的程度因家庭而异。文化因素在其中也扮演着重要的角色。在重视个体主义价值观的西方社会里，青少年寻求自主性相对较早；相比之下，在推崇集体利益高于个体利益的集体主义价值观的亚洲社会里，青少年寻求自主性的热情不那么明显（Supple et al., 2009；Perez-Brena, Updegraff, & Umaña-Taylor, 2012；Czerwińska-Jasiewicz, 2017）。

从一个社会工作者的视角看问题

你认为不同教养风格（专制型、权威型、溺爱型和忽视型）的父母对青少年建立自主性的努力会有何反应？单亲家庭的教养风格会有不同吗？是否存在文化差异？

对家庭的责任感也会受到文化因素的影响。相较于个体主义文化下的青少年，集体主义文化下的青少年往往认为他们有更大的义务来满足家庭对他们的期望，包括提供帮助、表示尊敬和提供经济支持。在这样的社会中，形成自主性的动机更小，自主性的发展更慢（Leung, Pe-Pua, & Karnilowicz, 2006；Chan & Chan, 2013；Hou, Kim, & Wang, 2016）。

集体主义文化下的青少年需要更长的时间来获得自主性似乎并不存在消极的后果。有影响的是文化期望和发展模式的匹配，而不是具体的时间表（Zimmer-Gembeck & Collins, 2003；Updegraff et al., 2006）。

性别也对自主性有影响。总的来说，与女性相比，男性青少年在更小的时候拥有的自主性更多。这与传统的性别刻板印象一致。传统的性别刻板印象认为，男性更独立，而女性更依赖他人。事实上，持传统性别观点的父母更不太可能鼓励他们的女儿发展自主性（Bumpus, Crouter, & McHale, 2001；Fousiani et al., 2014）。

代沟神话。 青少年电影中往往描述青少年与他们的父母完全对立，是**代沟**（generation gap）的受害者，与父母在态度、价值观、抱负和世界观等方面存在严重的分歧。例如，一位环保主义者的父母可能开了一家有污染性的工厂。这些夸张的例子十分有趣，但是其中暗含了一个真理——父母和青少年看待问题的方式常常是不同的。

与来自更加推崇个体主义社会的青少年相比，来自集体主义社会的青少年更倾向于认为他们更有义务承担起家庭的责任。

然而，现实却迥然不同。代沟虽然存在，但实际上非常之小。青少年和他们的父母在许多事情上的观点是一致的。支持共和党的父母一般有支持共和党的孩子；信仰基督教的人，他们的孩子一般也有类似的宗教信仰；主张拥有堕胎权的父母，他们的孩子也会赞成人工流产合法化。在社会、政治和宗教问题上，父母和孩子往往步调一致，孩子们的担忧也反映了父母的担忧。青少年对社会问题的担忧也反映出许多成年人的担忧（Knafo & Schwartz，2003；Smetana，2005；Grønhøj & Thøgersen，2012）。

大多数青少年和他们的父母相处得很好。尽管他们追求独立自主，但大多数青少年都对父母有着深深的爱、情感和尊重，父母对孩子也是如此。尽管一些父母与青少年的关系有严重的困扰，但大多数亲子关系都是积极的，能够帮助青少年避免同伴压力。我们将在本节后面的部分谈论这一点（Black，2002；Riesch et al.，2010；Coleman，2014）。

尽管通常来说，青少年和家人在一起的时间越来越少，但他们和父母任意一方单独相处的时间在整个青少年期相当稳定。并没有证据表明青少年期的家庭问题比其他发展阶段更严重。事实上，与父母相处的时间越多，青少年的行为问题就越少（Granic, Hollenstein, & Dishion, 2003；Milkie et al., 2015；见图6-9）。

与父母的冲突。 当然，如果大多数青少年大部分时间里与父母相处融洽，这也意味着仍有一些时候他

们会发生冲突。任何关系都不会总是一帆风顺的。父母和青少年可能在社会和政治上意见一致，但他们往往会在音乐和服装等个人品味方面出现分歧。此外，如果父母觉得还不到孩子寻求自主和独立性的适当的时候，但孩子却出现自主和独立性的行为时，父母和孩子就可能会产生冲突。因此，尽管不是所有的家庭都会受到同样程度的影响，但亲子冲突的确更有可能在青少年期发生，特别是在青少年期早期（Arnett，2000；Smetana, Daddis, & Chuang, 2003；García-Ruiz et al., 2013）。

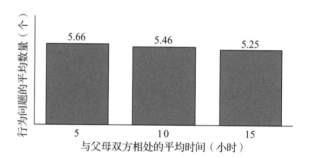

图6-9　青少年与父母的相处时间和其行为
问题的数量

青少年与父母相处时间越多，他们出现行为问题的可能性就越小。
资料来源：Milkie et al., 2015.

发展心理学家朱迪思·斯梅塔娜（Judith Smetana）认为，冲突在青少年期早期更为严重，这是因为那个时期对适当行为和不适当行为的定义和解释不同。父母可能会对青少年多次穿耳洞表示不满，因为这在社会传统上是不合适的，而青少年则可能会将这看作个人选择（Smetana，2005；Rote et al.，2012）。

此外，青少年新发展的复杂推理能力（前一节已讨论过）使得他们能够用更复杂的方式看待父母的规定。对学龄儿童有说服力的规定（"去做这件事，因为我让你去做"）对一名青少年可能就不那么有效了。

青少年期早期的喜欢争辩和过分自信起初可能会增加冲突，但它们在亲子关系的发展变化中起着重要的作用。虽然父母最初可能会对孩子的挑战做出防御反应，逐渐变得不那么灵活和僵硬，但在大多数情况下，父母最终会认识到他们的孩子正在成长，并愿意在这个过程中支持他们。

当父母开始意识到孩子的观点总是很有说服力、相对合理，并且可以放心地给予他们更多自由的时候，他们就变得容易说服了，允许，甚至可能会鼓励

孩子独立。由于这一过程发生在青少年期中期,青少年期早期的那些冲突就会减少了。

当然,这种模式并非适用于全部青少年。尽管大多数青少年与父母保持着稳定的关系,但仍有20%的家庭经历了一段相当艰难的时期(Dmitrieva et al.,2004;Branje,2018)。

青少年期亲子冲突的文化差异。虽然在每种文化下都存在亲子冲突,但在"传统的"前工业化国家的文化下,亲子冲突似乎更少。与工业化国家的青少年相比,这些文化下的青少年经历的情感波动和危险行为更少(Eichelsheim et al.,2010;Jensen & Dost-Gözkan,2014;Shah et al.,2016)。

这可能与青少年期望的以及父母允许的独立程度有关。工业化社会的文化中更强调个体主义价值观,是青少年期待着独立的一部分。因此,青少年和他们的父母就他们的独立程度和独立时间进行协商,而这个过程往往会导致冲突发生。而在更传统社会的文化中,人们并不注重个体主义,因此青少年不会那么强烈地寻求独立,亲子冲突也就由此减少了(Dasen,2000;Dasen & Mishra,2002;Griffith & Grolnick,2014)。

同伴关系:归属的重要性

对许多父母来说,青少年期最核心的标志是在手机上不停地发短信。对他们的孩子来说,与朋友交流被视为生命中不可缺少的一部分,这种与朋友交流的强烈需要表明了同伴在这个阶段的重要性。从儿童中期开始,随着同伴关系变得越来越重要,青少年与同伴相处的时间也越来越多。实际上,在其他任一发展阶段中,同伴关系都不会像青少年期这么重要(Bukowski,Laursen,& Rubin,2018)。

社会比较。同伴在青少年期变得更加重要有很多原因。同伴使得青少年能够比较和评估意见、能力,甚至生理变化——这一过程被称为社会比较(social comparison)。因为青少年期生理和认知的变化非常显著,特别是青少年期早期,青少年会靠近那些分享并能让自己讲述经历的人。由于父母早已远离了青春期经历的变化,无法提供社会比较。青少年对成人权威的质疑以及对自主性的渴望,也使得父母和其他成人无法成为充足的信息来源(Li & Wright,2013;Schaefer & Salafia,2014;Tian,Yu,& Huebner,2017)。

参照群体。如前所述,青少年期是一个尝试新的身份、角色和行为的时期。同伴作为参照群体能够提供关于最容易被接受的角色和行为信息。**参照群体**(reference group)是个体用来与自己进行比较的一群人。青少年会将自己与相似的同龄人进行比较,正如一名职业棒球运动员会将自己的表现与其他职业球员进行比较。

参照群体为青少年提供了一系列判断其能力和社会成功的规范或标准。青少年甚至不需要归属到某个群体中就可以进行参照。不受欢迎的青少年在受到一个受欢迎群体成员的轻视和拒绝后,仍可以将该群体作为参照群体。

小帮派和团体:归属于一个群体。青少年认知复杂性日益增长的结果之一就是能够以更具区别性的方式将他人进行分组。因此,即使其他人不属于青少年的参照群体,他们也是具有代表性的属于某个可以辨别群体的一部分。青少年并不像年幼的学龄儿童那样使用具体的术语来定义人(如"橄榄球运动员"(football player)或"音乐家"(musician)),而是使用更抽象的术语(如"运动员"(jock)、"溜冰者"(skater)或"石匠"(stoner))(Brown,2004)。

青少年倾向于形成两种类型的群体:小帮派和团体。**小帮派**(clique)是由2~12人组成的群体,成员之间有着频繁的社会互动。而**团体**(crowd)范围更大,由具有某些共同特征但不一定有社会互动的个体组成。例如,"运动员"(jock)和"书呆子"(nerd)是许多高中有代表性的团体。

小帮派和团体的成员资格通常由与群体其他成员的相似程度所决定。一个关键的相似点是物质使用,青少年更倾向于选择与自己同样使用酒精和药物的人做朋友。在学业成就与一般行为模式上,他们也通常与朋友们比较相似,虽然这并不总是正确的。例如,在青少年期早期,具有攻击性的同伴可能比行为良好的同伴更有吸引力(Kupersmidt & Dodge,2004;Hutchinson & Rapee,2007;Kiuru et al.,2009)。

青少年期出现的明确的小帮派和团体反映了青少年认知能力的提高。群体特征是一种抽象的概念,需要青少年去判断那些他们很少进行互动且几乎不了解的人。直到青少年期中期,青少年才能从认知上对不同的小帮派和团体做出敏锐的判断和区分(Brown & Klute,2003;Witvliet et al.,2010;也见"从研究到实践"专栏)。

从研究到实践

有人"喜欢"我吗？数字时代的社会比较与自尊

像 Facebook 这样的社交网站已经成为人们日常生活中的一部分。事实上，你现在就很有可能正在笔记本电脑或者智能手机上阅读这一章节，同时也在查看你与朋友社交媒体的订阅账号。科技的快速发展也让研究人员竞相研究这些社交网站对我们的影响。但并非所有的新闻都是好的，有一些研究已经揭示了社交媒体使用的"阴暗面"。例如，最近一个针对 23 项频繁且持续使用 Facebook 用户的不同研究的综述发现，其使用与心理压力的增加有显著的相关。类似地，一项纵向研究发现，随着时间的推移，Facebook 的使用会降低生活满意度和幸福感的自我评分（Kross et al., 2013；Marino et al., 2018）。

但是，我们使用社交网站与我们心理健康之间的关系为什么会这样呢？一组研究人员从大学生中收集数据来了解社会比较对自尊的影响。研究中，被试被要求查看他们大学中另一个学生虚拟社交媒体的简介。一组被试查看了一个社交媒体账号，包括这个人最近度假时拍的照片。这个账号显示是"高活跃"，有大量的点赞和评论。而另一组被试则查看了同一个账号和照片的"低

活跃"版本，点赞和评论要少得多（Vogel et al., 2014）。

研究人员假设，与那些向上和高活跃个体进行社会比较的被试的自尊会显著低于与那些向下和低活跃个体进行社会比较的被试的自尊。事实上，假设被验证了。查看有更多点赞和评论虚拟账号的被试的自尊更低。因此，社交网站的数字世界中，我们的人际关系也反映在里面，那些"大拇指"样式的点赞似乎是一个人自尊好坏的关键因素。

这项研究有多重实际意义。例如，与患有抑郁症的青少年或成年人合作的咨询师应该也要评估他们客户使用社交媒体的情况，以及社交媒体使用对他们情绪的负面影响。反过来，咨询师就可以使用更具有适应性的社交网站实践与客户沟通。这项研究对家长、教师、辅导员和学校心理老师也十分重要，因为他们需要教孩子如何适应社交网站的使用，以及如何恰当地应对网络欺凌或网络拒绝。

共享写作提示：

你认为在社交媒体上收到更多的点赞和评论会如何影响人们与他人之间的关系，以及他们对自己的感觉？

性别关系。 当儿童刚进入青少年期，他们的社会群体几乎都是由同性个体组成的。男孩和男孩一起玩，女孩和女孩一起玩。这种性别隔离被称为**性别分隔**（sex cleavage）。

步入青春期时，这种情况就开始变化了。男孩和女孩经历激素的激增，性器官因此成熟。与此同时，社会性部分暗示着此时将会出现亲密关系。这些发展改变了青少年看待异性的方式。一名 10 岁的儿童可能认为每一个异性个体都是"讨厌的"和"烦人的"，而十几岁的异性恋男孩和女孩开始对彼此的个性和性产生了更大的兴趣。（正如稍后我们在考虑青少年约会时将要讨论到的那样，对于男同性恋者和女同性恋者而言，结成一对恋人还存在其他的复杂性。）

在青春期早期，先前平行发展、互不交往的男孩和女孩小帮派开始融合在一起。青少年开始参加有男孩和女孩共同参与的舞会或聚会，尽管男孩还是会倾向于跟男孩交往，女孩也是会倾向于跟女孩交往。很快，青少年会花更多的时间与异性相处。由男女组成的新的小帮派开始出现。当然，最初并非每个人都

会加入这种小帮派，早期是同性小帮派的领导者以及有着最高地位的个体最先带头加入。最终，大多数青少年会加入这种男女混合的小帮派中。在青少年期晚期，小帮派和团体的影响力会减弱。许多小帮派最终都会解散（Manning et al., 2014）。此外，还有很多影响因素，我们将在下面的"文化维度"专栏讨论。

儿童期的性别分隔持续至青少年期早期。然而，到了青少年期中期，这种分隔现象逐渐减少，男孩和女孩的小帮派开始融合。

文化维度

种族隔离：青少年期的重要分水岭

当塔夫茨大学的 Robert 第一次走进健身房的时候，他马上就被拉进了一场街头篮球赛。"就因为我很高，又是个黑人，所以大家就认为我很会打篮球。但事实上，我讨厌运动，并且也很快改变了他们的想法。幸运的是，我们后来都被这个误会逗笑了。"Robert 说。

***

当在阿拉巴马大学就读护理学的波多黎各学生 Sandra 穿着她的护士制服走进咖啡厅时，两位女学生将她错认为是咖啡厅的服务生，并让 Sandra 清理她们的咖啡桌。

***

对于白人学生而言，种族关系并不容易管理。Ted，一个南卫理公会大学的白人大四学生回忆起有一天他请室友帮助自己完成西班牙语作业的情境。"他当着我的面笑话了我，"Ted 回忆道，"就因为他叫 Gonzalez，所以我就错认为他会说西班牙语。但事实上，他是在密歇根长大的，而且只会说英语。这件事情花了好长时间才平息下来。"

***

这些学生所经历的种族误解模式，在美国的学校中反复出现。即使在废除种族隔离的多样性的学校中上学，不同族裔和种族的人们之间也几乎没有互动。此外，即使青少年在学校中有不同族裔的朋友，但大部分青少年在毕业后就不会与那个朋友联系了（Hamm, Brown, & Heck, 2005；Benner & Wang, 2017）。

事情开始的情形不是这样的。在小学和青少年期早期时，不同种族学生间的融合还很常见。然而，到青少年期中晚期，学生间就出现了种族隔离（Knifsend & Juvonen, 2014；Tatum, 2017）。

为什么种族和族裔隔离成为一种规则，即便是在废除种族隔离的学校也会如此？其中一个原因是少数族裔学生可能寻求与他们地位相同人的支持（少数族裔，社会学术语，是指与支配地位的群体相比，缺乏权力且处于从属地位的群体）。通过与本群体其他人交往，少数族裔成员能够获得他们的同一性。

在班级中，不同种族和族裔群体的成员也可能相互隔离。如前面所讨论的那样，经历过歧视的群体的成员在学业方面往往不太成功。因此，高中的种族和族裔隔离可能是基于学业成就，而不是族裔。

学业成就较低可能使班里少数族裔学生与更少数群体的学生被分在一起，反之亦然。这种班级安排可能维持和促进了种族和族裔隔离，特别是在那些会严格按照学生学业成绩把学生分为"低等""中等"和"优等"的学校中（Lucas & Berends, 2002）。

学校中的种族和族裔隔离也可能反映了感知到的或真实的对其他群体成员的偏见。有色人种的学生可能会觉得大多数白人是歧视人的和带有敌意的，因此他们更愿意待在原来同族裔的群体中。白人学生可能认为少数族裔学生是敌对的和不友善的。这种相互具有破坏性的态度使有意义的互动变得更加困难（Phinney, Ferguson, & Tate, 1997；Tropp, 2003）。

那么，这种自愿的种族和族裔隔离就不可避免了吗？不！儿童期就经常而且大量地与其他种族的人进行互动的青少年更可能与不同种族的人成为朋友。如果学校积极地在班级中倡导种族融合，这也有助于形成良好的增进跨种族友谊的氛围。此外，拥有其他种族的朋友对少数族裔个体而言也可以更好地应对可能遇到的歧视（Hewstone, 2003；Davies et al., 2011；Benner & Wang, 2017）。

受欢迎与被拒绝。大多数青少年都能敏锐地察觉到谁受欢迎、谁不受欢迎。事实上，对一些青少年而言，受欢迎与否是他们生活的主要焦点。

实际上，青少年的社交世界不仅仅被区分为受欢迎和不受欢迎的，它的区分更为复杂。一些青少年是有争议的。与受大部分人欢迎的青少年相比，**有争议的青少年**（controversial adolescent）被一些人喜欢，而被另一些人讨厌。例如，一名有争议的青少年可能在一个诸如管弦乐队的特定群体中高度受欢迎，但在其他同学中并不受欢迎。此外，**被拒绝的青少年**（rejected adolescent）是指所有人都不喜欢的青少年；**被忽视的青少年**（neglected adolescent）是指既不受人喜欢，也不被人不喜欢的青少年（见图 6-10），他们的地位如此低，以至于每个人都忽视他们的存在。

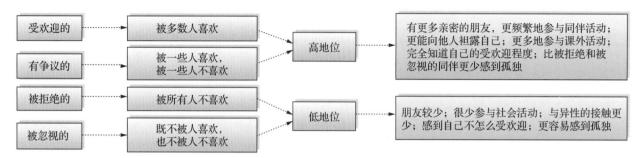

图 6-10　青少年的社交世界

根据同伴的看法，青少年的受欢迎程度可以分为四类。受欢迎程度与地位、行为和适应的差异有关。

不受欢迎的青少年分为几类。有争议的青少年被有些人喜欢，被有些人不喜欢；被拒绝的青少年不受欢迎；被忽视的青少年既不受欢迎也不被讨厌。

在大多数情况下，受欢迎和有争议的青少年往往地位更高，而被拒绝的和被忽视的青少年一般地位更低。与不太受欢迎的学生相比，受欢迎和有争议的青少年有更多亲密的朋友，更频繁地参与同伴活动，他们对他人更能袒露自己，也更多地参与到学校的课外活动中。此外，他们也能够意识到自己的受欢迎程度，比不太受欢迎的同学更少感到孤独（Becker & Luthar，2007；Closson，2009；Estévez et al.，2014）。

相比之下，被拒绝和被忽视的青少年的社会生活并没有那么令人愉快。他们的朋友更少，参与的社会活动更少，与异性的接触也更少。准确地说，他们能清楚地感受到自己的不受欢迎，更可能感到孤独（McElhaney，Antonishak，& Allen，2008；Woodhouse，Dykas，& Cassidy，2012）。

此外，男性和女性对于什么决定高中生的地位有不同的看法。男大学生认为外貌是决定女生地位的最重要因素，而女大学生则认为她的分数和智力水平是最重要的因素（Suitor，Minyard，& Carter，2001；见表 6-4）。

遵从：青少年期的同伴压力。 每当 Aldos 说他想买某一品牌的运动鞋或某种特定款式的衬衫时，他的父母认为这是他受到的同伴压力，并告诉他要对事物做出自己的判断。

在与 Aldos 的争论中，他的父母采用的是美国社会的主流观点：青少年很容易屈服于**同伴压力**（peer pressure），即同伴的影响使得青少年在行为和态度上与同伴保持一致。Aldos 父母的这种说法对吗？

当考虑穿什么衣服、与谁约会以及看什么电影时，青少年非常容易受到同伴的影响。穿合适的衣服甚至特定品牌的衣服，有时可以成为加入某一受欢迎群体的门票。它表明你了解了那个群体的特点。但涉

表 6-4　高中生的地位

男大学生的看法		女大学生的看法	
高地位女中学生：	高地位男中学生：	高地位女中学生：	高地位男中学生：
1. 好看的外貌	1. 参与运动	1. 高分数和智力	1. 参与运动
2. 高分数和智力	2. 高分数和智力	2. 参与运动	2. 高分数和智力
3. 参与运动	3. 在女生中受欢迎	3. 善于交际	3. 善于交际
4. 善于交际	4. 善于交际	4. 好看的外貌	4. 好看的外貌
5. 在男生中受欢迎	5. 有辆好车	5. 着装时尚	5. 加入学校俱乐部或学生会

资料来源：Based on Suitor，Minyard，& Carter，2001.

注：结果来自这几所大学的大学生：Louisiana State University，Southeastern Louisiana University，State of University of New York at Albany，State University of New York at Stony Brook，University of Georgia，University of New Hampshire。

及很多非社交事件时，例如，选择职业道路或试图解决问题时，青少年更可能向成人咨询（Closson, Hart, & Hogg, 2017）。

特别是在青少年期中后期，青少年向他们认为是专家的人寻求帮助。如果他们有社交方面的担忧，他们会寻求同伴的帮助，因为在这方面同伴是专家。如果是成人最有可能提供专业知识领域问题的答案时，青少年往往寻求并接受他们的建议（Perrine & Aloise-Young, 2004; Choo & Shek, 2013）。

总的来说，对同伴压力的易感性并不是在青少年期突然增长的。相反，青少年期改变了青少年遵从的对象。最初儿童在童年期一致地遵从他们的父母，随着青少年建立了独立于父母的同一性，与同龄人保持一致的压力也逐渐增加。

最终，随着自主性的增强，青少年对同龄人和成年人的遵从都有所下降。随着他们自信的增强，他们能够自己做决定，青少年倾向于独立做事，并能够拒绝来自别人的压力。尽管如此，在青少年学会抵抗同伴压力之前，他们可能常常会和朋友一起陷入麻烦（Cook, Buehler, & Henson, 2009; Monahan, Steinberg, & Cauffman, 2009; Meldrum, Miller, & Flexon, 2013）。

未成年的违法行为：青少年期的犯罪。 青少年和年轻人比其他任何年龄段的群体出现的犯罪行为都更多。在某些方面，这个统计数据具有误导性：因为某些行为（例如喝酒）对青少年来说是非法的，他们就很容易违法。但是，即便不把这些违法行为考虑在内，青少年也不成比例地参与到了如谋杀、攻击、强奸等暴力犯罪，以及偷窃、抢劫和纵火等财产犯罪中。

为什么青少年会卷入到犯罪活动中？一些违法的青少年被称作**社会化不足的行为不良个体**（undersocialized delinquent），这些个体被缺乏纪律的或者严厉、冷漠的父母抚养长大。虽然他们会受同伴的影响，但他们的父母并没有教会这些青少年做适当的社会行为，或如何规范自己的行为。社会化不足的行为不良个体通常在青少年期开始前就出现了犯罪活动（Hoeve et al., 2008; Barrett & Katsiyannis, 2017）。

社会化不足的行为不良个体有一些共同的特征。他们在生命早期往往具有攻击性和暴力倾向，这导致他们遭受同伴的拒绝和学业上的失败。他们更可能在儿童期被诊断为注意缺陷多动障碍，其智力水平也往往低于平均水平（Silverthorn & Frick, 1999; Rutter, 2003; Peach & Gaultney, 2013）。

社会化不足的行为不良个体经常受到心理问题的折磨，成年后他们会形成所谓的反社会人格障碍（antisocial personality disorder）。他们不太可能成功地改过自新，许多这种社会化不足的行为不良个体一生都生活在社会边缘（Frick et al., 2003; Peach & Gaultney, 2013）。

更多的青少年罪犯是**完成社会化的行为不良个体**（socialized delinquent），这种青少年理解并遵守社会规范，心理上也相当正常。对于他们来说，青少年期的违法行为并不会导致他们一生都犯罪。相反，大多数完成社会化的行为不良个体只是在青少年期有些较小的违法行为（例如商店行窃），但这并不会持续到成年时期。

完成社会化的行为不良个体通常受到同伴的高度影响，他们的不良行为也常常以群体的形式表现出来。此外，一些研究表明这些青少年的父母对他们行为的监督比其他青少年的父母更少。但这些轻微犯罪的行为往往是屈服于群体压力，或是寻求成为一个成年人的结果（Fletcher et al., 1995; Thornberry & Krohn, 1997）。

社会化不足的行为不良个体在缺乏管教的环境中长大，或者由严厉、冷漠的父母抚养长大，他们在年龄较小时就开始参与反社会活动。相比之下，完成社会化的行为不良个体理解并通常遵循社会规范，他们很大程度上会受到同龄人的影响。

约会、性行为和青少年妊娠

Sylvester花了近一个月的时间，终于鼓起勇气给Jackie发精心准备好的短信来邀请她看电影。但这对

Jackie 来说并不是一件令人惊讶的事情。Sylvester 最先把他要约 Jackie 出去的计划告诉了他的朋友 Erik，Erik 又把 Sylvester 的计划告诉了 Jackie 的朋友 Cynthia。Cynthia 接着告诉了 Jackie。于是，当 Sylverster 最终给 Jackie 发短信的时候，Jackie 已经预先准备说"好"了。

欢迎来到青少年约会的复杂世界，这是青少年关系中的一个重要仪式。

约会：21 世纪的亲密关系

不断变化的文化因素很大程度上决定了青少年何时以及如何开始约会。直至最近，从浪漫的角度来看，专一地与某个人约会才被看作一种文化理想。实际上，社会上鼓励青少年把约会看作一种探索最终可能走向婚姻的亲密关系的方式。今天，一些青少年认为约会（dating）已经过时，并具有局限性。在某些地方，"交往"（hooking up）——一个涵盖了从亲吻到发生性关系等所有事情的含糊词汇，被认为是更合适的。尽管文化规范不断变化，约会仍然是形成青少年之间亲密关系这种社会交互的主要形式（Denizet-Lewis，2004；Manning，Giordano，& Longmore，2006；Bogle，2008；Rice，McGill，& Adler-Baeder，2017）。

约会的作用。 约会是学习如何与他人建立亲密关系的一种方式。它可以提供愉悦感，而且根据约会对象的身份还可以提高自身声望。它甚至有助于发展青少年的自我同一性（Friedlander et al.，2007；Paludi，2012；Kreager et al.，2016）。

不幸的是，约会，至少在青少年期早期和中期并不能很好地促进亲密关系的发展。相反，约会常常是一种表面行为，双方很少放下自己的防御，从来不向对方袒露自己的情感。即使关系中包含了性行为，约会双方在心理上也可能缺乏亲密感（Collins，2003；Furman & Shaffer，2003；Tuggle，Kerpelman，& Pittman，2014）。

真正的亲密关系在青少年后期变得更加普遍。到那时，约会双方可能会更认真地把约会作为一种选择潜在婚配对象的方式。

对 LGBTQ（女同性恋、男同性恋、双性恋、跨性别者、酷儿或对其性别认同感到疑惑的）青少年而言，约会尤其具有挑战性。在某些情况下，对同性恋的公开偏见可能导致男女同性恋者为了努力适应这种局面而与异性约会。如果他们确实想寻求与同性的亲密关系，他们可能发现很难寻找到合适的伴侣，因为其他人可能不会愿意公开表达自己的性取向。公开约会的 LGBTQ 情侣可能会面临骚扰，这也使关系的发展变得更加困难（Savin-Williams，2003，2006；Dentato，Argüello，& Smith，2018）。

约会、种族和族裔。 文化影响着不同种族和族裔群体青少年的约会模式，尤其是那些父母是从其他国家移民到美国的青少年。这类父母可能会试图控制孩子的约会行为，以维护他们文化中的传统价值观，或者确保他们的孩子与同种族或族裔的个体约会。

一些移民父母的态度可能特别保守，因为他们自己可能生活在"包办婚姻"中，从来没有过约会的体验。他们可能坚持要在监护人的陪同下约会，否则，就不准他们的孩子去约会。这就不可避免地会导致与孩子的冲突（Hoelter，Axinn，& Ghimire，2004；Lau et al.，2009；Shenhav，Campos，& Goldberg，2017）。

性关系

青春期的激素变化不仅会导致性器官的成熟，还会引发一系列新的感受。性行为和有关性的想法是青少年最关心的问题之一，而且几乎占据了所有青少年大部分的遐想时间（Kelly，2001；Ponton，2001）。

自慰。 通常来说，青少年第一次性行为往往是独自的性自我刺激，即自慰（masturbation）。到 15 岁时，大约 80% 的青少年男孩和 20% 的青少年女孩报告称他们曾经自慰过。男性中，自慰的频率在青少年期早期较高，然后开始下降；而女性中，自慰的频率起初较低，随后在整个青少年期呈现增长趋势。此外，自慰频率也存在种族差异。例如，非裔美国男性和女性比白人自慰的次数更少（Schwartz，1999；Hyde & DeLamater，2004）。

尽管自慰普遍存在，但它仍然会带来羞耻感和罪恶感。这可能有几个原因。一是青少年可能认为自慰就意味着找不到性伴侣——这是一个错误的想法，因为统计结果显示，3/4 的已婚男性和 2/3 的已婚女性报告称自己一年要自慰 10～24 次。另外，对于一些人而言，对自慰的羞耻感是有关自慰错误观念遗留下来的结果，这个结果部分源于宗教禁令、文化和社会规范以及错误的科学（Das，2007；Gerressu et al.，2008；Colarusso，2012）。

如今，性行为方面的专家将自慰看作一种正常、健康、无害的行为。事实上，一些人认为它是了解自己的性取向的一种有用的方式（Levin，2007；Hyde & DeLamater，2013）。

性交。尽管性交之前可能会有许多不同类型的性亲密行为，包括深吻、揉捏、爱抚和口交等，但是从大多数异性恋青少年的认知来看，性交仍然具有里程碑意义。因此，性行为研究的主要焦点一直集中在异性之间的性交行为。

过去的50年里，青少年第一次与异性性交的平均年龄在稳定下降，大约1/5的青少年在15岁前就曾发生过性行为。总的来说，初次性交的平均年龄是17岁，大约3/4的青少年在20岁之前就曾发生过性行为（见图6-11）。然而，与此同时，许多青少年推迟了性行为的发生时间，从1991年至2007年，报告称自己从未有过性行为的青少年人数增加了13%（Morbidity and Mortality Weekly Report，2008；Guttmacher Institute，2012）。

初次性交的时间上也存在着种族和族裔差异：非裔美国人的初次性交的时间要早于波多黎各人，而波多黎各人初次性交的时间又要早于白人。这些种族和族裔差异可能反映了社会经济条件、文化价值和家庭结构的差异（Singh & Darroch，2000；Hyde & DeLamater，2008）。

严格的社会规范监管着性交行为。几十年之前盛行的关于性行为的社会规范是双重标准：允许男性发生婚前性行为，但禁止女性发生婚前性行为，男性要确保与处女结婚。如今，双重标准已经开始被新的标准所取代，即爱的许可（permissiveness with affection）。根据这个标准，在长期、有承诺的或者相爱的亲密关系中，男性和女性的婚前性行为都是被允许的（Hyde & DeLamater，2004；Earle et al.，2007）。

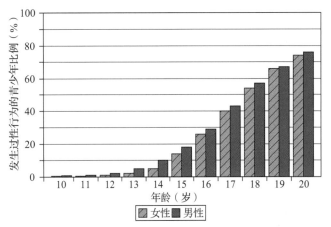

图6-11 青少年和性行为

青少年首次发生性行为的年龄正在下降，约3/4的青少年在20岁之前发生过性行为。

资料来源：Finer & Philbin，2013.

从一个健康护理工作者的视角看问题

一位家长问你，如何让14岁大的儿子在长大之前不发生性行为，你会告诉她什么？

双重标准的消失远没有结束。对男性性行为的态度仍然比对女性性行为的态度更宽容，即使在相对更自由的社会文化中也是如此。在一些文化中，对男性和女性性行为的标准都是截然不同的。例如，在北非、中东以及大多数亚洲国家中，女性被要求在婚前禁欲。在墨西哥，男性发生婚前性行为的可能性也远高于女性。相比之下，在撒哈拉以南的非洲地区，女性则更可能发生婚前性行为，而且在未婚的青少年女性中性行为更加普遍（Wellings et al.，2006；Ghule，Balaiah，& Joshi，2007；Riyani & Parker，2018）。

性取向和身份认同：LGBTQ等。青少年性发展最常见的模式是异性恋，即指向异性的性吸引和性行为。然而有一些青少年是同性恋者，他们的性吸引和性行为指向同性个体（大多数男同性恋者喜欢称自己

为"gay"，而女同性恋者则更多称自己为"lesbian"，因为这两个词会涉及更广泛的态度和生活方式，而同性恋这个词只关注性行为）。一些人发现自己是双性恋，两性个体对他们都有性吸引力。还有一些人认为自己的性别身份是不稳定的，或者对自己的身份有所怀疑。

许多青少年曾尝试过同性恋和其他性别认同。例如，大约有20%～25%的青少年男性和10%的青少年女性至少有过一次同性性行为。事实上，同性恋和异性恋并非完全不同的性取向。性研究先驱阿尔弗雷德·金赛（Alfred Kinsey）认为，性取向应该被视为一个连续体，一端是"完全的同性恋"，另一端是"完全的异性恋"，介于两者之间的是既有同性恋行为又有异性恋行为的人。尽管很难获得精确的数据，但大多数

专家认为，在男性和女性的一生中，有 4% ～ 10% 的人是完全的同性恋者（Kinsey，Pomeroy，& Martin，1948；Diamond，2003；Russell & Consolacion，2003）。

性取向和性别认同之间的区分使得性偏好变得更加复杂。性取向与一个人的性兴趣有关，而性别认同是个体在心理上认为自己是什么性别。性取向和性别认同并不一定有关系：一个有着很强男性性别认同的男性可能会被其他男性所吸引，而传统的"男性化"和"女性化"行为与一个人的性取向或性别认同并不一定相关（Hunter & Mallon，2000；Greydanus & Pratt，2016）。

有些人认为自己是跨性别者。跨性别者（transgender）是一个总称，指的是那些性别认同或性别表达与出生时典型性别中带有的文化期望不同的人。它并不意味着特定的性取向。因此一个跨性别者可能认为自己是男同性恋、女同性恋、双性恋、异性恋或其他类型。

某些情况下跨性别者可能会觉得他们被困在另一个性别的身体里了。他们可能会寻求变性手术的帮助。这种手术切除他们的生殖器，然后重塑他们想要性别的生殖器。这是一条艰难的道路，包括咨询、激素注射，以及在手术前作为期望性别的一员生活数年。不过，最终的结果可能是非常好的。

跨性别者不同于被称为双性人或更早的术语"雌雄同体"（hermaphrodite）的个体。双性人出生时具有性器官或染色体或基因的非典型组合。例如，他们可能生来就有男性和女性的性器官，或者是模棱两可的器官。每 4 500 个新生儿中只有一个是双性个体（Diamond，2013）。

什么决定性取向？ 导致人们形成特定性取向和性别认同的因素目前尚不清楚。证据表明，遗传和生物因素扮演着重要的角色。同卵双生子都是同性恋的可能性比基因组成不同的兄弟姐妹更大。其他研究发现，大脑的不同结构也会根据性取向的不同而不同，激素的产生似乎也与性取向有关（Ellis et al.，2008；Fitzgerald，2008；Santtila et al.，2008）。

在过去，一些理论家认为家庭或同伴环境因素有一定的影响。例如，弗洛伊德认为同性恋是对异性父母不恰当认同的结果（Freud，1922/1959）。弗洛伊德的理论观点和其他随后的类似观点的问题在于：根本没有研究证据表明任何特定的家庭动力或儿童养育

实践与性取向有关。同样地，基于学习理论的解释认为，同性恋的出现是因为有反馈，即愉快的同性恋经验和不愉快的异性恋经验。但实际上，这些理论也没有实证证据（Bell & Weinberg，1978；Isay，1990；Golombok & Tasker，1996）。

简而言之，对于为什么一些青少年发展出异性恋的性取向，而另一些则发展出同性恋的性取向，目前还没有公认的解释。大多数专家认为，性取向是遗传、生理和环境因素复杂的相互作用的结果（LeVay & Valente，2003；Mustanski，Kuper，& Greene，2014）。

LGBTQ 性取向和认同的青少年面临的挑战。 具有非传统性取向和性别认同的青少年与其他青少年相比处于一个更困难的时期。例如，美国社会对同性恋仍然抱有强烈的无知和偏见，并坚持认为人们在性取向上有选择的权利，但事实并非如此。男同性恋、女同性恋和跨性别青少年可能会被自己的家庭或同伴拒绝，甚至可能会被骚扰和殴打。因此，具有非传统性取向的青少年患抑郁症的风险更大，自杀率也显著地高于异性恋青少年。不符合性别刻板印象的男同性恋者和女同性恋者特别容易受到伤害，而且他们的适应性也更差（Toomey et al.，2010；Madsen & Green，2012；Mitchell，Ybarra，& Korchmaros，2014）。

大多数人最终会接受并适应自己的性取向。尽管男同性恋、女同性恋、双性恋和跨性别青少年都可能会由于面临的压力、偏见和歧视而出现心理健康问题，但没有任何一个主要的心理学或医学机构将同性恋视为一种心理障碍。这些机构全部支持消除对同性恋的歧视。此外，社会上对于同性恋的态度也正在改变，特别是在年轻人群体中。例如，目前大多数美国公民支持同性婚姻，2015 年同性婚姻在美国合法化（Baker & Sussman，2012；Patterson，2013；Hu，Xu，& Tornello，2016；Platt，Wolf，& Scheitle，2018）。

青少年怀孕。 凌晨 3 点给孩子喂奶、换尿片以及看儿科医生，这些都不是大多数人对青少年期生活的印象。然而，美国每年都有成千上万的青少年生孩子。但让人欣慰的是，在过去 20 年中，青少年的怀孕率出现了显著下降。事实上，在 2014 年，美国青少年生育率是政府追踪 70 年以来的最低值（见图 6-12）。在所有种族和族裔中，出生率都下降到了历史最低水平，但差距仍然存在；非西班牙裔黑人和西班牙裔青少年的生育率仍然高于白人。总体而言，青少年的生育率为

20.3%（Colen，Geronimus，& Phipps，2006；Hamilton，Martin，& Ventura，2009；Hamilton & Ventura，2012；Centers for Disease Control and Prevention，2018）。

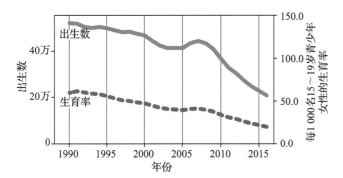

图6-12　美国青少年的怀孕率

自20世纪90年代初以来，青少年女性的怀孕率急剧下降。

资料来源：Hamilton, Rossen, & Chong, 2018.

以下这些因素可以解释青少年怀孕率的降低：

- 新举措提高了青少年对未加保护性行为风险的认识。例如，大约有2/3的美国高中建立了全面的性教育计划（Villarosa，2003；Corcoran & Pillai，2007）。
- 青少年的性行为比率下降了。有过性行为的青少年女性比例从1988年的51%下降至2006～2010年间的43%（Martinez，Copen，& Abma，2011；Centers for Disease Control and Prevention，2018；Kann et al.，2018）。
- 安全套和其他避孕方式的使用增加了。例如，几乎所有15～19岁发生性行为的女孩都使用过某种避孕措施。54%性活跃的青少年报告称，他们或者他们的伴侣在最后一次性交中使用了安全套（Martinez，Copen，& Abma，2011；Centers for Disease Control and Prevention，2018；Kann et al.，2018）。
- 性交的替代形式可能更为普遍。例如，1995年全美男性青少年调查（National Survey of Adolescent Male）结果发现，约50%的15～19岁的男孩报告称曾接受过口交，这比20世纪80年代增加了44%。口

交（很多青少年甚至不认为口交是"性行为"）很可能逐渐被视为性交的替代形式（Bernstein，2004；Chandra et al.，2011）。

一个显然没有帮助青少年怀孕率下降的措施是要求青少年做童贞宣誓。这种公开承诺是某些性教育形式的核心，但很显然这是无效的。一项针对12 000位做过童贞宣誓的青少年的调查发现，88%的青少年报告称最终仍发生了婚前性行为。然而，童贞宣誓也确实将性行为的平均发生时间推迟了18个月（Bearman & Bruckner，2004）。

意外怀孕对母亲和孩子来说都是毁灭性的。与早些时候相比，现如今的青少年母亲结婚的可能性更小。许多情况下，母亲要在没有父亲帮助的条件下照顾小孩。由于缺少经济或者情感支持，母亲可能不得不放弃自己的学业，因此她在余生中都要被迫从事那些不需要技能、只有微薄工资的工作。在某些情况下，青少年母亲可能会长期依赖社会福利的救济。此外，由于同时承担多种任务，这些母亲不得不承受持续不断的压力，这可能会损害她们的身心健康（Gillmore et al.，2006；Oxford et al.，2006；Pirog，Jung，& Lee，2018）。

这位16岁母亲和她的孩子代表了一个严重的社会问题：青少年怀孕。为什么青少年怀孕的问题在美国比在其他国家更严重呢？

回顾、检测和应用

回顾

10. 描述青少年如何发展自我概念与自尊。

随着自我的观点变得更有组织、更广泛、更抽象，并

将他人的观点考虑在内，自我概念变得更加分化。在这一时期，青少年发展出他们的自我概念和自尊。性别和社会经济地位都会影响青少年对他们自尊的评估。

11. 分析理解同一性形成的不同理论方法。

埃里克森的同一性对角色混乱阶段和马西娅的四种同一性类型都关注青少年在社会中确定同一性和角色的努力。

12. 解释焦虑、抑郁和自杀成为青少年期重大问题的原因。

一些青少年患有焦虑症，在没有外部刺激的情况下也会产生焦虑的情绪，这会影响到青少年正常的日常功能。焦虑障碍是青少年普遍存在的心理问题。还有一些青少年会质疑自己的同一性和自我价值，这可能会导致困惑和抑郁。抑郁对女孩的影响大于男孩。虽然青少年自杀率上升的原因尚不清楚，但抑郁症已被发现是一个危险因素。

13. 分析青少年期亲子关系是如何变化的。

对自主的追求可能会改变青少年和父母之间的关系，在一些情况下会暂时产生冲突，但亲子之间的代沟比人们通常认为的要小。

14. 分析青少年同伴关系的性质与重要性。

同伴通过提供社会比较和参照群体，使青少年能够衡量适当的行为和态度。在这方面，小帮派和团体尤为重要。青少年通常可以按照受欢迎程度进行分类，可以被分为受欢迎、有争议、被拒绝和被忽视的青少年。在青少年期，由于社会经济地位、学术经历和态度的不同，种族隔离有所增加。随着大多数青少年加入男女混合的小团体，性别分隔最终会消失。同伴群体会给青少年造成压力，迫使他们遵从他人的观点和行为。一些青少年可能会卷入犯罪活动。

15. 描述青少年期约会的功能和特点。

青少年期的约会有很多作用，包括亲密、娱乐和声望。对于LGBTQ的青少年来说，约会会面临一些特殊的挑战，因为约会行为与刻板印象中的关系相矛盾。

16. 解释青少年期性行为是如何发展的。

异性恋青少年之间的性交是大多数人在青少年期达到的一个重要里程碑。首次性交的年龄反映了文化差异，这个年龄节点在过去的50年里一直在下降。准确地说，性取向是一个连续体，而不是绝对的，它是多种因素综合作用的结果。

自我检测

1. Andrew打算成为一名律师，现在正努力学习以取得好成绩，这样他就能最终进入法学院。他之所以走上这条道路，很大程度上是因为他的父母都是杰出的律师，他们一直希望他能追随他们的脚步。根据马西娅的理论，Andrew是_____的一个例子。

a. 同一性获得　　　　　　b. 同一性闭合

c. 同一性延缓　　　　　　d. 同一性弥散

2. 青少年把自己与之相比的人称为_____。

a. 小帮派　　　　　　　　b. 内群体

c. 团体　　　　　　　　　d. 参照群体

3. 以下哪项不是青少年期早期约会的典型功能？

a. 选择结婚对象　　　　　b. 提高自身声望

c. 提供愉悦感　　　　　　d. 获得同一性

4. 那些认为自己被困在另一个性别身体里的人被称为_____。

a. 同性恋者　　　　　　　b. 双性恋者

c. 跨性别者　　　　　　　d. 双性人

应用于毕生发展

青少年社会世界的哪些方面阻碍了他们在约会中获得真正的亲密？

第6章　总结

汇总：青少年期

从13～18岁，Julie，本章开头就提到的年轻女孩，从一个担忧自身社会地位的少女最终成为一个能对"酷"有自己定义的成熟青少年。青少年期中期，她酗酒，并为了受欢迎而任由自己的成绩下降，但是她在高三的失败中惊醒了。她知道自己很聪明，所以她开始做出明智的选择。她离开了原来的学校，进入一个艺术专业学校，并加入了她擅长的小说写作俱乐部。她报名参加了一个青少年作家的暑期工作坊，在那里她得到了成年人的帮助。她完成了一部小说的撰写。被拒稿后，她仍然能够继续写作，并进入大学学习，她的第二本书终于成功出版。Julie成功度过了自己的青少年期。

6.1 青少年期的生理发育

● 青少年需要应对很多生理问题。

- Julie 对于她外表的担心在青少年当中是十分典型的，特别是对女孩来说，青少年期发生的身体变化以及正常的体重增加都可能引发焦虑。
- 青少年的大脑发育，包括前额皮质的发育，使得 Julie 能够与她希望拥有的新身份相比，思考并评估她的老朋友的行为。这些在青少年期时形成的复杂思考，有时可能会引发混乱。
- 想要变得受欢迎的压力，使得 Julie 开始酗酒——一个对青少年健康的巨大威胁。

6.2　青少年期的认知发展
- 青少年的个人神话使得他们感觉自己在风险面前无坚不摧，就像 Julie 开始为了变酷而喝酒时感觉到的那样。
- Julie 意识到她自己的价值所在，以及反思什么能给她带来快乐的能力，这都证明了青少年逐渐提升的心理能力。

6.3　青少年期的社会性和人格发展
- Julie 致力于与周围的人建立关系，这说明了青少年期同伴关系的重要性。
- 尽管 Julie 知道她的父母很爱她，但是当他们到自己房间里翻查是否有酒，并因为成绩下降而训斥她时，Julie 仍然感到生气。这样的冲突经常发生在青少年期早期，此时青少年正处在争取自主和独立性的阶段。
- 对于 Julie 来说，聪明独立地做出选择，成为自我意识中积极且关键的方面，并且回答了"我是谁"的问题。
- Julie 认为她必须融入群体中才能拥有更高的自尊，但她的社会地位并不是影响她自我感觉的唯一因素。
- Julie 参加了一个小说写作工作坊，随后做出的发表小说的决定，这是马西娅同一性获得的一个例子。

父母会怎么做？

Julie 父母对于女儿晚归和饮酒的愤怒是解决问题的最佳方法吗？他们通过什么方式表达了他们对 Julie 的爱？他们应该在哪些方面给 Julie 更多的支持？

教育工作者会怎么做？

如果你是 Julie 的写作指导老师，你会如何帮助她为自己的小说写作事业做准备？你会建议她在选择职业道路之前发展或尝试其他自己感兴趣的事情吗？

健康护理工作者会怎么做？

Julie 对受欢迎程度的担忧使得她做出了一个错误的决定——饮酒。要如何帮助 Julie 意识到她需要承担的风险？建议中是否应该包括如何在不喝酒的情况下参加社交活动的建议？

你会怎么做？

如果你是 Julie 的朋友，你会如何对她做出的独立的决定给予鼓励和支持呢？你认为如果她选择了一条与你们截然不同的道路，你们的友谊还能持续吗？

第 7 章

成年早期

27 岁的 Petra 和 28 岁的 Mo 在一家办公用品店做售货员。他们在一起生活了 4 年。尽管他们大学毕业，也获得了学位，但用 Mo 的话说就是"我们学的跟我们的工作并没有什么关系"。

Petra 说："我们已经奔三了，可除了几份低级工作以外并没有其他的成就。我们应该在有生之年做些更好的事情。"

"没错，"Mo 附和道，"我们讨论过结婚生子，但这就需要我们最好先买个房子，而我们的薪水又支付不起。我们想到的一个办法是搬去某个更大的城市，找份更好的工作，但大城市的房价更高。"

"而且时不我待，"Petra 说，"我们希望做年轻的父母，在健康并有充足精力的情况下抚养孩子。"她看向 Mo，继续说，"你说过想去商学院的事情，而我也想再学一学编程，但回学校进修得花费太多时间和金钱，我们无法承担。"

Mo 抽出几张纸说道："可能有个方法。我跟我们的经理 Doug 谈过，他说公司会为管理和技术岗位的人员提供职业培训，他觉得我们很适合这个项目，如果我们愿意的话他可以推荐我们两个人。这可能是我们朝着正确方向迈出的一步。"

成年早期，大概 20 ～ 40 岁的阶段，是一个继续发展的时期。事实上，像 Petra 和 Mo 这样的青年人面临着一些他们一生中会遇到的最急迫的问题，而且当他们解答这些问题时会体验到相当大的压力。

当他们处在 20 多岁的生理巅峰时，他们也正位于令人烦恼的 30 岁的开端，那时身体会开始发送衰退的信息，为过度使用和以往的疏忽付出代价。认知方面，虽然大多数人停止了他们正规的学习生活，但是一些人想在大学或其他环境中继续学习。社会性方面，青年人通常会开始他们的事业，有时他们不得不考虑自己所走的路是否适合。此外，他们还要回答关于婚姻和孩子这类真正重大的问题。面临这么多重要的决定会带给青年人很大的压力。

事实上，一些心理学家相信成年早期的开始可以被视作一个被称为"成年初显期"的特殊发展阶段。成年初显期（emerging adulthood）是指从青少年期晚期到25岁左右。尽管20岁出头的个体已经不再是青

少年，但他们还不完全是成年人，因为他们还没有完全承担起成年后的责任。相反，他们还在试图确定自己是谁以及要过怎样的一生（Tanner, Arnett, & Leis, 2009; Arnett, 2016）。

在本章，我们将考察伴随成年早期的生理、认知以及社会性和人格变化。在这一生命阶段，人们通常被认为是"成熟的"，而不是"发展中的"，但事实上，这隐藏了很多变化。就像Petra和Mo，青年人在这个阶段仍在继续发展。

7.1 成年早期的生理发展

Kaneesha以班级前几名的成绩毕业，并获得了经济学学位。她的梦想是找到一份工作，帮助那些贫困和苦苦挣扎的中产阶级人士实现他们的梦想——开启一项事业、买房、最终组建家庭。但是Kaneesha毕业时带着9万美元的债务。她不得不在芝加哥银行贷款部门找了一份工作，尽管她很不喜欢，但是薪水很高。"我认为他们雇用我是因为他们可以在'多样性'图表上勾选两个方框：黑人和女性，"Kaneesha说，"他们雇用我当然不是因为我们享有共同的目标。"

Kaneesha难以找到一份和她的才华及梦想相匹配的工作，这在当今的年轻人中并不罕见。人们在成年

早期处于生理上的高点，并且一般都享有良好的健康状况，但当他们开始进入成人世界，也会经历巨大的压力。随着新机会的出现，重大的变化和挑战也纷至沓来，人们会选择承担（或放弃）一组新的角色如配偶、父母和工作者。

本节主要关注这一时期的生理发展。首先着眼于持续到成年早期的生理变化，尽管与青少年相比，这一时期的生理变化更为细微，但发展仍在继续，同时各种运动技能也随之改变。其次，将思考生理残障以及人们的处理方式。接着，我们将关注饮食与体重，考察这一年龄群体的肥胖问题，也考虑了青年人会面临的其他健康风险。最后，我们讨论成年早期的压力与应对方式。

生理发展和健康

Grady咧着嘴笑，而他的山地自行车被随意地放在地上。这位27岁的经济审计员很高兴能够在周末与4位大学好友一起外出露营和骑车。Grady曾经担心一个即将到来的工作任务截止期限会使他错过本次出游。在大学的时候，Grady和好友们几乎每个周末都一起骑车。但工作、婚姻、其中一位朋友有了孩子等事件，开始转移了他们的注意力。这是他们这个夏天唯一的一次出游。他为自己没有错过而大为欣喜。

当Grady和他的朋友们在大学时期刚刚开始规律的山地自行车运动时，他们的身体状况或许正处于一生中最好的时期。尽管Grady现在的生活变得更为复杂，体育运动也开始退居到工作与其他个人需求之后，但他仍享受着生命中最为健康的一段时间。然

而，Grady必须应对成年生活的挑战所带来的压力。

生理变化和挑战

很多方面的生理发展和成熟在成年早期就完成了。大部分人的身高达到最高，肢体与身体的比例定型，致使青少年期瘦长的身材成为记忆。人们在20岁出头时大都身体健康、精力充沛。尽管随着年龄增长而导致自然身体机能的**衰老**（senescence）过程也已开始，但和年龄相关的改变通常要到生命晚期才会显现。与此同时，一些发展仍在继续，例如，一些人，特别是晚熟型的人，在20岁出头时身高还在继续增加。

身体的其他部位也达到了完全成熟。大脑的体积和重量一直不断增长，在成年早期达到顶峰（之后则会逐渐下降）。灰质继续被修剪，髓鞘化（神经元被覆盖的脂肪细胞绝缘化的过程）继续增加。这些大脑的

改变有助于促进成年早期的认知发展。此外，大脑中的变化意味着青年人的认知仍然具有可塑性和适应性，能够适应新的经历。例如，青年人学习一门新的语言、乐器或工作技能比老年人更容易（Li，2012；Schwarz & Bilbo，2014；Knežević & Marinković，2017）。

感觉：细微变化。成年早期的感觉能力达到前所未有的灵敏程度。尽管眼球在弹性上已经有些变化（这种过程可能在10岁就开始了），但对视力的影响微乎其微。听觉也处于最佳状态，虽然女性比男性更容易觉察高音（McGuinness，1972）。在安静的环境下，青年人平均能够听到20英尺以外手表的嘀嗒声。其他感觉，包括味觉、嗅觉以及触觉和痛觉的灵敏度，在整个成年早期也保持良好的状态。

运动功能。如果你是一名职业运动员，临近30岁时就会被认为你的巅峰期已过。尽管存在著名的特例，但即便运动员不断地训练，在他们到达30岁时，仍将逐渐丧失体能优势。在某些运动中，巅峰期甚至消失得更快。游泳选手的最佳时期为青少年期晚期，而体操选手则更早（Schultz & Curnow，1988）。

我们的心理运动能力也在成年早期达到巅峰。反应更快，肌肉力量增加，手眼协调能力较其他任何时期都更强（Mella，Fagot，& Ribaupierre，2016）。

生理残障：应对身体挑战。除了这些生理变化之外，美国有超过5 000万人在身体或精神上存在缺陷，根据官方对残障（disability）的定义，这是一种严重地限制了行走或视力等重大生活行为的状况。残疾人在很大程度上是一个未受过教育和未充分就业的少数群体。只有不到10%的残疾人完成高中学业，不到

25%的残疾男性和不到15%的残疾女性有全职工作，并且失业率很高。此外，残疾人找到的工作往往是常设职位和低薪职位（Albrecht，2005；Power & Green，2010；Foote，2013）。

残障个体的自主生活还面临着一些客观存在的障碍。尽管美国在1990年通过了具有里程碑意义的《美国残障人士法案》（Americans with Disabilities Act，ADA），该法案规定诸如商店、办公楼、宾馆、剧院等公共场所设立无障碍通道，但坐在轮椅上的人仍旧无法进入许多老建筑。

尽管美国在1990年通过了具有里程碑意义的《美国残障人士法案》，但残疾人仍旧无法进入许多老建筑。

他们需要逾越的另一个障碍是偏见。残疾人有时会遇到怜悯或躲避，因为非残疾人过于关注他们的残疾而忽视了其他特征。有人会把残疾人当孩子一样看待。这可能会影响残疾人对自己的看法。

从一个社会工作者的角度看问题

残疾人面临什么样的人际关系障碍？如何消除这些障碍？

健身、饮食和健康

Aidan习惯了自己公寓中的剃须镜，当他在朋友的全身镜中瞥到自己的影像时感到震惊。这个形象可不好看，有点大腹便便。仿佛在梦中一样，他想着自己和朋友们在当地的体育酒吧里度过的漫长夜晚，喝着啤酒，吃着汉堡。Aidan知道他必须要放弃一些东西，但那恐怕是要放弃他的生活方式。

成年早期的健康并非与生俱来，也非人们所共有。若要开发身体的潜能，人们必须加强锻炼并保持适当的饮食习惯。

健身。仅需很少的运动时间就足以产生明显的健康收益。美国运动医学会（American College of Sports Medicine）和美国疾病控制与预防中心建议，人们每周应当累计进行至少150分钟中等强度的体育活动。锻炼时间可以是连续的，也可以是分阶段的，每阶段至

少 10 分钟，只要每天总量达到 30 分钟即可。中等程度的运动包括以 3 ～ 4 英里 / 小时[⊖]的速度快步走，最快 10 英里 / 小时的速度骑自行车，打高尔夫球的挥棒动作，在河岸边投线钓鱼，打乒乓球或以 2 ～ 4 英里 / 小时的速度划独木舟。甚至某些常见的家务，比如除草、用吸尘器打扫房间、用电动割草机割草等，均能提供中等强度的锻炼（American College of Sports Medicine，2011；DeBlois & Lefferts，2017）。

从一个教育工作者的视角看问题

人们能够从规律的锻炼中终生获益吗？基于学校体育教育的项目是否应该改变为培养终生锻炼的习惯？

锻炼使人受益颇多。锻炼能加强心脏血管的健康，这意味着心脏和循环系统能够更为有效地运作。此外，肺活量增加，耐力提升了。肌肉变得更为强壮，身体也更为灵活和轻便。运动幅度更大，肌肉、肌腱、韧带也更有弹性。而且在这一时期进行锻炼可以帮助减缓骨质疏松（osteoporosis），即一种生命后期出现的骨质变得稀薄的病症。

此外，锻炼还可以提高身体的免疫反应，帮助身体抵御疾病。锻炼甚至可以减轻压力和焦虑，减少抑郁。锻炼能够提供对身体的控制感和成就感。规律性锻炼可以带来的另一个好处，也是最为重要的好处，那就是它与益寿延年相关（Jung & Brawley，2010；Treat-Jacobson, Bronäs, & Salisbury，2014；见图 7-1）。

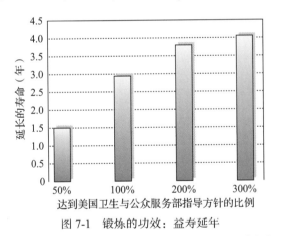

图 7-1　锻炼的功效：益寿延年

按照美国卫生与公众服务部（HHS）指导方针的测量方法，锻炼的效果越好，身体活动带来的预期寿命增长就越多。

资料来源：National Cancer Institute，2012.

良好的营养：没有免费的午餐？ 根据美国农业部提供的指导方针，人们能够通过食用低脂肪食物获得充足的营养。这类食物包括蔬菜、水果、全谷食品、鱼肉、家禽肉、精肉、低脂奶制品，此外，全麦食品和谷类食品、蔬菜（包括脱水豆类和豌豆）、水果，这些食物也能帮助人们维持复杂碳水化合物和纤维素的摄入量。牛奶和其他钙源食品也是预防骨质疏松所需的。最后，人们需要减少盐分摄取（U.S. Department of Agriculture，2006；Jones et al.，2012；Tyler et al.，2014；Allison，2018）。

青少年由于正处于惊人的生长发育期，不会感受到食用过多垃圾食品和脂肪带来的危害。但身体对青年人不太宽容，他们必须减少热量摄入以保持健康。

肥胖：关注体重。 美国成年人口的数量正在以多种方式不断增长。肥胖也随之呈上升趋势。肥胖被定义为 BMI 到达或超过同龄和同性别成年人的第 95 百分位。有超过 36% 的成年人肥胖，这一比例几乎是 20 世纪 60 年代的 3 倍。随着年龄增长，越来越多的人进入了肥胖的行列，大约 70% 的 20 岁以上的成年人超重（National Health and Nutrition Examination Survey，2014；Ogden et al.，2015；Chapuis-de-Andrade, de Araujo, & Lara，2017；见图 7-2）。

尽管肥胖是世界各国都面临的问题，但美国的肥胖问题最为突出。世界成年人的平均体重约 137 磅；但在美国平均约 180 磅（Walpole，2012）。

健康。 成年早期健康的风险相对较小。在这一时期，人们较少感染童年时常见的感冒和其他小疾病，而且即使他们真的生病了，也能很快痊愈。

二三十岁的成年人所经受的死亡风险大多来自意外事故，其中主要是车祸。但也存在其他"杀手"：在 25 ～ 34 岁的人群中，死亡威胁还包括艾滋病、癌症、心脏病以及自杀。在可怕的死亡人数统计中，35 岁是一个重要的分界点。在这个分界点上，因病身亡的人数超过意外事故所导致的死亡人数，成为头号致命杀手，这是自婴儿期以来的第一次。

⊖ 1 英里 / 小时 = 0.447 04 米 / 秒。

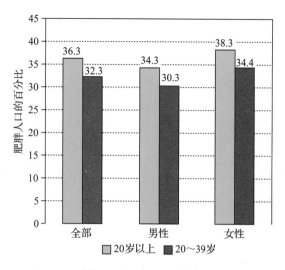

图 7-2 肥胖呈上升趋势

尽管人们越来越了解良好营养的重要性，但美国成人的肥胖率在过去的几十年中显著增长。你认为导致这种增长的原因是什么？

资料来源：National Health and Nutrition Examination Survey, 2014.

并非所有人的成年早期的发展都相同。生活方式的选择，包括使用或滥用酒精、烟草、毒品或进行无保护措施的性行为，均可加速次级老化（secondary aging），即由环境因素或行为选择导致的身体机能衰退。这类物质也增加了死于上述原因的死亡风险。

文化因素（包括性别和种族）也和死亡风险相关。例如，和女性相比，男性的死亡风险更大，这主要是因为男性发生机动车事故的频率更高。此外，非裔美国人的死亡率是白人的两倍，一般来说，少数族裔比同龄的白人死亡的可能性更高。

导致此年龄段男性死亡的另一主要原因是暴力。美国的凶杀率显著高于其他任何一个发达国家。种族因素也与美国凶杀率有关，凶杀是导致 20～34 岁白人男性死亡的第三大原因，而对同年龄段黑人男性和西班牙裔男性而言，却分别是导致两者死亡的第一和第二大原因。

文化因素还影响着青年人的生活方式和与健康相联系的行为，正如在"文化维度"专栏中所描述的那样。

文化维度

文化信念如何影响健康与保健

Gisella 最近遭受了一次轻微的中风。她的医生建议她改变饮食习惯，多锻炼，否则她再次中风的风险会增加。Gisella 听从了建议，但她也花更多的时间在教堂，祈祷身体健康。她并没有感觉到自己身体更好了，但她的医生在 6 个月后的例行检查中评价她的健康状况良好。

你认为 Gisella 的健康状况为什么有所改善？是因为她改变了饮食和运动习惯吗？她变成更善良的人了吗？上帝在考验她的信仰吗？或者仅仅是她的医生的建议有帮助？

在该问题的调查中，超过 2/3 的来自中美洲、南美洲或加勒比海的拉丁裔移民认为，"上帝在考验她的信仰"对她的康复有中度或重要的影响，虽然他们大多也同意饮食和活动习惯的改变非常重要（Murguia, Peterson, & Zea, 1997；Gurung, 2010；Yang et al., 2016）。

这项研究的结果有助于解释为什么拉丁裔在任何西方族裔群体中最不可能在生病时寻求医生的帮助。根据心理学家亚历杭德罗·穆尔吉亚（Alejandro Murguia）、罗尔夫·彼得森（Rolf Peterson）和玛丽亚·塞亚（Maria Zea）（1997）的研究，文化健康信念，加上人口统计学和心理障碍，减少了人们求医问药的可能性。

具体来说，他们认为拉丁裔以及一些非西方群体的成员，比非西班牙裔白人更有可能相信超自然原因导致疾病。例如，这些群体的成员可能将疾病归因于上帝的惩罚、缺乏信仰或诅咒。这种信念可能会减少向医生寻求医疗帮助的动机（Landrine & Klonoff, 1994；Yang et al., 2016；Srivastava, 2017）。

财务状况也发挥了作用。较低的社会经济地位降低了支付昂贵的传统医疗保健的能力，并可能间接鼓励继续依赖较不传统和较便宜的方法。而且，美国新移民对主流文化的参与程度较低这一特点也和他们较少地看医生以获得主流医疗服务有关（Antshel & Antshel, 2002；Abe et al., 2018）。

此外，文化差异在如何看待和体验心理障碍方面发挥着作用。例如，一些位于平原的印第安部落的成员通常会听到死者的声音从来世呼唤他们，这在他们的文化中被视为正常现象。同样地，神经性厌食症是一种饮食失调症，在这种饮食失调症中，人们会沉迷于自己的体重和身体意象，有时可能会饿死自己，主要发生在对体重和苗条有严格社会标准的文化中。而在身体标准不同的文化中，看不到神经性厌食症（Jacob, 2014；Munro, Randell, & Lawrie, 2017）

在治疗不同文化群体的成员时，健康护理工作者需要考虑其文化信仰。例如，如果患者认为他或她的疾病来源是嫉妒的浪漫情敌施下的咒语，患者可能不会遵循无视这一已知来源的医疗方案。因而，为了提供有效的健康护理，健康护理工作者必须对此类文化健康信念保持敏感。

压力与应对：处理生活中的挑战

现在是下午5点。Rosa 这位25岁的单身母亲，刚刚结束在一家牙医诊所办公室接待的工作，正在回家的路上。她只有2个小时的时间用来从儿童看护所接女儿 Zoe 回家，做饭，吃饭，去街道接临时保姆，和 Zoe 说再见，然后到一所当地的社区大学参加7点开始的编程课程。这就是她每周二和周四晚上紧锣密鼓的行程，她知道如果要准时进入教室，她必须连一秒钟都不能耽搁。

Rosa 正经受着**压力**（stress）。压力也称应激，即对于威胁或挑战事件的身体和情绪反应。我们的生活中充满了威胁平衡状态的事件与情况，我们称之为应激源（stressor）。应激源并非全是令人不愉快的事件，即便是最令人高兴的事件，如得到长久以来梦寐以求的工作或筹办婚礼计划等，均会产生压力（Shimizu & Pelham, 2004; Aschbacher et al., 2013）。

虽然我们通常认为负性事件（例如汽车事故）会导致压力，但其实就连受欢迎的活动，如结婚，也会让人倍感压力。

一个新兴领域**心理神经免疫学**（psychoneuroim-munology, PNI）的研究人员研究大脑、免疫系统和心理因素之间的关系，现已发现压力会产生如下后果。最为直接的结果就是生物学的反应，即由肾上腺分泌的激素引起的心跳加速、血压上升、呼吸急促、出汗等。在某些情况下，这些即时的效应是有益的，因为这在交感神经系统中产生的"危机反应"能够让人们防御突发的危险情况（Janusek, Cooper, & Mathews,

2012; Irwin, 2015; Moraes et al., 2018）。

另一方面，长期、持续地接触应激源，可能降低身体应对压力的能力。随着与压力相关的激素不断分泌，心脏、血管以及其他身体组织可能受到损害。结果，由于抵御细菌的能力下降，人们会变得更容易生病。简而言之，急性应激源（突然的一次性事件）和慢性应激源（长期和持续性的事件）都可能造成严重的生理结果（Wheaton & Montazer, 2010; Rohleder, 2012; Maimari, 2017）。

压力的来源和后果

经验丰富的面试官、大学咨询师、婚庆商店老板都知道，每个人对某种潜在压力事件的反应方式不尽相同。研究者一致认为：他们发现当人们在决定是否（以及如何）经历压力时会经历两个阶段（Lazarus, 1991; Folkman, 2010）。

第一步是**初级评估**（primary appraisal）。初级评估是个体为确定某一事件带来的结果是正性、负性还是中性所进行的评估。如果初步认为这一事件将带来负性影响，那么个体将根据该事件过去引起的危害来评估可能引起的威胁以及成功抵挡这一挑战的可能性。例如，上次法语测验成绩的好坏，可能会使你面对即将到来的又一次考试时有不同的感受。

第二步是**次级评估**（secondary appraisal）。次级评估是个人对"我能否处理这一事件"问题的回答，与对能力和手头资源是否足够所进行的评估相对应。如果资源不足，且威胁巨大，那么他们将感受到压力。例如，交通罚款通知单通常是令人心烦的，但是如果某人付不起罚款，那么他的压力将大大增加。

压力因个人的评估而不同，而评估也随着个人所处环境的不同而变化。例如，产生负面情绪的事件和环境会产生更多压力。类似地，无法控制或不可预测的情况产生的压力比那些更可预测的情况产生的压力更多（Taylor, 2014）。

从一个健康护理工作者的视角看问题

生命的某些时期是相对没有压力的，还是不同年龄的人都经受着压力？应激源是随着年龄变化而不同的吗？

从长远来看，人们会为持续抵抗压力付出惨痛的代价。头痛、背痛、皮疹、消化不良、慢性疲劳，甚至常见的感冒都是和压力相关的疾病（Kalynchuk，2010；Andreotti et al.，2014；Wisse & Sleebos，2016）。

此外，免疫系统，即由器官、腺体和细胞组成的抵御疾病的身体防线，也可能被压力破坏。压力能够干扰免疫系统阻止细菌繁殖和癌细胞扩散的能力（Caserta et al.，2008；Liu et al.，2012；Ménard et al.，2017）。

若要了解你自身生活中经受着多大压力，请完成表 7-1 中的调查问卷。

应对压力

压力是每个人生活中正常的一部分。然而，某些青年人比其他人更善于**应对**（coping）压力，即控制、减少或学会忍受压力带来的威胁（Kam, Pérez Torres, & Steuber Fazio，2018；Farrell, Ollendick, & Muris，2019）。成功应对压力的秘诀是什么呢？事实上人们使用多种策略。

有些人采用以问题为中心的应对方式（problem-focused coping），即通过直接改变危机局势来减小压力。例如，某人在工作中遇到困难，他可以向上司申请调换岗位或寻找其他工作。

另一些人采用以情绪为中心的应对方式（emotion-focused coping），即有意识地调节情绪。例如，一位必须工作却难以为孩子找到合适看护的母亲可以告诉自己，她应该看到事情好的一面：至少在经济困难的时期，她还拥有一份工作（Master et al.，2009；Gruszczyńska，2013；Pow & Cashwell，2017）。

有时人们意识到他们正处于一种不可改变的压力情境之中，但是他们可以通过控制自身的反应来应对。例如，他们可以采用冥想和锻炼的方法降低生理反应。

其他人给予的援助和安慰等社会支持（social support）也可以帮助提高应对压力的能力。向他人求助可以得到情感支持（如在他人肩上哭泣）和实际的物质支持（如临时借贷）。此外，他人可以提供信息，为处理压力情境提供建议（Green, DeCourville, &

表 7-1　你有多大压力

回答下列问题，累计每一小题的得分，以测试你的压力水平。问题仅涉及上个月。下方的评分说明将帮你确定你的压力水平：

1. 你是否经常因为发生意外事件而感到不安？ □ 0 = 从未有过，1 = 几乎没有，2 = 有时，3 = 比较频繁，4 = 非常频繁	6. 你是否经常能够应对生活中的烦恼？ □ 4 = 从未有过，3 = 几乎没有，2 = 有时，1 = 比较频繁，0 = 非常频繁
2. 你是否经常感到不能控制生活中的重要事情？ □ 0 = 从未有过，1 = 几乎没有，2 = 有时，3 = 比较频繁，4 = 非常频繁	7. 你是否经常发现你不能应对必须处理的所有事情？ □ 0 = 从未有过，1 = 几乎没有，2 = 有时，3 = 比较频繁，4 = 非常频繁
3. 你是否经常感到紧张和"有压力"？ □ 0 = 从未有过，1 = 几乎没有，2 = 有时，3 = 比较频繁，4 = 非常频繁	8. 你是否经常认为事情完全在你的掌握之中？ □ 4 = 从未有过，3 = 几乎没有，2 = 有时，1 = 比较频繁，0 = 非常频繁
4. 你是否经常对自己应对个人问题的能力充满信心？ □ 4 = 从未有过，3 = 几乎没有，2 = 有时，1 = 比较频繁，0 = 非常频繁	9. 你是否经常因为事情超出你的控制而生气？ □ 0 = 从未有过，1 = 几乎没有，2 = 有时，3 = 比较频繁，4 = 非常频繁
5. 你是否经常感到事情的发展如你所愿？ □ 4 = 从未有过，3 = 几乎没有，2 = 有时，1 = 比较频繁，0 = 非常频繁	10. 你是否经常感到困难堆积之多而无法克服？ □ 0 = 从未有过，1 = 几乎没有，2 = 有时，3 = 比较频繁，4 = 非常频繁

如何计分

压力水平因人而异，将你的总分与下列平均值进行比较：

年龄	性别	婚姻状况
18 ～ 29 岁…………14.2	男性…………12.1	丧偶…………12.6
30 ～ 44 岁…………13.0	女性…………13.7	已婚或同居…………12.4
45 ～ 54 岁…………12.6		单身或未婚…………14.1
55 ～ 64 岁…………11.9		离异…………14.7
65 岁及以上……12.0		分居…………16.6

资料来源：Based on Sheldon Cohen, Department. of Psychology, Carnegie Mellon University.

Sadava，2012；Seçkin，2013；Vallejo-Sánchez & Pérez-García，2015；Falgares et al.，2018）。

最后，一些心理学家指出，即使人们不能有意识地应对压力，他们依然可以无意识地运用防御应对机制。**防御应对**（defensive coping）涉及歪曲或否认某一情境真正本质的无意识策略。例如，人们可能轻看某一威胁生命的疾病的严重程度，或者他们可能安慰自己专业考试失败并不重要。

生活中的发展

应对压力

有些一般性指导方针能够帮助人们应对压力，包括以下几点（Bionna，2006；Taylor，2014）。

- **寻求对情境的控制感**。控制产生压力的情境虽然需要耗费很多精力，但能够帮助我们应对压力。例如，如果你正因考试感到压力，那么就做些和考试相关的事，如开始学习。
- **将"威胁"重新定义为"挑战"**。变换定义能够使情境减少威胁性。"在困难中寻找一线希望"是一句很好的忠告。例如，如果你被解雇了，你可以将这看作寻找另一份新的更好工作的机会。
- **使用正念**。正念减压方法包括觉察个体周围的环境，每一刻都有价值，不加判断地观察自己的想法和感受。研究表明，进入一种正念的状态有助于人们管理和减少压力反应（Meland et al.，2015；Ramasubramanian，2017）。
- **寻求社会支持**。如果有其他人的帮助，基本上所有困难都更容易面对。朋友、家庭成员，甚至是由受过培训的咨询顾问所主持的电话热线，均能提供重要的支持。
- **运用放松技巧**。降低由压力引发的生理唤起能够有效地应对压力。许多产生放松效果的技巧，如冥想、禅宗、瑜伽、渐进式肌肉放松甚至催眠，都是有效的。赫伯特·本森（Herbert Benson）医生设计了一种特别有效的方法（Benson & Proctor，2011；见表7-2）。
- **保持一种健康的生活方式能够强化自身的天然应对机制**。锻炼、营养膳食、睡眠充足，避免或减少饮酒、吸烟和使用其他药物。
- **休息一下**。暂时让自己离开引发压力的情境，即使是一会儿也很有帮助。
- **如果其他所有的方法都失败了，那么请牢记：没有压力的生活将是乏味的**。压力是自然的，并且成功地应对压力是一种令人满足的体验。

表 7-2　如何放松

规律性练习放松反应的一般性建议：
· 每天努力留出 10 ～ 20 分钟的时间，早饭之前的时间就很好
· 舒服地坐着
· 为了在练习时间不被分心，努力事先安排好你的生活。打开电话答录机，请其他人照看孩子
· 定期看钟表或手表确定时间（但不要设定闹钟）。自己规定一个特定的练习长度，并努力坚持

有一些方法可以获得放松反应，以下是一套标准的流程说明：

第 1 步：挑选　你对印象最为深刻的中心单词或短语。例如，一名非宗教的个体可能选择某个中性单词，如一（one）、和平（peace）或爱（love）。一名希望借用祷文的基督教徒可能选择圣歌中的句子，如"上帝是我的牧人"（The Lord is my shepherd），而一名犹太教徒可能选择"沙洛姆"（Shalom）

第 2 步：以一个舒适的姿势安静地坐好

第 3 步：闭上眼睛

第 4 步：放松肌肉

第 5 步：呼吸缓慢、自然，呼气时心中重复默念中心单词或短语

第 6 步：始终保持淡定的心态。不要担心做得好不好，当其他想法侵入脑海时，只要对自己说"哦，好吧"，然后平静地回到重复默念的过程

第 7 步：持续 10 ～ 20 分钟。你可以睁开眼睛查看时间，但不要使用闹钟。完成后，静坐 1 分钟左右，先闭上眼睛，等一下再睁开。停顿 1 ～ 2 分钟后再站起来

第 8 步：每天练习 1 次或 2 次

资料来源：Benson & Scribner，2011.

有时，人们使用药物或酒精来逃避压力情境。与防御应对一样，酒精和药物使用不但不能帮助解决导致压力的困境，反而可能增加个人的难题。例如，人们可能会对最初让他们可以逃避压力的并带来愉悦感的物质上瘾（关于如何应对压力的内容，见前页"生活中的发展"专栏）。

回顾、检测和应用

回顾

1. 描述在成年早期发生的生理变化，识别生理残障的人所面临的困难。

   成年早期，身体和感官处于顶峰状态，但生长发育仍在继续，特别是大脑。生理残障的人不仅面临生理障碍，还面临偏见造成的心理障碍。

2. 总结健身和饮食对成年早期总体健康上的影响，并识别这一年龄群体的其他健康风险。

   锻炼和饮食在成年早期变得很重要，即使是短时间的锻炼和营养改善都对健康有着显著的益处。对于这个年龄群体，肥胖的问题越来越明显。意外事故造成的死亡风险最大。在美国，暴力也是成年早期的重大风险，特别是非白人男性。

3. 识别压力的来源，并解释它的后果。

   我们通过个人气质和环境来评估事件或情况造成的压力水平。压力的来源包括：产生负面情绪的事件，意外或无法控制的情况，模糊或混乱的事件，必须同时完成过多的任务。轻微的压力是健康的，而频繁或持久的压力则可能对身体和心灵造成伤害。长期经受压力可能导致心脏、血管和其他身体组织受到损害。压力与许多常见疾病有关。

4. 识别应对压力的策略。

   应对压力的策略包括以问题为中心的应对方式，以情绪为中心的应对方式以及使用社会支持。使用放松技术也是很有帮助的。另一种策略是依赖于回避的防御应对，可以避免个人处理真实的情况。

自我检测

1. _____是随着年龄增长而导致的自然身体衰退。

   a. 成熟　　　　　　　　　b. 可塑性

   c. 衰老　　　　　　　　　d. 偏侧优势

2. 在_____岁时，因病身亡的人数超过事故所导致的死亡人数，成为头号致命杀手。

   a. 25　　　　b. 35　　　　c. 40　　　　d. 45

3. _____领域的研究者研究了大脑、免疫系统和心理因素之间的关系，并发现压力可以产生多种结果。

   a. 精神分析　　　　　　　b. 慢性病管理

   c. 复原力分析　　　　　　d. 心理神经免疫学

4. 通过饮酒，使用药物，或否认情境的真正本质，以避免想到压力情境，均是_____应对方式的例子。

   a. 防御性的　　　　　　　b. 以问题为中心的

   c. 次级的　　　　　　　　d. 躯体型的

应用于毕生发展

在什么情况下压力是适应性的、有益的反应？在什么情况下压力是适应不良的？

7.2　成年早期的认知发展

Paul 在高中是优等生——不仅受欢迎，还是戏剧社和军乐队成员，成绩在班上也名列前茅。Paul 从第一年开始就是一个勤奋的学生，每个学期都以上高级荣誉课程挑战自己。Paul 的父母一直向他灌输教育对于未来美好生活的重要价值。他的父母由于缺乏大学教育，且在年轻时还没实现财务自由就生下了孩子，他们的生活很艰难。

Paul 很高兴能进入第一志愿的大学，但大一时事情并不像他想象的那样。事实上，他完全不知道该期待什么，因为家里没人上过大学，他正在探索一个新领域。他试图面面俱到——困难的课程、周末派对、学生会工作、为校园报纸写稿等。压力最终拖垮了他，他因为精力衰竭出现在校医院。

虽然，用 Paul 自己的话说，他是在通过上大学"探索新领域"，但是他和他的父母都相信高等教育的价值。Paul 和他父母的不同道路反映了大学生群体在家庭背景、社会经济地位、种族和族裔上不断增长的多样性。

本节关注成年早期的认知发展。尽管认知发展的传统理论将成年视为无关紧要的时期，但我们仍将探讨一些表明该阶段重要认知发展的新理论。我们也将思考生活事件对认知发展的影响以及成人智力的本质。

本节的最后部分将探讨大学——塑造学生智力发展的机构。我们将了解哪些人上了大学，以及性别与种族如何影响学业成就。最后我们将讨论导致大学生辍学的一些原因以及某些大学生需要面对的适应问题。

认知发展和智力

众所周知，Ben 的酒量很大，特别是在他参加聚会的时候。Ben 的妻子 Tyra 警告他，如果他再喝醉酒回家，她将带着孩子离开他。今晚 Ben 外出参加一个公司聚会。他醉醺醺地回到了家。Tyra 会离开Ben 吗？

对典型的青少年而言，上述案例（摘自 Adams 和 Labouvie-Vief 在 1986 年的研究）的答案是一目了然的：Tyra 会离开 Ben。但对处在成年早期的个体，对该问题的回答却存在诸多不确定性。人们更少考虑绝对逻辑，转而考虑可能影响和调节行为的现实生活因素。

智力发展和后形式思维

如果我们赞成认知发展的传统观点，那么我们将预期成年早期智力不会再发展了。皮亚杰认为，当人们告别青少年期之后，他们的思维，至少在质上，很大程度上已经定型，在此后的生命中不会改变。他们可能收集更多信息，但思考的方式不再改变。

皮亚杰的观点是否正确？越来越多的证据表明，他的观点是错误的。

从研究到实践

青年人的大脑还能继续发育多久

一旦进入成年早期，你就可以自由地探索各种各样的新体验。社会一般认为儿童和青少年心智还在发育，易受影响，所以要保护他们免受这些体验的影响。现阶段的个体不再需要父母的指导、同意或监督。你会接触到非常暴力的电影，还有酒吧和夜总会，以及各种各样的成人场景，越来越不受限制。但是你的大脑真的发育好了吗？

研究表明，事实并非如此，而且要到你接近 30 岁时大脑才最终成熟。成年早期的大脑并没有发育完全，而是继续发育新的神经连接，并修剪掉未使用的神经通路。这通常是一件好事——这意味着成年早期个体的思维仍然具有可塑性，能够适应新的经历。例如，学习一门新的语言、乐器或工作技能对成年早期个体来说比老年人更容易（Whiting，Chenery，& Copland，2011）。

尤其是大脑的一个部分，前额皮质，只有你很好地进入成年早期时才会成熟。这个区域负责诸如计划、决策和冲动控制等高级心理功能。因此，毫不奇怪，在人生的这个阶段，对健康和幸福最大的风险主要是判断力差——机动车事故、暴力、药物滥用和过度饮酒是其中最主要的。但这也是一个处处是机会的时期，成年早期个体仍然可以有机会获得这些高度有益的特点，如心理弹性、自我控制和自我调节（Raznahan et al.，2011；Giedd，2012；Steinberg，2014）。

你在这段时间里所做的事情会对未来产生重要的影响。例如，最近的研究发现，成年早期个体使用 Facebook 的次数越多，他们当时的感觉就越糟糕，对生活的满意度也会随着时间的推移而下降。研究成年早期大脑发育的科学家们表达了一个更广泛的担忧：成年早期活动的选择可能会产生长期的影响，无论是好是坏（Beck，2012；Giedd，2012；Kross et al.，2013）。

共享写作提示：

青年人可以做些什么来优化他们正在进行的大脑发育？

后形式思维。发展心理学家吉塞拉·拉博维奇-菲夫认为思维的本质在成年早期发生了变化。她声称，单纯基于形式运算（皮亚杰理论的最后一个阶段，实现于青少年期）的思维不足以满足青年人的需要。要求特异性的社会越来越复杂，人们面对复杂情况寻求出路时也会遇到挑战，这都要求人们的思维要超越逻辑，考虑实际经验、道德判断和价值观（Labouvie-Vief，2006，2009；Lemieux，2013；Hamer & van Rossum，2017）。

成年早期个体表现出的思维叫后形式思维。**后形式思维**（postformal thought）是超越皮亚杰形式运算的思维方式。与单纯基于逻辑过程、对问题的答案是绝对正确和错误的形式运算相比，后形式思维认为成年人的困境有时必须以相对的方式解决。

佩里关于后形式思维的观点。心理学家威廉·佩里（William Perry）（1981）认为成年早期的发展涉及掌握新的理解世界的方式。为考查学生在大学期间智力和道德的发展，佩里对哈佛大学的一组学生进行了访谈。他发现刚入校的学生在看待世界时倾向于使用二元思维（dualistic thinking），即某事要么是正确的，要么是错误的；有些人要么是好人，要么是坏人；其他人要么支持他们，要么反对他们。

然而，当这些学生遭遇到来自其他学生和教授的新思想或观点时，他们的二元思维开始减少。这一点与后形式思维的观点一致，学生逐渐意识到问题不仅只有一种可能性。此外，他们了解到能够从多个角度看待同一个问题。他们对权威的态度也发生了改变：从之前假定专家拥有所有答案，转而开始认识到如果他们自己的想法经过深思熟虑并且是合理的，那么他们的想法也是有效的。

事实上，根据佩里的理论，大学生已经步入一个知识与价值观的相对论（relativistic）阶段。他们不再认为世界具有绝对的标准和价值观，而是承认不同的社会、文化和个人都可能具有不同的标准和价值观，而且所有这些标准和价值观都可能是同样有效的。

思维的本质在成年早期发生了质变。

从一个教育工作者的视角看问题

你认为青少年学生有可能学会后形式思维吗（例如通过直接指导打破二元思维习惯）？为什么？

沙因的发展阶段。发展心理学家K. 华纳·沙因（K. Warner Schaie）提出了后形式思维的另一种观点。在皮亚杰理论的基础上，沙因认为成人的思维遵循一定的阶段性（见图7-3）。但沙因注重成年期对信息的运用方式，而非皮亚杰理论所强调的获取和理解新信息中的变化（Schaie & Willis，1993；Schaie & Zanjani，2006；Schaie，2016）。

沙因认为在成年期之前，人们主要的认知发展任务是信息的获得。

因此，他将认知发展的第一阶段命名为**获得阶段**

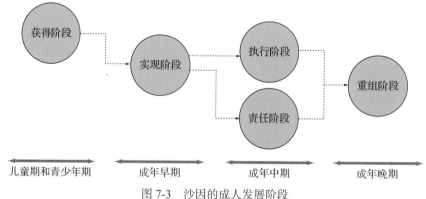

图 7-3　沙因的成人发展阶段

资料来源：Based on Schaie，1977–1978.

（acquisitive stage），贯穿整个儿童期和青少年期。成年之前我们收集信息很大程度上是为未来的运用做储备。事实上，儿童期和青春期教育的根本目的是为人们未来的活动做准备。

在成年早期，情况发生了相当大的改变，关注点从未来转变到此时此地。根据沙因的观点，青年人正处于实现阶段，即运用他们的智力实现有关事业、家庭和为社会做贡献的长期目标。在**实现阶段**（achieving stage），青年人必须面对并解决一些重要问题，如从事何种工作、和谁结婚等。这类问题的决策将影响他们的后半生。

在成年早期的最后阶段和成年中期，人们步入责任和执行阶段。在**责任阶段**（responsible stage），中年人主要关注如何保护和照顾其配偶、家庭和事业等问题。

接下来，在成年中期的中后期，很多人（但并非所有人）步入**执行阶段**（executive stage），他们的视野更为开阔，关注更广阔的世界。处于执行阶段的个体开始参与和支持社会机构。他们可能参加城镇政府、宗教集会、服务单位、慈善团体、工会等拥有广泛社会影响的组织。

最后，**重组阶段**（reintegrative stage）是指成年晚期，此时人们关注具有个人意义的任务。人们不再将获得知识作为解决可能面对的潜在问题的手段，反而转向他们特别感兴趣的信息。此外，他们对那些看似不能立即运用到生活中的事物兴趣减少，耐性也降低。

诸如孩子降生或挚爱的人去世等重大事件，为我们重新评估自己在世界上的位置提供了机会，从而激发认知发展。可能激发认知发展的重大事件还有哪些？

生活事件和认知发展。婚姻、父母的去世、开始第一份工作、孩子的出生、买房。这类里程碑事件的发生，不管受欢迎与否，都会引起压力。但它们是否也能导致认知发展呢？

尽管这类研究断断续续，而且很大程度上基于个案研究，但一些研究证据表明这一问题的答案可能是肯定的。例如，孩子的降生可能触发个体更深刻地体会到关系的本质，在世界中的位置以及在不朽的人类中的角色。同样，一名挚爱的人去世可能促使人们重新评价何为生命中最重要的内容，并重新思考他们的生活方式（Kandler et al., 2012；Andersson & Conley, 2013；Karatzias, Yan, & Jowett, 2015）。经历生活的起伏可能导致青年人以新颖、更复杂、更成熟、不那么死板的方式思考世界。他们现在能够使用后形式思维来查看与把握趋势和模式、个性和选择。这使他们能够有效地处理他们所属的复杂社会世界。

比较后形式思维的理论。我们考虑了很多关于后形式思维的理论观点。是否有一种理论能最准确地描述人们成年后思维的变化？并不能，因为事实证明这些理论并不是相互排斥的。相反，拉博维奇-菲夫关注的是后形式思维，佩里关注的是二元论和相对论思维，沙因关注的是成人思维的阶段，都涉及我们所看到的成人思维变化的不同方面。

然而，关于成人思维的理论并不相互排斥这一点其实还有一个例外，那就是皮亚杰的理论。与认为思维在整个成年期发展的理论相反，皮亚杰认为，一旦我们进入青少年期，成人思维的质变是微乎其微的。根据数十年的研究，很明显皮亚杰低估了青少年期后期发生的变化，而且在整个成年期，思维在质和量上不断进步。

智力：在成年早期重要吗

你在当前工作岗位上的表现大体良好。你所在部门的绩效和你任职之前不相上下，甚至可能更好一些。你有两位助理，一位非常有能力，另一位并不是很努力。即使你深得人心，但你仍认为在你上司的眼中，你与公司其他同事相比没什么特别之处。尽管你的目标是能够快速晋升并成为一名主管，但是你并不知道你是否可以达到你的目标。

成年人回答上述场景问题的方式可能影响他们未来的成功。这一问题是设计用于评估特定智力类型的系列问题之一，这一智力类型对未来成功的影响可能比传统测验中的 IQ 更大。

很多研究者认为，通过 IQ 测验测量的智力并不是唯一有效的类型。根据想要了解个体的内容，智力的其他理论和其他测量方法可能是更适当的。

心理学家罗伯特·斯腾伯格（Robert Sternberg）研究了刚刚提出的谁来担任主管的问题，并在其提出的**智力三元论**（triarchic theory of intelligence）中指出，智力由三个主要要素构成：成分、经验与情境。成分（componential）要素涉及解决问题中的心理成分（如选择和使用规则，挑选问题解决策略以及运用过去所学知识的一般能力）。经验（experiential）要素是指智力、先前经验以及应对新情境的能力之间的关系。这是智力三个要素中最富有洞察力的方面，人们可以将已经掌握的知识与新的情境和之前从未遇见过的事实相关联。最后，智力的情境（contextual）要素，它涉及日常和现实世界的环境的需求。例如，在适应工作中特定专业需求的过程，便涉及情境要素（Sternberg，2005，2015）。

传统 IQ 测验倾向于强调成分方面。然而，越来越多的证据表明，特别是在比较和预测成年人成功的时候，情境要素是一个更为有用的测量对象。情境要素也被称为实践智力。

实践智力和情绪智力。根据斯腾伯格的观点，传统 IQ 分数和学业成功密切相关，但和事业成功等其他类型的成就则没有关系。尽管商业的成功对于 IQ 测验所测量的智力有一定水平的要求，但升职的比率和企业经理人的最终成功与 IQ 分数仅为边缘相关（Sternberg，2006；Grigorenko et al.，2009；Ekinci，2014）。

斯腾伯格声称事业成功需要实践智力。学业成功基于知识，大部分通过阅读和听课获得，而**实践智力**（practical intelligence）则主要通过观察他人并模仿他们的行为而获得，实践智力高的人具有很好的"社会性雷达"。他们能够根据先前经验有效地理解并处理新的情境，洞察周围的人和环境。

另一类智力与此相关。**情绪智力**（emotional intelligence）是指准确评估、评价、表达和调节情绪所基于的一系列技能。情绪智力能够使人们与他人和睦相处，理解他人感受和体验，并对他人需求给予适当反应。情绪智力对青年人职业和个人成功具有明显的价值（Kross & Grossmann，2012；Crowne，2013；Wong，2016；Szczygieł & Mikolajczak，2017）。

从一个教育工作者的视角看问题

你认为教育工作者能教人们变得更聪明吗？智力的哪些要素或类型可能比其他的更"可教"吗？如果有，是哪一个：成分的、经验的、情境的、实践的还是情绪的？

创造力：新异思维。莫扎特在 35 岁去世时留下了上百首音乐篇章，而其中大部分是他在成年早期完成的。其他许多拥有创造力的个体也遵循这一模式：他们的主要作品都是在成年早期完成的。总的来说，创造性生产力似乎在 40 岁前后达到顶峰，然后慢慢下降。但也有很多例外，而且那些最有创造力的人一生都保持着他们的创造力（Simonton，2017；Nikolaidis & Barbey，2018；见图 7-4）。

成年早期高产的一个原因可能是，在这个时期过后，人们对某一主题了解越多，他们在该领域推陈出新的可能性就越小。在成年早期人们处于创造力巅峰可能是因为他们遇到许多专业的问题都是新异的。而后，随着年龄的增长，我们的思维变得越来越不灵活，我们更不可能采用不熟悉的假设和假定（Gopnik et al.，2017）。

另一方面，也有许多人直到生命晚期才达到创造力的鼎盛时期。例如，弗兰克·劳埃德·赖特（Frank Lloyd Wright）在 70 岁才设计出纽约古根海姆博物馆。达尔文在 70 多岁依然写出影响力广泛的著作，而毕加索 90 多岁时仍在从事绘画创作。此外，与重要作品产出时期相反，一个人总的创作产量在成年期十分均衡，特别是在人文学科方面（Simonton，2009；Hanna，2016）。

总而言之，创造力的研究没有揭示出一致的发展模式。原因之一是难以确定**创造力**（creativity）的构成成分，创造力被定义为将反应或观点以新异的方式进行组合。因为对定义何谓"新异"一词，仁者见仁、智者见智，因此难以清晰地鉴别某一特定行为是否有创造性。

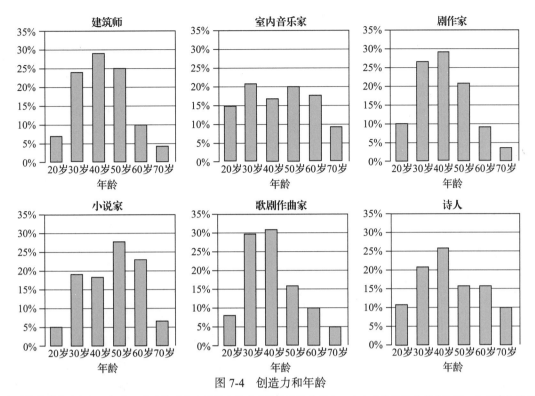

图 7-4 创造力和年龄

特定领域的最佳创作时期各不相同。这里的百分比是指在特定年龄阶段的作品占一生中主要作品总量的比例。为何诗人的创作高峰比小说家更早？

资料来源：Based on Dennis，1966.

但这并未阻止心理学家努力尝试的脚步。创造力的一个重要成分是个人甘愿承担风险而尝试可能获得高回报的意愿。创造力高的人就像成功的股票市场投资人，遵循"低价买入、高价卖出"的原则。创造力高的人想出或支持未被认可或被视为错误的观点（"低价买入"），他们假设其他人最终将会看到该观点的价值并接受它们（"高价卖出"）。根据这一理论，创造力高的成年人能够以全新的眼光看待最初被人抛弃的观点，特别是当该问题为人所熟知时。他们能足够灵活地脱离旧有的行事方式，转而考虑新的方法（Sternberg，Kaufman，& Pretez，2002；Sternberg，2009；Sawyer，2012）。

大学：追求高等教育

下午 3 点 30 分一下课，30 岁重返大学的 Laura 就收拾好书本冲上了自己的车。她焦虑地加速赶去上 4 点的班，免得又被她的经理警告。交班后她得去母亲那儿接儿子 Derek，然后赶紧回家。

晚上 8 点 30 分到 9 点 30 分，Laura 陪着 Derek 直到他上床。10 点她开始学习准备商业伦理考试。11 点

她准备休息了，并定下了次日早上 5 点的闹钟，这样她可以在 Derek 7 点起床前学习完毕。然后 Laura 得为儿子穿衣并准备两人的早饭，再把 Derek 送去她母亲家，自己则开始新一轮的课程、工作、学习、照顾儿子的循环。

Laura 在获得大学学位的道路上面临着非同寻常的挑战，像她这样 24 岁以上的大学生约占 1/3。像 Laura 这样的大龄学生只是当今多样化的大学校园中的一个方面，大学中家庭背景、社会经济地位、种族和族裔的多样性逐渐增加。

对于任何一名学生而言，能够上大学都是一项非常重要的成就。上大学并非常事：在全美范围内，能够考取大学的高中毕业生仍是少数。

高等教育的人口统计学数据：谁能上大学

进入大学的都是哪类学生？整体而言，美国大学生主要集中在白人和中产阶级。大学人口中大约 51% 是白人，西班牙裔人占 18%，黑人占 13%，亚洲人占 6%，其他种族或族裔占 12%。此外，在 2006 年至 2016 年的十年间，大学总入学人数增加了 12%，少数族裔入学人

数增加了近40%（U.S. Department of Education，2016；Diversity in Academe，2018；见图7-5）。

对于那些没有上大学或没有完成大学学业的学生，后果是很严重的。高等教育是人们改善经济状况和幸福感的重要途径。只有3%受过高等教育的成年人生活在贫困线以下；而高中辍学者生活贫困的可能性则是前者的10倍。

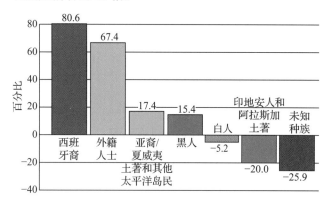

图7-5　按种族和族裔划分的入学人数变化

2006～2016年，进入大学的学生多样性显著增加。

资料来源：U.S. Department of Education，2016.

注：美国教育部2006年的数据没有像2016年那样将亚裔和夏威夷原住民和其他太平洋岛民分开分类；因此，这里将2016年的两个类别加在一起。由于2006年教育部的数据不包括这两项或两项以上的类别，因此也不在计算范围内。

大学入学率的性别差异。女性上大学的比例高于男性。71%的女性高中毕业生在毕业后的秋季进入大学，而男性的这一比例仅为61%。在少数族裔学生中，性别差距更大，黑人女性入学率为69%，黑人男性入学率为57%；西班牙裔女性入学率为76%，西班牙裔男性入学率为62%。此外，预测显示，男女性别差异预计将在未来十年继续扩大（Adebayo，2008；Lopez & Gonzalez-Barrera，2014）。

为何会存在性别差异？这可能是因为在美国男性高中毕业后有更多工作机会。例如，参军、进入企业以及要求体力的工作可能对男性更有可获得性和吸引力。此外，女性在高中的学习成绩通常比男性优秀，因而她们更容易被大学录取（Buchmann & DiPrete，2006；England & Li，2006；Rocheleau，2016）。

变化中的大学生：上大学永远不言晚吗？ 如果在你的印象中"普通大学生"是18～19岁，那么你就应当重新定义。在美国，大学生的年龄越来越大。事实上，从2000年到2016年，就像前面介绍的30岁的Laura一样，入学年龄在25岁以上大学生增加到27%。社区大学中有近一半的学生年龄在22岁或以上，10%的学生年龄大于40岁（American Association of Community Colleges，2018；Snyder，2018）。

开始就读大学或重返大学校园的大龄学生人数持续增加。超过1/3的在校学生年龄达到或超过24岁。为什么会有如此多的大龄、非传统意义上的学生学习大学课程？

为何会有如此多的大龄、非传统意义上的学生学习大学课程？原因之一是经济问题。大学学位在获得工作方面的重要性不断增加。很多雇主要求员工有大学学历，接受过新技能或更新技术的培训。

此外，随着青年人年龄的增长，他们开始感觉到需要成家安定下来。这一态度的转变可能减少他们的冒险行为，并使得他们更注重获得养家糊口的能力，这是一种被称为成熟变革（maturation reform）的现象。

从一个教育工作者的视角看问题

从你所了解的人类发展的角度来看，大龄学生的出现对大学课堂造成何种影响，为什么？

性别偏见和消极刻板印象对学业表现的影响

在迪堡大学上学的第一年，我选修了一门微积分课程。20年前的我并不胆怯，所以在上课的第一天我便举手问了一个问题。我仍清晰地记得当时的情景，教授转着眼珠，很挫败地用手打自己的头，并对大家说："为什么他们让我来给女孩子教微积分？"（Sadker & Sadker，1994，p. 162）。

尽管如今这类公然的性别歧视事件发生的可能性

减少了很多，但对女性的偏见和歧视仍然是大学生活的一个现实问题。

性别偏见。 下次上课时，你认真观察一下你同学的性别以及所选的课程。尽管男性和女性就读大学的比例大体相等，但是他们倾向于选择不同的课程。例如，女性比男性有更大比例选修教育与社会科学课程，而男性比女性更多选择工学、物理学和数学课程。

虽然有些女性开始选择数学、工学和物理学课程了，但是与男性相比，女性辍学或改变专业的可能性是男性的 2 倍。尽管女性获得理学与工学学位的人数逐渐增加，但人数仍少于男性（National Science Foundation，Division of Resource Statistics，2002；York，2008；Halpern，2014）。

学科领域的性别分布差异并非偶然。这反映出性别刻板印象的强大影响。例如，当女性进入大学第一年被问及职业选择时，她们不大倾向于选择传统上被男性掌控的行业，例如工程学或计算机编程，而更有可能选择传统上由女性主导的行业，例如护理和社会工作等。而且即使她们已经选择进入数学和科学相关的领域，仍可能面临性别歧视（Ceci & Williams，2010；Lane，Goh，& Driver-Linn，2012；Heilbronner，2013）。

男性和女性教授对待男生和女生的态度均不同，即使区别对待，但大多是无心的，教授们可能也未曾意识到这些行为。教授提问男生的频率高于女生，而且和男生的目光接触次数也多于女生。此外，男生比女生更有可能获得额外帮助。最后，男生和女生接收到的反馈质量也不同，和女生相比，男生能够收到教授对其发表评论更为积极的强化（Sadker & Silber，2007；Riley，2014）。

尽管某些不平等对待女性的案例代表了敌意性差别主义（hostile sexism），即人们以一种公然造成伤害的方式对待女性，而在其他情况下，女性却成为善意性差别主义的受害者。善意性差别主义（benevolent sexism）是一种仁慈的性别歧视，将女性置于表面上看似积极的，实则刻板的限制性的角色。

例如，一名男教授可能恭维一名女生天生丽质或交付她一项更为容易的研究项目，这样她便不用费力工作。在教授自认为体贴的同时，他事实上可能已经让那名女生感受到不被重视，并损害了她对自身竞争力的看法。善意性差别主义的伤害可能和敌意性差别主义一样严重（Glick & Fiske，2012；Rudman &

Fetterolf，2014；Chonody，2016）。

由于性别刻板印象在教育领域的强大影响，女性在物理学、数学和工学领域缺乏代表性。如何扭转这种趋势呢？

刻板印象威胁和学术不认同。 非裔美国人学术表现不好。女性缺乏数学和科学能力。

对非裔美国人和女性的这类破坏性的刻板印象仍然存在，并且造成了诸多恶果。例如，在非裔美国人开始读小学时，他们的标准测验分数只比白人学生稍微低一点点，但在 6 年级时，这一差距却加大至两个年级的程度。尽管越来越多的非裔美国高中毕业生进入大学深造，但最终 41% 的毕业率仍远低于白人63% 的毕业率（U.S. Department of Education，National Center for Education Statistics，2017）。

类似地，尽管男孩和女孩在小学和初中的标准化数学测验中成绩几乎相等，但是到了高中，这一情况发生了变化。在高中以及随后的大学中，男性在数学方面的表现优于女性。事实上，在学习大学数学、理学与工学课程时，女性与入学时和她们预修水平相同、学术能力测验（SAT）分数相同的男性相比，更有可能表现不佳（Dennehy，2018）。

根据心理学家克劳德·斯蒂尔（Claude Steele）的观点，女性与非裔美国人成绩水平下降的背后原因是相同的：学术不认同（academic disidentification），即对某一学术领域缺乏个人认同。对女性而言，是对数学和理学的不认同；对非裔美国人而言，可能泛化到对整个学术领域的不认同。在这两种情况下，消极的刻板印象造就了一种**刻板印象威胁**（stereotype threat），觉知到社会对学术能力所持有的刻板印象会阻碍学业表现（Carr & Steele，2009；Ganley et al.，2013；Shapiro，Aronson，& McGlone，2016）。

例如，对那些在以数学和科学为基础的领域中寻求成就的女性而言，她们可能会担心社会对她们的失败预期。她们的内心很矛盾，一旦在男性主导的领域失败将会带来证实社会刻板印象的风险。与失败所带来的风险相比，为在这些领域取得成功而做出的努力得不偿失，因此她们可能选择不去努力（Inzlicht & Ben-Zeev，2000；Johnson et al.，2012；Pietri et al.，2018）。

与之类似，非裔美国人也可能处于这种要证明针对他们学业表现的消极刻板印象不正确的强压下。这类压力可能会引发焦虑和威胁感，并导致低于真实能力水平的学业表现。并且讽刺的是，刻板印象威胁对于更好、更自信的，未将消极刻板印象内化的，且对从未质疑过自己能力的学生而言更为严重（Carr & Steele，2009；Steele，2012）。

这种消极的刻板印象难以忽视，事实上女性和非裔美国人可能会因为刻板印象而在学业上表现得稍差。这也是近期一项针对非裔美国人的纵向研究所发现的（O'Hara et al.，2012）。

大学适应：对大学生活要求的反应。不仅是代表性不足的群体成员在大学中面临挑战。许多学生，特别是那些第一次在离家很远的地方生活的高中毕业生，在适应大学生活上也容易出现问题。

大学的第一年对某些人来说特别困难。**新生适应反应**（first-year adjustment reaction）是一系列与大学体验相关的心理症状，包括孤独、焦虑和抑郁。虽然任何新生都可能会遇到这种反应，但在高中阶段学习或社交方面异常成功的学生中尤为普遍。当他们开始上大学时，他们突然的身份变化可能会导致痛苦。

第一代大学生是他们家庭中第一个上大学的人，他们在大学第一年特别容易遇到困难。他们可能在没有清楚地了解大学的要求与高中不同的情况下来到大学，并且他们来自家庭的社会支持也可能不足。此外，他们可能没有为上大学做好充分的准备工作（Barry et al.，2009；Credé & Niehorster，2012；Glover，Jenkins，& Troutman，2019）。

大多数情况下，新生适应反应问题会在学生结交朋友、体验学业成功及让自身融入校园生活的过程中顺利解决。然而，在其他情况下，问题却会遗留下来，还可能激化，甚至导致更严重的心理问题（见"生活中的发展"专栏）。

在高中成功和受欢迎的学生特别容易受到新生适应反应的影响。咨询和越来越熟悉校园生活可以帮助学生适应。

生活中的发展

大学生什么时候需要专业的帮助来处理他们的问题

如何判断一名感到沮丧与不开心的学生是否需要专业帮助？尽管并非有绝对原则，但有些迹象可以视为需要寻求专业帮助的信号。其中包括以下几条。

- 心理痛苦消磨和干扰了个人幸福感、正常生活以及工作的功能。
- 感觉自己无法有效地应对压力。
- 没有明显理由地感到绝望或抑郁。
- 无法与他人建立亲密关系。
- 没有明显诱因的身体症状，如头痛、胃痉挛或

皮疹等。

如果出现这类信号，那么和专业人士的交谈也许会有帮助，比如心理咨询专家、临床心理学家或其他精神健康工作人员等。首选地点是校园医务室。私人医生、社区诊所或当地卫生局也能够提供转诊介绍。

心理问题有多普遍？调查发现近半数的大学生报告他们至少存在一种严重的心理问题。其他研究也发现，几乎有1/3的学生报告他们感到抑郁（Benton et al.，2003；Gruttadaro & Crudo，2012；见图7-6）。

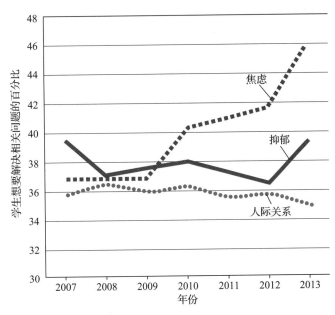

图 7-6　大学生的问题

大学生在学校咨询中心报告各种心理问题的百分比。

资料来源：Novotney, 2014.

回顾、检测和应用

回顾

5. 识别和总结后形式思维的各种理论。

后形式思维的出现表明认知发展在成年早期仍会继续，这是一种超越了逻辑，包含了解释性和主观性的思维。拉博维奇-菲夫认为青年人的思维必须发展到能够处理模棱两可的情况。佩里认为人们在成年早期从二元思维转向相对论思维。沙因认为人们在使用信息的过程中经历了五个阶段：获得、实现、责任、执行和重组。重大生活事件通过提供机会和激励使个人重新思考自我和自己所处的世界，从而促进认知发展。

6. 讨论智力的不同类型，并解释每种智力如何影响青年人事业上的成功。

关于智力的新观点包括智力三元论、实践智力和情绪智力。在智力三元论中，在三个组成部分中得分都较高的人会有能力解决问题，利用先前的经验来应对新情况，适应现实世界的需求。实践智力高的人通过观察他人并模仿他们的行为来学习。像高情绪智力的人一样，他们的社会交往能力很好。创造力似乎在成年早期达到顶峰，青年人甚至会将长期存在的问题视为新异的情境。

7. 总结美国大学生的人口构成，并描述人口的变化情况。

大学入学率因性别、种族和族裔的不同而存在差异。大多数大学生是白人和中产阶级。虽然上大学的少数族裔学生的绝对数量有所增加，但进入大学的少数族裔人口总体比例有所下降。随着越来越多的成年人重返大学，大学生的平均年龄正在逐渐增加。

8. 讨论性别偏见和刻板印象如何影响女性和有色人种学生的表现。

学术不认同和刻板印象威胁有助于解释女性和非裔美国人在某些特定学术领域的表现较差。第一代大学生可能对大学的要求缺乏清晰的认识，也可能没有做好充分的准备。大一学生可能会经历新生适应反应，其特征是一系列心理症状，包括孤独、焦虑和抑郁。

自我检测

1. 成年期的问题解决，必须考虑之前的经历、逻辑思维以及决策的相对收益和损失，这种思维被称为_____。

a. 形式运算思维　　　　　b. 具体运算思维

c. 后形式思维　　　　　　d. 二元思维

2. 斯腾伯格的智力三元论认为智力由三个主要要素构成，包括_____。

a. 成分的、经验的、情境的

b. 情绪的、实践的、经验的

c. 实践的、社会性的、创造性的

d. 创造性的、直觉的、执行的

3. 生活在贫困线以下的高中辍学者人口是受过大学教育的贫困人口的_____倍。

a. 3　　　　　b. 5　　　　　c. 10　　　　　d. 20

4. 个体不认同自己在某一领域的成功，如对女性而言，是数学和科学；对非裔美国人而言，是整个学术领域，这被称为_____。

a. 刻板印象威胁　　　　b. 学术不认同

c. 自我概念不足　　　　d. 刻板印象偏见

应用于毕生发展

对于那些区别对待男女生的大学教授，你会如何教育他们？何种因素造成这一现象？能否改变这一现象？

7.3 成年早期的社会性和人格发展

Grace 是一位精力充沛的 26 岁女性，她在纽约布鲁克林，与另外三名青年人合住一套公寓。当 Grace 不在当地的食品合作社工作时，她会在两个区域乐队中担当摇滚小提琴手或者在钢琴上作曲。她的公寓里常常有许多音乐家光临，其中有些就是像 Grace 这样的作曲家，他们的谈话总是充满生气，可以在严肃和幽默之间轻松转换。

Grace 的兄弟姐妹都已经结婚，包括她的妹妹，但 Grace 有一连串的情人。她的现任男友 Jones 在她的复古艺术摇滚乐队中担任贝斯手。"Jones 和我真的心意相通，但是谁知道这会持续多久呢，而且我不觉得一定需要结婚。"Grace 说。当她的姐姐 Kate 已经结婚并有了三个孩子时，问她是否渴望有一套自己的房子和一个家庭。Grace 回答说："把自己关在家里的想法是令人痛苦的。我喜欢生活、爱情和与各种各样的人一起工作。社会应该意识到幸福有多种形式。"

Grace 是在亲密关系方面有困难的年轻女性的个例，还是只不过反映了一种大趋势，20 多岁的女性和男性正在如何接近成年期的复杂性？

在任何一种情况下，成年早期都是一个包括各种发展任务的时期（见表 7-3）。我们明白我们不再是其他人的孩子了，我们开始把自己看待为成年人，是社会的正式成员并肩负着重大的责任（Tanner，Arnett，& Leis，2009；Arnett，2010）。

本节探讨这些挑战，集中在个体与他人的关系发展及其进程方面。首先，我们考虑了成年初显期的概念，一些发展心理学家认为这是人生的一个独立阶段。

表 7-3　成年期发展任务

成年早期（20～40 岁）	成年中期（40～65 岁）	成年晚期（65 岁以上）
• 对自己负责	• 理解并接受时间的消逝	• 随心所欲地支配时间
• 意识到自身独特的生活史和时间限制	• 接受自己正在变老的事实	• 保持社交而不脱离社会
• 管理与父母的分离	• 接受身体的改变，包括容貌和健康	• 结交朋友和建立新的关系
• 重新定义与父母的关系	• 发展可接受的工作身份	• 适应不断变化的性
• 获得并解释自己的性体验	• 成为社会中的一员	• 保持健康
• 变得能够与他人（非家人）亲密	• 理解社会是不断改变的	• 管理身体疼痛和一些小病
• 管理金钱	• 保持友谊并结交新朋友	• 形成一种没有工作的舒适的生活风格
• 发展职业技能	• 应对性欲上的变化	• 理智地为工作和休闲分配时间
• 考虑职业机会	• 持续性地维持配偶或伴侣关系	• 为自己和亲属有效地管理财务
• 考虑成为父母	• 随着孩子的长大，改变与孩子的关系	• 专注于当下和未来，而不是停留在过去
• 定义自己的价值	• 传递知识、技能和价值观给下一代	• 逐渐调整正在失去的亲密关系
• 找到在社会中的位置	• 为短期和长期目标有效地管理金钱	• 接受来自子孙的照护
	• 体验到亲近的人患病和死亡，尤其是父母	
	• 找到在社会中的位置	

资料来源：Colarusso & Nemiroff，1981.

接着，我们将探讨多种类型的爱，包括男同性恋和女同性恋。我们考察人们在社会和文化因素的影响下如何选择伴侣。

然后，我们探讨婚姻，包括是否选择结婚以及影响婚姻成功的因素。我们探讨孩子对婚姻幸福的影响以及孩子在异性恋、男同性恋和女同性恋配偶的婚姻中所扮演的角色。我们也会讨论当今社会家庭的结构和规模，这也反映了成年早期关系的复杂性。

最后，我们将探讨职业，这个成年早期的另一项主要任务。我们将考察成年早期个体的同一性如何和他们的工作相联系，以及人们如何选择他们从事的职业。我们还将讨论人们工作的原因和职业选择的途径。

建立关系：成年初显期和成年早期的亲密关系、喜欢和爱

Thad 被 Dianne 迷得神魂颠倒——如字面义[○]。"我正在为一场舞会布置自助餐厅，而她正在扫地。突然脚下有把扫帚伸了过来把我绊倒了。我没有受伤也没有弄坏东西，自尊也没受损，但你可以说我的心跳少了一拍。她就在那儿，脸上带着躲躲闪闪的笑容，我只能看着她笑。我们开始谈笑，并很快发现除了傻气以外我们还有更多其他共同点。我们之后就在一起了。"

Thad 跟随着他的直觉，在大四的某个午餐时间在同一家自助餐厅向 Dianne 公开求婚。他们计划在学校的鸭塘旁举行婚礼，而在婚礼进行曲结束时，他们的引座员和伴娘纷纷将扫帚交叉。

并非每个人的爱情之路都像 Thad 那样顺利。对一些人而言，爱情之路是蜿蜒曲折的，伴随着关系的破裂和美梦的破碎；对另一些人而言，这是一条永远不会触及的道路。对一些人而言，爱情通向婚姻，像童话故事中描述的家庭、孩子和白头偕老的生活；对另一些人而言，爱情通向不愉快的结局，以离婚和抚养权的争斗告终。

成年初显期

你是否觉得自己还不是真正的"成年人"，尽管你已经达到了成年人的法定年龄？你是否仍然不确定自己是谁以及你今后想做什么，并且感觉自己还没准备好独自闯荡？如果是这样，你正在经历的是一个被称为**成年初显期**（emerging adulthood）的阶段——一个跨越生命第三个十年的青少年期和成年期之间的过渡阶段。研究者越来越多地将成年初显期视为一个独特的发展时期，在此期间大脑仍在生长并改变其神经通路。这通常是一个充满不确定性和自我发现的时期，在此期间，成年初显期个体仍在探索世界及自己在其中的位置（Arnett，2014a，2016）。

成年初显期有五个特征。身份探索（identity exploration）需要学习如何做出关于爱情、工作以及一个人的核心信念和价值观的重要决策。在对美国 1 000 多名 18～29 岁的不同成年初显期个体进行的一项调查中，77% 的人同意"这是一个了解我到底是谁的生命时刻"。成年初显期的另一个特点是不稳定（instability），可以表现为生活计划或目标的变化、职业和教育路径的波动、不稳定的关系，甚至意识形态的转变。在上述调查中，有 83% 的受访者一致认为"我生命的这个时刻充满了变化"（Arnett，2014b）。

成年初显期个体的第三个特征是自我关注（self-focus）：这是一个要兼顾父母的控制、抚养孩子的义务和事业的生命时期。随着需要联络的人越来越少，成年初显期个体在做出任何认真的承诺之前，都会享受一段专注于自己的奢侈时光。"这是我生命中关注自己的一个时刻"是上述调查中 71% 的受访者赞同的陈述。考虑到所有这一切，成年初显期个体的第四个特征是介于两者之间的感觉（feeling in-between）可能就不足为奇了——感觉自己不再是青少年，但还不是真正的成年人。对于一些成年初显期个体来说，这种感觉可以通过在某些方面保持对父母的依赖来增强，而对于其他人来说，这种感觉更接近一种在接纳完全成年前的不确定和犹豫不决的感受。上述调查中有一半受访者不愿意完全同意他们已经成年（Arnett，2014b）。

最后，尽管压力和焦虑与成年初显期的不确定性有关，但这也是一个乐观（optimism）的时期。近 90% 的上述调查受访者同意"我相信有一天我会得到我想要的生活"，并且 83% 的人同意"在我生命的这

○ 原文使用的是"sweet Thad off his feet"，本意是扫到他的脚。——译者注

个时刻，一切皆有可能。"这种乐观主义的部分原因是今天的青年人比他们的父母受过更好的教育，因此他们的乐观主义在现实中具有基础。令人高兴的是，到他们 30 岁时，大多数成年初显期个体已经找到了自己的路，并且更加适应了成年人的角色（Arnett, 2014b, 2015; Ozmen, Brelsford, & Danieu, 2017）。

成年初显期的存在是由过去几十年工业化国家经济变化的性质所驱动的。随着这些经济体向技术和信息转移，人们需要花越来越多的时间来接受教育。此外，随着结婚年龄的提高，孩子的出生时间也在后延（Arnett, 2016）。

此外，男性和女性对于长大成人都有越来越多的矛盾心理。调查显示，当被问及是否已经成年时，青少年期晚期和二十几岁的人回答"是也不是"的频率最高（Arnett, 2006, 2016; Verschueren et al., 2017）。

亲密关系、友谊和爱情

亲密关系是在成年早期主要考虑的事项。亲密关系是青年人幸福的核心，很多人担忧他们能否"适时"地发展出正式的亲密关系。即使有些人对建立典型的长期亲密关系不感兴趣，但在一定程度上，他们也很在意和他人的关系。

寻求亲密性：埃里克森对成年早期的观点。埃里克森认为成年早期是**亲密对疏离阶段**（intimacy-versus-isolation stage），从青少年期后期一直到 30 岁出头。这一阶段关注与他人发展亲密关系。

埃里克森所指的亲密由几个方面组成。一个成分是无私，是指牺牲自己的需要以满足对方的需求；另一个成分是性，双方共同获得快感，而不是只关注自己的满足；最后是更深一步的投入，其标志是将自己的同一性融入伴侣的同一性中所做的努力。

根据埃里克森的理论，那些在此阶段中感觉到困难的个体往往是孤独疏离的，害怕和他人建立关系。这些困难可能源于早期在试图发展强有力的同一性过程中的失败经历。相反，那些有能力与他人在身体、智力和情感水平建立亲密关系的青年人往往能够成功地解决这一发展阶段的危机。

尽管埃里克森的理论很有影响力，但是由于埃里克森眼中健康的亲密关系限于异性恋，因而这一理论困扰了当今的发展心理学家。同性伴侣、丁克夫妇以及其他偏离了埃里克森理想模式的关系，都被认为是

不尽如人意的。此外，和女性相比，埃里克森更多关注男性的发展，且并没有考虑种族和族裔认同，这些方面都极大地限制了其理论的应用（Yip, Sellers, & Seaton, 2006; Kimmel, 2015）。

虽然如此，埃里克森的工作因强调人格的毕生成长与发展而仍然具有历史影响力。此外，这一理论启发了其他发展心理学家思考成年早期个体的心理社会性发展，以及个体形成的和朋友及伴侣的亲密关系（Whitbourne, Sneed, & Sayer, 2009）。

友谊

我们和他人的关系中大部分涉及朋友关系，且维持朋友关系是成人生活中的重要部分。为什么这样说呢？原因之一是，人类有归属感的需要（need for belonging），它引导着成年早期个体建立和维持最低数量的人际关系，以建立与他人一起的归属感（Wrzus et al., 2017）。

但是，究竟哪些人最终会成为我们的朋友呢？最重要的因素之一是接近性，人们经常与邻居或者交往频繁的人成为朋友。人们往往因为这种接近性而从友谊中彼此获益，且成本相对较小，例如陪伴、社会认可和社会帮助。

相似性在友谊形成中也有重要作用。物以类聚，人以群分：人们往往被那些与自己有类似态度和价值观的人所吸引（Preciado et al., 2012; Mikulincer et al., 2015; Ilmarinen, Lönnqvist, & Paunonen, 2016）。

当我们考虑跨种族的友谊时，相似性的重要性也十分明显。正如我们讨论青少年期时所注意到的，在毕生发展中，跨种族的亲密关系数量随年龄增长而减少。事实上，尽管大多数成人声称他们有不同种族的亲密朋友，但是当被询问亲密朋友的名字时，很少包括其他种族的人。

我们也基于人们的个人品质选择朋友。哪些是最重要的因素？根据调查结果，人们往往会被那些自信、忠诚、友善和富于感情的人所吸引。此外，人们还喜欢那些支持的、坦率的，并具有幽默感的人（You & Bellmore, 2012）。

人们往往会被那些自信、忠诚、友善和富于感情的人所吸引。

坠入爱河：当喜欢变成了爱

Rebecca 和 Jerry 每周都去洗衣店洗衣服，他们在那里经过几次邂逅之后，开始交谈起来。他们发现彼此之间有许多共同点，并且开始期待半计划半偶然的会面。几个星期之后，他们开始正式出去约会，并发现彼此非常适合。

如果这种模式是可预知的，那么大多数亲密关系的发展都伴随着一系列令人惊讶的规律性进展（Burgess & Huston，1979；Berscheid，1985）。

- 两个人之间的交往日趋频繁，且持续时间更长，交往地点增加。
- 两个人逐渐寻求彼此的陪伴。
- 两个人之间越来越坦诚，互相透露自己的隐私。开始表现出身体方面的亲密行为。
- 两个人越来越希望分享积极和消极感受，也可能会在彼此赞美之余提出一些批评。
- 两个人开始对关系的目标达成共识。
- 两个人对一些境遇的反应变得越来越相似。
- 双方开始感到自己心理上的幸福感与这段关系的成功紧密相连，并把这段关系看成是唯一的、不可替代的、弥足珍贵的。
- 两个人关于自己和自身行为的定义发生改变：他们把双方看成是一对情侣，并在行为上也表现成一对情侣，而不再是两个独立的个体。

爱情的多面性

非常"喜欢"就是"爱"吗？大多数发展心理学家都会持否定的回答；爱不仅在量上不同于喜欢，而且在质上也代表了和喜欢不同的状态。例如，爱在其最初的阶段，就涉及了相当强烈的生理唤起，对对方的所有一切都感兴趣，不断地幻想对方，并伴随激烈的情绪波动。和喜欢不同的是，爱包括了亲密、激情和排他（Ramsay，2010；Barsade & O'Neill，2014；Silton & Ferris，2017）。

并非所有的爱都一样。我们对母亲的爱不同于对女朋友或男朋友的爱，也不同于对兄弟姐妹或者是毕生朋友的爱。这些不同种类的爱以什么来区分呢？一些心理学家认为，我们的爱可以划分为两个不同的类别：激情型或伴侣型。

激情之爱和伴侣之爱：爱的双面性。 激情之爱（passionate or romantic love）是全身心投入爱一个人的状态，它包含了强烈的生理兴趣和唤起，并关心对方的需求。与此相对，**伴侣之爱**（companionate love）是我们对那些和我们生活紧密相关的人的一种强烈情感（Hendrick & Hendrick，2003；Acevedo，2018）。

那么，是什么点燃了激情之爱的火焰呢？有一种理论认为，强烈的情绪，甚至是负性的情绪，如嫉妒、愤怒或对被拒绝的害怕等，都可能是加深激情之爱的源泉。

心理学家伊莱恩·哈特菲尔德（Elaine Hatfield）和埃伦·伯奇德（Ellen Berscheid）提出的**激情之爱标签理论**（labeling theory of passionate love）认为，当两个事件同时发生时，个体才能体验浪漫的爱。这两个事件是：强烈的生理唤起以及显示出"爱"是所体验感觉的适宜标签的情境线索（Berscheid & Walster，1974）。生理唤起可以由性唤起、激动，甚至负性情绪（如嫉妒）等引发。如果这种唤起随后被冠以"我一定是恋爱了"或"他使我意乱情迷"，那么这种体验就可以归于激情之爱。

这一理论可以帮助我们解释，为什么有些人在遭受拒绝和伤害后反而感到更深的爱意。如果负性情绪可以产生强烈的生理唤起，并且这些唤起被解释为"爱"，那么人们可能会认为自己比经历这些负性情绪之前要更爱对方。

但是，为什么人们要把一种情绪体验冠以"爱"的标签，而非许多其他可供选择的解释？其中一种答案是，在西方文化中，浪漫的爱情被认为是可能的、可接受的、令人向往的。激情的美妙在歌曲、商业广告、电视节目和电影中被传颂。青年人已经准备好并期待在他们的生活中体验爱（Florsheim，2003；Karandashev，2017）。

并非所有文化都秉持上述观点。在许多文化中，激情、浪漫的爱只是一个陌生的概念。婚姻可能是基于两个人经济和社会地位的考虑而进行的安排。即使在西方文化中，直到中世纪，浪漫之爱的概念才被"发明"，当时社会哲学家首次提出爱应该是婚姻必备的要素。之前人们普遍认为婚姻的首要基础是肉体的性欲，这一提议的目标是为婚姻提供另一种基础（Haslett，2004；Moore & Wei，2012）。

斯腾伯格的爱情三元论：爱的三个方面。 心理学家斯腾伯格认为，爱情比简单地分为激情之爱和伴侣之爱两种类别要复杂得多。他认为爱是由三个成分构成的：亲密、激情、决定或承诺。**亲密成分**（intimacy component）包含亲近性、情感性和连通性的感觉。**激情成分**（passion component）包含和性有关的动机驱力、身体亲近性和浪漫性。**决定或承诺成分**（decision/commitment component）同时包含个体爱上另一个人时的最初认知和长期维持这份爱的决定（Sternberg，2006；Sternberg，2014）。

根据双方关系中是否存在这三个成分，可以组合成八种不同类型的爱（见表7-4）。例如，无爱（nonlove）代表个体间只存在最普通的人际关系，爱的亲密、激情和决心或承诺三个成分都缺失。喜欢（liking）只包含了亲密成分。迷恋的爱（infatuated love）只包含了激情成分。空洞的爱（empty love）只包含了决定或承诺成分。

其他类型的爱包含两个或两个以上爱的成分。例如，浪漫的爱（romantic love）包含了亲密成分和激情成分，伴侣的爱（companionate love）包含了亲密成分和决定或承诺成分。当两个人经历浪漫的爱时，他们在身体上和情感上如胶似漆，但并不必然意味着他们会把这段关系视为永恒。相反，伴侣的爱在缺失生理激情成分的情况下，却有可能发展成为长久的关系。

糊涂的爱（fatuous love）包含了激情成分和决定或承诺成分，但缺乏亲密成分。糊涂的爱是盲目的，双方缺乏情感联结。

最后，第八种爱是完美的爱（consummate love）。完美的爱包含了爱的三个成分。但是不要假设完美的爱是"最理想"的爱。很多持久的、满意的爱情关系都是基于其他类型的爱。此外，在一段关系中占主导地位的爱的类型也会随着时间发生变化。在坚定的爱情关系中，决定或承诺成分的水平达到顶峰，并且一直保持稳定状态。相反，激情成分在关系的早期趋向于顶峰，但是随后逐渐下降并趋于平稳。亲密成分也保持快速增长，并且随着时间的推移继续增长。

斯腾伯格的爱情三元论强调了爱的复杂性和其动态的、逐步发展的性质。随着人们和他人之间关系的不断发展，他们的爱也不断发展。

选择伴侣：认识"生命中的唯一"

对许多成年早期个体而言，寻找伴侣是其成年早期的主要任务。社会为他们提供了许多建议，就连超市结账柜台处都有此类杂志。即便如此，确定一生伴侣的过程并不容易。

寻求配偶：只考虑爱就够了吗？ 大部分人都会毫不犹豫地声明，爱是选择配偶的主要因素。大部分美国人就是这样的，但如果我们询问其他文化中的个体，他们的答案有可能是这样的：爱并不一定是婚姻的首要考虑因素。例如，在一些文化中，爱情被视为美好婚姻的一个可能的积极结果，但不是结婚的先决条件。此外，在一项对大学生的调查中，询问他们是否会和自己不爱的人结婚。几乎所有美国、日本和巴西的大学生都表示不会。但另一方面，很高比例的巴基斯坦和印度的大学生则认为，没有爱情的婚姻是可以接受的（Levine，1993；Bruckner，2013；Kottak，2019）。

还有哪些因素需要考虑呢？这些因素因文化的不同有着相当大的差异。例如，对来自世界各地近10 000人的调查发现，中国男性认为健康是最重要的，而女性认为情感的稳定性和成熟是最重要的，南非有祖鲁族血统的男性认为情感的稳定性是最重要的，而祖鲁族女性最为关注可靠性（Buss et al.，1990；Buss，

表7-4　爱的组合

爱的类型	成分			举例
	亲密成分	激情成分	决定或承诺成分	
无爱	无	无	无	你对电影院收取入场券的人的感觉
喜欢	有	无	无	每周至少有一次或两次在一起吃午饭的好朋友
迷恋的爱	无	有	无	仅仅基于性的吸引而短暂投入的关系
空洞的爱	无	无	有	包办婚姻或"为了孩子"而决定维持婚姻的夫妇
浪漫的爱	有	有	无	经历了几个月快乐的约会，但尚未对彼此共同的未来做任何规划的情侣
伴侣的爱	有	无	有	享受对方的陪伴和双方之间关系的伴侣，尽管彼此不再有多少性的兴趣
糊涂的爱	无	有	有	只认识两个星期就决定一起生活的伴侣
完美的爱	有	有	有	充满深情和性活力的长期关系

2003）。

然而，不同文化之间存在许多共性。例如，爱和彼此间的吸引即便在特定文化中并不是最重要的一项，但在所有文化中大多居于比较重要的地位。此外，可靠性、情感的稳定性、令人愉悦的性情和才智等特征，普遍受到高度重视。

在考虑选择配偶的首要特征时，性别差异具有跨文化的相似性（Sprecher, Sullivan, & Hatfield, 1994）。相对于女性而言，男性更喜欢身体吸引力强的婚姻配偶。相反，相对于男性而言，女性更喜欢具有雄心壮志、勤勉刻苦的婚姻配偶。

对这种性别差异跨文化相似性的一个解释是演化理论。心理学家戴维·巴斯（David Buss）（2006）认为，人类作为一个物种，寻求配偶特定特征的过程，也是在寻求能够使其基因演化达到最优化的某些特征。他认为，男性尤其在遗传上被预先设定为要寻求最佳生育能力特征的配偶。因此，身体吸引力高的年轻女性更容易受到男性的青睐，因为她们能够有更长时间生育孩子。

相反，女性在遗传上被预先设定为要寻求有能力提供经济资源，以增加后代存活率的配偶。因此，女性往往被那些能够提供最好经济福利的男性所吸引（Li et al., 2002；Fletcher et al., 2017）。

演化理论对这些性别差异的解释遭到强烈的质疑。这一解释不仅无法考证，并且，性别差异的跨文化相似性可能仅仅反映了类似的性别刻板印象模式，而与演化没有任何关系。另外，尽管两性之间的某些性别差异的确具有跨文化的一致性，但同时也存在许多不一致的地方。

最后，演化理论的一些批评者指出，女性对高收入男性的偏好可能与演化毫不相关，而是与男性拥有更多权力、地位以及其他资源这一跨文化的一致性紧密相关。因此，女性对高收入男性的选择偏好是理性的。相对地，由于男性没必要考虑经济因素，所以，他们可以采用相对而言有些无关紧要的标准（如身体吸引力）来选择配偶。简而言之，性别差异的跨文化一致性，可能是因为经济生活现实具有跨文化的相似性（Eagly & Wood, 2003；Wood & Eagly, 2010）。

筛选模型：筛选配偶。虽然调查有助于识别对方有价值的特征，但在如何选择特定个体作为伴侣这一问题上帮助不大。根据筛选解释（filter explanation）的观点，人们选择配偶的过程是使用逐渐细密的筛子对潜在的配偶候选人进行过滤筛选。这一解释假设人们首先筛选那些对吸引力具有主要决定作用的因素。当这一任务完成后，再使用更细密的筛子类型（见图 7-7）。最后的结果是基于双方之间相容性的选择（Janda & Klenke-Hamel, 1980；Lauer & Lauer, 2019）。

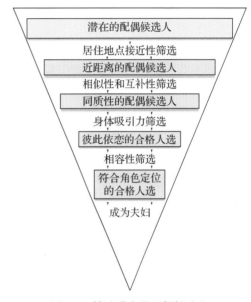

图 7-7 筛选潜在的配偶候选人

根据这一观点，为选择合适的配偶，我们就像在使用逐渐细密的筛子一样对潜在的配偶候选人进行过滤筛选。

资料来源：Based on Janda & Klenke-Hamel, 1980.

相容性是由什么决定的呢？人们往往基于同质相婚原则进行婚配。**同质相婚**（homogamy）也称为门当户对，是指人们选择与自己在年龄、种族、教育、宗教信仰以及其他基本人口统计学特性方面相似的人结婚的倾向。同质相婚是大多数美国婚姻一贯传承的标准，但最近这一原则的重要性在不断下降，特别是在特定种族群体中。例如，非裔美国男性和其他种族女性结婚的比率显著上升。但是，对其他群体而言，如西班牙裔和亚裔移民者，同质相婚原则仍具有相当大的影响（Fu & Heaton, 2008；Mu & Xie, 2014；Horwitz et al., 2016）。

另一个重要的社会标准是婚姻梯度（marriage gradient），是指男性选择比自己稍微年轻、矮小、地位低的女性结婚，女性选择比自己稍微年长、高大、地位高的男性结婚的倾向（Pyke & Adams, 2010；Olson, DeFrain, & Skogrand, 2019）。

从一个社会工作者的视角看问题

同质相婚和婚姻梯度原则是否会对高地位女性的择偶造成限制？它们又是如何影响男性的选择呢？

婚姻梯度对伴侣选择产生了重要的影响，但也有不利的成分。对女性而言，婚姻梯度限制了潜在配偶的数量，尤其当女性上了年纪以后，而男性在一生中，都有更为广阔的伴侣选择范围。但是，婚姻梯度对低地位的男性而言不利，因为他们找不到地位足够低的女性，或者找不到与自己地位相仿或地位更高又愿意委身下嫁的女性，从而不能结婚。因此，用社会学家杰西·伯纳德（Jessie Bernard）（1982）的话说，他们是"桶底"（bottom of the barrel）男人。另一方面，一些女性也不能结婚，因为她们地位太高，或者是在她们潜在的配偶中找不到地位足够高的男性，也用伯纳德的话说，她们是"精英"（cream of the crop）女人。

婚姻梯度使得受过良好教育的非裔美国女性找到伴侣尤为困难。因为上大学的非裔美国男性少于女性，所以这些女性可以选择的符合社会标准和婚姻梯度的男性少之又少。由于黑人男性的入狱率相对较高，男性的数量就更加有限了（黑人入狱概率是白人的6倍）。因此，相对于其他种族的女性而言，非裔美国女性更有可能嫁给教育程度低于自己的男性，或者干脆不结婚（Willie & Reddick，2003；Johnson，2011；Olson，DeFrain，& Skogrand，2019；也见"文化维度"专栏）。

文化维度

同性恋关系：男男和女女

发展心理学家所进行的大部分研究是针对异性恋关系的，然而，针对男同性恋和女同性恋之间关系的研究也越来越多。研究发现，同性恋之间的关系与异性恋之间的关系非常相似。（目前几乎没有关于跨性别伴侣关系的研究。）

例如，男同性恋者在描述成功的亲密关系时，与异性恋者的描述非常相似。他们认为成功的亲密关系涉及对恋人极大的欣赏和感激，并把彼此看成一个整体，较少发生冲突，对恋人持有更多积极的情感。类似地，女同性恋者在亲密关系中表现出高水平的依恋、关怀、亲密、情感和尊重（Beals，Impett，& Peplau，2002；Kurdek，2006）。

此外，异性恋者之间的婚姻梯度的年龄偏好也扩展到了男同性恋者之间，男同性恋者也偏向于选择年龄与自己相仿或更小的伴侣。另一方面，女同性恋者的年龄偏好居于异性恋女性和异性恋男性之间（Conway et al.，2015）。

最后，大多数男同性恋者和女同性恋者都在寻求长期的有意义的爱情关系。他们渴望的关系与异性恋者所期待的关系并没有很大差别。尽管一些研究表明同性关系的持续时间短于异性关系，但是使关系稳定的因素，如伴侣的人格特质、来自他人的支持以及对关系的依赖

性等因素是相似的（Diamond & Savin-Williams，2003；Kurdek，2008；Savin-Williams，2016）。

很少有社会问题的观点像对同性婚姻的态度那样有如此大的改变，美国最高法院在2015年裁定同性婚姻在美国合法。大多数美国人支持同性婚姻，这是过去20年来观点的一次重大转变。此外还存在显著的代际差异：2/3的30岁以下的人支持同性婚姻，而65岁以上的人中只有38%支持同性婚姻的合法化（Pew Research Center，2014b；Vandermaas-Peeler et al.，2018）。

研究发现，同性恋亲密关系的质量与异性恋关系没有什么差别。

依恋类型和浪漫关系：成人的恋爱风格是否反映了婴儿期的依恋类型？ "我就想要一个姑娘，就像嫁给我亲爱老爸的那个姑娘……"这首老歌的歌词意味着歌曲作者想找到一个像自己母亲那样爱自己的人。这是否只是一种过时的观念，抑或是在这陈述中存在一个真理？直白一点说就是，人们婴儿期的依恋类型是否会反映在他们成年后的浪漫关系中？

越来越多的证据表明，很可能是这样。正如我们之前所讨论的，依恋是一名儿童和特定个体之间发展起来的积极情感联结。大部分婴儿的依恋类型可以划分为三种：安全依恋型儿童和照顾者之间是健康、积极和信任的关系；回避依恋型儿童对照顾者比较冷淡，并且避免与照顾者进行交往；而矛盾依恋型儿童则在和照顾者分离时表现出巨大的痛苦，但当照顾者回来后又对其很生气。

根据心理学家菲利普·谢弗（Phillip Shaver）及其同事的研究，依恋类型发展持续至成年期，并且会影响其浪漫关系的性质（Dinero et al.，2008；Frías，Shaver，& Mikulincer，2015；Shaver et al.，2017）。不妨思考以下陈述。

- 我觉得自己很容易与他人接近，并且对自己依赖他人和他人依赖自己都感到很惬意。我很少因为害怕被抛弃或他人过于接近而担忧。
- 我在接近他人的时候会觉得不自在；我很难完全相信别人，也很难依赖别人。当有人对我特别亲近的时候，我会觉得紧张，我的伴侣常常要求我与他更亲密些，但这往往让我不自在。
- 我发现别人不愿和我接近。我还常常担心我的伴侣并不是真正爱我，或是不想和我在一起。我想要重新发展一段恋情，但这有时会把他们吓跑（Shaver，Hazan，& Bradshaw，1988）。

同意第一段陈述的人属于安全依恋型（secure attachment style）。同意这一陈述的成人易于建立亲密关系，并从中获得快乐，且对未来亲密关系的成功充满信心。大多数（超过一半）成年早期个体表现出这种安全依恋型模式（Luke，Sedikides，& Carnelley，2012；Molero et al.，2016）。

相反，同意第二段陈述的成人典型地表现出回避依恋型（avoidant attachment style）。这类个体大概占总人数的1/4，他们在亲密关系中往往投入较少，分

一些心理学家认为，婴儿期的依恋类型在成人后的亲密关系质量中得以重现。

手概率比较高，而且经常感到孤单。

最后，同意第三段陈述的人属于矛盾依恋型（ambivalent attachment style）。矛盾依恋型的成人通常在亲密关系中投入过多，会反复和同一恋人分分合合，而且自尊相对较低。大概20%的成人属于这一类型（Li & Darius，2012）。

浪漫伴侣需要帮助时，成人个体所提供的关怀性质也和依恋类型相联系。安全依恋型的成人往往会对伴侣的心理需求提供更敏锐的支持性关怀。与此相对，焦虑的成人更有可能给对方提供带有强制性和干扰性（最终帮助较少）的帮助。依恋风格也与养育方式有关：母亲与婴儿的关系反映了母亲的依恋风格（Mikulincer & Shaver，2009；Shaver et al.，2017；Stern et al.，2018）。

简而言之，婴儿的依恋类型与他们成年后的行为模式存在相似之处。在关系中存在困难的人或许应该回顾他们的婴儿时期来寻找问题的根源（Berlin，Cassidy，& Appleyard，2008；Draper et al.，2008；Simpson & Rholes，2015）。

关系的进程

在成年早期，关系是特别具有挑战性的。成年早期个体面临的一个主要问题是，是否结婚以及何时结婚。

同居、婚姻和其他关系选择：梳理成年早期的选项

对一些人而言，最主要的问题不是和谁结婚，而是是否结婚。尽管调查发现，大多数异性恋者（以及越来越多的同性恋者）都表示自己想结婚，但相当数量的人却选择了其他路径。例如，在过去的三十年间，结婚的人数有所减少，而那些没有结婚但居住在一起的伴侣数量却急剧上升，后一种情况就是所谓的**同居**（cohabitation）（见图 7-8）。事实上，如今 750 万美国人处于同居状态。目前结婚的情侣占少数，只有 48% 的美国家庭是已婚夫妇，创历史新低。相比之下，在 1950 年，78% 的家庭中是已婚夫妇（Roberts，2006；Jay，2012）。

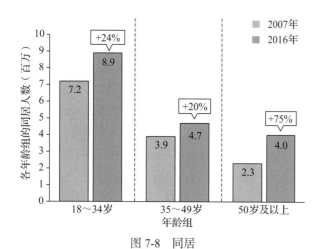

图 7-8 同居

在成年人各个年龄组中，未婚同居的人数都在显著增加。

资料来源：U. S. Bureau of the Census，2010；Pew Research Center，2017.

大多数成年早期个体在二十多岁时会与一位恋人至少同居一段时间，而如今大多数婚姻发生在一段同居之后。

为什么这么多情侣选择同居而非结婚？一些人觉得他们还没准备好做出一辈子的承诺，另一些觉得同居可以作为婚姻的实践练习（后者更多见于女性。女性倾向于将同居视为婚姻前的一个阶段，而男性更倾向于将其视为一种检验关系的方式）（Jay，2012；Perelli-Harris & Styrc，2017）。

一些人则完全抵制婚姻，认为婚姻已经过时了，并且要求一对伴侣终生在一起生活是不切实际的（Martin, Sassler, & Kus-

Appough，2011；Pope & Cashwell，2013）。

有些人认为同居可以增加幸福婚姻的机会这种想法是不正确的。事实上，关于美国和西欧社会的一项调查数据显示，婚前同居的夫妇有更高的离婚率（Rhoades，Stanley，& Markman，2009；Tang，Curran，& Arroyo，2014；Perelli-Harris et al.，2017）。

婚姻。 尽管流行同居，但大多数人在成年早期仍然首选结婚。很多人把婚姻看作爱情关系的巅峰，而另一些人认为到了一定年龄就该结婚了。还有人寻求婚姻是因为配偶可以担当很多角色，包括经济、性、治疗和娱乐等方面的角色。婚姻也是普遍认可的生育孩子的唯一合法途径。最后，婚姻为个体提供法律支持和保护。

虽然婚姻仍然很重要，但婚姻状态并不是静止不变的。例如：目前美国公民的结婚率是自 19 世纪 90 年代以来的最低值，这一现象部分归因于居高不下的离婚率，但是，人们推迟结婚的倾向也是一个影响因素。美国男性初婚年龄的中位数为 29.5 岁，女性为 27.4 岁，这是自 19 世纪末首次收集美国国家统计数据以来男女的最高年龄（U. S. Bureau of the Census，2017；见图 7-9）。

许多欧洲国家提供替代婚姻的合法形式。例如，法国提出《公民互助契约》（"Civil Solidarity Pacts"），这份契约赋予情侣很多和已婚夫妇相同的法律权益。与婚姻不同的是，它不要求情侣做出毕生法律承诺；公民互助契约比婚姻更加脆弱（Lyall，2004；Fitzpatrick，2018）。

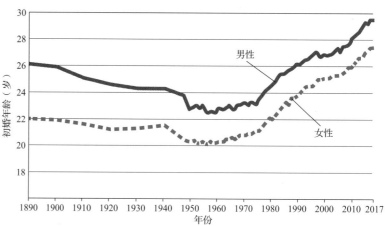

图 7-9 推迟结婚

图为 1890 ~ 2017 年间的初婚年龄中位数。当前的初婚年龄是自 19 世纪末首次收集美国国家统计数据以来最高的。是什么因素造成的？

资料来源：U.S. Bureau of the Census，2017.

这是否意味着婚姻作为一项社会制度已经丧失了生命力？应该不是。因为约90%的人最终都会结婚，并且全美民意调查发现，几乎每个人都同意美好的家庭生活是重要的。事实上，60%的未婚男女表示，他们愿意结婚（Strong & Cohen，2013）。

从一个社会工作者的视角看问题

你认为社会为什么建立了如此推崇婚姻的强有力规范？这一规范可能会给希望保持单身的人带来怎样的影响？

成功婚姻的要素是什么？ 成功婚姻表现出一定的特征。夫妻双方明确地表达爱意，较少进行负性交流。拥有幸福婚姻的夫妇往往把彼此视为相互依存的伴侣，而非两个独立的个体。他们也体验着社会同质相婚，拥有相似的兴趣爱好，对各自的角色分工（如由谁倒垃圾、由谁照顾孩子等）能够达成共识（Huston et al.，2001；Stutzer & Frey，2006；Cordova，2014）。

然而，我们对成功婚姻特征越来越多的了解并不能预防流行性离婚。有关离婚的统计数字是残酷的：在美国，只有一半左右的婚姻保持完整。此外，每年都有80多万例婚姻以离婚告终，每1 000人中有4.2人离婚。这其实比20世纪70年代中期离婚率达到峰值时（每1 000人中有5.3人离婚）有所下降，大多数专家认为离婚率已经趋于稳定（National Center for Health Statistics，2017；见图7-10）。

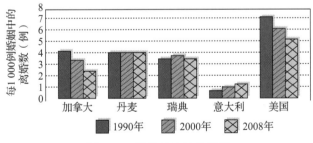

图 7-10　世界各地的离婚率

世界各国的离婚率都很高，尽管有些地方的离婚率正在下降。

资料来源：Adapted from Population Council Report，2009.

婚姻早期冲突。 婚姻中的冲突是常见的。统计资料表明，将近50%的新婚夫妇都经历过相当程度的冲突。主要原因之一是，新婚夫妇通常最开始将对方理想化，但是，经过日复一日的现实生活后，他们逐渐发现对方的缺点。事实上，夫妻双方对婚后10年婚姻质量的知觉，大多是最初几年有所下降，随后几年趋于稳定，接着再继续下降（Karney & Bradlbury，2005；Kilmann & Vendemia，2013）。

婚姻冲突的来源一般包括难以完成从孩子到成人的转变，难以发展分离的同一性以及在配偶、朋友和家庭成员之间合理分配时间的挑战（Murray，Bellavia，& Rose，2003；Madigan，Plamondon，& Jenkins，2017）。

但是，大多数夫妇都认为婚后的最初几年非常令人满意。通过对双方关系中的变化进行交流，加深彼此之间的了解，许多夫妇感觉自己对配偶的爱更深了。事实上，新婚阶段是许多夫妇整个婚姻生活中最幸福的时期之一（McNulty & Karney，2004；McNulty et al.，2013；Lavner et al.，2018）。

保持单身：我想独自一个人。 对于一些人来说，独自生活是有意识地选择的正确道路。事实上，在过去的几十年里，单身独居（singlehood），没有亲密伴侣一起生活的情况显著增加，包括约20%的女性和30%的男性。将近20%的人可能一生都在单身生活中（U.S. Bureau of the Census，2012）。

选择单身的人给出了他们决定的几个理由。一个是他们认为婚姻是消极的。他们不是以理想化的方式看待婚姻，而是更多地关注高离婚率和婚姻纷争。最终，他们得出结论，形成终身联盟的风险太高。

另一些人认为婚姻限制太多，他们重视个人变化和增长，并认为婚姻的稳定和长期承诺会阻碍他们的增长。最后，有些人根本没有遇到他们希望与之共度一生的人。他们重视自己的独立性和自主性（DePaulo & Morris，2006；DePaulo，2018）。

尽管单身独居有优势，但也有缺点。社会经常诬蔑单身人士，特别是女性，将婚姻作为理想化的规范。此外，可能缺乏陪伴和性，单身人士还可能会觉得他们的未来在经济上不那么安全（Byrne，2000；Schachner，Shaver，& Gillath，2008）。

为人父母：选择要孩子

哪些因素使得夫妻双方决定要孩子呢？当然不是经济因素：根据美国政府的数据，一个中产阶级家庭生育两个孩子，当孩子长到18岁时，每个孩子的花费大约是23.3万美元。加上大学阶段的费用，每个孩子的费用达到30万美元以上。而如果你考虑家人照顾孩子的成本，这一总成本至少有政府估值的两倍高（Folbre，2012；Lino et al.，2017）。

想要孩子最常见的原因是心理方面的。父母希望从帮助孩子成长的过程中获得快乐，从孩子的成就中获得成就，从孩子的成功中获得满足，从与孩子形成的亲密联结中获得享受。当然，在生育孩子的决定中，也可能有为自己考虑的因素，他们希望自己年老后子女能够赡养自己，让子女继承家族产业或农场或提供陪伴。而另一些人生育孩子是因为强大的社会规范：90%以上的已婚夫妇至少生育了一个孩子。

一些情况下，孩子是计划外的，是没有采取避孕措施或避孕失败的结果。如果夫妻原本计划在将来生育孩子，那么这样的怀孕可能是受欢迎的。但是，对于不想要孩子或已经有"足够"数量孩子的家庭，这样的怀孕就成为问题了（Leathers & Kelley，2000；Pajulo，Helenius，& MaYes，2006）。

最有可能意外怀孕的夫妇通常是最易受伤害的。意外怀孕常常发生在年轻、贫穷和低教育程度的夫妇身上。令人欣慰的是，在过去的几十年中，采用避孕措施的人数和避孕效果均有显著的增长，因此意外怀孕的发生率降低了（Centers for Disease Control and Prevention [CDC]，2005；Villarosa，2003）。

对于许多青年人而言，决定是否要孩子是独立于婚姻的。尽管大部分女性（59%）在有孩子后会结婚，但是在美国，30岁以下的女性中超过一半是在未婚状态下生育的。人口统计学分组中唯一不符合规律的是具有大学教育背景的青年女性，她们大多数仍会选择在婚后生育小孩（DeParle & Tavernise，2012）。

家庭规模。 有效避孕措施的使用也使美国家庭孩子的平均个数显著减少。

20世纪30年代的民意调查显示，70%的美国人认为家庭中理想的孩子个数是三个或以上，但到20世纪90年代，持这一观点的人数缩减至40%以下。如今，大多数家庭寻求生育孩子的个数不超过两个，虽然大部分人认为，如果经济允许的话，三个或以上的孩子是最理想的（Gallup Poll，2004；Saad，2011；Olson，DeFrain，& Skogrand，2019；见图7-11）。

这些偏好反映在实际出生率的变化中。1957年，美国生育率达到第二次世界大战后的顶峰，平均每位妇女生育3.7个孩子，之后人口出生率下降。如今，平均每个妇女生育1.9个孩子，低于人口更替水平，即一代人为补充人口死亡而必须生育的孩子个数。与此相反，在一些不发达国家，如尼日尔，生育率高达6.5（World Bank，2017）。

为什么人口出生率下降了呢？除了更有效的避孕方法对生育的控制作用，越来越多的女性走上了工作岗位。同时工作和生育孩子的压力使得许多女性生育的孩子个数减少。

此外，许多女性为了发展自己的事业而推迟生育孩子的时间。事实上，在过去的几十年中，只有30～34岁之间的女性的生育率有所上升。而那些在30多岁第一次生孩子的女性和更早生孩子的女性相比，孩子个数更少。而且，有研究表明，生完一个孩子后，过较长时间再生孩子，比较有利于女性健康，这也可能使家庭中的孩子个数减少（Marcus，2004）。

经济的考虑，特别是日益增长的大学费用，可能也是限制生育更多孩子的因素。最后，还有一些夫妇

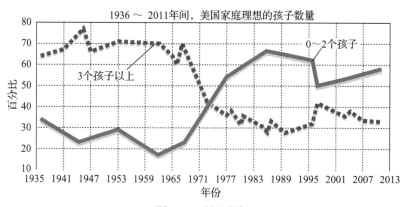

图 7-11 越少越好

过去75年的趋势表明，美国家长一直偏好孩子更少的家庭。你认为一个家庭有几个孩子最理想？

资料来源：Based on Saad, L.（2011，June 30）. Americans' preference for smaller families edges higher. Princeton, NJ：Gallup Poll.

害怕自己不能成为称职的父母，或不想承担生育孩子所带来的辛劳和责任。

随着走上工作岗位的女性不断增加，越来越多的女性选择生育更少的孩子，并推迟生育孩子的时间。

双薪夫妇。 对成年早期个体产生重大历史性影响的社会变化始于 20 世纪后半叶：父母双方都参加工作的家庭越来越多。孩子处于学龄期的已婚女性中，有接近 75% 在外工作；孩子在 6 岁以下的母亲中，有 50% 以上的女性参加工作。20 世纪 60 年代中期，在有 1 岁左右孩子的母亲中，只有 17% 参加全职工作；而如今，这一比例高于 50%。现今大部分家庭，丈夫和妻子都参加工作（Barnett & Hyde, 2001；Matias et al., 2017）。

对于已婚双薪而尚无子女的夫妇，有偿工作（在办公室）和无偿工作（家中琐事）的总量是基本相等的，男性 8 小时 11 分钟，女性 8 小时 3 分钟。即使对于那些包含 18 岁以下子女的家庭，有全职工作的母亲总共也只比父亲多付出 20 分钟（Konigsberg, 2011）。

此外，丈夫对家庭的贡献不同于妻子对家庭的贡献。男性承担的家务（例如，修剪草坪、修理房子等）往往更容易提前制订计划，而妻子承担的家务往往是需要立即引起注意的（例如，照顾孩子、做饭等）。因而，妻子们体验更高水平的焦虑和压力（U.S. Bureau of Labor Statistics, 2012；Ogolsky, Dennison, & Monk, 2014；见图 7-12）。

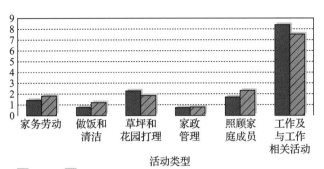

图 7-12 劳动分工

尽管丈夫和妻子每周的工作时间接近，但是妻子往往比丈夫花费更多的时间做家务和照顾孩子。你觉得为什么会存在这种模式？

资料来源：U.S. Bureau of Labor Statistics, 2012.

注：数字是指参与这项活动的人每天进行该活动的平均小时数。

转变至为人父母：二人成对，三人成群

考虑以下一位初为父母者的引述。

当我们第一个孩子出生的时候，我们措手不及。当然，我们之前对此做了充分的准备，阅读杂志上的文章和相关书籍，并参加儿童保育的课程。但是，当 Sheanna 真正出生的时候，照顾她这一艰巨任务、一天中她每时每刻的存在，以及抚养她这一巨大使命，都是我们前所未有的体验。并不是说它是负担，但它确实使我们能够以完全不同的视角看待这个世界。

孩子的出生改变了家庭生活的方方面面。夫妻双方突然之间承担了新的角色，成为"父亲"和"母亲"，这种新角色可能淹没了他们对仍存在的旧有角色（"丈夫"和"妻子"）的反应能力。此外，初为父母的人会面临巨大的生理和心理需要，包括长久的疲劳、新的财务责任和增加的家务（Meijer & van den Wittenboer, 2007）。

此外，一些文化认为抚养孩子是一项社会共有的任务，但西方文化所强调的个体主义使得父母在孩子出生后自行抚养，通常没有团体的支持（Rubin & Chung, 2006；Lamm & Keller, 2007）。

这一情况的结果就是，许多夫妇体验到的婚姻满意度跌至婚姻中的最低点。对于女性而言尤其如此，女性在孩子出生后的婚姻满意度低于男性。最可能的原因是，即使父母双方都试图分担这些责任，女性往往在养育子女方面首当其冲（Laflamme, Pomerleau, & Malcuit, 2002；Lu, 2006）。

并非所有夫妇在孩子出生后都体验到婚姻满意

度的降低。根据约翰·戈特曼（John Gottman）及其同事的研究，满意度可能保持稳定，甚至有所增长（Shapiro, Gottman, & Carrère, 2000；Gottman & Gottman, 2018）。

三个因素能够帮助夫妇成功应对孩子出生所带来的压力。

- 建立对配偶的喜爱和感情。
- 对配偶生活中的事件保持关注，并对这些事件做出反应。
- 把问题都看作可控制和可解决的。

此外，婚姻满意度一直保持着新婚阶段水平的夫妇更有可能对生育孩子的过程保持较高的满意度。对抚养孩子所要付出的努力有比较现实预期的夫妇往往也能够在孩子出生后有较高的满意度。此外，一起担负抚养任务，形成一个共同抚养团队，深入考虑共同抚养目标和策略的父母，更倾向于对他们的父母角色满意（Schoppe-Sullivan et al., 2006；McHale & Rotman, 2007）。

简而言之，生育孩子能够使已经对婚姻满意的夫妇获得更高的婚姻满意度。对于婚姻满意度低的夫妇而言，生育孩子可能会令情况更糟（Driver, Tabares, & Shapiro, 2003；Lawrence et al., 2008；Holland & McElwain, 2013）。

同性恋父母。越来越多的孩子在有两个妈妈或两个爸爸的家庭中长大。有 20% 的男同性恋者和女同性恋者在抚养孩子。

同性恋家庭与异性恋家庭相比，有什么不同呢？考察还没有生育孩子家庭的研究显示，和异性恋家庭相比，同性恋家庭的劳动分工更加平均，并更坚定地持有家务劳动平均分配的理想（Kurdek, 2003；Patterson, 2018）。

然而，孩子的到来（通常通过领养或人工授精）会给家庭生活带来巨大的变化。和异性恋家庭一样，同性恋家庭也会出现角色专门化。例如，根据最近关于女同性恋母亲的研究，照顾孩子的责任可能更多由某一位家长承担，而另一位家长则在带薪工作中花费更多时间。尽管两位家长通常表示她们平等地分担家务和共同决策，但是，孩子的生母往往在照顾孩子方面投入更多（Fulcher et al., 2006；Goldberg, 2010b）。

孩子降临为同性恋伴侣带来的变革与异性恋伴侣的相似之处多于不同之处，尤其是在因照顾孩子的需求带来的角色专门化这方面。对于孩子而言，在同性恋父母的家庭中和在异性恋父母的家庭中的生活经历，也是比较相似的。大多数研究认为，在同性恋家庭中长大的孩子与在异性恋家庭中长大的孩子，在突发事件中表现出来的调节能力并没有显著差异。由于社会对同性恋的偏见根深蒂固，所以，有两个妈妈或两个爸爸的孩子可能需要面对更大的挑战，但最终他们似乎也能适应良好（Goldberg, 2010b；Weiner & Zinner, 2015；Farr, 2017）。

工作：选择和开始职业生涯

我为什么要成为一名律师？答案有些令人困窘。在上大学四年级的时候，我开始为毕业后从事怎样的工作而烦恼。那时，父母经常问我今后想从事哪种工作，每次接到家里打来的电话，我心里的压力就增加一分。恰在那时，新闻都是有关重大案件的审讯报道，我就想如果自己是个律师将会是什么情形。我一直都对电视上播放的《洛杉矶法律》非常着迷。正是出于这些原因，我决定从事律师这份职业，并且申请了法学院。

成年早期做出的决定会影响人的一生。其中最为重要的一项选择便是职业道路。这一选择不仅影响薪金的多少，也会影响自己的地位、自我价值感，以及个人一生中做出的贡献等。关于工作的选择涉及每个青年人同一性的核心部分。

工作的作用

根据精神病学家乔治·瓦利恩特（George Vaillant）的观点，成年早期个体的发展阶段称为**职业巩固**（career consolidation）。职业巩固阶段开始于 20～40 岁，在这一阶段成年早期个体将精力集中在工作中。

成年早期的同一性。瓦利恩特的纵向研究以哈佛大学男性毕业生为研究对象，开始于 20 世纪 30 年代他们作为新生入学的时期。基于此项研究他得出了一些结论（Vaillant & Vaillant, 1990；Vaillant, 2003）。

在这些男性 20 岁出头的时候，他们往往受到父母权威的影响。但此后直到 30 多岁，他们逐渐独立自主。他们结婚生子，同时将精力集中于工作，即职业巩固阶段。

瓦利恩特描绘的在这一时期的人物形象则没有那么充满激情。他的被试在公司获得晋升的道路上努力地工作。他们循规蹈矩，努力与其所从事的职业规范保持一致。他们并没有表现出之前在大学里展现的独立性和质疑精神，他们通常不加质疑地投入工作。

瓦利恩特指出，工作起着非常重要的作用，职业巩固阶段应被视为对埃里克森心理社会同一性理论中亲密对疏离阶段的补充。瓦利恩特认为，对职业的关注逐渐取代对亲密关系的关注，而职业巩固阶段恰恰可以使亲密对疏离阶段过渡到再生力对停滞阶段（再生力是指个人对社会的贡献，我们将在之后的章节讨论）。

然而，人们对瓦利恩特的观点反应不一。有批评者指出，尽管瓦利恩特的样本量足够大，却由高度限制的、聪明非凡的男性群体所组成。而且，自20世纪30年代至今，社会规范会有相当程度的改变，人们对于工作重要性的认识可能发生了变化。而样本中女性的缺失以及工作在女性生活中重要性的变化也限制了瓦利恩特结论的推广程度。

此外，对所谓的"千禧一代"（1980年后出生，在2000年左右进入成年早期）的研究发现，他们对工作的看法似乎与前几代人不同。他们更可能有多次换工作的预期；与前几代人相比，终身为一家公司工作的想法没有那么有吸引力。他们对自己的成功也有很高的（有时是不现实的）期望，但不一定觉得自己需要努力工作才能获得成功。事实上，对千禧一代来说，工作与生活的平衡是相当重要的，他们认为就业只是完整生活的一个方面（Kuron et al.，2015；Deal & Levenson，2016）。

不过，不管他们对工作的态度如何，很明显，就业在成年早期个体的生活中起着重要的作用，而且它是男性和女性身份认同的重要组成部分，因为如果没有特殊原因，大多数人花在工作上的时间比任何其他活动都要多。现在我们来看看人们是如何决定从事什么样的职业的，以及这个决定的含义。

人们为什么工作？不只是谋生。 青年人找工作的原因有很多种，不只是为了赚钱。

内在动机和外在动机。 诚然，人们工作是为了获得具体的奖赏，或源于外在动机。**外在动机**（extrinsic motivation）驱使人们获取实际的奖赏，如金钱和声望（Becker et al.，2018）。

外在动机驱使人们获取实际的奖赏，如金钱、声望或昂贵的小汽车。在非西方文化的不发达国家，外在动机是如何起作用的呢？

人们也在为各自的乐趣而工作，为个人奖赏而工作，这就是所谓的**内在动机**（intrinsic motivation）。在许多西方社会，人们比较认可清教徒式的工作伦理，即工作本身就很重要这一观点。鉴于这个观点，工作是一项富有意义的行为，能给人带来心理上的幸福感和满足感。

工作也影响着个人的认同。思考一下人们初次见面时是如何进行自我介绍的，在告知姓名和家乡后，人们往往会告诉对方自己所从事的工作。也就是说，人们从事的工作在"自己是谁"的内容中占据很大一部分。

工作也可能是人类社会生活的中心内容，是人们结交朋友和进行活动的源泉。人们建立的工作关系很容易变为私人朋友关系。此外，工作通常带来社会义务，例如，和上司共进晚餐，或年度的年终派对等。

最后，人们所从事的工作也会决定其**社会地位**（status），即社会对个人所扮演的角色的价值评价。很多职业都和特定的社会地位有关。例如，医生和大学教师居于社会地位等级的较高层，而擦鞋工则位于社会地位底层。

工作满意度。 社会地位影响工作满意度：个体所从事的工作的社会地位越高，他们的工作满意度往往也越高。此外，家庭中主要收入提供者的工作的社会地位，也会对其他家庭成员的社会地位产生影响（Schieman，McBrier，& van Gundy，2003）。

当然，社会地位不代表一切：工作满意度依赖于许多因素，其中工作本身的性质是比较重要的一个因素。例如，一些利用电脑办公的职员每时每刻都受到监控；上级能够一直观察他们用键盘在打什么字。在某些公司，员工利用电话进行销售或获取客户订单，而他们的对话将被上级监听。很多雇主对员工如何使用网络和收发电子邮件等加以监控或限制。在这种形式的工作压力下，员工对工作不满意也就不足为奇了（MacDonald，2003）。

如果员工能够投入到工作中，并且感到他们的想法和观点是受到重视的，那么他们的工作满意度往往会比较高。人们也更喜欢内容丰富且需要多种技能配合方可完成的工作。此外，如果员工可以对其他人产生更多影响，不管这种影响能否像上级那样直接，还是不那么正式，他们都将拥有更高的工作满意度（Peterson & Wilson，2004；Thompson & Prottas，2006；Carton & Aiello，2009）。

选择一份职业：选择一生的工作

有些人从童年起就知道要从事何种工作；而另一些人对职业的选择出于偶然。大多数人处在这两者之间。

金斯伯格的职业选择理论。 根据伊莱·金斯伯格（Eli Ginzberg）（1972）的观点，人们在选择职业过程中往往经历一系列典型阶段。第一个阶段是**幻想阶段**（fantasy period），这一阶段持续到11岁左右，在幻想阶段，人们对职业的选择不考虑技术、能力或工作机会的可获得性。一个孩子可能决定自己将来要成为摇滚歌星，尽管她自己唱歌总是跑调（Ginzberg，1972；Multon，2000）。

根据理论，人们选择职业的过程往往经历一系列生命阶段。第一个阶段是幻想阶段，持续到11岁左右。

第二阶段是**尝试阶段**（tentative period），涵盖整个青少年期，人们开始考虑一些实际情况，务实地考虑各种职业的要求以及自己的能力和兴趣。他们也会考虑某一特定职业能在多大程度上满足自身价值和目标。

最后，在成年早期，人们进入**现实阶段**（realistic period），成年早期个体通过工作实践经验或职业培训，探索特定的职业选择。通过最初对自己能做什么的探索，人们开始缩小职业选择的范围，并最终对特定职业做出承诺。

有批评者认为金斯伯格对选择职业过程的划分过于简单。由于他研究的被试社会经济地位处于中等水平，所以对处于较低经济地位水平的人而言，他的理论夸大了可供选择的工作机会。此外，该理论对于对应不同阶段的年龄划分也过于死板。例如，一个高中毕业就工作的人，与一个上大学的人相比，更有可能很早就开始进行认真的职业决策。同时，经济因素也导致许多人在成年期的不同时间点更换职业。

霍兰德人格类型理论。 其他有关职业选择的理论强调人格对职业决策的影响。根据约翰·霍兰德（John Holland）的观点，特定的人格类型与特定的职业可以进行完美匹配。如果人格与职业匹配得很好，那么个体会更加喜爱自己的职业，且离职概率较小；相反，如果人格与职业的匹配度很低，那么个体就会觉得不开心，且更有可能更换其他工作（Holland，1997；Wilson & Hutchison，2014）。

根据霍兰德的观点，有六种人格类型对职业选择的影响较大。

- **现实型。** 这类人注重实效，善于解决实际问题，而且身体强健，但社交技能平庸。他们是优秀的农民、劳工和卡车司机。
- **智力型。** 这类人是理论和抽象导向的。虽然不擅长与人打交道，但他们适合从事数学和自然科学相关的职业。
- **社交型。** 这类人的语言能力和人际关系处理能力很强。他们是优秀的销售员、教师和咨询师。
- **常规型。** 这类人喜欢从事高度结构化的工作。他们是优秀的职员、秘书和银行出纳员。
- **进取型。** 这类人喜欢冒险，敢于负责。他们是优秀的领导、高效的经理人或政治家。
- **艺术型。** 这类人擅长用艺术形式表达自己，相对于人际交往，他们更愿意置身于艺术的世界。他们最适合从事与艺术有关的职业。

霍兰德的理论有一个核心的缺陷：并不是每个人都能完全归于这些人格类型。此外，也存在例外的情况，现实中一些人从事的工作和他们的人格类型不符。尽管如此，该理论的基本观点已经被证实，人们还以此为基础设立了一系列职业测评，通过这些测评，人们可以了解适合自己的职业（Deng，Armstrong，& Rounds，2007；Armstrong，Rounds，& Hubert，2008；见"生活中的发展"专栏）。

性别和职业选择：女性的工作。 对上一代人来说，很多成年早期的女性会认为她们会成为家庭主妇。即便那些在外工作的女性，往往也只能获得较低的职位。在 20 世纪 60 年代之前，美国报纸上的招聘广告大致分为两个版面："急聘：男"和"急聘：女"。男性职位包括警察、建筑工人和法律顾问等；女性职位则包括秘书、教师、收银员和图书管理员等。

生活中的发展

选择职业

成年早期个体必须面对的一个重大挑战，就是做出对其今后的人生产生重大影响的决定：选择职业。尽管大多数人可以适应不同的工作并且都干得很开心，但做出选择毕竟是需要勇气的。以下是指导人们如何解决职业问题的建议。

- 系统地评估各种选择。图书馆里蕴含着丰富的职业信息，大多数学院和高校也有可提供帮助的就业指导中心。
- 了解自己。评价自己的优势和劣势，可在学校的就业指导中心通过填写问卷的方式来了解自己的兴趣、技能和价值观。
- 制作一张"平衡表"，列出你从事某项职业可能获得的收益和付出的成本。首先列出你将获得的收益和付出的成本，接着列出别人将获得的收益和付出的成本，如家庭成员。然后写下你将从潜在职业中获得的自我肯定和自我否定，以及他人对你从事这个职业所持的社会肯定和社会否定。
- 通过带薪或无薪实习"尝试"不同的职业。通过实习直接了解工作，获得对职业真实情况的感知。
- 切记，没有永久的错误。如今，人们在成年早期或后期阶段都在日益频繁地更换工作。人们不该将自己锁定在人生早期阶段所做的选择上。正如我们在这本书中所看到的，人的毕生都在发展。
- 随着价值观、兴趣、能力和生活环境的变化，可能会导致人们选择另一种不同于成年早期所选择的职业，因为它更加适合个体之后的人生发展。

职业的分类反映了社会对两性应该从事什么工作的观点。传统观点认为，女性最适合从事**公共性职业**（communal profession），即与人际关系相关的工作，例如护理；相反，男性最适合从事行动性职业。**行动性职业**（agentic profession）是指与任务完成相关的工作，例如木工。而公共性职业相对于行动性职业的社会地位和薪水更低的事实并非偶然（Trapnell & Paulhus，2012；Wood & Eagly，2015；Locke & Heller，2017）。

从一个社会工作者的视角看问题

将职业分为公共性和行动性与传统的男女差异观点有什么联系？

虽然现在的性别歧视已远非几十年前那样严重，例如，现在刊登的招聘广告如果明确规定只招收某一性别，则是不合法的，但是，对性别的偏见仍然存在。在传统的男性主导的职业领域内，如工程学和计算机编程，很难见到女性的身影。此外，尽管在过去的 40 年中，女性的收入有显著增长，但女性的收入水平仍然低于男性（见图 7-13）。男性每赚 1 美元，女性平均赚 82 美分。某些少数族裔的女性情况更糟：白人男性每赚 1 美元，黑人女性只赚 63 美分。事实上，在许多行业中，女性的待遇都低于从事相同工

作的男性（Frome et al., 2006；U. S. Bureau of Labor Statistics, 2014, 2017）。

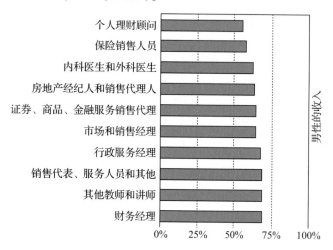

图7-13　从男性收入看工资的性别鸿沟

女性的周工资占男性周工资的百分比从1979年开始增长，但是仍然只有一小部分比79%高，而且在过去的三年保持稳定。

资料来源：U.S. Bureau of Labor Statistics, 2017.

越来越多的女性走出家门参加工作。1950～2010年，美国劳动力中的女性人数（16岁及以上）所占比例从35%左右增长到60%以上，如今女性劳动力

占总劳动力的47%左右。几乎所有女性都期望能够谋生，并在一生中在一定程度上有过工作的经历。此外，在24%的美国家庭中，女性的收入甚至比她们的丈夫还多（U.S. Bureau of Labor Statistics, 2013；DeWolf, 2017）。

女性的机会有了相当程度的增长。与过去相比，有更多女性成为医生、律师、保险代理人和公交车司机。然而，在职业分类中，性别差异仍然存在。例如，女公交车司机更多地从事校园路线的兼职岗位，而男公交车司机则从事待遇更好的城市路线的全职岗位。女药剂师更有可能在医院工作，而男药剂师则在待遇更好的零售药店工作（Paludi, Paludi, & DeSouza, 2011；Colella & King, 2018）。

处于可见的较高地位职务的女性和少数族裔，通常会在职业发展过程中遭遇所谓的"玻璃天花板"（glass ceiling）。玻璃天花板是指在某一机构内部，阻止个人晋升至高级职位的无形障碍。它发生作用的方式非常微妙，而那些对它的存在负有责任的人通常没有意识到他们的行为实际上是一种歧视（Dobele, Rundle-Thiele, & Kopanidis, 2014；Ben-Noam, 2018）。

回顾、检测和应用

回顾

9. 讨论成年初显期的概念。

成年初显期指的是介于青少年期和成年期之间的一段时期，横跨人生的第三个十年。研究者和理论家越来越相信，成年初显期是一个独特的时期。

10. 解释青年人对亲密关系和友谊的需求是如何回应的，以及喜欢是怎么变成爱情的。

青年人面对埃里克森的亲密对疏离阶段，解决这一冲突能够与他人发展亲密关系。

11. 区分不同种类的爱情。

激情之爱的特点是强烈的生理唤醒、亲密和关怀，而伴侣之爱则以尊重、钦佩和喜爱为特征。斯腾伯格的爱情三元论确定了三个基本组成部分（亲密、激情、决定或承诺），它们可以结合起来形成不同类型的爱，关系也得以发展。

12. 识别影响青年人选择伴侣的因素，并举例说明这些因素如何受到性别和文化的影响。

选择配偶的因素很多，包括爱情和相互吸引，在某些文化中，这些因素被认为是健康的和成熟的。男性往

往比女性更看重伴侣的身体吸引力方面。女性则对伴侣的雄心壮志和勤奋程度给予更多的关注。解释这些差异的演化理论受到了批评。可能是跨文化的性别偏好反映了类似的性别刻板印象。一般来说，异性恋、男同性恋和女同性恋伴侣关系中的价值观的相同点多于不同点。

13. 总结人们在成年早期所进入的关系类型，并说明成功婚姻的特点。

虽然大多数青年人说他们打算结婚，但今天有很多年轻夫妇选择同居，而其他人则更喜欢没有亲密伴侣的独居。成功婚姻的特点在于伴侣能明显表达情感、传达相对较少的消极情绪、将他们视为相互依赖的夫妻而不是两个独立的个体、分享相似的兴趣，并就角色分工达成一致。

14. 说明影响决定夫妻生育子女的因素，并总结孩子对婚姻的影响。

生孩子的最常见原因是心理方面的。父母从帮助他们孩子成长的过程中获得快乐，从他们的成就中获得成就，以及从与他们建立紧密联系的乐趣中获得享受。

孩子的出生几乎改变了家庭生活的方方面面。配偶发现自己处于新角色时，面临生理和心理需求的增加，以及新的财务责任。许多婚姻都受到这种压力的影响，但对于那些保持联系、保持关系并共同努力解决问题的夫妻来说，婚姻幸福感仍然保持稳定或上升。

15. 解释瓦利恩特的职业巩固阶段，并找出人们寻找工作在金钱以外的动机。

根据瓦利恩特的说法，成年早期个体进入职业巩固阶段，将精力集中在工作中。人们因外在和内在动机而工作。工作的性质、所赋予的地位以及所提供的多样性都有助于提高工作满意度。对工作者来说，感受到他们的想法和意见得到重视也是重要的。

16. 概述金斯伯格的职业选择理论、霍兰德的人格类型理论，以及性别对工作选择的影响。

金斯伯格提出了职业选择的三阶段理论。批评者认为他的理论过于简化了选择职业的过程，并且可能对社会经济水平较低的青年人缺乏适用性。根据霍兰德的说法，某些人格类型与某些职业相匹配。相近的搭配可以提高工作满意度，并使一个人更有可能持续更长

时间工作。性别角色偏见和刻板印象仍然是工作场所以及准备和选择职业时要面临的问题。

自我检测

1. 根据埃里克森的理论，成人在成年早期＿＿＿＿＿＿＿＿。
   - a. 巩固事业
   - b. 发展同一性
   - c. 勤勉刻苦
   - d. 与他人发展关系

2. ＿＿＿＿＿＿＿＿爱是对与我们生活密切相关个体的强烈感情。
   - a. 激情的
   - b. 完美的
   - c. 亲密的
   - d. 伴侣的

3. 被问及为什么要生孩子时，大多数青年人都会说＿＿＿＿＿＿＿的理由。
   - a. 个人的
   - b. 心理的
   - c. 财务的
   - d. 社会的

4. 根据瓦利恩特的理论，个体在成年早期开始将精力集中在工作中，这一阶段称为＿＿＿＿＿＿＿＿。
   - a. 职业巩固
   - b. 生命理解
   - c. 个人成就
   - d. 职业理解

应用于毕生发展

如果瓦利恩特的研究对象是当今的女性，那么你认为该结果会与之前的研究结果在哪些方面相似？在哪些方面不同？

第7章　总结

汇总：成年早期

　　Petra 和 Mo 面对着许多成年早期的典型发展问题。他们需要考虑健康和衰老的问题，并不安地承认他们的时间并不充裕。他们需要审视两人的关系，并考虑是否像社会和朋友们期望的那样迈出合乎逻辑的一步：结婚。他们需要面对关于孩子和职业生涯的问题。他们需要重新评估继续接受教育的愿望。幸运的是，他们拥有彼此，还有许多有用的发展技能和能力。

7.1　成年早期的生理发展
- Petra 和 Mo 的躯体和感觉能力都正处在巅峰状态，生理发展基本完成。
- 这一阶段中，这对情侣需要越来越多地注意饮食和锻炼。
- 因为他们面对如此多的重大决策，Petra 和 Mo 是应激的高危人群。

7.2　成年早期的认知发展
- Petra 和 Mo 正处在沙因的实现阶段，面对重大的人生问题，包括职业和婚姻。
- 他们可以应用后形式思维解决所面对的复杂问题。
- 处理重大人生问题在导致应激的同时，可能也促进了他们的认知发展。
- Petra 和 Mo 关于重返大学的想法在今天并不罕见，大学正面向多元化的学生并为之提供服务，包括许多大龄学生。

7.3　成年早期的社会性和人格发展
- Petra 和 Mo 正处于爱情和友谊格外重要的时期。
- 这对情侣很可能经历一段包含亲密、激情、决定或承诺的关系。
- Petra 和 Mo 已经同居了，现在正在探索婚姻关系。

- Petra 和 Mo 关于婚姻和孩子的决定并不罕见——这些决定对于关系有着重要意义。
- 这对情侣一定也考虑好了如何处理从双薪到暂时性单薪的转变——这一决定不仅是财务方面的。

职业咨询师会怎么做?

假设 Petra 和 Mo 决定要孩子,对于他们面临的主要开销和孩子对他们职业的影响。你会建议一方暂缓自己的职业生涯全职养育孩子吗? 如果是这样的话,你会如何建议他们决定暂停哪项职业?

教育工作者会怎么做?

Mo 的一位朋友告诉他,如果他在毕业这么久后参与管理培训或进入商学院,他可能会"感觉像个老人"。你同意吗? 你会建议 Mo 立刻开始继续深造吗? 或是先等他的生活稳定下来?

健康护理工作者会怎么做?

考虑到 Petra 和 Mo 还年轻,身体健康,有一个不错的身体状态,你会建议他们采取何种策略加以保持?

你会怎么做?

如果你是 Petra 和 Mo 的朋友,当他们考虑由同居进入婚姻时你会建议他们考虑哪些因素? 当 Petra 和 Mo 中的一人单独询问你时,你的建议还一样吗?

第 8 章

成年中期

　　50 岁的 Terri 是美国纽约市一名养育了 5 个孩子的全职城市规划师。"那不是一项轻松的工作。" Terri 说，"我整日在城市里到处奔走，基本上每天晚上都有会议。幸运的是我的丈夫 Brian 喜欢烹饪。" 当然，Terri 也会参与到孩子的教育之中。"我不曾缺席过校园剧和演奏会，大多数时候也是由我来读睡前故事，周末的时候我们几乎形影不离，甚至一起洗衣服。" 有时候她也会觉得快疯了，但去年，当她最小的孩子也离开了家，她徘徊了 3 个月，思索接下来该做点什么。

　　最终，还是 Brian 帮她找到了答案。他安排了去意大利的旅行，这是他们十几年来第一次真正意义上的旅行。Terri 说："我们四处观光、品尝美食，但大多数时候，我们专注于彼此相守。" 回到家，她和 Brian 制订了每周一次的约会计划。Terri 说："我们终于有时间来享受性生活、长距离的散步以及在纽约时代广场享受周日早午餐。" 她每周也会安排一个晚上的时间到当地的流动厨房帮忙。"我们帮助的那些人有很多有趣的故事，他们看待事物的方式也与众不同，这些都开阔了我的眼界。"

　　最大的转变是 Terri 决定辞去她的工作。现在，她正竞选州议会的席位："我想要帮助我们社区里的人。" 另外，她的长女怀孕了。"当孩子们离开家以后，我意识到他们早已不再是我生活的内容，尽管在此之前我一直将他们作为我生活的中心。" Terri 说，"现在虽然女儿她们家不和我一起住，但我依然期盼着外孙（女）的诞生。"

成年中期是个体发生重大转变的时期。孩子们长大并离开了家。人们也开始改变他们对事业的看法。有时人们会像 Terri 那样彻底地转换职业，并重新审视婚姻。通常，处于"空巢"时期的夫妻二人会发现他们拥有了大量不被打扰的时间，这可以让他们加深彼此的亲密度，因此成年中期是个加强亲密度的时期。但也有人会选择离婚。中年期也是一个人"深化根系"的时期。家庭和朋友变得更加重要，与此同时，人们的事业心开始退居其次，并开始有大量的时间用来娱乐和放松。

在本章中，我们首先介绍成年中期个体的生理变化及其应对方式。然后我们将讨论成年中期个体的性生活和更年期，并讨论女性激素替代药物的使用情况。我们也会探讨中年人越来越关注的健康问题。

之后我们将讨论成年中期个体智力的变化情况，并提出以下问题：智力是否会随着年龄的增长而下降？我们考察多种不同类型的智力，探索衰老对各种不同的智力都有怎样的影响。我们也会讨论记忆。最后我们要关注社会性发展问题，以及考察成年的人格中保持稳定的或发生变化的方面。我们还关心"中年危机"的各种迹象，并讨论家庭关系会发生怎样的改变。我们以中年时期的工作和休闲这一话题结束本章。

8.1 成年中期的生理发展

与时间赛跑

自从 4 年前开始比赛以来，Deborah 已经赢了大约 12 场长跑比赛，包括一场 26 英里的马拉松比赛。她的专长是高海拔跑步，并保持着派克峰马拉松（Pike's Peak Marathon）的纪录。在那次马拉松比赛中，她必须跑 20 英里，到达海拔超过 14 000 英尺的高度。

Deborah 已经 48 岁了。

但是她跑步是有代价的。她一周要训练 6 次，关节炎让她的膝部很疼。但是她没有打算放弃跑步。正如她所说："跑步带给我一种在其他任何地方都无法得到的满足感，只要我的身体能撑住，我就会坚持下去。"

从成年中期个体的体力活动来说，Deborah 在高海拔跑步上的成功是一场革命的标志。即将半百的中年人加入健身俱乐部的人数已经创下纪录，他们在年老的同时也寻求保持身体的健康和灵活。

大约在 40 岁到 65 岁之间的成年中期，人们通常会开始注意并感受到衰老的影响。他们的身体以及他们的认知能力在某种程度上开始以不受欢迎的方式改变。然而，就中年时期的生理、认知和社会性的变化来说，我们也会发现，这一时期也是许多人达到自身能力顶峰的时候，他们正在以前所未有的方式塑造自己的生活。

我们从生理发展的角度开始这一节。身高、体重和力量的变化是我们所关注的，各种感官能力的细微下降也在我们的讨论范围当中。

我们也关注成年中期的性行为。我们考察男性和女性激素分泌变化所带来的影响（尤其是绝经）以及缓解这种转变的各种疗法。我们也考虑到态度在这一过程中发挥的作用。

然后我们考察中年时的健康和疾病。我们考虑压力的影响，并特别关注两个主要的健康问题——心脏病和癌症。

生理发展和性

刚过 40 岁，Sharon 就发现，即使自己患的只是一些诸如感冒或流感之类的小病，也需要越来越长的时间才能痊愈。此外，她发现自己的视力也变差了：需要更亮的灯光才能看清小号的字体，往往需要仔细调节报纸和自己脸的距离才能看清上面的字。最后，她再也不能对头上的白发视而不见了，20 多岁时还仅仅是掺杂几丝白发的头发，现在几乎全白了。

生理转变：身体机能上的渐变

成年中期，人们开始意识到衰老带给身体的变化。其中有些变化是由衰老或者说是自然衰退导致的。另一些则和人们的生活方式有关，如日常饮食、体育锻炼、吸烟、喝酒及药物使用状况等。我们发现，选择不同的生活方式对中年人的生理状态，甚至认知能力和健康水平都有很大的影响。

虽然生理的变化伴随我们终身，但中年时期的生理变化有着新的重要意义，尤其在注重青春外貌的西方文化中。对于大多数人来说，这些变化带来的心理意义远超过他们正在经历的相对微小且缓慢的生理变化本身。Sharon 在 20 多岁时就开始有白头发，但是在她 40 岁时，这些白头发已经变得非常明显了。这意味着她已经不再年轻了。

人们对中年时期生理变化产生的情绪反应在某种程度上依赖于人们的自我概念。当人们的自我意象与身体特征紧密联系在一起时（如知名的运动员或具有迷人外表的人），成年中期将是一个非常艰难的时期。他们从镜中看到了种种衰老的迹象，这不仅仅意味着他们的外在吸引力在下降，也意味着死亡的临近。然而和年轻人比起来，那些不将自己与生理特点紧密联系的中年人，对身体意象的满意度并未减少（Hillman，2012；Murray & Lewis，2014）。

通常，外表对女人如何看待自己起着重要的作用。在西方文化中这种表现尤为突出，女性要面临保持年轻外表的强大社会压力。社会对男人和女人的外表采取了双重标准：老女人是一个让人不愉快的词，但老男人则常常被认为是"成熟"的和有吸引力的（Andreoni & Petrie，2008；Pruis & Janowsky，2010；Hofmeier et al.，2017）。

身高、体重和体能：变化的基准。大多数人在 20 多岁时达到身高的顶峰，并能维持此身高到 55 岁左右。之后人们的身高会开始一个"沉降"的过程，连接脊柱的骨骼开始变得疏松。变矮的过程进行得非常缓慢，最终女性平均降低 2 英寸，男性则是 1 英寸（Bennani et al.，2009）。

女性更容易变矮是因为她们患骨质疏松的风险更大。**骨质疏松**（osteoporosis）是一种骨质变薄、骨脆性增加从而使骨折危险度升高的病症，通常是由于日常饮食中缺少钙所导致的。虽然骨质疏松有遗传的因素，但这也是衰老的一个方面，不同的生活方式选择会对其产生影响。女性和男性都可以通过摄取富含钙质的食物（牛奶、酸奶、奶酪和一些绿叶蔬菜都含有钙）及定期的体育锻炼来降低患骨质疏松的风险（Rizzoli，Abraham，& Brandi，2014；Peng et al.，2016；Migliaccio et al.，2018）。

成年中期身体的脂肪往往会增加。即使是那些一直都很苗条的人在这一时期体重也很有可能增加。由于身高不再增长，甚至还会降低，体重增加很有可能

导致肥胖。不过体重的增加一般是可以避免的，其中选择恰当的生活方式起着重要的作用，那些定期进行体育锻炼的人通常可以避免过度肥胖。有些文化比较崇尚运动，生活在这种文化背景下的人们和西方文化背景下的人们相比更不容易发胖。

伴随着身高和体重的变化，人们的体能也会衰退。个体的肌肉力量逐渐下降，尤其是后背及腿部肌肉，到 60 岁时，相比顶峰状态，平均下降 10%。不过这种损失并不严重，大多数人可以很轻易地弥补这种损失。选择恰当的生活方式再次显示出作用。定期的运动可以使人们感觉强壮，且更容易补偿各种损失。

感觉能力：中年时的视力和听力。像 Sharon 经历的那种视力的变化是非常普遍的现象，放大镜和远近视两用眼镜都已经成为中年人典型形象的标志。很多人都像 Sharon 一样，视敏度会发生变化，不仅如此，其他感官的灵敏程度也大不如前。所有的器官似乎都以大致相同的速度发生变化，但是视力和听力的变化是最为明显的。

视力。从 40 岁左右开始，视敏度（visual acuity）（辨别远处和近处细微空间细节的能力）开始下降。眼睛晶状体的形状开始改变，其弹性也开始变差，致使个体难以将视觉图像聚焦到视网膜上。晶状体变得更加浑浊，导致进入眼睛的光线减少（Yan，Li，& Liao，2010）。

中年时期近乎一致的变化是近距离视力衰退，俗称**老花眼**（presbyopia）。即使从来没有戴过眼镜或隐形眼镜的人也会发现，他们需要把读物拿得越来越远才能看清。最终，他们需要戴上眼镜读书。对于近视眼的人，他们可能需要远近视两用眼镜或者配两副眼镜（Koopmans & Kooijman，2006；Kemper，2012；Donaldson et al.，2017）。

还会有其他类型的视力改变：深度知觉、距离知觉以及三维知觉能力都会减退。视杆细胞（一种视网膜上的感光细胞）的减少和晶状体混浊还会损伤人们的暗适应能力，使人们难以在黑暗房间中进行定向移动以及在夜晚驾驶（Andrews，d'Avossa，& Sapir，2017）。

不仅是正常的衰老会带来视力的变化，疾病也会对视觉产生影响。**青光眼**（glaucoma）就是最常见的一种眼部疾病，如果不及时治疗，可能导致失明。青光眼是由于眼内液体分泌过多或没有适当地排出，导

致眼内液压增高而引起的眼部疾病。大约 1% ～ 2% 的人在 40 岁时会患此病，而非裔美国人更易患此病。

起初，液压可能会压迫视觉的外周神经系统导致视野狭窄。最终，压力会大到压迫所有的神经细胞而导致失明。幸运的是，如果能够早发现早治疗，青光眼是完全可以治愈的。药物治疗可以降低压力，手术则可以恢复眼内液体的正常排出能力（Lambiase et al., 2009；Jindal，2013；Sentis et al., 2016）。

大约在 40 岁，视敏度（辨别细微空间细节的能力）开始减弱。大多数人开始出现老花眼，看不清近处的东西。

听力。虽然听觉的变化不像视觉那样明显，但在中年时期，听觉的敏锐性也下降了。

一些环境因素同样会导致听力损伤。在巨大噪声环境中工作的人，比如飞机修理工和建筑工人，其听力更有可能受损，甚至产生永久性的损伤。

还有很多变化是由衰老直接导致的。声波引起的振动会使内耳纤毛细胞弯曲，它们通过这种方式将神经信息传递给大脑细胞，但衰老会导致纤毛细胞减少。和眼睛的晶状体一样，随着年龄的增加，耳膜的弹性也减弱了，导致个体对声音的敏感度下降（Wiley et al., 2005；Knight, Wigham, & Nigam, 2017；National Institute on Deafness and Other Communication Disorders，2018）。

对高音调和高音频的听力一般最先下降，也被称为**老年性耳聋**（presbycusis）。男性听觉损伤的可能性比女性大，一般在 55 岁就开始了（Veras & Mattos, 2007；Gopinath et al., 2012；Koike，2014）。

中年时期听力的损伤并不会给人们带来太大的影响。大多能够较轻易地找到补偿的方法，如要求别人说话大声一些、把电视声音放大或更仔细地听他人在说什么。

反应时。人们共同担忧的一个问题是，一旦人到中年，他们就会变得迟钝。在多数情况下这种担忧并没有根据。个体的反应时的确增加了（即，需要更长的时间对刺激做出反应），但一般来说反应时的增加量非常小，甚至难以察觉。比如，从 20 岁到 60 岁，对大噪声的反应时增加了大约 20%。那些需要协调多种能力来完成的任务（如开车）的反应时增加量很少，然而，面对紧急情况时把脚从油门换到刹车则需要较长时间。这是由于神经系统产生神经冲动的速度改变导致了反应时的增加（Roggeveen, Prime, & Ward, 2007；Godefroy et al., 2010）。

即使反应时增加了，但与年轻人相比，中年人发生车祸的比例更低，这可能是由于他们驾驶时会更小心且不会冒险。另外年长的驾驶者拥有更多的经验。专业性技能补偿了轻微的反应时变化（Cantin et al., 2009；Endrass, Schreiber, & Kathmann, 2012；Meador, Boyd, & Loring, 2017）。

健康的生活习惯可以减缓反应变慢的过程。主动锻炼可缓和衰老带来的影响，改善健康状况、增强肌肉力量和耐力（见图 8-1）。

锻炼的益处包括以下几个方面

肌肉系统

在能量分子、肌肉细胞厚度、肌肉细胞数量、肌肉厚度、肌肉块、肌肉力量、血液供应、运动速度以及耐力上的衰退减缓
在脂肪、纤维、反应时、恢复时间和肌肉疼痛等方面增长得更加缓慢

神经系统

减缓中枢神经系统神经冲动加工能力的衰退
减缓运动神经元脉冲速度变化

循环系统

保持低密度脂蛋白在较低水平、高密度脂蛋白/胆固醇在较高水平，以及高密度脂蛋白/低密度脂蛋白的较高比例
降低患高血压、动脉硬化、心脏病及中风的风险

骨骼系统

减缓骨骼中矿物质的流失
降低骨折及患骨质疏松的风险

心理上的裨益

情绪高昂
感觉幸福
舒缓压力

图 8-1 锻炼的好处

终生保持高水平的身体活动有很多好处。
资料来源：DiGiovanna，1994.

成年中期的性：事实、谣言以及争议

51 岁时，Elaine 非常期待停经后的生活。她最小的儿子刚离家去学习艺术，而她最近也把自己的工作量减少到感觉很轻松的程度（一周 30 个小时）。在她的预想中，这一年会是自己和丈夫 Greg 的"第二个蜜月"，不用避孕，也不需要担心会怀孕。

她的蜜月幻想很快在几次潮热和夜间不断的虚汗中破碎。Elaine 知道这是停经后正常的症状，她现在每天必须要换三次以上的衣服。同时她还时常头痛。她的医生给她开了些激素药物来代替停经后失去的雌激素。激素药物减轻了她的症状，并让她恢复了精神。4 个月后，她和 Greg 预定了在希腊的一个月浪漫游。

对于大多数中年人，性生活仍然是生活中很重要的一部分。

虽然多数中年人对性依然保持较高的兴趣，但就像 Elaine 的故事那样，衰老带来的生理变化，如女性的停经，仍然会降低人们的情趣。我们来看看影响中年人性生活的一些因素，以及态度和治疗药物对这一阶段出现的问题所起的作用。

中年时期仍然持续中的性生活。这一年龄段性生活的频率逐渐下降（见图 8-2），但性快感仍然是多数中年人生活的重要部分。大约一半年龄在 45 ～ 59 岁的人报告说一周至少会有一次性生活。50 ～ 59 岁的人群中，接近 75% 的男性和超过一半的女性会自慰；在过去一年，该年龄段中半数的男性和 1/3 的女性与异性伴侣进行过口交。对于同性恋伴侣，性同样是中年时期重要的活动（Herbenick et al.，2010；Koh & Sewell，2015；Paine，Umberson，& Reczek，2018）。

多数情况下，人们能够在中年时期重新找回之前失去的性愉悦感和自由。孩子们逐渐长大并离开家，夫妻可以有大量时间进行不再会被打断的性活动。停经后的妇女不用再担心怀孕或使用避孕措施（DeLamater，2012）。

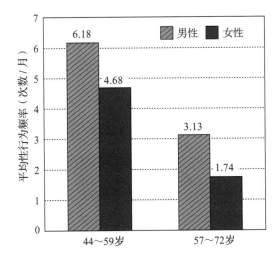

图 8-2 成年中期和晚期异性性行为的频率

资料来源：Karraker，DeLamater，& Schwartz，2011.

但不论是男性还是女性，他们在中年时期的性生活上都会面临一定的挑战。男性需要更长的时间才能勃起，并且一次高潮后需要更长的时间才能进入下一次。射出的精液和睾酮（男性激素）分泌的量都会减少（Hyde & DeLameter，2017；Yarber & Sayad，2019）。

女性的阴道壁会变薄且失去弹性。阴道开始萎缩和收紧，致使她们在性交过程中产生疼痛感。但这种改变并不会减弱绝大多数妇女的性快感。那些觉得性交过程不够愉悦的女性可以通过一系列提高性快感的药物，如外用润滑乳（topical cream）、睾酮贴剂（testosterone patches）等，来增加性愉悦感（Freedman & Ellison，2004；Nappi & Polatti，2009；Spring，2015）。

女性更年期和停经。女性到了 45 岁左右会进入更年期，更年期将持续 15 ～ 20 年。**女性更年期**（female climacteric）标志着女性由能生育到不能生育的一个转变。

这种转变的一个明显信号就是**停经**（menopause）。停经就是停止来月经。妇女在 47 ～ 48 岁这两年中经期会紊乱，且来月经的频率降低，当然这种变化也有可能早在 40 多岁或晚至 60 多岁才发生。如果整整一年都不再来月经，就可认为进入了停经期。

停经意味着女性失去自然生育的能力（虽然植入卵子可以让停经后的女性怀孕）。另外雌激素和黄体酮（女性激素）的水平也开始下降（Schwenkhagen，2007）。

上述激素分泌的改变会使个体产生各种各样的症状，尽管女性对这些症状的体验有很大差异。最普遍的症状之一就是"潮热"，女性会感到一股热流涌向腰部以上的部位。女性在潮热发生时可能会变得燥热并出汗，之后又会发冷。有的女性一天之内可能会发生多次潮热，而有的一次都没有。

头痛、困倦、心悸、关节痛是停经期比较常见的症状，但并不是普遍存在的。一项调查发现，大约一半的女性报告说曾经历过潮热，但只有大约1/10的女性对此感到非常痛苦，可能多达一半的女性根本没有任何明显的症状（Ishizuka, Kudo, & Tango, 2008；Strauss, 2013；Guérin, Goldfield, & Prud'homme, 2017）。

对于很多女性来说，停经期的症状可能早在真正停经前10年就开始出现了。围绝经期（perimenopause）指停经之前激素分泌发生变化的一段时期。其特点是激素基础水平发生波动，导致一些与停经期相同的症状出现（Winterich, 2003；Shea, 2006；Shuster et al., 2010）。

此外，一些女性的围绝经期和停经期的症状相当严重。不过，正如我们接下来考虑的那样，处理这些问题颇具挑战性。

激素疗法的困境：没有简单的答案

Sandra很肯定她心脏病发作了。她在花园中除草时会突然喘不上气。她觉得自己像着火了一样，头晕眼花的，并且感到一阵恶心。她坚持到厨房拨打了911之后，就摔倒在地面上。当急救小组告诉她，这不是心脏病，只是她第一次出现潮热，她松了一口气，但又倍感尴尬。

10年前，医生已规定了治疗由于停经引起的潮热及其他一系列不适反应的激素替代药物的常规用量。

对于上百万遭遇这种麻烦的女性来说，激素疗法（hormone therapy，HT）是一种解决方法。此疗法中，雌激素和黄体酮可减轻停经后女性体验到的各种最严重的症状。激素疗法可缓解各种问题，如潮热和皮肤失去弹性；可以通过改变"好的"胆固醇和"坏的"胆固醇之间的比率来减少冠心病的发生。激素疗法还可以改善由于骨质疏松引起的骨质变薄问题，这也是许多成年晚期个体所面临的一个问题（Lisabeth & Bushnell, 2012；Engler-Chiurazzi, Singh, &

Simpkins，2016；Braden et al.，2017）。

还有一些研究显示，激素疗法能够降低罹患中风和结肠癌的风险。雌激素可以减缓心智衰退，如有些研究发现该激素能改善健康妇女的记忆力和认知表现。最后，较高的雌激素还可以增加性欲（Cumming et al.，2009；Garcia-Portilla，2009；Lambrinoudaki & Pérez-López，2013）。

虽然激素疗法听起来像万灵药，但它仍然带来了一定的风险。例如，它会增加患乳腺癌和血栓的风险。此外，使用雌激素和黄体酮混合剂的女性患中风、肺栓塞和心脏病的风险更高。而单独使用雌激素的疗法也被发现会增高中风和肺栓塞的风险。因此，一些健康护理工作者认为激素疗法是弊大于利的（Lobo，2009；LaCroix et al.，2011）。

但是最近的医疗专家认为这并不是一个"全或无"的命题；有些女性可能比其他女性更适合使用激素疗法。由于患冠心病和其他各种并发症的风险增高，年龄较大的女性并不是很适合使用激素疗法，但对于那些较年轻且正经历严重停经症状的女性（如参加女性健康倡议协会调查的被试）来说，她们仍然能从该疗法中，至少从短期的治疗中获得帮助（Lewis，2009；Beck，2012；Martin & Barbieri，2018）。

停经的心理反应。很多人包括专家都习惯性地认为停经与抑郁、焦虑、易哭、注意力缺陷以及焦躁有关。一些研究者估计约10%的停经女性患有严重的抑郁。人们认为停经的生理变化会带来以上心理问题（Soares & Frey，2010；Mauas, Kopala-Sibley, & Zuroff，2014）。

然而如今，大多数研究者改变了看法，他们认为停经是衰老过程中的一个正常现象，就其本身而言并不会引发心理问题。有些女性的确有心理障碍，但是她们在其他时期也存在这些问题（Freeman, Sammel, & Liu，2004；Somerset et al.，2006；Wroolie & Holcomb，2010）。

研究显示女性的心理预期对其停经时的体验有显著影响。那些预期停经时会很艰难的女性会把所有的生理反应和情绪波动都归因于停经，而态度积极的女性就不会这样。女性对生理反应的归因方式会影响其预期以及她在这一时期中的真实体验（Breheny & Stephens，2003；Bauld & Brown，2009；Strauss，2011）。

从一个健康护理工作者的视角看问题

美国的哪种文化因素会为女性停经体验带来负面影响，为什么？

男性更年期。男性是否会有类似于停经期的经历？并非如此。男性没有任何与月经有关的体验，当然也无法体会那种月经不再继续后的感受。但是男性在中年时期的确会经历一些改变，也就是**男性更年期**（ male climacteric ）。男性更年期指的是生殖系统改变引发生理变化（也可能伴随一定的心理变化）的一段时期，发生于中年晚期，症状最集中的年龄在50多岁。

由于变化是逐渐形成的，所以很难指出男性更年期的确切时间。比如，虽然睾丸激素和精子量减少，但男性在整个中年时期都仍能孕育孩子成为父亲。而且不像女性那样，男性的心理变化很难归因到细微的生理原因上。

一个比较常见的生理变化是前列腺肥大。大约10%的40岁左右的男性会罹患前列腺肥大，且到80岁时患该病的百分比会上升到50%。前列腺肥大会造成排尿问题，包括小便困难和夜间尿频。

随着年龄增长，男性的性问题也在增加。尤其是勃起功能障碍，男性普遍更难成功勃起或维持勃起状态。一些药剂，如伟哥（Viagra）、艾力达（Levitra）和犀力士（Cialis）都能起到有效的作用（Shamloul & Ghanem，2013；Glina，Cohen，& Vieira，2014；Wentzell，2017）。

健康

对 Jerome 来说运动是每天必不可少的。早上5点30分起床，他踏上健身脚踏车，并开始用力蹬脚踏板，希望能维持并超过自己每小时14英里的平均速度。在电视机前，他通过遥控器调到早间商业新闻。偶尔瞥一眼电视，他开始看昨晚已经看了一些的报告，看到并不理想的销售额时，他还不时嘀咕几句。当结束半小时的锻炼时，他已看完报告，并在一些他的行政助理为他打出的信上签名，另外还给同事留下两封语音邮件。

大多数人在经历如此紧凑的半小时后会准备小睡一会儿。但对 Jerome 来说这是日常习惯：他总试图同时进行多项工作，认为这样更有效率。发展心理学家把这种行为模式看作患冠心病的预兆。

尽管大多数中年人都很健康，但他们也渐渐更容易受到各种健康问题的困扰。我们将探讨一些中年时期最典型的健康问题，主要关注冠心病和癌症。

健康和疾病：成年中期的起伏波动

对健康的关注在中年时期变得越来越重要。有关成人的烦恼调查中显示健康（以及安全和金钱）是最为关注的问题。超过半数的成年人都"害怕"或"非常害怕"罹患癌症（见图8-3）。

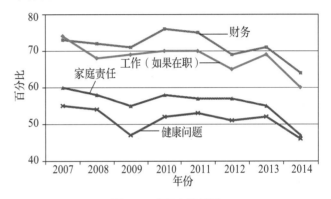

图8-3 成年人的烦恼

随着人们步入中年，财务、工作、家庭、健康和安全问题变得越来越重要。

资料来源：American Psychological Association，2015，reprinted by permission.

对于大多数人，中年时期都是健康的。人口统计数据显示，大多数中年人报告没有慢性疾病，也没有任何活动上的限制。

实际上，从某些角度来说，相对于生命的早期阶段，这一时期人们的健康状态更好。45～65岁的人罹患感染、过敏、呼吸疾病以及消化系统疾病的可能性比青年人更小。这是因为如果他们之前患过类似疾病，就会对这些疾病产生免疫力。

有些慢性疾病的确始于成年中期。关节炎一般在40岁后出现，糖尿病在50～60岁之间更容易出现，肥胖的人尤其容易患糖尿病。高血压是最常见的慢性疾病之一，通常被叫作"无声的杀手"，因为它的症状不明显，如果放任不管，会导致患中风和心脏病的风险增加。正是由于这些原因，强烈推荐中年人做一些预防性和诊断性的医学检查（见表8-1）。

表 8-1　成人预防性健康护理检查建议

这些是为没有任何症状的健康成年个体提供的全面指导。

检验项目	说明	40～49 岁	50～59 岁	60 岁以上
血压	用来探测高血压，可能导致心脏病、中风或肾脏疾病	每 2 年	每 2 年	每 2 年；如果家族病史中有高血压患者每年 1 次
胆固醇——所有或高密度脂蛋白	用来探测会提高心脏病发生的风险的高胆固醇水平	所有成人都要接受所有胆固醇检查。高密度脂蛋白胆固醇、低密度脂蛋白胆固醇以及甘油三酸酯都要检查至少 1 次。根据心脏病风险因素和脂蛋白结果，您的健康护理顾问将决定之后检查的频次		
视力检测	用来确定是否需要戴眼镜或更换眼镜	每 2～4 年 1 次，糖尿病患者每年 1 次	每 2～4 年 1 次，糖尿病患者每年 1 次	每 2～4 年 1 次，65 岁以上每 1～2 年 1 次，糖尿病患者每年 1 次
乙状结肠镜检查或双对比钡剂灌肠检查或结肠镜检查	用显示器或 X 射线探测结肠或直肠癌症	—	50 岁为基线，第一次检验后每 3～5 年 1 次	每 3～5 年 1 次，终止年龄由健康状况决定，在正常结肠镜检查后 8～10 年
粪便潜血检查	检测粪便中隐藏的血液，是结肠癌的早期信号	—	每年 1 次	每年 1 次
直肠检查（数字化）	检验前列腺或卵巢来探测癌症	—	每年 1 次	每年 1 次
尿检	检验尿液中是否存在过多蛋白质	每 5 年 1 次	每 5 年 1 次	每 3～5 年 1 次
免疫接种（注射）破伤风	受伤后避免感染	每 10 年 1 次	每 10 年 1 次	每 10 年 1 次
流行性感冒（流感）	抵抗流感病毒	所有处于长期治疗的人，如心脏病、肺疾病、肾脏疾病、糖尿病	50 岁以上每年 1 次	65 岁以上每年 1 次
肺炎球菌	抵抗肺炎			65 岁时做 1 次，之后每 6 年 1 次

注：对女性的附加指导，包括乳腺检查、乳房 X 线、柏氏子宫颈抹片检查以及盆腔检查；对男性的附加指导，包括前列腺特异抗原测试和睾丸自我检查。

各种慢性疾病的发生使中年时期的死亡率较早年时期要高。尽管如此，死亡率依然是很低的：每 100 名 40 岁的人中，预计只有 2 名女性和 3 名男性会在 50 岁之前死亡；每 100 名 50 岁的人中，预计有 5 名女性和 7 名男性会在 60 岁之前死亡。在过去的 50 年里，40～60 岁人群的死亡率显著下降。另外健康问题还存在文化多样性，这也是我们接下来在"文化维度"的专栏中要关注的（Social Security Administration，2018）。

虽然压力可能来自不同的方面，但是和成年早期一样，压力仍然是影响健康的重要因素。比如，成年早期父母可能会为自己的小婴儿是否不必再用奶嘴而忧心忡忡，而在成年中期父母可能会担心自己青少年期的孩子滥用药物。

不论是什么引发的压力，其结果都是相似的。心理神经免疫学家（psychoneuroimmunologist）研究了大脑、免疫系统和心理因素之间的关系，发现压力会

造成三种主要的后果（见图 8-4）。首先，压力会直接

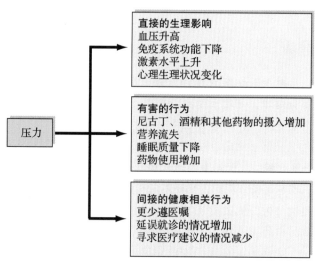

图 8-4　压力带来的后果

压力会带来三种主要的后果：直接的生理影响、有害的行为、间接的健康相关行为。

资料来源：Adapted from Baum，1994.

引发一系列生理反应，包括血压的升高和激素活动增加，从而降低了免疫系统的反应；其次，压力会使人们开始从事一些不健康的活动，如减少睡眠、吸烟、饮酒或使用药物；最后，压力对一些健康相关的行为会产生间接的影响。在巨大的压力下，人们会更少寻求良好的医疗护理、进行运动或遵照医疗建议。所有这些都会带来健康问题，包括诱发心脏病（Emery，Anderson，& Goodwin，2013；de Frias & Whyne，2015；Whittaker，2018）。

文化维度

健康的个体差异：社会经济地位和性别差异

中年群体整体健康状况数据中隐含着大量的个体差异。一方面，大多数人是健康的；另一方面，有些人被疾病困扰。遗传会有一定的影响，例如高血压通常会在家族中遗传。

社会和环境因素对健康也有很大的影响。例如，非裔美国人中年时期的死亡率是白人的2倍。为什么会这样呢？

社会经济地位（socioeconomic status，SES）是一个重要的因素。处在相同社会经济地位的白人和非裔美国人中，非裔美国人的死亡率比白人的还低一些。低收入家庭中的成员更有可能受伤或者致残，并且发生的年龄更小。事实上，有研究发现人群中最富有的1%和最贫穷的1%之间的预期寿命差了14.6岁。不管是男性还是女性，收入水平越高，预期寿命越长（Chetty et al.，2016；Link et al.，2017；见图8-5）。

其中有很多原因。低社会经济地位的家庭更容易从事一些危险的工作，如当矿工或建筑工人。另外，低收入人群的健康护理条件更差。低收入社区的犯罪率和环境污染程度也更高。较高的意外发生率以及健康风险都和低收入家庭的死亡率有关（Hendren，Humiston，& Fiscella，2012；Börsch-supan et al.，2019）。

不同性别之间也有所差异。女性总体的死亡率比男性低（这种趋势从出生开始便存在），但中年女性患各种疾病的比例更高。

女性更容易患有较轻微的、短期的或慢性的，但不会危及生命的疾病，如偏头疼，而男性更容易患非常严重的疾病，如心脏病。很少有女性吸烟，因此降低了她们患癌症和心脏病的风险；相对于男性，女性更少饮酒，从而降低了肝硬化和交通事故的风险；另外她们很少从事危险的工作。

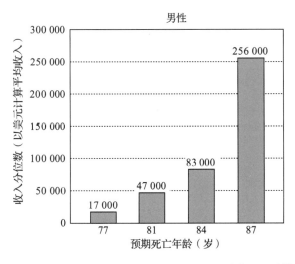
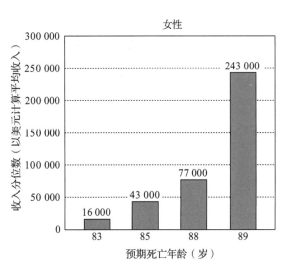

图 8-5　预期寿命与收入

不管是男性还是女性，收入水平越高，预期寿命越长。

资料来源：Adapted from Chetty et al.，2016.

女性患有较多疾病的另一个原因可能是因为更多的医学研究都针对男性和他们所患的疾病。大量的研究经费都用在了男性更容易罹患的、会威胁生命的疾病，如心脏疾病上，而不是用在一些慢性疾病上，这些疾病虽然会带来不适和痛苦，但不会导致死亡。而且对男女都会患上的疾病，更多的研究也集中在男性被试上。这种偏见现在已在美国健康研究院（U.S. National Institutes of Health）提案中进行了说明，但是由于传统的研究群体以男性为主导，造成了这种性别歧视的模式（Vidaver et al.，2000；Liu & DipietroMager，2016）。

心脏病和癌症：成年中期的重大烦恼

相对于其他各种原因，男性死于心脏和循环系统疾病的数量要更多。虽然女性较少患此类疾病，但并不是说她们对这些疾病有免疫力。每年因这些疾病而死亡的 65 岁以下的人约有 15.1 万人，与其他因素相比，由此导致的工作损失和住院治疗时间更多（American Heart Association，2010）。

A 型人格、B 型人格与心脏病：健康与人格。虽然心脏和循环系统疾病是主要的健康问题，但有些人的风险要小很多。这两项疾病导致的死亡率在某些国家要更低一些，如日本只是美国的 1/4。而有些国家的死亡率却高很多，为什么？

答案和遗传及环境因素都有关。有些人先天患心脏病的风险就高。如果一个人的父母患有此疾病，那么这个人患病的可能性就会较高。同样，性别和年龄也是相关因素：男性更容易患心脏病，且患病风险随年龄增长而增加。

环境和生活方式的选择也非常重要。吸烟、脂肪和胆固醇含量高的饮食、缺乏运动都会增加罹患心脏病的风险。这些因素也许能解释为什么不同国家心脏病的发生率差异如此之大。例如，在日本，心脏病导致的死亡率相对较低，这可能是由于日本人的饮食中脂肪含量相比于美国低了很多（Scarborough et al.，2012；Platt et al.，2014；Hirsch & Morlière，2017）。

饮食当然不是唯一的原因。心理因素（特别是如何知觉和体验压力）似乎也和心脏病有关，比如一系列人格特征。很多人都熟知的 A 型行为模式（Type A behavior pattern），就是导致冠心病发生的一个因素。

A 型行为模式被定义为竞争性高、缺乏耐心、容易挫败且容易对他人怀有敌意。A 型人充满野心，他们总会进行多项活动（同一时间进行多种活动）。他们是真正的多重任务执行者，你会常常看见他们同一时间做多个工作——在上班的列车上一边打电话，一边用笔记本电脑工作，还同时吃着早餐。他们很容易发怒，当他们无法达到目标时，他们的语言和行为都会充满敌意。

与此相反，有些人拥有截然相反的人格，也就是 B 型行为模式（Type B behavior pattern）。这种行为模式被定义为没有竞争性、有耐心、攻击性低。与 A 型人格不同，B 型人格很少有时间紧迫感，并很少怀有敌意。

在成年中期这种分类变得很重要，因为有研究显示不同类型行为模式与患冠心病的风险有关。A 型人患冠心病的概率是 B 型人的 2 倍，致命心脏疾病发作的次数更多，各种心脏问题的患病率是 B 型人的 5 倍（Wielgosz & Nolan，2000；Mohan & Singh，2016）。

需要注意的是，有些批评者认为那些支持 A 型和 B 型行为模式存在的证据是有问题的。而且，一些证据表明，A 型行为模式中只有某些特定的成分会导致疾病，而不是整个行为模式。目前看来，A 型行为模式中的敌意和愤怒成分是导致冠心病的主要原因（Eaker et al.，2004；Kahn，2004；Myrtek，2007）。

虽然 A 型行为模式和心脏病的关系相对明确，但这并不意味着 A 型人格的中年人都会患有冠心病。除了 A 型行为模式对他人的敌意，其他类型的负性情绪也与心脏病有关。例如，心理学家约翰·德诺列特（Johan Denollet）阐明了一种 D 型行为（忧虑）与冠心病也有一定的关系。他认为那些不安、焦虑、消极观念让个体更容易罹患心脏病（van den Tooren & Rutte，2016；Lin et al.，2017；Bekendam et al.，2018）。

癌症的威胁。很少有疾病会像癌症一样可怕，很多中年人把癌症看作死亡判决。虽然实际情况并不尽然（很多种癌症经过治疗后反应良好，有 40% 被诊断为癌症的患者能活 5 年以上），但癌症引发了很多恐慌。不过不能否认的是，在美国，癌症是导致死亡的第二大原因（Xu et al.，2018）。

引发癌症的确切因素到目前为止还是未知的，但它的扩散过程却很明确。体内的癌细胞会不受控制地、迅速地繁殖。当达到足够多的数量时，这些细胞会形成肿瘤。它们将不断地摄取健康细胞和身体组织中的营养，并最终破坏身体机能。

和心脏病一样，癌症也与遗传和环境因素有关。有些癌症有明显的遗传成分。如，家族病史中有乳腺癌（导致女性死亡最常见癌症之一）的女性患乳腺癌的风险更高。

一些环境及行为因素也与癌症有关。营养不良、吸烟、饮酒、暴晒，或暴露在有放射性物质的条件下，从事某些比较危险的职业（如接触特定的化学物质或石棉）都会导致癌症发生的可能性增加。

诊断后，根据不同的癌症类型，医生可以采用多种治疗方法。放射性治疗就是一种治疗方法，这种方法使用射线来照射肿瘤，从而达到破坏和消灭肿瘤的效果。接受化疗的患者将摄取一定量的有毒物质来毒化肿瘤。最后，可以通过手术来切除肿瘤（及周围的

一些组织）。治疗方法的选择取决于首次确诊时癌细胞扩散的情况。

越早发现越有助于治疗，因此根据初期症状识别癌症的诊断技术非常关键。由于中年人患癌症的风险有所增加，这一点对中年人来说尤为重要。

医生们指出女性要定期进行乳房检查，男性要定期进行睾丸检查，查看是否有患癌症的迹象。前列腺癌是最常见的男性癌症，通过常规的直肠检查和血液化验鉴别前列腺特异抗原（prostate-specific antigen，PSA）可以探测是否患病。

乳房 X 光摄影透视检查可以扫描女性乳房的内部，发现癌症早期征兆。然而从什么时候开始做乳房 X 光摄影透视检查仍然是有争议的，请见"从研究到实践"专栏。

从研究到实践

常规的乳房 X 光检查：女性应该从什么年龄开始

统计结果显示，越早诊断出乳腺癌，女性的生存机会就越大。但究竟如何实现早期识别，在医学界引起了一定程度的争论。特别是，围绕乳房 X 光检查（一种用于检查乳房组织的微弱 X 射线）应该在女性什么年龄进行存在争议。

乳房 X 光检查是检测早期乳腺癌的最佳手段之一。这项技术使得医生能够在肿瘤很小的时候就将其识别出来。在肿瘤生长和扩散到身体其他部位之前，患者有时间接受治疗。乳房 X 光检查有可能挽救许多人的生命。几乎所有的医疗专业人士都建议，女性在成年中期的时候都应该定期进行检查。

但是，女性应该从什么年龄开始每年进行乳房 X 光检查呢？患乳腺癌的风险在 30 岁左右开始增长，之后越来越大。95% 的新病例发生在 40 岁及以上的女性群体中（Howlader et al.，2017）。

美国癌症协会（American Cancer Society）的指导方针建议，40 ～ 44 岁的女性如果愿意，应该可以选择开始每年一次乳腺癌筛查的乳房 X 光检查。45 ～ 54 岁的女性，专家建议她们每年做一次乳房 X 光检查。55 岁及以上的女性应该每两年做一次乳房 X 光检查，或者如果她们愿意，也可以每年做一次检查。最后，只要女性身体健康，并预计还有 10 年或更长的寿命，就应该继续进行乳房 X 光检查（American Cancer Society，2017；见图 8-6）。

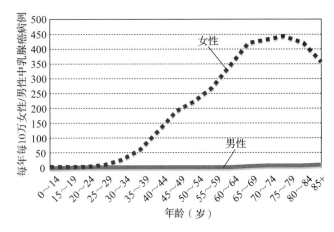

图 8-6 不同年龄患乳腺癌的风险

从 30 岁开始，患乳腺癌的风险逐渐增加，图中显示了每个年龄段的发病率。

资料来源：SEER，2014.

然而，美国癌症协会的建议是有争议的。例如，美国放射学会（American College of Radiology）认为，40 岁及以上的女性应该每年接受一次筛查。他们指出，40 岁女性的 10 年患病风险是 1/69，而 40 ～ 49 岁女性的乳腺癌发病率为 1/6（Kopans，2017）。

从根本上说，何时进行检查主要基于个体具体情况。女性应该咨询其健康护理顾问，考虑最新的乳房 X

光透视研究成果再做出决定。但可以肯定的是，对于那些有乳腺癌家族病史，或是发生 BRCA 基因突变的女性来说，从 40 岁起就开始乳房 X 光摄影透视检查无疑是有很多好处的（Grady，2009；Winters et al.，2017）。

共享写作提示：

你对 40 岁的家庭成员或者陌生人的乳腺癌筛查频率的建议是否不同？为什么以及怎么做？

回顾、检测和应用

回顾

1. 描述对成年中期个体产生影响的生理变化。

成年中期经历着身体特征和外观的逐渐变化。个体可以通过定期锻炼和健康饮食控制体重的增加。在中年时期，感官的敏锐度，尤其是视力、听力和反应速度略有下降。

2. 分析成年中期性行为的变化本质。

中年时期的性行为略有改变，但是，从生育和育儿中解脱出来的夫妇，可以享受到一种新的亲密和愉悦水平。影响性行为的生理变化在男女双方当中都有。女性更年期和男性更年期似乎都有一些生理和心理上的症状。

3. 描述成年中期一般人的健康状况。

一般来说，虽然个体容易患一些慢性疾病，如关节炎、糖尿病和高血压，但成年中期依然是一个相对健康的时期。在成年中期，压力继续对健康产生重大影响，既会导致直接的生理影响、不健康的生活方式选择，也会间接影响其他与健康相关的行为。

4. 描述成年中期心脏病和癌症的风险因素和预防措施。

心脏病对中年人来说是一种风险因素。遗传和环境因素都会影响心脏病的发生，包括 A 型行为模式。癌症的确切病因尚不明确，但其扩散过程是清楚的。放疗、化疗、手术等疗法都能成功治疗癌症。

自我检测

1. 人们听高音调、高频率声音的能力下降被称为_____。
   - a. 青光眼
   - b. 老年性耳聋
   - c. 骨质疏松
   - d. 老花眼

2. 女性从能够生育到不能生育转变的这段时期称为_____。
   - a. 中年转变
   - b. 围绝经期
   - c. 女性更年期
   - d. 产后期

3. 下列哪一项是成年中期压力的直接后果？
   - a. 药物使用或滥用
   - b. 不遵照医嘱
   - c. 失眠
   - d. 免疫力降低

4. 不安全感、极端的野心、焦虑和敌意使人有心脏病发作的风险。这种行为模式被称为_____。
   - a. A 型行为模式
   - b. 双重人格
   - c. B 型行为模式
   - d. 高血压应激

应用于毕生发展

怎样的社会政策可能可以减少低收入人群致残性疾病的发生？

8.2 成年中期的认知发展

接受挑战

Gina 总是喜欢挑战。这也是她参加《危险！》（Jeopardy!）游戏节目的原因。"为什么只有年轻人才能享受乐趣？"她笑着问，"我 46 岁了，很有经验。"《危险！》游戏要求快速思考和反应。尽管她经验丰富，但她是否会担心被那些年龄只有她一半的选手打败？"不会的，"她说，"我丈夫和我每天早饭的时候都会做填字游戏。"Gina 阅读量也很大。"我最喜欢脑科学方面的书籍，"她说，"它们发现了老年人也能学会新的技能。"

和许多中年人一样，Gina 享受心智方面的挑战，使其保持良好的状态。她非常自信地参加比拼智力和反应的比赛，与年龄只有她一半的人竞争。她知道自己具备年轻人不具备的优势——阅历和知识。

这一节我们将集中介绍中年时期的认知发展。我们将关注一个很难且无法全面回答的问题：中年时期智力是否会下降？我们还将考察这一时期人们的记忆有何改变。

智力和记忆

实在是糊里糊涂得可以——45岁的Bina想不起来她是否把丈夫给她的信件发出去了，一瞬间她甚至怀疑这是不是老了的预兆。第二天，当她花了20分钟来找她写在某张纸上的电话号码时，同样的问题再次浮现。当她找到号码时，她有些惊讶，还有些焦虑。"我的记忆力是不是减退了？"她充满烦恼，忧心忡忡地问自己。

很多40多岁的人都觉得和20年前相比，自己要健忘很多，并担心智力也会随着年龄的增长而下降。常识告诉我们，人们的智力在中年时期会有一些减退。但这种观点准确吗？

智力会在成年期下降吗

很多年来，当专家们被问起智力在成年后是否会下降时，回答都很肯定：智力的顶峰时期是在18岁左右；之后会保持一段时间，直到25岁左右；然后开始渐渐下降，直到生命结束。

现在，发展心理学家有关智力毕生发展的观点要全面很多——他们得出了不同的且更复杂的结论。

回答这个问题的难点。 有关智力在25岁左右开始下降的结论来自大量的研究。横断研究（在同一时间点对不同年龄段的被试进行测试）清楚地显示出，年长的被试在传统的智力测验（我们之前讨论过的几类）中的得分要比年轻的被试低。

但横断研究有其缺点——尤其是可能会出现同辈效应（cohort effect）。让我们回忆一下同辈效应的概念，是指特定的历史时期对特定年龄段的人群的影响。比如，设想横断研究中年长的被试可能比年轻的被试接受的教育少，工作刺激性低或者健康状况更差。在这样的情况下，横断研究得出的智力差异的结果就不能完全，甚至也许连部分都不能归因于年龄。因为他们没有控制同辈效应，横断研究很可能低估了年长被试的智力。

为了克服横断研究中的同辈效应，发展心理学家们开始使用纵向研究（在不同的时间点对同一批人进行测试）。这些研究揭示了不同的智力发展模式：成人的智力测验得分到35岁左右都保持稳定甚至有所增长，有些情况下甚至可以持续到50多岁。之后智力测验的得分开始下降（Bayley & Oden，1955）。

但是，让我们也来思考一下纵向研究的不足。个体重复地做相同的智力测验，那么他们得分增加可能是因为他们更熟悉（或更适应）测验场景。同样，经过重复测验，他们可能会记住一些项目。最终，练习效应提高了他们的表现，使纵向研究的结果正好与横断研究相反（Salthouse，2009）。

另外，保持样本完整对研究者来说也很困难。被试可能会搬迁、不愿再做实验或者生病甚至死亡。经过一段时间，相对于流失的被试，留下的可能是一群较健康，更稳定，且心理学角度上更正性的样本。如果是这样，纵向研究结果可能会高估年长被试的智力。

晶体智力和流体智力。 对与年龄相关的智力变化很难下定论。比如IQ测验的有些部分是需要动手完成的，如堆积木。这些测试会给被试计时，并依据完成时间来给分。如果年老的被试花更长时间（回忆一下，反应时在中年时期会增加），那么他们在IQ测验上不好的表现也许应该归因于生理因素，而非认知的改变。

使问题更加复杂的是，很多研究者认为有两种不同类型的智力：流体智力和晶体智力。就像我们之前提到的，**流体智力**（fluid intelligence）反映了解决和推理新异问题的能力，相对独立于过去的特定知识。侦探通过将分离的线索放在一起勾勒出罪犯动机所使用的就是流体智力。**晶体智力**（crystallized intelligence）是个体通过长期经验积累获得的信息、技能和策略，个体能够利用它们解决问题。完成填字游戏所用到的就是晶体智力，因为要用到他们过去学到的特定的字词。

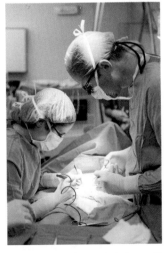

评估成年中期的智力很困难。也许有些心理能力开始下降，但是晶体智力保持恒定，事实上还可能有一定的增长。

想要回答智力是否随年龄增长而下降的问题，必须要考虑流体智力和晶体智力的差异。研究已经发现，流体智力的确随年龄增长而下降；而晶体智力保持恒定，实际上还有所增长（Deary，2010；Ghisletta et al.，2012；Manard et al.，2015；见图8-7）。

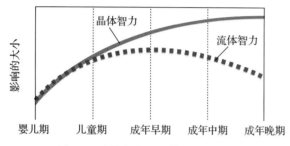

图 8-7　流体智力和晶体智力的变化

虽然晶体智力随年龄增长而增加，但是流体智力在中年时期开始出现下降。这暗示着成年中期个体的整体能力是什么样的？

资料来源：Schaie，1994.

如果我们能更细分智力的类型，那么与年龄相关的变化和发展特点都会显现出来。发展心理学家沙因曾进行过大量成人智力发展的纵向研究，根据他的观点，我们应该把智力分成多种类型，如空间定位、数字能力、言语能力等，而不是笼统地分成流体和晶体两种（Schaie，Willis，& Pennak，2005）。

通过这种检验，成人智力是怎样变化的问题在一定程度上得到了更具体的回答。沙因发现某些能力，如归纳推理、空间定位、速度知觉和言语记忆能力在25岁及之后的岁月中都会缓慢地下降。数字和言语能力则显示出不同的变化模式。数字能力到40多岁还在上升，到60岁有所下降，之后保持稳定；言语能力在成年中期前（大约40岁）都在提升，之后保持恒定（Schaie，Willis，& Pennak，2005）。

会发生这些改变的一个原因是，成年中期大脑功能会发生变化。例如，研究者发现20种在学习、记忆和心理灵活性上起关键作用的基因在40岁时其效用就开始减弱了。而且，随着个体年龄的增长，完成特定任务对应的脑区也发生了变化。例如，相比

于年轻个体只使用单一大脑半球完成任务，年长个体则需要大脑两个半球同时参与（Fling et al.，2011；Phillips，2011；Bielak et al.，2013）。

重新思考这个问题：成年中期个体竞争力的源泉是什么？ 尽管一些特定的认知能力在成年中期逐渐下降，但正是在生命的这个阶段，人们开始在社会中拥有一些最重要和最有权力的职位。我们要怎样解释这种还在持续甚至正在增长的竞争力呢？

心理学家蒂莫西·索尔特豪斯（Timothy Salthouse）（1994，2010）提出了四种可以解释这种矛盾的原因。

第一，很可能是由于典型的测验探测的认知能力与在特定职位上取得成功所需要的能力不同。回忆一下之前讨论的实践智力，我们发现传统的IQ测验并不能测量与职业成功相关的认知能力。如果我们测的是实践智力而不是传统IQ测验评估出的智力，也许就不会出现成年中期智力和认知能力下降与实际竞争力上升之间的矛盾了。

第二，同样与IQ测验和职业成功有关。可能最成功的中年人并不能代表中年人的整体。可能只有很少一部分中年人成功了，其余的人很可能只有很小成就或没有什么成就，他们也许换了工作、退休或病倒，甚至去世了。那些非常成功的人也许不是有代表性的样本。

第三，可能是职业成功所要求的认知能力并不是特别高。根据这种观点，人们可以获得专业上的成功，但同时某些认知能力也在下降。换句话说，智力够用就行。

第四，年长的个体能够成功可能是由于他们发展出了特定类型的专业技能和特殊的能力。IQ测验测的是个体对新异场景的反应，而职业成功也许依赖于非常专业、训练良好的能力。结果就是，尽管整体智力在下降，中年个体仍然可以维持甚至拓展他们要取得专业成就所需的特定的才能。这种解释开拓了新的研究方向，即专业技能的研究。

从一个教育工作者的视角看问题

你认为返回学校求学的中年人中，不断下降的IQ测验成绩和持续发展的认知能力之间明显的矛盾，对其学习能力有何影响？

比如，发展心理学家保罗·巴尔特斯（Paul Baltes）和玛格丽特·巴尔特斯（Margaret Baltes）提出了一种叫选择性优化与补偿的策略。**选择性优化与补偿**（selective optimization with compensation）是指个体通过集中发展某种特定技能，来补偿其他领域能力损失的过程。巴尔特斯认为成年中期和晚期的认知能力发展是一种增加和降低的混合发展。在人们的某些能力丧失的同时，他们又通过强化其他领域的技能来提升自己。通过这样的方法，他们避免了实质性的衰退。总体认知能力就可以保持不变，甚至还可能增加（Erber，2010；Deary，2012；Palmore，2017）。

选择性优化与补偿是成人用来优化表现的策略之一。正如我们接下来所要介绍的，专业技能的逐步发展也使人们在中年时能够保持甚至提高他们的能力水平。

专业技能的发展：区分专家和新手。如果你生病了需要就诊，你是更愿意找一个刚从医学院毕业的年轻医生还是经验丰富的中年医生呢？

如果你选择的是中年医生，你很可能假设他拥有更多的专业技能。**专业技能**（expertise）是指对特定领域技能或知识的掌握。专业技能意味着相比广义的智力，范围更加集中。当人们在某领域集中精力进行练习，并借此来获取经验时，专业技能就能得到发展。例如，医生随着经验的积累而变得更加善于诊断病症；一个具有丰富烹饪经验的人知道怎样调整菜肴的配料以改变其味道（Morita et al.，2008；Reuter et al.，2012，2014）。

是什么区分了专家和新手？初学者采用正式的程序和规则，常常是严格遵循这些程序和规则，专家依赖的是经验和直觉，还时常会打破规则。他们的经验使他们能自动化地加工信息。专家们通常无法清晰地描述和解释他们是如何得出结论的，他们的结论对他们自己来说看起来是正确的——事实上也很可能如此。脑成像研究显示，专家在解决问题时所用的脑区与新手不同（Grabner，Neubauer，& Stern，2006）。

最后，相对于非专家，专家们有更好的问题解决策略，并且方法更加灵活。专业技能为他们提供了更多的解决方法，并提高了成功的可能性（Arts，Gijselaers，& Boshuizen，2006；McGugin & Tanaka，2010；Hülür et al.，2018）。

并不是所有人在成年中期都能发展出某领域的专业技能。职业责任感、闲暇时间的多少、教育水平、收入和婚姻状况都会对专业技能的发展产生影响。

成年中期和晚期的认知发展是增长和降低的混合发展，随着生理衰退丧失某些能力，也会通过强化某些领域的技能而得以发展。

老化如何影响记忆

无论什么时候 Mary 找不到车钥匙都会自言自语地说她"记忆丧失"了。就像担心不能记住字母和号码的 Bina 一样，Mary 可能认为记忆的减退在中年时期是普遍的。然而，如果她和典型的中年群体一样，那么她的想法可能就会不一样。研究显示大多数人会有轻微的或根本没有记忆的损失。由于社会的刻板印象，人们可能会把他们的健忘归因于衰老，即使他们一直都是如此。也就是说，他们将健忘归因于记忆力的改变，而不是记忆力实际就是如此（Chasteen et al.，2005；Hoessler & Chasteen，2008；Hess，Hinson，& Hodges，2009）。

记忆类型。为了解记忆变化的本质，我们需要考虑到记忆传统上可分为三个连续的成分：感觉记忆、短时记忆和长时记忆。感觉记忆是对信息最初短暂的保存，只能保持一瞬间。信息被个体的感觉系统作为原始、无意义的刺激记录下来。然后信息进入短时记忆，可保持 15～25 秒。如果之后信息能被复述，那就能进入长时记忆，并在此相对长久地保存。

感觉记忆和短时记忆在中年时期都不会减退。长时记忆对一些人来说有所衰减。这种减退并不是消退或完全丧失，而是随着年龄的增加，人们编码和存储信息的效率降低。此外，衰老使人们提取信息的效率也变低。即使信息完好地储存在长时记忆系统中，定位和提取这些信息也会出现困难（Salthouse，2010，2014）。

中年时期记忆的减退非常微小，在多数情况下可以通过其他认知策略补偿。对初次出现的信息给予更多的注意有助于日后的回忆。你丢失了车钥匙跟你没有留意你所放的位置有关，而非记忆减退了。

正如我们讨论的专业技能发展的原因一样，很多中年人发现很难在某些事情上集中注意力。他们习惯用捷径、图式，来减轻日常繁杂事物的记忆负荷。

记忆图示。为了回忆信息，人们常常使用**图式**（schema），即存储在记忆系统中组织化的信息。图式是对世界组织方式的表征，让人们可以对新信息进行分类和解释。比如，如果我们有在餐厅里吃饭的图式，那么在一家新的餐厅进餐就不会是一个完全陌生的经历了。我们知道去餐厅时，我们会坐在桌前或柜台前，拿着菜单点菜。我们有关在外就餐的图式告诉我们应该如何对待服务生，最先吃哪种食物，还要在餐后留下小费（Hebscher & Gilboa，2016）。

人们拥有关于个体（如母亲、妻子和孩子特有的行为模式）、不同类的人群（邮递员、律师或教授）以

及行为事件（在餐厅用餐或看牙医）的各种图式。图式帮人们将行为组织成有机的整体，并帮助人们解释社会事件。如果一个人拥有看医生这一事件的图式，那么他被要求脱衣服时就不会感到惊讶。

图式还能传递文化信息。有一个古老的美国印第安人的民间故事，它讲述了一个英雄和他的同伴参加了一场战争并被箭射中，但他没有感到疼痛，当他回到家并讲述这个故事时，一些黑色的东西从他嘴里冒了出来，而他在第二天早上死了。

这个故事使很多西方人感到迷惑。因为他们没有接触过故事中涉及的特殊的印第安文化。然而对于那些熟知该文化的人来说，故事就很好理解：英雄没有感到疼痛是因为他的同伴是鬼魂，而从他嘴里出来的"黑色东西"是他正在离体的灵魂。

对于印第安人来说，回忆这个故事可能会更容易些，因为他们能够理解故事而其他文化中的人却不能。可与已有的图式匹配的材料比那些没有图式可匹配的材料要更好记。比如，一个习惯于把钥匙放在钱包里的人，在把钥匙放在柜子上后可能就记不起来了。因为那不是常用地点（Fiske & Taylor，1991；Tse & Altarriba，2007；也见"生活中的发展"专栏）。

生活中的发展

有效的记忆策略

我们有时都会健忘。但是有些技术有助于更有效地回忆。记忆术（mnemonics）是一种把信息组织成更容易记忆的正式策略。记忆术的运用方法如下（Bloom & Lamkin，2006；Morris & Fritz，2006）。

- **进行组织。**对于那些想不起钥匙放在了哪里或有什么约会的人，最简单的方法就是让他们把信息条理化和组织化。例如，准备一个备忘录、把钥匙挂在钩子上或用便笺纸来帮助记忆。
- **给予注意。**对新的信息给予特别的注意有助于改善记忆，要有意识地强调这些信息是以后要回忆的。例如，当你在商场前停车时，注意在你停车的那刻提醒一下自己：你非常需要记住停车的位置。

- **运用编码特异性原则。**根据编码特异性原则，当提取信息时的环境与学习时（编码时）的环境相似时，人们就更容易回忆出信息。例如，学生如果在他们之前学习的教室进行考试，他们回忆的效果就更好（Tulving，2016）。
- **形象化。**构建各种想法的心理图像有助于日后的回忆。例如，如果你想记住全球变暖导致海平面上升的知识点，你可以想象你在酷热的一天站在海边，海浪向你越来越靠近的场景。
- **复述。**熟能生巧，练习能使记忆完善，就算不能完善，起码会有所提高。通过不断练习你想要记住的东西，你最终能提高你的记忆力。

回顾、检测和应用

回顾

5. 分析成年中期智力及其使用的变化。

由于横断研究和纵向研究的局限性，成年中期智力是否下降的问题变得更加复杂。智力似乎可以被分为不同的部分，一些部分随着年龄的增长而下降，而另一些则保持恒定，甚至有所增长。一般来说，除了在一些特定的领域有所下降，成年中期的认知能力相当稳定。许多人采取一定的策略来优化他们的智力表现。他们通常专注于特定的技能领域来弥补在其他领域内的衰退，这一过程被称为选择性优化与补偿。当人们专注于某一主题或技能并在此过程中获得知识、技能以及经验时，他们的专业技能也在不断发展。

6. 描述老化如何影响记忆以及如何改善记忆。

成年中期的个体记忆力似乎在逐渐衰退，但实际上，长时记忆的缺失可能是由于缺乏有效的存储和检索策略。人们根据他们形成的关于世界是如何组织和运作的图式对新信息进行分类和解释。记忆术帮助人们以提高回忆能力的方式组织材料。这些策略包括进行组织、形象化、复述、给予注意和运用编码特异性原则等。

自我检测

1. 根据_____研究（在同一时间点对不同年龄段的人进行测试）的结果显示，年长的被试在传统的智力测验中的得分要比年轻的被试低。

   a. 纵向　　　b. 客观　　　c. 横断　　　d. 观察

2. 多年来，会随着年龄增长而增加的智力类型是_____，即个体由长期经验积累获得的信息、技能和策略。

   a. 情绪智力　　　　　　　b. 晶体智力

   c. 内省智力　　　　　　　d. 自然智力

3. 很多中年人发现很难对周围所有事情集中注意并习惯使用捷径或_____，来减轻日常繁杂事物的记忆负荷。

   a. 图式　　　　　　　　　b. 心理理论

   c. 自然观察　　　　　　　d. 记忆术

4. _____是一种把信息组织成更容易记忆的正式策略。

   a. 记忆术　　　　　　　　b. 图式

   c. 知觉　　　　　　　　　d. 启发式

应用于毕生发展

图式怎样帮助中年人获得青年人没有的优势？

8.3 成年中期的社会性和人格发展

在家庭当中

Geoff和他的配偶Juan，他们收养的6岁的儿子Paul以及Geoff的父亲一起生活。当被问及中年生活如何时，48岁的Geoff笑了。"一切都还不错。"他说，"我在20岁的时候一定无法想象我中年时这种杂乱而又丰富的生活。"Geoff教五年级，他非常热爱他的工作。"作为一个家长，和孩子们在一起工作能够让自己时刻保持警觉。"收养Paul丰富了他的人格。"作为一个男同性恋者，在成长过程中，我并没有完全接纳自己。"他承认，"但是，有了孩子，你就置身于一个人人都会经历的'为人父母'的社交场景中。现在，我和其他的父母们交换故事，并分担他们的忧虑。"

两年前，Geoff的父亲中风，导致偏瘫。"我们从来没有相处得这么好。因为他一直不希望他唯一的儿子是同性恋。"Geoff说，"但我说，'你必须搬过来和我们一起住。因为你没有别的地方可去了。'"开始的几个月并不顺利，Juan厌倦了办公室政治，辞去了他在一家药物研究公司的工作，然后待在家里写一些关于环境问题的文章。这个决定很成功。"那之后，Juan变得更快乐，并且有耐心和我父亲打交道。"Geoff说，"事实上，他改变了我父亲对同性婚姻的看法。现如今，我们相处得都很好，我爸爸喜欢开玩笑说他住在一个'真正的男人窝'里。"

Geoff和Juan家庭生活模式的复杂和变化并不罕见：很少有人在成年中期遵循一种固定的、可预测的生活模式。事实上，成年中期的显著特征之一就是它的多样性，因为不同的人选择的人生道路开始呈现多样化。在这一节，我们关注的是成年中期的人格和社会性发展。我们首先要考察这一时期典型的变化。我们还会探索发展心理学家对于中年时期理解上存在的一些争议，包括现今媒体上经常报道的中年危机到底是真是假。

接下来我们就要看成年中期各种不同的家庭联结怎样把人们联系在一起（或者彼此分离），包括婚姻、离异、空巢和隔代教养。我们还会探讨家庭关系中阴暗但普遍存在的一面：家庭暴力。

最后，本节考察的是中年时期的工作和休闲。我们将探讨工作在个体生活中的作用如何变化以及一些和工作相关的困难，比如，工作倦怠和失业。本节最后部分是对闲暇时间的讨论，这一问题在中年时期变得越来越重要。

人格发展

我的 40 岁生日可不好过。并不是说这天早晨醒来感觉有所不同，而是 40 岁那一年我开始意识到生命的有限和死亡的迫近。我曾经野心勃勃地幻想当上美国总统，或是某个行业的领军人物，但现在我明白这是不可能的了。时间不再是我的朋友，而是我的对手。但奇妙的是：过去我通常关注未来，计划做这做那，现在我开始感激眼前自己拥有的一切。我审视自己的生活，对自己的成就很满意。我开始关注那些进展顺利的事情，而不是我欠缺的东西。这种心态并不是在某一天突然产生的，40 岁之后，我意识到这是在之前的几年里慢慢形成的。即使是现在，我也很难完全接受自己已经人到中年的事实。

正如这名 47 岁男子所说的，意识到自己已经进入中年并不好过。在多数西方社会中，40 岁毫无疑问已进入了中年（至少在公众的眼中是如此），并且还表示跨入了"中年危机"的门槛。我们接下来就要看看

这种看法是否正确，当然这取决于你个人的观点。

成年期人格发展的不同观点

Taryn 45 岁的时候有了她的第一个孩子。她从没想过这么晚才生孩子，但事实就是如此。孩子出生后，她停止了工作，打算几周后再回去工作。但她太享受做母亲的乐趣了，最后她休了整整 6 个月的假才回到工作岗位。即使到了那个时候，她仍然质疑自己是否应该继续全职陪伴孩子。

传统的成年期人格发展观点认为人们会经历一系列固定的发展阶段，每一个都与年龄有着密切的联系。每个阶段都有特定的危机，在这些危机中，个体会经历疑惑和心理混乱的紧张时期。这种观点是人格发展的常规危机模型的一个特点。**常规危机理论家**（normative-crisis theorist）将人格发展看作由连续且与年龄相关的危机组成的一系列阶段。例如，埃里克森的心理社会理论预测人们在一生中将经历一系列阶段和危机。

有些评论家认为常规危机模型已经过时。这种模型产生于社会角色相对僵化且单一的时期。传统上认为男性应该工作养家，女性应该相夫教子。这些角色在相对统一的年龄阶段表现出来。

如今人们的角色和起始年龄都非常多样化。有些人像 Taryn 生孩子的时间比平均年龄要晚。有些人甚至不打算结婚，他们和同性或异性伴侣一起领养或者放弃养育孩子。总的来说，社会变迁开始让人们质疑与年龄紧密相关的常规危机模型（Barnett & Hyde，2001；Fraenkel，2003）。

从一个社会工作者的视角看问题

人格发展的常规危机模型在哪些方面是西方文化所特有的？

由于上述的变化，一些理论家，如拉文纳·赫尔森（Ravenna Helson），开始关注**生活事件模型**（life events model），它表明决定人格发展的不是年龄，而是特定的生活事件。一个 21 岁生了第一个孩子的女性可能和 39 岁时才生第一个孩子的女性拥有相同的心理压力。这两名女性，虽然年龄不同，但经历着相同的人格发展（Luhmann et al., 2013; Arnarson et al., 2016; Hentschel, Eid, & Kutscher, 2017）。

常规危机模型和生活事件模型哪个能更准确地描绘成年期的人格发展情况呢？现在还无法得出肯定的答案。但有一点很清楚，所有的发展心理学家都赞成中年是心理持续且显著发展的时期。

埃里克森的再生力对停滞阶段。正如我们之前讨论的那样，精神分析学家埃里克森把成年中期描述为再生力对停滞（generativity-versus-stagnation）的时期。根据埃里克森的观点，一个人的成年中期要么为家庭、社区、工作和社会做贡献，即他所称的再生力，要么进入停滞状态。具有再生力的人们努力引导和鼓励下一代。人们通常可以通过养育孩子来获得再生力，但也可以用一些其他方法来满足这种需要，如可以直接和年轻人一起工作，担任他们的导师，或者通过创造性、艺术性的作品来留下长期的贡献，从而满足对再生力的需求。因为个体能够通过他人看到自己生命的延续，人们对再生力的关注会超出个体本身（Schoklitsch & Baumann, 2012; Wink & Staudinger, 2016; Serrat et al., 2017）。

在这一时期，心理成长的缺乏会导致停滞。只关注自己行为中的琐碎小事，人们感到自己为社会做的贡献很少，他们存在的价值也很小。有些人仍在挣扎，仍然在寻找新的、可能更充实的职业。还有些人已经感到挫败并厌倦了。

埃里克森提出了关于人格发展的宽泛观点，但一些心理学家建议我们需要更精确地了解中年时期人格的变化。我们接下来将看到三个不同的理论。

建立在埃里克森的观点之上：瓦利恩特、古尔德以及莱文森。发展心理学家瓦利恩特认为 45 ~ 55 岁之间有一个重要的时期："保持意义"对僵化。除了寻找生命意义的精华所在，成人还会通过接受他们的优势和不足来寻找"保持意义"的感觉。尽管认识到世界是不完美的，他们还是努力保卫自己的世界，并感到相对满足。例如，本节开头所提到的 Geoff 和 Juan，

看起来就对自己在生命中发现的意义而感到满足。无法保持生命意义的人可能会有变得僵化和日益与他人疏远的危险（Malone et al., 2016）。

精神病学家罗杰·古尔德（Roger Gould）（1978）提出了和埃里克森及瓦利恩特的理论不同的一种看法。他同样认为人们会经历一系列阶段和潜在的危机，但他提出了七个和特定年龄段相关的阶段（见表 8-2）。根据古尔德的观点，当人们在 40 岁左右时，由于意识到时间的有限，会感到实现生命目标的紧迫性。对于生命是有限的这一事实的领悟，能促使人们变得更加成熟。

表 8-2　古尔德的有关成人发展中的转变

阶段	大约年龄	发展
第 1 阶段	16 ~ 18 岁	渴望脱离父母的控制
第 2 阶段	18 ~ 22 岁	离开家以及开始以同伴群体为导向
第 3 阶段	22 ~ 28 岁	发展独立性以及对事业和配偶、孩子的承诺
第 4 阶段	29 ~ 34 岁	自我质疑、角色混乱；易对婚姻和事业感到不满
第 5 阶段	35 ~ 43 岁	迫切实现生命目标的时期、意识到时间的有限；重新调整生活目标
第 6 阶段	43 ~ 53 岁	安定下来、接受自己的生活
第 7 阶段	53 ~ 60 岁	更加宽容、接受过往；更少的消极、总体的成熟

资料来源：Gould, 1978.

古尔德的成人发展模型是基于一个相对较小的样本提出来的，且在很大程度上依赖于他自己的临床判断。事实上，他对于不同阶段的描述受到精神分析观点的很大影响，几乎没有得到具体研究的支持。

另一个不同于埃里克森理论的是心理学家丹尼尔·莱文森（Daniel Levinson）所提出的生命季节（seasons of life）理论。莱文森（1986，1992）对一组成年男性进行了集中访谈，提出 40 岁初是一个面临危机和转变的时期。他认为成年男性从成年早期，即大约从 20 岁开始，一直到中年时期，将经历一系列生命阶段。开始阶段的核心是离开家并进入成人世界。

然而，大约在 40 岁或 45 岁时，人们进入莱文森称之为中年转变的阶段。这个阶段是一个质疑的时期，人们开始关注生命有限的本质，质疑日常基本的假设。他们体验到衰老的最初迹象，并将面对在他们死前无法实现他们所有目标的这一现实。

在莱文森看来，这一评估很可能导致**中年危机**

（midlife crisis），即不确定和优柔寡断的时期。面对生理上衰老的迹象，男性可能还会发现即使那些自己最自豪的成就所带来的满足感现在看起来也不像自己预期的那样多。他们可能会试图找出哪里出了错，并寻找可以纠正过去错误的方法。中年危机是充满疑惑的痛苦且混乱的时期。

莱文森的观点认为，大多数人都易受中年危机的影响。在接受这一观点之前，我们需要考虑一些关键的研究背景。首先，他最初提出的理论是基于 40 名男性的数据，女性的数据是在几年后才补上的，而且样本量也较少。另外，莱文森夸大了自己找到的模型的稳定性和普遍性。事实上，这个广泛的中年危机的概念受到了相当多的批评（Cousins，2013；Thorpe et al.，2014；Etaugh，2018）。

中年危机：现实还是虚构? 莱文森模型的核心是有关中年危机的概念，假设中年危机是在 40 岁初发生的、以强烈的心理混乱为标志的时期。这个概念本身具有一定的生活含义：美国社会普遍认为 40 岁是一个重要的心理转变时期。

这种看法是有问题的：缺乏证据的支持。事实上，大多数研究都显示多数人会相对轻松地度过中年时期。绝大部分人认为中年时期还是得到回报的时期。如果他们是父母，对孩子的抚养已经结束，在某些家庭中，孩子已经离开家，这给予了父母重新点燃他们亲密感的机会。很多人发现他们的事业开始蒸蒸日上，而且他们对生活感到很满意。他们关注眼前，对家庭、朋友和其他一些社交圈进行最大程度的参与和投入。那些对自己之前生命历程感到后悔的人会希望改变方向，而这些进行改变的人通常在心理上会有更好的结果（Willis，Martin，& Rocke，2010；Robinson，Demetre，& Litman，2017）。

此外，一个人对自己年龄的感受与健康状况有关。那些觉得自己比实际年龄更小的人比觉得自己比实际年龄更大的人更容易避免死亡。换句话说，感觉

自己更加年轻的人在接下来的 8 年内死亡的概率更低（Miche et al.，2014；Rippon & Steptoe，2015；见图 8-8）。

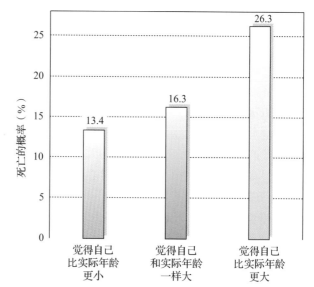

图 8-8　感觉自己更年轻的人与死亡的概率

觉得自己比实际年龄小的人更容易长寿。

资料来源：Rippon & Steptoe，2015.

简言之，"不可避免的中年危机"的证据远没有之前讨论过的"暴风雨般的青少年期"的证据具有说服力。然而，有关中年危机的观点仍然成为一种"常识"，这是为什么呢？

一个可能的原因是中年时期的混乱会更明显且更容易地被看见的人记住。一个 40 岁的男人，离了婚，把稳重的丰田塞纳换成了红色保时捷 911 敞篷车，还和一个比他年轻很多的女人再婚，这看起来似乎显眼很多。我们更可能会关注和联想到他们的婚姻不幸而不是幸福的一面。就这样，虚构、混乱又普遍的中年危机的说法一直保留了下来。对大多数人来说，中年危机更多的是一种虚幻而不是现实。实际上，对一些人来说，中年时期很少会有什么改变。正如我们在"文化维度"专栏所探讨的，在一些文化下，中年甚至不会被视为一个独立的生命阶段。

文化维度

中年时期：在某些文化中并不存在

没有中年这样一个阶段。

如果我们看到印度奥里雅（Oriya）文化下女性的生

活，就会得出以上的结论。发展人类学家理查德·施维德（Richard Shweder）对社会等级较高的印度女性如何看

待衰老过程进行了研究，研究结果指出，中年时期根本不存在。这些女性看待她们的生命进程并不是基于实际年龄，而是基于特定时间自己的社会责任性质、家庭管理问题及道德感而定的（Shweder，2003）。

奥里雅女性的衰老模型围绕着两个阶段：在父亲家的生活，之后是在婆婆家的生活。这两个生活阶段在包办婚姻、多代大家族组成的奥里雅家庭生活中具有一定的意义。婚后，丈夫仍然和父母住在一起，妻子要搬到婆家。结婚就意味着女性社会地位的转变，她将由一个孩子（某人的女儿）转变为一个性生活活跃的女性（媳妇）。

这种从孩子到媳妇的转变通常发生在18～20岁，但是，实际年龄本身并不能划分奥里雅女性的生活阶段，

月经初潮或是停经这种生理上的变化也不能作为划分标准。相反，是从女儿到媳妇的这种社会责任的显著转变，才能对她们的生活阶段进行划分。例如，女性需要把关注的焦点从父母身上转移到公婆身上，而且她们必须开始性生活以便为丈夫传宗接代。

在西方人眼中，上述对这些印度女性生命过程的描述表明她们的生活是受约束的和不自由的，因为多数情况下，她们都不外出工作。但她们并不这样看待自己。实际上，在奥里雅文化中，家庭事务工作很受人尊敬也很有价值。此外奥里雅女性认为她们比必须要在外工作的男性更有文化和教养。

有关单独的中年时期的概念明显是文化的产物。不同文化对特定年龄阶段的划分呈现出显著的差异。

人格的稳定与变化

53岁的Jane是一家投资银行的副总裁，但她觉得自己的内心仍然像个孩子。很多中年人都赞同这种想法。尽管多数人常说自己自青少年时期之后改变了很多（大部分向好的方向），很多人也感觉现在自己的基本人格特质和年轻时非常相似。

人格在一生中保持稳定还是会有所变化？这是成年中期人格发展的主要问题。埃里克森和莱文森等心理学家明确指出，随时间的发展人格会有巨大变化。埃里克森的阶段论和莱文森的生命季节理论都描述了变化的固定模式。这些改变可能是可预测的，与年龄相关的，确实存在着的。

然而，一项令人印象深刻的研究指出，至少在个人特质上，人格还是非常稳定的，并贯穿人的一生。发展心理学家保罗·科斯塔（Paul Costa）和罗

伯特·麦克雷（Robert McCrae）发现了特定特质具有显著的稳定性。20岁时好脾气的人到75岁时仍然是好脾气；25岁时充满慈爱的人到50岁时仍然充满慈爱；26岁时个性紊乱的人到60岁时仍然如此。类似地，30岁时的自我概念可以很好地预测80岁时的自我概念。事实上，随着年龄的增长，特质是非常稳定的（Curtis，Windsor，& Soubelet，2015；Debast et al.，2014；Mõttus et al.，2017；见图8-9）。

"大五"人格特质的稳定和变化。 有很多研究集中在"大五"人格特质上，因为它们代表了最主要的五大人格特质。

- 神经质（neuroticism），个体情绪化、焦虑和自责的程度。
- 外向性（extraversion），个体外向或害羞的程度。
- 开放性（openness），个体对新异事物的好奇心和

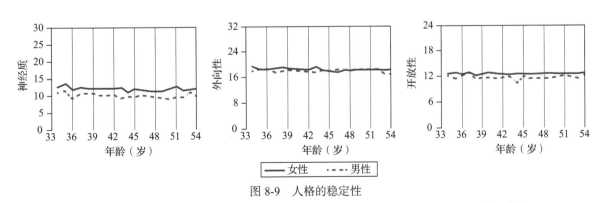

图 8-9 人格的稳定性

根据保罗·科斯塔和罗伯特·麦克雷的观点，基本的人格特质诸如神经质、外向性和开放性在整个成年期都保持稳定和一致。

资料来源：Based on Costa et al.，1992.

兴趣的水平。

- 宜人性（agreeableness），个体是否好相处，是否乐于助人。
- 尽责性（conscientiousness），个体使事情有组织性和责任感的程度。

大部分研究发现大五人格特质在 30 岁后相对稳定，但是某些特质仍然有一些变化。具体来说，神经质、外向性和开放性相对于成年早期来说有一定的下降，而宜人性和尽责性却有上升的倾向——该结果具有跨文化的一致性。然而基本的模式在整个成人阶段都保持稳定（Hahn, Gottschling, & Spinath, 2012；Curtis, Windsor, & Soubelet, 2015；Wettstein et al., 2017）。

有关人格特质保持稳定的证据是否与以埃里克森、古尔德和莱文森为代表的人格变化理论相冲突？事实并不完全是这样，冲突之处实际上并没有看起来那样明显。

人们的基本人格特质的确在整个成年时期呈现出连贯性。但是，人们也较容易发生变化，成人的生活充满了家庭状况、职业甚至经济上的各种重要变化。衰老引起的生理变化、疾病、爱人的死亡和越来越清晰地意识到生命的有限都会刺激人们很大程度地改变对自身和世界的看法（Roberts, Walton, & Viechtbauer, 2006）。

毕生的幸福感。 假设你在威力球乐透彩中了大奖，你会变成更快乐的人吗？对大多数人来说，答案是否定的。越来越多的研究显示，成年人的主观幸福感或一般幸福感在一生中都保持稳定。甚至中彩票也只能暂时地增加主观幸福感；一年后，人们的幸福感又会恢复到中彩票前的水平（Diener, 2000；Stone et al., 2010；Diener et al., 2018）。

主观幸福感的稳定性显示出多数人有一个幸福感的"设定点"（set point），即使生活起伏波动也保持稳定的水平。尽管特定事件可能会在短时间内提升或降低一个人的情绪水平（比如一次杰出的工作评价或者失业），但人们最终会恢复到他们的一般水平。

另外，幸福感的设定点并不是完全固定的。在某些情况下，设定点会受特殊生活事件（如离婚、伴侣死亡、失业和残疾）的影响而发生改变。而且，个体对生活事件的适应能力也是不同的（Lucas, 2007；

Diener, Lucas, & Scollon, 2009；Moor & Graaf, 2016）。

大多数人的幸福感设定点看起来都较高。30% 的美国人认为自己"非常幸福"，而只有 10% 的人认为自己"不是很幸福"，多数人说自己"很幸福"。在不同的社会阶层中所得的结果都类似。男性和女性评估的幸福程度一样，非裔美国人评估自己"非常快乐"的程度只比白人低一点。不管经济状况如何、来自哪个社区或哪个国家，全世界人们的幸福感水平都类似（Kahneman et al., 2006；Della Fave et al., 2013；Diener et al., 2018）。结论就是：钱买不到幸福。

关系：中年时期的家庭

对 Kathy 和 Bob 来说，将儿子 Jon 送进大学是家庭生活中的一个震撼性的新体验。到美国的另一端上大学并不真意味着他会离开家。这本来并没有让他们觉得会给家里带来什么改变，直到他们和儿子道别并把他留在了新校园。这让他们感到很痛苦。像所有父母一样，Kathy 和 Bob 开始担心儿子，此外他们还感受到一种深深的失落——他们最基本的工作（抚养儿子）已完成了。现在他已经长大了，要靠自己了。这个想法让他们充满了骄傲和对儿子未来的期待，但也充满了伤感。他们会想念他的。

在非西方文化中，往往几代人一生都生活在一个家庭里，这些传统大家庭的成员在中年时期并没有什么特殊之处。但在西方文化中，家庭动态在中年时期变化非常显著。对于许多父母来说，主要是和孩子之间的关系发生转变，当然和别的成员的关系也有变化。在 21 世纪西方文化中，围绕着越来越多的组合和排列，中年时期是一个角色变化的时期。我们首先来看在这一时期中婚姻的发展及变化，然后关注一下当今家庭生活中的其他几种家庭形式（Kaslow, 2001）。

婚姻和离异

50 年前，中年对多数人来说都是大同小异的。男人和女人，结婚于成年早期，中年仍然和原配在一起。而在 20 世纪初，当人们的寿命短很多时，40 岁的人通常都是已婚，但不一定就是和原配一起。原配通常已经去世；人们中年时很可能正好步入第二次婚姻。

今日，情况已然不同，并非常多样化。很多人在中年时仍然单身，而且从未结过婚。单身的人可能独自生活或和他们的伴侣一起。一些人离婚了，独自生活，然后会再婚。很多人的婚姻以离婚告终，很多家庭"重组"成新的家庭，包含了自己的亲生孩子和再婚配偶前一次婚姻带来的继子女。很多夫妇仍会一起生活40～50年，这其中一大段时间就处于成年中期。其间，许多人体验到了婚姻满意度处于最高峰的状态。

婚姻中的起伏波动。 即使幸福的婚姻也有起伏波动，在整个婚姻历程中对婚姻的满意度会上升和下降。多数的研究显示，婚姻的满意度呈现出一个U形曲线。具体地说，婚姻满意度在结婚后开始下降，直到在孩子出生之后达到其最低点。在该点之后，满意度开始上升，最终恢复到与结婚前相同的水平（VanLaningham, Johnson, & Amato, 2001；Medina, Lederhos & Lillis, 2009；Stroope, McFarland, & Uecker, 2015）。

另外，也有一些研究对U形曲线提出了质疑。该研究结果显示，在毕生发展的过程中，婚姻满意度是持续下降的（Umberson et al., 2006；Liu, Elliott, & Umberson, 2010；Olson, DeFrain, & Skogrand, 2019）。

关于婚姻满意度变化过程的研究结果差异可能是由于所研究的特定的婚姻类型因素。例如，配偶之间年龄的差异、丈夫和妻子之间的性格，以及是否有孩子都有可能解释这些结果之间的差异。

但可以肯定的是，中年夫妻有很多满意度的来源。例如，一般情况下男性和女性都报告说自己的配偶是"他们最好的朋友"，他们都喜欢自己配偶那样的人。他们还把婚姻视为长期的忠诚和追求一致目标的过程。最后，大多数人还感觉他们的配偶随着年龄的增长变得更加有趣了（Schmitt, Kliegel, & Shapiro, 2007；Landis et al., 2013；Baker, McNulty, & VanderDrift, 2017）。

性生活满意度和婚姻整体满意度相关。与夫妻多久进行一次性生活没有关系，而是和夫妻性生活是否和谐有关（Litzinger & Gordon, 2005；Butzer & Campbell, 2008；Schoenfeld et al., 2017）。

幸福的婚姻并没有秘诀，但有一些应对机制能够促进夫妻幸福生活（Orbuch, 2009；Bernstein, 2010；Williams, 2016）。

- **持有现实的期望。** 幸福的夫妻明白，他们的伴侣会有一些他们不那么喜欢的地方。他们能够接受伴侣在某些情况下做出一些他们不喜欢的事情。
- **关注积极的方面。** 想想伴侣身上那些他们欣赏的优点，能够帮助其接受伴侣的缺点。
- **妥协。** 拥有幸福婚姻的伴侣知道他们不必每次争论都占得上风，这又不是比赛。
- **拒绝冷暴力。** 他们会让伴侣知道有些事情让他们感到不快。但他们不会指责对方，相反，他们会选一个双方都很冷静的时候沟通。

离婚

结婚才一年，Louise就明白他们的婚姻注定会失败。Tom从不听她说话，不问问她一天过得怎么样，也从不帮忙做家务。他完全以自我为中心，好像并没有意识到其他人的存在。但23年后，她才鼓起勇气告诉丈夫她想要离婚。丈夫的回答很随意："你想怎么样就怎么样吧，对我来说没有差别。"一开始她以事情很顺利来安慰自己，但随后她感觉遭到了背叛和愚弄。这段婚姻带来的所有苦恼和痛苦，以及他们做的所有努力都毫无意义。"为什么我们从没面对现实？"她想知道。

即使整体的离婚率在近几年已有所下降，但实际上中年夫妇的离婚率却上升了。第一次婚姻中的妇女有1/8会在40岁后离婚。自1990年以来，50岁群体的离婚率已经增加了两倍，65岁以上个体的离婚率则将近增加了三倍（Enright, 2004；Brown & Lin, 2012；Thomas, 2012；Stepler, 2017；见图8-10）。

为什么婚姻会在成年中期破裂？导致离异的原因有很多。原因之一是决定离婚的念头是逐渐累积的，人们可能只是越来越疏远了，或者对他们的婚姻感到不满（Hawkins, Willoughby, & Doherty, 2012）。

进一步来说，成年中期人们在一起的时间比年轻时在一起的时间要少很多。在崇尚个体主义的西方国家，个人更关注自身的快乐。如果婚姻不能带来快乐，也许离婚能提升他们的幸福感。离婚相对于过去也更容易被接受，而且法律障碍也少了。在一些情况下（当然不是全部）经济花费也不高。另外，随着女性的机遇越来越多，妻子们不管是情感上还是经济上都更少依赖自己的丈夫了（Brown & Lin, 2012; Canham et al., 2014; Crowley, 2018）。

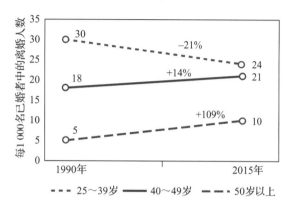

图 8-10　成年中期离婚呈上升趋势

在过去的 50 年，离婚率和离婚人数都显著上升，而且根据预测，这种上升趋势会一直持续。

资料来源：Stepler, Pew Research Center, 2017.

另外一个导致离婚的原因可能是浪漫和激情随着时间推移而减退。由于西方国家非常重视浪漫和激情，因此人们往往会认为没有了激情就有理由离婚。此外，现在夫妻双方都会工作，这样就会有很多压力，使婚姻生活极度紧张。曾经直接花在家庭和婚姻关系上的精力现在却用在了工作或家庭之外的其他义务上了（Macionis, 2001; Tsapelas, Aron, & Orbuch, 2009）。

最后，不忠（伴侣与第三者发生性关系），也是导致离婚的原因。一项调查发现，不足 35 岁的人群中，20% 的男性和 15% 的女性承认他们的不忠。12% 的男性和 7% 的女性承认在一年中与第三者发生过性关系（Atkins & Furrow, 2008; Steiner et al., 2015），但数据的可信度广受质疑——既然能够对自己的伴侣撒谎，又怎么会对数据调查人员诚实呢？

不论原因是什么，中年时期的离婚都是非常艰难的。尤其对传统上一直充当母亲角色，在外没有实质性工作的女性来说更是艰苦。她们可能会受到年龄上的歧视，即使是那些要求最低的工作都更愿意选择年轻人。这些离婚后的妇女缺少训练和支持，缺乏突出的工作能力，很可能一直找不到工作（Williams & Dunne-Bryant, 2006; Hilton & Anderson, 2009; Bowen & Jensen, 2017）。

但是很多中年离婚的人最终都能收获幸福。尤其是女性，更容易发展出新的、独立的自我认同，这也是一个积极的结果。中年离婚的男性和女性也可能形成新的关系，而且他们一般都会再婚（Enright, 2004; Langlais, Anderson, & Greene, 2017）。

再婚。很多离婚后的人（75% ～ 80%）之后都会再次结婚，而且一般在 2 ～ 5 年内。事实上，每 10 对新婚夫妇中就有 4 对涉及再婚。他们一般会和那些同样离过婚的人结婚，一部分原因是他们也单身，另外也因为他们拥有类似的经历（Pew Research Center, 2014a; Lamdi & Cruz, 2014）。

虽然再婚率普遍较高，但某些人群的再婚率远远高于其他群体。比如，女性再婚比男性要难，尤其是年龄较大的女性。64% 的男性会在离婚或者配偶去世之后再婚，但这一比例在女性中只有 52%（Livingston, 2014）。

这种年龄上的差异来源于之前讨论过的婚姻梯度：社会规范鼓励男性娶比自己更年轻、更矮小且社会地位低的女性。女性年龄越大，社会规范认可的、可供选择的男性就越少，因为和她们年龄上匹配的男性可能都在找更年轻的女性。社会在男、女性外在吸引力上采取的双重标准也成为女性的劣势。年龄较大的女性可能被认为没有吸引力，而年长的男性则被看作"杰出的"和"成熟的"（Buss, 2003; Doyle, 2004; Khodarahimi & Fathi, 2017）。

大约 3/4 离婚后的个体通常会在 2 ～ 5 年内再婚。

有很多原因使再婚比保持单身更吸引人。再婚的人可以避免离婚的社会后果。虽然已经进入 21 世纪，离婚变得很普遍，但人们对离婚仍然存在一定的偏见。此外，比起那些已婚的人，离婚的人整体上报告的生活满意度要更低（Lucas，2005）。

离婚的人怀念婚姻所能提供的那种伴侣关系。尤其是男性报告说感到孤独，并且在离婚后有更多的生理和心理上的问题。婚姻还能带来经济上的收益，如一起分担房子的花销以及配偶退休的医疗保险（Olson，DeFrain，& Skogrand，2019）。

第二次婚姻和第一次婚姻会有所不同。年龄大些的夫妇在对婚姻预期上显得更成熟且现实。相对于年轻夫妇来说，他们不那么追求浪漫，并且更加谨慎。他们在角色和职责上更加灵活；在做家务、杂事以及做决策时地位更加平等（Mirecki et al.，2013）。

不幸的是，这些都不能保证第二次婚姻可以持久。第二次婚姻失败的比率有 67%，第三次婚姻失败的比率有 75%。其中一个可能的原因是，第二次婚姻和第三次婚姻中会有一些第一次婚姻没有的压力，比如不同家庭的重组；还有一个原因是经历并熬过第一次离异后，配偶之间可能不再那么坚定，并为走出第二次或第三次不快乐的婚姻做好了更多的准备。最后一个可能的原因是他们自身也有一些个性和情绪特质使他们不好相处（Coleman，Ganong，& Weaver，2001；Olson，DeFrain，& Skogrand，2019）。

虽然第二次婚姻的离婚率很高，不过很多人的再婚也很成功。在这些情况中，再婚夫妇报告的满意度水平和初婚夫妇的满意度一样高（Michaels，2006；Ayalon & Koren，2015）。

家庭变化

对很多父母来说，中年时期一个主要的转变就是和去上大学、结婚、参军或远离家庭去工作的孩子分离。即使那些较晚成为父母的人也会面临这样的转变，因为成年中期持续将近 25 年。就像我们看到的 Kathy 和 Bob 的故事一样，和孩子的分离是很痛苦的过程，实际上，这就是所谓的"空巢综合征"。**空巢综合征**（empty nest syndrome）指的是一些家长在孩子离开后体验到不快乐、担忧、孤独和抑郁的感受（Erickson，Martinengo，& Hill，2010）。

很多父母报告说需要做一些大的调整。对于那些待在家里的母亲来说，这种转变更加痛苦。传统的家庭主妇把主要的时间和精力都放在孩子身上，她们将会面临极大的挑战。

虽然转变会很艰难，但是父母们发现这个转变也有积极的方面。即使是家庭主妇也都发现孩子离开后她们有时间来发展自己的兴趣，如参加社区活动或娱乐活动等。她们也很乐意能拥有工作或重返学校的机会。最后，很多女性发现为母之道并不容易，调查显示多数人都承认做母亲没有以前那样简单了。这样的女性现在可能会觉得从一系列艰难的职责中解脱出来了（Morfei et al.，2004；Chen，Yang，& Dale Aagard，2012）。

虽然失落感是普遍的，但研究表明这种失落和沮丧的感觉只是短暂的。对那些在外工作的女性更是如此（Crowley，Hayslip，& Hobdy，2003；Kadam，2014）。

实际上，孩子离开家有很多显而易见的好处。配偶们有更多的时间可以用在彼此身上。已婚或未婚的人都能更投入地工作，而不用再担心要辅导孩子的功课以及拼车之类的事情。父母发现，相比于孩子离开家，让他们回来和自己一起居住才是压力更大的，这一点并不令人感到惊讶（Tosi & Grundy，2018）。

由于孩子离开家，一些父母成了"直升机式父母"，干预孩子的生活。直升机式父母的明显表现就是会干预孩子大学生活的方方面面，向教职人员抱怨孩子成绩差，或想方设法让孩子选某些课程。有时，这种情况会一直延续到工作之后，有些雇主抱怨应聘者的父母会给人事部门打电话，吹嘘自己的孩子作为潜在员工的优点。

尽管数据表明，直升机式父母并不占多数，但确实是真实存在的。一项包括 799 名雇主的调查发现，1/3 的雇主表示接到过父母替投的简历，有时他们的孩子甚至不知道这件事。1/4 的雇主表示曾有父母联系他们，劝说他们雇用自己的孩子。还有 4% 的雇主表示遇到过父母陪孩子参加面试。当孩子得到工作后，有些父母甚至帮助孩子完成工作任务（Gardner，2007；Ludden，2012；Frey & Tatum，2016）。

尽管在多数情况下，孩子离开家后，父母能够放手。但另一方面，孩子可能并不会永远地离开家。接下来，我们会讨论"飞去来器般的孩子"（boomerang children），他们正慢慢返回家，重新填满空巢。

飞去来器般的孩子：重填空巢

Olis 夫人不知道该拿她 23 岁的儿子 Rob 怎么办。自从 2 年多前大学毕业后，他就一直待在家里。她另外 6 个较大的孩子通常只回家待几个月就走。

"我问过他，'为什么不搬出去和你的朋友们住'，" Olis 夫人说道。而 Rob 也准备好了答案："他们也都住在家里。"

并不仅仅是 Olis 一家出现了这样的情况。在美国，很多年轻人都重返家中和自己中年的父母住在一起。

这些所谓**飞去来器般的孩子**，主要是因为经济原因要回到家中，俗称"啃老族"。现在的经济状况下，很多毕业生都无法找到工作，或者虽然找到了工作，但赚的钱根本不够他们花费。还有些是在离婚后重回家里。总体来说，接近 1/3 的 25～34 岁的人与父母住在一起。在一些欧洲国家，这个比例甚至更高（Roberts，2009；Parker，2012）。

因为大约 50% 的飞去来器般的孩子会给父母租金，父母在财政上还会有收益。这种安排似乎不会影响家庭内部的成员关系：50% 的人表示没有差别，有些甚至表示有所增进。只有 1/4 的飞去来器般的孩子表示重填空巢使他们与父母的关系恶化（Parker，2012；见图 8-11）。

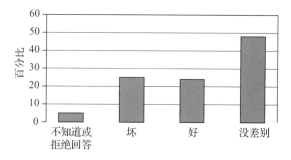

图 8-11　飞去来器般的孩子对自己处境的看法

飞去来器般的孩子报告他们与父母关系好、不好和没有差别的比例。

资料来源：Pew Research Center，2012.

三明治一代：在孩子和父母之间。在孩子离开家，或像飞去来器般的孩子返回家的同时，很多中年人还面临着另一个挑战：照顾他们年老的父母。"**三明治一代**"（sandwich generation）一词指的是那些夹在需要他们的孩子和父母中间的中年人们（Grundy & Henretta，2006；Chassin et al.，2009；Steiner & Fletcher，2017）。

三明治一代是由一系列趋势的汇集而产生的相对较新的现象。首先，人们越来越晚结婚，生孩子的年龄也越来越晚。同时，人们也越来越长寿。因此大部分中年人可能既要照顾年老的父母，又要抚养年幼的孩子。

从心理角度上来说，照顾年老的父母很棘手。在某种程度上，中年人和他们的父母出现了角色对换，孩子开始更像父母，而父母变得越来越不独立。我们之后会讨论，年老的、曾经很独立的人，可能会怨恨和抗拒他们孩子的帮助。他们不想成为别人的负担。几乎所有单独生活的老人都说他们不希望和孩子们住在一起。

中年人能够为他们的父母提供一系列帮助。他们可能为退休金不够用的父母提供经济上的支持。他们也能帮忙做家务，例如在春天移除防风窗或在冬天铲雪。

在一些情况下，年老的父母可能会住在孩子们的家里。人口调查结果显示多代家庭（3 代及以上）在所有家庭模式中是增长最快的一种。有将近 20% 的美国人（6 100 万人）几代人生活在同一个屋檐下。自 1980 年以来，多代同堂家庭的数量增加了 50% 以上（Carrns，2016）。

由于需要重新进行协调，多代家庭的情况比较复杂。一般来说，长大成人的孩子（他们已经不再是孩子了）要对整个家庭负责任。他们和他们的父母都要做出调整并在做决策时找到共同点。年老的父母可能很不适应自己对孩子的依赖，而对他们的孩子来说，这个适应的过程也很痛苦。年轻一代和年老一代都有可能产生抵触情绪。

在很多情况下，夫妻双方并不是平等分担照料家庭的责任，人们往往认为女性需要多承担一些。虽然丈夫和妻子都在外工作，但妻子往往更多地参与日常照料，甚至对自己的公婆也是如此（Putney & Bengtson，2001；Corry et al.，2015）。

文化也会影响照料者怎样看待自己的角色。亚洲文化的成员更注重集体主义，更有可能会把照料看作一种传统和正常的职责。与此相反，个体主义文化中的成员可能觉得家庭纽带不是很重要，并且把照料老人看成负担（Kim & Lee，2003；Ron，2014；Kiilo，Kasearu，& Kutsar，2016）。

虽然作为夹在两代之间的三明治一代会有负担，但是和父母一起生活能拓展照料孩子的资源，其回报也是很重要的。中年孩子和老年父母之间的心理联结会持续增强。双方都会以更现实的态度来看待彼此。他们可能会更亲密，更能包容对方的不足，并且更加感激对方的付出（Vincent，Phillipson，& Downs，2006；Aazami，Shamsuddin，& Akamal，2018）。

与子女和孙辈生活在一个多代人的环境中，对所有三代人来说都是有益的。对于"三明治一代"来说，这种情况有什么坏处吗？

成为祖父母：谁，我吗？ 当她最大的儿子和她的媳妇有了第一个孩子时，Leah 真不敢相信，54 岁的她做了祖母！她一直都在对自己说她还很年轻，不可能成为祖母。

成年中期，个体往往会遇到一个毋庸置疑的衰老的标志：成为祖父母。对于某些人来说，这个新角色可能是已经期盼了很久的。他们可能很喜欢小孩子的那种活力和激情，他们甚至会提出当祖父母的要求，他们可能把为人祖父母看作生命自然进程的下一个阶段。另一些人则不喜欢当祖父母，他们认为这是衰老的标志。

一般来说可把祖父母分为几种类型。卷入型（involved）的祖父母会积极地参与并影响他们孙辈的生活。他们对孙辈的行为表现有明确的期盼。有些退休的祖父母会帮助自己那些在外工作的儿女照顾孙辈，这就是卷入型的一个例子（Mueller，Wilhelm，& Elder，2002；Fergusson，Maughan，& Golding，2008；Mansson，2013）。

而同伴型（companionate）的祖父母就比较轻松。他们往往扮演着一个支持者或伙伴的角色，而不是承担对孙辈的责任。他们经常拜访，打电话，并且偶尔带孙辈们度假，或邀请他们单独到家里来玩。

最后，最冷漠的祖父母就是疏远型（remote）。他们对孙辈很不感兴趣，甚至疏远他们并很冷漠。举例来说，疏远型祖父母几乎不去看自己的孙辈，并且可能在看见他们时也抱怨他们各种幼稚的行为。

人们乐于成为祖父母的程度存在着显著的性别差异。一般来说，祖母比祖父更乐意且体验到更多的满足感，当祖孙间有较多的互动时更是如此（Smith & Drew，2002）。

非裔美国人相对于白人来说更容易成为卷入型。最为合理的解释就是多代家庭在非裔美国人中比在白人中更加普及。此外非裔美国人的家庭较容易由父母一方掌管，因此他们通常需要依赖祖父母帮助日常照看孩子，而且他们的文化标准倾向于支持祖父母发挥积极作用（Keene，Prokos，& Held，2012；Bertera & Crewe，2013；Cox & Miner，2014）。

家庭暴力：隐蔽的流行病

家庭暴力在美国是一种流行病，约 1/4 的婚姻中都存在家庭暴力。近 10 年被杀的女性中超过一半都是被配偶所杀。21% ～ 34% 的女性被亲密伴侣扇、踢、掐、威胁或用武器攻击过至少一次。实际上，在美国所有婚姻中近 15% 都持续充斥着严重的暴力行为。另外，很多女性可能会成为心理虐待的受害者，例如言语和情感虐待。家庭暴力也是个全球性的问题。据估计，全球有 1/3 的女性在生活中经历过严重的暴力（Garcia-Moreno et al.，2005；Smith et al.，2017；见图 8-12）。

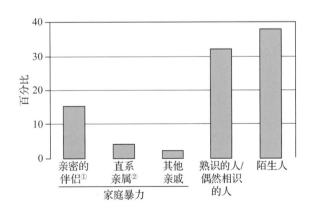

图 8-12　由受害者与罪犯的关系造成的暴力伤害

资料来源：Truman & Morgan，2014.

注：① 包括现任或者前任配偶、男女朋友。

　　② 包括父母、子女和兄弟姐妹。

美国社会的各个阶层均受到过对配偶的虐待。暴力发生在各个社会阶层、种族、族裔以及各种不同信仰的人群之间。同性恋和异性恋伴侣都有可能成为施暴者。而且还会在不同性别间发生：虽然在多数情况下丈夫是施暴者，但在约 8% 的情况中，妻子会对丈夫进行身体虐待（Dixon & Browne, 2003；Smith et al., 2017；Rolle et al., 2018）。

一些特定的因素会增加虐待发生的可能性。对配偶的虐待更可能发生在经济紧张、言语攻击普遍的大家庭中。那些自己就在暴力环境中长大的丈夫和妻子，他们自己也更有可能出现暴力行为（Ehrensaft, Cohen, & Brown, 2003；Lackey, 2003；Paulino, 2016）。

导致家庭处于暴力危险中的因素和另一种家庭暴力形式——儿童虐待相关的因素非常相似。儿童虐待在高压力环境、低社会经济水平、单亲家庭以及紧张的婚姻矛盾下发生频率更高。有 4 个或更多孩子的家庭有较高的虐待比例，而那些低收入家庭中虐待比率是较高收入家庭的 7 倍。但并不是所有虐待形式都在贫困家庭中更严重：乱伦更可能在富裕家庭中发生（Cox, Kotch, & Everson, 2003；Ybarra, & Thompson, 2017）。

配偶虐待的阶段。 由丈夫实施的婚姻暴力通常会经历三个阶段（Walker, 1999；见图 8-13）。最初在紧张气氛逐渐形成阶段（tension-building stage）中，施暴者开始变得不安并通过言语攻击表示不满。他可能还会进行一些身体攻击，如推或猛抓。妻子可能会拼命阻止正在逼近的暴力，试图安抚她的伴侣或逃离出这种处境。这种行为也许只会激怒丈夫，使他察觉到妻子的弱势。她的努力逃离可能会增加丈夫施暴的危险性。

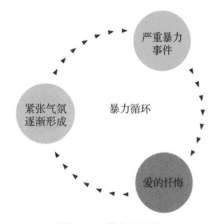

图 8-13 暴力的阶段

资料来源：Adapted from Walker, 1979; Gondolf, 1985.

下一个阶段是严重暴力事件（acute batterring incident）。身体攻击会真实发生，持续时间从几分钟

到几个小时。妻子们可能被撞到墙上、被勒、被扇、被拳打脚踢以及被踩踏。她们的手臂可能会扭伤或骨折，也可能被猛烈摇晃、从一段楼梯上被推下去，或被香烟及滚烫的液体烫伤。大约 1/4 的妻子被迫进行性行为，其形式与性侵犯和强奸相同。

最后，在一些（并不是全部的）情况中，事件终止于爱的忏悔阶段（loving contrition stage）。在这个阶段丈夫会感到懊悔，并为自己的行为道歉。他可能会第一时间为妻子提供急救措施并表示深刻的同情，向妻子保证以后再也不会使用暴力。由于妻子们可能觉得自己有一部分错误，因此她们会接受道歉并原谅她们的丈夫。她们愿意相信攻击事件不会再出现。

爱的忏悔阶段解释了为什么很多妻子仍然和施暴丈夫在一起生活并继续成为受害者。她们极其希望保持婚姻的完整，并相信自己再也没有更好的选择了，一些妻子甚至还有一种模糊的感觉，认为虐待行为的发生她们也有责任。在另一些情况中，妻子们担心她们离开后丈夫会追过来。

暴力的循环。 有些妻子仍然会和施暴者生活在一起，是因为她们和她们的丈夫一样，在儿童时期学到暴力是一种可以接受的解决问题的方法。

虐待自己配偶和孩子的个体通常自己也是暴力的受害者。根据**暴力的循环假设**（cycle of violence hypothesis），被虐待和忽视的儿童长大成人后也会有暴力倾向。按社会学习理论来说，暴力的循环假设意味着家庭暴力将一代接一代永远持续下去。会虐待自己妻子的个体通常儿童期曾在家目击过配偶虐待，就像会虐待自己孩子的父母常常在自己小时候就是虐待的受害者（Renner & Slack, 2006；Whiting et al., 2009；Eriksson & Mazerolle, 2015）。

会虐待自己配偶和孩子的父母通常自己小的时候也是虐待的受害者，反映出暴力的循环。

从一个健康护理工作者的视角看问题

如何结束暴力的循环？可以通过什么方法来阻止一个曾被虐待的儿童长大后成为虐待者？

并不是所有在暴力家庭中长大的孩子成人后都会变成施暴者。只有大约 1/3 被虐待和忽视的儿童在长大成人后会虐待自己的孩子，而 2/3 的被虐者成年后并不会虐待自己的孩子。暴力的循环假设并不能说明所有的虐待行为。

不论是什么导致了虐待，都有方法可以应对，这也是我们接下来要讨论的。

配偶虐待和社会：暴力的文化根源。虽然婚姻暴力和攻击通常看起来是北美特有的现象，但也有另一些文化认为暴力行为是可接受的。在一些文化中，"荣誉谋杀"的观念仍然存在：如果一个女性给家庭或群体带来了耻辱，那么把她杀掉就是可接受的。在男尊女卑或只把女性当作一种财产的文化中，打妻子和"荣誉谋杀"的现象尤其普遍（Ahmed，2018）。

在西方社会，打妻子曾经也是可接受的。根据英国《普通法》（English common law）（美国法制体系建立的基础），丈夫是可以打自己的妻子的。在 19 世纪初期，该法律被调整，只允许特定类型的殴打。特别是丈夫不能用比自己拇指粗的棍棒打他们的妻子，这也是短语"拇指规则"的起源。直到 19 世纪晚期，美国才将配偶虐待定为非法。

对此，一些暴力行为专家指出其根本原因来自传统男、女权力结构。他们认为男性和女性的地位区别越大，虐待发生的可能性就越大。

他们考察了有关女性和男性在法律、政治、教育以及经济中的角色。例如，一些研究比较了美国不同州的暴力行为数据。和其他地区相比，虐待行为更可能发生在女性地位特别低或特别高的州。显然，地位低下的女性很容易成为施暴对象，但比较少见的是，女性处在较高地位时丈夫可能觉得受到威胁，因此更有可能采取暴力行为（Vandello & Cohen，2003；Banks，2016；也见"生活中的发展"专栏）。

生活中的发展

应对配偶和亲密伴侣的虐待

配偶虐待在所有婚姻中的发生率达 25%。国家提供的资金远远不能解决问题，社会对这个问题的关注也还远远不够。实际上，一些心理学家认为，由于某些原因，社会多年来都低估了配偶虐待的问题，以致阻碍了有效干预措施的制定。然而，仍然有一些方法可以帮助遭遇配偶虐待的受害者。

- **教育妻子和丈夫们明白最基本的前提**：暴力在任何情况下都不能成为可接受的解决争论的方法。
- **报警**。攻击，包括配偶的攻击都是违法的。虽然人们可能不希望法律和警察介入他们的问题，但报警是一个现实的解决问题的方法。法官还可以发出禁令，要求施暴丈夫远离妻子。

- **要明白配偶的忏悔，不论有多真诚动人，都对未来的暴力没有效力**。即使丈夫显示出爱的忏悔，并发誓再也不会施暴，但这种许诺绝对无法保证未来是否会再出现虐待行为。
- **如果你是暴力受害者，你需要寻找安全的避难所**。很多社区都有避难所，可以提供给家庭暴力的受害者——主妇和孩子们。由于避难所的管理人会保守秘密，因此施暴者不可能找得到你。电话号码列在电话本的黄色和蓝色页面中，当地警察也有他们的电话。
- **如果你感觉和施暴伴侣在一起很危险，请从法官处寻求禁令**。禁令会禁止配偶接近你，否则就会受到处罚。

工作和休闲

享受周末一次的高尔夫球比赛……开始邻居联防计划……指导一个小的棒球联盟队……参加一个投资

俱乐部……和朋友去看电影……旅行……参加烹饪课程……参加戏剧节……参与本地镇议会竞选……和朋友去看电影……听佛家讲座……修整屋后的走廊……陪伴高中生参加跨州旅行……在一年一次的度假中躺

在沙滩上读书……

成人在中年时期实际上可以享受大量丰富多彩的活动。虽然成年中期往往代表了事业成功和获取权力的最高峰，但这也是人们把自己投入闲暇和娱乐活动的时期。事实上，中年期可能是工作和娱乐活动最容易达到平衡的时期。再也不会感觉到需要在事业上证明自己，也越来越重视自己对家庭、社区以及社会所做的贡献，中年人可能会觉得工作和休闲可以互补，从而增加整体幸福感。

成年中期的工作：好处和坏处

对很多人来说，中年时期是拥有最多生产力、成功和权力的时期，但职业成功可能变得不再像以前那样诱人了，对那些在事业上还没有成功地达到自己所希望目标的人来说更是如此。在这样的情况下，家庭和工作之外的其他兴趣将变得比工作更加重要。

工作和事业：中年时期的工作。在中年时期，使工作令人满意的因素会改变。年轻人关注抽象的和未来指向的因素，例如升迁的机遇或者他人的认可和赞许。中年员工更关心的则是眼前的工作质量。他们更在意工资、工作环境和特殊政策，如假期时间的计算方式。就像之前的生命阶段一样，男女在整体工作质量的变化都和压力水平的变化有关（Cohrs，Abele，& Dette，2006；Rantanen et al.，2012；Hamlet & Herrick，2014）。

总体上年龄和工作满意度呈正相关：员工年龄越大，其体验到的整体工作满意度越高。这个结果其实是可以解释的：年轻人如果不喜欢他们的工作，就会辞职并寻找新的他们更喜欢的工作；而年龄较大的员工换工作的机会更少，他们就可能会学着去适应他们现有的工作，并接受这就是他们能得到的最好的工作的想法。这种认知可能最终转化为满意度的一部分（Tangri，Thomas，& Mednick，2003）。

工作的挑战：工作满意度。在成年中期，对工作感到满意并不是普遍的。对一些人来说，对工作环境或工作本质的不满会增加他们的压力。情况可能会变得非常糟糕，以至于出现工作倦怠或决定换工作。

对 44 岁的 Augarten 来说，在郊外医院的加护病房的早班工作变得越来越困难。尽管病人的过世一直都让人难过，但最近她发现自己会在很莫名其妙的时刻为病人哭泣，包括在她洗衣服、洗碗、看电视的时候。当她开始害怕去工作时，她终于意识到她对工作的感觉发生了根本的变化。

Augarten 的反应也许就是工作倦怠现象的反映。**工作倦怠**（burnout）往往会在员工从工作中体验到不满、幻想破灭、受挫和对工作感到厌倦时发生。它经常发生于需要为公众服务的工作，并常常使那些曾经最理想主义和最热情的个体深受打击，这些个体在工作中常常过度投入，他们会觉得自己对诸如贫穷和医疗等巨大的社会问题几乎没有任何作用，这让他们感到非常失望和挫败。此外，许多这样的职业都需要长时间的工作，以至于很难实现工作和生活的平衡（Dunford et al.，2012；Rössler et al.，2015；Miyasaki et al.，2017；见表 8-3）。

表 8-3　高工作倦怠职业

1. 医生
2. 护士
3. 社会工作者
4. 教师
5. 校长
6. 律师
7. 警察
8. 公共会计师
9. 快餐工人
10. 零售工人

资料来源：White，2017.

工作倦怠在员工对工作感到不满、幻想破灭、受挫或对工作感到厌倦时发生。

工作倦怠的一个表现是对工作的牢骚日益增加。一名员工也许会对自己说："我这么辛苦地工作是为了什么？没有谁注意到过去两年我的付出。"员工也会对自己的工作表现出漠不关心。一个对职业充满理想的员工可能从此变得悲观并改变态度，认为解决问题的方法根本不存在。

人们可以克服工作倦怠，即使是那些要求很高、负担很重的职业。例如，有些护士会因为没有足够的时间照顾每一个病人而感到绝望。帮助他们意识到制订更加切实可行的目标——如给病人擦后背时擦得更快些，这一点同样重要。

还可以让工作变得更有条理，这样即使疾病、贫穷、种族主义和不完善的教育体系问题仍然无法解决，员工（以及他们的管理者）也能注意到那些微小的成就，如客户的感激，并从中获得激励。除此之外，在闲暇时间不要一直想着工作上的事情，这一点也非常重要（Bährer-Kohler，2013；Crowe，2016；Wilkinson，Infantolino，& Wacha-Montes，2017）。

失业：梦想的破灭。 对很多工作者来说，失业是很残酷的现实，这对他们的心理和经济有着双重影响。对于那些被解雇的、因企业缩减规模而被裁员的，或因技术发展而被迫离职的人，失去工作会对他们产生心理上甚至生理上毁灭性的影响。

失业会使人感到焦虑、抑郁和易怒。他们的信心可能受到严重打击，而且可能变得很难集中注意力。另外，高失业率往往和自杀风险相关（Inoue et al.，2006；Paul & Moser，2009；Nordt et al.，2015）。

中年时期失业是令人心碎的经历，可能会改变你对生活的看法。

甚至连失业后看起来有利的方面（如拥有更多的时间）也会产生消极的影响。失业的人可能会觉得抑郁和过于闲散，使他们比在职者更少参加社区活动、去图书馆以及阅读。他们非常有可能在约会时迟到，甚至连吃饭也会迟到（Ball & Orford，2002；Tyre & McGinn，2003；Zuelke et al.，2018）。

这些问题也许会持续存在。相对于青年人，中年人保持失业状态的时间会更久一些，随着他们年龄的增长，他们获得令人满意的工作的机会也更少。雇主可能会歧视年长的应聘者，使他们寻找新工作难上加难。这种歧视是不合法的，而且是建立在错误的假设上的：研究发现，年长员工旷工时间更少、能更持久地工作、更可靠且更愿意学习新的技术（Wickrama et al.，2018）。

中年时期失业是令人心碎的经历。对一些人来说，尤其是那些再也找不到有意义的工作的人，这可能会改变他们对生活的看法。这种非自愿的（且永久性的）退休会导致人们的悲观主义、玩世不恭和失望。他们需要大量的时间和精力来调整并接受新的处境。就算是那些找到新工作的人也面临着很多挑战（Waters & Moore，2002；Pelzer，Schaffrath，& Vernaleken，2014）。

转换和重新开始：中年期的事业。 对很多人来说，中年期都充满了对改变的渴望。那些对自己工作不满的人、失业后转换自己职业的人或离开多年后又重返职场的人，他们依然在不断地发展并开始新的事业。

人们在成年中期改变事业的原因很多。可能是他们的工作不再有挑战性，或者他们已达到专业水平，使过去很难的工作变得乏味；也可能是他们的工作变得不那么令人感兴趣了，或者他们失业了；也可能是他们必须用很少的资源去完成大量的工作，或者科技彻底地改变了他们的日常活动，使他们再也无法享受他们的工作了。

另一些人对自己的处境不满意，并希望有一个全新的开始；一些人感到倦怠或觉得他们的工作很单调；还有些人仅仅想尝试一些新鲜事物，他们把中年期看作进行有意义的事业并改变自己的最后机会。

最后，有相当数量的人，其中大多是女性，在孩子长大后会重返职场。还有一些人离婚后需要找一个经济来源。在20世纪80年代中期以后，职场中50岁以上女性的数量显著增加。大约一半的55～64岁的女性（相对于大学毕业的女性来说比例更大）现在正在职场中。

人们可能抱着不切实际的期望进入新的职业领域，然后因现实而失望。开始新职业的中年人可能也会被安置在入门级的职位。因此，他们的同事比自己年轻很多。不过从长远来看，在中年时期开始一项新的职业是令人充满活力的（Otto，Dette-Hagenmeyer，&

Dalbert，2010；Feldman & Ng，2013）。

一些人预言职业的改变将不再是特例，而将成为惯例。科技发展突飞猛进，迫使人们周期性地改变职业，这种改变常常是戏剧性的。人们在一生中将不只拥有一个而是会有多个职业。正像"文化维度"专栏所显示的那样，这对那些成年后移民到另一个国家的人来说更是如此。

从一个社会工作者的视角看问题

你觉得为什么移民的雄心和成就常常会被低估？那些有关移民的明显的消极案例是否对此起到了一定的作用呢，就像他们对中年危机和暴风雨般的青少年期的观点那样？

文化维度

在职移民：在美国成功

如果我们仅仅依靠从美国某些反移民政客那里听到的东西，我们可能会认为移民给美国的教育、监狱、福利和医疗体系带来了压力，而对美国的社会贡献微乎其微。但反移民情绪背后的假设实际上是大错特错的。

美国大约有 4 300 万人是移民，大约占人口的 14%，接近 1970 年时的 3 倍。第一代和第二代移民占美国人口的近 1/4（Congressional Budget Office，2013；见图 8-14）。

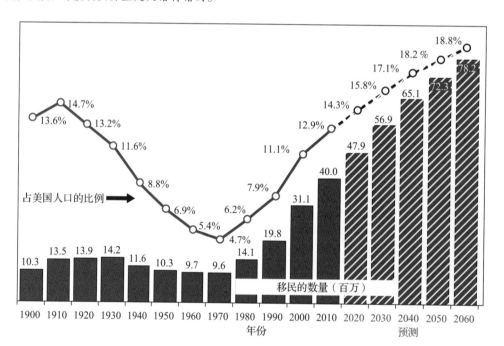

图 8-14　美国的移民

1970 年以来，美国的移民数量一直在稳步攀升，如果移民政策不发生变化，未来抵达美国的移民及其后代将约占未来美国新增人口的 3/4。

资料来源：Camarota & Zeigler，2015.

今日的移民情况和20世纪初有些不同。1960年时美国几乎90%都是白人，而现在白人只占1/3。有些评论家认为，这些缺乏技术的移民不能为21世纪美国的高科技经济做出贡献。但是让我们看看下面的数据，我们会发现评论家们在很多方面都出现了错误（Flanigan，2005；Gorman，2010；Camarota & Zeigler，2015）。

- 大多数合法和非法移民最终都获得了经济上的成功。例如，尽管他们最初经历的贫困率高于本土美国公民，但在1980年之前抵达美国并有机会自己创业的移民实际上比本土美国公民拥有更高的家庭收入。移民创办企业的可能性是本土美国公民的2倍。此外，移民开办的公司比本土美国公民开办的公司雇用员工的可能性更高（ADL，2017）。

闲暇时间：工作以外的生活

典型的工作周大约包括35～40小时（对于大多数人来说还要更短），大部分中年人每周有28个小时清醒的闲暇时间（Bureau of Labor Statistics，2018）。他们都拿这些时间来做什么呢？

首先，他们会看电视。中年人平均每周要看大约15个小时的电视。但除了电视之外，中年人在闲暇时还会干很多其他事情。对很多人来说，成年中期提供了到室外活动的全新机会。随着孩子离开家，父母有大量时间可以参与到更广泛的活动中，比如运动或参加城镇议会。美国的中年人每天花5个小时左右参与社交以及休闲活动（Lindstrom et al.，2005；Bureau of

- 预测的移民增加大部分来自合法移民的增加，而不是非法移民。
- 只有少部分的移民为了福利救济而来美国。相反，他们中的大部分是为了争取工作和成功的机会而来的。处于工作年龄的非难民移民们相对于本土美国公民来说更少依靠政府的福利救济。
- 给他们时间，移民对经济所做的贡献比他们得到的更多。虽然最初政府对他们是有出无进的（通常是因为他们从事低收入工作，因此不缴纳所得税），但移民们的产出随着年龄的增长而增加。

移民常常会取得经济上成功的原因之一就是，那些选择离开自己本国的人都是动机十足且有野心的人。而那些选择不做移民的人相对来说动机要弱一些。

Labor Statistics，2018）。

相当多的人发现闲暇时间具有极大的吸引力，以至于纷纷选择提前退休。对于那些有足够财力维持余生的提早退休的人，生活是相当令人满意的。提早退休的人健康状况良好，而且会从事各种各样新的活动（Jopp & Hertzog，2010）。

尽管中年期提供了更多休闲的机会，但大多数人表示，他们生活的节奏并没有因此而变慢。因为人们希望参加多种多样的活动，所以每周大部分闲暇时间被切割成15～30分钟的时间块分散在不同时段。因此，虽然在过去的几十年里闲暇时间有所增加，但许多人觉得他们的空闲时间并不比以前多（Weller，2017）。

回顾、检测和应用

回顾

7. 解释成年中期人格发展的不同视角。

在常规危机模型中，人们将经历与年龄相关的阶段；生活事件模型则关注人们对不同的生活事件做出怎样的回应和变化。埃里克森把中年描述为再生力对停滞的一段时期。瓦利恩特、古尔德和莱文森则对埃里克森的观点提出了不同的看法。莱文森认为中年时期的转变会导致中年危机，但对大多数人来说没有确切的证据可以证明此论点。

8. 分析人格在一生中是稳定的还是变化的。

那些最基本的人格特征将保持相对稳定，但某些特定的方面的确会对各种生活事件做出回应并发生改变。一般来说，人们的幸福感水平在一生当中保持相对稳定。

9. 描述成年中期典型的婚姻和离异模式。

在整个婚姻历程中对婚姻的满意度会上升和下降，婚姻的满意度呈现出一个U形曲线。在幸福的婚姻中，大多数人还感觉他们的配偶随着年龄的增长变得更加有趣了。离婚的原因有很多，包括满意度缺失、聚少离多和不忠。离婚可能会增加幸福感，同时社会也更能接受离婚。

10. 分析成年中期家庭模式变化的影响和意义。

成年中期，家庭变化包括了和孩子的分离。而近几年，开始出现"飞去来器般的孩子"现象。中年人对年老父母的责任通常会越来越大。

11. 描述美国家庭暴力的成因和特点。

虐待更可能发生在经济紧张、言语攻击普遍的大家庭中。那些本身就在暴力环境中长大的个体更有可能出现暴力行为。婚姻暴力一般会经历三个阶段：紧张气氛逐渐形成、严重暴力事件和爱的忏悔。

12. 描述成年中期工作生活的益处和挑战。

成年中期的个体看待工作的方式和以前有所不同，他们更关注现实因素，而更少强调职业奋斗和雄心壮志。中年时期职业转换变得更加普遍，主要动力是对工作的不满、对挑战和地位的需求或是在孩子长大之后重返职场的期望。

13. 描述成年中期的个体如何度过闲暇时间。

成年中期的个体一般拥有更多的闲暇时间。他们通常用这些时间来参与更多的户外娱乐或社区活动。

自我检测

1. 根据_____模型，处在不同年龄的个体可以经历相同的情绪和人格变化，因为他们在生活中分享着一样的事件。

a. 常规危机　　　　　　　b. 心理性的

c. 生活事件　　　　　　　d. 自我理解

2. 那些既要照顾父母又要养育孩子的中年夫妇们被心理学家称为_____的一代。

a. 婴儿潮　　　　　　　　b. 两者之间

c. 三明治　　　　　　　　d. 飞去来器

3. 婚姻侵犯中某个阶段，施暴者对暴力行为表示悔恨和道歉，被称为_____阶段。

a. 暴力循环　　　　　　　b. 严重暴力

c. 紧张气氛逐渐形成　　　d. 爱的忏悔

4. 和青年人比起来，失业的中年人_____。

a. 保持失业状态的时间更久，且随着年龄增长找到令人满意的工作机会也更少

b. 由于技术好而能很快地找到工作，但很难维持在职时间

c. 很难找到新工作，但只要找到就能拥有较稳定的工作

d. 更不可能抑郁，以至于使他们更容易获得新工作

应用于毕生发展

为什么和以前相比，职业奋斗对中年人没有那么大的吸引力了？什么样的认知和人格变化有可能导致这一现象？

第8章　总结

汇总：成年中期

　　50 岁的 Terri 发现，之前由于忙于工作和家庭，几十年来她的闲暇时间一直很少。到了成年中期，她把最小的孩子送去了大学，与丈夫重燃激情，在流动厨房从事志愿服务，辞去了作为城市规划师的工作，并参加州议会的竞选。尽管 Terri 正处于中年转变期，但并没有经历中年危机。她意识到，如果一切顺利的话，她还有一半的生活就在前方。尽管她正忙于竞选，但还是坚定地加强她和丈夫、孙辈，以及那些在流动厨房遇到的人和整个社区的联系。

8.1　成年中期的生理发展

- 尽管成年中期会出现一些慢性疾病，如关节炎和高血压，但同大多数中年人一样，Terri 十分健康。
- 如果 Terri 将步行作为一项日常训练，就可以补偿在成年中期逐渐损失的力量。
- 因为无须抚养子女，Terri 有更多的时间和精力与丈夫享受性生活。但是，如果还没有停经，她仍旧需要避孕。

8.2　成年中期的认知发展

- 作为一名城市规划师，Terri 掌握了相关的专业技能，极富职业竞争力。因此，即使成年中期会出现智力下降，她仍旧能够在工作中取得成功。
- 如果她感兴趣，她对城市规划的了解能够帮助她快速评估潜在的项目，了解需要涉及的东西，并作出决定。
- 除了传统的智力之外，Terri 可能拥有大量的实践智力。

8.3　成年中期的社会性和人格发展

- 尽管 Terri 正处于中年转变期，但她采取了一系列行动来找寻更多的社会联系、转变职业轨道，这些令她感到满足，促进她发展而不是停滞。
- Terri 对新经验的开放性、她的外向以及管理智慧属于人格特质，在她的一生中都是保持稳定的。
- 在当地流动厨房参与志愿服务、参与州议会竞选以及同丈夫重燃激情，冲淡了 Terri 由于最小的孩子离家上大学所产生的悲伤。

婚姻顾问会怎么做？

你会建议 Terri 专注于与丈夫重燃激情而将竞选推迟一两年吗？如果 Terri 赢得竞选，当她开始这项极富挑战的工作的时候，你会给她哪些建议来帮助她保持对婚姻的关注？

职业咨询师会怎么做？

你会建议 Terri 将她的政治抱负放在一边，而继续从事她十分擅长且允许她控制进度的纽约城市规划师的工作吗？

健康护理工作者会怎么做？

鉴于她的年龄和正在经历的生理变化，你会给 Terri 提供哪些饮食和锻炼方面的引导，帮助她对抗肥胖以及公共服务工作所带来的压力？

你会怎么做？

你会建议 Terri 放慢转变生活的步伐，巩固发生的变化吗？会或不会，为什么？

第 9 章

成 年 晚 期

79 岁的 Peter 和他 73 岁的妹妹 Ella 各自的配偶在同一年去世后，他们一起住到了 5 年前购买的房子里。"我们住在一起，就像孩童时代在纽瓦克一样，"Peter 说，"而且尽管我们相差 6 岁，但我们相处得很好。当我们突然变成孤身一人，在我妻子的守灵仪式上我们便讨论说，'为什么不呢？'到目前为止，一切都很顺利。至少我是这么认为的。"

这时 Ella 接过话说："确实很好。我们就像一对匹配的勺子那样适合，没有冲突，没有分歧，和我们所希望的一样和睦。你知道吗？ 6 岁的差距现在看来已经没有那么大了。"

当问到他们这种配合度是否源于他们兄妹的相似性时，他们俩忍不住笑出声来。"什么相似性？"Peter 问道，"很难找到比我们俩更不一样的两个人了。你看，我是一个喜欢宅在家的人，喜欢在家待着看看书，我也是个电影迷，有成千上万的影碟。我还喜欢打理花园和烹饪。我最大的乐趣就是约些老朋友来家里共进晚餐、共享电影。我甚至喜欢打扫房间和洗衣服。"

"而我在家待不住。"Ella 说，"我加入了一个缝纫小组和两个读书俱乐部，只要一有空我就会去打高尔夫球，还在医院的礼品店工作。另外我也在社区大学学习西班牙语，学习下棋，并且经常会去西部或国外旅行，有时和 Peter 一起去。"

"我们可以说是一枚硬币的正反面，"Peter 说，"我很整洁，而她不是。她总是出去，而我宅在家里。她好胜，我比较闲散。我做饭，她吃。但是我们都从未感到无聊。"

"而且尽管我俩都有点健忘,"Ella 微笑着说,"我们忘记的事情似乎不太一样。如果我忘记了一个预约,Peter 会提醒我。当他试图想起一个人名时,我总是知道是哪个。最棒的事情是我们从来不会惹对方生气。我知道这一点在我们各自的婚姻里做不到。"她笑了。

Peter 也和她一起笑着。

成年晚期开始于 65 岁左右,以巨大的变化以及持续的个体发展为特征。老年人面临巨大的生理、认知和社会性方面的变化;而总的来说,他们能找到应对这些变化的策略。没有任何两种策略是完全一样的,上述例子中 Peter 和 Ella 所选择的就是两种完全不同的应对策略。但是,大部分的老年人都可以顺利地应对这个阶段。

在成年晚期,个体的各个方面开始出现衰退,并将伴随他们到生命的终点。但我们将会看到,老年人这一阶段的所有方面,包括生理、认知和社会性方面,在很大程度上都被人们误解,造成了广泛的刻板印象。老年人几乎可以保持他们在生理和心理上的力量直至生命逝去的那一天;而他们的社会生活也会如他们所希望的那样保持活力并充满生机。

在生理方面,65 岁以上的人肯定会开始从精力充沛和健康的状态逐渐过渡到对疾病和疼痛与日俱增的关注。但这并不是他们生活中唯一正在发生的事。他们仍可以保持很长时间的健康以及继续年轻时喜爱的大部分活动。在认知上,我们发现,老年人会采用一些新的方法来解决问题并弥补自己失去的能力,用这些新的策略来很好地适应生活中那些看起来对他们造成阻碍的改变。而在社会性方面,大部分老年人变得善于应对他们生活中的变化,比如丧偶或退休。

Peter 和 Ella 是独特的,而这种独特恰恰是典型的。他们独特的老化方式,说明老年生活可以像人们希望的那样,而不是社会认为应该的那样。

9.1 成年晚期的生理发展

一直这样生活下去

John 觉得 74 岁的生活是轻松的。"跟为了工作和养家而奔波相比,现在的生活简单多了。"他说。他承认有些事情发生了变化。"我以前每天跑步,但我的膝盖 10 年前开始出现问题,于是我改成了骑行。关节好受多了。"另一项变化是他的嗅觉。"人们说'停下来嗅玫瑰'⊖,但我再也嗅不到玫瑰了。"他打趣着。但生活中仍有许多 John 还享受着的事情。"我当了 40 年律师,退休后,我就开始写关于最高法院判决的博客。我女儿帮我搭建好博客。现在,我正在写一本关于过去 50 年间的最高法院的书。"John 还在一支弦乐四重奏乐团中演奏中提琴——那是他 10 年前组建的乐团,并且他和伴侣 Maddie 一起跳摇摆舞。"我管她叫我的小女友,因为她虽然比我大一岁,但生活态度年轻又时髦。我们去年春天去了巴黎,在左岸的一家咖啡馆待到凌晨。"当被问到除了写完那本书,还有没有别的志向时,John 思考了一会儿。"我觉得我就是想一直这样生活下去。这就是我现在的主要目标。"

老年学家发现成年晚期的人可以和比他们年轻许多的人一样精力充沛和充满活力。

John 并不是唯一一个在成年晚期重显活力的老年人。越来越多的老年人开辟着新的领域,做很多新的尝试,并全面重塑社会大众对老年生活的感知。对于

⊖ 美国俚语,指停下来享受生活。——译者注

越来越多成年晚期的人们来说，充沛的脑力和体力活动仍然是日常生活中很重要的一部分。

过去，老龄意味着失去：失去脑细胞、智力、精力和性欲。现在，这种看法逐渐被**老年学家**（gerontologist），也就是研究衰老的专家，所描绘的新图景所替代。与其将成年晚期看作一个衰退期，不如将其看作个体持续变化的一个时期——个体在一些方面有所成长，在另一些方面则有所衰退。

甚至连"老年"的定义也一直在变。大多数成年晚期（从65岁开始直至死亡）的个体仍然像比他们年轻几十岁的人一样精力充沛、参与生活。我们不能仅仅用实际年龄定义老年，我们必须考虑到老年人的身心健康，他们的功能年龄（functional ages）。有些研究者根据功能年龄将老年人分为三组：年轻老人（young old）是健康活跃的；年老老人（old old）有一些健康问题，日常活动有困难；高龄老人（oldest old）是虚弱的，需要照顾。根据功能年龄，一个积极、健康的百岁老人可以归入年轻老人，而一个患肺气肿晚期的65岁老人则要归入高龄老人。

在这一节中，我们首先讨论有关衰老的误解与现实，同时考察影响人们如何看待成年晚期的那些刻板印象。我们还将考察衰老的外部特征和内部迹象，以及神经系统和感官能力随着衰老而发生的变化。

接下来，我们将探讨成年晚期个体的健康状况和幸福感。在考察困扰老年人的主要疾病之后，我们将探讨哪些因素决定了老年人的健康以及老年人更易患病的原因。然后我们会接着讨论成年晚期的性生活。我们还将集中讨论一些解释衰老过程的理论，以及不同性别、种族和族裔在预期寿命上的差异。

生理的衰老

从宇航员转行为参议员的Glenn，为帮助美国国家航空航天局研究老年人对于太空旅行的适应情况，在他77岁时接受了一个为期10天的任务，重返太空。尽管Glenn到达的高度使他变得与众不同，但其实还有很多成年晚期的个体正全身心地投入到积极而充满活力的生活当中。

衰老：误解和现实

成年晚期与生命中的其他阶段存在明显的差异：因为人们活得越来越长了，成年晚期的长度也随之增加。无论我们定义成年晚期的起始年龄为65岁还是70岁，当今全球处于成年晚期的个体所占的比例要高于历史上任何时候。事实上，人口统计学家划分这一阶段所使用的术语，与研究"功能性衰老"者使用的相同，但含义却不同。对于人口统计学家来说，这一术语完全依据年龄。年轻老人的年龄范围为65～74岁，年老老人为75～84岁，高龄老人为85岁及以上。

成年晚期的人口统计。 在美国，有1/8的人年龄在65岁（含）以上；据推测，截至2050年，这一数字将达到近1/4。85岁以上的人口数将从目前的600万增长到2060年的2 000万（Mather，Jacobsen，& Pollard，2015；见图9-1）。

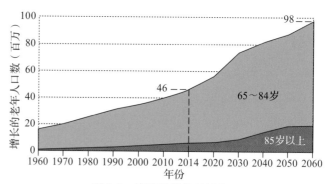

图9-1 快速增长的老年人口

至2060年，美国65岁以上的人口数将攀升至2014年的2倍。导致这种增长的因素有哪些呢？

资料来源：Adapted from Mather, Jacobsen, & Pollard, 2015.

在成年晚期这一阶段中，增长速度最快的为高龄老人，即85岁（含）以上的老人。在过去的20年中，高龄老人的人口数量几乎增加了一倍。老年人口爆炸的现象并不只限于美国。全球各国的老年人口数都在激增（见图9-2）。到2050年，全球60岁以上的人口数将首次超过15岁以下的人口数（Sandis，2000；United Nations，Department of Economic and Social Affairs，Population Division，2013）。

老年歧视：老年人遭遇的刻板印象。 古怪的、怪老头、老笨蛋、年老体衰、老家伙、老巫婆。

上述都是成年晚期的标签。这些词并没有描绘出一幅美丽的图画：它们都是贬义的、有偏见的，体现了对老年人的显性歧视和隐性歧视。**老年歧视**（ageism）是指向老年人的偏见和歧视。

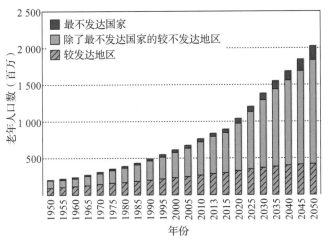

图 9-2 全球老年人口

寿命的延长正在改变全球人口的分布，预计到 2050 年，60 岁及以上老人所占的比例将会大幅增加。

资料来源：Based on United Nations, Department of Economic and Social Affairs, Population Division, 2013.

老年歧视暗示了老年人无法充分运用他们的心理能力。许多与态度有关的研究表明，与年轻人相比，人们认为老年人在许多特质上的表现更加消极，特别是与一般能力和吸引力有关的特质（Jesmin，2014；Nelson，2016；Ayalon & Tesch-Römer，2017；Zhang et al.，2018）。

此外，许多西方社会崇尚年轻和青春容貌。除了专门为老年人设计的产品广告，很少有广告中出现老年人。而在电视节目中，老年人常作为某人的父母或祖父母出现，而不是作为一个独立的个体（Ferguson & Brohaugh，2010；Swift et al.，2017）。

从某种程度上来说，当今对于老年人的歧视是现代西方文化的特定现象。在美国殖民时期，活得长意味着德高望重，因而老人会受到高度尊敬。类似地，大部分亚洲社会非常尊敬老人，认为他们活得长因而获得了特殊的智慧；许多美国印第安人社会传统上会把老人视为储存过去信息的宝库（Bodner, Bergman, &

Cohen-Fridel，2012；Maxmen，2012；Vauclair et al.，2017）。

当你看到图中的女人时，你会想到什么？对老年人的歧视普遍存在于针对老年人的消极态度，认为老年人更难充分地运用他们的能力。

然而在今天的美国，由于错误信息的广泛流传，人们对老年人普遍持有消极的看法。你可以通过回答表 9-1 中的问题，来测试自己关于衰老的知识。大多数人的正确率不超过随机水平，即 50%（Palmore，1992）。

考虑到老年歧视的刻板印象如此普遍，因此有理由去弄清楚这些观点是否有一点道理。

而答案多半是否定的。衰老带来的后果因人而异。一些老年人身体虚弱，存在认知困难，需要持续的照顾；另一些老年人却精力充沛、生活独立。除此之外，有些问题乍一看似乎是由衰老引起的，但其真正的原因是疾病、不当的饮食或营养不足。正如我们下面将看到的，成年晚期带来的变化和成长与生命中之前的阶段相同，有时甚至更大（Whitbourne，2007；Ridgway，2018）。

从一个社会工作者的视角看问题

当一个老年人因为其精力充沛、积极、年轻态而受到称赞和关注时，这是一种老年歧视，还是反歧视呢？

表 9-1　衰老的误解

1. 大多数老年人（65 岁及以上）存在记忆缺陷、分不清方向、变得痴呆。是对还是错？
2. 在老年期，五种感觉（视觉、听觉、味觉、触觉和嗅觉）都会退化。是对还是错？
3. 大多数老年人对于性生活既没有兴趣也没有能力。是对还是错？
4. 老年期肺活量会衰减。是对还是错？
5. 大多数老年人的大部分时间都在患病。是对还是错？
6. 老年期体能会衰减。是对还是错？
7. 至少有 1/10 的老年人住在提供长期照顾服务的机构中（如护理院、精神病院、养老院）。是对还是错？
8. 许多老年人保持着较大的朋友社交网络。是对还是错？
9. 老年工作者的工作效率往往不如年轻工作者。是对还是错？
10. 超过 3/4 的老年人都非常健康，能够进行日常活动。是对还是错？
11. 大多数老年人都无法适应新的变化。是对还是错？
12. 老年人通常需要更长的时间学习新东西。是对还是错？
13. 对一般的老年人来说，学习新东西几乎是不可能的。是对还是错？
14. 老年人的反应比年轻人慢。是对还是错？
15. 总的来说，老年人往往很相似。是对还是错？
16. 大多数老年人说他们很少感到无聊。是对还是错？
17. 大多数老年人与社会隔离。是对还是错？
18. 老年工作者发生的事故比年轻工作者少。是对还是错？

评分：

所有的奇数题都是错的，所有的偶数题都是对的。大多数大学生答错 6 道题，高中生答错 9 道题。即使大学教师也平均答错 3 道题

资料来源：Adapted from Palmore, 1992；Kahn & Rowe, 1999.

老年人的生理转变

"体会燃起来的感觉。"健身教练说道。此时小组里的 14 名女性大都在跟着做。当教练继续进行各种健身项目时，每个人参与的程度却各不相同。有些人在用力伸展，有些人则几乎只跟着音乐的拍子摆动。这里与美国的上千个健身班没有多少差别，但仍然使得年轻的观察者大吃一惊：这群人中最年轻的是 66 岁，最年长的则是 81 岁，还穿着十分讲究的紧身衣。

观察者的吃惊反映了人们对 65 岁以上老人的刻板印象，认为老人们习惯久坐，不能参与剧烈运动。但事实恰恰相反。老年人的运动能力虽然很可能改变，但他们中的大多数人身体仍然相当灵活和健康。当然，那些成年中期开始的微妙的外在和内在的变化，到了老年时期就会相当明显（Sargent-Cox, Anstey, & Luszcz, 2012；Fontes & Oliveira, 2013）。

当我们讨论衰老时，我们要注意初级衰老和次级衰老之间的区别。**初级衰老**（primary aging）或称衰老是指基于遗传程序的预先设定所出现的普遍且不可逆转的变化。**次级衰老**（secondary aging）则指由于疾病、健康习惯和其他个体因素所导致的变化，并非必然发生。尽管次级衰老伴随的生理和认知功能的改变是普遍存在的，但它们都可能避免，有时还可能出现逆转。

衰老的外部迹象。衰老最明显的迹象之一是头发的变化。衰老之后，头发通常会明显变灰，最终变白，还可能变得稀疏。脸部和身体其他部位的皮肤会失去弹性和胶原蛋白（形成身体组织基本纤维的蛋白质），从而出现皱纹。

老年人可能会变矮多达 4 英寸。这种变矮的现象部分是因为身体姿势的改变，但主要原因是椎间盘的软骨变薄。对于女性来说尤其如此，一大原因是女性分泌的雌激素减少了，所以她们比男性更易患**骨质疏松**（osteoporosis），即骨质变薄。

在 60 岁及以上的老年女性中，有 1/4 患有骨质疏松，这也是老年人容易发生骨折的一个主要原因。如果早年摄入了充足的钙和蛋白质，并进行适当锻炼，就能在很大程度上预防这种疾病。另外，骨质疏松可以通过福善美（Fosamax，即阿仑膦酸钠）之类的药物进行预防和治疗（Wang et al., 2013；Hansen et al., 2014；Braun et al., 2017）。

尽管对外表衰老的消极刻板印象对两性都有影响，但对于女性尤甚。事实上，西方文化对于外表持有双重标准，对于女性的评价更为苛刻。例如，男性的头发变灰白常常被视为是"卓越的"；但相同的特征出现在女性身上时，却更多地被看作一种"上了年纪"的标志（Krekula, 2016；Chrisler & Johnston-Robledo, 2018）。

这种双重标准导致的结果是，女性会比男性感受到更大的压力，这使得她们更想要将衰老的特征隐藏起来，方式包括染发，做整形手术，或是使用掩盖年龄的化妆品。但是，这种双重标准正在减少，因为男性也开始关注如何使自己看起来年轻，市场上因而也出现了多种供男性使用的美妆产品，如除皱霜。具有嘲讽意味的是，随着双重标准的放宽，老年歧视成了男性和女性都担心的问题（Crawford & Unger, 2004；Ojala, Pietilä, & Nikander, 2016）。

内部衰老。随着衰老的外部特征越来越明显，身

体内部各器官的功能也发生着巨大变化。随着变老，人们的大脑变小、变轻。收缩的大脑会逐渐远离颅骨，因而70岁时大脑与颅骨之间的距离是20岁时的2倍。大脑消耗的氧气和葡萄糖变少，血流量减少。大脑某些部位的神经元，或脑细胞也会减少，但不会像过去以为的那样严重。研究表明，大脑皮质的细胞数目可能只有轻微减少或者根本没有减少。事实上，一些证据表明，某些类型的神经元生长会持续一生（Gattringer et al., 2012；Jäncke et al., 2015；Hamasaki et al., 2018）。

即使在成年晚期，锻炼也是可能——且有益的。

脑内血流量减少的部分原因是心脏泵血能力由于血管的硬化和萎缩而下降。一名75岁老人的心脏泵血量还不到他成年早期泵血量的3/4（Yildiz, 2007；Wu et al., 2016）。

老年期身体其他系统的机能也有所下降。呼吸系统的效率降低，消化系统分泌的消化液减少，将食物向消化道前方推动的能力减弱，这使得老年人更容易出现便秘。一些激素水平也会有所下降。除此之外，肌肉纤维的体积会变小、数量会减少，而且它们利用血氧和储存营养成分的能力也在降低（Deruelle et al., 2008；Suetta & Kjaer, 2010；Morely, 2012）。

尽管这些变化是十分正常的，但对于那些生活方式不太健康的人来说，这些变化经常会更早到来。例如，任何年龄段，吸烟都将加速心血管功能的衰退。

生活方式的因素会减缓与衰老有关的变化。例

如，进行举重类锻炼活动的人，其肌肉纤维萎缩的速度会比久坐不动的人更加缓慢。与此类似，身体上的健康和心理测验的表现相关，身体健康可能可以防止脑组织的失去，甚至有助于新神经元的发育。事实上，研究表明，那些久坐不动的老年人如果进行一些适当的有氧健身训练，会有利于认知的改善（Solberg et al., 2013；Lin et al., 2014；Bonavita & Tedeschi, 2017）。

变长的反应时间

当看到小孙子游戏机的屏幕上出现"游戏结束"的提示时，Carlos退缩了。他喜欢玩孩子们的游戏，却无法像孩子们那样快速地干掉游戏里的那些坏蛋。

随着人们逐渐变老，他们做事所需要的时间也更长，如系领带、接电话、玩游戏时按键等。速度减慢的原因之一是反应时的增加。反应时间在中年期开始变长，到了成年晚期这种变化会非常明显（Benjuya, Melzer, & Kaplanski, 2004；Der & Deary, 2006；van Schooten et al., 2018）。

人们反应变慢的原因至今仍不太清楚。其中一个解释是**外周减速假设**（peripheral slowing hypothesis），即外周神经系统（从脊髓和大脑延伸出来到达身体各末端的神经分支）的效率会随着衰老而下降。这样一来，信息从环境传递到大脑需要更长的时间，而大脑下达的指令传递到全身肌肉的时间也会变长（Salthouse, 2006, 2017；Kimura, Yasunaga, & Wang, 2013）。

根据**总体减速假设**（generalized slowing hypothesis），包括大脑在内的各部分神经系统的加工效率都降低了。因而，减速是全方位的，包括对简单和复杂刺激的加工以及传递指令到全身肌肉的速度（Harada, Love, & Triebel, 2013）。

虽然我们不知道哪种假设的解释更准确，但毫无疑问的是，反应时间的变长和总体加工速度的减慢使老年人发生事故的概率升高。因为他们的反应变慢、加工时间增加，无法有效地接收可能提示危险情况的环境信息，由此他们的决策过程更加缓慢，并进一步损害了他们避开危险的能力。70岁以上的老年司机每英里内发生致命事故的数量与青少年相同（Tefft, 2012；Leversen, Hopkins, & Sigmundsson, 2013；见图9-3）。

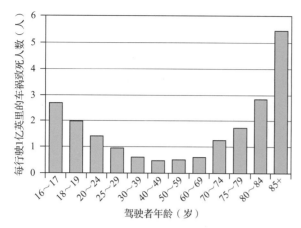

图 9-3 不同年龄段发生交通事故的死亡人数

70 岁以上的老年司机每英里内发生致命事故的数量与青少年相同，为什么会这样呢？

请根据数据思考：从几岁开始车祸死亡人数开始接近 16 岁时的人数？是什么因素导致了这种上升？

资料来源：Tefft, 2012.

感觉：视觉、听觉、味觉和嗅觉

在老年期，感觉器官出现明显衰退。由于人们通过感觉将自己与外部世界联系起来，因而感觉的衰退将会对心理产生很大影响。

视觉。随着年龄的增长，眼睛的各部分实体结构，包括角膜、晶状体、视网膜和视神经，都发生了变化，从而引起视力下降。晶状体变得浑浊，60 岁时只有相当于 20 岁时 1/3 的光线到达视网膜；视神经传导神经冲动的效率降低，导致视力在多个维度上表现出衰退。老年人更不容易看清远处的物体，看物体时需要更多的光线才可以看清楚；而当从暗处到明处时需要更长的适应时间，反之亦然（Gawande, 2007；Owsley, Ghate, & Kedar, 2018）。

这些变化给老年人的日常生活带来了很多困难。开车变得更具有挑战性，尤其是夜间驾驶；看书时需要更多的光线，而眼睛也更易疲劳。当然，戴眼镜或隐形眼镜可以克服不少困难，大多数老年人能够借此看得更清楚（Owsley, Stalvey, & Phillips, 2003；Boerner et al., 2010）。

一些眼部疾病在成年晚期非常普遍。例如，白内障会经常出现——眼睛晶状体的某些区域出现了云状物或不透明区域，从而阻挡了光线的通过。白内障患者看东西会模糊不清，在明亮光线下会感觉刺眼。如果患有白内障而不进行治疗，晶状体就会变成乳白

色，最终导致失明。白内障可以通过手术去除；视力可通过佩戴眼镜、隐形眼镜或利用眼内植入晶状体（即在眼内永久植入一个塑料晶状体）来恢复（Walker, Anstey, & Lord, 2006；Miyata et al., 2018）。

另一个严重影响老年人的问题是青光眼。如我们之前所提及的，当眼睛内的液体未能适当排出或生成过多时，眼内液体压力就会增加，这时就会形成青光眼。如果发现及时，可以通过药物或手术治疗青光眼。

60 岁及以上老人失明的最常见原因是与年龄相关的黄斑变性（age-related macular degeneration, AMD），它会影响视网膜附近的黄色区域，即视觉最敏锐的黄斑。当一部分黄斑变薄退化时，视力就会逐渐恶化（见图 9-4）。如果诊断及时，有时可以利用药物或激光进行治疗。还有一些证据表明，多食用抗氧化的维生素 C、维生素 E 和维生素 A，可以减少罹患这种疾病的风险（Jager, Mieler, & Miller, 2008；Vingolo, Salvatore, & Limoli, 2013；Bainbridge & Wallhagen, 2014）。

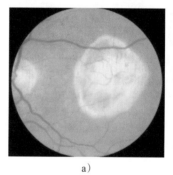 

a) b)

图 9-4 黄斑变性者眼中的世界

a）与年龄相关的黄斑变性会影响黄斑（视网膜附近的一块黄色区域）。当一部分黄斑变薄退化时，视力就会逐渐恶化。

b）黄斑变性导致视网膜中央逐渐退化，只剩下周边视觉。这是一个黄斑变性患者可能看到的世界的例子。

资料来源：AARP, 2005.

听觉。大约 30% 的 65 ～ 74 岁老人存在某种程度的听力减退，而超过 50% 的 75 岁及以上老人存在听力减退。总的来说，美国有 1 000 万以上的老人存在某种听力障碍（Chisolm, Willott, & Lister, 2003；Pacala & Yueh, 2012；National Institute on Deafness and Other Communication Disorders, 2018）。

衰老尤其会影响人们听到高频声音的能力。如果背景噪声很多或者有多个人同时说话，那么高频听力受损的老人要听清对话就会很困难。此外，巨大的噪

声会让一些老年人感到很痛苦。

尽管助听器可以在 75% 的时间内对听力受损的人有所帮助，但只有 20% 的老年人使用它。原因之一是这些助听器并不十分完美。助听器放大背景噪声的倍数与放大对话的倍数一样多，这很难让使用者将希望听到的对话从其他声音中分离出来。再者，许多老年人觉得使用助听器使得他们看起来比实际年龄还要老，而且有可能导致其他人将他们当成残障人士 (Lesner，2003；Meister & von Wedel，2003；Weinstein，2018)。

听力减退会对老年人的社会生活造成巨大影响。由于无法完全听清对话，有些听力受损的老年人会远离他人，不愿意回应他人，因为他们不确定别人对自己说了什么。他们很容易感到被忽略和孤独。听力减退还可能会使老年人产生妄想，因为他们会根据心理恐惧而不是事实来推断未能听懂的话语。例如，如果有人将"我不喜欢去那家商场"听成"我不喜欢去某人家拜访"，则会将原本对购物的普通看法，误解为一种个人敌意 (Myers，2000；Goorabi，Hoseinabadi，& Share，2008；Ozmeral et al.，2016)。

听力减退会加速认知的衰退。老年人在分辨谈话者的谈话内容上很艰难，这会分流加工信息的心理资源，使得记住和理解信息更加困难 (Wingfield，Tun，& McCoy，2005；Mikkola et al.，2015；Moser，Luxenberger，& Freidl，2017)。

味觉和嗅觉。 在成年晚期，味觉和嗅觉的敏感性会出现衰退，所以一向爱好饮食的人到了老年，其生活质量可能会大大下降。由于对这两类感觉的辨别力下降，所以食物尝起来、闻起来都没有以前那样可口了 (Nordin，Razani，& Markison，2003；Murphy，2008)。

味觉和嗅觉敏感性下降的原因之一是生理上的变化。舌头上的味蕾逐渐减少，使得食物没有以前可口。而随着大脑中的嗅球开始萎缩，这个问题变得更加复杂。因为味觉依赖于嗅觉，这一点同样使得食物尝起来更加无味。

味觉和嗅觉敏感性的下降将会带来有害的副作用。因为食物尝起来没有那么好吃，人就会吃得更少，容易引发营养不良。为了补偿味蕾的减少，他们可能会在做菜时放更多盐，进而增加了患高血压的概率，而高血压恰恰是老年人最常发生的健康问题之一

(Smith et al.，2006；Yoshikawa et al.，2018；Hur et al.，2018)。

衰老对健康的影响

Frye 传看着一张她父亲的照片。"拍照时他 75 岁，他看上去很好，还可以去航海，但是他已经开始忘记一些事，比如昨天干了什么，早餐吃了什么。"

Frye 加入了一个针对阿尔茨海默病病人家属的互助小组。她分享的第二张父亲的照片是十年后拍摄的。"非常令人伤心，他与我说话开始变得杂乱不清。然后他忘记了我是谁，忘记了他有一个弟弟，忘记了他曾是第二次世界大战中的飞行员。照完这张照片一年后，他就卧床不起了。半年后他就过世了。"

当 Frye 的父亲被诊断为阿尔茨海默病时，美国有 450 万人正在遭受这种病症的折磨。他们的身体和心智都在衰退。在某种程度上，阿尔茨海默病助长了我们对于老年人身体不太健康、更易于患病这一刻板印象。

但实际情况并非如此：大多数老年人在老年期的大部分时间内健康状况相对良好。根据美国的一些调查研究，65 岁及以上老年人中，几乎有 3/4 的人认为自己的健康状况良好、很好或非常棒。

另外，步入老年阶段的确意味着更容易患上很多疾病。现在，我们就来看看一些困扰老年人的主要生理疾病和心理障碍。

老年人的健康问题与身心健康

成年晚期的大多数疾病并不只限于出现在老年人身上。例如，所有年龄段的人都有可能罹患癌症或心脏病。不过，这些疾病的发病率随着年龄的增长而上升，所以导致老年人总的发病率增加。另外，相对于年轻人而言，老年人患病后恢复得慢，且不太可能完全恢复。

常见的生理疾病。 导致老年人死亡的主要原因有心脏病、癌症和中风，将近 3/4 的老年人死于这些疾病。由于衰老伴随着身体免疫系统的弱化，所以老年人也更容易染上传染病 (National Council on Aging，2015；National Center for Health Statistics，2017)。

另外，大多数老年人至少患有一种长期的慢性疾病。例如关节炎，即一个或多个关节发炎，折磨了

近半数的老年人。关节炎会引起全身各部位关节的胀痛，甚至导致残疾，使患者连最简单的日常活动（例如扭开罐头盖、用钥匙开锁）都完成不了。尽管阿司匹林和其他药物可以缓解关节肿胀和疼痛，却无法将其治愈（Leverone & Epstein，2010；National Council on Aging，2016）。

将近1/3的老年人患有高血压。因为很多高血压患者没有任何症状，他们并没有意识到自己患有高血压，这样就会很危险。如果不进行治疗，高血压会使血管和心脏变得脆弱并对其造成损害，从而增加罹患中风的可能性（Hermida et al.，2013；Oliveira，de Menezes，& de Olinda，2017；Reddy，Ganguly，& Sharma，2018）。

心理障碍和精神疾病。大约有15%～25%的65岁及以上老人表现出心理障碍的某些症状，不过这个比例与中年人和青年人相比要低一些。与这些疾病有关的行为症状在老年人身上的表现有时与中年人及青年人有所不同（National Council on Aging，2016）。

心理障碍中最常见的问题之一是重度抑郁症，以强烈的悲伤情绪、悲观和无望感为特征。老年人变得抑郁的原因包括，他们不断地经受配偶和朋友死亡所带来的痛苦，以及体能和健康状况衰退所带来的折磨（Vink et al.，2009；Taylor，2014；Förster et al.，2018）。

一些老年人为了医治各种病症，会同时服用不同的药物，从而患上药物所致的心理障碍。他们服用的剂量也可能不当，因为新陈代谢有所变化，一副适合25岁年轻人的药对于75岁的老年人来说剂量可能就太大了。由于这些可能性的存在，服药的老人必须将自己服用的各种药物包括剂量很仔细地告诉医生和药剂师。同时，还必须避免自己随意服用一些非处方药物，因为非处方药和处方药混用可能会很危险。

老年人最常见的精神疾病是**重度神经认知障碍**（major neurocognitive disorder），先前被称为痴呆症。它指一大类疾病，都表现出严重的记忆丧失，并伴有其他心理功能的衰退。重度神经认知障碍有多种成因，但症状都很相似：记忆力衰退、智力下降和判断力受损。罹患重度神经认知障碍的概率随着年龄的增长而不断升高。60～65岁老年人中这一障碍的发病率不到2%，而65岁以上的老年人每增加5岁，发病率就增加一倍，这一障碍也存在族裔差异，非裔美国人和西班牙裔美国人患重度神经认知障碍的概率高

于白人（Alzheimer's Association & Centers for Disease Control and Prevention，2018）。

阿尔茨海默病。阿尔茨海默病（Alzheimer's disease）是一种表现为记忆丧失和混乱的渐进性脑部疾病。美国每年有10万人死于此病。65岁以上的人中有1/10的患病率；19%的75～84岁老年人和将近50%的85岁以上老年人患有阿尔茨海默病。事实上，除非找到治愈方法，否则到2050年，会有1 400万人患上阿尔茨海默病，相当于当前数量的3倍（Park et al.，2014；Alzheimer's Association，2017）。

阿尔茨海默病的首发症状通常是健忘。患者可能在与他人对话过程中无法回想起某些词，或者在买过东西后又数次返回超市。刚开始时，近期记忆受到影响；然后逐渐地，远期记忆开始消退。最终，患者陷入完全混乱状态，吐字不清，甚至不能认出最亲密的家人和朋友。在患病的最后阶段，患者失去了对肌肉的自主控制能力，卧床不起。因为患者最初能够意识到这种病之后的病程，不难理解，他们可能因此产生焦虑、恐惧或抑郁情绪。

从生物学角度来看，当 β 淀粉样前体蛋白（平常帮助神经元生成和发育的一种蛋白质）的产生出现异常时，细胞就会大量结块，引发神经元发炎和变质。接下来，大脑萎缩，海马和额叶、颞叶的一些区域开始退化。另外，一些特定的神经元死亡，导致很多神经递质短缺，如乙酰胆碱等（Medeiros et al.，2007；Bredesen，2009；Callahan et al.，2013；National Institute on Aging，2017）。

尽管我们很清楚导致阿尔茨海默病的大脑生理变化，但最初是什么原因触发了这一问题至今仍是个谜。很显然，遗传因素在这一过程中起到了作用，一些家族罹患阿尔茨海默病的概率要高于其他家族。实际上，某些家族有一半的孩子似乎从父母那里遗传了这种疾病。另外，大脑扫描图显示，在阿尔茨海默病症状出现之前的几年，遗传上更可能患病的人在回忆信息时，脑功能就已经与其他人不同了（Baulac et al.，2009；Désiréa et al.，2013；Broce et al.，2018；见图9-5）。

大量证据表明，阿尔茨海默病是一种遗传疾病，但是非遗传因素（如高血压或饮食）可能会增加人们罹患此病的概率。在一项跨文化研究中，居住在尼日利亚一个镇上的穷困黑人比情况相当的住在美国的

非裔美国人患上阿尔茨海默病的概率更低。研究者推断，这两组人在饮食上的差异（尼日利亚的居民主要吃蔬菜）也许可以解释阿尔茨海默病发病率的不同（Hendrie et al.，2001；Chen et al.，2010；Fuso et al.，2012；Roussotte et al.，2014）。

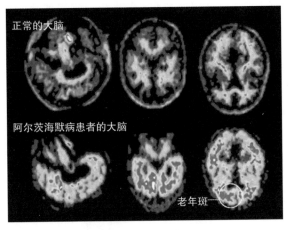

正常的大脑

阿尔茨海默病患者的大脑

老年斑

图 9-5　不同的大脑

脑部扫描发现阿尔茨海默病患者（下）与非患者（上）的大脑有差别。

资料来源：Bookheimer et al.，2000.

研究者也考察了可能引起该疾病的其他原因，如病毒、免疫功能紊乱、激素分泌不平衡等。还有研究发现，20多岁时较低水平的语言能力与晚年时期由阿尔茨海默病引起的认知能力退化有关（Alisky，2007；Carbone et al.，2014；Balin et al.，2018）。

目前，仍没有发现能够治愈阿尔茨海默病的方法，只能通过治疗缓解一些症状。某些类型的阿尔茨海默病会出现神经递质乙酰胆碱（Ach）损失的情况，最有效的药物都与此有关。盐酸多奈哌齐（donepezil；商品名为安理申，Aricept）、加兰他敏（galantamine；商品名为加兰他敏，Razadyne）、卡巴拉汀（rivastigmine；商品名为艾斯能，Exelon）、他克林（tacrine，商品名为益智胶囊，Cognex）都是最常用的处方药，但是只对半数阿尔茨海默病患者有效，且疗效是暂时的（de Jesus Moreno，2003；Gauthier & Scheltens，2009；Alzheimer's Association，2017a）。

其他正处于研究阶段的药物包括消炎药，旨在降低阿尔茨海默病患者的大脑炎症。另外，由于有证据表明服用维生素 C 和维生素 E 的人罹患该病的风险更低，因此研究者正在对此类维生素的化学成分进行试验（Alzheimer's Association，2004；Mohajeri & Leuba，2009；Sabbagh，2009；Wang et al.，2015）。

由于患者会失去自主吃饭和穿衣的能力，甚至不能控制膀胱和大肠的功能，他们需要接受全天24小时的看护。因此，大多数阿尔茨海默病患者会在护理院走完生命的最后一段历程，这些患者占护理院患者的 2/3 左右（Prigerson，2003；Sparks，2008；Gaugler et al.，2014）。

阿尔茨海默病患者的看护者常被称为该疾病的间接受害者。看护者很容易由于患者极高的需求而感到受挫、愤怒和筋疲力尽。看护者不仅要付出繁重的体力劳动以提供全面的照料，还要眼睁睁地看着所爱的人身体不断恶化、情绪持续波动甚至突然发狂，直至离开人世（Sanders et al.，2008；Iavarone et al.，2014；Pudelewicz，Talarska，& Bączyk，2018；也见"生活中的发展"专栏）。

生活中的发展

照料阿尔茨海默病患者

阿尔茨海默病是最难处理的疾病之一，不过有些办法可以帮助阿尔茨海默病患者和看护者。

- 在尽可能长的时间里，让患者完成一些日常生活事项，以使他们感到在家里很安全。
- 为日常用品贴上标签，为患者提供日历、详细且简明的清单，口头提醒他们时间和地点。
- 让穿衣服变得简单：衣服尽量不要有拉链和纽扣，把衣服按穿在身上的顺序摆放好。
- 安排好洗澡的日程。阿尔茨海默病患者可能害怕摔倒和水太烫，因此可能会拒绝洗澡。
- 不要让患者开车。患者常常希望像以前一样继续开车，但他们发生事故的概率很高，几乎是一般人的 20 倍。
- 监控患者电话的使用。阿尔茨海默病患者在应答电话时，可能会同意电话推销员和投资顾问的请求。

- 提供锻炼的机会，如每日散步。这能够阻止肌肉退化和僵硬。

传奇篮球教练帕特·萨米特（Pat Summitt）于64岁离开人世前经受了5年阿尔茨海默病的折磨。

成年晚期的健康：衰老与疾病之间的关系。生病并不是老年期不可避免的事情。相对于年龄因素，老年人是否生病更多地取决于许多其他因素，包括遗传上的易感性、过去和现在的环境因素以及心理因素。

一些疾病，如癌症和心脏病，显然有遗传的成分，但遗传并不意味着一个人一定会罹患某种疾病。人们的生活方式，即是否吸烟、饮食的特点、是否接触致癌物质（如阳光照射、石棉）等，都可能提高或降低他们患此类疾病的概率。

经济水平也起到一定作用。例如，在生命的任何阶段，生活贫困都会限制人们享受医疗保健服务。甚至生活相对宽裕的人，都很难找到负担得起的医疗卫生服务。例如，2018年，退休的普通65岁夫妇估计需要28万美元的医疗费用。另外，老年人的总开销有接近13%用于医疗保健，这达到了年轻个体的2倍多（Federal Interagency Forum on Aging-Related Statistics, 2010; Wild et al., 2014; O'Brien, 2018）。

最后，心理因素对老年人患病的可能性也有重要影响。例如，对居住环境有控制感，拥有对日常事务进行选择的权利，都可以让人拥有更好的心理状态和健康

- 看护者要记得为自己抽出部分时间，过一下自己的生活。看护者可以从社区服务组织那里寻求帮助。

状况（Levy, Slade, & Kasl, 2002; Taylor, 2014）。

为了让自己身体健康、延年益寿，老年人做一些每个年龄段都应该做的事情即可：合理饮食，锻炼身体，避免明显的健康危害，如吸烟。针对老年人的医疗和社会服务专业人士的目标是延长老年人的积极寿命，即延长他们能够保持健康、享受生活的时间（Sawatzky & Naimark, 2002; Gavin & Myers, 2003; Katz & Marshall, 2003; Malhotra et al., 2016）。

饮食对于衰老和疾病的关系而言是一种重要因素。

不过有些时候，老年人即使是依照这些简单的指导行事也会遇到困难。例如，粗略的估计显示，15%～50%的老年人没有足够的营养，数百万的老年人每天都遭受饥饿（Strohl, Bednar, & Longley, 2012; Giacalone et al., 2016）。

引起营养不良和饥饿的原因有很多。一些老年人因为太穷而买不起足够的食物；一些老年人因为身体太虚弱而无法自己购物或煮饭；还有一些老年人没有充分准备适当餐食的动机，特别是当他们独居或抑郁时。对于那些味觉和嗅觉敏感性下降的老人来说，进食可能不再是一种享受。而且，一些老年人年轻时的膳食可能就不太均衡（Vandenberghe-Descamps et al., 2017; Horning et al., 2018）。

进行充分的锻炼对于老年人来说，可能也有一定的困难。疾病会阻碍老年人进行锻炼，恶劣的天气也会限制老年人走出家门。除此之外，问题可能叠加，例如，一个没有钱吃饱饭的穷人可能也没有体力

进行锻炼（Kelley et al.，2009；Logsdon et al.，2009；Pargman & Dobersek，2018）。

成年晚期的性：用进废退。祖父母辈有性生活吗？

非常可能的答案是：有。越来越多的证据表明，八九十岁的人在性方面仍然十分活跃。尽管美国流行的刻板印象会令我们觉得两个 75 岁的老年人发生性行为不太合适，而一个 75 岁老年人自慰似乎更奇怪。但许多其他文化预期老年人在性方面仍保持活跃；一些社会还预期，随着年龄的增长，人们在性方面更放得开（Lindau et al.，2007；De Conto，2017）。

有两个主要因素决定了老年人是否参与性生活。一个是良好的身体和心理健康状态，另一个是先前的性生活是否规律。"用进废退"似乎能准确描述老年人的性功能。性生活能够持续一生，现实情况也常常如此。此外，有一些有意思的证据表明，进行性生活可能会有一些意外收益：一项研究发现，规律的性生活伴随着更长的寿命（Huang et al.，2009；Hillman，2012；McCarthy & Pierpaoli，2015）。

一项调查发现，70 岁以上老年人中有半数的男性和 1/3 的女性会自慰，自慰的平均频率是每周一次。大约 2/3 的已婚男性及女性与配偶发生性关系的频率也是每周一次。另外，随着年龄的增长，认为自己的性伴侣外表有吸引力的人数比例也在增加（Araujo，Mohr，& McKinlay，2004；Ravanipour，Gharibi，& Gharibi，2013）。

当然，衰老确实让性功能出现了一些变化。从接近 50 岁至 70 岁出头的这段时间内，睾丸激素下降的幅度平均为 30% ～ 40%。男性完全勃起需要更长的时间和更多的刺激。不应期阶段（男性在性高潮后不能再次被唤起的时间）可能会持续一天甚至几天。为了改善性功能，许多男性服用药物，如伟哥或犀力士（Gökçe & Yaman，2017）。

女性的阴道变窄，失去弹性，自然分泌的润滑液变少，这使性交变得更加困难。需要意识到的是，老年人像年轻人一样，也容易染上性病。事实上，在被诊断为艾滋病的患者中，有 10% 的人超过 50 岁，而且由于其他性传播感染而新发病的概率是所有年龄段中最高的。在一些护理院，性传播疾病是主要的健康问题之一（Seidman，2003；National Institute of Aging，2004；Ducharme，2018）。

衰老的理论：死亡为什么不可避免

死亡的阴影徘徊在成年晚期的人们头上。我们都会在某个时刻意识到，无论在生命的各个阶段身体有多么健康，我们每个人都要经历身体的衰老，而生命最终会终结。可这是为什么呢？

主要有两种理论可以解释我们为什么会经历身体的衰老和死亡：衰老的遗传预程理论和磨损理论。

衰老的遗传预程理论（genetic programming theories of aging）认为，人体 DNA 遗传密码包含了细胞繁殖的内置时间限制。当超过由遗传决定的那段时间之后，细胞就不能再分裂了，个体从此开始走向衰老（Rattan，Kristensen，& Clark，2006）。

遗传预程理论有几个变式。一个是认为遗传物质包含了"死亡基因"，它指令身体走向衰老和死亡。坚持演化观点的研究者则认为，为了物种的生存，繁殖期之后并没有必要延长寿命。根据这种观点，那些更容易在生命晚期侵袭人类的遗传疾病将会持续存在，因为这些疾病不妨碍人们有时间繁殖后代，同时也会将引起疾病和死亡的预置基因传递下去。

遗传预程理论的另一个变式认为，身体细胞可以复制的次数是固定的。在整个生命过程中，新的细胞通过细胞复制产生，以修复和补充全身各组织器官的细胞。根据这种观点，负责身体运转的遗传指令只能被读取一定次数，之后就会难以辨认，进而细胞停止繁殖。由于身体没有以同样的速度更新，就会出现衰退，最终导致死亡（Thoms，Kuschal，& Emmert，2007）。

研究证据支持了遗传预程理论，表明在实验室中，一个人体细胞只能成功分裂 50 次左右。细胞每分裂一次，染色体的端粒（位于染色体末端的一小段 DNA 保护区域）就会变得短些。当染色体的端粒消失时，细胞就停止复制，这使得细胞更容易被损坏，并产生衰老的迹象（Epel，2009；Kolyada et al.，2016；Murdock et al.，2017）。

相比之下，**衰老的磨损理论**（wear-and-tear theories of aging）则认为身体的机械功能仅仅是磨损殆尽，就像汽车和洗衣机一样。一些支持磨损理论的研究者指出，为了能进行各种活动，身体会不断制造能量，同时生成副产品。这些副产品与毒素以及日常生活中面临的各种威胁（如辐射、接触化学品、意外事故和疾病）共同作用，累积到较高水平后会破坏身体的正常功能，最后的结果就是衰退和死亡。

这些副产品中与衰老有关的一类特殊物质是自由基（free radical），是由人体细胞所产生的带电分子或原子。因为带电，所以自由基可能会对身体的其他细胞产生不利作用。大量研究表明，氧自由基可能和许多年龄相关的问题有关，包括癌症、心脏病、糖尿病等（Sierra，2006；Hayflick，2007；Sonnen et al.，2009；Lustgarten，Muller，& Van Remmen，2011）。

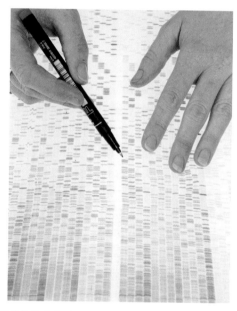

根据衰老的遗传预程理论，人体 DNA 遗传密码内置了对生命时间长度的限制。

协调各种衰老理论。遗传预程理论和磨损理论对死亡的必然性做出了不同解释。遗传预程理论认为，生命由基因预设了一个固定的时间限制；而磨损理论，尤其是那些关注毒素的逐渐积累的理论，则代表更乐观的立场。这类理论认为，如果能够找到一种方法消除身体产生的和由于暴露于环境而产生的毒素，那就有可能延缓衰老。例如，某些基因似乎可以延缓衰老，增强个体抵抗与年龄相关疾病的能力（Ghazi，Henis-Korenblit，& Kenyon，2009）。我们不知道哪种理论能够提供关于衰老更准确的解释。每种理论都各自得到了一些研究的支持，而且似乎也能够解释衰老的某些方面。但最终，衰老仍然是一个未解之谜（Horiuchi，Finch，& Mesle，2003；Friedman & Janssen，2010；Aldwin & Igarashi，2015）。

预期寿命：我能活多久？ 我们虽然并不完全清楚死亡的原因，但是我们知道如何计算人的平均预期寿命：大多数人期望能够活到老年。**预期寿命**（life expectancy）是指一个群体中成员死亡的平均年龄，例如，在北美，出生于 2018 年的人，其预期寿命为男性 77 岁，女性 81 岁。

预期寿命一直在稳定地增加。1776 年，美国人的预期寿命只有 35 岁。到了 20 世纪初，预期寿命增加到 47 岁。在 1950～1990 年的 40 年间，预期寿命从 68 岁增加到 75 岁以上。可以预测预期寿命还会继续增加，到 2050 年可能会达到 80 岁。如果预期寿命的增加趋势延续下去，那么到 21 世纪末活到 100 岁可能会是一件很普通的事（见图 9-6）。

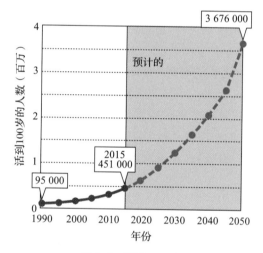

图 9-6　活到 100 岁

如果到 21 世纪末活到 100 岁成了一件很普通的事，这对社会来说意味着什么？

资料来源：United Nations, Department of Economic and Social Affairs, "World Population Prospects, 2015," cited in Stepler, 2016.

预期寿命的增加有多种原因。健康和卫生条件变得更好，许多疾病如天花已被完全消灭。现在有很多疫苗和预防措施应对以前常导致年轻人死亡的疾病（如麻疹、腮腺炎等）。人们的工作条件普遍改善，许多商品的安全性也得以提高。越来越多的人选择健康的生活方式，如保持体重、多吃新鲜蔬菜和水果、锻炼身体。这些生活方式都可以延长他们的积极寿命，即保持健康、享受生活的时间。

人的寿命到底能够增加多少年？最常见的回答是，生命的上限在 120 岁左右，即 1997 年去世的 122 岁老人 Jeanne Calment 达到的水平，她曾被吉尼斯世界纪录列为世界上最长寿的老人。超出这个年龄可能要求人类的遗传特质发生重要改变，而这在技术上和伦理上都是不太可能的。但是，近期一些科学和技术上的进步表明，大幅度延长寿命并非不可能。

延缓衰老：科学家能找到永葆青春的奥秘吗？ 研究者即将发现科学意义上的青春之泉了吗？

目前还没有发现，但至少在非人类动物身上，研究者已经非常接近答案了。例如，研究者已经将一种线虫（一般只能活9天的微型透明蠕虫）的寿命延长到了50天，这相当于把人的寿命延长到420岁。研究者也成功将果蝇的寿命延长到了原来的2倍（Libert et al., 2007；Ocorr et al., 2007；Fedichev, 2018）。

以下是几种最有希望延长寿命的途径。

- **端粒治疗**。端粒是位于染色体顶端微小的保护性区域，每经过一次细胞分裂，端粒就会变得更短，并最终消失，导致细胞停止复制。一些科学家认为，加长端粒能够延缓衰老。目前研究者正在试图找出哪些基因能控制生成端粒酶——一种似乎能调节端粒长度的酶（Chung et al., 2007；Reynolds, 2016；Blackburn & Epel, 2017）。

- **药物治疗**。科学家发现一种叫雷帕霉素（rapamycin）的药物可以通过干预哺乳动物的雷帕霉素靶蛋白（mTOR）的活性，延长小鼠14%的寿命。这一发现提示了该药物对延长寿命和提升记忆力可能有效。另一种物质，生长分化因子11（GDF11），似乎可以恢复肌肉力量和减缓神经元退化，至少在小鼠中是这样（Santos et al., 2011；Stipp, 2012；Katsimpardi et al., 2014；Zhang et al., 2014）。

- **解锁长寿基因**。某些基因能够调控身体机能，以应对环境中的挑战和身体出现的不利情况。如果加以利用，这些基因可以提供一种延长寿命的方法。一个特别有希望的基因家族是去乙酰化酶（sirtuin），它可以调节和促进寿命的延长（Sinclair & Guarente, 2006；Glatt et al., 2007；Fujitsuka et al., 2016）。

- **通过抗氧化药物减少自由基**。自由基是一种游离在身体内部的不稳定分子，它可以破坏其他细胞并引起衰老。减少自由基数量的抗氧化药物最终可能会变得更加完善。此外，可能还可以在人体细胞内插入控制有抗氧化剂功能的酶生成的基因。同时，营养学家还强调要多吃富含抗氧化维生素的食物，这些维生素见于水果、蔬菜等（Haleem et al., 2008；Kolling & Knopf, 2014；Pomatto & Davies, 2018）。

- **限制热量**。至少在最近10年内，研究者已经发现，在保证提供所需的全部维生素和矿物质的前提下，当提供的食物热量非常低时（只相当于正常摄入量的30%~50%），实验室小鼠的平均寿命比那些喂养更好的小鼠要长30%。原因似乎是饥饿的小鼠产生的自由基更少。研究者希望能够生产出一种药物，在不会让人感到饥饿的情况下来达到类似限制热量摄入所产生的效果（Ingram, Young, & Mattison, 2007；Cuervo, 2008；Liang & Wang, 2018）。

- **仿生学方法：替换坏掉的器官**。如心脏移植、肝移植和肺移植。在我们生活的这个年代，替换受损或患病的器官是一件看起来很平常的事情。

但仍存在一个较大的问题：因为身体会排斥外来组织，所以移植常常会失败。为了解决这个问题，一些研究者建议移植器官可由接受移植者自己的细胞克隆而来，从而解决排异问题。一种更进一步的做法是，对来自动物的、不会引起排异反应的遗传改造细胞进行克隆、培养，然后植入到需要移植器官的人身上。此外，技术上的进步将会使得通过培育人工器官来彻底替换患病或受损的器官成为可能（Kwant et al., 2007；Li & Zhu, 2007；Forni, Darmon, & Schetz, 2017）。

延长人类寿命的科幻想法是令人振奋的，但是有一个更需要解决的问题：不同种族和族裔群体成员之间的预期寿命存在巨大差异。我们将在下面的"文化维度"专栏中进行讨论。

从一个健康护理工作者的视角看问题

根据你所学到的关于预期寿命的解释，你会如何尝试延长自己的寿命？

文化维度

预期寿命的种族和族裔差异

- 美国出生的白人平均能活到 79.1 岁，而非裔美国人平均要少活 3.5 年。
- 出生在日本的人预期寿命为 85 岁以上，而出生在阿富汗的人预期寿命只有 52 岁出头（*World Factbook*，2018）。

这些令人不安的差异有几个原因。例如，预期寿命的性别差距，这一点尤为明显。在工业化国家，女性比男性平均多活 4～10 年。女性的这种优势从一怀孕就开始了：虽然男孩的出生率略高些，但无论在怀孕期间、婴儿期还是儿童期，男孩死亡的可能性更大。所以，到了 30 岁，男性和女性的人数几乎相同。而到了 65 岁，84% 的女性和 70% 的男性还活着。对于 85 岁以上的老人而言，性别差异更大，男女比例为 1∶2.57（United Nations World Population Prospects，2006；Central Intelligence Agency，2018）。

对性别差异的解释有很多。其中一种解释是：女性分泌的雌激素、黄体酮这两种激素更多，在一定程度上可以保护他们免受诸如心脏病等疾病的困扰。另一种可能性是女性在生活中有更多的健康行为，例如饮食更合理。但是，没有确凿的证据能够充分支持以上任何一种解释（Emslie & Hunt，2008；Aichele，Rabbitt，& Ghisletta，2016）。

无论什么原因，性别差异一直在增加。在 20 世纪早期，女性的性别优势只有 2 年，但到了 80 年代，性别差异增加到了 7 年。这个差异似乎趋于平稳，主要是因为男性比以往更注重参与积极健康的行为（比如少抽烟、吃得好一些、多运动）。

种族和族裔差异更令人困扰，因为这体现了美国不同群体在社会经济状况上的明显差异。白人比非裔美国人的预期寿命要长 10%（见图 9-7）。此外，与预期寿命一直上升的白人相比，非裔美国人的预期寿命近些年来还出现了轻微的下滑。

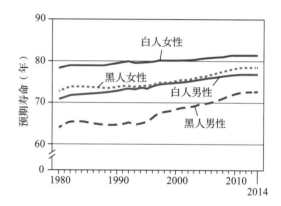

图 9-7 非裔美国人和白人的预期寿命

非裔美国男性的预期寿命比白人男性短，正如非裔美国女性的预期寿命比白人女性更短。

资料来源：National Center for Health Statistics，2016.

回顾、检测和应用

回顾

1. 描述有关衰老的误解与现实。

老年人常常受到歧视，即基于年龄的指向老年人的偏见和歧视。不是所有文化都负面地看待衰老。亚洲和美国原住民社会，年长者是受到敬重的。

2. 总结年老时发生的生理变化。

衰老会引起一些身体上的转变和内部变化。从外在方面看，头发变得灰白稀疏。身高也许会由于椎间盘的软骨变薄而矮上几英寸。内部的呼吸和消化系统有效性变差。大脑会萎缩，需要的氧量也变少，但皮质细胞的数目即便减少也只会是少量的。反应时间变长。尽管体能上很可能发生了变化，但很多老人还是保持着敏捷和健康。

3. 解释衰老如何影响感觉。

衰老带来视觉、听觉、味觉和嗅觉的衰退。感觉的衰退会引起严重的心理后果。

4. 总结老年人遇到的健康问题，并列出影响一个人健康状况的因素。

许多老年人所患的疾病并不是老年人特有的，但是癌症和心脏病的发病率会随着年龄的增长而上升。成年晚期的个体也更可能患有关节炎、高血压、重度神经认知障碍和阿尔茨海默病。成年晚期的健康状况受到多种因素的影响，包括遗传上的易感性、环境因素及心理因素。在老年期，合理饮食、锻炼、回避对健康有危害的因素能够使老年人保持良好的健康状况。对于健康的成人来说，性生活可以持续一生。

5. 探讨有关衰老的不同理论，并总结有关延长预期寿命的研究。

死亡是由于遗传预程的作用还是因为身体整体磨损所致，目前仍没有定论。几个世纪以来，人们的预期寿命一直在增加，它因性别和种族不同而有所差异。延长预期寿命的新方法包括端粒治疗、通过抗氧化药物减少自由基、限制热量的摄入以及替换坏掉的器官等。

自我检测

1. _____衰老包括由于遗传程序的预先设定而随个体老化发生的普遍且不可逆转的变化。

   a. 次级　　b. 内部　　c. 钝性　　d. 初级

2. 60 岁及以上老人失明的最主要原因是_____。

   a. 与年龄相关的黄斑变性　　b. 白内障

   c. 两眼间晶状体退化　　d. 青光眼

3. 阿尔茨海默病是一种_____，每年在美国导致 10 万人死亡，并影响接近一半的 85 岁以上老人。

   a. 退行性细胞疾病　　b. 慢性高血压

   c. 渐进性脑部疾病　　d. 神经认知免疫疾病

4. 衰老的_____理论认为 DNA 包含了人体细胞繁殖的内置时间限制。

   a. 磨损　　　　　　b. 预期寿命

   c. 遗传预程　　　　d. 化学品暴露

应用于毕生发展

社会经济地位与成年晚期的健康状况、预期寿命有何联系？

9.2　成年晚期的认知发展

不是我开车

Grace 和 Helen，都 80 岁了，正悠闲地抱怨着周末她们开车去市场遇到的关于老龄的琐碎烦恼。Helen 坐在副驾驶，看到 Grace 闯了一个红灯。Helen 知道自己的视力不如以前，就什么都没说。但当同样的情形在之后两个十字路口再次发生后，Helen 知道这不是自己视力的问题，于是说："Grace，你没事吧？你刚闯了三个红灯。难道你没看到吗？"

"天哪！"Grace 惊呼，"我以为你在开呢。"

这个古老的笑话在本节的开始就为我们展示了人们对老年人的刻板印象——糊涂、健忘。如今，这种观点大为不同。研究者们不再认为老年人的认知能力必然会下降。而是认为他们的整体智力和特殊认知能力（如记忆和问题解决）更有可能保持良好。事实上，通过适当的训练和接触合适的环境刺激，老年人的认知能力能够切实得到改善。

本节将讨论成年晚期的智力发展。我们将考察老年人的智力本质和认知能力变化的多种方式；评估成年晚期不同种类记忆的变化情况以及减缓老年人智力衰退的方法。

智力

当 1985 年美国有线电视新闻网（CNN）不再与丹尼尔·肖尔（Daniel Schorr）就报道工作续约时，他已经 69 岁了，所有人看到他退休都不会感到吃惊——除了丹尼尔·肖尔本人。

他没有闲置自己的打印机，而是很快地在美国国家公共广播电台（NPR）找到了工作。直到去世前两周，93 岁的他仍然定期向美国国家公共广播电台的《周末版》《万事皆晓》和其他新闻节目上交相关的分析和评论。

丹尼尔·肖尔持续保持的智力活跃性是不常见的，但他并不是唯一的例子。越来越多的依靠自身智慧谋取生计或纯粹为了不断前进的人，到已经难以置信的年龄时会再次开始工作，却依然保持着活跃的智力。仅仅在娱乐圈内，就有活跃到 100 岁的喜剧演员鲍勃·霍普（Bob Hope）、乔治·伯恩斯（George Burns）以及作曲家欧文·柏林（Irving Berlin）。

老年人的认知功能

老年人的认知功能不断退化的观点最初来自对研究结果的误解。早期关于智力的研究通常只是简单地比较年轻人和老年人在同一 IQ 测验上的得分，使用的是传统的横断实验法。例如，研究者用相同的测验对一组 30 岁的被试和一组 70 岁的被试进行测试，然后比较他们的成绩。

但是，横断法无法排除同辈效应，即成长的特定年代所造成的影响。如果年轻组由于其成长的时代特征而接受了更多的教育，平均而言，他们仅仅因为这点就可能在测验上获得更好的成绩。此外，一些智力测验包含计时部分，那么，老年人的成绩更差可能是由于他们的反应时间更长。

纵向研究，即长时间地追踪相同的个体，也没有明显优势。如我们之前所讨论的，重复接受相同的测验可能会使被试对测验题目非常熟悉。而且，随着时间的推移，一些被试可能无法被找到，而只留下了很小的一部分被试，而这部分人的认知能力可能相对较好。

关于成年晚期智力本质的最新结论

近年来，越来越多的研究正在尝试克服横断法和纵向法各自的缺点。目前正在持续进行的一项大规模的研究是由发展心理学家 K. 华纳·沙因主持的关于老年人智力的研究，采用序列法，即将横断法和纵向法结合起来，在若干时间点考察不同年龄组的被试。

在这项庞大的研究中，沙因在美国华盛顿州西雅图随机选择了 500 名被试，对其进行了一系列认知能力测验。这些被试的年龄范围为 20～70 岁，从 20 岁开始，年龄相差 5 岁的被试为一组。研究者每 7 年对这些被试进行一次测验，而每年都有更多的新被试

参与进来。到目前为止，接受测试的总人数已超过5 000 名（Schaie，Willis，& Pennack，2005；Schaie & Willis，2011）。

这些研究支持了以下几种概括性的结论（Craik & Salthouse，2008；Xue et al.，2018）。

- 从 25 岁开始，个体的某些能力逐渐下降，而另一些能力则保持相对稳定（见图 9-8）。成年期各类智力随年龄增长的变化模式各不相同。例如，流体智力（处理新问题和新情境的能力）随着年龄增长而衰退，而晶体智力（对获得的信息、技能和策略的储存）则保持稳定，在某些情况下甚至会上升（Schaie，1993；Deary，2014）。

- 平均来说，在 67 岁之前，个体的所有认知能力都会有一定的下降，但下降幅度很小，直到 80 岁以后才会出现明显下降。即使在 81 岁时，也只有不到一半的人在测验中的成绩与 7 年前各方面相比均有所下降。

- 智力的变化存在明显的个体差异。有些人在 30 岁后智力就开始衰退，而有些人直到 70 多岁智力才开始衰退。事实上，在 70 多岁的老年人中，1/3 以上的老年人测验得分高于青年人的平均水平。

- 环境因素和文化因素对智力同样有影响。如果个体没有罹患慢性疾病，具有较高的社会经济地位，置身于能够激发智力的环境中，属于灵活的人格类型，拥有聪颖的配偶，保持良好的知觉加工速度，对自己中年期或老年早期的成就感到满意，那么其智力下降幅度就会比较小。

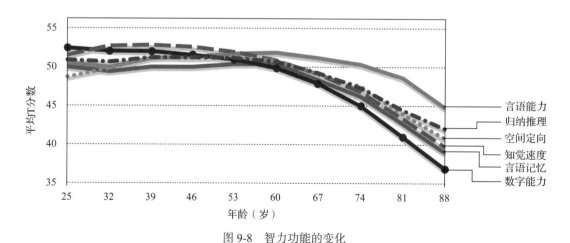

图 9-8 智力功能的变化

尽管有些智力在成年期有所下降，但另外一些能力仍保持相对稳定。

资料来源：Changes in Intellectual Functioning from Schaie，K. W.（1994）. " The course of adult intellectual development." p. 307. *American Psychologist*，*49*，304–313. Copyright © 1994 by the American Psychological Association.

环境因素和智力技能之间的关系提示我们，通过持续的刺激、练习和激励，老年人能够维持他们的心智能力。这种可塑性（plasticity）表明，成年晚期可能发生的智力改变并不是固定不变的。那么，就像在个体发展的其他领域一样，智力领域由"用进废退"来形容再合适不过了。这提示我们，可能存在一些帮助老年人保持信息加工技能的方法。

但是，并不是所有的发展心理学家都接受"用进废退"这一假设。发展心理学家蒂莫西·索尔特豪斯（Timothy Salthouse）认为，成年晚期认知能力内在的真实下降速度并不受心理训练的影响。他认为，那些持续频繁参与智力活动（如完成填字游戏）的人在进入成年晚期后，会有一个"认知储存"，这使得他们能够弥补认知能力的内在衰退，继续表现出一种较高的心智水平。尽管如此，大多数发展心理学家还是认可心理训练有好处这一假设的（Salthouse，2012，2017）。

记忆与学习

我能记起四五十年前发生的所有事情，包括日期、地点、面孔、音乐。但是到 11 月 14 日我就要过 90 岁的生日了，而我发现自己根本记不住昨天发生的事情（*Time*，1980，p.57）。

这是作曲家亚伦·科普兰（Aaron Copland）对自己老年后记忆状况的描述。话语中的一个错误让我们更加确信科普兰的分析是准确的：因为在过下个生日时，他只有 80 岁！

记忆

与中国老年人相比，记忆丧失在西方国家的老年人中更常见。哪些因素导致了老年人记忆丧失中的这种文化差异？

记忆丧失无可避免吗？不一定。跨文化研究表明，相比于不太尊敬老年人的国家，高度尊敬老年人的国家（如中国）的人们更不容易出现记忆丧失。在这类文化中，对老年人更积极的预期可能使得人们更加乐观地看待自己的能力（Levy & Langer，1994；Hess，Auman，& Colcombe，2003）。

那些切实发生的记忆力衰退也主要限于情景记忆（episodic memory），即与特定生活经验有关的记忆，比如回忆你第一次游览纽约的年份。其他类型的记忆，如语义记忆（semantic memory，指一般知识和事实，如北达科他州的首府）和内隐记忆（implicit memory，指人们没有明显意识到的记忆，如怎样骑自行车）基本上不会受到年龄的影响（Dixon & Cohen，2003；Nilsson，2003）。

老年期的记忆能力确实发生了变化，例如，短时记忆（short-term memory）能力在成年期逐渐衰退，到 70 岁时衰退得更加明显。遗忘最快的是那些以口述形式快速呈现的信息，比如电脑服务热线的接线员要快速背诵的、用于解决电脑问题的一系列复杂步骤。另外，老年人会很难回忆起那些与不熟悉事物相关的信息，例如一些散文段落、人的名字和面孔，还有药品使用说明等信息，这很可能是因为遇到新信息时很难对它们进行有效的登记和加工。但是，这些变化都很小，大多数老年人会自动学习如何对其进行补偿（Rentz et al.，2010；Carmichael et al.，2012；Klaming et al.，2017）。

自传体记忆：回忆我们生活的每一天。谈到**自传体记忆**（autobiographical memory），即对自身生活信息的记忆，老年人和年轻人一样会遭遇衰退。例如，回忆常常遵循快乐原则，即愉快的记忆比不愉快的记忆更容易被想起来。类似地，在关于自己过去的信息中，人们更容易忘记那些与他们现在对自己的看法不一致的部分。他们更可能记起符合当下自我概念的信息，就像严格的父母不会记起自己曾经在高中舞会上喝醉过一样（Loftus，2004；Skowronski，Walker，& Betz，2003；Martinelli et al.，2013）。

人们对生命某些阶段的记忆要优于对其他阶段的记忆（见图 9-9）。70 岁的人回忆自己二十几岁和三十几岁时包含的细节更多，而 50 岁的人对自己十几岁和二十几岁的记忆更多。对这两个年龄段的人来说，他们对早年的回忆都要好于对近几十年的回忆，但是不如近期事件的回忆完整（Rubin，2000）。

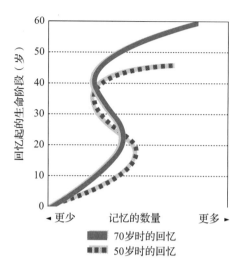

图 9-9　对过去事件的回忆

自传体记忆随着年龄的增长而发生变化，70 岁的人关于自己二十几岁和三十几岁的回忆最好，50 岁的人关于自己十几岁和二十几岁的回忆最好。处于这两个年龄段的个体都能很好地回忆起近期事件。

资料来源：Rubin，1986.

处于成年晚期的个体做决定时，他们利用所回忆信息的方式与年轻人不同。例如，当存在复杂规则时，他们信息加工速度很慢而且容易做出欠佳的判断，他们比年轻人更关注情感内容。另一方面，成年晚期的人们积累的知识和经验可以抵消他们的不足，尤其是在他们很有动机做出正确决定的时候（Peters et al.，2007）。

解释成年晚期的记忆变化。对老年人记忆发生明显变化的解释主要集中在三大方面：环境因素、信息加工缺陷和生物因素。

- **环境因素**。一些对老年人常见的特定环境因素会导致记忆衰退。例如，老年人经常服用一些妨碍记忆的处方药，因此老年人在记忆任务上成绩较差可能与服用相关药物有关，而不是与年龄有关。另外，退休后的老人不再面临工作上的挑战，也会较少地使用记忆。而且，他们回忆信息的动机可能不如以前了，在实验的测验情境中，他们可能不会像年轻人那样尽自己最大的努力了。
- **信息加工缺陷**。记忆衰退也可能与信息加工能力的变化有关。老年人抑制干扰问题解决的无关信息及想法的能力可能会减弱，信息加工速度也会减慢（Palfai，Halperin，& Hoyer，2003；Salthouse，Atkinson，& Berish，2003；Ising et al.，2014；Fortenbaugh et al.，2015）。

信息加工的另一种观点认为，老年人不能将精力集中在新材料上，且在相关刺激上集中注意力、组织记忆中的材料方面也有很大困难。这种信息加工缺陷理论得到了大多数研究的支持。根据这种理论，老年人从记忆中提取信息所用过程的效率比较低。信息加工缺陷最终会导致老年人记忆力的衰退（Castel & Craik，2003；Luo & Craik，2008，2009；Huntley et al.，2017）。

- **生物因素**。最后一种解释老年人记忆衰退的主要观点集中在生物因素上。根据这种观点，记忆的改变是由大脑和生理的衰退所致。例如，情景记忆的衰退可能与大脑额叶的退化或雌激素的减少有关。一些研究也发现海马细胞数量的减少，而海马是与记忆有关的重要脑区。不过，有些老年人虽然没有表现出生物方面退化的任何迹象，但仍然出现了特定种类的记忆缺陷（Eberling et al.，2004；Lye et al.，2004；Bird & Burgess，2008；Stevens et al.，2008；Sandrini et al.，2016）。

活到老，学到老

Martha 和 Jim 都 71 岁了，喜欢到大都会歌剧院观演，谈论男高音、芭蕾舞以及他们在林肯中心艺术节期间刚刚参加完的演讲。

Martha 和 Jim 是 Road Scholar（以前被叫作 Elderhostel）的资深成员，这一组织更名是为了彻底避免让人联想起"年老"或面向学生的便宜住宿。Martha 和 Jim 参加过的所有教育计划都安排了舒适的旅馆或宿舍，而且都是混龄活动。现在，Martha 和 Jim 正在讨论他们下一次的项目，考虑是去安大略省进行一次野生动物之旅，还是去弗吉尼亚州参加"修建前往伊斯兰教的桥梁"计划。

Road Scholar 是面向成年晚期个体的最大的教育计划之一，在全世界范围内提供旅行和学习课程。Road Scholar 在全世界的各个大学校园内推进，这进一步证明了：智力的成长和改变持续一生。如我们之前所看到的，认知训练可以帮助老年人维持其智力功能（Simson，Wilson，& Harlow-Rosentraub，2006；Spiers，2012）。

另外，许多公立大学通过免学费，鼓励老年人参加课堂学习。一些退休老人聚居的社区也位于或邻近大学校园（Powell，2004）。

虽然一些老年人对他们的智力能力有所怀疑，因此回避与年轻学生一起在常规大学的课堂上竞争，但他们的顾虑多半是错的。老年人在严格的大学课堂上维持自己的地位通常不会很困难。此外，教授和其他学生普遍认为，这些有着丰富生活经历的老年人通常对教育大有帮助（Simson，Wilson，& Harlow-Rosentraub，2006；Hannon，2015）。

最大的代沟之一是使用高科技设备。与年轻个体相比，65 岁及以上的人使用科技产品的可能性更小，尽管差距已经不像以前那么大了。大约有 40% 的老年人正使用智能手机，这远高于 2013 年 18% 的比例（见图 9-10）。

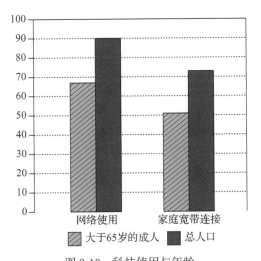

图 9-10 科技使用与年龄

在美国，年长个体使用网络的可能性要远低于年轻个体。

资料来源：Anderson & Perrin，2017.

然而，许多老年人并没有参与到数字革命中来。65 岁以上的成年人中有 1/3 从未使用过互联网，大

约一半的人没有家庭宽带。此外，智能手机用户的比例比美国年轻人低 42 个百分点（Anderson & Perrin，2017）。

使用高科技设备的老年人越来越多。

为什么老年人不太可能使用科技呢？一个原因是他们不感兴趣、动机不足，这一部分是因为他们较少工作，因此不太需要学习新科技技能。但另一个障碍就是认知。例如，因为流体智力是随年龄增长而衰退的，这可能会影响到学习科技的能力（Charness & Boot，2009；Erickson & Johnson，2011）。

这几乎就意味着，到了成年晚期人们不能学习使用科技。但事实上，越来越多的老年人开始使用电子邮件和像 Facebook 这类的社交网站。从社会整体来看，随着科技的广泛应用，可能老年人与年轻人之间在使用科技上的差距会日趋缩小（Costa & Veloso，2016；也见"从研究到实践"专栏）。

从研究到实践

我们可以训练大脑吗？改善认知功能的干预措施

我们能通过训练来改善认知功能吗？精心设计的研究表明，答案是肯定的，尽管还有许多问题有待回答。

在一项为期 10 年的开创性研究中，研究人员对近 3 000 名成年人进行了研究，该研究名为"独立和有活力的老年人高级认知训练"（Advance Cognitive Training for Independent and Vital Elderly，ACTIVE）。研究开始时，近 3 000 名参与者的平均年龄为 74 岁。参与者接受了 10 次认知训练，每次大约持续一个小时，每次的训练

都变得越来越有挑战性。三组参与者接受了记忆训练（如记忆单词列表的记忆策略），推理训练（如在一系列数字中找到规律），或加工速度训练（如识别在电脑屏幕上短暂闪现的物体）。一些参与者还分别在 1 年和 3 年后接受了"助推"（booster）训练，每次都包括 4 次以上的训练（Willis et al., 2006）。

值得注意的是，距离最初的训练期 5 年后，认知方面的受益是很明显的。与没有接受训练的对照组相比，参与者在接受推理训练的 5 年后，在推理任务中的表现会高出 40%。而那些接受记忆训练的参与者，在记忆任务中的表现会高出 75%。另外，那些接受速度训练任务的个体，在速度测验中的表现则惊人地高出了 300%（Vedantam, 2006；Willis et al., 2006）。

更令人惊讶的是，一些改善在最初接受训练的 10 年后依然存在。对于那些接受了推理和加工速度训练的人来说，这种改善持续存在。此外，接受训练的参与者报告说，他们更容易管理自己的日常活动，如处理财务和药物使用，尽管标准化测试并没有显示出组间差异（Rebok et al., 2013；Rebok et al., 2014；Parisi et al., 2017）。

总的来说，研究结果令我们看到希望。但一些说明也是必要的。首先，这些结果来自单一的工作，需要进行更多的研究。其次，研究结果并不表明，使用 Lumosity 或 Clockwork Brain 销售的那些声称能改善记忆和认知功能的商业应用程序是有效的。实际上，美国联邦贸易委员会（FTC）对 Lumosity 进行了谴责，并要求其向被夸大的广告所欺骗的消费者返还回扣。目前还没有确凿的证据表明，应用程序确实能提高老年人，抑或年轻人的认知能力（Robbins, 2016；Katz & Marshall, 2018）。

共享写作提示：

关于人们应该采取哪些步骤来避免认知技能的丧失，你会给出哪些建议？

回顾、检测和应用

回顾

6. 描述在确定智力随年龄改变的原因时遇到的挑战。

由于同辈效应及其他挑战，使用横断研究或纵向研究难以对伴随年龄的智力改变是由于什么原因作出结论。

7. 总结衰老对认知功能的影响，并找出可能影响认知功能的因素。

虽然一些智力能力从 25 岁开始逐渐下降，但另一些智力能力保持相对稳定。例如，研究发现流体智力会随着年龄增长而衰退，而晶体智力则在成年晚期保持稳定，在某些情况下甚至会上升。伴随年龄的智力改变没有统一的模式。可能影响认知功能的因素，包括环境因素和文化因素。

8. 解释记忆能力在成年晚期的变化。

记忆衰退主要影响情景记忆和短时记忆。对老年人记忆变化的解释主要有环境因素、信息加工缺陷和生物因素三大方面。

9. 找出老年人可以获得的学习机会，并描述这些机会对认知功能的作用。

类似"Road Scholar"这样的教育计划为老年人提供学习机会。许多公立大学也鼓励老年人修课。锻炼认知技能可以帮助人们在成年晚期保持敏锐的智力功能。

自我检测

1. 衰老与认知的横断研究的一个问题是这种方法没有考虑_____，即成长的特定年代所造成的影响。

   a. 遗传效应 b. 环境效应 c. 同辈效应 d. 宗教效应

2. 环境因素与智力技能之间的关系表明，通过_____，老年人可以保持他们的心智能力。

   a. 刺激、练习和激励

   b. 锻炼、善良的配偶和灵活的人格类型

   c. 自传体记忆、激励和处方药

   d. 更高的雌激素水平、锻炼和同辈群体

3. 在自传体记忆中，老年个体与年轻个体一样，遵循_____，更容易回想愉快的记忆。

   a. 凸显原则 b. 语义效应 c. 快乐原则 d. 积极效应

4. 随着_____，年轻人与老年人之间的科技技能代沟可能减小。

   a. 年轻人有工作，有家庭，并忙于使用社交媒体

   b. 科技在社会整体中广泛应用

   c. 科技带来更简单的机器和针对老年人的应用程序

   d. 人们在网上对老年人给予更多尊重

应用于毕生发展

文化因素，如社会对老年人的尊敬程度，可能会怎样影响老年人的记忆表现？

9.3 成年晚期的社会性和人格发展

在阳光下漫步

81岁的Simone在位于加利福尼亚家中的花园里摆好了画架和水彩颜料。"我给儿童书画插图已经50年了。"她说。Simone曾经希望成为著名画家，并在读完艺术学校后前往意大利追寻她的梦想。"我没能成为第二个米开朗琪罗，"她笑着说，"但我的生活过得还不错。我在那里遇见了我的丈夫Gabriel，还有比这更好的事吗？"

Gabriel在5年前去世了。"撑过第一年确实很难。"Simone承认，"我去了意大利，回想起一切，我们的相见、相恋。我经常哭泣。但我接着回到家，开始给两本新书画插图。工作就是我的生命线。虽然我承担的工作只有以前的一半，但能付房租，而我可以花时间做我喜欢的事情，主要是弹钢琴——虽然弹得很糟糕。当孙辈们来看我时，我还会和他们在海边漫步。"

Simone生活中的最新事件？"我的弟弟Dev去年丧妻，原因是癌症，我就让他到我这儿来住。我们的关系一直很好，他擅长烹饪，其他事情也做得特别好。

我们会是一对快乐的老家伙，在阳光下漫步。"

任何一个年龄段的人都希望多做贡献并成为有用的人。对于像Simone这样的老人，经过一生磨炼的才能以及与家人的联系，为他们提供了丰富的机会来继续积极生活并与他人保持联系。

本节中，我们将讨论成年晚期社会性和情绪方面的特点；它们如同在之前的生命阶段中一样有着核心意义。首先，我们将思考人格在老年个体中是如何连续发展的，然后考察成功老化的不同方式。我们还将考察文化如何塑造我们对待老年人的方式。

接下来，我们将探讨各种社会因素如何影响老年人，如居住安排、经济和财务问题。我们还将探讨工作和退休对老年人的影响。

最后，我们将考察成年晚期的人际关系，包括夫妻、家属和朋友之间的关系。我们将了解成年晚期的社会网络如何在生活中继续起到重要且持久的作用。我们将以讨论老年人遭受虐待这一问题结束本节。

人格发展与成功老化

82岁的Ella仍然在她的退休社区里打匹克球。她经常和朋友们一起喝血腥玛丽来庆祝匹克球的胜利，又或失败。

如果你问她，她会告诉你她像20多岁时一样享受生活。她说她喜欢和朋友进行社交活动："至少和那些还活着的朋友！"

Ella在很多方面与她年轻时是一样的，比如她的才智、她的精神，还有她极高的活动水平。而对于其他老年人来说，时间和环境使得他们改变了对生活的态度、对自己的看法，甚至可能是一些基本的人格特质。事实上，研究毕生发展的学者们需要回答的一个基本问题就是，成年晚期的人格在多大程度上保持稳定或有所变化。

成年晚期人格的稳定性和变化

人格在整个成年期是相对稳定的，还是会表现出显著变化呢？答案取决于我们希望考虑人格的哪些方面。根据我们之前介绍过的发展心理学家保罗·科斯塔和罗伯特·麦克雷的观点，"大五"基本人格特质（神经质、外向性、开放性、宜人性、尽责性）在成年期是十分稳定的。例如，在20岁时性情平和的人在75岁时也是性情平和的，在成年早期持有正性自我概念的人在成年晚期仍然能够积极地看待自己（Terracciano, McCrae, & Costa, 2010；Curtis, Windsor, & Soubelet, 2015；Kahlbaugh & Huffman, 2017）。

尽管基本人格特质具有这种连续性，变化仍有可能出现。社会环境的重大改变可能会造成个体人格的改变。对于一个80岁的人来说很重要的东西，和其40岁时重要的东西未必相同。

为了解释这些变化，一些理论家对发展上的不连续性给予了关注。正如我们将要看到的，埃里克森、罗伯特·佩克（Robert Peck）、莱文森和伯尼斯·诺加盾（Bernice Neugarten）的研究工作考察了成年晚期面临的新挑战所带来的人格改变。

自我完善对失望：埃里克森理论中的最后一个发展阶段。 按精神分析学家埃里克森的观点，在成年晚期，个体进入生命中心理社会性发展的八个阶段的最后一个。这个时期被称为**自我完善对失望阶段**（ego-integrity-versus-despair stage），其特点是回顾过去的生活，对其进行评价，最后达成妥协。

成功经历这个发展阶段的人会体验到满足感和成就感，用埃里克森的话来说就是"完整"。当人们达到了完整这一状态时，他们觉得自己已经实现生活中的各种可能性，没有遗憾。另一些人在回顾过去时并不满意。他们可能觉得自己错过了一些重要机会，没有实现自己的愿望。这些人可能会对自己所做的和没能做到的事情感到不开心、抑郁、生气或者沮丧——简而言之，他们很失望。

佩克的发展任务。 尽管埃里克森的理论为成年晚期的发展呈现了一幅多样性的画面，其他理论家的观点则认为个体在生命的最后阶段中会有更大程度的分化。发展心理学家罗伯特·佩克（1968）认为，老年人的人格发展由三个主要发展任务或挑战组成。

佩克对成年阶段的改变进行了全面描述，其中一条观点认为老年人的第一个任务是必须用与工作角色或职业无关的方式来重新定义自己，他把这个阶段称为**自我重新定义对沉迷工作角色**（redefinition of self versus preoccupation with work role）。正如我们将会看到的，退休带来的变化将会引发适应困难，影响人们看待自己的方式。佩克建议人们必须调整自己的价值观，不要强调自己作为工作者或职业人士的角色，而应更注重那些与工作无关的角色，例如作为祖父或园丁。

佩克认为成年晚期的第二个发展任务是**身体超越对身体专注**（body transcendence versus body preoccupation）。随着衰老，个体将会体验到明显的体能变化。在身体超越对身体专注阶段，人们必须学会应对那些由衰老所致的生理变化，并走出它们的影响（超越）。如果他们做不到这一点，他们就只会关注体能衰退和人格发展上的缺陷。Greta Roach 在 90 多岁时才停止打保龄球，她就是一个能成功应对老化所致生理变化的例子。

最后，老年人面对的第三个任务是**自我超越对自我关注**（ego transcendence versus ego preoccupation），此时个体必须认真面对即将到来的死亡。他们需要知道，虽然死亡是不可避免的，而且有可能已经为期不远，但他们已为社会做出了贡献。如果成年晚期个体认为这些贡献（可以是养育孩子，或是工作和公益活动）将超越自己的生命而延续下去，他们将会体验到自我超越感。否则，他们会受到其生命是否对社会有意义和有价值这个问题的困扰。

莱文森的最后的季节：生命的冬天。 莱文森关于成年发展的理论没有埃里克森和佩克的理论那么注重老年人必须面对的挑战。相反，他关注年老时发生的导致人格改变的过程。根据莱文森的观点，人们通过跨越一个转变阶段进入成年晚期，这个阶段通常发生在 60 ~ 65 岁左右（Levinson，1986，1992）。在这一阶段，人们终于认识到自己进入了成年晚期，或者说最终认识到自己"老"了。由于他们清楚地知道社会对老年人的消极刻板印象是什么，这些老年个体将与自己目前所处的老年人类别的观念进行抗争。

莱文森认为，人们开始意识到自己不再处于舞台的中央，而是开始扮演次要角色。权力、尊重和权威的丧失对那些习惯了掌控自己生活的个体来说，是很难适应的。

另外，处于成年晚期的个体对于年轻人来说也是一种资源，他们可能会发现自己被视为"受尊敬的长者"，因为年轻人会寻求和依赖他们的建议。而且，老年人拥有可以单纯为了愉悦感而做某事的自由，而不是因为一些义务而去做某件事。

老年人可能会变成"受尊敬的长者"，年轻人会寻求和依赖他们的建议。

应对衰老：诺加盾的研究。 伯尼斯·诺加盾（1972，1977）的经典研究考察了人们应对衰老的不同方式。诺加盾在对 70 多岁老人的研究中发现了以下 4 种人格类型。

- **整合不良型人格**（disintegrated and disorganized personality）。一些人不能接受衰老的事实。当他们逐渐衰老时，他们变得绝望。这些人通常是生活在护理院或住院治疗的老人。
- **被动 - 依赖型人格**（passive-dependent personality）。有些人惧怕衰老、生病、未来和能力丧失。他们太过恐惧，以至于他们可能在并不需要帮助的时候，也要寻求家属和护理者的帮助。
- **防御型人格**（defended personality）。有些人用一种特别的方式表达对衰老的恐惧——试图阻止衰老的步伐。他们试图表现得很年轻，进行精力旺盛的运动，参与年轻人的活动。不幸的是，他们可能因为设立了对自己不现实的期望而不得不承担失望的风险。
- **整合良好型人格**（integrated personality）。最成功的个体能够和谐地应对衰老。他们带着自尊接受变老的现实。

诺加盾发现，她研究的大多数个体属于最后一类。他们承认衰老，能够回顾自己的生活，并以一种接纳的态度展望未来。

生命回顾和怀旧：人格发展的共同主题。生命回顾（life review）——考察和评价自己过去的生活，这一主题贯穿了埃里克森、佩克、诺加盾、莱文森对老年人人格发展的研究工作，也是关注成年晚期的多数人格理论家所讨论的共同主题。

根据老年学家罗伯特·巴特勒（Robert Butler）（2002）的观点，当人们越来越清晰地认识到即将来临的死亡时，就会激发生命回顾。人们回顾自己过去的生活，回忆和重新考虑自己经历过的事情。生命回顾并不是重新经历过去、纠缠在过去的问题中、重新剥开伤口的有害过程，它通常可以使人们更好地认识自己的往昔。他们也许能够解决与某些特殊个体之间遗留的问题和冲突，例如与孩子的疏远；他们可能还会用更加平和的方式面对当前的生活（Latorre et al.，2015；Bergström，2017；Bademli et al.，2018）。

生命回顾还能带来其他好处，包括和他人相互联系时的亲密感。另外，这可能成为老年人社会交

往的源泉，因为他们会与他人分享自己过去的经历（Parks，Sanna，& Posey，2003）。

怀旧甚至还会对认知能力有益，例如提高记忆力。通过回顾过去，人们会激活过去生活事件中一系列有关人和事的记忆。这些记忆可能会激发其他相关的记忆，还可能使人们回想起过去的一些景象、声音甚至气味（Brinker，2013；Maruszewski et al.，2017）。

但另一方面，生命回顾有时也会损害心理功能。容易受到过去问题困扰的人，往往会想起那些无法更改的陈年伤痛和错误，他们最终可能会对已经过世的人感到内疚、抑郁和愤怒（Cappeliez，Guindon，& Robitaille，2008）。

不过，总的来说，生命回顾和怀旧的过程在老年个体当前的生活中起着非常重要的作用。它提供了过去和现在之间的联结，还有可能提高人们对当前世界的认识。另外，它还能够提供看待过去事件和他人的新认识，使得老年个体的人格继续稳定发展，在当下发挥出更有效的功能（Coleman，2005；Haber，2006；Alwin，2012）。

成年晚期的年龄阶层理论

年龄，就像种族和性别一样，提供了对社会中的人区分等级的一种方式。**年龄阶层理论**（age stratification theory）认为，经济资源、权力和特权在处于生命过程的不同阶段的人之间并不均衡分配。这样的不均衡在成年晚期尤为严重。

虽然医疗技术的进步能使人类寿命得以延长，但它却阻止不了老年人权力和威望的逐渐衰退，至少在工业化社会中情况如此。收入最高的年龄大概是 50 多岁，随后收入就开始减少。而且，年轻人通常不与老年人住在一起，他们变得更自立，使老年人觉得自己不太重要。另外，科技的迅速发展也使得老年人似乎不太能够掌握重要的技能。最终，老年人就不被看作社会生产的主力军，甚至是与社会生产不相关的人。根据莱文森的理论，老年人对自己地位的降低有敏锐的意识，而适应这一点则是成年晚期的主要转变（Macionis，2001）。

年龄阶层理论有助于解释为什么在工业化没那么发达的社会中，人们对老龄的看法较为积极。在农业

活动占主导的文化中，老年人掌握了对动物和土地等重要资源的控制权。在这种社会中，退休的概念是不存在的。老年个体（特别是老年男性）非常受尊敬，原因就是他们还继续参与重要的社会日常活动。而且，因为农业社会的变迁速度较工业社会慢，因此，在农业社会中，人们认为老年人拥有相当多的智慧。对老年人的尊敬并非仅限于农业社会，它也是多种不同文化的特点，正如我们在"文化维度"专栏中讨论的一样。

是什么导致亚洲文化对老年人更加尊重呢？

文化维度

文化如何塑造我们对待老年人的方式

人们看待成年晚期的方式是有文化差异的。例如，普遍来说，亚洲社会中的人们比西方社会中的人们更加尊重老年人，尤其是尊重家里的老人。虽然在工业迅速发展的亚洲地区，这种情况在改变，但人们对老龄的看法和对待老年人的方式，仍然比西方社会更为良好（Degnen, 2007; Smith & Hung, 2012; Gao & Bischoping, 2018）。

是什么导致亚洲文化对老年人更加尊重呢？一般而言，尊重老年人的那些文化在社会经济方面是相对同质的。而且，在那样的社会中，随着年龄增长，人们担负更多的责任，且老年人控制了更多资源。

此外，在亚洲社会，人在一生中的角色比西方社会更稳定，老年人通常会继续参与社会所看重的活动。最后，亚洲文化更多地围绕大家庭而组织，而老一辈的人能够很好地整合到大家庭的家庭结构中（Fry, 1985; Sangree, 1989）。在这样的环境中，年轻的家庭成员需要老年人拿出日积月累的大量智慧。

但另一方面，即使在那些高度强调尊老的社会中，人们也并非总是遵照这类准则行事。例如，在中国，人们对老年人的钦佩、尊敬甚至崇拜是很强烈的，但除精英阶层外，人们的实际行为并没有其态度所表现得那么美好。另外，通常是儿子和儿媳妇照顾老人，那些只有女儿的父母可能会发现自己在年老时没人照顾。简单来说，在特定文化中，人们对待老年人的行为并不一致，而重要的一点是切勿就某个特定社会中人们如何对待老年人下广泛、普遍的结论（Browne, 2010; Li, Ji, & Chen, 2014; Vauclair et al., 2017）。

亚洲文化并不是唯一一类尊重老年人的文化。在很多拉丁美洲文化中，老年人被认为有一种特殊的内在力量；在非洲文化中，变老似乎是神介入的一种迹象（Holmes & Holmes, 1995; Lehr, Seiler, & Thomae, 2000; Löckenhoff et al., 2009; Hess et al., 2017）。

年龄增长能带来智慧吗

人们认为年龄增长的好处之一是有智慧。但是，随着年纪变老，人们能否获得智慧？

事实上，我们并不确定，因为**智慧**（wisdom）的概念（在生活实践方面的专家知识）直到最近才得到老年学家和其他研究者的关注。部分原因是"智慧"难以进行定义和测量（Helmuth, 2003; Brugman, 2006）。智慧可被视为对知识、经验和思想积累的反映。根据这种定义，年龄增长可以提升智慧（Kunzmann & Baltes, 2005; Staudinger, 2008; Randall, 2012）。

智慧和智力的区别是微妙的。一些研究者认为，由智力产生的知识与此时此地有关，而智慧相对来说是永恒的。智力能让个体有逻辑地、系统地思考，而智慧是对人类行为的理解。根据心理学家斯腾伯格的观点，智力让人类发明原子弹，而智慧能阻止人们使用它（Karelitz, Jarvin, & Sternberg, 2010; Wink & Staudinger, 2016）。

智慧很难测量。保罗·巴尔特斯和厄休拉·斯托丁格（Ursula Staudinger）（2000）设计的一个研究表明，稳定地测量人们的智慧是有可能的。在这项研究中，被试年龄为 20 ～ 70 岁，他们两人一组讨论与生活事件有关的难题。其中一个情境是有人接到好友的一个电话，而好友说自己打算自杀；另一个情境是一名 14 岁的女孩想立即搬离自己的家。研究者询问被试他们应该做什么以及应该考虑什么。

虽然这些问题没有绝对正确或错误的答案，但有几个标准可以用来评价被试的回答，包括被试运用了多少关于那个问题的事实知识，被试具备多少关于决策的知识，被试在多大程度上考虑到主人公所处的生命周期和可能持有的价值观构成的背景，以及被试是否能意识到可能不止一个解决办法。根据这些标准，老年被试的回答比年轻被试更有智慧。

该研究还发现，老年被试在"能够促进个体睿智地思考"的实验条件下的表现会提高更多，其他研究者也认为最有智慧的个体是那些老年个体。

其他研究者根据心理理论的发展来考察智慧。心理理论（theory of mind）是一种推测他人想法、感受和意图等心理状态的能力。虽然研究结果不一致，但一些研究表明老年个体运用他们随着年龄而积累的经验，可以更成熟地运用心理理论（Karelitz, Jarvin, & Sternberg, 2010; Rakoczy, Harder-Kasten, & Sturm, 2012; Booker & Dunsmore, 2016）。

成功老化：秘诀在哪儿

77 岁的 Elinor 大部分时间都在家里度过，她的生活平静而规律。Elinor 一生未婚，她的两个妹妹每隔几个星期就会过来探望她一次，外甥和外甥女们也偶尔会来。但绝大多数时间，她都是一个人度过的。如果有人问她，她会回答这样的生活很快乐。

相反，Carrie 也是 77 岁，她几乎每天都做着不同的事情。如果她不去老年中心参加某些活动，她就会去购物。她的女儿抱怨说，"当我打电话找她的时候，她总是不在家"，而 Carrie 回答说她从未如此繁忙或是开心过。

显然，成功老化没有单一的方式。人们如何老化取决于自身的人格因素和所处的环境。一些人参与的活动日渐减少，另一些人则与他人保持着积极联系并坚持自己的爱好。有三个主要理论对此进行了解释：脱离理论、活跃理论和连续理论。

脱离理论：逐渐隐退。根据**脱离理论**（disengagement theory）的观点，成年晚期个体通常在生理、心理和社会性维度上从外界活动中逐渐隐退（Cummings & Henry, 1961）。在生理层面，老年人的精力水平降低，生活节奏逐渐减慢；在心理层面，他们开始从人群中退出，对外界的兴趣减少，更多时候是在关注自己的内心世界；在社会性层面，他们更少参与社交活动，减少了日常的面对面交流和总体的社会活动。老年人对他人生活的参与和投入也变得更少（Cashdollar et al., 2013）。

脱离理论认为，隐退是一个相互的过程。由于社会标准和人们对老化的预期，总体上社会也在远离老年人。例如，强制性的退休年龄迫使年纪大的人不能再工作，从而加速了脱离。

尽管脱离理论有一定的逻辑，但仅有有限的研究支持它。而且，这一理论还受到了些批评，因为它认为社会并没有给老年人提供有意义的参与机会，而且从某种意义上来说，还怪罪处于这一年龄阶段的人参与度不够。

当然，一定程度的隐退并不完全是消极的。例如，老年人的逐渐隐退能使他们有更多时间来思考自己的生活，更少受到社会角色的束缚。而且，人们能够更好地区分自己的社会关系，更关注那些能满足他们需要的人（Settersten, 2002; Wrosch, Bauer, & Scheier, 2005; Liang & Luo, 2012）。

现今，一些老年学家驳斥脱离理论，指出脱离是相对少见的。大部分情况下，人们在老年时期仍保持参与、活跃和忙碌的状态；而且，尤其在很多非西方文化的社会中，社会预期也认为他们将在日常生活中保持这种活跃状态。显然，脱离不是自动化的、普遍的过程（Bergstrom & Holmes, 2000; Crosnoe & Elder, 2002）。

活跃理论：继续参与。由于支持脱离理论的证据不多，人们给出了另一种解释。**活跃理论**（activity theory）认为，成功老化需要将成年中期的兴趣和所从事的活动，以及社会交往的总量和类型继续保持下去。根据这一观点，人们可以通过适度参与外界活动，获得生活的幸福感和满意感（Hutchinson & Wexler, 2007; Rebok et al., 2014）。

活跃理论认为继续从事活动是十分重要的。即使在不能继续某活动的情况下——例如退休后不再继续工作，活跃理论也主张人们寻找替代活动，以达到成功老化。

但是活跃理论像脱离理论一样，不能对所有情况进行解释。首先，活跃理论几乎没有区分各种类型的活动。各种活动对人们的幸福感和满意度的影响显然是不一样的。事实上，人们所参与活动的性质和质量比单纯的参与频率或总量更为重要（Adams，2004）。

需要特别关注的是，对于某些成年晚期个体来说，"少即是多"的原则更加适用于他们：更少的活动能带来更多的生活乐趣，因为他们可以放慢生活节奏，仅仅做那些给自己带来最大快乐的事情。事实上，一些人将能够自主地调整生活节奏视为成年晚期最大的好处之一。对于他们来说，活动相对少甚至独处，是很受欢迎的生活状态（Kosma & Cardinal，2016）。

从一个社会工作者的视角看问题

文化因素如何影响老年人采用脱离理论或活跃理论的可能性？

连续理论：折中的立场。脱离理论和活跃理论都没有描绘成功老化的全景。这就需要一个折中的理论。**连续理论**（continuity theory）认为，人们仅需要保持自己所希望的社会参与水平，就能体验到最大程度的幸福感和自尊感（Atchley，2003；Ouwehand, de Ridder, & Bensing, 2007；Carmel，2017）。

根据连续理论，那些高度活跃和社交性很强的人，如果尽量保持下去，就会感到很快乐。而如果人们喜欢独处、单独活动，例如看书或在丛林中散步，那么保持这种水平的社会性，他们将会非常快乐（Holahan & Chapman，2002；Wang et al.，2014）。

同样清楚的是，大多数老年人可以体验到和年轻人一样多的正性情绪。此外，他们在调节自己的情绪方面变得越来越熟练。

还有其他因素可以提高成年晚期的幸福感。生理和心理健康对老年人的总体幸福感无疑是很重要的，拥有足够的经济保障以满足基本的需求也至关重要。另外，自主感、独立性和对个人生活的控制感也非常有帮助（Charles & Carstensen，2010；Vacha-Haase, Hil, & Bermingham, 2012；Sutipan, Intarakamhang, & Macaskill，2017）。

更具体地说，发展心理学家劳拉·卡斯滕森（Laura Carstensen）在她的社会情感选择性理论（socioemotional selectivity theory）中提出，随着老年人时间视界的缩短，他们对所参与和投入的目标和活动的选择性越来越强。此外，随着年龄的增长，他们的时间视界受到限制，与长期目标相比，成年晚期的人们更倾向于投资以此时此地为导向的目标，这些目标能提供情感上的满足和意义（Charles & Carstensen，2010；

English & Carstensen，2014；Carstensen，2018）。

另外，社会情感选择性理论也认为随着人们老去，相比于消极的信息，人们会发展出寻找积极信息的偏好。他们更可能与熟悉的、能提供积极体验并满足他们情感需求的人交往。简而言之，老年人在与他人的情感交往中变得更加挑剔（Reed & Carstensen，2012；English & Carstensen，2014）。

正如我们之前所讨论的，人们的知觉会影响他们的幸福感和满意度。那些乐观看待成年晚期的人比悲观看待成年晚期的人，更善于用积极的眼光看待自己（Levy, Slade, & Kasl, 2002；Levy，2003）。

最后，有调查发现，作为一个群体，成年晚期的个体要比年轻个体过得更幸福。而且，并非那些65岁以上的人之前一直都幸福，而是大部分人变老时似乎都会产生一定的满足感（Yang，2008）。

选择性优化与补偿：成功老化的普遍模型。在考虑成功老化的因素时，发展心理学家保罗·巴尔特斯和玛格丽特·巴尔特斯关注于"选择性优化与补偿"模型（selective optimization with compensation model）。如我们之前所讨论的，该模型潜在的假设是成年晚期将带来潜在能力上的改变和丧失，但这因人而异。而且，人们有可能通过选择性优化来克服能力改变的影响。

选择性优化（selective optimization）是指人们关注某些特定的技能，以此补偿在其他领域中能力丧失的过程。人们通过选择性优化来增强自己在动机、认知和体能上的整体资源。一个终生从事马拉松运动的人，为了加强训练，可能需要削减或完全放弃其他运动。通过放弃其他运动，她也许可以利用集中训练来保持其跑步技能（Burnett-Wolle & Godbey，2007；Scheibner &

Leathem，2012；Hahn & Lachman，2015）。

与之类似，老年人利用补偿行为来弥补由于衰老而丧失的能力。例如，人们可以戴上助听器来弥补听力的衰退。钢琴巨匠亚瑟·鲁宾斯坦（Arthur Rubinstein）是另一个通过补偿达到选择性优化的例子。在他的晚年，他采取了某些策略以保持其演奏生涯：他减少了在音乐会上表演的乐曲数目，这是一个选择的例子；他更频繁地练习那些演奏曲目，这是运用了优化。最后，作为补偿行为的一个例子，他减慢了快节奏乐章之前的演奏速度，这样听起来好像他演奏的速度和以前一样（Baltes & Baltes，1990）。

简而言之，通过补偿行为达到选择性优化的模型道出了成功老化的基本原则。虽然成年晚期可能会带来各种潜在的能力改变，但那些尽力在特定领域取得成绩的人能更好地补偿其他方面能力的受限和衰退。这样做的结果就是，老年人在某些方面的活动有所减少，但也有相应的转变和调节，最终其生活仍然是成功的。

成年晚期的日常生活

十年前我退休的时候，大家都告诉我说我会想念工作的，会变得孤独，会因为没有工作挑战而感觉无聊。这太扯了！这十年是我生命中最快乐的时期。想念工作？一点也不！想念什么？会议？培训？考评？当然，钱少了，同事少了，但是我有我的存款、我的爱好和我的旅行就足够了。

上述对成年晚期的积极看法来自一位 75 岁的退休保险员。尽管不是所有退休人员都有这样的想法，但还是有很多人觉得退休后的生活很开心，很有参与感。我们将讨论人们在成年晚期的一些生活方式，先从他们的住所说起。

居住安排：居住的地点和空间

一想到"老年人"，你可能一下子就会想到护理院。但是事实并非如此。只有 5% 的人在护理院里终老，大多数人始终住在家里，而且至少有一名家庭成员陪伴。

住在家里。很多老年人独自居住。在美国 960 万独居的个体当中，1/4 是 65 岁以上的老人。在 65 岁以上的人中，约 2/3 与家人住在一起，多数情况是和配偶同住。一些老年人和兄弟姐妹同住，另一些则与子辈、孙辈甚至曾孙辈等多代人一起居住。

老年人居住环境带来的影响是很不一样的。对于已婚夫妇来说，与配偶同住代表了先前生活的延续。另一方面，搬去和子女同住的老人，要适应多代人在一起的生活是十分费劲的。这不仅存在着失去自主和隐私的风险，老年人还会看不惯自己孩子养育下一代的方式。除非人们对家庭成员所扮演的角色有既定的准则，否则很容易发生矛盾（Navarro，2006）。

在多代家庭中与儿女、媳婿及孙辈一起生活，对成年晚期个体来说是有益的。但这种情况是否也有不利的一面呢？有什么相应的解决办法吗？

居住在大家庭中，这种现象在一些群体中比在另一些群体中更普遍。例如，黑人比白人更有可能居住在多代的大家庭中。而且，非裔美国人、亚裔美国人、西班牙裔大家庭的家庭成员之间的相互影响和相互依赖程度要比白人高很多（Becker，Beyene，& Newsom，2003；Easthope et al.，2017）。

专门的居住环境。对于约 10% 的老年人来说，家就是照料机构。事实上，专门供老年人居住的环境有多种不同类型。

近来有关老年人居住安排的创新之一是**连续照料社区**（continuing-care community），这一社区环境以退休年龄的人或年龄更大的人为主。社区提供不同级别的照料，居民与社区签署一份他们所需照料级别的协议。在这样的社区中，人们刚开始住在独立的房子或公寓中，他们能够自理，或偶尔需要照顾。随着年龄增长，他们会转为协助生活（assisted living）。在这种方式下，人们单独住在房间里，但配有所需程度的医疗护理服务。连续照料最终发展到全天护理，通常在有全天陪护的护理院中进行。

连续照料社区的成员通常在宗教、种族和族裔方面特征较为一致，社区通常由私人或宗教组织所管理。由于加入此类社区需要昂贵的首付，社区成员相对来说都是比较富有的人。但是，越来越多的连续照料社区正在努力增加多样性，而且通过在社区内同时建立日托中心和发展有更年轻的人群参与的项目，来增加代际间的互动（Chaker，2003；Berkman，2006）。

护理机构存在不同类型，从提供日间的钟点护理到全天24小时住家护理。在**成人日托机构**（adult day-care facility），老年个体只在日间得到照顾，晚上和周末在家里度过。当老年人在机构中时，他们得到他人的照料，就餐，按时参与活动。有时，这些成人日托机构还包括婴儿和幼儿日托项目，这样就使得老年人能够和小孩子进行互动（Gitlin et al.，2006；Dabelko & Zimmerman，2008；Teitelman et al.，2017）。

其他机构能够提供更全面的照料。最精细的护理机构是**专业护理机构**（skilled-nursing facility），它为患慢性疾病的老人和短期患病后逐渐恢复的老人提供全天护理。虽然65岁及以上的老人只有4.5%住在护理院中，百分比却随着年龄的增长而显著上升：65岁以上的老人有3%，85岁以上的老人则有10%（Administration on Aging，2010；Nursing Home Data Compendium，2013）。

护理机构的照料越精细，其居住者所需做出的适应也越多。虽然一些新入住的老年人能够适应得比较快，但居住在护理机构而带来的自主性丧失将会使

很多老年人出现适应上的困难。另外，老年人与其他社会成员一样，也会受到人们对护理院刻板印象的影响，所以他们对护理院的预期可能会非常消极。他们会觉得自己仅仅是坐等着生命的消逝，被一个尊崇年轻的社会所遗忘和抛弃（Natan，2008；Kostka & Jachimowicz，2010）。

制度主义和习得性无助。尽管生活在那些护理机构中的老人们的恐惧可能被夸大了，但这种恐惧会导致**制度主义**（institutionalism），这是一种冷漠的、缺乏情感以及不再关怀自己的心理状态。制度主义部分源于一种习得性无助感，即人们无法控制周围环境的信念（Peterson & Park，2007）。

这种由制度主义引起的无助感，确实会产生严重后果。例如，想象一下当老人住进护理院时，他们失去了对自己最基本活动的控制权。他们被规定什么时候吃饭，吃些什么，什么时候睡觉，甚至是洗漱时间都被规定了（Iecovich & Biderman，2012；de Oliveira Brito et al.，2014）。

一个经典的实验表明了这种丧失控制权的后果。心理学家埃伦·兰格（Ellen Langer）和欧文·詹尼斯（Irving Janis）（1979）把住在护理院的老年人分为两组。其中一组被鼓励对自己日常生活做出各种选择；另一组没有选择，并被鼓励任由护理院的职员照顾。结果显示，有选择权的被试不仅更快乐，而且更健康。在18个月后，有选择权的这组被试只有15%的人去世，而另一组有30%的被试去世了。

简而言之，丧失控制权对幸福有着严重的影响。最好的护理院会尽力允许入住者做一些关于基本生活的决定，让他们对自己的生活有一种控制感。

从一个健康护理工作者的视角看问题

养老院可以采取什么样的措施来减少入住者的"制度主义"心理？为什么这样的做法不是很普遍？

财务、工作和退休

我们现在讨论美国老年人的经济保障，以及工作和退休的影响。

成年晚期的经济状况。成年晚期的个体与处于生命周期其他阶段的个体一样，社会经济状况有好有差。

不过，不同群体在早年经历过的不公平到他们晚年时会变得更严重。同时，如今进入成年晚期的所有个体所承受的经济压力都在逐渐增加，因为人类寿命不断延长意味着人们更有可能把积蓄用完。

大约10%的65岁及以上的老年人处于贫困状态，这个比例与65岁以下人群的比例相当接近，另有约6%的老年人处于接近贫困的状态。不过，在不同

种族和不同性别中存在明显差异。生活在贫困之中的女性几乎是男性的 2 倍（见图 9-11）。在那些独立生活的老年女性当中，近 1/4 生活在收入的贫困线以下。如果已婚女性丧偶了，她也可能会变得贫困，因为她可能在丈夫生前患病时用完了所有的积蓄，而丈夫的退休金随着其去世也不再发放（Administration on Aging，2010；DeNavas-Walt & Proctor，2015；Carr，2019）。

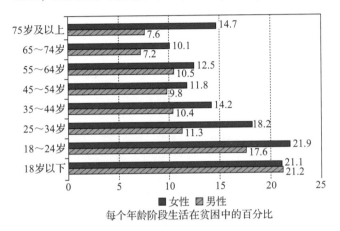

图 9-11　成年晚期的贫困

65 岁及以上的老年人中有 10% 生活在贫困中。

资料来源：U.S. Census Bureau, Current Population Survey, 2015 Annual Social and Economic Supplement.

至于种族差异，8% 的成年晚期的白人生活在贫困线以下，而同年龄段 19% 的西班牙裔美国人和 24% 的非裔美国人生活在贫困中。少数族裔的女性可能是处境最恶劣的群体。例如，65～74 岁离婚的黑人女性中，贫困的比率占到了 47%（Federal Interagency Forum on Aging-Related Statistics，2000；U.S. Bureau of the Census，2013）。

成年晚期财政危机的原因之一是，他们依赖固定收入支持生活。老年人的主要收入来自社会保障、退休金和积蓄，而这些几乎跟不上通货膨胀的速度。结果是，即使一个人在 65 岁时拥有非常不错的收入，到了 20 年后，其价值也可能会大幅降低，因此老年人就变得越来越穷。

医疗卫生保健费用的上升是老年人财政危机的又一原因。老年人在医疗卫生保健方面的平均花费是其收入的 20%。对于那些需要在护理机构中接受护理的人来说，经济上的支出是令人咋舌的，每年的平均费用在 80 000 美元（U.S. Department of Health and Human Services，2017）。

除非社会保障和医疗保险的资金来源有大改革，否则年轻公民收入的更大部分将被作为税收用于给老年人服务提供资金。这种情况增加了老一辈和年轻一辈之间的矛盾和隔阂。事实上，正如我们将要看到的，社会保障费用成为人们决定工作多长时间的关键因素之一。

成年晚期的社会经济福利差异反映了个体早期生活情况的差异。

成年晚期的工作和退休。关于什么时候退休，这是很多成年晚期个体面临的重大决定之一。有些人希望能工作到不能工作为止，其他人则希望在经济条件允许的情况下就退休。

当人们真正退休时，他们会很难适应身份从"工作者"到"退休者"的转变。他们没有了职业的头衔，不再有人向他们寻求建议，而且他们不能再说"我在钻石公司工作"一类的话。

但对于另一些人来说，退休提供了一个很好的机会，能够让他们悠闲地生活，而且可能是其成年期中第一次以这样的方式生活。由于有很多人早在55岁或60岁时就退休了，而人们的寿命又在不断延长，因此很多人退休后的生活时间比上几代人都要长。此外，由于老年人的数目也在不断增加，退休人群作为美国人口的一部分，其意义和影响力日渐突显。

老年工作者：反击老年歧视。在成年晚期的一部分时间，很多人也会继续全职或兼职工作。他们之所以能够这样做，主要是因为20世纪70年代后期通过的年龄歧视法，该法律条文表明几乎在所有行业中规定的退休年龄都被看作不合法的（Lindemann & Kadue，2003；Lain，2012；Voss，Wolff，& Rothermund，2017）。

老年人继续工作，无论是因为他们喜欢工作中的智力回报和社会性回报，还是因为他们需要依靠工作获得经济收入，他们在很多时候都会遭到年龄歧视，这就是事实，尽管这在法律上是被禁止的。一些雇主劝说老年员工离开工作岗位，从而可以用薪酬低的新人替代他们。而且，一些雇主认为老年工作者不能满足工作任务的需要，也更不情愿去适应变化的工作环境——这是一种一直存在的对老年人的刻板印象，即使法律也无法改变（Bowen & Skirbekk，2013；Marquet et al.，2018）。

但是，很少有证据支持老年工作者的工作能力降低这一说法。在很多领域，例如艺术、文学、科学、政治和娱乐界，我们很容易发现人们在成年晚期也能做出重大贡献的例子。即使在少数法律允许规定退休年龄的行业中，例如那些涉及公众安全的行业，也没有证据支持人们必须在某个特定年龄退休的说法（Landy & Conte，2004）。

尽管年龄歧视仍然是一个问题，市场劳动力也许有助于降低其严重性。当在生育高峰期出生的人退休后，市场劳动力锐减，企业可能会鼓励老年人继续工作，或者退休后重新回到工作岗位。不过，对于大多数老年人来说，退休仍然是普遍的。

退休：过一种休闲生活。人们为什么退休？尽管其主要原因很明显，就是想停止工作，但事实上有很多因素。例如，有时候人们在工作了很长时间之后就会倦怠，他们需要缓和工作中的紧张感和挫败感，从自己已经力不从心的感觉中跳出来；有些人退休是因为健康状况下降；还有些人是因为受到雇主激励；另外，有些人早就计划着退休，利用多出来的闲暇时间旅游、学习或者享受天伦之乐（Nordenmark & Stattin，2009；Petkoska & Earl，2009；Müller et al.，2014）。

退休对每个人来说都是不同的旅程。有些人喜欢安静的生活，另一些则继续保持活跃，而且有时还追寻新的活动。你能解释为什么在很多非西方文化的国家中，人们退休后的生活没有像脱离理论所说的那样吗？

无论人们退休的理由是什么，他们都需要经历一系列的退休阶段。退休后人们首先进入蜜月期，刚退休的人参加之前由于工作而无法安排的各种活动，如旅行。第二个阶段是清醒期，此时退休的人觉得退休并不完全像自己所想的那样，他们开始想念工作时的刺激、同事情谊，或者开始发现很难再次忙碌起来（Osborne，2012；Schlosser，Zinni，& Armstrong-Stassen，2012；Rafalski et al.，2017）。

接着到了重新定位期，此时退休的人重新考虑自己的选择，开始参加新的更加充实的活动。如果成功走过这个阶段，就到了退休平淡期，他们开始接受退休的现实，并对新的生活状态感到满足。但不是所有人都能达到这个阶段，有些人在很长时间都处于清醒期。

最后一个阶段是退休的结束期。虽然对于一些人来说，退休结束发生在他们重新回去工作时；但大多数人在退休的结束阶段都出现了体能的衰退。在这种情况下，人们的健康状况变得很差，甚至不能独立生活。

显然，不是所有人都要经历这些阶段，而且上述顺序也不是恒定的。在很大程度上，个人对退休的态度来自当初他们选择退休的理由。例如，一个因为身体状况而被迫退休的人和一个期盼在一定年龄退休的人，内心的体验是很不一样的。类似地，喜欢自己工作的人和轻视自己工作的人，退休后的感受也不同。

简而言之，退休对心理的影响因人而异。对很多人来说，退休是美好生活的延续。此外，正如"生活中的发展"专栏所述，人们可以做很多事情来规划美好的退休生活。

生活中的发展

为美好的退休生活而规划

什么能够创造美好的退休生活呢？老年学家认为有如下几个因素（Borchard & Donohoe, 2008；Noone, Stephens, & Alpass, 2009；Wöhrmann, Fasbender, & Deller, 2016）：

- **事先做好财政计划。** 因为社会保障金在未来很可能是不够用的，个人积蓄特别重要。同样地，足够的健康保险也非常重要。
- **考虑逐渐从工作中退出。** 有时，从全天工作转换到兼职工作对做好退休的准备很有帮助。
- **在退休之前发掘自己的爱好。** 评估一下你为什么喜欢现在的工作，并考虑一下这些东西如何能迁移到闲暇的活动中。
- **如果你结了婚，或与某人保持长期关系，你应该和伴侣讨论一下你对理想退休状况的看法。** 你会

发现你需要和伴侣协商，找到一个适合你们的生活方式。
- **考虑你想住在哪里。** 在你想要居住的社区试着短住几天。
- **不要与儿女和孙辈住得太近。** 如果你与孙辈住得太近，你可能会变成全职婴儿保姆——这可能与你对退休的展望相符，也可能不符。
- **计划花时间进行志愿活动。** 退休人员有多种技能，这些通常是非营利组织和小企业所需要的。诸如退休老年志愿者计划（Retired Senior Volunteer Program）或寄养祖父母计划（Foster Grandparent Program）这样的组织，可以让你的技能派上用场，同时帮助有此类需求的其他人。

关系：旧的和新的

94 岁的 Leonard 描述了他是怎样遇见他的 90 岁的妻子 Ellen 的。

"我 23 岁那年珍珠港事件暴发，我当即应征入伍。我被派往布拉格堡，当时非常孤独。我经常去费耶特维尔闲逛。有一天，我在一家书店找一本书，你还记得书名吗？"

"《沉寂的星球》。"Ellen 说，"我几乎也在同时伸手去取那本书，我们的手碰到了一起，然后是目光。"

"那是我单身汉生活的终点，"Leonard 说，"命运把我带到那家书店。"

Ellen 说："从那时起我们分享了那本书和以后所有事情。4 个月后我们就结婚了。"

"直到我出海。"Leonard 说。

这就是他们的方式：他开始一个想法，她去完成。又或者是倒过来。

"她天天给我写信，我都是一整摞地收，都是我读过的最好的信。"他把手放到 Ellen 的膝盖上，她也把手放在他的手上。

"你可不经常给我写信，"她温柔地提醒，"但是我一收到你的信，每天都会读。"

"我也是啊。"他笑着说。

Leonard 和 Ellen 之间的温情是显而易见的。他们的关系已经维持近 80 年了，还是那么和谐，这给他们带来了平静的快乐，他们的生活是很多夫妇所渴望的那种。但那也是人们在晚年时少有的生活。对于有伴侣的老年人来说，更多人感到的是孤独。

人们在成年晚期时的社会生活是怎样的呢？为了回答这个问题，我们先探讨一下婚姻。

晚年的婚姻：一起，然后孤独

当我们谈到 65 岁以后的婚姻，男性的选择要比女性多。处于已婚状态的男性比例远高于女性（见图 9-12）。原因之一是 70% 的女性在丈夫去世后又至少在世好几年。由于男性数目减少了（很多已经去世），这些女性便不太可能再婚。

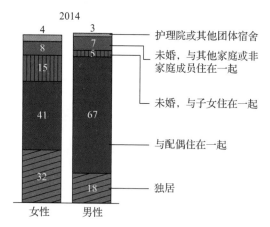

图 9-12 美国老年人的居住模式

资料来源：Administration on Aging. (2006). Profiles of older Americans 2005：Research report. Washington，DC：U.S. Department of Health and Human Resources.

此外，我们之前所讨论的婚姻梯度也是导致以上情况的一个重要影响因素。婚姻梯度反映的是社会规范，女性通常和比自己年龄大的男性结婚。于是晚年时，女性便只能孤单地生活。同时，婚姻梯度使得男人再婚很容易，因为适合结婚的对象要多得多（Bookwala，2012）。

在生命晚期仍然是已婚状态的绝大多数人都报告说他们对自己的婚姻很满意。他们的伴侣提供了大量的陪伴和情感支持。因为在生命的这个时期，他们已经在一起很长时间了，对自己的伴侣有着很深的了解（Jose & Alfons，2007）。

同时，不是婚姻的任何一个方面都同样地令人满意，而且当配偶经历生活中的转变时，婚姻可能会经受严重的压力。例如，婚姻中的一方或双方的退休会给夫妻关系带来改变（Henry，Miller，& Giarrusso，2005；Rauer & Jensen，2016）。

离婚。对于一些夫妇来说，有时压力很大，以至于其中一方或另一方会要求离婚。在美国，尽管没有确切的数据，离婚的女性中至少有 12% 在 66 岁以

上——数值是 20 世纪 80 年代的 3 倍（Brown & Lin，2012；Ellin，2015）。

晚年离婚的理由是多种多样的。通常，女性离婚是因为丈夫有暴力或酗酒行为。但很多情况下是丈夫要求离婚，因为他们找到了一个更年轻的女人。通常离婚发生在退休不久后，此时，一直潜心于工作的男性经历着心理上的骚动（Franz et al.，2015；Brown & Wright，2017）。

在生命晚期离婚对于女性来说是尤为困难的。在婚姻梯度和适婚男性数量很少的双重不利条件下，年纪大的离异女性不太可能再婚。对于很多女性来说，婚姻中的角色可能是其一生中的主要角色和核心身份，她们会把离婚看成人生一个很大的失败。因此，离异女性的生活质量和幸福感会骤然下降（Davies & Denton，2002；Connidis，2010）。

寻求一段新的关系可能是很多离异或丧偶老人的首要任务。努力发展新关系的人们利用与年轻人群相同的策略去认识潜在的伴侣，如参加单身组织，甚至用互联网去寻觅伴侣（Durbin，2003）。

当然，有些人在进入成年晚期时从未结过婚。对于这些人来说（大概占成年晚期人口的 5%），成年晚期的转变不大，因为居住状态并没有改变。事实上，从未结婚的人在年老时比大多数同龄人更少感到孤单，并有更多独立的感觉（DePaulo，2006）。

应对退休：两人在一起的时间太多了？ 当 Morris 最终停止全职工作时，他的妻子 Roxanne 觉得他在家的时间增多，带来了某些麻烦。虽然他们的婚姻关系很稳固，但他干涉她的日常活动，不断追问她和谁打电话、她刚才到哪里去了，这一切令她不满。最后，她开始希望他在家的时间能少一些。这个想法很有讽刺意味：因为在 Morris 退休前，她曾希望他能有更多时间在家。

Morris 和 Roxanne 之间出现的这种问题并不是他们所独有的。对于很多夫妇来说，他们之间的关系需要协调，因为退休后，夫妻待在一起的时间比之前他们婚姻中的任何时候都多。对另一些人来说，退休改变了长期以来家务在夫妻双方中的分配情况，丈夫有更多责任承担日常家务。

研究表明，这时通常会有一个有趣的角色倒置。与婚姻早期相反的是，在成年晚期，丈夫比妻子更渴望与配偶在一起。婚姻的权力结构也转变了：男性退

休后变得更有亲和力，更少竞争性。同时，女性变得更加果断和自主（Williams，Sawyer，& Allman，2012；Lee & Cho，2018）。

照顾年老的配偶。随着成年晚期身体状况的改变，有时需要人们采用以往从未预料到的方式来照顾配偶。健康问题可能迫使他们全天候地提供照料，这是他们从未预想过的角色。

同时，有些人会将照料病重和垂死的配偶看作体现自己爱与奉献的最后机会。事实上，一些照料者感到很快乐，因为他们能担负起自己眼中对配偶的责任。而那些最初有郁闷情绪的人会发现随着他们成功地适应了照料工作，困扰最终也会减少（Kulik，2002）。

然而，我们不能否认如下事实：照顾配偶是一项耗费精力的工作。更糟糕的是，照顾配偶的人很可能自身的身体状况也不如以前。实际上，照顾行为可能对照料者的生理和心理健康都是不利的。例如，照料者对生活的满意度低于不用照顾别人的人（Percy，2010；Mausbach et al.，2012；Davis et al.，2014；Glauber，2017）。

值得关注的是，在3/4的情况中，提供照料的人是妻子。部分原因和人口状况有关：男性通常早于女性死亡，自然他们患上致命疾病的时间也早于女性。另一个原因与社会对性别角色的传统看法有关，认为女性是"天生的"照料者。于是，健康护理工作者更倾向于建议妻子照顾丈夫，而不是丈夫照顾妻子（Khalaila & Cohen，2016）。

配偶的去世：成为寡妇或鳏夫。几乎没有什么比丧偶更让人感到悲痛的事情了。特别是对于年轻时就结了婚的人来说，配偶的去世不仅会导致巨大的丧失感，还会带来经济和社会环境上的重大改变。如果是一段美好的婚姻，配偶的去世意味着失去一个伴侣、爱人、知己和帮手。

伴侣去世后，健在的那一方要突然认同一个新的、自己并不熟悉的身份：寡妇或鳏夫。同时，他们丢掉了自己最熟悉的角色：配偶。突然，他们不再是夫妻中的一方了，他们被社会、被自己看作单独的个体。所有这些都会发生在他们面对巨大悲痛时，而这种悲痛有时是压倒一切的（我们将会在接下来的章节中进行更多的讨论）。

寡居带来了很多新的需求和担忧。再也没有伴侣可以分享每天发生的事情。如果以前主要的家务活都是由已故的配偶所承担，那么夫妻中健在的一方就必须学会做这些家务，而且要天天做。虽然家人和朋友能够提供大量的支持，但这些帮助会逐渐减弱，只留下新寡或新鳏的人独自适应生活（Hanson & Hayslip，2000；Smith，2012；Isherwood，King，& Luszcz，2017）。

成年晚期最艰难的责任之一是照顾患病的配偶。

人们的社会生活往往会因配偶的去世而发生巨变。夫妇通常会一起与其他夫妇交往；鳏寡个体在保持和原来交往的那些夫妇的友谊时，会感觉自己像"第五个轮子"一样碍眼。最终，那样的友谊会慢慢衰退，尽管它们有可能被与其他单身个体建立的新友谊所代替（Bookwala，2016）。

经济问题是很多鳏寡个体需要考虑的主要问题之一。尽管很多人有保险、积蓄和退休金来提供经济保障，但一些个体，通常是女性，在配偶去世后会体验到经济状况的下滑。在这些情况下，经济状况的改变会迫使人们做出痛心的决定，例如卖掉婚姻期间夫妻共同居住的房子（Meyer，Wolf，& Himes，2006）。

适应寡居的过程分为三个阶段。第一个阶段，准备期（preparation），夫妇的任何一方都要为了面对配偶最终的去世而做准备，有时要提前几年甚至几十年来做。例如考虑购买人身保险、准备遗嘱、决定养孩子以便将来老有所依。每一件事情都是为将来变成鳏寡个体做准备，那时人们需要一定程度的帮助（Roecke & Cherry，2002）。

第二个阶段是悲痛和悼念期（grief and mourning），这是在配偶去世后，健在一方的即时反应。他们首先要承受丧偶的痛苦和打击，继而要走过丧偶带来的一个情绪起伏阶段。个体走过这个阶段所需的时间取决于其他人所给予支持的多少以及个人的人格因素。在有些情况下，悲痛和悼念期会持续几年，而有些人只需持续几个月。

适应配偶去世的最后一个阶段是适应期（adaptation）。在这个阶段，鳏寡个体要适应新的生活。他们开始接受配偶的去世就标志着到了这个阶段，而接下来，他们会以一个新的角色生活，并建立新的友谊。适应阶段还包括一段整合期，其中个体会发展一个新的同一性——作为一个单身的人。

当然，丧偶三阶段模型不一定符合每个人的情况，各阶段的持续时间因人而异。而且，一些人会经历复杂性哀伤（complicated grief）。这是一种绵绵不绝的悼念，会持续数月甚至数年。在这一时期，人们很难放下曾经的爱人，会出现对逝者的侵入性记忆，影响到正常功能（Piper et al.，2009；Zisook & Shear，2009；Hirsch，2018）。

但是，对于多数人来说，丧偶后生活会恢复正常，重新变得快乐。尽管如此，丧偶难免会成为生命任何阶段中一个重大事件。在成年晚期，其影响尤为严重，因为配偶的去世预示着自己也将走向死亡。

从一个社会工作者的视角看问题

哪些因素共同造成了成年晚期的生活对于女性来说比男性更困难的现象？

成年晚期的朋友和家庭

老年人和年轻人一样喜欢结交朋友，友谊在成年晚期的生活中占据很重要的地位。事实上，人们在晚年甚至把与朋友在一起看得比与家人在一起更重要，因为朋友是比家人更有力的社会支持来源。另外，大约有1/3的老年人在自我报告中说最近一年建立了一段新友谊，还有很多老年人经常参与重要的社会交往活动。事实上，有更多的时间与朋友和家人相处是变老的最大好处之一（Pew Research Center，2009；见图9-13）。

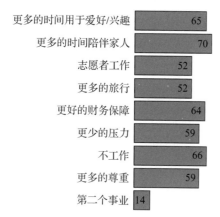

更多的时间用于爱好/兴趣　65
更多的时间陪伴家人　70
志愿者工作　52
更多的旅行　52
更好的财务保障　64
更少的压力　59
不工作　66
更多的尊重　59
第二个事业　14

图9-13　成年晚期的活动

在成年晚期，人们认为有更多的时间陪伴家人是这个时期的最大好处之一。

资料来源：Pew Research Center，2009.

友谊：为什么朋友在成年晚期很重要？ 友谊以控制感为特征：不同于家庭关系，在友谊关系中，我们能选择自己喜欢谁或不喜欢谁。由于老年人在其他方面（例如健康）的控制感逐渐丧失，因此，此时维持友谊的能力在生命中的重要性胜过任一时期（Demir，Orthel，& Andelin，2013；Singh & Srivastava，2014）。

此外，友谊——特别是新建立的友谊可能比家庭关系更灵活，因为新建立的友谊没有遗留的责任和过往的冲突，而这些往往是家庭关系的特点，会减少这类关系所提供的感情寄托（McLaughlin et al.，2010；Lester et al.，2012；Lecce et al.，2017）。

成年晚期中友谊关系很重要的另一个原因是：随着年龄的增长，人们更可能失去婚姻伴侣。配偶去世后，多数人会寻求朋友的陪伴，以帮助自己应对丧偶的痛苦，并且弥补配偶去世后伙伴关系缺失的那一方面。

当然，一个人到了老年不止配偶会死去，朋友们也会死去。成年晚期的人们看待友谊的方式决定了他们在多大程度上能够承受朋友去世的打击。如果一份友谊被看作是不可替代的，那么失去某位朋友就会让人感到非常难过。另一方面，如果一份友谊只是众多友谊的其中之一，那么某位朋友的过世对个体的打击就没有那么大（Blieszner，2006）。

友谊也能为人们提供基本的社会需要之一——社会支持。**社会支持**（social support）是指由体贴、热心的人组成的社会关系网所提供的帮助和安慰。这些支持对成功老化非常重要（Avlund, Lund, & Holstein, 2004; Gow et al., 2007; Evans, 2009）。

社会支持的益处是巨大的。社会支持网可以通过同情和提供对个体所关注问题的建议来提供情感支持。另外，面临同样情境（如配偶去世）的人会对当事人的处境有着极深的理解，能够为如何应对困难提供很多有效建议，这些往往比其他人的建议更可靠。

最后，他人还可以提供物质的支持，比如载你一程或帮你买些生活用品。面对实际困难时，他人也能够帮上忙，例如与难缠的房东进行交涉、修理坏了的电器等。

社会支持不仅对接受者有好处，对提供者也是有益的。提供帮助的人知道自己正在为其他人的幸福而做出努力，他们感到自己是有用的，自尊也会提高。

什么样的社会支持最有效、最恰当？很多种方式都比较有效：为别人准备食物、陪伴别人去看电影，又或是邀请别人共进晚餐。然而，创造机会进行互惠也很重要。互惠（reciprocity）指的是如果一个人对另一个人提供过积极的支持，提供者就会期待以后对方能够对自己有所帮助。在西方社会里，老年人和年轻人一样，比较看重有互惠潜力的关系。不过，随着年龄的增长，一个人要回报他人给予的社会支持可能逐渐变得困难。结果就是，老年人与他人的关系变得越来越不对称，接受帮助者会处于尴尬的心理状态中（Becker, Beyenem, & Newsom, 2003）。

家庭关系：联系的纽带。即使在配偶去世后，很多老年人仍然是大家庭里的一员。他们仍然和兄弟姐妹、儿女、孙辈甚至曾孙辈保持着联系，这些人是晚年生活中重要的安慰来源。

在成年晚期，兄弟姐妹通常能够提供很强的情感支持，因为他们经常分享旧时童年中的美好记忆，而且他们通常代表了一个人现在保持的最早的人际关系。虽然不是所有的童年记忆都是愉快的，但在晚年期间保持与兄弟姐妹来往是一种巨大的情感支持。

子女。比兄弟姐妹更重要的是子女和孙辈。虽然现在搬迁率很高，但多数家长和孩子们之间的联系还是非常紧密的，无论是地理位置上的，还是心理上的。大约75%的子女们的住所与父母的住所相隔30分钟车程以内的距离，父母和子女们经常彼此探望和聊天。女儿似乎比儿子更常联系父母，母亲比父亲更常收到儿女的信息（Shen et al., 2003; Diamond,

Fagundes, & Butterworth, 2010; Byrd-Craven et al., 2012）。

因为大多数老年人至少会有一个孩子住得离自己比较近，家庭成员仍然能够为彼此提供大量的帮助。而且，父母和子女们在成年子女应该如何对待父母的看法上，意见比较一致。尤其是，父母预期子女应该帮助父母理解自身资源、提供情感支持，并深入讨论一些医疗问题等重要的事情。另外，常见的情况是当年老的父母需要照料时，子女提供这些照料（Dellmann-Jenkins & Brittain, 2003; Ron, 2006; Funk, 2010）。

父母和子女之间的联系有时是不对称的，父母想要更加紧密的联系，但子女却希望疏远一点。父母对亲子联系会给予更多的发展投资（developmental stake），因为他们把子女看作自己信念、观念和准则的延续。另一方面，子女们需要自主，不想依赖父母。这些视角的差异使得父母更有可能把他们和子女之间的矛盾缩小化，而子女则更有可能把矛盾扩大化。

孙辈和曾孙辈。正如我们之前所讨论的，祖父母对孙辈生活的参与程度高低不一。即使那些非常以孙子女为荣的祖父母，也会和孙子们保持一定的距离，避免直接的照料责任。另一方面，很多祖父母会把孙子女作为他们社交网络中重要的一部分（Coall & Hertwig, 2011; Geurts, van Tilburg, & Poortman, 2012; Moore & Rosenthal, 2017）。

如我们所看到的，祖母比祖父更愿意参与孙辈们的生活，多数年轻的成年孙辈也觉得和祖母更亲。另外，他们觉得外祖母比祖母更亲（Hayslip, Shore, & Henderson, 2000; Lavers-Preston & Sonuga-Barke, 2003; Bishop et al., 2009）。

非裔美国人祖父母比白人祖父母更多地参与孙辈们的生活，并且相对于白人孙辈们来说，非裔美国人孙辈们与祖父母感觉更亲。此外，相对于白人祖父来说，非裔美国人祖父们在孙辈们的生活中处于更加中心的地位。这一种族差异的原因可能是研究中涉及非裔美国人多代家庭的比例大于白人。在多代家庭里，祖父母通常在儿童教养中扮演核心角色（Crowther & Rodriguez, 2003; Stevenson, Henderson, & Baugh, 2007; Gelman, Tompkins, & Ihara, 2014）。

曾孙们在白人和非裔美国人曾祖父母生活中的地位都不那么重要。大多数曾祖父母和曾孙们的联系都不太密切。密切的关系只会在两者住得比较近的时候才会出现（McConnell，2012）。

关于曾祖父母和曾孙们之间联系相对不紧密有几个解释。一方面是当人们有了曾孙辈时，他们已经没有太多体力和精力来与曾孙们建立关系。另一方面是曾孙们太多了，曾祖父母感觉与他们之间没有太强的情感联系，有时甚至难以了解他们。当肯尼迪总统的母亲（Rose Kennedy，她生了9个孩子）在104岁去世时，她有30个孙辈和41个曾孙辈！

不过，仅仅是有曾孙这样一个事实，就能让曾祖辈感到很高兴。例如，他们会觉得曾孙们是自己及其家庭的延续，同时也能表明自己的长寿。而且，将来随着成年晚期健康条件的不断提高，曾祖父母的身体状况能让他们更多地参与曾孙子女的生活（McConnell，2012）。

虐待老人：变差的关系

Lorene74岁的时候，她的儿子Aaron搬到了她那里。Lorene说："我很孤独，也欢迎他来陪我。当他提出管理我的财政时，我让他做我的代理人。"

3年来，Aaron把她的支票换成现金，取出她的存款，并用了她的信用卡。Lorene说："当我发现时，Aaron向我道歉，他说他需要钱摆脱麻烦。他答应马上停下来。"

但是他没有。他花光了老人账户里所有的钱，紧接着又要她的保险箱钥匙。她拒绝了，他就打她，直到她失去意识。

"他的问题是毒品。"Lorene说，"最后，我把警察叫来，逮捕了他。现在我感到了这些年来从未有过的自由。"

我们可能容易认为这种事情应该比较少见。但实际上这种情况比我们认为的更普遍。据估计，**虐待老人**（elder abuse），即对老人身体上或心理上的虐待或忽视，每年大约会影响11%的老人，他们受到某种形式的虐待或潜在的忽视。这一估计甚至都有可能太过保守，因为受到虐待的人通常会感到难堪和羞耻，而不愿意报告自己的困境。而且，随着老年人数目的不断增加，专家认为虐待老年人的案例数目仍在增长（Starr，2010；Dow & Joosten，2012；Jackson，2018）。

虐待老人通常发生在家庭成员之间，尤其是针对年老的父母。那些健康状况差、孤单的老人以及住在照看者家中的老人更有可能遭受虐待的危险。尽管导致虐待老人的原因很多，但通常是在照看者必须一天24小时仔细照看老人的情况下，照看者所承受的经济、心理和社会压力起了作用。因此，患有阿尔茨海默病或其他重度神经认知障碍的人，更有可能成为被虐待的对象（Lee，2008；Castle & Beach，2013；Fang & Yan，2018）。

应对老人虐待最好的方法就是防止其发生。照看老年人的家庭成员必须不时地休息一下，也可以联系当地的社会支持机构，他们能够提供建议和具体的支持。例如国际家庭护理者协会（National Family Caregivers Association）维持着一个护理者社群，发布一些实时通信。

回顾、检测和应用

回顾

10. 列出并描述有关成年晚期人格发展的各种理论。

埃里克森把老年期称为自我完善对失望阶段，佩克关注定义该时期的三个任务，莱文森认为老年人可以体验到解放和自尊，诺加盾则关注人们应对老化的方式。

11. 解释与年龄有关的资源、权力及特权的分配，并解释文化如何塑造人们对待老年人的方式。

年龄阶层理论认为，经济资源、权力和特权的分配不均衡在成年晚期尤为严重。整体上，西方社会对老年人的尊重程度不如许多亚洲社会。那些尊重老年人的社会，其特点是社会同质性、存在大家庭、老年人责任重大以及他们拥有重要资源的控制权。

12. 定义智慧，并描述它与年龄的关系。

智慧是有关人类行为的知识积累的结果。由于智慧是从经验中获取的，故它可能与年龄有关。

13. 区分各种衰老理论。

脱离理论认为，老年人逐渐从外界活动中隐退；而活跃理论认为最快乐的人是继续参与外界活动的人。一个折中的理论——连续理论，可能是成功老化最有用的观点，而最成功的衰老模型可能是通过补偿行为达到选择性优化。

14. 描述为老年人安排住所的可能方式，并解释每种方式如何影响他们的生活质量。

老年人有各式各样的居住环境，很多人和家人一起住在家里。而对于另一些人，他们住在一些专门的机构，从连续照料社区到专业护理机构。与配偶一同生活对老年人意味着稳定，而搬到子女家中，生活在多代环境中则可能是一项挑战。生活在护理院或其他机构性环境中会导致自主性丧失，这是许多老年人恐惧的。

15. 讨论老年人的经济保障，以及成年晚期的工作和退休带来的社会和经济影响。

财政问题会让老年人陷入困境，多数原因是他们的收入是固定的，而健康支出却在不断增长，人类寿命也在延长。许多人退休后会经历下列阶段：蜜月期、清醒期、重新定位期、退休平淡期和结束期。有很多方法来规划美好的退休生活，包括从工作中慢慢抽身，在退休前挖掘一些兴趣爱好，提前做好财务规划等。

16. 找出夫妻在成年晚期会面临的问题，并描述丧偶会带来的挑战。

虽然成年晚期的婚姻通常是愉快的，但这一时期的许多变化会产生可能导致离婚的压力。配偶去世给健在的一方带来了巨大的心理、社会和物质上的影响，这也使得建立新的友谊、保持原有的友谊对健在的一方尤为重要。

17. 找出对老年人重要的人际关系，并解释它们为什么重要。

成年晚期的个体高度重视友谊，而这也是社会支持的重要来源。在多数老年人的生活中，家庭关系仍然是一个重要组成部分，特别是与兄弟姐妹及子女的关系。这些关系提供情感支持和连续性。

18. 讨论哪些因素导致了虐待老人，以及这种现象如何预防。

缺乏社交、健康状况差的老人可能被不得不承担照料者角色的子女虐待。应对老人虐待最好的方法就是通过让照料者获得休息时间和社会支持，来防止其发生。

自我检测

1. 根据埃里克森的观点，处于成年晚期的个体会回顾过去的生活，对其进行评价，最后达成妥协。这也被称为_____。
   a. 自我超越对自我专注阶段
   b. 接受对分离阶段
   c. 繁殖对停滞阶段
   d. 自我完善对失望阶段

2. 成功老化的模型包括_____。
   a. 补偿理论、脱离理论、最大化理论
   b. 活跃理论、连续理论、脱离理论
   c. 能力理论、社会性理论、退缩策略
   d. 社会最优化、补偿理论、生活事件理论

3. 人们从工作岗位退休后，通常会经过一系列阶段，包括_____。
   a. 蜜月期、清醒期、重新定位期、结束期
   b. 定位错乱期、不满期、重新定位期、接受期
   c. 活动增加期、迷惑期、重新投入期、结束期
   d. 愤恨期、孤独期、重评期、满足期

4. 对丧偶进行适应的第一个阶段是_____。
   a. 适应期　　b. 准备期　　c. 愤怒期　　d. 妥协期

应用于毕生发展

配偶的退休通过哪些方式给婚姻带来压力？如果夫妻双方都工作，退休带来的压力会减轻，还是会加倍？

第9章 总结

汇总：成年晚期

　　Peter 和 Ella 住在一起，但是他们选择了不同的生活方式度过成年晚期。Peter 喜欢宅在家里照料内务，Ella 喜欢繁忙的退休生活，参加活动、聚会、社交，甚至工作。这两个退休的人的共同之处是，致力于保持身体健康、智力活跃和维持重要的关系，虽然他们采取完全不同的方式去做这些事。通过重视这三方面的需求，Peter 和 Ella 始终保持着积极乐观的状态。

9.1 成年晚期的生理发展

- 尽管按实际年龄 Peter 和 Ella 都属于高龄老人，但按功能年龄来说他们还是年轻老人。
- 他们在健康和态度上挑战了对老年歧视的刻板印象。
- 他们好像都避免了患上阿尔茨海默病及其他大多数与年龄相关的身体及心理上的疾病。

- Peter 和 Ella 选择了运动、正确饮食、避免不良习惯的健康生活方式。

9.2　成年晚期的认知发展

- Peter 和 Ella 的晶体智力（储存信息、技能和策略）显然很好。
- 他们通过刺激、练习和激励保持心智能力，证明了他们的可塑性。
- 他们都有一些轻微的记忆问题，比如情景记忆或自传体记忆的衰退。

9.3　成年晚期的社会性和人格发展

- Peter 和 Ella 处在埃里克森的自我完善对失望阶段。
- 从诺加盾的人格分类看，他们应对老化的方式是不同的。
- 他们随年龄的增长都获得了智慧，知道自己是什么样的人，应该如何与别人相处。
- 他们兄妹都选择在一个新房子里营造新的生活。
- Peter 和 Ella 似乎都没有经历退休生活的典型阶段。

退休顾问会怎么做?

你会给予一个像 Ella 那样总是想着工作的人什么建议? 对于像 Peter 那样满足于悠闲退休生活的人又是什么建议? 对于这些人来说, 你会根据他们的什么特征来帮助他们, 并给予正确的指导?

健康护理工作者会怎么做?

你认为, Peter 和 Ella 为什么会有这么好的身心健康状态? 有什么 Ella 用了而 Peter 可能没用的策略吗? 有什么 Peter 用了而 Ella 可能没用的策略吗? 他们共同使用了什么策略?

教育工作者会怎么做?

你会为 Peter 或 Ella 推荐认知训练吗? 会推荐通过 Road Scholar 或网络讲授的大学课程吗? 为什么推荐或者不推荐?

你会怎么做?

如果让你做一个涉及 Peter 和 Ella 的口述历史项目, 你会期望他们的记忆有多完整和精确? 他们对于 20 世纪 60 年代的描述更可信, 还是 21 世纪的? 你更喜欢和他们中的哪一个人聊天?

第 10 章

死亡和临终

Jackson 知道，他即将、很快就要去世了。在 71 岁的时候，他被诊断出患有一种特别严重的脑癌，同时医生也清楚地表明他的时间已经很有限了。

Jackson 做出了一个选择，与其忍受那些让人筋疲力尽、最多只能延长他几个月寿命的一轮又一轮化疗，他选择拒绝接受治疗，只服用那些让他在最后的日子里免除疼痛的药物。

"我已经过了很美好的生活了，而且我对我所获得的成就感到很满意了。"他如此说道。他有着很多朋友，很多人都来参加他举办的派对——在医生告诉他只有不到两周的寿命时。人们笑着、哭着，但对于 Jackson 而言，这就是他想要的：一场对美好生活的庆祝。

在本书的最后一章讨论生命的终结真是再恰当不过了。我们会先讨论死亡的时刻是如何定义的，然后我们将考察人们在生命的不同阶段对死亡的看法和反应。之后，我们会考察人们如何直面自己的死亡，我们会提到一个理论，该理论认为人们在确知自己时日无多的时候会经历不同的阶段。我们还会讨论人们在试图控制与死亡有关的情境时会做出何种努力，包括生存意愿以及辅助自杀。最后，我们会考察丧亲和悲痛，区分正常的和不正常的悲痛，讨论丧失亲人带来的后果。我们还会了解一些有关悼念和葬礼的内容，讨论人们如何去接受深爱之人的逝世。

10.1 毕生发展中的死亡和临终

好似一头恐龙

去年 10 月，当 Jules 迎来百岁生日的时候，他的家人为他举办了一场盛大的派对。他回忆说："我的孩子、孙辈、曾孙辈都来了。加起来一共有 40 个人，还有 2 个曾孙女在她们妈妈的肚子里。"而没能来到这场庆典的，有他 5 年前因为癌症去世的长子，一个因为交通事故丧生的孙女。同样缺席的，还有那所他教授了 40 年英语的中学里的前同事们。他们都已不在这个世界上了。第二次世界大战时和他一起在太平洋上奋战的弟兄们也是这样。甚至连那些他退休后一起下棋的朋友们也都先一步离开了。"我是最后一个留下来的人。我爱我挚爱的家人，但是他们都已听我讲过无数遍我的往事，却从未能理解我在 1960 年以前的过去。"他如是说。

Jules 已经拟好了生存意愿遗嘱，并把它交给了自己的长女和医生们。他说："多么有趣啊。战时面对敌军的炮火，我不得不终日顽抗死亡的恐惧；而如今的我却更加平静。我不想死，但我觉得自己好似一头恐龙⊖。我不想当我有了严重的脑损伤抑或瘫痪在床时，仍要无谓地延长着我的生命。如果说一百年的时间教会了我什么，那便是生命的质量远比长度要珍贵得多。"

即使我们能够活到百岁，死亡亦是我们每个人都会遇到的事情，它的必然性如同我们的降生一般。正因为如此，它是理解毕生发展的一个里程碑。

发展心理学近些年来才开始严肃地研究死亡对于发展的意义。在这一节中，我们将从几个不同的视角来探讨死亡和临终。我们首先来看看死亡的定义，这个定义会比看上去的字面意义更加复杂。然后我们将考察人们在生命的各个阶段对死亡的看法和反应，并比较不同的社会对死亡概念的理解有何差异。

理解死亡

在经历了一场浩大的法律和政治的争论后，Schiavo 的丈夫终于得到了这项权利，摘掉维持了妻子 15 年生命的进食管。Schiavo 因为呼吸心搏骤停（respiratory and cardiac arrest）引起了脑损伤，之后就一直处于一种被医生称为"永久性植物人"的状态，也就是永远不可能再恢复意识。经过一系列的法庭激战，她的丈夫（不顾她父母的意愿）最终获准指导护理者拔掉她的进食管；之后，Schiavo 很快就去世了。

Schiavo 的丈夫要求摘除她的进食管的决定是正确的吗？当这根管子被摘掉的时候她是不是已经死去了？她丈夫的行为是否忽略了 Schiavo 本人的合法权利？

这些难题确实表明了生与死这一主题的复杂性。死亡不仅是一个生物学层面的事件，它同样也包含了心理学层面的内容。我们不仅需要考察死亡的定义，还需要考察人们在生命的不同时期对死亡的概念是如何改变的。

定义死亡：生命何时终结

什么是死亡？尽管这个问题看起来很好回答，但定义生命的终结实际上是异常复杂的。随着医学的发展，一些在若干年前被判定为死亡的患者，用现在的标准看他们当时可能还活着。

功能性死亡（functional death）被定义为心脏停止跳动，呼吸停止。事实上，这个定义远比它看起来更模棱两可，例如，一个心跳和呼吸都停止了 5 分钟的人可能会苏醒并且几乎没有损伤，按照功能性死亡的标准判定，现在这个活着的人岂不是已经死过一回？

因为该定义并不严密，脑功能已经取代了心跳或呼吸这类作为惯用的确定死亡时刻的指标。在**脑死亡**（brain death）中，所有由电子仪器测量的脑电波活动都已经停止。一旦脑死亡发生，脑功能就没有再恢复的可能。

一些医学专家建议，将死亡仅仅定义为脑电波的消失未免过于狭隘。他们主张若一个人丧失思考、推理、感觉和体验世界的能力也可以被宣告死亡。这种

⊖ 比喻似指，应当退出历史舞台的旧时代的遗民。——译者注

观点掺入了许多心理学的因素，一个遭受了难以修复的脑创伤、昏迷不醒或是无法再对人类生活有任何感知的人，即便他仍有一些原始脑活动的存在，都可以说是已经死亡了（Young & Teitelbaum，2010；Burkle，Sharp，& Wijdicks，2014；Wang et al.，2017）。

将我们对死亡标准的思考从严格的医学角度转移到道德和哲学层面的这种观点，目前存在很大争议。因此，尽管有一些法令沿用呼吸和心跳停止的标准，但在美国绝大多数地方，仍然以脑功能的完全丧失作为法定死亡的判别标准。事实上，不管死亡在何地发生，人们都极少测量脑电波。通常来说，只有在一些特定场合下（死亡时刻具有重要意义，有可能进行器官移植，或涉及犯罪和法律问题的时候），人们才会密切监控脑电波。

在法律和医学上建立关于死亡的定义所遇到的困境，也许反映了在整个生命过程中人们对死亡的理解和态度上发生的改变。

毕生历程中的死亡：原因和反应

Cheryl 是学校乐队的长笛手，她有一头齐肩的棕色头发、棕色的眼睛。当她的朋友们和兄长们讲一些有趣的事情时，她经常偏着头咧嘴微笑。

Cheryl 的家里有一个小型农场，她的任务是每天早上在校车到达之前，喂小鸡和收鸡蛋。在完成了琐碎的工作以后，她会整理她在家政课上缝制的东西（Cheryl 酷爱设计和制作自己的衣服），然后跟父母亲挥手告别。"别去捡木头做的镍币。"㊀她爸爸总是在后面这样喊着。Cheryl 觉得这真是个无厘头笑话，她已经习惯了父亲这样的提醒。

一个星期五晚上，Cheryl 的爸爸提议驾车去买点比萨来吃。车里只有两个有安全带的座椅，但是 Cheryl 觉得夹坐在她的爸爸和哥哥之间很安全。他们驶上一条双车道的高速公路，跟着广播里的音乐唱着歌，忽然一辆迎面驶来的小车失去控制，越过中线撞上了他们的车。由于没有系安全带，Cheryl 被甩出了挡风玻璃，最后她的爸爸和哥哥活了下来，而13岁的 Cheryl 的生命在这里永远结束了。

我们通常将死亡和"上了年纪"联系在一起，但是对于许多人，死亡来得更早一些。由于人们认为像 Cheryl 一样的年轻个体死亡是"非自然的"，因此，"非自然死亡"引起的反应也尤为强烈。事实上在美国，许多人认为应该把孩子保护起来，不应该让他们接触死亡的现实。但各个年龄的人均有可能经历亲友的死亡，或者是自身的死亡。我们对待死亡的反应是如何随着年龄发展的呢？我们将针对几个年龄群体进行讨论。

婴幼儿期和儿童期的死亡。 虽然经济高度发达，但是美国新生儿死亡率很高。美国一岁以内新生儿的死亡率仍高于其他55个国家（*World Factbook*，2017）。

正如统计数据显示的那样，有相当多的父母经历了失去新生儿的痛苦。新生儿的死亡不仅会引起所有典型的、和面对自然死亡一样的反应，可能还会使家庭成员遭受更严重的打击，最常见的后果就是极度抑郁，因为死亡发生得太早了（Murphy，Johnson，& Wu，2003；Cacciatore，2010；Christiansen，2017）。

一种特别难于应对的死亡便是产前死亡，又叫流产。在孩子出生前，父母通常已经和他们的孩子建立某种心理上的联结，如果孩子在尚未出生时就已死亡，他们会觉得极度痛苦。更严重的是，亲朋好友通常很难理解流产带给父母们情绪上的打击，而这会加重他们对丧失的体验（Wheeler & Austin，2001；Nikčević & Nicolaides，2014）。

另一种引发极端压力的死亡是婴儿猝死综合征，部分原因是它的发生太出乎预料了。**婴儿猝死综合征**（sudden infant death syndrome，SIDS），指的是看似正常的婴儿停止呼吸或因无法说明的原因死亡，通常发生在婴儿2～4个月的时候。

在 SIDS 的案例中，父母通常会感到极大的自责，熟人们也会怀疑死亡的"真实原因"。人们至今没有发现引起 SIDS 的明确原因，它发生得近乎随机，因此，父母的内疚是并无根据的（Kinncy & Thach，2009；Mitchell，2009；Horne，2017；Gollenberg & Fendley，2018）。

对于儿童，意外事故是导致死亡的最重要的因素，特别是车祸、火灾、溺亡，等等。但是，在美国相当多的儿童死于谋杀，这一数量自1960年以来几乎增加了三倍。谋杀已经成为1～24岁孩子死亡的第四大原因，以及15～24岁非裔美国人的首位死因

㊀ 指小心不要上当受骗。——译者注

（National Vital Statistics Report，2016）。

对于父母而言，孩子的死亡会引发极大的丧失感和悲痛情绪。在多数父母眼中，即使是配偶或父母的死亡也不如孩子的死亡更加让人难以接受。父母的极端反应可能源于现实违背了"孩子应比父母活得更长久"这一自然规律，同时由于他们觉得自己有保护孩子远离任何伤害的责任，一旦孩子死亡，他们就会觉得是自己的失职（Granek et al.，2015；Jonas et al.，2018）。

这种情况下，父母通常都没有做好应对孩子死亡的准备，因此他们可能会在事后反复责问自己这件事情为何发生。正因为父母与子女之间的情感联结如此之强，他们有时会感到自己的一部分也随着子女的离去而死亡了。研究表明，这种压力会显著增加父母患精神疾病而最终住院的风险（Nikkola，Kaunonen，& Aho，2013；Fox，Cacciatore，& Lacasse，2014；Currie et al.，2018）。

儿童期的死亡概念。孩子本身在 5 岁以前尚未发展出有关死亡的概念，尽管他们在这之前已经意识到死亡的存在，但他们更倾向于认为那只是一种暂时的状态，生命可能由此缩减，但不会终止。一个学前儿童可能会说，"死人不会感觉到饿，有的话可能也是一点点"（Kastenbaum，1985，p.629）。

有一些学前儿童觉得死亡就和睡觉一样，如同童话中的睡美人，早晚是会醒过来的。对于有这种信念的孩子来说，死亡毫不可怕，而且还让他们觉得好奇。在他们的信念里，如果人们足够努力，比如通过施加有效的药物、提供充足的食物或者运用魔法，那么死去的人是可以"活过来"的（Russell，2017）。

儿童对于死亡的错误理解会在情绪上引发灾难性的后果。孩子们可能会认为在某种程度上他们该为某个人的死亡负责；可能会认为如果自己做得更好些，死亡就可以避免；也可能会认为如果已经去世的人真的想要活过来，他们还是能够复生的。

从一个教育工作者的视角看问题

从发展的阶段和对死亡的认识上，你认为学前儿童对于父母的死亡会如何反应？

在 5 岁左右，儿童已经能够较好地理解死亡的终结性和不可逆性，他们可能会给死亡赋予某种幽灵或魔鬼的形象。起初，他们认为死亡并非普遍存在，而是仅仅发生在特定的某些人身上；直到 9 岁，他们开始承认死亡的普遍性和终结性；在儿童中期，个体也习得了有关死亡的一些习俗，如葬礼、火化、公墓等（Hunter & Smith，2008；Corr，2010；Panagiotaki et al.，2018）。

青少年期的死亡。我们可以想象，青少年期认知能力的飞速发展将会使他们对死亡的理解更加复杂、深入而合理，但在很多时候，青少年对死亡的观念依然和儿童一样存在不切实际的地方，尽管在理解深度上会有所差异。

当青少年理解到死亡的终结性和不可逆性时，他们倾向于认为这件事（死亡）不会发生在他们身上，然而，持这种观点可能会引发青少年的某些危险行为。正如我们在前面章节讨论的那样，青少年发展出一种个人神话（personal fable），即一系列使他们觉得

自己很独特的信念。他们会认为自己是不会受到伤害的，那些发生在别人身上的糟糕事情并不会在自己身上发生（Elkind，1985；Wenk，2010）。

这种信念所引发的危险行为导致了很多青少年的死亡。比如说，在这个年纪，死亡案例中最普遍的原因是意外事故，通常由机动车等交通工具引起，其他常见的原因还包括谋杀、自杀、癌症、艾滋病等（National Vital Statistics Report，2016）。

当青少年的个人神话不得不面对疾病引起的死亡时，结果常常是毁灭性的。得知自己面临死亡的青少年通常会觉得气愤和受到欺骗——觉得命运对他们非常不公。由于他们的感受和行为都如此消极，医护人员的救助很难奏效。

与之相对的，一些被诊断为患有绝症的青少年表现出完全的拒绝。那种坚不可摧的自我信念使他们无法接受他们所患疾病的严重性。在不影响他们接受治疗的情况下，一定程度的拒绝还是有一些好处的，因为它能使青少年在最大程度上保持正常的生活状态

（Beale，Baile，& Aaron，2005；Barrera et al.，2013；Cullen，2017）。

青少年对死亡的观念可能是非常浪漫且戏剧化的。

成年早期的死亡。成年早期被看作为生活做好准备的开始。经过了儿童期和青少年期的准备阶段，个体开始在世界上留下自己独立的足迹。由于这一时期的死亡是近乎无法想象的，它的发生也就让人格外难以接受。青年人正积极地为完成生活目标努力着，任何阻碍他们未来发展的疾病都会让他们感到气愤和不耐烦。

在成年早期，意外事故仍然是死亡最主要的原因，之后是自杀、谋杀和癌症。然而，在成年早期临近结束的时候，因患疾病而死亡变得更为普遍。

对于那些不得不在成年早期就面对死亡的人而言，有一些问题是非常重要的，其中之一是他们对发展亲密关系和表达性欲的渴望，而绝症会抑制甚至完全中断这两方面的活动。例如，艾滋病毒检验呈阳性的人会觉得很难再开始一段崭新的关系，而已有关系中的性活动则面临更大的风险挑战（Balk，2014）。

对于成年早期个体来说，另一个需要关注的是未来人生的规划问题。当大多数人开始为将来的职业和家庭绘制蓝图的时候，身患绝症的青年人却要承受更多的负担。他们应该结婚吗，哪怕伴侣可能很快就将独自一人？这对夫妇应该有孩子吗，即使孩子可能只由父母中的一方养大？他们应该在什么时候将自己的病情告诉老板，即使这显然会对他们的工作不利？这

些问题都很难找到答案。

成年中期的死亡。对于成年中期的人们来说，患上可能威胁生命的疾病是这一年龄段最普遍的死亡原因，但这对他们而言并不是一个那么严重的打击。因为这一阶段的人们已经很清楚地知道自己早晚有一天是要死去的，他们已经能够从一种更加现实的角度来看待死亡。

尽管如此，对现实清醒的认识并不能够使他们更容易地接受死亡，对死亡的恐惧往往比先前任何一个年龄段的人更强烈，甚至比其后的年龄段也要强烈。这种恐惧可能使得人们更在乎自己还有多少年可活，而不是关注自己已经活了多久（Akhtar，2010）。

在成年中期最普遍的致死原因是心脏病和中风。尽管这些疾病的突发性常常使人难以准备，但这些疾病引起的痛苦确实要比诸如癌症之类的慢性疾病所带来的痛苦要轻松些。这肯定是许多人更为倾向的死亡方式，因为有研究发现，当被问到死亡方式的时候，他们会说希望死亡是短暂而无痛苦的，不涉及躯体的任何损失（Taylor，2014；Bernard et al.，2017）。

成年晚期的死亡。到了成年晚期，人们已经知道自己的生命正在走向终点。除此之外，他们还面临着周围环境中越来越多的死亡，配偶、兄弟姐妹、朋友都有可能率先离开这个世界，这些都在不断提醒他们死亡的必然性。

由于死亡在老龄人群中普遍发生，因此和其他年龄段相比，这一年龄段的人群对死亡的焦虑相对较少。但这并不意味着他们欢迎死亡，只能说他们看待死亡的态度更加实际。他们对死亡进行深入思考，并开始为其做准备。其中的一些人已经开始因为逐渐减弱的生理和心理机能而不太过问身外之事了（Akhtar，2010）。

死亡的临近常常伴随着认知功能的迅速衰退。在所谓的最终衰竭（terminal decline）过程中，记忆和阅读能力的显著衰退，预示着在其后几年里即将到来的死亡（Hülür et al.，2013；Gertsorf et al.，2016；Brandmaier et al.，2017）。

一些老年人选择主动地寻求死亡，即自杀。实际上，男性的自杀率在成年晚期持续攀升，85岁以上的白人男性自杀比例比任何一个年龄组都高。（青少年和青年人自杀的总人数较多，但在整体中所占的比例相对较低。）自杀通常是重度抑郁或某种形式的痴呆导致

的后果，也可能是丧偶所引起的（Kjølseth，Ekeberg，& Steihaug，2010；Dombrovski et al.，2012；McCue & Balasubramaniam，2017）。

对于身患绝症的老年人来说，一个关键的问题是他们活着是否还有价值。面临死亡的老年人比年轻人更强烈地担心自己会成为家庭和社会的负担。他们有时甚至会有意或无意地感知到这样的信息：社会不再承认他们的价值，也不再认为他们是"重病"状态，而是"垂死"状态（Kastenbaum，2000；Meagher & Balk，2013）。

在多数情况下，老年人都希望得知自己是否"死期将近"。如同年轻的病人常常愿意知道自己病情的真相一样，老年人也希望知道更多的细节。但讽刺的是，照料者常常回避告诉临终的老年病人他们已无可救药（Goold，Williams，& Arnold，2000；Hagerty et al.，2004；Span，2016）。

但是并非所有的老人都愿意知道他们真正的病情或者他们即将死亡的消息。不同的人对待死亡的态度非常不同，这一点部分受到人格因素的影响，比如说，容易焦虑的人们更加担心死亡。此外，对待死亡的态度也存在显著的文化差异，这一点我们将在"文化维度"专栏中讨论。

文化维度

不同的死亡概念

在一个部落仪式场地的中央，一位老人等待他的大儿子在他的脖颈上套上绳索。老人身患重病，已经准备好离开尘世，他要求儿子将他带向死亡，儿子遵从了。

对死亡的不同理解导致了不同的葬礼。举例来说，在印度，尸体会被放入恒河里随波漂流。

对于印度的印度教徒来说，死亡并不是终点，而是连续轮回的一部分。因为他们相信投胎转世，认为死亡是由重生接替的一个全新生命的开始。因此，死亡也被看作生命的伴生物。

人们对死亡的反应表现为很多种形式，特别是在不同的文化里，但即使是在西方社会里对死亡的反应也是具有多样性的。例如，是选择做一个家庭事业有成、圆满过完一生的人好，还是做一个在国家的保卫战争中英勇牺牲的年轻战士更好？会有谁的死亡好于另一个吗？

答案要依据个人的价值观而定，这又与文化和亚文化的导向作用极其相关，一般通过宗教信仰被人们所分享。有些社会将死亡看成是一种惩罚，或是一种评判个人对世界贡献的形式；其他的一些人则把死亡看作从现实劳苦中获得解脱的一种方式；还有些人把死亡看成是永生的开始；另一些人则不相信天堂的存在，生命只是如同现实中表现的那样而已（Bryant，2003）。

对于一些美国印第安部落来说，死亡被看作生命的延续。拉科塔印第安部落的人相信死后会到达一个叫作"Wanagi Makoce"的精神家园，所有的人和动物都居住在那里。因此，死亡不会使人感到愤怒或者不公平。同样，在某些宗教信仰中，比如佛教和印度教，则信仰转世，他们相信灵魂会回到一个新的肉体中继续开始一个新的生命周期（Huang，2004；Sharp et al.，2015；Tseng et al.，2018）。

在不同的文化里人们习得跟死亡相关的知识的年龄是不同的。在暴力和死亡色彩较重的文化中，个体会更早地认识死亡。研究表明，以色列的儿童比美国和英国的儿童更早地认识到死亡的终结性、不可逆性和不可避免性（Atchley，2000；Braun，Pietsch，& Blanchette，2000；Panagiotaki et al.，2015）。

死亡教育：为不可避免的终结做准备

"妈妈什么时候能活过来？"

"为什么 Barry 会死？"

"祖父是因为我是个坏孩子才死的吗？"

儿童的这类疑问说明了为什么许多发展心理学家以及**死亡学家**（thanatologist）建议将死亡教育列入学校日常教学内容，近年来这种课程已经出现。"死亡教育"主要是为了帮助各个年龄段的人们更好地面对死亡和临终状况而设立的——不仅是他人的死亡，也包括自己的死亡。

死亡教育的兴起源于我们隐藏死亡的方式，至少在大多数西方社会是如此。我们通常把与濒死病人打交道的任务交给医院，我们并不和儿童谈论有关死亡的话题，也不让他们参加葬礼，担心他们受到惊扰。即使是急救工作者和医疗专家也不能很自如地讨论这个话题。由于在日常生活中经常回避，儿童很少有机会面对自己关于死亡的感觉或是获得和死亡相关的更真实的感知（Waldrop & Kirkendall，2009；Kellehear，2015；Chapple et al.，2017）。

下面是死亡教育课程的一些内容。

● **危机干预教育**。在 2012 年桑迪胡克小学枪击案之后，幸存的儿童接受了危机干预，以便应对自身的焦虑。年幼儿童关于死亡的概念最不稳定，因此他们需要得到有针对性的、适合他们认知发展阶段的关于生命消殒的合理解释。危机干预教育也适用于不那么极端的情形下，比如，当遇到学生被杀或自杀时，学校一般都会开展应急咨询服务（Sandoval，Scott，& Padilla，2009；Markell，2010；Reeves & Fernandez，2017）。

● **常规死亡教育**。虽然在小学里还很少有关于死亡的教材，但这类课程在高中已经相当普遍。大学里的某些院系，比如心理学、人类发展、社会学、教育学等，也逐渐开设这类课程（Eckerd，2009；Bonoti，Leondari，& Mastora，2013；Corr，2015）。

● **对助人职业人员的死亡教育**。涉及死亡、临终关怀和丧葬等相关职业的专业人员特别需要这方面的死亡教育，现在几乎所有的医疗和护士学校都会为学生提供某种形式的死亡教育。而最成功的教育不仅要教会学生如何帮助病人及其家属妥善处理好即将到来的死亡，还要进一步引导学生对该话题本身进行思考（Haas-Thompson，Alston，& Holbert，2008；Kehl & McCarty，2012；Chapple et al.，2017）。

尽管死亡教育并不能够把死亡完全解释清楚，但以上提到的这些课程却可以帮助人们更准确地掌握这种所有人都会经历的、和"生"并列的、普遍注定的"死亡"的真谛。

回顾、检测和应用

回顾

1. 描述如何判定死亡的瞬间。

功能性死亡被定义为心脏停止跳动和呼吸停止；脑死亡被定义为脑电波消失。死亡的定义随着医学发展而改变，这让我们可以救援那些原本认为已经死亡的人。一些医学专家相信当一个人丧失思考、推理、感觉和体验世界的能力，并且再也不可能重新恢复身为人类的生命活动表征时，那就是死亡发生的时刻。

2. 分析毕生过程中死亡的原因与人们对死亡的反应。

婴幼儿或儿童的死亡对父母来说尤其难以接受，而对于青少年来说，死亡似乎是不可想象的。在死亡的态度和信念上明显的文化差异强有力地影响着人们对死亡的反应。

3. 描述死亡教育的目标和益处。

死亡学家建议将死亡教育列入常规的学习课程中去，以帮助人们理解这一最为普遍又肯定会发生的人类经历。

自我检测

1. 一旦个体不再有心跳或呼吸，他经历的是_____死亡。

a. 功能性　　　　　　　　b. 生物医学性

c. 脑　　　　　　　　　　d. 法律

2. 在_____，使个体感到自己不会被侵犯的个人神话，令发生在这一时期的死亡尤为意外和具有毁灭性。

a. 儿童期　　b. 青少年期　　c. 成年早期　　d. 成年中期

3. 研究死亡和濒死过程的人叫作_____。

a. 细胞学家　　　　　　　b. 死亡学家

c. 神经病理学家　　　　　d. 畸形学家

4. 在学校内提供的、帮助学生们面对校园枪击事件的应急咨询叫作_____。

a. 常规死亡教育　　　　　b. 死亡学培训

c. 危机干预教育　　　　　d. 启蒙培训

应用于毕生发展

你是否认为学校应当对儿童和青少年进行有关自杀主题的教育？在这个年龄阶段进行这种教育有不利因素吗？抑或最好早些触及这个话题？

10.2　面对死亡

和世界说再见

Carol 是个闲不住的人。当她在 89 岁时盆骨骨折后，她还决定要重新开始走路。经过 6 个月的强化复健，她做到了。93 岁时她得了肺炎。在医院住了一个月之后，她回到她挚爱的家，那里有她的猫、她的满屋的书。她依然积极参与当地的政治生活——尽管比之前要虚弱一些，但基本没什么问题。

3 年后，Carol 的医生告诉她，她得了肌萎缩侧索硬化症（ALS），这是一种脑部和脊柱里的运动神经元慢慢死去的疾病。她可以服用一种叫 Rilutek 的药，以减缓这个过程，但是最终她的肌肉会萎缩，她将无法再使用双手或双脚。她将不能讲话，不能吞咽，最终，她的肺会停止工作。

Carol 同意尝试药物，但是她告诉医生，她想要进行不必进行施救（DNR）程序，即如果她的肺叶开始停止工作，她开始有呼吸困难的时候不再进行有创施救。

"我不想那样活着。"她说。

4 个月之后，Carol 发现自己呼吸困难了。她拒绝吸氧，也拒绝去医院。她很快去世了，就在她自己的床上。就像其他的死亡一样，Carol 的死引发了一系列的问题。她拒绝吸氧等同于自杀吗？医护人员应该答应她的要求吗？她这样对待死亡是最有效的解决之道吗？人们应该如何面对并适应死亡？毕生发展学家和从事死亡及临终研究的专家正在努力寻找这些问题的答案。

在本节中，我们将考察人们是如何面对自己的死亡的。我们将讨论一种理论，该理论认为，当人们面对死亡时将经历一系列阶段。我们还会审视人们是如何使用生存意愿遗嘱以及辅助自杀的。

理解临终过程

伊拉莎白·库伯勒·罗斯（Elisabeth Kübler-Ross）的研究工作对我们理解人类如何面对死亡帮助巨大。作为一名精神病学家，库伯勒·罗斯根据对临终患者及其看护人员的调查，发展出了一套关于死亡和临终体验的理论。尽管正如我们所知，后续的研究对她的发现的普遍性表示怀疑，但她的工作仍然产生了巨大的影响力，促进后续研究去关注人们是如何应对他人和自己的死亡的（Kübler-Ross，1969，1982）。

一步一步迈向死亡：库伯勒·罗斯的理论

库伯勒·罗斯最初认为人们面对死亡会经过五个基本步骤（见图 10-1）。

否认期（Denial）。"不！我不可能会死！这肯定是哪里搞错了！"这是人们在获知自己临近死亡的时候最典型的抗议举动。此时，人们正面对死亡的第一个阶段：否认期。在否认的过程中，人们不肯承认自己即将死亡。他们可能反驳说诊断结果有误，X 光被误诊，或者医生们弄错了。他们也可能是直截了当地否认诊断结果。在极端案例中，病人会遗忘自己住院那几周的记忆。在其他形式的否认中，病人会在拒绝接受诊断消息和承认他们知道自己即将死亡之间反复摇摆（Teutsch，2003）。

否认绝对不是丧失现实感的标志，也不是精神健康状况恶化的迹象，否认是一种帮助人们以自己的方式和步伐接纳不愉快信息的防御机制。然后他们才能够继续，直到接受自己即将死亡的事实。

愤怒期（Anger）。经过了否认期以后，人们可能会表现出愤怒。他们可能会对任何人发怒：健康的人

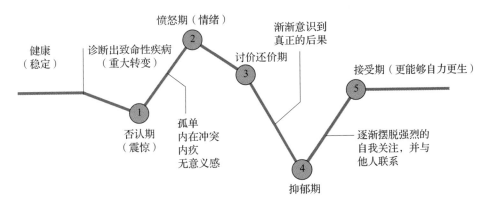

图 10-1　走向生命的终结

根据库伯勒·罗斯（1975）的理论，以上是走向死亡的不同步骤。

们、他们的配偶和其他家庭成员、照料者、他们的孩子等。他们可能会猛烈地抨击他人，不明白为什么将要死去的人是自己而不是其他人。他们可能会对上帝发怒，认为自己一生为善，而世界上还有许多坏人应该死去。

与处在"愤怒"阶段的人相处是件艰巨的任务。他们可能会说出或者做出一些让人痛苦和难以理解的事情。尽管如此，他们中的大多数人最终将走过这一阶段，进入下一阶段：讨价还价期。

讨价还价期（Bargaining）。"好人有好报"，许多人将这种童年阶段习得的说法运用到现实即将面对的死亡当中。如果能够继续活下去，他们允诺会成为一个更好的人。

在讨价还价的过程中，即将死去的人总是试图去商讨能够摆脱死亡到来的方法。他们可能会宣称，如果上帝拯救自己，他们就将献身于穷苦人民。他们还可能承诺，如果可以活到亲眼见证儿子结婚，他们愿意接受随后的死亡。

但是，许下的承诺很少兑现。如果其中一个要求得到满足，人们通常又会去寻找下一个，然后再下一个。此外，他们可能无法履行他们的承诺，因为他们的病情逐渐加重，无法实现他们想要做的事情。

在某些方面，讨价还价期也会带来一些正性的结果。尽管死亡不能无限地推迟下去，但是以参加某一特定活动或活到某一特定时间为目标可以延迟死亡的

到来。例如犹太人逾越节前的死亡率显著降低，而在节后又有所回升。类似地，中国老年妇女在重要节日之前和节日期间的死亡率也会显著降低，在节日后又有所回升（Meagher & Balk，2013）。

当然，没有人最终能通过讨价还价来逃离死亡。当人们终于意识到这一点时，便进入"抑郁期"。

抑郁期（Depression）。许多临死的人都经历过抑郁期。当意识到死亡已成定局，他们无法以任何讨价还价的方式逃脱的时候，人们会产生一种巨大的失落感。他们知道自己正在失去所爱的人，他们的生命真的正在走向终结。

他们的抑郁可能是反应型的或者预备型的。在反应型抑郁（reactive depression）中，悲哀建立在过去已经发生过的事件上：接受各种治疗所带来的尊严丧失、不能再工作，或是得知永远无法重返家中等。在预备型抑郁（preparatory depression）中，人们的悲哀建立在即将到来的丧失上。他们知道死亡会使他们的社会关系终结，他们将永远无法见到自己的后代。死亡的现实在这一阶段已无法逃脱，这将引发巨大的悲痛。

接受期（Acceptance）。库伯勒·罗斯认为死亡的最终阶段是接受期。到达接受期的人们会充分认识到死亡的迫近。伴随着情感淡漠和少言寡语，他们对现在和将来已经没有任何积极或消极的感觉。他们和自己讲和，想要独处。对他们而言，死亡不再引发痛苦。

从一个教育工作者的视角看问题

你认为库伯勒·罗斯的死亡五阶段理论是否受到文化的影响？是否存在年龄差异？为什么？

评价库伯勒·罗斯的理论。库伯勒·罗斯对我们有关死亡的看法产生了巨大的影响。她被看作采用系统观察方法研究人们如何面对死亡的先驱。她几乎是独自一人把死亡现象带入公众的视野。她的理论对那些直接提供临终帮助的人有更大的作用。

相对地，库伯勒·罗斯的研究成果也受到一些批评。她关于死亡概念的定义具有明显的局限性，她的定义局限在那些已经获知自己即将死亡的人身上，或是那些以相对轻松自由的方式死亡的人。对于那些罹患难测疾病（无法预知结局和时间）的人而言，她的理论就不太适用。

对她的理论激烈的批评在于其理论中"阶段论"的本质。并不是每个迈向死亡的人都会经历这样五个阶段，有些人会以其他的顺序经历这些阶段，有些人甚至会在同一阶段上重复经历好几次。抑郁的病人可能会表现出暴怒，愤怒的病人也可能会更多地讨价还价。此外，库伯勒·罗斯的理论并没有考虑到社会或文化因素的影响，而且这一理论仅仅关注了人们对于死亡的情绪上的反应，却忽略了人们思维上的变化（Corr，2015；Jurecic，2017；Stroebe，Schut，& Boerner，2017）。

不是每个人都以同样的方式经历这些阶段。比如，有一项针对200多名近期刚刚丧失亲人的被试的研究，研究者在被试丧失亲人时立即访谈一次，然后在几个月之后再访谈一次。如果库伯勒·罗斯的理论是正确的，那么最终的接受阶段会在一段较长的悲伤之后到来。然而多数被试说他们在一开始就表现出接受所爱之人的过世。而且，他们没有像理论假定的那样经历愤怒或抑郁这两个悲伤的阶段，他们更多是报告自己感到对亡者的强烈思念。与一系列固定的阶段不同，悲伤看起来更像是一组症状，此起彼伏地出现，直到最终消散（Maciejewski et al.，2007；Genevro & Miller，2010；Gamino & Ritter，2012）。

人们在悲伤的过程中通常会遵循他们自己独特的个人轨迹，这一发现对于医疗工作者和其他在工作中接触临终之人的护理人员是非常重要的。由于库伯勒·罗斯的死亡阶段划分如此广为人知，好心的照料者有时会激励病人按照已知顺序经历这些阶段，却忽略了病人的个人需求（Wortman & Boerner，2011）。

最后需要指出的是，在面对即将到来的死亡时，人们的表现存在巨大的差异。死亡的确切原因，死亡过程会延续多久，病人的年龄、性别和人格特征，以及能从家人和朋友那里得到的社会支持等都会影响到整个死亡进程和人们对死亡的反应（Carver & Scheier，2002；Roos，2013；Hendrickson et al.，2018）。

库伯勒·罗斯理论的替代。在对库伯勒·罗斯理论的回应中，另外一些理论家也提出过其他的观点。比如心理学家埃德温·施耐德曼（Edwin Shneidman）认为，人们在面对死亡的过程中，可能以任意顺序产生（或反复产生）一些相关的反应"主题"。这些主题包括怀疑的想法、不公平感，对剧痛甚至是一般疼痛的恐惧，以及有关痊愈的幻想（Shneidman，2007）。

另一位理论家查尔斯·科尔（Charles Corr）认为，就像人生的其他阶段一样，面对死亡的人也面临着一组心理任务，包括尽可能减少生理不适，满足生理需要，维持生命的丰富感，继续或深化与他人的关系，以及保持希望，这通常是通过精神追求而获得的（Corr，Nabe，& Corr，2006，2010；Corr，2015）。

心理学家乔治·博南诺（George Bonanno）同样提出了一个重要的理论用来代替库伯勒·罗斯的理论，即四成分理论（four component theory）。博南诺的理论认为，悲伤的过程中有四个主要的成分。第一个成分是丧亲发生的情境（比如丧亲是可预期的还是突发的），第二个成分是丧亲被赋予的意义（经历了丧亲的人与死去的人之间的关系是正向的、负向的还是矛盾的），第三个成分是死者以何种方式被人们所记忆，第四个成分是应对以及情绪调节。与库伯勒·罗斯理论不同的是，有大量的研究支持了博南诺的理论（Boerner，Mancini，& Bonanno，2013；Boerner et al.，2015；Maccallum，Malgaroli，& Bonanno，2017）。

选择死亡的本质

Colin成为住院医生的第一年时，他的第一个职位是在老年病房。Colin总是很高兴并亲切地称呼每个病人"大叔"或者"阿姨"——这是他在美国南方生活时的习惯。

他对其中一位病人记忆尤为深刻。"经过一天繁忙的工作后，我喜欢和Jessica阿姨一起打发时间。Jessica阿姨是一个93岁的老人，正在迅速衰老，但是头脑依然敏捷。当我值夜班时，有时会坐到她的床尾和她聊天。她是个有很多故事、有伟大的思想和鲜活的智慧的人。"

"Jessica 阿姨的病历上注明她是一名 DNR 病人，我知道她不想再接受任何'徒劳无益的医疗'。然而在一天夜里，我独自值班，来到她的病房探望她，她的呼吸指数跌到了零并且她的心跳时断时续。看着她的体征指数状况越来越糟，我没有站在那里'顺其自然'，而是走到她身边喊她的名字，同时快速地按压她的胸部，每分钟 100 次，对她进行心肺复苏。我努力让她的呼吸回到正常水平，但是她的心跳仍然很微弱。"

"我抓起电击器给她施加电击，一次，两次，在第三次的时候很幸运，我成功了，我能够听见她的心跳了，然后渐渐地，她的心跳恢复到原来的水平。在这件事之后 Jessica 阿姨又活了 4 个月。"

"我对我的主管说，在当时的情况下我忘记了那是一个 DNR 病人，但事实上我并没忘记。我也只是'顺其自然'，在这里，自然就是我的天性，作为人类的天性。"

DNRS。在病人的病历上写下的"DNR"具有一个简单明确的含义：不必进行施救（Do Not Resuscitate）。DNR 强调不必采取任何手段维持病人的生命。对于身患绝症的病人来说，DNR 可能意味着立刻死亡，非 DNR 病人或许能够多活几天、几个月，甚至几年，但往往需要许多极端的、侵入性的甚至是非常痛苦的医疗措施来维持。

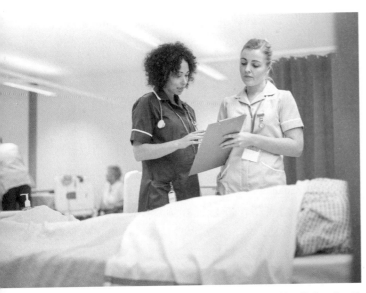

许多绝症患者选择"DNR"（"不必进行施救"），作为一种回避极端医疗干预的手段。

决定是否采用 DNR 引起了一些讨论，其中一个争论是"极端"和常规措施究竟有何不同。这两者之间并不存在严格的区别，做决定的人必须考虑病人的需求、他们先前的医疗史、年龄、宗教等因素。比如，对同一病情下 12 岁和 85 岁的病人可能需要采取不同的标准。另一个问题和生活质量有关，我们该如何衡量病人的生活质量，并决定是否采用特殊的医疗手段辅助或阻止其继续活下去呢？谁来做这样的决定——病人、家属还是医生？

有一件事情是清楚的，就像本部分提到的 Colin，医疗工作者不愿意按照绝症病人及其家属的愿望中断侵入性治疗。即使在病人肯定会走向死亡、病人本身也不愿意接受治疗的情况下，医生通常也会宣称不知道病人的这些愿望。尽管有 1/3 的病人要求不再接受治疗，却只有不到一半的医生承认他们知道病人的这种意向，另外只有 49% 的病人的病历上留有生存意愿记录。医生和其他的健康护理工作者可能不愿意按照病人的 DNR 要求去做，部分原因是他们接受的训练要求他们去拯救病人，而不是让他们死亡，另一部分原因是为了避免法律责任（McArdle，2002；Goldman et al.，2013；Wan et al.，2017）。

生存意愿遗嘱（living will）。为了拥有对死亡的更多掌控，越来越多的病人选择签署生存意愿遗嘱。生存意愿遗嘱是在人们无法表达愿望的情况下，事先指定其是否接受医疗救护措施的法律文件（见图 10-2）。

有些人会指定一位特殊人员，即医疗代理人，代表病人参与行使医疗救护的相关决定。医疗代理人被授权处理病人的生存意愿遗嘱和被称为长期授权书（durable power of attorney）的法律文件中规定的事宜，他们有可能被授权处理所有的医疗问题（如昏迷），也有可能仅仅被授权处理绝症。

正如 DNR 程序一样，如果患者不明确向医生表达出自己的意愿，生存意愿遗嘱里的内容将不被执行。尽管人们事先可能不太想这样做，但是他们仍然应该和他们选定的"医疗代理人"进行坦诚的交谈，以表明他们自己的愿望。

安乐死与辅助自杀。在 20 世纪 90 年代，杰克·凯欧克因（Jack Kevorkian）医生因发明并推广了"自杀机器"而广为人知。只要病人按一下按钮，这种机器就会释放麻醉剂和一种可以使心脏停止跳动的药物。由于帮助病人通过自主操作这种机器摄入药物，凯欧克因参与了辅助自杀的过程，为濒死病人提供自杀途径。因为在电视节目《60分钟》中参与了病人的辅助自杀，凯欧克因被指控二级谋杀罪，要在监狱里度过8个年头。

我，_____，
在清醒的情况下立此声明。如果我因疾病永远不能够对后续治疗做出决定时，请其他人遵守这份声明中的指示。它反映的是在遭到如下情形时，我不愿使用任何医学治疗的坚定决心：

当我的病情已经无可救药，心理和生理上都没有康复的可能，医院对我的治疗仅仅只是延续我的生命时，我要求我的主治医生停止对我的治疗。这一条款适用于（但不局限于）以下情形：（a）临终情形；（b）永远不能恢复意识的状况；（c）有微弱意识但我永远无法做出决策或表达愿望的状况。

我要求对我的治疗仅限于让我舒适或者减轻我的痛苦，包括在取消治疗后产生的任何痛苦。

虽然我知道我不能从法律意义上要求对未来治疗有特殊待遇，但是我仍然强烈希望在遇到上述情形时请对我采取如下措施：

我不想使用心脏复苏术。

我不想使用呼吸机。

我不想使用进食管道。

我不想使用抗生素。

但是我确实想要最大限度地减轻疼痛，即使所采取的措施有可能会减少我的寿命。

其他的要求（填入一些个人的说明）：

这些要求表达了在联邦和州法律框架下我实行拒绝治疗的权利。我想要我的要求得到实现，除非我废除了这份声明并重新写了一份，或者是有明显的证据表明我改变了主意。

签字：_____ 日期：_____

地址：_____

- -

证人声明

我声明该文件签署者在签署时年龄超过18岁，神志清醒，没有受到强迫或者其他过分的影响，充分表达了他的意愿。在签署者签署（或委托他人代自己签署）时我在场。

证人：_____

地址：_____

- -

证人：_____

地址：_____

图 10-2　一份生存意愿遗嘱的范例

为确保生存意愿遗嘱中的愿望能被实现，人们需要采取哪些步骤？

辅助自杀在美国引起巨大争议，而且在许多州都是违法的。直到今天，7个主要司法辖区（加利福尼亚州、科罗拉多州、蒙大拿州、俄勒冈州、佛蒙特州、华盛顿州、华盛顿特区）已经通过了"死亡权利"法案，蒙大拿州在遵循法庭指令的情况下允许合法的医生辅助自杀。仅在俄勒冈州，已经有超过1 100人通过辅助自杀的方式，使用药物结束了自己的生命（Edwards，2015；Oregon Death with Dignity Act，2016）。

在很多国家，辅助自杀也是可以被接受的。比如在荷兰，医疗人员可以帮助病人结束生命。但是，辅助自杀必须符合以下几个条件：至少两名医生将病人诊断为不治之症；存在无法忍受的身体或精神创伤；病人需给出书面同意书以及事先需要告知病人的家属（Battin et al.，2007；Onwuteaka-Philipsen et al.，2010；Augestad et al.，2013；Nolen，2016）。

辅助自杀是安乐死的一种形式，**安乐死**（euthanasia）是指帮助濒死病人更快死亡的措施。安乐死通常被视为"善意谋杀"，可以有多种形式。被动安乐死（passive euthanasia）包括移除呼吸器或其他有助于维持生命的医疗仪器，以此帮助病人自然死亡，比如医护人员遵行DNR程序。在主动自愿安乐死（voluntary active euthanasia）中，照料者或医务人员在自然死亡之前便采取相应行动，也许会使用某种致命的药物剂量等。正如我们所看到的那样，辅助自杀介于被动和主动自愿安乐死中间。尽管安乐死饱受争议，但是其使用范围惊人的广泛。一项对特别看护病房护士的调查结果表明，20%的护士曾经至少一次故意加速了病人死亡的进程，而且其他专家也指出，安乐死并不罕见（Asch，1996）。

关于安乐死的争论源于"究竟谁控制着病人的生命"这个问题。这种权利只属于个人吗？还是属于病人的医生、他的家属、政府或某一神明？因为我们相信每个人都有把孩子带到这个世界上的绝对权利，所以有些人宣称我们同样具有结束自己生命的绝对权利（Allen et al.，2006；Goldney，2012；Monteverde et al.，2017）。

很多反对者指出安乐死在道德上是无法被接受的。在他们看来，不论病人本身是多么希望如此，提前结束一个人的生命都与谋杀无异。另一些人指出，医生对病人未来寿命的预测通常不够准确，比如在某些情况下，被诊断为有50%的可能性活不过半年的病人，最终可以再活好多年（Bishop，2006；Peel &

Harding, 2015)。

反对安乐死的另一个观点集中在病人的情绪状态上，在病人请求看护者帮助他们死去的时候，他们可能正陷入某种形式的极度抑郁之中，一旦服用抗抑郁药物使抑郁症状减轻，病人可能会改变先前放弃生命的愿望（Gostin, 2006; McLachlan, 2008; Schildmann & Schildmann, 2013）。

死亡的地点：临终关怀

Dina 热爱她的工作。她是密歇根医院的一名注册护士，她的工作是照顾绝症患者并尽量满足他们生理和心理的需求。

"你需要有同情心和良好的临床背景，"她说，"你也要有心理弹性，你可能会去家里、医院、私立诊所、成人看护所——任何病人所在的地方。"

Dina 喜欢这种需要跨学科方法的工作。"你需要和他人组成一个团队，包括提供社会工作的、精神关怀的、家庭健康支援的、丧亲支持的以及行政支持的人们。"

令人惊讶的是，这项工作最具挑战的地方并不在于病人，而在于其家属和朋友。

"病人家属处于惊恐状态，所有的事情看起来都在失去控制。他们不会总是做好准备去接受即将到来的死亡，所以你需要特别注意你的措辞，小心地遣词用句。如果事先妥善地告知他们将要发生的状况，那么之后的转变就会更加顺畅，也会给病人营造一个更加舒适的氛围。"

美国大约一半的病人会在医院迎来死亡。但是通常情况下，病人们不愿意选择在医院结束生命。理由如下：医院通常是非个人化的，由医护人员轮班上岗；由于探视时间的限制，病人通常只能孤独地死去，没法享受亲人在一旁的安慰。

医院是用来帮助病人好转，而不是为临终病人提供特别看护的地方；医院的临终看护的价格也特别昂贵。因此，医院通常没有足够的资源去满足临终病人及其家属的情感需求。

正因为如此，除了住院以外，临终病人还有一些其他选择。在**家庭看护**（home care）中，临终病人可以始终待在自己家中接受上门的医护人员的治疗。许多临终病人更喜欢家庭看护，因为他们可以在熟悉的环境中度过最后的日子，与他们所爱的人在一起，与一生积累的宝贵的事物在一起。

但是家庭看护对于家庭成员来说非常困难。诚然，提供必要的临终看护会使家庭成员感到巨大的心理安慰，但家庭成员都需要 24 小时随时待命，无论是从体力上还是精神上，这都是非常消耗精力的事情。而且，由于多数亲人并未经过专业的看护训练，他们可能无法提供最佳看护（Day, Anderson, & Davis, 2014; Woodman, Baillie, & Sivell, 2016）。

除了医院看护，临终关怀成为越来越流行的另一种看护方式。**临终关怀**（hospice care）是为医疗机构里身患绝症的临终病人提供照料。临终关怀的宗旨是为临终病人提供充足的社会支持和温暖的氛围，工作重点不在于延长人们的寿命，而是使病人最后的日子变得愉快且有意义。一般来说，接受临终关怀的人们将不再进行痛苦的治疗，也没有额外的侵入性的手段来延长他们的寿命。临终关怀强调使病人的生活过得尽可能充实丰富，而不是想尽一切办法延长生命（Hanson et al., 2010; York et al., 2012; Prochaska et al., 2017）。

尽管此项研究尚无定论，接受临终关怀的病人看起来确实比其他选择传统治疗方式的病人更满意所得到的照顾。临终关怀为绝症病人提供了相对于传统入院治疗的明确替代方案（Seymour et al., 2007; Rhodes et al., 2008; Clark, 2015）。

回顾、检测和应用

回顾

4. 分析库伯勒·罗斯的临终过程理论。

库伯勒·罗斯定义了临近死亡的五个阶段：否认期、愤怒期、讨价还价期、抑郁期、接受期。尽管库伯勒·罗斯增加了我们对临终过程的理解，但是她定义

的这些步骤并不是一定会发生的。最近一些其他的理论学家给出了不同的看法。

5. 解释人们可以练习控制如何度过自己最后时光的方法。

关于临近死亡的问题引起非常大的争议，包括医生应采取何种程度的治疗来维持临终病人的生命，以及由

谁来做出这些决定等。辅助自杀，或者更普遍而言，安乐死同样引起很大争议。在美国许多州，安乐死并不合法。尽管许多人相信如果进行行之有效的管理，这种做法应该被合法化。

6. 描述为绝症病人提供临终关怀的替代方式。

尽管大部分美国人都在医院里去世，但越来越多的人在他们生命中最后的日子里选择家庭看护或临终关怀。

自我检测

1. 库伯勒·罗斯原创性地提出人们迈向死亡会经过几个基本阶段或步骤。第一个阶段是_____。
   a. 悲痛期　　b. 接受期　　c. 愤怒期　　d. 否认期

2. 库伯勒·罗斯认为，在_____，临终者可能会祈求只要能再多给他们几个月的生命，他们就愿意把财产捐给慈善机构。
   a. 愤怒期　　　　　　b. 抑郁期

   c. 否认期　　　　　　d. 讨价还价期

3. 在医疗界，DNR 的含义是_____。
   a. 不要更新（Do Not Renew）
   b. 每日修订通知（Daily Notice of Revision）
   c. 不要苏醒决定（Decision Do Not Revive）
   d. 不必进行施救（Do Not Resuscitate）

4. 有些人指定某个特定的人员，代表他们行使医疗决定，这样的人被叫作_____。
   a. 健康助理　　　　　b. 医疗代理人
   c. 法律援助人员　　　d. 个人护理专员

应用于毕生发展

在病人处于临终前的讨价还价期，你认为建议他的家人使用临终关怀服务是否明智？在库伯勒·罗斯理论中的哪个阶段做出这种建议最为恰当？

10.3　悲痛及丧亲

面对空虚

当他们告诉我，我丈夫 Jim 在手术中死去的时候，我沉默了。我当时只想找个小黑屋，缩成一团，睡觉。是不是有点毛骨悚然？因为我所想做的和一个垂死的人没什么两样。但那时我不能忍受言语，我不能忍受情感——我不想去感觉任何东西。当然，这是因为太痛苦了。我担心我会垮掉。他死后两天我回到家中，眼见的一切都让我伤痛。他的衣服，他的吉他，所有的照片……现在两个月过去了，我好些了。但是依然难过。

——Kate S.，78 岁，寡居

作为一种普遍经历而言，对于丧失亲人所带来的悲痛，我们中的大多数人都缺乏必要的准备。特别是在西方社会，人们的预期寿命很长，死亡率比历史上的任何时刻都要低，人们倾向于将死亡看作一个反常的现象，而不是生命里必然发生的一个部分。这种态度使得悲痛更加令人难以忍受。

在本节，我们将考虑丧亲和悲痛。我们会看到区分正常的和非正常悲痛的困难，以及丧亲带来的后果。本节还会探讨丧葬礼仪，讨论人们如何为必将到来的死亡做好准备。

死亡：对于生者的影响

在我们的文化中，只有婴儿的死亡是土葬的，其余人的死亡都是火化的。当我父亲去世的时候，我大哥在其他人的注视下，带头走向柴堆，然后将其点燃。

我父亲的躯体被烈焰包围。当柴火燃尽后，我哥哥负责骨灰和骨头碎片的收殓工作，我们则都去沐浴以净化自身。尽管经过了这些步骤，但在 13 天内，我们这些死者的近亲仍然被认为是受到玷污的。

13 天以后，我们饱餐一顿。我们在餐桌中央放置一粒花生米，用来献给父亲的灵魂。在这顿饭的最后环节，我们为赈济贫者做好准备。

在印度文化中，这种仪式的目的是纪念逝者。更多传统的人认为这样能够帮助灵魂到达阎罗王（死神）所在的地方，而不是成为在世间游荡的孤魂野鬼。

这种仪式是印度特有的，然而从它谨慎地规定了在世的亲人角色，以及重点表达对死者的尊敬来看，它和西方的丧葬共同拥有一些关键的成分。对于绝大多数西方国家的人来说，葬礼便是表达悲痛的第一步。

送别：最终的仪式和哀悼

在美国，丧葬的花销可不小。平均的丧葬仪式费用高达 7 000 至 10 000 美金，包括一口华丽的、精心打磨的棺材，用豪华轿车将死者运送到公墓，遗体保存以及遗体告别等费用（Bryant，2003；American Association of Retired Persons [AARP]，2004；Sheridan，2013；Beard & Burger，2017）。

葬礼之所以宏大，一定程度上是源于负责葬礼者的脆弱。他们通常是死者的近亲，希望证明自己对死者的爱，因此很容易被应当为死者选择"最好的"葬礼方式的说法说服（Varga，2014；McManus & Schafer，2014；Dobscha，2015）。

但从更大的层面上讲，葬礼的形式和婚礼一样，都是由社会规范和风俗习惯决定的。一场葬礼不仅仅是为了向公众宣布某个人的死去，还有对每个人生命必死性的认同和对生死循环不息的一种接受。

每个社会都有其自己的哀悼方式。

在西方社会，丧葬仪式具有自己传统的规范模式。在葬礼之前，遗体以某种方式保存好，穿好特定的衣裳。葬礼通常包括有宗教仪式典礼、悼词、某种形式的队列以及其他一些规范程序，比如爱尔兰天主教徒的"守灵"（wake）以及犹太教徒的七日"服丧"（Shiva），此时亲戚朋友都去拜会丧亲的家庭，并对死者表达敬意。军方葬礼通常包括鸣枪、在棺材上盖国旗等环节。

如同我们在本节开场白中提到的，非西方国家的丧葬与西方国家是不同的。在一些社会里，送葬者剃头以示悲痛，而在另一些地方，人们任凭头发生长而不理发。在其他的一些文化里，哀悼者甚至可能是被雇用来哭丧的。有些时候葬礼上会出现一些喧闹的仪式，但在其他的文化下大家习惯肃静的氛围。文化甚至决定了葬礼上的情绪表达，比如哭泣的时间段和总量等（Peters，2010；Hoy，2013；Shohet，2018）。

印度尼西亚巴厘岛的葬礼上，哀悼者往往表现得很平静，因为他们相信只有在他们很平静的时候，上帝才能听得见他们的祷告。与之相对的，非裔美国人的葬礼上哀悼者就要表达他们的悲痛，葬礼上允许参与者表达他们的感受。埃及的寡妇如果不在葬礼上痛哭流涕就会惹人非议；中国的送葬者则有时会雇用专业的哭丧人员（Collins & Doolittle，2006；Walter，2012；Carteret，2017）。

在历史上，一些文化里曾经出现过相当极端的丧葬仪式。比如殉夫（suttee），这是一种传统的印度殉葬仪式，现在已经被法律禁止，在这种仪式中，寡妇需要主动投入到燃烧丈夫尸体的烈火中，而这些烈火被看作她丈夫身体的一部分。在古代中国，奴隶有时会被活埋以陪伴主人的遗体。

最后，无论不同文化下的丧葬仪式差异有多大，但葬礼的一个功能是普遍适用的：作为某位死者生命终结的标志——并且为生者提供一个正式的平台，让他们可以聚到一起，分担他们的悲伤，并互相安慰。

丧亲与悲痛

悲伤的消息像巨浪一样席卷整个世界：音乐家 Prince 逝世，享年 57 岁。作为一位唱片销量数以亿计、世界巡演票房收入数十亿美元的流行明星，可以说英年早逝。

他的逝世引发了全球性的悲痛。许多国家开展了纪念活动，政要和名流纷纷献上悼念的礼物。很多地方都举行了音乐悼念仪式，他的唱片销量再创新高。

在深爱的人死去后，随之而来的是一段痛苦的适应期，其中涉及丧亲和悲痛。**丧亲**（bereavement）是指对某个人死亡这一客观事实的承认和接受，而**悲痛**（grief）则是指对他人去世的一种情绪反应（也见"从研究到实践"专栏）。

在亲人或朋友死亡以后，人们要经历一个痛苦的丧亲和悲痛过程。图中这些叙利亚的哀悼者正在悼念在与伊斯兰国家的冲突中死去的库尔德士兵。

悲痛的第一阶段通常伴随着震惊、麻木、质疑或完全否定。尽管痛苦时有发生，并相继引发悲痛、恐惧、深度悲伤和忧虑等情绪，但人们经常会回避客观事实，试着按照以往的方式生活。从某些方面来看，这样一种心理状态可能是有益的，因为它使得生者能够顺利地安排丧葬事宜并完成其他心理上感觉困难的任务。一般而言，人们会在几天或几周之内走过这一阶段。

在第二阶段，人们开始面对死亡，评估他们丧亲的程度。他们完全沉浸在巨大的悲痛之中，并开始承认将与死者永久分离的现实。哀悼者可能会陷入极度

的悲伤甚至是抑郁中———一种在此类情形下常会出现的情绪反应。他们可能会想念死去的亲人，表现出从不耐烦到没精打采的情绪。然而，他们也开始反观自己与死者的实际关系，无论曾经是好还是很糟。通过这种方式，他们逐渐从与至爱亲人的联结中解脱出来（Norton & Gino，2014；Rosenblatt，2015）。

在第三阶段，丧失亲人的生者将进入适应期。他们开始重拾生活信心，重新建立新的同一性身份，比如说，失去丈夫的女性把自己的身份定位成单身而不是寡妇，尽管她们有些时候可能会感到强烈的悲痛。

绝大多数人最终会从悲痛中走出来，开始新的独立的生活。他们会与旁人建立新的关系，而某些人甚至会发现应对死亡的经历有助于他们更好地自我成长。他们变得更加自立，更加懂得感激生活。

不过要记住，并不是每个人都以同样的方式或同样的顺序度过悲痛过程的。人们在这个过程中表现出巨大的个体差异，部分原因是他们的人格特点、与死者的关系，或是丧亲后独立生活的可能性。

实际上，多数经历丧亲之痛的人具有相当好的心理弹性，即便在所爱之人过世之后，也还是能很快地体验到强烈的正性情绪，比如说快乐。根据乔治·博南诺对丧亲所做的大量研究，人类从进化上就做好了准备，可以应对亲近之人的死亡，并在那之后继续生活。他断然否认哀悼有固定的阶段，并认为多数人可以十分有效地继续生活（Bonanno，2009；Mancini & Bonanno，2012；McCoyd & Walter，2016）。

从研究到实践

继续走下去：在失去长期配偶的情况下生活

正如我们想象的那样，配偶的逝世在大多数情况下是一种创伤性的经历，会带来强烈的悲痛和苦闷。在一些结婚多年的老夫妻中，失去配偶意味着失去一位终身伴侣，通常也失去了一个重要的，甚至唯一的情感支柱。正因如此，我们直观地认为，那些曾经拥有一段亲密且幸福的婚姻的丧偶者，会经历一段更长的悲痛时期。

然而，越来越多的研究发现了其他的结果：实际上，那些有过一段成功婚姻的人会比有过失败婚姻的人更好地度过哀悼时期，并且在接下来的生活中过得更好。研究表明，几乎一半报告说有着令人满意的婚姻的人能够

在其配偶去世的 6 个月内度过悲痛的时期（Carr, Nesse, & Wortman，2005；Carr，2015，2016）。

对这些结果的一个可能的解释是，有着亲密且幸福的婚姻的人更可能有较强的人际交往能力，而这种能力在他们经历丧亲之痛时起到了重要的作用。在必要的情况下，他们能更好地求助于朋友、家人，抑或是专业的顾问，以帮助自己度过这段悲痛的时期。而其他人也可以通过各种方式来帮助这些丧偶者，比如使他们的注意力从丧亲转移到其他地方上，或是鼓励他们用新的兴趣和活动填补心中的空白。较强的人际交往能力可能也有

利于他们在合适的时间遇见新的合适的人（Carr，2015；Collins，2018）。

亲密婚姻能为丧偶者带来心理弹性的另外一个原因是，他们知道自己已经和已故的伴侣实现了他们最初想要完成的愿望：建立一段成功且令人满意的关系。关系紧张的婚姻中的丧偶者可能会感到更加悲伤，这可能是由于他们从未获得过能满足期望的亲密关系，可能是由于他们后悔再也没有机会弥补长久未解决的矛盾，也可能是由于他们内疚于没能把握住机会努力使婚姻变得更好。

另一方面，亲密婚姻中的配偶更有可能已经解决了某些长期的问题，也交流过在其中一方逝世后可能发生的事，因此他们更有可能了解逝去的配偶希望他们在独活于世时的样子，进而更有安全感。最后，有着亲密而

安全的关系的伴侣通常来说能够更好地在对方离世时与之告别（Mancini，Sinan，& Bonanno，2015）。

拥有一段有安全感的婚姻并不意味着丧偶者不会感到痛苦。即便是恢复能力强的人也会在失去配偶之后的几个月内处于极深的痛苦中。也有可能正因为和伴侣的关系太过紧密，使得丧亲这件事变得更加棘手，尤其是男人在失去作为他们唯一情感支柱的妻子时，他们可能会受到沉重的打击。但很多时候，一位亲密且深爱着对方的伴侣送出的最后一件礼物，就是在他自己死后推动对方在适当时间内继续生活下去的安全感（Boerner et al.，2005；Maccallum，Malgaroni，& Bonanno，2017）。

共享写作提示：

除了人际亲密度之外，还有哪些其他的因素可能影响长期配偶离世后的悲痛期的持续时间？

区分不健康的悲痛和正常的悲痛。 尽管对于过分悲痛与正常悲痛的区别有很多种观点，但谨慎的研究表明，这些假设大都不正确。悲痛持续的时间长短并没有特定的限制，尤其是这种"悲痛应该在配偶死亡后一年才会结束"的常识并无依据。

对有些人（不是所有人）来说，悲痛的时间可能要比一年长得多。有些人会经历复杂性悲痛（complicated grief）——有时也被叫作持续悲痛障碍（prolonged grief disorder），这是一种会持续数月乃至数年无法止息的悲痛（就像我们在前一章中讨论过的那样）。大约有15%的人在丧失亲人后体验到复杂性悲痛（Maercker，Neimeyer，& Simiola，2017；Maccallum，Malgaroli，& Bonanno，2017；Kokou-Kpolou，Megalakaki，& Nieuviarts，2018）。

而另一些人可能会表现出不完全悲痛（incomplete grief），这是一种挥之不去的悲痛形式，始于人们在丧失后无法有效悲痛的情形。人们可能没有意识到他们真实的痛苦，抑或缺乏对悲痛的社会"许可"。例如，一个没有告诉父母自己是同性恋的青少年在遭受恋人

的死亡后可能会被迫隐藏他的悲痛。无法表达自己的悲痛可能会让他悲痛的过程愈加痛苦。

研究同样推翻了"丧亲后抑郁普遍存在"的观点，只有15%～30%的人在丧失亲人后表现出相对较深的抑郁（Bonanno et al.，2002；Hensley，2006）。

类似地，人们通常认为在最初面对死亡时没有表现出悲痛的人不愿正视现实，在其后的日子里，他们更可能会出现问题。但事实并非如此，那些在死亡面前即刻表现出抑郁的人随后最容易遇到健康和适应性问题（Boerner，Wortman，& Bonanno，2005）。

丧亲和悲痛的后果。 在某种意义上，死亡是具有传染性的，许多证据表明，丧偶者存在很大的死亡风险。一些研究表明在丧偶后的第一年，个体死亡的风险高达正常状态下的7倍，丧偶男性和丧偶年轻女性的死亡风险更大。再婚可以使他们的死亡风险降低，对丧偶男性尤其有效，尽管原因暂时不甚明了（Aiken，2000；Elwert & Christakis，2008；Sullivan & Fenelon，2013）。

从一个社会工作者的视角看问题

你认为为什么新近丧偶的人会有更高的死亡风险？为什么再婚可能会降低这种风险？

如果丧失亲人的人本身就表现出不安全、焦虑或恐惧等症状，丧亲更可能导致这些人产生抑郁或其他的负性结果，这更增加了他们寻求有效应对手段的难

度。此外，和一直与死者关系稳定的人相比，那些在死者去世前与其关系不稳定的亲人，在死者去世后可能会受到更大的负面影响。那些高度依赖死者的亲人

更容易在亲人亡故后陷入困境，同样的情形也会发生在那些过分悲痛的人身上。

如果缺乏来自家庭、朋友或其他团体、宗教等方面的社会支持，丧亲之人更可能觉得孤独，也因此面临更高的死亡风险。最终，无法为死亡赋予意义（比如感激生命）的个体，表现出更差的适应能力（Nolen-Hoeksema & Davis, 2002；Torges, Stewart, & Nolen-Hoeksema, 2008；Howard Sharp et al., 2018）。

亲人的突然死亡同样影响悲痛的过程。相比于事先能够预料的死亡，亲人意外死亡使生者更难接受。一项研究发现，经历亲人突然死亡的人们在 4 年后仍然没有完全恢复。部分原因可能是突然的、无预料的死亡通常由暴力所致，而暴力在年轻人群体中的发生率特别高（Burton, Haley, & Small, 2006；De Leo et al., 2014；Kõlves et al., 2019）。正如我们前面提到的，儿童可能需要特别的帮助来理解和悼念至爱亲人的离世（见"生活中的发展"专栏）。

像 Facebook 这样的社交网络为公众哀悼提供了一种方法。

生活中的发展

帮助孩子应对悲痛

因为年幼儿童对死亡的理解有限，所以他们在面对悲痛时需要特别的帮助。以下有一些可以采取的策略。

- **坦诚相对**。不要说已经死去的人只是"睡着了"或是"去了一个遥远的地方"。采用与儿童年龄相符的语言告诉他们真相，委婉但清楚地指出死亡的终结性和不可逆性。
- **鼓励表达悲痛**。不要对孩子说别哭，或克制情绪。相反，告诉他们如果感觉很难过，那是可以理解的，而且他可能会永远想念死去的人。鼓励他们画一幅画，写一封信，或者用其他的方式表达感受。
- **反复向孩子强调他们没有错**。儿童有时会把所爱之人的死亡归咎到自己身上——他们容易对亲人的死亡做出错误归因，认为如果自己没有犯错，亲人就不会死去。
- **认识到儿童表达悲痛的方式是难以预期的**。儿童在亲人死亡的初期可能并没有表现出悲痛，但随后他们可能会莫名其妙地变得心烦意乱，或是表现出吸吮手指或想和父母同睡等退行行为。
- **孩子可能会对那些讲述死亡的儿童书感兴趣**。特别推荐一本很好的书，《当恐龙死去》（*When Dinosaurs Die*），作者是劳里·克拉斯尼·布朗（Laurie Krasny Brown）和马克·布朗（Marc Brown）。

回顾、检测和应用

回顾

7. 分析西方和其他文化中葬礼的文化意义。

在死亡以后，大多数文化都规定一套丧葬习俗来缅怀逝世的社会成员。葬礼仪式对帮助人们面对亲人死亡，认识到自身死亡的必然性以及树立日后生活信心方面有重要作用。

8. 描述生者对于死亡如何反应和应对。

丧亲是指丧失所爱的亲人；悲痛指的是针对这一丧失引发的情绪反应。对许多人来说，悲痛要先后经历否认、悲痛和适应三个阶段。关于"正常"悲痛性质和时程的常识被证明有很多错误，悼念期的长度和强度变化多样。

自我检测

1. 研究悲痛的学者发现_____。

a. 悲痛有一个固定、普遍的模式，所有人的这一模式是相似的

b. 葬礼规模越大越昂贵，生者就会体验到更少的悲痛

c. 悲痛有很多种方式，没有一个"绝对正确"的方式来体验悲痛

d. 对大多数人而言，从丧亲中恢复并继续生活的最快方式，是向其他人掩饰他们的悲痛，并表现出所爱之人的死亡对他们并无太大影响

2. 跨文化而言，葬礼的一个主要目的是_____。

a. 鼓励生者更好地看待未来的临终

b. 用盛大的送别来激励临终者

c. 为生者提供一个表达悲痛的机会

d. 用书写或录制的方式让临终者表达最后的想法

3. 在悲痛的最后一个阶段，人们倾向于_____。

a. 重新拾起生活的信心，构建新的社会身份

b. 如果痛苦太难熬，他们会变得麻木

c. 通过否认来回避真正的现实

d. 遭受很深的不快乐甚至是抑郁

4. 缺乏_____的丧亲者最容易体验到孤独，因此在亲人死亡后产生负性后果的风险极高。

a. 矛盾　　　b. 仪式　　　c. 独立　　　d. 社会支持

应用于毕生发展

为什么美国社会中有这么多人不愿去思考或谈论死亡？而其他文化下的人会更自然地去面对这些事情？

第 10 章　总结

汇总：死亡和临终

　　Jackson，我们在本章最开始提到的那位 71 岁的男士，在即将到来的死亡面前放弃了治疗，决定去做他想做的事——在预期死亡时间的两周前举办派对来庆祝美好的生活。这是 Jackson 最后的派对，也是最豪华的派对。

10.1　毕生发展中的死亡和临终

- Jackson 直面了生命的死亡并且为之做好准备。
- Jackson，71 岁，清晰地感觉到他的生命是值得庆祝的。
- 他试着预期并事先处理家人对他将要死去的感受。

10.2　面对死亡

- Jackson 似乎成功地走过了临终的几个阶段。
- 他决定为自己的生存或死亡做决定（例如 DNR）。
- 他似乎完全没有考虑辅助自杀，更愿意在家人和朋友的陪伴下在家中自然死亡。

10.3　悲痛及丧亲

- Jackson 理解葬礼仪式的重要性，并着手策划了一场派对来庆祝自己的一生。
- 他显然清楚地预料到家人和朋友在他死后将会经历到的悲伤，并且策划了一个强调庆祝一生而非哀悼其死去的活动。

政策制定者会怎么做？

政府应该参与到决定是否允许通过"在遭遇绝症或极度疼痛时，个体可以决定是否继续治疗"这一政策？这是法律管辖的事还是个人良心的事情？

教育工作者会怎么做？

对于为医疗工作者提供的死亡教育中，应该涉及哪些类型的话题？对于外行人又该如何？

健康护理工作者会怎么做?

哪个标准对于决定是否中止生命维持系统最为重要?你认为对于不同的文化,这个标准会有所不同吗?

你会怎么做?

让你选择可能死去的地点,你会对你最亲近的人如何建议?是医院、家庭看护还是临终关怀?为什么?你还知道哪些对于你所爱的那些人来说合适的选择吗?

自我检测问题的答案

第 1 章

1.1
1. a
2. b
3. c
4. a

1.2
1. d
2. c
3. c
4. a

1.3
1. b
2. b
3. a
4. c

第 2 章

2.1
1. b
2. d
3. d
4. b

2.2
1. a
2. c
3. a—fetal, b—embryonic, c—germinal
4. b

2.3
1. a
2. d
3. d
4. d

第 3 章

3.1
1. d
2. b
3. a
4. d

3.2
1. d
2. b
3. b
4. a

3.3
1. c
2. c
3. b
4. d

第 4 章

4.1
1. c
2. d
3. a
4. b

4.2
1. a
2. c
3. b
4. d

4.3
1. c
2. b
3. a
4. b

第 5 章

5.1
1. b
2. a
3. d
4. b

5.2
1. b
2. c
3. d
4. c

5.3
1. b
2. c
3. d
4. b

第 6 章

6.1
1. c
2. d
3. d
4. b

6.2
1. b
2. a
3. b
4. d

6.3
1. b
2. d
3. a
4. c

第 7 章

7.1
1. c
2. b
3. d
4. a

7.2
1. c
2. a
3. c
4. b

7.3
1. d
2. d
3. b
4. a

第 8 章

8.1
1. b
2. c
3. d
4. a

8.2
1. c
2. b
3. a
4. a

8.3
1. c
2. c
3. d
4. a

第 9 章

9.1
1. d
2. a
3. c
4. c

9.2
1. c
2. a
3. c
4. b

9.3
1. d
2. b
3. a
4. b

第 10 章

10.1
1. a
2. d
3.
4. c

10.2
1. d
2. d
3. d
4. b

10.3
1. c
2. c
3. a
4. d

参 考 文 献

扫码阅读

参考文献